U0255731

河南专门史大型学术文化工程丛书

主编　谷建全

执行主编　张新斌

河南园林史

田国行

郭建慧　等著

中原出版传媒集团

中原传媒股份公司

大象出版社

·郑州·

图书在版编目（CIP）数据

河南园林史／田国行等著.— 郑州：大象出版社，
2019.10
（河南专门史大型学术文化工程丛书／谷建全主编）
ISBN 978-7-5711-0206-7

Ⅰ.①河… Ⅱ.①田… Ⅲ.①园林建筑—建筑史—河
南 Ⅳ.①TU-098.42

中国版本图书馆 CIP 数据核字（2019）第 188516 号

河南专门史大型学术文化工程丛书

河南园林史

HENAN YUANLIN SHI

田国行　郭建慧　等著

出 版 人　王刘纯
选题策划　王刘纯　张前进
项目统筹　李建平
责任编辑　成　艳
责任校对　李婧慧　牛志远
装帧设计　张　帆

出版发行　大象出版社（郑州市郑东新区祥盛街 27 号　邮政编码 450016）
　　　　　发行科　0371-63863551　总编室　0371-65597936
网　　址　www.daxiang.cn
印　　刷　北京汇林印务有限公司
经　　销　各地新华书店经销
开　　本　720mm×1020mm　1/16
印　　张　29
字　　数　469 千字
版　　次　2019 年 10 月第 1 版　2019 年 10 月第 1 次印刷
定　　价　128.00 元
若发现印、装质量问题，影响阅读，请与承印厂联系调换。
印厂地址　北京市大兴区黄村镇南六环磁各庄立交桥南 200 米（中轴路东侧）
邮政编码　102600　　　　电话　010-61264834

河南专门史总论

张新斌

河南专门史研究,是河南历史的细化研究,是河南历史的全面研究,是河南历史的深入研究,也是河南历史的综合研究。河南历史研究,不仅是地方史研究,也是中国史研究,是中国史的核心研究,是中国史的主干研究,更是中国史的精华研究。

一、河南称谓的区域变迁及价值

（一）河南：由地理到政治概念的演变

河南是一个地理概念。河南概念的核心是"河",以黄河为指向形成地理方位概念,如河南、河东、河西、河内、河外等。《史记·殷本纪》:"盘庚渡河南,复居成汤之故居。"又,《战国策·齐策》:"兼魏之河南,绝赵之东阳。"魏惠王徙都大梁(今开封),而河南地区为魏之重要区域。《史记·项羽本纪》:"彭越渡河,击楚东阿,杀楚将军薛公。项王乃自东击彭越。汉王得淮阴侯兵,欲渡河南。"这里的"河南"明显不是一个政区概念,而是一个地理概念。

河南也是一个政治概念。《史记·货殖列传》所云"三河"地区为王都之地。"昔唐人都河东,殷人都河内,周人都河南。夫三河在天下之中,若鼎足,王者所更居也。"可见河南为周之王畿之地。又,《史记·周本纪》:"子威烈王午立。考王封其弟于河南,是为桓公。"《史记·项羽本纪》:"故立申阳为河南王,都洛阳。"这也从一个侧面反映出河南在战国、秦汉之际与王都连在一起,无疑应为政治中心。《通志·都邑略》对河南有一个重要评价:"故中原依大河以为固,吴越依大江以为固。中原无事则居河之南,中原多事则居江之南。自开辟以来皆河南建都,虽黄帝之都、尧舜禹之都于今皆为河北,在昔皆为河南。"

（二）河南:以洛阳为中心的政区概念

1.河南郡。汉代始设,至隋唐之前设置。《汉书·地理志》云:河南郡,辖县二十二,有洛阳、荥阳、偃师、京、平阴、中牟、平、阳武、河南、缑氏、卷、原武、巩、穀成、故市、密、新成、开封、成皋、苑陵、梁、新郑。以上地区包括今洛阳市区周边,含今新安、孟津、伊川、偃师,今郑州市的全部,今开封市区,以及今原阳县,今汝州市。据《晋书·地理志》,河南郡领河南、巩、安、河阴、新安、成皋、缑氏、新城、阳城、陆浑。西晋时,汉河南郡东部析置荥阳郡,而西晋时的河南郡大致包括今洛阳市区及嵩县、新安、偃师、伊川等,以及巩义、登封、新密,还有荥阳的一部分和今汝州市。《宋书·州郡志》:南朝宋司州有三郡,包括河南郡,领河南、洛阳、巩、缑氏、新城、梁、河阴、陆浑、东垣、新安、西东垣等,其范围与西晋河南郡差不多。《魏书·地形志》说河南郡仅领县一个,其区划郡县叠加。《隋书·地理志》记述隋设河南郡,统领 18 个县,为河南、洛阳、桃林、阌乡、陕、熊耳、渑池、新安、偃师、巩、宜阳、寿安、陆浑、伊阙、兴泰、缑氏、嵩阳、阳城,涉及今三门峡市区及灵宝、渑池、义马等,今洛阳市区及新安、偃师、嵩县、宜阳等,今郑州所辖巩义、登封等。

2.河南尹。东汉时洛阳为都,在都城设河南尹。《后汉书·郡国志》:河南尹,辖洛阳、河南、梁、荥阳、卷、原武、阳武、中牟、开封、苑陵、平阴、缑氏、巩、成皋、京、密、新城、偃师、新郑、平。其所辖范围与西汉河南郡基本相当。三国魏时亦有"河南尹",如《三国志·魏志》:夏侯惇曾"转领河南尹",司马芝于"黄初中,入为河南尹"。

3.河南县。西汉时设县,沿至东汉、西晋、刘宋、北魏、隋、唐、宋等,金代已无河南县,洛阳的"河南""洛阳"双城结构正式瓦解。

4.河南府。唐代始设,沿至宋、金、元,但元代已称之为路。据《旧唐书·地理志》,河南府辖河南、偃师、巩、缑氏、管、告成、登封、陆浑、伊阙、伊阳、寿安、新安、福昌、渑池、永宁、长水、密、河清、颖阳、河阳、汜水、温、河阴。《新唐书·地理志》载,河南府共辖20县,有河南、洛阳、偃师、巩、缑氏、阳城、登封、陆浑、伊阙、新安、渑池、福昌、长水、永宁、寿安、密、河清、颍阳、伊阳、王屋。由此可以看出，其地含今洛阳绝大部分，今郑州的巩义、登封，甚至今豫西北的济源。《宋史·地理志》有河南府，辖河南、洛阳、永安、偃师、颍阳、巩、密、新安、福昌、伊阙、渑池、永宁、长水、寿安、河清、登封共 16 县。《金史·地理志》载，金时河南府仅辖 9 个县，即洛阳、渑池、登封、孟津、芝田、新安、偃师、宜阳、巩。以上县名与今县名比较接近，主要分布在今洛阳周边。《元史·地理志》载，在河南行省下有"河南府路"，实相当于河南府，相关县有洛阳、宜阳、永宁、登封、巩县、孟津、新安、偃师，以及陕州的陕县、灵宝、阌乡、渑池，相当于今三门峡市一部分、洛阳市一部分及郑州市一部分。《明史·地理志》记录的河南省下有河南府，属地有洛阳、偃师、孟津、宜阳、永宁、新安、渑池、登封、嵩县、卢氏及陕州的灵宝、阌乡 2 县。其地较元代河南府稍大。

5.河南道。仅在唐代、五代时实行。据《旧唐书·地理志》载，"河南道"辖河南府、孟州、郑州、陕州、虢州、汝州、许州、汴州、蔡州、滑州、陈州、亳州、颍州、宋州、曹州、濮州等，其范围"约当今河南、山东两省黄河故道以南（唐河、白河流域除外），江苏、安徽两省淮河以北地区"[①]。《新唐书·地理志》也讲到"河南道"，相当于古豫、兖、青、徐四州之域。据《旧五代史·郡县志》载，五代时有"河南道"，含河南府、滑州、许州、陕州、青州、兖州、宋州、陈州、曹州、亳州、郑州、汝州、单州、济州、滨州、密州、颍州、濮州、蔡州等，可见其范围是极大的。

（三）河南：以开封为中心的政区概念

自元代开始，"省"成为地方最高级行政建制。元代正式设立"河南江北等处行中书省"。《元史·地理志》云，河南行省辖路 12、府 7、州 1、属州 34、属县 182。其中，汴梁路，领录事司 1（县 17，开封一带），还领郑、许、陈、钧、睢等 5 州 21 县。河南府路，领录事司 1（县 8，洛阳一带），还领陕州及 4 县。南阳府，领南阳、镇平 2 县及邓、唐、嵩、汝、裕 5 州 11 县。汝宁府，领汝阳、上蔡、西平、确山、遂平 5 县及颍、息、光、信阳 4 州 10 县。归德府，领睢阳、永城、下邑、宁陵 4 县及徐、宿、邳、亳 4 州 8 县。襄阳路，领录事司 1 县 6，还领均、房 2 州 4 县。蕲州

① 复旦大学历史地理研究所《中国历史地名辞典》编委会：《中国历史地名辞典》，江西教育出版社 1988 年版，第 538 页。

路,领录事司1县5。黄州路,领录事司1县3。以上仅为"河南江北道肃政廉访司",所领范围已包括今河南省黄河以南部分,以及今湖北省江北部分地区,今苏北、皖北部分地区。

明代正式称河南行省(承宣布政使司),《明史·地理志》记录河南省辖府8、直隶州1、属州11、县96。府有开封府、河南府、归德府、汝宁府、南阳府、怀庆府、卫辉府、彰德府,以及直隶州汝州。总的来看,明代的河南省已经与现在的河南省大体范围相当,成为一个跨越黄河南北的省。

清代沿袭了相关的行政建制。需要注意的是,其治所在开封。直到民国及新中国成立初期,开封一直为省会所在。

从以上的史料罗列中可以看出,"河南"是一个重要的概念。先秦时期,河南是一个重要的地理概念,而这个概念中实际上包含了非常深刻的政治含义,河南实际上是天下政治中心的具体体现。从西汉开始到清代,河南成为一个非常重要的行政建制名称。隋唐之前是河南郡(尹),隋唐之后则为河南府(路)。元代之前,河南郡、府、道、尹、县的治所,以及地理概念、政治概念的核心,均在今洛阳。可以说,河南的范围时有变化,作为河南中心的洛阳地位始终是不变的,洛阳甚至是河南的代名词。元代以后行省设立,开封成为行省治所(省会)所在,数以百年。虽然如此,但河南的根源、灵魂在洛阳。

二、河南历史的高度与灵魂

(一)河南历史的高度:河南史的实质就是中国史

河南是个大概念,不仅涉及地理、政区,也涉及政治,研究中国历史是绕不开以洛阳为中心的河南的。《元和郡县志》卷六对"河南"有一个解读:"《禹贡》豫州之域,在天地之中,故三代皆为都邑。"这里对夏至唐的洛阳为都有一个清晰的勾勒,如禹都阳翟、汤都西亳、成王都成周,东汉、曹魏、西晋、北魏等均都洛阳,隋炀帝号为东京,唐代号称东都或东京,"则天改为神都",到了北宋则成为西京。可以说,一部王朝史,绕不开以洛阳为中心的河南。《说苑·辨物》载"八荒之内有四海,四海之内有九州,天子处中州而制八方耳",而这个中州就是河南。

对于河南的认识,其战略地位的重要性不言而喻,还有另外一个角度的分析。《读史方舆纪要》卷四十六：“河南,古所称四战之地也。当取天下之日,河南在所必争;及天下既定,而守在河南,则岌岌焉有必亡之势矣。周之东也,以河南而衰;汉之东也,以河南而弱;拓跋魏之南也,以河南而丧乱。朱温篡窃于汴梁,延及五季,皆以河南为归重之地。以宋太祖之雄略,而不能改其辙也,从而都汴。都汴而肩背之虑实在河北,识者早已忧之矣。”在这里,作者将洛阳的战略地位定性为“四战之地”,讲到得天下者首先要得河南,反映了作者的敏锐性。但是,将洛阳定位于岌岌可危之地则有所不妥。河南对关中的承接,实际上反映了中国古代的两大政治中心相互补充完善的作用。中国历史上的统一王朝,基本上都经历了定都于关中长安和河洛洛阳两个阶段。所以,从某种意义上讲,河南历史既是河南地方的历史,也是中国古代的历史;从区域角度来看,可以说河南区域史是极为精练的中国史,是影响甚至决定王朝走向的关键历史;从中国历史的大视野考察,具备这种关键作用的区域,在中国这种大格局中,也就是那么一两个地区,而河南无疑是其中之一。

（二）天地之中：中国历史最具灵魂的思维探寻

中国古代都城的选择是与中国人特定的宇宙观联系在一起的。在中国人的观念中,“中”具有极为特殊的意义。中国古代历史上最具影响力的都城中,最能体现这种观念的非洛阳莫属。[①]

周灭商之后,周公受命探寻“天地之中”。《太平寰宇记》卷之三云：“按《博物志》云：‘周在中枢,三河之分,风云所起,四险之国也。昔周武王克殷还,顾瞻河、洛而叹曰：“我南望三涂,北望岳鄙,顾瞻有河,粤瞻雒、伊,毋远天室。”遂定鼎郏鄏,以为东都。’《周书》又曰：‘周公将致政,乃作大邑,南系于洛水,北因于郏山,以为天下之大凑也。’皇甫谧《帝王世纪》云：‘周公相成王,以丰、镐偏在西方,职贡不均,乃使召公卜居涧水东、瀍水之阳,以即中土。而为洛邑,而为成周王都。’”周朝建立后,最大的问题是“择中而居”。选择“天下之中”与“天地之中”,关键是“中”。《路史》卷三十：“古之王者,择天下之中而立国,择国之中而立官,择官之中而立庙。”又,《周礼订义》卷十五：“夫天不足西北,地不足东南,有余不足皆非天地之中,惟得天地之中,然后天地于此乎合土播于四时,所

---

① 张新斌：《“天地之中”与“天下之中”初论》,《中州学刊》2018 年第 4 期。

以生长收藏万物一时之气,不至则偏而为害。惟得天地之中,然后四时于此而交,通风以散之,雨以润之,偏于阳则多风,偏于阴则多雨。惟得天地之中,然后阴阳和而风雨以序,而至独阴不生,独阳不成。阴阳之和不成则反伤夫形。"这里论述了天地之中的阴阳秩序。但从众多文献看,天地之合、四时之交、风雨之会、阴阳之和是个立体的概念。"天地之中"刻意强调了思想观念上的特殊性,着重关注了本质文化上的特质性,重点强化了政治统治上的正当性,具有综合意义。

"天地之中"所在地,以洛阳(洛、洛地、洛师、洛邑、洛之邑、洛河之邑、洛水之涯、洛邑之地、河洛等)之说为绝对主流观点;与"天地之中"对应的"天下之中",则更多强调了位置适中,交通便利,其地方文献也多以洛阳为主。《河南通志》卷七:"河南居天下之中,嵩岳表其峻,大河、淮、济萦流境内。"这里所说的河南实则是大河南,河南的本质是洛阳。所以,洛阳为都的观念思想特征的探寻,反映了中国古代的思维方式与思维特点,其理论的深刻性极大丰富了中国古代的思想宝库,也是中国古都历史的灵魂所在。

三、河南历史:既是地方史也是区域史

河南地方史同时还是河南区域史,这是我们对河南专门史进行研究时时常要注意的关键性问题。我们应该如何对待我们的研究?

(一)作为地方史的河南专门史

地方是相对中央而言的。每一个王朝,都有中央与地方。中央就是皇帝,以及三省六部;地方则是郡县、省府县。对中央而言,省及以下建置都是地方。地方史就是研究一定行政建制内的历史,比如县的历史、市的历史、省的历史。

关于地方史,有人认为"所谓地方史研究,就是专门考察、分析某一地区历史变迁的史学工作"[1],或认为"地方史的书写往往是一种以国家宏大历史叙事为背景,又兼具本土地方特色的历史书写","地方历史的建构既是对国家宏大

---

① 叶舟:《地方文献与地方史研究》,载《上海地方志》编辑部编《2017 年地方志与地方史理论研讨会论文汇编》,第 199~203 页。

历史叙事的补充,也是新时期国家与地方共同致力于民族地方形象、软实力及文化生态打造的努力"。① 一般而言,地方史是与一定级别的行政建置有关联的。河南长期为地方行政建置,从河南郡与河南县,到河南尹与河南县,到河南府与河南县,到河南路与河南县,再到河南省,作为省级建置也有七百余年的历史。相对王朝而言,河南的历史理所当然地就是地方史。换句话说,河南地方史就是研究河南地方的历史,就是研究在省的建置下河南这一特定范围内所发生的历史。河南地方史,就是对河南特定行政建置(省)内所有历史大事、历史人物、历史规制、历史机构、历史社会、历史文化等总的汇集、总的提炼、总的评价,是一部中国特定地方的小通史,是中国通史的河南卷。河南专门史,则是河南地方历史的细化,是河南专门历史的汇集,是作为地方的河南的历史的总的盘点。

河南地方史的研究,在河南是个"偏科"。河南史学界研究中国史,研究世界史,研究考古学,研究史学理论,当然,大家的研究无疑必然会触及河南,因为在中国史的研究范畴中,如果回避了河南,中国史肯定就不是完整的中国史。一方面,从夏到北宋,河南是王朝的政治中心所在,从某种意义上讲,这期间河南史中的重大事件无疑也是中国史中的重大事件,河南的历史也是中国的核心历史、中国的精英历史。另一方面,关键是要从河南的角度来研究中国的历史,从历史纵的时间轴来研究河南史,从历史横的空间区域比较中研究河南历史。所以,对于研究中国史的学者而言,河南地方史既是熟悉的,又是陌生的。

(二)作为区域史的河南专门史

区域是相对总体而言的。区域可以是一个地方行政建置,如河南、郑州、新郑,也可以是一个地区,如豫北、河朔、齐鲁、三秦、华北。当然,区域也可以是永恒的,对全球而言,中国、东亚、远东,都是区域。在全球史的背景下,区域史是个很时尚的东西,研究中国史与世界史(世界各国的历史),实质上研究的都是区域史。

学界有关区域史的讨论,是非常复杂的。例如,将地方史等同于区域史就

---

① 杨旭东:《近年来地方史研究评述》,《中原文化研究》2016年第1期。

是一种常见的声音,如:"地方史,或称区域史,是历史学科的一个重要分支。"①有的直接将区域史的研究范式等同于地方史的研究范式;②也有的将区域史作为地方史的支脉,"地方史内部也演化出了新的支系"③。尽管区域史和地方史有一定的契合点,但两者还不能完全画等号。区域史研究一般多关注区域的特殊性,但是,"区域史研究的意义不仅仅在于认识作为个案的区域本身,而且有助于对国家整体史的认识。于是,区域史研究的一个重要归宿还在于对中华帝国整体史的理解和把握,并不是局限于孤零零的区域个案,也非仅凭借一两个新线索的发现来填补漏洞、空白,而是从局部、微观、特殊性中找到一些带有普遍性的反映整体的现象和规则"④。区域史,就是由诸地理要素所构成的特定地理空间,有较长时段的经济交流与政治联系,以及内部所共生的以文化为纽带的规律性问题的研究。区域史更多关注点在基层社会,是对特定的人群、组织架构、民间信仰,以及形成的民风进行的研究。除利用正史、正志之外,区域史也要更多关注地方文献,如家谱、文书、契约、方志等,只有这样,区域史才会更加丰满。

河南历史,就河南而言,其起点是地理概念。从历代史志可以看出,行政区划的河南是立足于地理概念河南之上而设置的,在中国古代由特定地理概念而产生的政区并不多见,仅从这一点而言,河南历史既可以是地方史,又可以成为区域史,甚至由于以洛阳为核心的河南在历史上特殊的政治地位,河南史在某些时段可以上升为中国史。这就是河南历史的特殊价值所在。

四、河南历史的研究现状与努力目标

（一）河南历史的主要研究成果

改革开放以来,河南省社会科学院及全省学界陆续推出了一系列河南历史

---

① 叶舟:《地方文献与地方史研究》,载《上海地方志》编辑部编《2017 年地方志与地方史理论研讨会论文汇编》,第 199~203 页。
② 段建宏:《地方史研究的思考》,《忻州师范学院学报》2007 年第 1 期。
③ 姚乐:《如何理解地方史与区域史?——以〈江苏通史·魏晋南北朝卷〉为例的分析》,《南京晓庄学院学报》2014 年第 3 期。
④ 孙竟昊、孙杰:《中国古代区域史中的国家史》,《中国史研究》2014 年第 4 期。

的研究成果：

一是通史类。如《简明河南史》（张文彬主编，1996）、《河南通史》（4卷本，程有为、王天奖主编，2005）。以上成果有首创意义，但分量不足，不足以反映河南历史文化的厚重与辉煌。

二是专门史类。如《河南航运史》（河南省交通厅史志编审委员会，1989）、《河南少数民族史稿》（马迎洲等，1990）、《河南陶瓷史》（赵青云，1993）、《河南新闻事业简史》（陈承铮，1994）、《河南考试史》（李春祥、侯福禄主编，1994）、《河南文学史·古代卷》（王永宽、白本松主编，2002）、《河南文化史》（申畅、申少春主编，2002）、《河南教育通史》（王日新、蒋笃运主编，2004）、《河南农业发展史》（胡廷积主编，2005）、《河南经济通史》（程民生主编，2012）、《河南生态文化史纲》（刘有富、刘道兴主编，2013）、《中原科学技术史》（王星光主编，2016），以及即将出版的《中原文化通史》（8卷本，程有为主编，2019）等。总体来讲，质量参差不齐，形成不了河南专门史体系类的成果。

三是市县通史类。如《驻马店通史》（郭超、刘海峰、余全有主编，2000）、《商丘通史（上编）》（李可亭等，2000）、《洛阳通史》（李振刚、郑贞富，2001）、《南阳通史》（李保铨，2002）、《安阳通史》（王迎喜，2003）、《嵩县通史》（嵩县地方史志编纂委员会，2016），以及我们即将完稿的《郑州通史》（张新斌、任伟主编，2020）等。

（二）河南历史的研究机构与研究重点

河南历史研究以河南省社会科学院历史与考古研究所为核心。河南省社会科学院历史与考古研究所是专门从事河南历史研究的权威机构，该所前身为成立于1958年的河南省历史研究所。1979年河南省社会科学院成立之际，河南省历史研究所正式成为河南省社会科学院历史研究所，以后又成立了河南省社会科学院考古研究所，2007年正式合并为河南省社会科学院历史与考古研究所。该所现有工作人员19人，其中研究员4人、副研究员10人，博士或在读博士7人，其研究涉及中国历史的各个方面，尤以中国古代史研究实力最为雄厚，在省级社科院中位列前茅。该所主编的"河南历史与考古研究丛书"已出版第一辑（9本）、第二辑（6本），在中原文化、河洛文化、姓氏文化研究方面均有标志性成果。郑州大学的历史研究在以刘庆柱研究员领衔的中原历史文化重点学科、王星光教授为代表的中原科技史方向、吴宏亮教授为代表的河南与近现代中国方向、陈隆文教授为代表的河南史地方向等方面成果卓著。河南大学以黄河文明研究作为主轴,李玉洁教授的河南先秦史研究、程民生教授为代表的以汴京为核心的宋史研究等较为突出。河南师范大学、新乡学院立足新乡,开展牧野文化研究。安阳师范学院则形成了以甲骨文、殷商史为代表的特色学科。河南理工大学立足于焦作,研究太行文化、太行发展。河南科技大学、洛阳师范学院、洛阳理工学院及文物部门的徐金星、蔡运章、薛瑞泽、毛阳光、扈耕田等先生立足于洛阳,开展河洛文化和洛阳学研究。商丘师范学院立足于商丘,对三商文化与商起源的研究颇有建树。许昌学院对汉魏许都的研究、黄淮学院对天中文化的研究、南阳师范学院对东汉文化的研究则各具特色。信阳师范学院以尹全海教授为代表的根亲文化研究、以金荣灿教授为代表的淮河文化研究及三门峡职业技术学院李久昌教授的崤函文化研究等均独树一帜。这些都已经成为河南历史研究的重要力量,也总体反映出河南历史研究的特色。

（三）河南专门史大型学术文化工程运作的过程与目标

2007 年以来,为了进一步整合力量,推出标志性成果,我们在已完成的《河南通史》等研究成果的基础上,提出加大对河南历史研究的力度,并以"河南专门史"作为深化河南历史研究的重要抓手。河南专门史的研究工作得到了河南省社会科学院历任领导的重视。早在 2008 年,河南省社会科学院副院长的赵保佑研究员,就积极支持专门史研究的工作构想,积极推动该项工作的落实。2010 年,院长张锐研究员、副院长谷建全研究员,专门带历史与考古研究所的相关人员到北京社科院进行调研,向他们学习北京专史集成研究的工作经验。2015 年,院党委书记魏一明、院长张占仓研究员、副院长丁同民研究员积极推动,将河南专门史正式纳入河南省社会科学院重大专项工作,并于年底召开了河南专门史的正式启动会。在河南专门史创研期间,院领导积极关注工作进展,副院长袁凯声研究员统筹协调,有力地推动了后续工作。2019 年,院领导班子对河南专门史工作给予了大力支持,尤其是院长谷建全研究员更是将专门史作为院哲学社会科学创新工程的标志性成果,院办公室、科研处等相关部门为本套书的出版做了大量的后勤保障工作,使河南专门史第一批成果能够按时高质量地出版。河南省社会科学院历史与考古研究所在承担繁重的创研工作的同时,也承担了大量的学术组织工作,张新斌、唐金培、李乔、陈建魁多次在一起商议工程的组织与推动,唐金培在学术组织工作方面,在上下联动、督促、组织上付出了大量的艰辛。大家只有一个想法:尽快拿出一批高质量的学术成果。

为了有效推动河南专门史大型学术文化工程,我们在工作之初便编辑了《河南专门史研究编写实施方案》《河南专门史大型学术文化工程第一批实施方案》《河南专门史大型学术文化工程工作方案》《关于征集河南专门史重大专项书稿的函》等文件,成立了以魏一明、张占仓为组长的"河南专门史大型学术文化工程"领导小组,工程实行首席专家制,由河南省社会科学院历史与考古研究所所长张新斌研究员为首席专家。整个工程坚持"三为主、三兼顾"的原则,即以河南省社科院科研人员为主,兼顾河南史学界;以在职科研人员为主,兼顾退休科研人员;以团队合作为主,兼顾个人独著。在写作上,采用"三结合"的方法,即史实考证与理论提高相结合、学术价值与当代意义相结合、学术性与可读性相结合。

在第一批书稿创研中,我们结合各自的研究基础,自动组成团队,不但河南省社会科学院历史与考古研究所全体科研人员参与了该项工程,文学所、哲学与宗教研究所等单位的科研人员也都承担了相关的任务。河南大学、河南师范大学、河南农业大学、华北水利水电大学、郑州市委党校等同行均参与了创研。最终确定了第一批15本书稿的创研目标:《河南考古史》《河南水利史》《河南移民史》《河南园林史》《河南哲学史》《河南水文化史》《河南道教史》《河南城镇史》《河南行政区划史》《河南基督教史》《河南古都史》《河南家族史》《河南书院史》《河南诗歌史》《河南史学史》。我们的总体目标是推出100部具有学术意义的河南专门史成果。

从第一批15部书稿中我们归纳出以下几个特点:一是极大丰富了河南历史研究的内容。这些书稿所涉及的门类有大有小,其研究不仅梳理了相关门类的历史脉络,也丰富了通史类成果无法容纳的分量。如考古史、基督教史时段较短但内容更为丰满,有的甚至可以形成重大事件的编年。二是从更高的视角研究河南。现代考古学在河南的发展对中国考古学的分期具有标志性意义,实际上我们是从中国考古史的角度来研究河南考古史的。正因为这样,我们对河南考古学在中国考古学中的地位有了更为清晰的看法。三是从史料梳理中探寻发展规律。对于每一个专题的研究者,我们更多地要求大家在对史实进行研究的基础上,要探寻相关门类发展的规律,寻找兴衰的规律,以及决定这种兴衰规律的内在因素。我认为在这批成果中,有的已经超越了地方史的范畴,而进入区域史的研究探索之中。当然,研究是一个永无止境的过程,我们期待着河南专门史在以后的创研过程中不断有更多的学术精品问世。

2019 年 8 月

目　录

绪 论

园林,是在一定的地域运用工程技术和艺术手段,通过改造地形(或进一步筑山、叠石、理水)、种植树木花草、营造建筑和布置园路等途径创作而成的优美的自然环境和游憩境域。① 从世界范围来看,园林主要有中国、西亚(埃及、巴比伦、古波斯)和古希腊三大系统。其中,西亚和古希腊园林在地缘政治、经济文化等多种因素的共同作用下,相互借鉴与渗透而趋于一致,影响了整个欧洲园林,使其逐渐演化为我们今天所说的西方园林。东西方关于人与自然关系之上的园林审美观——"天人合一"与"天人对立"的大相径庭,形成了东西方截然不同的园林风貌。中国园林追求自然美,山林水石、亭台楼阁随宜安置,崇尚野逸之趣;西方园林则追求人工美,道路建筑、河池花木依轴线布置,崇尚规整有序。故人们习惯把"模拟自然"的中国园林称作自然山水式园林,而把"整理自然"的西方园林称作规则图案式园林。中国这种自然山水式园林泽被万方,影响了整个园林史,古代日本庭院直接取法中国,而十八世纪的欧洲则仿照中式风格建造自然风景园,更有外国学者称中国是世界园林之母。②

一

中国园林是集建筑、叠山、理水、花木及诗词楹联、绘画戏曲、家具摆设等多种因素于一体的综合艺术。③ 它是立体的画,以山、石、竹、木为笔触绘就;它是无声的诗,以亭、台、楼、阁为词句织成,极富画意诗情。它既有优美的自然环

---

① 中国大百科全书总编辑委员会编:《中国大百科全书》(建筑、园林、城市规划),中国大百科全书出版社 2002 年版,第 515 页。
② [英]威尔逊著,胡启明译:《中国——园林之母》,广东科技出版社 2015 年版,前言第 1 页。
③ 魏嘉瓒:《苏州古典园林史》,上海三联书店 2005 年版,第 5 页。

境，又有雅致的人文氛围，在使人亲近自然的同时，又能给人以美的享受。作为人工建造的物质实体和精神文化载体，中国园林不但是帝王将相奢侈浮华的娱游之处，还是文人逸士遁世隐居的精神家园。

中国园林通常按照隶属关系加以区分，可归纳为若干个类型。其中，主要类型有三个：皇家园林、私家园林、寺观园林。皇家园林属于皇帝个人和皇室所私有，古籍里称之为苑、苑囿、宫苑、御苑、御园等的，都可以归属于这个类型。私家园林属于民间的贵族、官僚、缙绅所私有，古籍里称之为园、园亭、园墅、池馆、山池、山庄、别业、草堂等的，大抵都可以归入这个类型。寺观园林即佛寺和道观的附属园林，也包括寺观内部庭院和外围地段的园林化环境。上述三大类型是中国园林的主体、造园活动的主流、园林艺术的精华荟萃。除此之外，还有一些并非主体、亦非主流的园林类型，如祠庙园林、陵墓园林、衙署园林、书院园林、馆驿园林、公共园林等，也是中国园林的重要组成部分。①

二

河南园林指的是历史上存在于当前河南省行政区划范围内的所有类型的园林，是中国园林体系的重要组成部分。作为同一物质文化类型，河南园林与其他地区的园林有着许多共同的特点；但在发展脉络上，河南园林与一定时代、一定地域的政治、经济、文化以及自然地理环境紧密联系，又有着鲜明的个性和特征。河南地理位置适中、自然条件优越，文明较早地在这里出现。悠久的历史孕育了灿烂的中原文化，而河南园林即是其中一颗饱满的果实。它在中原文明雨露的滋润下萌生，在河洛文化熏风的吹拂下成长；它见证了历代王朝的高城大池、华宫美苑，听惯了文人墨客的低吟长诵、华藻辞章。河南园林的发生、发展在很大程度上体现了中国园林的发生、发展，河南园林演进的整体趋势和状态亦体现了中国园林演进的整体趋势和状态。可以说，一部河南园林史，即是半部中国园林史。

其一，从纵向上看，河南园林贯穿了中国园林生成、转折（发展）、全盛、成熟

---

① 周维权：《中国古典园林史》（第三版），清华大学出版社2008年版，第19~22页。

的诸阶段,中国园林在此地萌生、成长,走向鼎盛与成熟。

如诗似画仅仅是今人用艺术审美的眼光对前人所造园林的认识和评价,无法想象刚刚步入文明之门的先民即有如此高的文化修养来进行园林审美创造。先民们最初营造园林的时候,进行农牧生产与祭祀通神等活动才是最优先的考虑,作为中国园林最初形式的宅园场圃和祭天桑林即在此时产生。《吕氏春秋·顺民篇》载:"昔者汤克夏而正天下,天大旱,五年不收,汤乃以身祷于桑林。"①河南为夏商的统治中心,"商汤祷雨"的桑林就在其境内。

随着生产力的发展、社会文明的不断进步,人类有了相对富足的衣食,居住条件也不断改善,建立了村落、城市,有了安全的宫室房舍。物质生活的提高,必然促使人们追求生活的愉悦和享受,但就人的天性而言,注定要向大自然来寻求。为了实现这一目的,先民们便对居所附近生产和祭祀用的园圃进行加工改造,借助其再现自然之美,出现了后世所说的园林。一如王世贞《太仓诸园小记》所说,"居第足以适吾体,而不能适吾耳目","必先园而后居第"。② 可见,园林"是为了补偿人们与大自然环境相对隔离而人为创设的'第二自然'"③。这一时期是园林产生并逐渐成长的时期,历经了奴隶社会到封建社会一千余年的漫长岁月,跨越商、周、秦、汉数个王朝。此时的河南有夏启"钧台之享"、殷纣"鹿台之宴",更有"濯龙芳林""梁园雪霁",而"沁水公主园"则演化为词牌名"沁园春",为历代文人所吟唱。

伴随着社会向前发展,中国园林经历了魏晋南北朝的转折,园林的经营完全转向以满足作为人的本性的物质享受和精神享受为主,并升华到艺术创作的新境界。这些都在魏晋洛阳华林园的营造中有所体现,并为多地效仿。

此后,中国园林历经隋唐的全盛而在北宋走向成熟,园林的建造艺术有了质的飞跃,文人意气开始融入其中,园林寄托园主的情思,充满诗情画意。中国园林也在此时最终成为一门综合艺术,供园主休闲、娱乐、游赏,即人们常说的可行、可望、可游、可居、可悟。这一时期的河南有神都苑、艮岳的宏大辉煌,亦有"白(居易)园""独乐园"的雅致疏朗。在这里,李格非写下《洛阳名园记》,因

---

① 许维遹撰,梁运华整理:《吕氏春秋集释》,中华书局 2009 年版,第 200 页。

② 衣学领主编,王稼句编注:《苏州园林历代文钞》,上海三联书店 2008 年版,第 280 页。

③ 周维权:《中国古典园林史》(第三版),清华大学出版社 2008 年版,第 1 页。

微见著,以园圃兴废,寄语朝代治乱兴亡。

其二,从横向上看,河南园林包含了中国园林陆续形成的皇家园林、私家园林、寺观园林等诸类型,中国园林在此地开枝、散叶,走向繁荣与兴盛。

中国园林的诸类型中,皇家园林出现得最早。先秦时期,社会总体生产力水平不高,只有帝王、诸侯才有造园的物质资本。皇家园林即滥觞于夏商之际帝王、诸侯的"园""囿""苑""圃"。其初时为经济生产和田猎演武之所,后渐有游赏功能。早期的皇家园林多建于郊野山林之中,主要利用自然山水和植物构成园林景观,人工造景极少,面积都比较阔大,如东汉洛阳城外的上林苑、广成苑。此后,随着时代的进步,皇家园林在物质性和精神性方面逐步加强,模山范水,尽显皇家气派。魏晋洛阳的华林园、北宋开封的艮岳皆是其杰出的代表。

中国的私家园林萌芽于战国,形成于两汉。史载董仲舒下帷讲诵,"盖三年不窥园"①。董仲舒之园,史书不见记载,但古代河南私园却屡见史籍。《后汉书》记东汉洛阳梁冀宅园曰:"采土筑山,十里九坂,以像二崤,深林绝涧,有若自然,奇禽驯兽,飞走其间。……又起菟苑于河南城西,经亘数十里,发属县卒徒,缮修楼观,数年乃成。移檄所在,调发生菟,刻其毛以为识,人有犯者,罪至刑死。"②降至魏晋唐宋,私园更盛。仅唐代贞观年间公卿贵戚在洛阳所建官邸之园就有一千多处,如白居易履道里宅园、李德裕建于洛阳城外的平泉庄等。《洛阳名园记》则专门记述了北宋洛阳私园之盛,"青山在屋上,流水在屋下。中有五亩园,花竹秀而野"③的独乐园名垂史册。在此,中国园林开始由写实山水园向写意山水园过渡。及至明清,完全达到了"一峰则太华千寻,一勺则江湖万里"④的绝妙境界。纵然是拳石勺水,也能让人领略到群山的巍峨和江河的浩瀚。

东汉末年,佛教开始被引入,道教逐渐形成。始建于东汉的洛阳白马寺为佛教传入中国后官办的第一座寺院,被誉为"释源""祖庭"。至北魏,洛阳佛寺陡增,"金刹与灵台比高,讲殿共阿房等壮"⑤。随着佛寺、道观的增多,相应地

---

① 〔汉〕班固撰,〔唐〕颜师古注:《汉书》,中华书局1962年版,第2495页。
② 〔南朝宋〕范晔撰,〔唐〕李贤等注:《后汉书》,中华书局1965年版,第1182页。
③ 〔清〕厉鹗辑撰:《宋诗纪事》(一),上海古籍出版社2013年版,第519页。
④ 〔明〕文震亨撰,陈剑点校:《长物志》,浙江人民美术出版社2016年版,第24页。
⑤ 〔北魏〕杨衒之撰,周祖谟校释:《洛阳伽蓝记校释》,中华书局1963年版,第6页。

出现了寺观园林这一新类型。《洛阳伽蓝记》记载北朝洛阳佛寺详尽,其所举大多提及园林。寺观园林多单独附设,也有将寺观园林化。此外,佛教和道教都崇尚自然,向往清净的人间乐土,寺观多建在高山茂林之中,所谓"深山藏古寺"是也,纳山川秀色于园林之中。如河南汝州的风穴寺,在唐为香积寺,王维有诗赞曰:"不知香积寺,数里入云峰。古木无人径,深山何处钟。泉声咽危石,日色冷青松。薄暮空潭曲,安禅制毒龙。"①

此外,其他如衙署园林、祠庙园林、书院园林、陵墓园林以及公共园林等,河南皆有代表性的遗存,如安阳郡园即为宋代衙署园林的代表。

三

北宋之后,中国政治中心北移,经济中心南移,相应地,园林艺术创作的中心也转移到了北京与江南地区。宋代以后直至民国的河南地区,虽然仍有拟山园、圭塘以及鸡公山别墅群等优秀的园林作品,但是已不复往日的荣光。更由于河南历经气候环境变迁、水旱灾害肆虐、战争动乱破坏,园林实物遗存以及图像资料严重匮乏,相较北京皇家园林、江南私家园林,甚至是岭南园林,目前学术界对于河南园林缺乏关注,对其历史脉络的梳理也就相对薄弱,不成体系。

对河南园林史的研究,始自二十世纪八十年代,其相关内容主要散见于中国园林通史与断代史文献著作中。

其一,园林通史包括全国范围的园林通史与地区园林通史两类。就全国范围来讲,周维权的《中国古典园林史》与汪菊渊的《中国古代园林史纲要》《中国古代园林史》影响最大,曾作为大中专院校的教科书,且近年都有新版本出版,其中的相关章节包含河南园林的内容。就河南地区而言,园林通史著作仅有王铎的《洛阳古代城市与园林》,学位论文则有《河南传统园林探研》《郑州古代园林研究》《安阳地区古代园林探研》《河南安阳地区寺观园林研究》《河南古书院园林艺术研究》《河南皇家陵园演变及园林艺术研究》《新乡地区园林地域性发展与传承研究》等。

---

① 〔唐〕王维撰,陈铁民校注:《王维集校注》,中华书局1997年版,第594~595页。

　　其二,园林断代史也包括全国范围的园林断代史与地区园林断代史两类。就全国范围来看,代表性的成果如《中国早期造园的研究》《大者罩天地之表,细者入毫纤之内——汉代园林史研究》《东汉园林史研究》《魏晋南北朝园林史研究》《隋唐园林研究——园林场所和园林活动》《两宋园林史研究》《两宋文人园林》《明代园林研究》等,其中的相关章节包含河南园林的内容。就河南地区而论,以王铎的《东汉、魏晋和北魏的洛阳皇家园林》《北魏洛阳的佛寺园林》《唐宋洛阳私家园林的风格》《略论北宋东京(今开封)园林及其园史地位》,以及贾珺的《北宋洛阳私家园林考录》《北宋洛阳私家园林综论》《魏晋南北朝时期洛阳、建康、邺城三地华林园考》等论文影响较大。

　　在针对全国范围的园林史文献著作中,河南园林作为其中的一部分内容,未得到详细的梳理与论述,内容相对不完整。而针对河南区域的园林史研究,多是对区域内某一时期、某一地区、某一类园林,甚至是特定时期特定地区的某类园林的研究,且研究多针对洛阳与开封,缺乏对整个河南园林历史脉络的梳理,对河南园林在中国园林史上的地位也未进行客观的论述。仅有的以整个河南园林为研究对象的学位论文——《河南传统园林探研》,着重分析了河南区域内若干重点地区的若干典型园林,论述了北宋以前河南园林的整体发展趋势,对推动河南园林史的研究有积极的意义;但其并未对河南园林的起源、形成作详细的分析和总结,也未涉及明清以后河南园林的存在状态,更由于近年新的研究成果不断出现,故其在完整性与体系性方面存在着先天的缺陷。这就使得完整梳理河南园林历史脉络,论述河南园林历史地位显得尤为重要。

四

　　近代的衰落不能掩盖前代的辉煌,针对河南园林史研究中存在的问题,本书立足于现有研究成果及基础文献资料,以历史上存在于当前河南省行政区划范围内的所有类型园林为研究对象,将先人们创造的优秀园林文化成果进行通史式的总结和梳理。

　　本书先以影响中国园林及河南园林生成的物质、文化、思想的大环境为背景,以园林营造理念的发展和变化为线索,以园林文化内涵的历代延承和演进为纽带,参考现有园林遗存及造园理论,并与考古发掘等方面的成果相互印证,把河南历史上零落的、分散的园林现象与活动联系起来,进行溯源性的追问和探究。再整理河南园林起源、形成和发展的基本过程,复原各个历史时期河南园林的基本面貌,总结其地域性特征和文化内涵,完整、系统地厘清河南园林文化的发展脉络。最后,尝试对河南园林的历史价值及其在中国园林史上的地位提出客观、合理的评价。另外,在河南园林史的书写中,由于代表性的各类园林大都集中在都城、大城镇及其近郊,因此,对这些都城、大城镇的营建历史、规划布局、重要的宫室建筑,也作为背景加以叙说;更由于山水记文、山水诗、山水画和画论与园林的发展密切相关,故文中也有相应的叙述。

河南园林史的研究与写作,是中国园林文化体系不可或缺的一部分。本书的出版将为今人探索适合于河南的地域性风景园林规划设计理念提供可资借鉴的依据。

第一章 先秦时期

远古时期,河南地区气候湿润,四季分明,适宜人类生息和农业发展,文明较早地在这里出现。在距今五十万年以前,河南境内就有古人类活动,旧石器与新石器文化遗址遍布全省各地。从仰韶文化晚期开始,以河南为中心的中原地区就是华夏文明的核心区。至夏王朝建立起,经殷商、西周到春秋战国的先秦时期,河南的农业、手工业和商业从发生到发展,相较其他地区具有明显优势,为文化艺术的生成奠定了良好的基础。相应地,园林艺术也在此时孕育、萌生,终成中国园林之滥觞。

第一节　河南园林的起源

对起源的追问是历史书写的终极命题之一,园林历史亦如是。只有厘清了河南园林从何处来的问题,才能理顺其发展脉络,分析其艺术特点,探究其创作理念,进而更好地保护河南园林历史遗存,指导当代园林建设。

一、如何探索园林的起源

河南园林源于何时?中原大地经历的无数次灾害、战乱,湮没了河南园林萌芽的遗迹。有学者认为"中国的造园是从商殷开始的,而且是以囿的形式出现的"①。商朝五次迁都中的四次都发生在河南境内,那么是否可以认为其就是河南园林的源头呢？显然,这是值得商榷的。历史地看,中国园林的出现不可能一蹴而就,它的诸多功能、类型决定了其发生的多源性。故而,对于园林起源的研究不应该执着于具体时间、地点,亦或具体形式的直接求证,而应该着力于研究对象、路径等合理探索方式的构建,再从其中寻找更接近真实的答案。

(一)探索什么

中国园林是五千年延绵不断的华夏文明的重要组成部分,园林的发生与中国文明的起源息息相关,故文明起源的研究可为我们的探索提供有益借鉴。

"中国文明起源的研究本质上是同一时代不同地区文化横向空间联系和同一地区不同文化层纵向历史联系的概括分析,是不同文化之间关系的研究。"②故从本质上说,文明起源的探索在考古学语境下是一种对文化间关系学的研究。因而,文明是一个相对性的概念,文明的产生是相对于野蛮、相对于落后而言的。文明的相对性有纵向和横向之分。从纵向上看,在文明史发展脉络中有一个区分文明与蛮荒的界限和标准,以此为标志,一个族群的文化跨越原始走向文明。而在横向上,文明从一开始就是一个事实上的横向对比概念,"即一个文化较为先进的族群为了实现与较为落后的族群之间的区分而构建的一个理论和符号体系,从而产生了文明与不文明的差别"③。

那么,可以认为,中国园林作为一种根植于华夏文明的传统文化形式也具有相对性。纵向上,中国园林不是在历史的时空中突然闪现的,而是经过千百年的孕育、萌芽,逐步生成、发展走向完备的。在中国园林史的发展脉络中,必然存在一个界限和标准,并以此为标志区分"园林"与"非园林",而这个标志就是其是否具备了中国园林的原初功能,具有了园林的最初形式。横向上,中国园林的发源地不会是"满天星斗"式均匀分布的,而是一个地区出现了具备园林原初功能的物质文化形式,在与周围地区进行文化交流与互动中得到了认同,进而融入主流文明而流传下来。在远古时期,必定会有一个地区的园林最初形

---

① 汪菊渊:《我国园林最初形式的探讨》,《园艺学报》1965 年第 2 期。
② 丁新:《中国文明的起源与诸夏认同的产生》,南京大学博士学位论文 2015 年,第 3 页。
③ 丁新:《中国文明的起源与诸夏认同的产生》,南京大学博士学位论文 2015 年,第 9 页。

式,最先得到其他地区先民们的认同,并以此为依据判断"园林"与"非园林",而这个地区就成了中国园林的发源地。

中国园林作为一种文化,是立足于物质基础之上的上层建筑;中国园林的发生,是当时当地经济与社会发展到一定阶段的结果。因此,无论是中国园林最初形式的产生,还是这一最初形式获得认同,都建立在一定的物质文化基础上。故而,确定中国园林发生的物质文化条件才是中国园林起源探索的应有之义,这就为求证中国园林出现的时间点或空间点提供了参照坐标。

因而,探索河南园林的起源,就是在确定了中国园林发生所必须具备的物质文化条件以后,求证河南地区何时具备了这些条件,出现了何种具备园林原初功能的最初形式;并对比该时间段河南与周边地区文明水平的差异,以此推断河南园林的发生与中国园林起源的关系。

(二)怎样探索

中国园林作为一种文化,也是人类改变自然状态的各类创造性活动及其成果之一,类似于中国文明起源的研究,其难题也莫过于史料的贫乏。"一方面,除很少的部分尚有遗址、遗物可寻外,绝大多数的园林已荡然无存;另一方面,仅有的一些文字材料也大多语焉不详,或仅有其名而并无实际内容的记载。"[①]由于中国园林起源的研究对象尚处于萌生的节点,处于蒙昧状态的先民们不可能意识到这一新生事物的文化价值,也不可能进行有目的的保存保护,亦不可能对其进行总结记述,更遑论理论形态的研究。

今天,我们研究远古时期中国园林所依赖的只言片语的史料文献,是间隔几百上千年的后人对祖先记忆所做的神话传说般的再创作。与其说是历史,毋宁说是立足于作者所处时代之中的文学再创造。如"黄帝之圃"在《山海经》《穆天子传》以及稍后的《淮南子》中都有记载,似乎言之凿凿,但细究发现,这些皆是以述者时之所见园林为蓝本的文学创作。不难看出,仅以文献考据对中国园林起源进行研究,很难得出令人信服的研究成果。离开了考古学来谈园林的起源,或者囿于古史文献的历史地理考据,或者困于"猃韦之圃""黄帝之

---

① 成玉宁:《中国早期造园的史料与史实》,《中国园林》1997 年第 3 期。

囿"①等传说的纠葛,成为古史神话传说的续写。

在此,考古学为我们提供了一个研究中国园林起源的可能路径。尤其是近一个世纪以来的先秦考古发现,呈现了先民们的生产、生活状况,直接或间接地涉及了远古时期的园林活动,打破了中国园林起源研究单纯对于文字史料的依赖。"如,新石器时代的考古发现,基本弄清了原始居民的生活环境及自然审美观念的发生;殷商遗址的发掘及甲骨文字的研究、西周遗址及金文研究为重新认识园圃苑囿、灵台辟雍提供了可靠的材料;春秋战国都城遗址发掘及石鼓文、青铜器刻画大致勾勒出此间苑囿的基本面貌……"②

但是,单纯依靠考古发现及其理论分析来研究中国园林起源问题还是既有优势也有其弊端的,会出现一些常见问题。我们在探索中国园林起源的过程中,在不同的地区,发现具备园林某些属性的不同园林形式,如果仅仅依据考古发现总结其物质层面的特征,比如从形态和功能之间的相似度来分析,则会形成一张类似蜘蛛网的联系网,哪里的园林最先萌生,哪种园林形式是主脉,脉络如何延伸,联系越多越显得杂乱。在甲身上完全匹配的标准,在乙身上可能就不那么匹配了。因而,类似于"中国的造园是从商殷开始的,而且是以囿的形式出现的"等一些观点,就失之偏颇。因为,有比其更早的物质文化形式已经具备了园林的原初功能。如果我们将已具有中国传统园林雏形的"囿"作为源头的话,"那就未免有点像传说中的老子,生下来便有了白胡子"③。故仅依靠考古学归类中国园林的物质特征,则容易忽略这些物质特征背后的文化意义,难以为起源研究找到一个普适性的判断标准。

对于此,考古学的方法也需要文献考据的有益补充。王国维先生很早就提出了二重证据法,即不仅从文献中寻找证据,也从考古学中寻找证据,并且将两者结合。近几十年先秦考古已经取得丰硕成果,"夏商周断代工程"与"中华文明探源工程"也已经顺利实施,这都可以为我们研究河南园林起源提供有益的帮助。因此,考古学与文献考据相互补充,则可以让我们的探索更接近正确答案。

---

① 陈植:《造园学概论》,商务印书馆 1935 年版,第 15 页。

② 成玉宁:《中国早期造园的史料与史实》,《中国园林》1997 年第 3 期。

③ 夏鼐:《中国文明的起源》,文物出版社 1985 年版,第 79 页。

二、园林发生的物质文化条件

从纵向上看,中国园林的历史犹如一条永恒流动的长河,随社会发展而无限变化和不断演进。中国园林自其诞生之日起,它的形式和功能就随社会生产力的发展而发展,随社会生产关系的改变而改变。园林的营造"需要相当富裕的物力和一定的土木工事,即要求较高的生产力发展水平和社会经济条件"①。那么,探索园林的起源,就应该探讨园林最初形式出现所必须具备何种水平的物质文化条件。而所谓最初形式,即体现事物原初功能的物质文化形式。这种形式仅仅包含一种或几种原初功能,并不完备,所以称为"最初"。"栽培、圈养、通神、望天乃是园林雏形的原初功能,游观则尚在其次。以后,尽管游观的功能上升了,但其他的原初功能一直沿袭到秦汉时期的大型皇家园林中仍然保留着。"②可见,中国园林不外乎发生于包含生产与祭祀功能的物质文化形式中,而祭祀最初的目的也是满足先民们生产与生活的诉求。故而,应从与此关系最紧密的原始农业和手工业的发展以及社会生产关系的变革入手进行探究。

(一)原始农业的发达

"农业是'整个古代世界的决定性的生产部门',……文明的起源和发展与之息息相关。"③农业使人类由只能以"天然产物"作为食物的"攫取经济",跨进能进行食物生产的"生产经济",为人类社会转入文明时代奠定了物质基础,也为各种类型文化艺术的孕育提供了土壤。中国早期的园林活动以植物栽植及利用的农业生产作为基本属性,因此,在社会发展史上,只有在以农耕为主的原始农业发展到相当程度以后,才可能出现中国园林的最初形式。

在原始社会,由于生产力水平很低,基本生活资料的获得非常困难。先民们"就陵阜而居,穴而处。下润湿伤民";"衣皮带茭,冬则不轻而温,夏则不轻而

---

① 汪菊渊:《中国古代园林史》(第二版),中国建筑工业出版社2012年版,第8页。

② 周维权:《中国古典园林史》(第三版),清华大学出版社2008年版,第43页。

③ 沈志忠:《我国原始农业的发展阶段》,《中国农史》2000年第2期。

清";靠原始狩猎与采集生活,"素食而分处"(注"素食"曰:"未有火化,食草木之食")。① 这种境况下,先民们最基本的居住、穿衣、吃饭等生活问题尚且无法很好地解决,不可能出现园林活动。

经过很长一段时间,先民们的生活有了进一步的变化。"人们在长期的采集野生植物的过程中,逐渐掌握一些可食植物的生长规律,经过无数次的实践,终于将它们栽培、驯化为农作物,从而发明了农业。"②先民们才渐次从山林里走出来,分居在平原河谷地带,由原始狩猎、采集的生产方式进而发展为原始畜牧业和农业。这时的人们或者游移不定、逐水草而居,或者刀耕火种地进行原始农业生产。这时的生产方式还很原始,生产力水平还很低下,也不可能出现园林活动。

后来,谷物逐渐成为主要食物,先民们在生存的压力下积极开辟耕地,扩大种植面积,终于在新时器时代发明了原始的石制农具,如用来砍伐的石斧、石锛,用来修整土地的耒耜,以及用于收割的石刀、石镰,用于脱壳加工的石磨盘、石磨棒等。石制农具的使用推动了耕作方式的进步,使原始农业脱离了火耕模式,进入了一个新的阶段,农业生产开始在先民们的生活中占据主导地位。同时,野生谷物也经过长期的栽培、驯化,初步脱离野生状态,品质得到改良,产量相应提高。但是,人们还不会对土地进行施肥,故当土地肥力衰退后,就会被抛荒,另辟新地种植,称之为"抛荒制"。河南境内的新石器时代早期遗址,如裴李岗遗址、贾湖遗址等大体上属于这一阶段。这些遗址中出土的整套石制农具,炭化的粮食作物,猪、羊、鸡等家畜的骨骼或模型,都表明此时的农业已脱离了火耕阶段。抛荒的耕作方式导致先民不能在一个地方久居,故也不可能进行园林活动。

又经过多年以后,随着农业生产经验的积累,农田得以合理开辟,粮食产量得到显著提高,单纯进行农业生产就能够养活更多人口,先民们可以较长久地在一个地方定居,村落规模也随之扩大。人口的增加又迫使更多土地的耕种,反过来推动原始农业较快发展。大约在六千年前,原始农业进入发展时期。这时,农具种类增加,制作更加精致、实用,提高了劳动效率;耕作技术进步,农田

---

① 　吴毓江撰,孙启治点校:《墨子校注》,中华书局1993年版,第45、46、47、56页。
② 　陈文华:《中国原始农业的起源和发展》,《农业考古》2005年第1期。

得到整治,修建了沟渠等排灌设施;农作物也得到保护和管理,先民们学会分辨并铲除杂草,也会驱赶野兽保护庄稼。河南境内的新石器时代晚期遗址,如仰韶文化等均属于这一阶段。考古学家在其中发掘出大量木、石、骨、蚌质地的农具和数量众多的粮食作物遗存以及畜禽骨骼,更为难得的是还发现了农田遗址,表明原始农业已经进步到熟荒耕制。原始农业的进步虽使得先民定居下来,但他们的生活还处在人口增长带来的巨大压力之下,无余力进行园林活动。

到了四千多年以前,我国原始农业进入发达时期,生产力显著提高。农具制作更加精致、实用,种类增加,如石锄、石镬得到普遍使用,石铲更为扁薄宽大,有肩石铲、穿孔石铲、穿孔石刀已经出现,石镰制作取得较大进步,粮食加工工具杵臼也出现并被推广,晚期还出现了石犁等。农作物种类增多,粟、黍、稻、麦、豆、麻等已成为主要粮食作物,水稻种植也扩大到黄河流域,产量有较大增长。畜牧业也得到进一步发展,后世称为"六畜"的马、牛、羊、猪、狗、鸡等均已饲养,采集、渔猎在经济生活中的地位显著下降。水井已被开凿并使用到生活和生产上,给定居生活提供了更大的方便,使先民们的活动范围向距离河流和泉水较远的地区扩展。发达的原始农业不但可以养活较多的人口,开始有了剩余产品,为社会积累了财富,而且为制陶等手工业从农业中分离出来创造了条件,为进入文明社会奠定了物质基础。河南境内的新石器时代晚期遗址,如中原龙山文化等属于这一阶段。也只有在这时,农业生产已经占据社会生活的主导地位,并在养活众多人口之余有了剩余产品,先民们才可能从单一的生产方式中解脱出来,在居住的村落与宅院周围专门开辟园圃,树桑植麻,养禽牧畜,逐渐产生了最初的园林活动。

故而,中国园林的发生"与先民进入以农业生产为主和具有一定集聚规模与建设水平的定居生活时代相关"[①]。原始农业进入发达时期,剩余产品出现,社会财富积累,为先民们在居住区周围开辟园圃提供了坚实的物质基础。一方面,这些园圃包含了农业生产的属性,是原始农业生产活动的有益补充,是先民们对农业生产范围的积极拓展,有助于社会财富的积累以及先民生活资料的获得;另一方面,这些园圃也天然地起到了改善生活环境的作用,园林的美学属性在其中孕育、萌生,并逐渐浸润到人们的意识之中。

---

① 　倪祥保:《中国古代园林的发生学研究》,《中国园林》2009 年第 12 期。

（二）原始手工业的发展

"在文明发展的过程中,原始手工业扮演了一个很重要的角色,物质生活中的许多方面都与它不能分离。""原始手工业的发展,对人类赖以生存的衣、食、住、行产生了极大的影响,也逐渐改变了原始落后的生活方式,使人类一步一步向文明迈进。"①如果没有原始社会的手工业发展作为基础,文明恐怕无从产生和发展。那么,也只有当原始手工业发展到一定程度后,以生产为目的的早期中国园林活动才可能出现。

"一般认为,中国的原始手工业开始于旧石器时代,发展于新石器时代,到了新石器时代晚期,其生产已初具规模。"②从手工业的发展情况来看,新石器时代早期是原始手工业兴起的时期。由于农业的发展,人类开始走向定居生活,为手工业的兴起创造了必要的条件;这个时期的手工业生产门类还不多,生产规模也很小。新石器时代中期以后,手工业生产的范围逐步扩大,生产水平也逐渐提高。由于在长期实践中积累了丰富的经验,手工业制作水平也有了很大的进步,因而,手工业品的质量也随之提高,甚至在某些门类,如制骨、制玉等,还出现了精致的工艺品。到了新石器时代晚期,制陶业"已从农业中分离出来,成为独立的手工业生产部门"③;金属冶铸也开始出现,作为新的手工业生产部门逐步兴起。"金属的冶炼,显露了文明的曙光",促使"社会生产力发生了质的变化,社会从石器时代进入了铜石并用时代"。④ "至此,我国的原始手工业生产,开始进入一个新的历史时期,各种手工业生产部门进一步从农业中分离出来,生产也进一步获得发展,从而创造了人类的物质文明时代。"⑤

其一,原始手工业与中国园林起源的关系,体现在原始农业与手工业发展的相互促进上,这为先民们进行以生产为目的的早期园林活动提供了物质基础。

---

① 蔡锋:《原始手工业对人类生活的影响》,《河南科技大学学报》(社会科学版)2004年第2期。
② 王心喜:《浙江的原始手工业及其对社会的影响》,《杭州教育学院学刊》(社会科学版)1988年第1期。
③ 李友谋:《我国的原始手工业》,《史学月刊》1983年第1期。
④ 王心喜:《浙江的原始手工业及其对社会的影响》,《杭州教育学院学刊》(社会科学版)1988年第1期。
⑤ 李友谋:《我国的原始手工业》,《史学月刊》1983年第1期。

原始手工业的兴起以原始农业的发生为前提,其发展需要原始农业生产提供物质基础和条件。由于原始农业的发展,人们的社会生活内容日益丰富,于是对各种手工业制品提出了更多和更高的要求,这就为增加手工业生产的门类、扩大手工业产品的用途、发展手工业生产创造了条件。从目前的考古资料看,原始手工业的兴起基本上都是出现在原始农业发生并具有一定的生产基础之后。如"考古发现的木作遗迹、遗物,是在新石器早期文化中出现"①。只有原始农业发生并发展到一定程度以后,人们逐渐走向定居生活而建立农业村落,房屋的建筑、木质工具和生活用具的制作才成为当时人们生产、生活的必需品。制陶业的产生和发展也是这种情况,由于人们进入了定居生活,原始农业生产成为人们经济生活的主要来源,人们就需要有与此相适应的生产生活用具。考古发现表明,早期陶器生产只限于人们常用的炊煮、饮食等器具,裴李岗文化遗址出土的鼎、罐、壶、钵、碗、瓢等都属于此类。

原始农业的发展需要原始手工业的支持。因为手工业的发展,可以促进生产工具制作的改进与提升,以此提高生产力,从而推动农业生产的发展。"农业生产新发展的重要标志,是农具的改进。"②例如,在旧石器时代,如果没有原始石器的加工制作,人类也就谈不上进行狩猎、捕鱼、采集等生产活动,至少将会遇到很大的困难;到旧石器时代晚期,由于弓箭的发明,狩猎经济生产进入一个新的阶段。新石器时代,如果没有制石、制骨和木作业的原始手工业生产基础,也谈不上有原始农业的生产活动;到新石器时代晚期,由于金属冶铸这一新的手工业部门产生,社会生产力发生了质的变化,出现了新的因素,从而进一步推动了生产的发展,社会产品占有不均的现象也逐渐产生,阶级因之出现,文明的曙光开始闪现。

其二,原始手工业与中国园林起源的关系,体现在原始手工业发展带来的生产工具与生产技术的进步上,这为先民们进行以生产为目的的早期园林活动提供了技术支撑。

"生产的变化和发展始终是从生产力的变化和发展,首先是从生产工具的

---

① 李友谋:《我国的原始手工业》,《史学月刊》1983 年第 1 期。
② 王心喜:《浙江的原始手工业及其对社会的影响》,《杭州教育学院学刊》(社会科学版)1988 年第 1 期。

变化和发展开始的。"①从某种意义上来说,人类的物质生产活动,可以说是从手工业领域里首先发生的,先民们物质生活中的许多方面都与它不能分离。早期的园林活动,本质上是一种物质生产活动,是先民们对原始农业生产的拓展,是与原始手工业对生产工具的改进进而促进生产技术的发展分不开的。但以生产为目的的早期园林活动又高于一般性的原始农业生产,它的发生既建立在原始农业生产发展的物质基础之上,又需要木作业、纺织业等相关原始手工业门类提供技术支撑。

当原始农业生产已经占据生活的主导地位,并在养活众多人口之余有了剩余产品时,先民们在居住的村落与宅院周围专门开辟园圃,种桑植麻,养禽牧畜,扩大原始农业生产范围。那么这些园圃就需要利用与木作业相关的营造技艺建造一定的防护设施,保护先民们的生产活动不受野兽的侵袭,避免自然灾害的破坏,以保证一定量的农业产出。新石器时代中期的裴李岗文化遗址,已发现有半地穴式的简单木结构房屋建筑;河姆渡文化遗址则发现有复杂的木结构建筑房屋,使用了大量的圆木、仿木木桩,打在沼泽地上作为基础,上架梁架以承托地板,然后再立木柱,架梁,构成干栏式木结构建筑;垂直相交的榫卯结构已经开始使用,"反映了当时的木结构技术已达到相当高的水平"②。这些都为园林的发生提供了技术支撑。

原始纺织业关乎先民们的穿衣问题。《礼记·礼运》云:"昔者先王未有宫室,冬则居营窟,夏则居橧巢。……未有麻丝,衣其羽皮。"③《论衡·齐世》云:"又见上古岩居穴处,衣禽兽之皮……"④在旧石器时代晚期的山顶洞遗址中就发现有缝制兽皮的骨针。随着原始手工业的发展,新石器时代早期遗址开始发现陶片加工而成的纺轮,如河南境内的裴李岗文化莪沟遗址,但数量还不多;新石器时代中期遗址,如河南境内的仰韶文化遗址,已经有大量纺轮出现,同时还发现有布纹的痕迹,这些布纹痕迹每平方厘米有经纬线各十根左右,但一般认

---

① 中共中央马克思恩格斯列宁斯大林著作编译局编:《斯大林选集》(下卷),人民出版社 1979 年版,第 444 页。

② 浙江省文物管理委员会、浙江省博物馆:《河姆渡遗址第一期发掘报告》,《考古学报》1978 年第 1 期。

③ 〔汉〕郑玄注,〔唐〕孔颖达疏,龚抗云整理,王文锦审定:《礼记正义》,北京大学出版社 1999 年版,第 668 页。

④ 〔汉〕王充著,陈蒲清点校:《论衡》,岳麓书社 1991 年版,295 页。

为这是用野生纤维捻线织成的麻布;而在"新石器时代晚期文化遗址内,几乎都有大量的纺轮出土,不仅有陶质的,也有石质和木质的"[1],纺织不仅用麻,而且开始用丝。随着原始纺织业的发展,先民所用的骨针、骨锥等缝纫工具更加精致。到了铜石并用时代,齐家文化遗址中还出土了铜锥之类的缝纫工具和大量的铜刀等可用来切割布帛丝麻一类的工具。[2] 我们有理由推测,随着纺织与缝纫工具的成熟,野生的桑麻采集必然无法满足人们的需求,先民们需要开辟专门的园圃,通过人工种植来提高桑麻的产出,这可以被认为是以生产为目的早期园林活动的雏形。

因此,原始手工业的发展,一方面与原始农业生产相互促进,为中国园林的发生提供了物质基础;另一方面带来了生产工具与技艺的进步,为中国园林的发生提供了技术支撑。

(三)私有制的产生

"一切文明民族都是从土地公有制开始的。在已经越过某一原始阶段的一切民族那里,这种公有制在农业的发展进程中变成生产的桎梏。它被废除,被否定,经过了或短或长的中间阶段之后转变为私有制。"[3]

我国历史上经历了漫长的原始社会,"直至仰韶文化时期,人们还处于母权制氏族公社的阶段"[4]。这一时期,人们以农业生产为主,从事原始的锄耕农业,定居生活较为稳定,但是渔猎和采集在社会生活中还占有一定的地位。生产工具很简陋,多为石质的刀、斧、锛、凿一类的工具,而且打制石器还占一定比例。由于生产力仍很低下,人们只有依靠集体的力量才能保障自身的生存与发展。因而,人们以血缘亲属关系为纽带组成原始的氏族公社。生产资料和财产,如土地、家畜、住房、贮藏窖等都属于氏族公有,实行男女分工的集体生产,氏族成员打猎捕鱼或种地所得的一切都要归到公共储藏室,并由主妇统一分配给家庭,分别消费。西安半坡村落遗址模型(图1-1)形象地反映了这一社会形式:

---

① 王晓:《浅谈我国原始社会纺织手工业的起源与发展》,《中原文物》1987年第2期。

② 孙淑芸、韩汝玢:《中国早期铜器的初步研究》,《考古学报》1981年第3期。

③ 中共中央马克思恩格斯列宁斯大林著作编译局编译:《马克思恩格斯文集》(第九卷),人民出版社2009年版,第145页。

④ 魏勤:《从大汶口文化墓葬看私有制的起源》,《考古》1975年第5期。

在一栋为氏族成员公共活动的大房子的旁边,排列着若干小型的住房,小房子的门对着那所大房子;在居住区的外边,还有一条防御用的壕沟;整个村落按完整的布局构成一个整体,每个小房子都是整体的一个不可分离的组成部分;在村落遗址的附近,往往还发现有氏族的公共墓地。"这种原始类型的合作生产或集体生产显然是单个人的力量太小的结果"①,"是由当时生产力水平极其低下、没有剩余产品这种情况决定的"②。

图 1-1　半坡村落遗址模型(引自半坡博物馆编:《半坡遗址画册》,陕西人民美术出版社1987 年版,第 18 页)

这一时期,社会生产力水平也相对较低,农产品的数量有限,很少有剩余,社会分工也不发达;个别家庭直接是氏族公社的构成成员,土地、粮食等生产与生活资料归集体共有。在这样一种社会生活和经济条件下,先民们没有余力与条件在其住所周围开辟人工园圃。

"剩余产品的较多出现,使财产的私有成为可能"③,"私有制是随着物质生

① 中共中央马克思恩格斯列宁斯大林著作编译局编译:《马克思恩格斯文集》(第三卷),人民出版社 2009 年版,第 573~574 页。
② 沙健孙:《马克思恩格斯关于原始社会历史的理论及其启示》,《思想理论教育导刊》2016 年第 7 期。
③ 李朝远、成岳冲:《试论中国私有制的起源》,《宁波师院学报》(社会科学版)1986 年第 1 期。

产的发展和剩余产品的出现而产生的"①。随着生产工具和生产技术的改进,原始农业生产逐渐满足了人们的需要并且有了较多的剩余产品,为私有制的出现提供了可能。"那么,剩余产品转化为私有财产的真正桥梁是什么呢?是占有。"②"私有财产的真正基础,即占有。"③此时,几十个人在一起集体劳动,已经不再是生产上的必需,而由小家庭进行的个体生产开始成为可能。劳动方式的改变引起了产品分配方式的变化,与生产的家庭经营相联系,各个家庭开始有了或多或少的财产积累,产生了对产品的占有,私有制随之出现。由于各个家庭的劳动力强弱多寡、生产技能的高低和其他生产条件的优劣不同,他们之间的财产差别开始发展起来,随私有制而来的贫富差距逐渐显现。

"无论在古代或现代民族中,真正的私有制只是随着动产的出现才开始的。"④"猪等牲畜和个人使用的生产工具最早成为个人私有的生产资料。"⑤在仰韶文化遗址的公共墓地里,各个墓葬的随葬品不多,差别不大,说明当时的社会还未发生贫富分化。而在随后的大汶口文化遗址则发现了数量差别极大的猪头、猪下颌骨以及生产工具的随葬现象,说明当时的社会已经发生贫富分化。贮藏之用的窖穴的布局变化也反映了所有制的变化,较早阶段的窖穴大多数密集在一起,是氏族公社共同劳动、集体消费的产物,尚无家庭和家庭贮藏。"到了(原始社会)后期,尤其是龙山文化和齐家文化阶段,窖穴已经分散了,多在住宅内部和房前屋后,说明此时已经出现了个体家庭,它是独立的生产单位,也是独立的贮藏和消费单位,因此窖穴也私有化了。"⑥"各个家庭家长之间的财产差别,炸毁了各地迄今一直保存着的旧的共产制家庭公社;……耕地起初是暂时地,后来便永久地分配给各个家庭使用,它向完全的私有财产的过渡,是逐渐

---

① 赵文艺:《略谈私有制在我国的起源》,见中国民族学会编:《民族学研究》(第八辑),民族出版社 1986 年版,第 135 页。

② 李朝远、成岳冲:《试论中国私有制的起源》,《宁波师院学报》(社会科学版)1986 年第 1 期。

③ 中共中央马克思恩格斯列宁斯大林著作编译局编译:《马克思恩格斯全集》(第三卷),人民出版社 2002 年版,第 137 页。

④ 中共中央马克思恩格斯列宁斯大林著作编译局编译:《马克思恩格斯文集》(第一卷),人民出版社 2009 年版,第 583 页。

⑤ 宋杰:《试论原始社会个人所有制与私有制的起源》,《北京师院学报》1980 年第 2 期。

⑥ 宋兆麟:《我国的原始农具》,《农业考古》1986 年第 1 期。

进行的。"①土地、森林、草场等不动产,"是在原始社会的末期,甚至是进入奴隶社会之后,才逐渐变为私有财产的"②。

随着私有制的产生,土地逐渐分配给家庭自耕自收,房屋、园地及牲畜、农具等也归各家所私有,这时就可以在私有房屋近旁或分配给他耕种的土地上,种植瓜蔬以供食用,种桑植麻进行商品交换。这就有可能或者说具备了产生宅旁园圃的条件,这样的园圃也已经拥有了中国园林原初的生产功能。

此外,先民的祭祀活动源于原始自然崇拜,而祭祀的场所也总是选择在与农业生产有关的场地上,如树林中、田地旁等。当园圃出现以后,祭祀活动也会选择在其中进行。而且,随着生产实践的发展,许多自然物美的因素开始显现。考古发掘出的陶器造型与装饰纹样中,出现了动植物的题材。虽然其中包含了某种祈求丰产的巫术观念,但也显示其逐渐进入了先民们的审美视野。私有制带来的贫富分化使部分社会成员脱离农业生产,这一富裕阶层也逐渐以超越物质生产的眼光看待周围的环境,开始将园圃中的动植物视为混合着神秘与美的对象,祭祀与游赏在园圃中建立了联系。如祭祀与游赏兼而有之的"桑林",而夏商之通神高台到两周逐步发展成游观为主的苑台园林也与此相关。园圃内的栽植与牧养等活动,一旦兼作观赏的目的,便会向着配置有序化的方向发展,使园圃逐步走向具有完备功能的园林。

可见,至迟在新石器时代晚期的龙山文化时期,先民们已经开始了以生产为目的的早期园林活动。其中,原始农业的发达为中国园林的发生提供了物质基础,原始手工业的发展为中国园林的萌芽提供了技术支撑,而私有制的出现则为先民们以生产为目的的早期园林营造提供了社会制度上的保证。这一时期出现的脱离劳动的富裕阶层,开始从超越物质生产的角度看待早期园林,园林的主要功能——游赏开始萌芽。

另外,"五帝时代约当龙山时代"③,战国著述《山海经》《穆天子传》皆记载

---

① 中共中央马克思恩格斯列宁斯大林著作编译局编译:《马克思恩格斯文集》(第四卷),人民出版社 2009 年版,第 183 页。

② 张景贤:《关于我国私有制和阶级起源的几个问题》,《河北大学学报》(哲学社会科学版)1978 年第 2 期。

③ 李先登:《五帝时代与中国古代文明的起源》,《中原文物》2005 年第 5 期。

有"黄帝悬(玄、县)圃"的传说。① 汉以后,史籍著录记载渐多,《韩诗外传》《淮南子》《十洲记》《白虎通》《拾遗记》以及道家经籍《太平经》《洞神经》《丹壶记》等都谈及此,以至于某些学者称中国园林以"黄帝之圃为滥觞"②。但"古史是后儒一层层地垒造而成"③,司马迁编纂《史记》时已深感"百家言黄帝,其文不雅驯,荐绅先生难言之"④。而关于悬圃的描述也随着年代日久而渐趋复杂,增饰颇多以至繁缛,明显带有书者所处时代宫苑园林的烙印。但剔除传说中的臆造成分,这确实可作为龙山文化时期中国境内已经有了早期园林活动的证明。

三、河南与中国园林起源的关系

无论从文献还是中国文化的结构特征来看,中国园林的源头不会像"满天星斗"那样均匀分布,而是有其重心和主流。因为,"中国文明的起源都不是像希腊、意大利城邦那样星罗棋布,各自保持相对独立,大一统的观念和强烈的中原民族意识,……是流传久远并且非常清楚的"⑤。那么,在中国文明形成的进程中,文明中心区所发生的园林萌芽,必然会伴随中心文化的强势传播而得到周围其他类型文化的认同,遂成为中国园林的源头与主流。

(一)河南与中国文明形成

"中国古代的传统文化,自新石器时代晚期,就已在中原一带形成强大的文化核心。"⑥而在历史上,"一般意义的中原地区则包括今河南省全部和陕西东部、山西中南部、河北南部,即黄河中下游之间地区","严格意义的中原地区主要指以伊洛河流域为中心的洛阳盆地及其周边地区"⑦。可见,"古代河南亦即

① 张耘点校:《山海经·穆天子传》,岳麓书社2006年版,第28、212页。
② 陈植:《造园学概论》,商务印书馆1934年版,第15页。
③ 刘光胜:《从信古到释古:中国古史研究的基本趋势》,《中国社会科学报》2014年12月3日。
④ 〔汉〕司马迁撰:《史记》,中华书局1959年版,第46页。
⑤ 丁新:《中国文明的起源与诸夏认同的产生》,南京大学博士学位论文2015年,第7页。
⑥ 李宏:《重构古国历史 再铸中原文明——读马世之〈中原古国历史与文化〉》,《中原文物》1999年第3期。
⑦ 宋豫秦等:《中国文明起源的人地关系简论》,科学出版社2002年版,第197页。

中原文明的代表"①。

"在中国文明形成多元一体的格局中,中原文化具有中心地位和主导作用。"②事实上,在新石器时代中期,中原地区就最先崛起了由东向西的磁山文化—裴李岗文化—老官台文化(白家文化)—李家村文化,并相互联系形成了一个较大的文化区域,称为前仰韶文化。在新石器时代晚期的仰韶文化时期,由老官台(白家文化)—李家村文化发展而来的仰韶文化半坡类型③向北发展,覆盖到陕北和鄂尔多斯地区,并同时沿着黄河向东扩展到今洛阳以西一带,另外还经汉水流域影响到南阳盆地;而由磁山文化—裴李岗文化发展而来的仰韶文化下王岗和后岗等类型④则扩展到豫北、晋南、晋中、鲁东北、冀北和内蒙古南部等广大地区。上述两个地区又经过较长时间的激荡和交互影响,形成发展态势强劲的仰韶文化庙底沟类型,并迅速向四周扩展,北部达到河套地区,南端影响汉水中游和湖北北部地区,东部进入华北平原的北部,西部伸展到甘肃湟水流域,进而在仰韶文化末期形成影响更为广泛的庙底沟二期文化。"在其影响下,在渭水中、下游流域,豫西和晋中、晋南地区这一广大范围内形成了具有比较统一的文化面貌的文化区域。"⑤中原地区的仰韶文化以其分布广泛、延续长久、内涵丰富、影响深远而成为中国新石器时代文化中的主干之一。

考古发掘也证明了仰韶文化对其周边文化的巨大影响作用。大汶口文化与仰韶文化是大体并行发展的两支原始文化,而大汶口文化刘林、大墩子墓葬中的彩陶盆、钵,无疑受到仰韶文化的影响。长江中游大溪文化中期的卷唇盆、敛口钵与仰韶文化相同,器盖上的把钮与半坡尖底瓶口形状一致,关庙山遗址出土的彩陶花纹中也有与庙底沟类型特征相同的元素。黄河上游甘青地区的马家窑文化,是仰韶文化中晚期向西发展所形成的一个地区性支系。而远处辽

① 杨育彬、孙广清:《从考古发现谈中原文明在中国古代文明中的地位》,《中原文物》2002 年第 6 期。

② 范毓周:《中原文化在中国文明形成进程中的地位与作用》,《郑州大学学报》(哲学社会科学版)2006 年第 2 期。

③ 石兴邦:《前仰韶文化的发现及其意义》,见《中国考古学研究——夏鼐先生考古五十年纪念论文集》(二集),科学出版社 1986 年版,第 12 页。

④ 石兴邦:《前仰韶文化的发现及其意义》,见《中国考古学研究——夏鼐先生考古五十年纪念论文集》(二集),科学出版社 1986 年版,第 12 页。

⑤ 徐光春:《中原文化与中原崛起》,河南人民出版社 2007 年版,第 56~57 页。

河上游的红山文化也含有仰韶文化的纹饰和器形,甚至被人看作仰韶文化向东北发展的地方支系。"总之,仰韶文化在长达两千年的历史行程中,逐渐形成为中华民族原始文化的核心部分。"①"中原文化在这一时期不仅是当时处于中心地位的强势文化,而且在当时中国境内各类文化的发展态势中起着明显的主导作用。"②

随后的龙山文化时期,由于文化面貌、分布区域和渊源的不同,分为山东龙山文化与中原龙山文化。山东龙山文化脱胎于与仰韶文化时代接近的大汶口文化,而中原龙山文化则直接继承自仰韶文化。从已有的考古资料可以看出,原来属于大汶口文化范畴的河南东部地区在中原龙山文化影响下,形成了面貌接近中原文化的王油坊文化;中原龙山文化中的王湾三期文化甚至向南深入江汉平原,导致了当地的强势文化石家河文化的衰亡,显示了中原龙山文化的强大扩张力量。可见,"到了龙山时代的后期,中原龙山文化已经构成当时中国境内诸文化的核心,以中原为中心的文化发展态势和割据已经形成"③。后来,中原龙山文化的王湾类型"发展为早期青铜时代的二里头文化。……即是夏代夏族的文化"④。"从文化意义上讲,夏王朝的建立从根本上确立了中原文化在整个中华文化格局中的正统位置。"⑤而山东龙山文化衰落之后代之而起的岳石文化,年代与中原地区的二里头文化相当,已经进入了夏代范围之内,但"似乎较之前者倒退了一大截"⑥。

与龙山文化同时期,长江中游继城背溪文化、大溪文化、屈家岭文化之后,发展起来的石家河文化,"发达的程度可以与中原龙山文化相媲美"⑦,但在中原龙山文化进入江汉平原后,逐步被二里头文化二期夏文化所取代⑧。其后的

---

① 中国大百科全书总编辑委员会编:《中国大百科全书》(考古学),中国大百科全书出版社 2002 年版,第 602 页。

② 范毓周:《中原文化在中国文明形成进程中的地位与作用》,《郑州大学学报》(哲学社会科学版)2006 年第 2 期。

③ 范毓周:《中原文化在中国文明形成进程中的地位与作用》,《郑州大学学报》(哲学社会科学版)2006 年第 2 期。

④ 严文明:《中国史前文化的统一性与多样性》,《文物》1987 年第 3 期。

⑤ 王保国:《"夷夏之辨"与中原文化》,《郑州大学学报》(哲学社会科学版)2009 年第 5 期。

⑥ 张玉石:《史前城址与中原地区中国古代文明中心地位的形成》,《华夏考古》2001 年第 1 期。

⑦ 江林昌:《中国早期文明的起源模式与演进轨迹》,《学术研究》2003 年第 7 期。

⑧ 李伯谦:《长江流域文明的进程》,《考古与文物》1997 年第 4 期。

盘龙城已是商文明的有机组成部分,与石家河文明没有联系,在长江中游代之而起的是夏商文明。长江下游继河姆渡文化、马家浜文化、崧泽文化之后,发展起来的良渚文化,年代与中原龙山文化大致相当,其"文明已处于一个相当辉煌的阶段"①。但在公元前两千年左右,即相当于中原夏王朝初始,良渚文明突然消失了。直至三四百年以后,该区域才又出现越文化的前身马桥文化和吴文化的前身湖熟文化,但其文明程度并不高于良渚文明。可见,长江下游的良渚文明在夏商周时期便开始衰落了。同样,长江上游的三星堆文明也是在商周交替之际,正当其发展的高峰时,突然从成都平原消失了。

"仰韶文化晚期与中原龙山文化,与历史传说的五帝时代及其活动范围基本一致。紧接五帝之后便是夏商周三代的前后连续。而夏商周三族文化又都源于中原龙山文化。"②从历史学角度看,中原地区由五帝时代到夏朝的建立,再到商周文明的繁荣发展,前后是紧密相连的。从考古学角度看,仰韶文化、龙山文化、夏商周三族文化存在着前后承继关系。中国文明以中原地区为中心,有关城市、礼仪中心、青铜器、文字等文明要素,经历了由初始到壮大、由简单到丰富的一脉相承的发展过程。在此基础上,才出现了此后的秦汉统一帝国,乃至于魏晋、隋唐、宋、元、明、清等朝代的繁荣。故而,"中原文化成为促进中国境内各种文化交会激荡产生的摇篮,直接推动了中国文明的形成进程"③。以河南地区为中心的中原文明是中国古文明的主流,悠悠五千年奔流不息,从未间断。

(二)认同与中国园林起源

中国园林的发生,不晚于新石器时代晚期的龙山文化时期。同一时期,除中原龙山文化外,中国境内还存在山东龙山文化、马家浜文化、良渚文化以及远在成都平原的三星堆文化等其他类型的文化。这些文化类型与中原龙山文化相比,文明程度相类似,且各有特点。可以说,龙山文化时期中国境内所存在的各文化类型都有可能产生形态各异的早期园林活动。由于年代过于久远,且无遗迹留存,从考古学上分辨其出现的先后顺序已不可能;而充斥各种古代文献

的神话传说般的描述,后人主观臆断的叠加多于客观实际的记录。但是,在各类型的文化中可能出现早期园林活动却是一个不争的客观事实,它只要经历一个主客观相统一的认知过程——认同,就会融入古代主流文化而成为中国园林起源。也就是说,无论哪种类型的文化中出现早期园林活动,只要能获得周围其他类型文化的认同,能融入古代主流文明而流传至今,就是中国园林的起源。

认同,"可理解为确认并赞同,或者是承认并接受"①。认同是以自我为中心的。一方面,认同是对自我身份的寻找和确认。认同的过程,就是人们通过他人或社会确认自我身份的过程,也就是在自我之外寻找自我、反观自我的过程。换句话说,认同不过是认同者从别人或社会那里折射出来的自我而已。另一方面,认同的目的是使自我的身份趋向中心。如果说,认同产生危机是自我的被边缘化,那么认同则是自我向中心的自觉趋近。经历了仰韶文化晚期与龙山文化时期的激荡,"地处黄河中下游流域的中原文化,在历史发展过程中最终形成最强势的核心文化"②。而周围其他类型的文化在中原文化的冲击与影响下,不可避免地以其为观照,重新对自我的身份进行寻找和确认。这一过程中,在中原强势文化的吸引下,"逐步出现了前所未有的以中原为中心的文化趋同现象"③,也就是其他类型的文化出现向核心文化的自觉趋近,亦即对中原文化产生认同。

认同包括多种类型,"但核心是文化认同"④。文化认同的依据是"使用相同的文化符号、遵循共同的文化理念、秉承共有的思维模式和行为规范"⑤。例如,"就中原的几支龙山文化而言,其生产工具、生活物品、风俗习惯显示了它们彼此之间存在着文化上的共同特征,即共性。诸类型的龙山文化显然已经建立起了文化认同"⑥。也就是说,随着其他类型的文化对中原文化的认同,龙山文化时期的"中原与周围地区的文化面貌日趋一致,有着更多的共同特征和相互

---

① 崔新建:《文化认同及其根源》,《北京师范大学学报》(社会科学版)2004年第4期。
② 范毓周:《从考古资料看黄河文明的形成历程——兼论中原地区文化的地位与作用》,《黄河文明与可持续发展》2013年第1期。
③ 王冠英:《中国文明起源与早期国家学术讨论会纪要》,《历史研究》2001年第1期。
④ 崔新建:《文化认同及其根源》,《北京师范大学学报》(社会科学版)2004年第4期。
⑤ 崔新建:《文化认同及其根源》,《北京师范大学学报》(社会科学版)2004年第4期。
⑥ 丁新:《中国文明的起源与诸夏认同的产生》,南京大学博士学位论文2015年,第12页。

联系,这就充分说明我国统一的民族文化正在形成"①。那么,中原地区的先民们进行的以生产为目的的早期园林活动,也就作为一种文化认同融入正在形成的统一的民族文化中延绵下来,成为中国园林的重心与主流。

基于上文所述可以得出结论,至迟于新石器时代晚期的龙山文化时期,已经开始在中原地区出现以生产为目的的早期园林活动,并作为强势的核心文化——中原文化的一部分,为周围其他类型的文化所认同,成为中国园林的起源。而河南地区作为狭义上的中原,亦可认为是中国园林的摇篮。

四、河南园林的最初形式

中国园林的最初形式,除了以"黄帝之圃为滥觞"②的观点,也有人称"是以与人类生活有直接关系的宅旁、村旁绿地的形式出现的"③,亦有人认为"台是中国园林的开端"④,更有人认为"我国园林的最初形式是囿"⑤。对于此,学者颇多质疑。且不论"黄帝悬圃"传说中后人之牵强附会,就《史记》所载"邑于涿鹿之阿。迁徙往来无常处,以师兵为营卫"⑥的说法,即表明黄帝之"邑"仅是迁徙不定的较大型聚落,出现文献中所述之专供游赏园林的条件尚不成熟。而台者,"持也,筑土坚高,能自胜持也"⑦。"积土四方而高者名台"⑧,"台上有木起屋者名榭"⑨。《月令·仲夏》云:"可以处台榭。"⑩谓此也。营台可观天文,察四

---

① 杨育彬、孙广清:《从考古发现谈中原文明在中国古代文明中的地位》,《中原文物》2002年第6期。

② 陈植:《造园学概论》,商务印书馆1934年版,第15页。

③ 王公权、陈新一、黄茂如等:《试论我国园林的起源》,《园艺学报》1965年第4期。

④ 汪菊渊:《我国园林最初形式的探讨》,《园艺学报》1965年第2期。

⑤ 汪菊渊:《我国园林最初形式的探讨》,《园艺学报》1965年第2期。

⑥ 〔汉〕司马迁撰:《史记》,中华书局1959年版,第6页。

⑦ 王国珍:《〈释名〉语源疏证》,上海辞书出版社2009年版,第212页。

⑧ 〔晋〕郭璞注,〔宋〕邢昺疏,李传书整理,徐朝华审定:《尔雅注疏》,北京大学出版社1999年版,第127页。

⑨ 〔晋〕郭璞注,〔宋〕邢昺疏,李传书整理,徐朝华审定:《尔雅注疏》,北京大学出版社1999年版,第127页。

⑩ 〔汉〕郑玄注,〔唐〕孔颖达疏,龚抗云整理,王文锦审定:《礼记正义》,北京大学出版社1999年版,第507页。

时,推算农事节气;也可眺四野,行游乐,调节劳作闲逸。故曰:"国之有台,所以望氛祲,察灾祥,时观游,节劳佚也。"[1]"夏启有钧台之享"[2],殷纣有鹿台之苑。"然而,单独一个台只是一种构筑物,有时也成为囿中设施之一(如殷沙丘的苑、台并称),但并不成为园林的形式。"[3]至于"宅旁、村旁绿地"以及"囿"的观点,前者称"绿地"是为改善生态环境的说法显然已超越原始人类之理解范围,而后者无论功能还是形式都已相当成熟,与"最初"之称谓极不相称。

(一)宅园场圃

农业生产是早期园林的原初功能,在定居生活占主导地位的原始村落中,早期园林以宅园场圃的形式体现出来。此后,随着中国园林的日渐成熟,生产功能虽退居其次,但仍为后世所沿袭。遑论秦汉,以至唐宋,皇家园林里都进行过"观刈麦"等象征生产的园林活动。

采集和渔猎是原始社会先民们最初的食物来源。《淮南子·修务训》云:"古者,民茹草饮水,采树木之实,食蠃蚘之肉。"[4]意即此也。这种情况下,时人"多疾病毒伤之害。于是神农乃始教民播种五谷,相土地宜燥湿肥硗高下;尝百草之滋味,水泉之甘苦,令民知所辟就"[5]。原始农业发生后,谷物、蔬果逐渐为人们所栽培,畜禽也逐渐为人们所驯养,先民们逐渐定居下来,村落因之形成。此后,社会生产力取得很大发展,社会关系也相应产生变化,私有制随之出现。以此为条件,先民们开始在居所附近的私有土地上种桑植麻、养禽牧畜,扩大再生产,而这种生产方式也逐渐为人所重视,遂形成大量的宅园场圃。而在开垦、种植的过程中,先民们会根据积累的生产与生活经验,自觉或者不自觉地对生活环境进行一系列的选择、改造、安排与营建,使庄稼、果蔬、林木以及各种家禽、家畜等合理地集结在先民们的居住区周围,以便对土地进行集约利用,产生高效的生产效益,成为先民们生产与生活可持续的物质保障。"在汉字中,'庄

---

① 〔宋〕朱熹集传:《诗经》,上海古籍出版社 2013 年版,第 354 页。
② 〔周〕左丘明传,〔晋〕杜预注,〔唐〕孔颖达正义,浦卫忠等整理,胡遂等审定:《春秋左传正义》,北京大学出版社 1999 年版,第 1200 页。
③ 汪菊渊:《我国园林最初形式的探讨》,《园艺学报》1965 年第 2 期。
④ 何宁撰:《淮南子集释》,中华书局 1998 年版,第 1311 页。
⑤ 何宁撰:《淮南子集释》,中华书局 1998 年版,第 1311~1312 页。

稼'的'稼'和'稼穑'的'稼'之所以是'家'与'禾'的结合,也是一个很好的说明。"①

同时,随着原始农业与手工业分工的形成,这里也是先民们制陶、纺织以及磨制石器、骨器的场所。此外,先民们也会在生产之余,于这些宅园场圃之中或者附近召开集会、举行祭祀,开展各种公共活动。而这又会驱使先民们以更方便、舒适的目的对宅园场圃进行合理的布局,以便与村落中的茅宅田舍更好地结合,也在无意之中起到美化居住环境的作用。宅园场圃不仅在客观上改善了人们的居住环境,保证了各种室外活动(纺织、制陶、石器与骨器琢磨及集会、祭祀等)的开展,而且也是人们的一种生产手段(林木、果蔬、桑麻、禽畜等)。

这样,先民们为着生产、生活的需要而建立的宅园场圃就具备了中国园林的原初功能,并作为生产活动发展了起来,成为生活经验流传了下去。

史籍中,古人多将"园圃""园圃"和"场圃"并称,还有所谓"场圃同地"或"前场后圃"的记述,都是对早期村落宅园场圃的文字表征,是与田地和住宅为邻、园圃和茅舍相依的历史情景的集中表述。"甲骨文'场''圃'几乎完全同形及古人有所谓'场圃同地'的说法,更是非常有力的佐证。"②至商周时,这种形式已经十分普遍。《诗经》之《国风》中不乏相关记载。《诗经·郑风·将仲子》:"将仲子兮! 无逾我里,无折我树杞。……将仲子兮! 无逾我墙,无折我树桑。……将仲子兮! 无逾我园,无折我树檀。"③《诗经·卫风·伯兮》:"焉得谖草? 言树之背。"④《诗经·郑风·东门之墠》:"东门之栗,有践家室。"⑤《诗经·陈风·东门之枌》:"东门之枌,宛丘之栩。子仲之子,婆娑其下。"⑥《诗经·鄘风·定之方中》:"定之方中,作于楚宫。揆之以日,作于楚室。树之榛栗,椅桐梓漆,爰伐琴瑟。"⑦诗中所记之枸杞、桑、枌、栗、榆、榛、梧桐、梓、漆、栝楼、萱草等植物,除农业生产目的外,也有为了制作手工业产品用于商品交换的

---

① 倪祥保:《中国古代园林的发生学研究》,《中国园林》2009 年第 12 期。
② 倪祥保:《中国古代园林的发生学研究》,《中国园林》2009 年第 12 期。
③ 〔宋〕朱熹集传:《诗经》,上海古籍出版社 2013 年版,第 96~97 页。
④ 〔宋〕朱熹集传:《诗经》,上海古籍出版社 2013 年版,第 80 页。
⑤ 〔宋〕朱熹集传:《诗经》,上海古籍出版社 2013 年版,第 108 页。
⑥ 〔宋〕朱熹集传:《诗经》,上海古籍出版社 2013 年版,第 161 页。
⑦ 〔宋〕朱熹集传:《诗经》,上海古籍出版社 2013 年版,第 62 页。

功用,甚至有些只为纳荫乘凉,观花闻香,不一而足。故先民们对其生产与生活环境进行的选择、利用与安排、营建,显然在方便生产劳动的同时,也方便了日常生活,甚至是美化了生活境域。对此,古人朱熹深有认识:"场圃同地,物生之时则耕治以为圃而种菜茹,物成之际则筑坚之以为场而纳禾稼,盖自田而纳之于场也。……古者民受五亩之宅,二亩半为庐,在田,春夏居之;二亩半为宅,在邑,秋冬居之。"①也就是说,家在田中,亦在林旁,多有自然之致,亦即今人所谓之田园风光。这种生产与生活相结合的朴素形式,与当时人们从事农业生产及相应的生活现实密不可分,也可能是后世园居之始。

另外,从发生学意义上说,宅园场圃是中国园林处在初创时的水平状态,其中的生产观念和环境意识都相对朦胧而不完全自觉——比如种树,也许出于曾经在森林里生活所具有某种眷恋之情的无意识,也许是为了就近获取柴火,也许是为了在空旷的平地上标识自己的家园所在,也许还是为了某种登高瞭望或植物崇拜,其目的没有像养禽牧畜与植花种草那样直接明了——不是生产性的就是非生产性(观赏性)的。所谓不完全自觉,就是指中国园林发生的不少因素,开始主要是完全出于对生产与生活的需要,当时可能只有非常朦胧、极其简单的文化理念和审美因素在不自觉地起作用——在此基础上才逐渐形成相对自觉的文化理念与审美意识——由此引导中国园林建设逐渐进入相对自觉的发展阶段。

当下再去寻找这些园圃的遗迹已无可能,但就《诗经》中出现的"郑""卫""陈""鄘"等皆是河南故地来看,这种形式显然已在这块土地上延续了许多年。故而,宅园场圃可以被认为是河南园林的最初形式之一。

(二)桑林

"中国是世界上最早植桑、养蚕、缫丝的国家"②,"新石器时代的黄河流域和长江流域的桑树分布相当广泛"③。"在河南省荥阳县青台村一文化遗址,发现了一件5000年前的丝织品","在浙江省吴兴县钱山漾文化遗址发现有距今

---

① 〔宋〕朱熹集传:《诗经》,上海古籍出版社2013年版,第183页。
② 邓志强:《从汉字考释中管窥中国古代纺织文化》,《武汉科技学院学报》2006年第7期。
③ 赵丰:《丝绸起源的文化契机》,《东南文化》1996年第1期。

4700多年的精致丝带、丝绳和绸片"。① 史籍中的记载更是比比皆是。《绎史》卷五引《黄帝内传》云："黄帝斩蚩尤，蚕神献丝。"②王祯《农书》载："黄帝元妃西陵氏始劝蚕事。"③而"在《诗经》的305篇诗歌中，与蚕桑有关的就有27篇之多"④。可知，从五帝始直至夏商周三代，桑蚕业在我国已非常发达，是先民们主要的生产与生活资料。除生产功能之外，"从古史传说来看，桑林不啻是蚕的栖息地，而且与民俗活动亦有密切的关系"⑤。

其一，桑林是先民们祭祀天地、祈天求雨之地。

"古代祭祀之地称社，社必植树，而以树名社。"⑥所谓"社"，非一般祭祀之地，而是国家"营国建社"之地。《墨子·明鬼下》载："且惟昔者虞夏商周三代之圣王，其始建国营都，曰必择国之正坛，置以为宗庙；必择木之修茂者，立以为菆位。"⑦其注引刘逢禄云："菆位，社也。"⑧《太平御览》引《礼记外传》曰："国以民为本，人以食为天，故建国君民，先命立社。"⑨远古时期，先民们已于桑林或桑山中立社，殷人即以桑为社。⑩ 历史学家孙作云也说："殷人的社为什么叫'桑林'？我想这是因为他们把桑树当作神树，在社的前后左右广植之，因此他们的社叫作'桑林'。"⑪

桑林之称可追溯到尧舜时期。《淮南子·本经训》载："逮至尧之时，十日并出，焦禾稼，杀草木，而民无所食。猰貐、凿齿、九婴、大风、封豨、修蛇皆为民害。尧乃使羿诛凿齿于畴华之野，断修蛇于洞庭，禽封豨于桑林。万民皆喜，置尧以为天子。"⑫桑林在夏称台桑。《楚辞·天问》载："禹之力献功，降省下土四方。

① 蒋猷龙：《中国古代的养蚕和文化生活》，《浙江丝绸工学院学报》1993年第3期。
② 〔清〕马骕撰，王利器整理：《绎史》，中华书局2002年版，第35页。
③ 〔元〕王祯撰：《农书》，中华书局1956年版，第2页。
④ 金佩华：《中国蚕文化论纲》，《蚕桑通报》2007年第4期。
⑤ 赵丰：《丝绸起源的文化契机》，《东南文化》1996年第1期。
⑥ 余良杰：《论桑林与春秋时期婚姻之关系》，《江苏理工大学学报》1995年第3期。
⑦ 吴毓江撰，孙启治点校：《墨子校注》，中华书局1993年版，第340页。
⑧ 吴毓江撰，孙启治点校：《墨子校注》，中华书局1993年版，第360页。
⑨ 〔宋〕李昉编纂，夏剑钦校点：《太平御览》（第五册），河北教育出版社1994年版，第216页。
⑩ 余良杰：《论桑林与春秋时期婚姻之关系》，《江苏理工大学学报》1995年第3期。
⑪ 孙作云：《诗经与周代社会研究》，中华书局1966年版，第305页。
⑫ 何宁撰：《淮南子集释》，中华书局1998年版，第574~577页。

焉得彼涂山女,而通之于台桑?"①在殷名桑林。《吕氏春秋·顺民篇》载:"昔者汤克夏而正天下,天大旱,五年不收,汤乃以身祷于桑林。"②宋为殷商之后,也称桑林。《吕氏春秋·慎大篇》载:"武王胜殷,入殷,……立成汤之后于宋,以奉桑林。"注曰:"桑山之林,汤所祷也,故使奉之。"③在周名扶桑。《太平御览》引《春秋元命苞》云:"周本姜嫄游闭宫,其地扶桑,履大迹,生后稷。"④在鄘、卫之地,称桑中。《诗经·鄘风·桑中》曰:"爱采唐矣?沬之乡矣。云谁之思?美孟姜矣。期我乎桑中,要我乎上宫,送我乎淇之上矣。"⑤其在燕又称祖,齐称社稷,楚称云梦。故知"桑林"为正名,其他名称是异名。

上文《淮南子》所引后羿之传说,实则是上古苦旱的映象,后羿擒封豨(水神)于桑林(社),旱灾消弥,先民们将桑林与祭社祈雨巧妙地联系在了一起。殷承古俗,仍以桑林为神社之所在,遇大旱祈雨的雩祭,即在桑林举行。史所著称的汤以身祈雨的故事,便是发生在桑林。"桑林祷雨"又称"商汤祷雨",最早的文献记载见于《墨子·兼爱下》:"汤贵为天子,富有天下,然且不惮以身为牺牲,以祠说于上帝鬼神。"⑥《竹书纪年》云:"二十四年,大旱。王祷于桑林,雨。"⑦《吕氏春秋·顺民篇》载:"汤乃以身祷于桑林,曰:'余一人有罪,无及万夫。万夫有罪,在余一人。无以一人之不敏,使上帝鬼神伤民之命。'于是翦其发,酈其手,以身为牺牲,用祈福于上帝。民乃甚说,雨乃大至。"注曰:"桑林,桑山之林,能兴云作雨也。"⑧《淮南子·修务训》云:"汤旱,以身祷于桑山之林。"注曰:"桑山之林能兴云致雨,故祷之。"⑨在此,桑林即桑山之林的省称,亦即桑林之社的代称。故《艺文类聚》卷十二引《帝王世纪》又称汤"祷于桑林之社"⑩。

桑林中祭天祈雨的习俗在春秋战国时尚有记载。《左传·昭公十六年》载:

① 〔战国〕屈原著,汤炳正等注:《楚辞今注》,上海古籍出版社1996年版,第93页。

② 许维遹撰,梁运华整理:《吕氏春秋集释》,中华书局2009年版,第200页。

③ 许维遹撰,梁运华整理:《吕氏春秋集释》,中华书局2009年版,第356~357页。

④ 〔宋〕李昉编纂,夏剑钦校点:《太平御览》(第二册),河北教育出版社1994年版,第298页。

⑤ 〔宋〕朱熹集传:《诗经》,上海古籍出版社2013年版,第60页。

⑥ 吴毓江撰,孙启治点校:《墨子校注》,中华书局1993年版,第179页。

⑦ 王国维:《今本竹书纪年疏证》,辽宁教育出版社1997年版,第63页。

⑧ 许维遹撰,梁运华整理:《吕氏春秋集释》,中华书局2009年版,第200~201页。

⑨ 何宁撰:《淮南子集释》,中华书局1998年版,第1317~1318页。

⑩ 〔唐〕欧阳询撰,汪绍楹校:《艺文类聚》,上海古籍出版社1982年版,第222页。

"九月,大雩,旱也。郑大旱,使屠击、祝款、竖柎,有事于桑山。斩其木,不雨。"①有事,祭也;斩其木,焚树求雨也。今出土春秋战国青铜器上所铸图案(图1-2)也是相关文字记载的例证。在所示的图案中,我们可以看到一幢建筑物,似乎是祭祀的场所,或可称之为"社";社的四周种满了桑树,即所谓的"社林";社林之外,有人跪而焚树,浓烟滚滚。

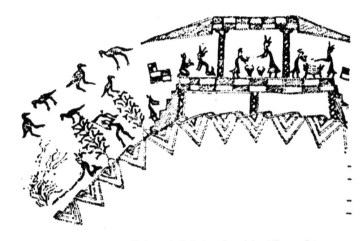

图1-2 战国铜器花纹(引自张光直:《中国青铜时代·二集》,
生活·读书·新知三联书店1990年版,第53页)

其二,桑林还是青年男女约会、祭高禖求子的场所。

桑林是上古时期男女约会的地方,这是有许多史料可以证明的,其中以《诗经》中的记载最为丰富。《诗经·小雅·隰桑》:"隰桑有阿,其叶有难。既见君子,其乐如何!"②《诗经·魏风·十亩之间》:"十亩之间兮,桑者闲闲兮。行与子还兮!十亩之外兮,桑者泄泄兮。行与子逝兮。"③我们看到的古代神话传说和文学作品,许多男欢女爱之事都与桑有关,后世更是用"桑间濮上"象征男女欢爱。《汉书·地理志》载:"卫地有桑间濮上之阻,男女亦亟聚会,声色生焉,故俗称郑卫之音。"④事实上,我国劳动人民很早即开始种桑养蚕,采桑是古代妇女

① 〔周〕左丘明传,〔晋〕杜预注,〔唐〕孔颖达正义,浦卫忠等整理,杨向奎审定:《春秋左传正义》,北京大学出版社1999年版,第1355页。
② 〔宋〕朱熹集传:《诗经》,上海古籍出版社2013年版,第323页。
③ 〔宋〕朱熹集传:《诗经》,上海古籍出版社2013年版,第130~131页。
④ 〔汉〕班固撰,〔唐〕颜师古注:《汉书》,中华书局1962年版,第1665页。

主要的户外劳动内容,故而桑林也成为男女约会的首选地点。著名的《陌上桑》和《秋胡戏妻》等故事即延续了上古桑林相会之遗风。

桑林社祭还与游春欢爱联系在一起。祭祀之后,随之而至的是全民欢游,这种欢游也促使桑林成为青年男女的游玩私会之处。《礼记·月令》云:"仲春之月,日在奎,昏弧中,旦建星中。……是月也,安萌牙,养幼少,存诸孤。择元日,命民社。……是月也,玄鸟至。至之日,以大牢祠于高禖,天子亲往。后妃帅九嫔御,乃礼天子所御,带以弓韣,授以弓矢,于高禖之前。"①高禖,即生育之神。《周礼·地官·媒氏》云:"媒氏,掌万民之判。……中春之月,令会男女。于是时也,奔者不禁。"注曰:"判,半也。得耦为合,主合其半,成夫妇也。"②《墨子·明鬼下》亦云:"燕之有祖,当齐之社稷,宋之有桑林,楚之有云梦也,此男女之所属而观也。"③引郑注云:"属犹合也,聚也。"④"男女之所属而观",意谓男女相约共往游观社祭。

桑林之风俗在当时的一些艺术作品中也有反映,大量战国青铜器上都有采桑图像,描绘的其实就是桑林之中男女欢游相会、祭祀高禖神之情景。四川成都百花潭出土的战国嵌错宴乐水陆攻战纹铜壶与采桑宴乐射猎攻战纹铜壶上,都有女子采桑的图像。其中嵌错宴乐水陆攻战纹铜壶右上方的采桑场景(图1-3),有桑树两株,树上三人,树下四人,有栏杆围绕,⑤"很可能是一种

图1-3 嵌错宴乐水陆攻战纹铜壶图案(引自李默主编:《代表中国文化精髓的100件艺术品》,广东旅游出版社2013年版,第43页)

---

① 〔汉〕郑玄注,〔唐〕孔颖达疏,龚抗云整理,王文锦审定:《礼记正义》,北京大学出版社1999年版,第470~475页。
② 〔汉〕郑玄注,〔唐〕贾公彦疏,赵伯雄整理,王文锦审定:《周礼注疏》,北京大学出版社1999年版,第360~364页。
③ 吴毓江撰,孙启治点校:《墨子校注》,中华书局1993年版,第338页。
④ 吴毓江撰,孙启治点校:《墨子校注》,中华书局1993年版,第353页。
⑤ 江林昌:《"桑林"意象的源起及其在〈诗经〉中的反映》,《文史哲》2013年第5期。

特殊性质的王室桑园"①。而《礼记·祭义》也说:"古者天子、诸侯必有公桑蚕室,近川而为之,筑宫仞有三尺,棘墙而外闭之。"②另《战国策·韩策一》载:"张仪为秦连横说韩王曰:'……大王不事秦,秦下甲据宜阳,断绝韩之上地;东取成皋、汝阳,则鸿台之宫,桑林之菀,非王之有已。'"③其中,"鸿台之宫""桑林之菀"为宫苑的代称。可知在战国之时,"桑林"已是非常成熟的园林形式。故而,三代(夏商周)之前的桑林,已是初具祭祀与游乐功能的公共活动空间,为中国园林的雏形,也是河南园林的最初形式之一。

第二节　夏商时期

从仰韶文化晚期开始,以河南为代表的中原地区就逐渐成为中国文明的核心区。传说,"黄帝都有熊,今河南新郑是也"④。此后,黄帝曾游祭于洛水之上,"与蚩尤战于涿鹿之野"⑤,崩而"葬桥山(今陕西黄陵县)"⑥。活动范围"与仰韶文化的分布地区大致相同"⑦。后来,尧、舜作为部落联盟的首领也一直居住于此,活动地区"与龙山文化分布范围基本相同"⑧。新石器时代晚期,中原地区已经有了私有制萌芽并出现阶级分化。舜去世后,禹因治水有功继承了首领之位,而禹之子启则杀伯益结束禅让制,建立世袭奴隶制国家——夏。夏王朝的出现,标志着中国奴隶制国家的诞生。

① 刘敦愿:《美术考古与古代文明》,人民美术出版社 2007 年版,第 231 页。
② 〔汉〕郑玄注,〔唐〕孔颖达疏,龚抗云整理,王文锦审定:《礼记正义》,北京大学出版社 1999 年版,第 1330 页。
③ 〔汉〕刘向集录:《战国策》,上海古籍出版社 1985 年版,第 934~935 页。
④ 〔宋〕李昉编纂,夏剑钦校点:《太平御览》(第二册),河北教育出版社 1994 年版,第 475 页。
⑤ 〔汉〕司马迁撰:《史记》,中华书局 1959 年版,第 3 页。
⑥ 〔汉〕司马迁撰:《史记》,中华书局 1959 年版,第 10 页。
⑦ 张文彬主编:《简明河南史》,中州古籍出版社 1996 年版,第 10 页。
⑧ 张文彬主编:《简明河南史》,中州古籍出版社 1996 年版,第 11 页。

夏王朝自公元前 2070 年始,至公元前 1600 年结束。① 夏也以河南地区为统治中心。《史记·周本纪》[集解]引徐广曰:"夏居河南,初在阳城,后居阳翟。"②后由于部族之间的冲突、斗争以及自然环境恶化等原因,夏朝统治期间共迁都十次,"以河南开封老丘为夏都的时间最长。在老丘,夏王朝走上了鼎盛时期"③。由河南龙山文化王湾类型发展而来的二里头文化,就是夏王朝所属的考古学文化。后来,商汤在伊尹的辅佐下,利用夏桀为政暴虐荒淫、诸侯叛乱之机,灭掉夏朝,建立商王朝。"夏朝从禹开始,到最后一个国君夏桀止,共传了十四世,十七王。"④

"夏文化的消亡和商王朝的建立是同时的。"⑤商朝自公元前 1600 年开始⑥,至公元前 1046 年结束⑦。商之始祖契辅佐禹治水有功被"封于商",即今河南商丘一带。后来,成汤经鸣条之战灭夏,将"商"作为国号,以亳为都建立商朝。后虽多次迁都,但大多在河南境内,直到盘庚迁殷(今安阳),才稳定下来,故也称为殷或殷商。商代完善和强化了奴隶制国家统治机构,建立了完整的官僚统治系统。生产力也较前大为提高,农业成为社会经济的基础,以青铜冶炼和青铜器制造为代表的手工业有了很大的发展。商代已使用文字,制定天文历法,音乐和雕塑艺术达到了相当高的水平。商朝末期,国内矛盾尖锐,暴动与反叛不断发生。后周武王牧野一战灭商,周王朝建立。"商王朝从成汤建国到殷纣亡国,共传了十七代、三十一王。"⑧

随着夏、商奴隶制国家的建立,社会生产力水平得到很大提高,为统治者营建宫室苑台创造了物质条件。甲骨文中已出现了园、圃、囿等文字,从发现于河南地区的夏、商城市遗址布局和宫室建筑的情况来看,当时的建筑技术已有相

---

① 夏商周断代工程专家组编著:《夏商周断代工程 1996—2000 年阶段成果报告·简本》,世界图书出版公司 2000 年版,第 81~82 页。

② 〔汉〕司马迁撰:《史记》,中华书局 1959 年版,第 130 页。

③ 李玉洁:《夏人"十迁"及夏都老丘考释》,《中州学刊》2013 年第 2 期。

④ 张文彬主编:《简明河南史》,中州古籍出版社 1996 年版,第 13 页。

⑤ 韩建业:《夏文化的起源与发展阶段》,《北京大学学报》(哲学社会科学版)1997 年第 4 期。

⑥ 夏商周断代工程专家组编著:《夏商周断代工程 1996—2000 年阶段成果报告·简本》,世界图书出版公司 2000 年版,第 73 页。

⑦ 夏商周断代工程专家组编著:《夏商周断代工程 1996—2000 年阶段成果报告·简本》,世界图书出版公司 2000 年版,第 61 页。

⑧ 张文彬主编:《简明河南史》,中州古籍出版社 1996 年版,第 18 页。

当的成就,具备营造园林的物质文化条件。

一、城郭宫室

《太平御览》引《吴越春秋》曰:"鲧筑城以卫君,造郭以居人。此城郭之始也。"[1]"鲧为崇伯。鲧的地望大约在今河南境内的嵩山和伊水、洛水之间。"[2]《世本·作篇》又载:"鲧作城郭。……禹作宫室。"[3]河南境内发现的二里头等夏商城市与宫殿遗址,与记载大致符合,而城市与宫殿的营建也为宫苑的出现提供了载体。

(一)斟鄩

斟鄩是夏朝中晚期的都城。《古本竹书纪年·夏纪》云:"太康居斟寻(鄩),羿亦居之,桀又居之。"[4]《括地志》云:"故鄩城在洛州巩县西南五十八里,盖桀所居也。"[5]有学者认为,"偃师二里头遗址第三期的物质文化,就是夏桀所都斟鄩的遗存"[6]。

二里头遗址规模广大,"现存面积约 300 万平方米"[7]。遗址内涵复杂,其"中心区的宫殿和纵横相交的四条大道显示此聚落的兴建具有一定的规划布局意识"[8],这是龙山时代及其以前的城址所无法相比的。二里头文化二期时,开始出现宫殿区、贵族居住区和一般性居址的区别;三期时,宫墙出现,形成了宫城,并由一体化的多重院落布局演变为复数单体建筑纵向排列;四期时,宫殿区仍延续使用。[9] 如图 1-4 所示,二里头文化三期的"第一号宫殿位于遗址的中

---

① 〔宋〕李昉编纂,夏剑钦校点:《太平御览》(第二册),河北教育出版社 1994 年版,第 808 页。

② 曾凡:《鲧:一个被历史湮没的水文符号》,《学术论坛》2008 年第 2 期。

③ 佚名撰,周渭卿点校:《世本》,齐鲁书社 2000 年版,第 70 页。

④ 佚名撰,张洁、戴和冰点校:《古本竹书纪年》,齐鲁书社 2000 年版,第 5 页。

⑤ 〔唐〕李泰等著,贺次君辑校:《括地志辑校》,中华书局 1980 年版,第 171 页。

⑥ 方酉生:《偃师二里头遗址第三期遗存与桀都斟鄩》,《考古》1995 年第 2 期。

⑦ 许宏、陈国梁、赵海涛:《二里头遗址聚落形态的初步考察》,《考古》2004 年第 11 期。

⑧ 李鑫:《夏王朝时期的城市布局与功能特征》,《华夏考古》2016 年第 1 期。

⑨ 李鑫:《夏王朝时期的城市布局与功能特征》,《华夏考古》2016 年第 1 期。

部,面积达一万余平方米。基址经过夯打",是"最高统治者国王施政的场所或祭祀祖先的宗庙"。① 这与《左传》"凡邑,有宗庙先君之主曰都,无曰邑"②的记载相符。

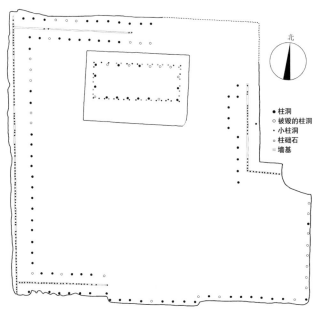

图1-4　偃师二里头一号宫殿遗址平面示意图(引自中国科学院考古研究所二里头工作队:《河南偃师二里头早商宫殿遗址发掘简报》,《考古》1974年第4期)

(二)西亳

汤都西亳即今偃师早期商城遗址。③《括地志》曰:"河南偃师为西亳,帝喾及汤所都。"④偃师二里头遗址在第四期走向衰落后,代之而起的是偃师尸乡沟商城的勃兴,这也与商汤灭夏桀后在下洛之阳建立起宫邑(西亳)之说符合。

偃师商城遗址面积190万平方米,大体呈长方形,北依邙山,南临洛河,四

① 方酉生:《偃师二里头遗址第三期遗存与桀都斟鄩》,《考古》1995年第2期。
② 〔周〕左丘明传,〔晋〕杜预注,〔唐〕孔颖达正义,浦卫忠等整理,杨向奎审定:《春秋左传正义》,北京大学出版社1999年版,第291页。
③ 蔡运章、洛夫:《商都西亳略论》,《华夏考古》1988年第4期。
④ 〔唐〕李泰等著,贺次君辑校:《括地志辑校》,中华书局1980年版,第170页。

周有高大的城垣和城门。城内有数条纵横交错的大道,布满排房式的建筑,地面下有完善的排水道设施,宫城内发现有数座大型的宫殿建筑基址,是"该城的重心所在"[1]。偃师商城在初创时已将宫城、官署和大型府库等作为核心分布于城南部,而城北部则是平民聚居区以及手工业作坊的主要分布区,与文献记载的"择中立宫""面朝后市"等都城规制相合。另外,宫城中处理政务的场所与供居住的寝宫分开布置,形成了事实上的"前朝后寝"形式。(如图 1-5)

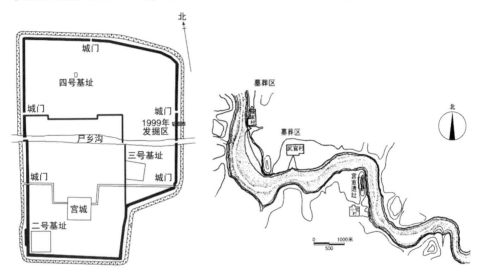

图 1-5　偃师商城平面示意图(引自中国社会
科学院考古研究所河南第二工作队:
《河南偃师商城Ⅳ区 1999 年发掘简
报》,《考古》2006 年第 6 期)

图 1-6　殷墟总平面图[引自汪菊渊:《中国古代园林史》
(第二版),中国建筑工业出版社 2012 年版,第 16
页]

(三)殷墟

殷墟是商王朝后期都城遗址,位于河南省安阳市西北小屯村一带,因其出土大量的甲骨文和青铜器而驰名中外。殷墟占地面积约 24 平方公里,城市布局严谨合理,宫殿宏伟;城中道路由鹅卵石、小砾石、残陶片和碎骨等铺成,结实耐用;遗址中还发现了水渠与桥梁的遗迹。

殷墟的宫殿宗庙遗址、王陵遗址隔河相望,是殷墟的核心区(如图 1-6)。

---

① 段鹏琦、杜玉生、肖淮雁:《偃师商城的初步勘探和发掘》,《考古》1984 年第 6 期。

而"殷墟宫殿、宗庙建筑群是一个整体"①，可按朝、寝、宗、社的性质划分为甲、乙、丙、丁四组建筑基址（如图1-7）。其中，甲组建筑基址属于商王寝宫建筑群，是商王燕寝生活的地方；乙组基址是殷墟宫殿区的主体和核心——内朝与外朝；丙组基址则是殷墟的社坛建筑群；丁组基址是殷墟的宗庙建筑。这些建筑在时间上虽有先后，但总体布局始终如一，其四组基址的布列，可能正是中国礼制建筑之根本制度——前朝、后寝、左祖（宗）、右社的最早考古实例。"每个完整的宫殿建筑单元，都是一个四合院式建筑群。主殿居中正中坐北朝南，两侧是耳庑，其余三面环绕廊庑，形成一个四围闭合的建筑群体"，这也"正是中国古代王宫的基本制度"。②

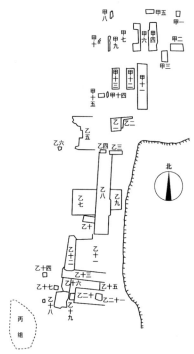

图1-7 殷墟宫殿基址甲、乙、丙三组分布示意图（引自张国硕：《夏商时代都城制度研究》，河南人民出版社2001年版，第180页）

二、囿与苑台

《淮南子·本经训》曰："帝有桀、纣。为璇室瑶台，象廊玉床；纣为肉囿酒池，燎焚天下之财，罢苦万民之力。"③结合夏、商都城遗址的布局、宫室建筑的形制以及文献记载来看，当时的河南已营建有多种形式的园林，如钧台、鹿台等台苑，以及偃师、郑州、殷墟等地商城的池苑。

---

① 中国社会科学院考古研究所编著：《安阳殷墟小屯建筑遗存》，文物出版社2010年版，第10页。

② 王宇信：《殷墟宫殿宗庙基址考古发掘的新收获——读〈安阳殷墟小屯建筑遗存〉》，《殷都学刊》2011年第3期。

③ 何宁撰：《淮南子集释》，中华书局1998年版，第579~580页。

（一）夏商苑台

上古时代的先民们对大自然怀有敬畏之心，认为高山巍峨，具有拔地通天之力量，设想高山为天神在人间居住的地方，因而产生了高山崇拜。台是山的象征，人们认为模拟圣山，修筑高台而登临祭祀，就可以实现通达神明的目的。故而，台的原初功能是登高以观天象、通神明，即所谓"考天人之心，察阴阳之会，揆星辰之证验，为万物获福无方之元"①。传说中，黄帝、尧、舜、禹等均曾修筑高台以通神。台还具有游观的功能，可以登高远眺，观赏风景，即所谓"台，观四方而高者也"②。台与周围环境相结合，构成宫苑园林——苑台。"夏桀作倾宫、瑶台"③，帝纣"益广沙丘苑台"④，即指此也。中国的苑台"滥觞于夏、商，尚于春秋，衍盛于战国"⑤，在河南多有遗迹。

其一，夏启之钧台。

钧台是夏启祀天享神及政治盟会的地方，位于今河南禹州市境内。《史记·夏本纪》载："及禹崩，虽授益，益之佐禹日浅，天下未洽。故诸侯皆去益而朝启，曰'吾君帝禹之子也'。于是启遂即天子之位，是为夏后帝启。"⑥夏启承袭帝位后，遂"大飨诸侯于钧台"⑦，召集各方国首领，于钧台祭祀天地，组织盟会，奠定了夏王朝的统治基础。

《左传·昭公四年》载："楚子合诸侯于申。椒举言于楚子曰：'臣闻诸侯无归，礼以为归。今君始得诸侯，其慎礼矣。霸之济否，在此会也。夏启有钧台之享，商汤有景亳之命，周武有孟津之誓，成有岐阳之蒐，康有酆宫之朝，穆有涂山之会，齐桓有召陵之师，晋文有践土之盟。'"⑧椒举（伍举）以"钧台之享"等为例，向楚子即楚灵王说明只有待诸侯以礼，霸业才能成功的道理。"享"的含义是献祭。

---

① 〔清〕陈立撰，吴则虞点校：《白虎通疏证》，中华书局1994年版，第263页。

② 〔汉〕许慎撰，〔清〕段玉裁注：《说文解字注》，上海古籍出版社1981年版，第585页。

③ 佚名撰，张洁、戴和冰点校：《古本竹书纪年》，齐鲁书社2000年版，第6页。

④ 〔汉〕司马迁撰：《史记》，中华书局1959年版，第105页。

⑤ 高介华：《先秦台型建筑》，《华中建筑》2008年第6期。

⑥ 〔汉〕司马迁撰：《史记》，中华书局1959年版，第83页。

⑦ 王国维：《今本竹书纪年疏证》，辽宁教育出版社1997年版，第49页。

⑧ 〔周〕左丘明传，〔晋〕杜预注，〔唐〕孔颖达正义，浦卫忠等整理，杨向奎审定：《春秋左传正义》，北京大学出版社1999年版，第1200页。

《诗经·小雅·楚茨》云："以为酒食,以飨以祀。"①夏启夺伯益之位立夏,破坏了禅让制,遭遇多方反对。后虽靠武力镇压了以有危氏为代表的保守势力,但他还需要思想上的认同,故在钧台祭祀天地,给王权披上"天命"的外衣。夏启祭祀天地时还召集各方国首领共同参与,是为助祭。《国语·鲁语上》云："天子祀上帝,诸侯会之受命焉。"注曰:"助祭受政命也。"②夏启祭祀天地,四方邦国首领助祭受命,标志其天下共主地位的最终确立。这也是楚人椒举将夏启"钧台之享"与周武王伐商建国的"孟津之誓"等著名盟会相提并论的原因。

关于钧台的位置,杜预在《左传》注中云:"启,禹子也。河南阳翟县南有钧台陂,盖启享诸侯于此。"③《水经注》载:"(颍水)又东南过阳翟县北。"其注云:"颍水又径上棘城西,又屈径其城南,《春秋左传》襄公十八年,楚师伐郑,城上棘以涉颍者也。县西有故堰,堰石崩褫,颓基尚存,旧遏颍水枝流所出也。其故渎东南径三封山北,今无水。渠中又有泉流出焉,时人谓之㟧水,东径三封山东,东南历大陵西连山,亦曰启筮亭。启享神于大陵之上,即钧台也。……其水又东南流,水积为陂,陂方十里,俗谓之钧台陂,盖陂指台取名也。"④《元和郡县图志》载:"钧台,在(阳翟)县南十五里。"⑤至于钧台与钧台陂的关系,北宋《太平寰宇记》"阳翟县"条"钧台"总结《左传》《水经注》所记,又附《晋地道记》:"钧台下有陂,俗谓之钧台陂。"⑥陂与台应相距不远。宋人基本沿袭唐说,金元时期则少见钧台记载。明代河南地方文人虽有以《钧台怀古》《钧台有感》等为题的古体诗传世,但鲜记钧台位置、风貌。禹州老城西十五里的瓦店遗址近年考古发现了龙山文化时期的祭坛遗址,发掘者在考古著作《禹州瓦店》中指出其可能与"钧台"有某种关系。⑦

另外,"禹州市地名由古至今历经了栎邑、阳翟、钧州、禹州、禹县五次变

① 〔宋〕朱熹集传:《诗经》,上海古籍出版社 2013 年版,第 292 页。
② 〔春秋〕〔旧题〕左丘明撰,鲍思陶点校:《国语》,齐鲁书社 2000 年版,第 73~74 页。
③ 〔周〕左丘明传,〔晋〕杜预注,〔唐〕孔颖达正义,浦卫忠等整理,杨向奎审定:《春秋左传正义》,北京大学出版社 1999 年版,第 1200 页。
④ 〔北魏〕郦道元原注,陈桥驿注释:《水经注》,浙江古籍出版社 2013 年版,第 335 页。
⑤ 〔唐〕李吉甫著,贺次君点校:《元和郡县图志》,中华书局 1983 年版,第 138 页。
⑥ 〔宋〕乐史著,王文楚等点校:《太平寰宇记》,中华书局 2007 年版,第 133 页。
⑦ 河南省文物考古研究所:《禹州瓦店》,世界图书出版公司 2003 年版,内容提要第 1 页。

化"①。《大明一统志》记载禹州"金改为州,又改钧州,以州有钧台,故名"②。《嘉靖钧州志》也记载钧州在"(金大定)二十四年(1184),改顺州为钧州,以旧有钧台也"③。故其钧州之名来自钧台。

其二,殷纣之鹿台。

鹿台是殷商末期纣王所建之苑台建筑,亦曰廪台。《史记·殷本纪》之[集解]:"徐广曰:'鹿,一作"廪"。'"④又名南单(同"亶")台。《竹书纪年》曰:"(武)王亲禽帝受辛于南单之台,遂分天之明。"⑤"南单之台,盖鹿台之异名也。"⑥鹿台位于朝歌城中。《史记·殷本纪》之[集解]:"瓒曰:'鹿台,台名,今在朝歌城中。'"⑦《汉书·地理志》载:"朝歌,纣所都。"⑧《后汉书·郡国志》载:"朝歌,纣所都居,南有牧野,北有邶国,南有宁乡。"⑨《帝王世纪》更记曰:"纣糟丘酒池肉林在(朝歌)城西。"⑩

鹿台体量庞大,周围三里,高千尺。殷纣动员全国民工,招集天下能工巧匠,历七年而成。汉刘向《新序·刺奢》载:"纣为鹿台,七年而成,其大三里,高千尺,临望云雨。"⑪鹿台建成后,殷纣贮存财富珍宝于其上,时常与宠姬妲己在台上作乐。重阳节登高,皇室成员、达官显贵都到鹿台上游赏,樽酒壶浆,笙歌舞蹈,纵情宴乐。《史记·殷本纪》载:"(帝纣)好酒淫乐,嬖于妇人。爱妲己,妲己之言是从。于是使师涓作新淫声,北里之舞,靡靡之乐。厚赋税以实鹿台之钱,而盈巨桥之粟。"⑫鹿台除了游赏的功能,还是存储政府赋税钱财之处。武王灭商后,就将纣所积于鹿台之财物散发以赈济贫民。《史记·周本纪》载:"命

① 徐华烽:《再议钧台、钧州与钧窑》,《中原文物》2016年第4期。
② 〔明〕李贤等撰:《大明一统志》,三秦出版社1990年版,第438页。
③ 禹州市地方史志办公室编注:《明嘉靖〈钧州志〉点注》,中共党史出版社2008年版,第34~36页。
④ 〔汉〕司马迁撰:《史记》,中华书局1959年版,第109页。
⑤ 王国维:《今本竹书纪年疏证》,辽宁教育出版社1997年版,第79页。
⑥ 〔北魏〕郦道元原注,陈桥驿注释:《水经注》,浙江古籍出版社2013年版,第151页。
⑦ 〔汉〕司马迁撰:《史记》,中华书局1959年版,第105页。
⑧ 〔汉〕班固撰,〔唐〕颜师古注:《汉书》,中华书局1962年版,第1554页。
⑨ 〔南朝宋〕范晔撰,〔唐〕李贤等注:《后汉书》,中华书局1965年版,第3395页。
⑩ 〔晋〕皇甫谧撰,陆吉点校:《帝王世纪》,齐鲁书社2000年版,第35页。
⑪ 〔汉〕刘向著,卢元骏注译:《新序今注今译》,台湾商务印书馆1977年版,第199页。
⑫ 〔汉〕司马迁撰:《史记》,中华书局1959年版,第105页。

南宫括散鹿台之财,发巨桥之粟,以振贫弱萌隶。"①《尚书正义》之[疏]曰:"藏财为府,藏粟为仓,故言'纣所积之府仓'也。名曰'鹿台'。"②

殷纣除营建鹿台游乐外,还"益收狗马奇物,充仞宫室。益广沙丘苑台,多取野兽蜚鸟置其中"③。《春秋繁露·王道》言:"桀纣皆圣王之后,骄溢妄行。侈宫室,广苑囿。"④他的这种奢靡享乐的行为招致了诸侯、百姓的不满。但对于"百姓怨望而诸侯有畔者,于是纣乃重刑辟,有炮格之法"⑤。结果,牧野一战,社稷倾毁,纣王登鹿台自焚而死。《逸周书·克殷》载:"商师大崩。商辛(纣)奔内,登于鹿台之上,屏遮而自燔于火。"⑥又《逸周书·世俘》载:"时甲子夕,商王纣取天智玉琰五,环身厚以自焚。"⑦太史公著《史记》,亦依此而述。《史记·殷本纪》载:"周武王于是遂率诸侯伐纣。纣亦发兵距之牧野。甲子日,纣兵败。纣走入,登鹿台,衣其宝玉衣,赴火而死。"⑧又《史记·周本纪》载:"纣走,反入登于鹿台之上,蒙衣其殊玉,自燔于火而死。"⑨

《吴越春秋》载:"子胥谏曰:'王勿受也,昔者桀起灵台,纣起鹿台,阴阳不和,寒暑不时,五谷不熟,天与其灾,民虚国变,遂取灭亡。'"⑩鹿台毁于周灭商的战争中,遗址北魏时能见到,故址在今河南淇县境内。

此外,见于史籍记载的河南之古苑台还有昆吾台、瑶台等。其中,昆吾台在今河南濮阳境内。《左传·哀公十七年》载:"卫侯梦于北宫,见人登昆吾之观,被发北面而噪曰:'登此昆吾之虚,绵绵生之瓜。'"⑪《史记·楚世家》曰:"吴回生陆终。陆终生子六人,坼剖而产焉。其长一曰昆吾。"[集解]虞翻曰:"昆吾

① 〔汉〕司马迁撰:《史记》,中华书局1959年版,第126页。
② 〔汉〕孔安国传,〔唐〕孔颖达疏,廖明春、陈明整理,吕绍纲审定:《尚书正义》,北京大学出版社1999年版,第294页。
③ 〔汉〕司马迁撰:《史记》,中华书局1959年版,第105页。
④ 〔清〕苏舆撰,钟哲点校:《春秋繁露义证》,中华书局1992年版,第105页。
⑤ 〔汉〕司马迁撰:《史记》,中华书局1959年版,第106页。
⑥ 佚名撰,袁宏点校:《逸周书》,齐鲁书社2000年版,第33页。
⑦ 佚名撰,袁宏点校:《逸周书》,齐鲁书社2000年版,第41页。
⑧ 〔汉〕司马迁撰:《史记》,中华书局1959年版,第108页。
⑨ 〔汉〕司马迁撰:《史记》,中华书局1959年版,第124页。
⑩ 〔汉〕赵晔撰,吴庆峰点校:《吴越春秋》,齐鲁书社2000年版,第120页。
⑪ 〔周〕左丘明传,〔晋〕杜预注,〔唐〕孔颖达正义,浦卫忠等整理,杨向奎审定:《春秋左传正义》,北京大学出版社1999年版,第1697~1698页。

名樊,为己姓,封昆吾。"《世本》曰:"昆吾者,卫是也。"宋忠曰:"昆吾,国名,己姓所出。"①《括地志》云:"濮阳县,古昆吾国也。(昆吾)故城在县西三十里。昆吾台在县西百步颛顼城内,周回五十步,高二丈,即昆吾墟也。"②

(二)夏商之囿

"囿起源于狩猎"③,是由生产活动演化出来的一种园林形式,"本指古代帝皇种草木养禽兽以供田猎游乐的场所"④。狩猎本来是原始人类赖以获得生活资料的手段,当人类进入文明时期以后,农业生产占主要地位,统治阶级便把狩猎转化为再现祖先生活方式的一种仪式化、娱乐化的活动,还兼有征战演习、军事训练的意义。史籍中,这种狩猎活动被称作田猎,又称游猎、游田等。夏、商直至周初,黄河中下游一带仍然是"麋鹿在牧,蜚鸿满野"⑤的景象,为田猎提供了场地和条件。田猎有时也在抛荒、休耕的农田上进行,还可兼为农田除害兽。但田猎终会波及农田,百姓往往对此不满。帝王为了避免破坏农业生产,就把田猎活动限制在一定地段,形成"田猎区"。此后,随着畜牧业的发展,人们开始在田猎区内驯养禽兽以供狩猎,就是"囿"。人工豢养禽兽需要筑藩篱以防其逃逸,故《说文解字》曰:"囿,苑有垣也。一曰所目养禽兽曰囿。"⑥为了便于禽兽生息和活动,人们在囿内广植树木,开凿沟渠、陂池。受宅园场圃的影响,人们还在囿中种植谷物,经营果蔬,进行农业生产,从而使囿具有了很强的经济功能。后来,为了方便游观,更是在囿内设置离宫别馆。

原始社会末期,人们已经具备了对动植物的审美能力,在宅园场圃中逐渐出现了游赏性活动。夏商时期,进入人们审美范围的动植物更加丰富,如商代妇好墓中出土的玉雕动物便有 25 种之多。⑦ 因而,供畜牧狩猎与栽植谷蔬的囿就不再是单纯的生产性场所,同时也是可以游观、使人感受美之所在。故而,至迟在殷商时期,囿已经具备了园林的某种属性。

① 〔汉〕司马迁撰:《史记》,中华书局 1959 年版,第 1690 页。
② 〔唐〕李泰等著,贺次君辑校:《括地志辑校》,中华书局 1980 年版,第 148 页。
③ 周维权:《中国古典园林史》(第三版),清华大学出版社 2008 年版,第 41 页。
④ 陈卫强:《"囿""苑"历时更替考》,《吉林师范大学学报》(人文社会科学版)2008 年第 1 期。
⑤ 〔汉〕司马迁撰:《史记》,中华书局 1959 年版,第 129 页。
⑥ 〔汉〕许慎撰,〔清〕段玉裁注:《说文解字注》,上海古籍出版社 1981 年版,第 278 页。
⑦ 成玉宁:《中国早期造园的史料与史实》,《中国园林》1997 年第 3 期。

其一,夏之田猎。

《逸周书》载:"昔者,有洛氏宫室无常,池囿广大,工功日进,以后更前,民不得休,农失其时,饥馑无食,成商伐之,有洛以亡。"①"有洛氏"即夏桀,"成商"即成汤。《博物志》亦载:"昔有洛氏宫室无常,囿池广大,人民困匮,商伐之,有洛以亡。"②《逸周书》或为春秋战国时人所作③,考虑到夏王朝的社会生产力,故其所记载夏桀开池囿的说法还有待考证。但夏代帝王之田猎活动,却在史籍中经常出现,几代夏朝帝王甚至因溺于田猎而失国。

夏王太康,就因田猎无度,不问政事,失去民心,为东夷有穷氏部落首领后羿所逐而失国。《尚书·五子之歌》曰:"太康尸位以逸豫,灭厥德,黎民咸贰。乃盘游无度,畋于有洛之表,十旬弗反。有穷后羿,因民弗忍,距于河。"④《史记·夏本纪》载:"帝太康失国,昆弟五人,须于洛汭,作五子之歌。"[集解]孔安国曰:"盘于游田,不恤民事,为羿所逐,不得反国。"⑤后羿夺取夏朝政权之后,自恃强悍善射,荒淫自纵,田猎自娱,任用小人寒浞并终为其所害。《左传·襄公四年》载:"(后羿)因夏民以代夏政。恃其射也,不修民事,而淫于原兽。弃武罗、伯因、熊髡、龙圉,而用寒浞。……浞行媚于内,而施赂于外,愚弄其民,而虞羿于田,树之诈慝,以取其国家,外内咸服。羿犹不悛,将归自田,家众杀而亨之。"⑥《离骚》亦曰:"羿淫游以佚畋兮,又好射夫封狐。"⑦夏王孔甲亦好以田猎为乐,不理政事,导致诸侯多叛夏。《竹书纪年》载:"三年,王(帝孔甲)畋于萯山。"⑧《史记·夏本纪》又载:"帝孔甲立,好方鬼神,事淫乱。夏后氏德衰,诸侯畔之。"⑨

① 佚名撰,袁宏点校:《逸周书》,齐鲁书社2000年版,第91页。
② 〔晋〕张华撰,范宁校证:《博物志校证》,中华书局1980年版,第104页。
③ 王连龙:《近二十年来〈逸周书〉研究综述》,《吉林师范大学学报》(人文社会科学版)2008年第2期。
④ 〔汉〕孔安国传,〔唐〕孔颖达疏,廖明春、陈明整理,吕绍纲审定:《尚书正义》,北京大学出版社1999年版,第176页。
⑤ 〔汉〕司马迁撰:《史记》,中华书局1959年版,第85页。
⑥ 〔周〕左丘明传,〔晋〕杜预注,〔唐〕孔颖达正义,浦卫忠等整理,杨向奎审定:《春秋左传正义》,北京大学出版社1999年版,第836~837页。
⑦ 〔战国〕屈原著,汤炳正等注:《楚辞今注》,上海古籍出版社1996年版,第17页。
⑧ 王国维:《今本竹书纪年疏证》,辽宁教育出版社1997年版,第57页。
⑨ 〔汉〕司马迁撰:《史记》,中华书局1959年版,第86页。

其二,殷商之囿。

殷商之田猎作为帝王贵族社会生活的重要内容,在甲骨卜辞中多有反映。郭沫若在《殷契粹编》中说:"每日一卜,或隔二三日一卜,而所卜者均系田猎之事。殷王之好田猎,诚足以惊人。"[1]可见商代田猎活动的频繁。殷商时的田猎,除了为农田消灭有害的野兽,还是商王训练士卒的一种手段。所谓"王者、诸侯所以田猎何?为苗除害,上以共宗庙,下以简集士众也"[2]。另外,商人祭祀活动频繁,出征、耕作、节令、祭社、游猎、婚丧等皆祭祀。祭祀需要有一头或者数头牛、羊、猪等牲畜作为牺牲,这些牺牲一般通过田猎获得。

田猎与囿之关系,虽未有文献明确记载殷商时的田猎是在囿中进行的,但可以通过比较两者的作用来进行判断。《淮南子·泰族训》曰:"汤之初作囿也,以奉宗庙鲜犠之具,简士族,习射御,以戒不虞。"[3]从这条记载中可以看出,殷商之囿不但是征战演习、军事训练的场所,还能够"为王室提供祭祀、丧纪所用的牺牲"[4],这与上文所述田猎的功能是一致的。因而可以推定,殷商时帝王贵族的田猎活动已经开始逐渐向囿中转移。

"语言的材料可以帮助考订文化因素的年代。"[5]从古文字材料看,"囿"最早见于商代甲骨文[6],故可以推定,至迟在商代已经出现了囿这种园林形式。另外,我们还可以从甲骨文卜辞中对殷商时期人们在囿中活动进行了解。甲骨文卜辞中很多地方提到了"囿",如"癸卯卜,亘贞:乎囿,惟之?"(前七·二〇一)[7]"乎囿"与其他卜辞中"乎黍""乎麦",即号召有关人员去囿中进行种植或渔猎。"乙未卜,贞:黍在龙囿,来受有年?二月。"(前四·五三·四)可知殷人在囿中种黍。还有殷商帝王前往囿之前卜问吉凶的卜辞,如"□酉卜,贞:羽……王往……囿,亡咎?(前四·一二·三)""……酉卜……翌……王往……囿……(前四·一二·四)"。故而,在殷商时期,囿具有农业生产功能,商代帝王时常

① 郭沫若:《殷契粹编》,科学出版社 1965 年版,第 596 页。
② 〔清〕陈立撰,吴则虞点校:《白虎通疏证》,中华书局 1994 年版,第 590 页。
③ 何宁撰:《淮南子集释》,中华书局 1998 年版,第 1390~1391 页。
④ 周维权:《中国古典园林史》(第三版),清华大学出版社 2008 年版,第 41 页。
⑤ 罗常培:《语言与文化》,北京出版社 2004 年版,第 110 页。
⑥ 王其亨、袁守愚:《先秦两汉园林语境下的"囿"与"苑"考辨》,《天津大学学报》(社会科学版)2015 年第 3 期。
⑦ 甲骨释文后的编号,是甲骨学界较为通用的对已有甲骨文材料书内容的索引编号(如:前七·二〇一),参见陈梦家《殷墟卜辞综述·附录三·甲骨著录简表》。

前往视察或参加仪式,卜辞常为此卜问吉凶,可见圃在当时社会生活中占有重要地位。

综上可知,圃在殷商时期已经出现。当时的圃既具有农业生产的功能,也是商王组织士卒进行征战演习、军事训练的手段,还能够提供祭祀所需的牺牲,田猎活动开始逐步向圃中转移。

(三)殷商池苑

夏商时期,随着社会生产力的发展以及社会财富的积累,一些具有少量生产功能或者完全没有生产功能的动植物开始成为审美对象,被引种、豢养到帝王贵族的园圃里专门用作欣赏。这类淡化了生产功能的园圃,与宫室结合在一起,逐步演变成池苑,成为帝王贵族奢靡生活的象征。《尚书·泰誓》:"今商王受(纣),弗敬上天,降灾下民。沉湎冒色,敢行暴虐,罪人以族,官人以世,惟宫室、台榭、陂池、侈服,以残害于尔万姓。"①后人以此为例,告诫后世统治者,若过分热衷宫室园池之事,终将导致国家败亡。殷商之都城多在河南,故其宫室池苑遗迹在此多有发现。

其一,西亳之池苑。

偃师商城宫城北部发现的庞大石砌水池遗迹,即为商代早期的池苑遗存。②宫城遗址位于城址南部,由南往北可以分为三区,南区、中区分别为宫殿区与祭祀场,北区就是以大型水池为主体的池苑(图1-8)。

池苑南临祭祀场,东、西、北三面以宫城城墙为界,总面积约10000平方米。③水池位于池苑区的中央,为规则的长方形,其口部东西长近130米、南北宽约20米。池底弧凹,四壁用取自附近邙山的自然石块垒砌而成。自池口到池底,最深约1.4米。水池的东、西两端,各有一条用砂岩石块砌成的水渠与水池连通。东渠是引水渠道,在宫城内的部分为暗渠,即水渠口部用石条封盖;西渠则是明渠,为排水的通道,渠上有用石条搭成的小桥。西渠在宫城外往北折行,再西折经城门下与护城河相通;东渠出宫城后折行,穿城门下与护城河连

---

① 〔汉〕孔安国传,〔唐〕孔颖达疏,廖明春、陈明整理,吕绍纲审定:《尚书正义》,北京大学出版社1999年版,第271页。

② 杜金鹏:《试论商代早期王宫池苑考古发现》,《考古》2006年第11期。

③ 杜金鹏:《试论商代早期王宫池苑考古发现》,《考古》2006年第11期。

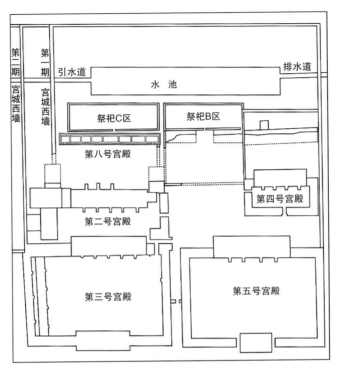

图 1-8　偃师商城宫城第三期平面图(引自杜金鹏:《试论商代早期王
宫池苑考古发现》,《考古》2006 年第 11 期)

通。如此,城外西护城河中的水穿过宫城流向东护城河,顺应和利用了当地自
然水流的走势,形成流动水系。这里是帝王和后妃的游乐之所、休闲之地。在
分布着大片宫殿建筑的宫城内,一池清水,两条溪流,带来了舒爽怡人的鲜活气
氛,池边空地上的花木,散发出令人陶醉的芳香,是高墙围绕下的宫城内最具自
然气息的地方。

　　其二,郑州商城之池苑。

　　郑州商城是商朝中期都城遗址,内部也有所处位置、形制结构、规模深度等
与偃师商城基本相同的水池,其年代一早一晚、前后承接。该水池坐落在郑州
商城东北部宫殿区夯土建筑基址比较密集的地方,水池平面呈长方形,东西长
约 100 米,南北宽 20 米;池壁用圆形卵石砌筑而成,池底平铺加工过的石板(图
1-9)。① 郑州商城水池是宫殿区内重要建筑物的有机组成部分,除水源供给

---

① 　杜金鹏:《试论商代早期王宫池苑考古发现》,《考古》2006 年第 11 期。

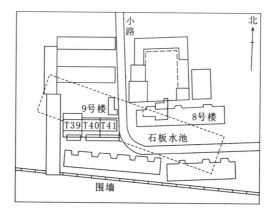

图 1-9　郑州商城水池遗址平面图(引自杜金鹏:《试论商代
早期王宫池苑考古发现》,《考古》2006 年第 11 期)

(防火救灾、提高宫殿区地下水位)外,还具有美化环境、改善小气候、供王室游
乐的功能。

其三,殷墟之池苑。

殷墟也发现多处陂池,有学者推测其为宫殿宗庙区的池苑遗址遗存。[①] 其
中,宫殿宗庙区丙组基址西北和乙组基址以西的一处低洼地,最深距地面 12
米,填黄沙或淤土。平面近椭圆形,东西长约 250 米,南北宽约 170 米。东北部
向北有通道直通洹河,长约 350 米,宽约 75 米。近洹河处宽 90～100 米。另外
一处陂池,东侧有夯土建筑群,建筑群西侧有用碎陶片和小鹅卵石铺成的护坡;
而在池的西侧边缘处有一块景观石垂直竖立于坑边平台上,景观石上有一直径
约 13 厘米的圆孔;景观石旁还有用碎陶片、小鹅卵石和碎骨铺成的小路,由西
向东通向此平台。

此外,夏商皆保持桑林祭祀之制,商初之"商汤祷雨"便是这一习俗的体现。
周灭商后,还将商之后裔分封在宋,以奉桑林。《史记·周本纪》载:"以微子开
代殷后,国于宋。"[正义]"今宋州也。"[②]即今天的河南商丘市。

① 杜光华、于浩:《从殷墟都邑布局看现代城市布局理念》,《南方文物》2017 年第 4 期。
② 〔汉〕司马迁撰:《史记》,中华书局 1959 年版,第 132 页。

第三节 两周时期

周本为西方小国,后其首领季历被商王封为殷牧师,是为公季,成为带有方伯性质的西方大诸侯。① "公季卒,子昌立,是为西伯。西伯曰文王,……(纣)赐之弓矢斧钺,使西伯得征伐。"② "诸侯多叛纣而往归西伯。西伯滋大,纣由是稍失权重。"③ 公元前 1046 年,文王子周武王克商,建立周王朝,定都镐京。周王朝分为西周与东周(春秋战国)两个时期,故称两周。周初成王时,为巩固周朝对东方的统治,遂在今河南洛阳一带营造东都,是为洛邑,周人称之为"成周"④,周王朝两都制形成。实际上,"成周的重要性超过了宗周(镐京)"⑤。后周幽王时,犬戎攻破镐京,西周灭亡。其子平王于公元前 770 年迁都洛邑,是为东周。从此,中国进入春秋战国时期。公元前 256 年,周赧王死,东周灭亡。⑥

周朝建立了更完备的统治制度,中央设官吏分掌各项政务,职位、采邑均是世袭;又根据宗法血缘分封王族和功臣为诸侯,形成血缘宗法体制。到了春秋、战国之际,周天子式微,诸侯国互相兼并,社会剧烈变动,奴隶制逐渐过渡到封建制。铁制工具的普遍应用推动生产力的提高和生产关系的改变,扩大了社会分工,土地被卷入交换、买卖市场,商业与城市经济随之繁荣。诸侯争霸增加了人才的需求,"士"这个阶层的知识分子受到重视,他们倡导各种学说,形成学术上百家争鸣、思想上空前活跃的局面。山水审美意识开始出现,并且形成了以"比德"为特征的自然审美观。这些都对河南境内的两周宫室园林营造产生了重要影响。

---

① 王健:《西周方伯发微》,《河南师范大学学报》(哲学社会科学版)2002 年第 5 期。

② 〔汉〕司马迁撰:《史记》,中华书局 1959 年版,第 116 页。

③ 〔汉〕司马迁撰:《史记》,中华书局 1959 年版,第 107 页。

④ 唐兰:《砳尊铭文解释》,《文物》1976 年第 1 期。

⑤ 杨宽:《中国古代都城制度史研究》,上海古籍出版社 1993 年版,第 47 页。

⑥ 冯琨:《东周是怎样灭亡的?》,《史学月刊》1985 年第 3 期。

一、城郭宫室

周初，为配合宗法分制的推行，随即开始了大规模营建城邑的活动，洛邑的修建便是其代表。各受封的诸侯也相继营建各自的都城宫室，尤其是到了春秋战国时期，社会经济繁荣，工商业发达，各地城邑林立，大量人口流入城市，加速了当时城市化的进程。河南地处中原，交通便利，造就了魏都大梁等繁华的城市，城中街衢纵横，闾里井然。在这些城市中，除宫苑外，还出现了贵族、富人居住的园林化的宅院。

（一）两周洛邑

西周初年营建的洛邑是西周王朝的东都，称成周，位于今河南洛阳瀍河两岸，该城废弃于西周晚期。王城建于春秋初年，是平王东迁洛邑所都之地，即今洛阳涧河两岸的东周王城。① 另外，春秋时周敬王避王子朝乱，居狄泉，亦名成周。

其一，成周。

西周成周城大体坐落在今洛阳市瀍河两岸的邙山与洛河之间。②《史记·周本纪》载："成王在丰，使召公复营洛邑，如武王之意。周公复卜申视，卒营筑，居九鼎焉。曰：'此天下之中，四方入贡道里均。'"③"成周者何？东周也。……名为成周者，周道始成，王所都也。"④周成王五年（前1038）以前，洛邑并不称成周；后成王亲政，迁都洛邑，始名成周。⑤

成周"城方千七百二十丈，郭方七十（二）里。南系于洛水，北因于邙山，以为天下之大凑"⑥。其中，城指内城，面积约合今1.56平方公里；"郭，恢郭也，城

---

① 徐昭峰：《成周城析论》，《考古与文物》2016年第3期。

② 蔡运章、俞凉亘：《西周成周城的结构布局及其相关问题》，《中原文物》2016年第1期。

③ 〔汉〕司马迁撰：《史记》，中华书局1959年版，第133页。

④ 〔北魏〕郦道元原注、陈桥驿注释：《水经注》，浙江古籍出版社2013年版，第257页。

⑤ 李民：《说洛邑、成周与王城》，《郑州大学学报》（哲学社会科学版）1982年第1期。

⑥ 佚名撰，袁宏点校：《逸周书》，齐鲁书社2000年版，第49页。

外大郭也"①,面积约合今 12.45 平方公里。成周城为"坐西朝东"、"宫城"位于"郭城"西南隅的结构布局。宫城在瀍河西岸,位于今洛阳老城的东南部。② 在宫城应门到郭城皋门之间,有一条横贯东西的宽敞大道,"大庙、宗宫、考宫"等宗庙和社坛位于东西大道的左右两侧。此外,贵族墓地和铸铜作坊位于瀍河西岸郭城的西北部,贵族百姓居住区在郭城的东南部,"殷民"居住区和商业区位于郭城的东北部。成周还按"里坊"的规划来安置城内居民,实开我国古代里坊制度之先河。③

位于瀍河两岸的西周成周城约废弃于西周晚期,继之而起的是今汉魏洛阳故城内的西周晚期狄泉成周城。④ 狄泉成周城较瀍河成周城面积略小,始建于西周时期,建成后即投入使用,在春秋晚期得以修补和增筑。平王东迁后新建王城,狄泉成周城与王城东西并立。至敬王时期,因避王子朝之乱,敬王从王城迁居于此。

其二,王城。

东周王城始建于春秋初年⑤,是平王东迁的都城所在。所谓"平王立,东迁于洛邑,辟戎寇"⑥也。东周王城作为东周国都的地位而存在,"自平王以下十二王皆都此城,至敬王乃迁都成周(狄泉),至赧王又居王城也"⑦。王城之名最早出现在《左传·庄公二十一年》载:"春,胥命于弭。夏,同伐王城。郑伯将王自圉门入,虢叔自北门入,杀王子颓及五大夫。"⑧此后相继出现了关于王城的记载。

东周王城是内城外郭和小城与大城南北并立的复杂的城郭布局⑨,其中的小城是周赧王寄居之所。东周王城的城市布局大体上遵循了"左祖右社,面朝

① 〔汉〕许慎撰,〔清〕段玉裁注:《说文解字注》,上海古籍出版社 1981 年版,第 284 页。
② 蔡运章、俞凉亘:《西周成周城的结构布局及其相关问题》,《中原文物》2016 年第 1 期。
③ 蔡运章、俞凉亘:《西周成周城的结构布局及其相关问题》,《中原文物》2016 年第 1 期。
④ 徐昭峰:《成周城析论》,《考古与文物》2016 年第 3 期。
⑤ 徐昭峰、姜超:《试论东周王城的营建》,《辽宁师范大学学报》(社会科学版)2016 年第 6 期。
⑥ 〔汉〕司马迁撰:《史记》,中华书局 1959 年版,第 149 页。
⑦ 〔唐〕李泰等著,贺次君辑校:《括地志辑校》,中华书局 1980 年版,第 167 页。
⑧ 〔周〕左丘明传,〔晋〕杜预注,〔唐〕孔颖达正义,浦卫忠等整理,杨向奎审定:《春秋左传正义》,北京大学出版社 1999 年版,第 264 页。
⑨ 徐昭峰:《试论东周王城的城郭布局及其演变》,《考古》2011 年第 5 期。

后市，一朝一夫"的规划模式①，宫城居郭城西南隅，以商业为中心的市及手工业区位于王城北部，安葬祖先王陵区则布局于王城的东部，即宫城之"左"。其中，王城的宫城是外有城壕、内有墙垣的独立小城，其选址除遵循礼制外，还与地理环境有关。宫城正处于涧河和洛河的交汇地带，地势较高且平坦，相对独立而较为安全，且可以保证宫城的用水和排水。东周王城宫城还存在一个动态的发展过程，基本经历了一个从春秋时期规模较大的独立小城，到战国早中期宫城规模收缩，一分为二成为略小的宫城和仓城东西并立的形制。②

（二）郑韩故城

郑韩故城位于河南新郑市城关，因东周（春秋战国）时期郑、韩两国相继建都于此而得名。③ 该城始建于平王东迁之时，从郑武公四年（前767）郑国于此建都，到韩王安九年（前230）韩国灭亡，其作为都城前后近五百四十年，历史之悠久，当时仅次于齐国的临淄。

西周末年，郑桓公以"虢、郐之君贪而好利，百姓不附"为由，选"地近虢、郐"④，洧水（今双洎河）与黄水两河交汇地建城。其后郑武公灭虢、郐，遂立国于此。城傍大河而建，平面呈不规则三角形，城垣依地形而弯曲。洧水穿城而过，兼顾了城市的给排水与漕运，形成了北、西、东三墙被洧水和黄水相夹，南墙在洧水南的整体格局。城内宫殿有大宫、北宫、西宫等，其中，大宫为太庙，西宫为国朝；太庙、宫殿、社稷、仓廪、邦墓近直线布局。（如图1-10）

韩灭郑后，放弃洧水南部的城区，沿洧水北岸另筑一道城墙，用洧水与黄水作天然屏障，城墙遂三面环水。韩都城北墙、东墙、西墙城门沿用郑之旧门，对旧城墙进行加高、加宽，增修城内侧道路，即所谓"环涂"⑤。韩都城是大、小双城制布局，用城墙将原郑城分为东、西两城。西城为小城，即王城，内有宫殿区、国朝（或太庙）、官署等重要建筑，其中，国朝在城的正中部位，宫城在其正北偏

① 聂晓雨：《从考古发现看洛阳东周王城的城市布局》，《中原文物》2010年第3期。
② 徐昭峰：《试论东周王城的宫城》，《考古与文物》2014年第1期。
③ 史念海：《郑韩故城溯源》，《中国历史地理论丛》1998年第4期。
④ 〔汉〕司马迁撰：《史记》，中华书局1959年版，第1757页。
⑤ 〔汉〕郑玄注，〔唐〕贾公彦疏，赵伯雄整理，王文锦审定：《周礼注疏》，北京大学出版社1999年版，第1155页。

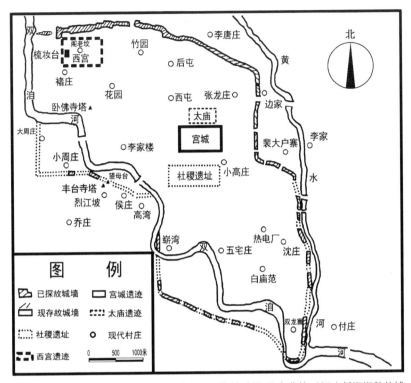

图 1-10　郑韩故城［引自河南省博物馆新郑工作站、新郑县文化馆：《河南新郑郑韩故城的钻探和试掘》，见《文物资料丛刊》(3)，文物出版社 1980 年版，第 57 页］

西。东城为大城，即郭城，分布有屯军区、作坊区、仓廪区、居民区、商业区等。这一城市形制，使政治中心与经济中心相分离，增强了王权，便于对民众的管理。

（三）魏国大梁

大梁为战国时魏国都城。其原属郑国，后被楚国所占；公元前 391 年，又为魏国所有。后魏国为避秦、赵等国对都城安邑的威胁，遂迁都大梁。关于迁都的时间，尚有争议，有魏惠王九年（前 361）[1]、魏惠王三十一年（前 339）[2]等说法。

---

[1]　李长傅：《开封历史地理》，商务印书馆 1958 年版，第 8 页。原书"魏惠王九年"作公元前 362 年，有误，更正。

[2]　牛建强：《战国时期魏都迁梁年代考辨》，《史学月刊》2003 年第 11 期。

魏大梁城位于今开封市城区偏北部,平面大致呈不规则的长方形,由郭城和宫城两部分组成。宫城位于郭城东南部,宫殿区则位于宫城西部正中的高台区域。浚仪渠从郭城北部自西向东穿城而过,手工业区沿浚仪渠两侧分布。大梁城"地四平,诸侯四通辐凑,无名山大川之限。从郑至梁二百余里,车驰人走,不待力而至"①,交通便利;其周围河流纵横,湖泊众多,水源充足。优越的地理环境促进了大梁城经济的繁荣,史载城内"庐田庑舍,曾无所刍牧牛马之地。人民之众,车马之多,日夜行不休已,无以异于三军之众"②。财富的增长也催生了统治阶层的奢靡之风,王室贵族们广建宅园,纵情享乐。大梁城内有巍峨的宫殿、王亲贵族的住宅、接待使臣的馆驿,还有专为享乐游玩的宫室苑台,如丹宫、范台、兰台、晖台、灵台、青沼、夹林、梁囿、温囿等苑囿。其中的丹宫,朱漆刷柱,丽华冠于一时。

在秦灭六国的战争中,秦军曾四次围攻大梁城。公元前225年,秦将王贲围大梁,引浚仪渠水灌大梁三月之久,大梁城被毁,魏国灭亡。

二、囿与苑台

西周时期,鉴于商王耽于游乐以致失国的教训,田猎开始制度化,并成为在囿中举行的重要礼制活动。春秋战国时期,奴隶制逐步向封建制转化,旧有的礼制面临崩溃,所谓"礼崩乐坏"是也。诸侯国强大,周王室式微,诸侯们纷纷突破宗法制度的束缚,竞相修建豪华的宫室苑囿。如战国时的苏秦,曾经游说齐湣王"厚葬以明孝,高宫室大苑囿以明得意"③。而张仪恐吓韩王时提到的"鸿台之宫""桑林之菀",即是位于河南的韩王苑囿。此时,园林游观的功能开始超越物质生产等功利的目的,朦胧的环境意识也已出现,甚至有了私家园林的萌芽。

① 〔汉〕司马迁撰:《史记》,中华书局1959年版,第2285页。
② 〔汉〕刘向集录:《战国策》,上海古籍出版社1985年版,第787页。
③ 〔汉〕司马迁撰:《史记》,中华书局1959年版,第2265页。

（一）两周囿圃

周初，鉴于商末诸王"生则逸，不知稼穑之艰难，不闻小人之劳，惟耽乐之从"①，终失其国。周公作《无逸》诫之曰："文王不敢盘于游田，以庶邦惟正之供。……继自今嗣王，则其无淫于观、于逸、于游、于田，以万民惟正之供。"②故而，周王朝对田猎、囿游之事管理严格，并且形成制度。《礼记·王制》曰："天子诸侯无事，则岁三田，一为乾豆，二为宾客，三为充君之庖。无事而不田，曰不敬。"③还设囿人、迹人掌囿游、田猎之事。《周礼·地官》曰："囿人，掌囿游之兽禁，牧百兽。祭祀、丧纪、宾客，共其生兽死兽之物。"④"迹人，掌邦田之地政，为之厉禁而守之。凡田猎者受令焉。"⑤

"国之大事，在祀与戎。"⑥周王以田猎教导兵民，训练战法，获取牺牲，祭祀宗庙，是周代重要的礼制活动。《礼记·月令》曰："（季秋之月）天子乃教于田猎，以习五戎，班马政。……天子乃厉饰，执弓挟矢以猎。命主祠祭禽于四方。"⑦周有四时田猎的制度，所获皆祭宗庙。其中春猎以祭社为主；夏猎则以祭宗庙为主；秋猎则以报祭社及四方为主；冬猎则主用众物，以祭宗庙，而亦报于物有功之神于四方也。故季秋田猎毕，周王命典祀之官，取田猎所获之禽兽，还祭于郊，以报四方之神。《周礼·夏官》亦曰："中春，教振旅，司马以旗致民，平列陈，如战之陈。辨鼓铎镯铙之用……遂以蒐田，有司表貉，誓民，鼓，遂围禁，

---

① 〔汉〕孔安国传，〔唐〕孔颖达疏，廖明春、陈明整理，吕绍纲审定：《尚书正义》，北京大学出版社1999年版，第433页。

② 〔汉〕孔安国传，〔唐〕孔颖达疏，廖明春、陈明整理，吕绍纲审定：《尚书正义》，北京大学出版社1999年版，第433~435页。

③ 〔汉〕郑玄注，〔唐〕孔颖达疏，龚抗云整理，王文锦审定：《礼记正义》，北京大学出版社1999年版，第373页。

④ 〔汉〕郑玄注，〔唐〕贾公彦疏，赵伯雄整理，王文锦审定：《周礼注疏》，北京大学出版社1999年版，第423~424页。

⑤ 〔汉〕郑玄注，〔唐〕贾公彦疏，赵伯雄整理，王文锦审定：《周礼注疏》，北京大学出版社1999年版，第419页。

⑥ 〔周〕左丘明传，〔晋〕杜预注，〔唐〕孔颖达正义，浦卫忠等整理，杨向奎审定：《春秋左传正义》，北京大学出版社1999年版，第755页。

⑦ 〔汉〕郑玄注，〔唐〕孔颖达疏，龚抗云整理，王文锦审定：《礼记正义》，北京大学出版社1999年版，第536~539页。

火弊，献禽以祭社。中夏，教茇舍，如振旅之陈。群吏撰车徒，读书契，辨号名之用。……遂以苗田，如蒐之法，车弊献禽以享礿。中秋，教治兵，如振旅之陈。辨旗物之用……遂以狝田，如蒐之法，罗弊致禽以祀祊。中冬，教大阅……遂以狩田，……大兽公之，小禽私之，获者取左耳。……徒乃弊，致禽馌兽于郊，入献禽以享烝。"①故春猎曰蒐，夏猎曰苗，秋猎曰狝，冬猎曰狩，此之谓也。

周代的田猎在囿中进行。《说苑·立节》载："昔者王田于囿。"②《周礼·地官·迹人》之郑注曰："田之地，若今苑也。"③《周礼·地官》之叙官又释曰："古谓之囿，汉家谓之苑。"④《诗经·秦风·驷驖》之诗序亦曰："始命有田狩之事，园囿之乐焉。"⑤周代囿的规模有定制，依诸侯等级有大小之分。《周礼·地官·囿人》之郑注曰："天子之囿百里，并是田猎之处。"⑥《白虎通》又曰："囿，天子百里，大国四十里，次国三十里，小国二十里。"⑦周文王作灵囿，其大小亦百里。周王室之囿在王畿之内，洛邑为东都，有百里之囿存在。

周代的囿已经具有非常成熟的游观功能。《诗经·灵台》曰："王在灵囿，麀鹿攸伏。麀鹿濯濯，白鸟翯翯。"⑧灵囿之内的飞禽走兽已经不仅仅是狩猎的对象，还是一种园林审美要素为人们所欣赏。此外，《周礼·天官》云："阍人，王宫每门四人，囿游亦如之。"郑注曰："囿，御苑也。游，离宫也。"⑨孙诒让正义曰："郑盖谓游即于囿内为宫室。"⑩郑玄在《地官·囿人》注曰："囿游，囿之离宫小苑观处也。养兽以宴乐视之。禁者，其蕃卫也。……牧百兽。备养众物也。今

① 〔汉〕郑玄注，〔唐〕贾公彦疏，赵伯雄整理，王文锦审定：《周礼注疏》，北京大学出版社 1999 年版，第 765~781 页。

② 〔汉〕刘向撰，向宗鲁校证：《说苑校证》，中华书局 1987 年版，第 86 页。

③ 〔汉〕郑玄注，〔唐〕贾公彦疏，赵伯雄整理，王文锦审定：《周礼注疏》，北京大学出版社 1999 年版，第 419 页。

④ 〔汉〕郑玄注，〔唐〕贾公彦疏，赵伯雄整理，王文锦审定：《周礼注疏》，北京大学出版社 1999 年版，第 238 页。

⑤ 〔宋〕朱熹集传：《诗经》，上海古籍出版社 2013 年版，第 148 页。

⑥ 〔汉〕郑玄注，〔唐〕贾公彦疏，赵伯雄整理，王文锦审定：《周礼注疏》，北京大学出版社 1999 年版，第 423 页。

⑦ 〔清〕陈立撰，吴则虞点校：《白虎通疏证》，中华书局 1994 年版，第 592 页。

⑧ 〔宋〕朱熹集传：《诗经》，上海古籍出版社 2013 年版，第 353 页。

⑨ 〔汉〕郑玄注，〔唐〕贾公彦疏，赵伯雄整理，王文锦审定：《周礼注疏》，北京大学出版社 1999 年版，第 18 页。

⑩ 〔清〕孙诒让撰，王文锦、陈玉霞点校：《周礼正义》，中华书局 1987 年版，第 47 页。

掖庭有鸟兽,自熊、虎、孔雀至于狐狸、凫、鹤备焉。"①孙诒让正义曰:"盖郑意囿本为大苑,于大苑之中,别筑藩界为小苑,又于小苑之中为宫室,是为离宫。以其是囿中游观之处,故曰囿游也。"②可见,在西周时期,囿的游观功能已经非常成熟,不仅以自然景物为观赏对象,还在囿中修建离宫别馆,开后世园中园(苑中苑)之先河。③

春秋初年,平王迁都洛邑,周天子式微。平王去世时,丧葬费用筹集不出,其子恒王只得派大臣向鲁国乞求财物。《春秋公羊传·隐公三年》载:"三月,庚戌,天王崩。……天王崩,诸侯之主也。秋,武氏子来求赙。武氏子者何?天子之大夫也。其称武氏子何?讥。何讥尔?父卒,子未命也。何以不称使?当丧未君也。武氏子来求赙,何以书?讥。何讥尔?丧事无求。求赙,非礼也。盖通于下。"④周王室式微如斯,洛邑王畿之囿恐已无存。

周王室虽然衰微,但四时田猎的制度为各诸侯所继承。《左传·隐公五年》曰:"故春蒐、夏苗、秋狝、冬狩,皆于农隙以讲事也。"⑤《春秋穀梁传·桓公四年》曰:"春,正月,公狩于郎。四时之田,皆为宗庙之事也。春曰田,夏曰苗,秋曰蒐,冬曰狩。四时之田用三焉,唯其所先得,一为干豆,二为宾客,三为充君之疱。"⑥春秋以降,各城邑人口增加,闲地日少,各诸侯竞相筑囿圃以为游观、田猎。《春秋穀梁传·成公十八年》云:"八月……筑鹿囿。""昭公九年"云:"冬,筑郎囿。""定公十三年"云:"夏,筑蛇渊囿。"⑦其中,春秋卫之藉圃,战国魏之梁囿、温囿就位于今河南境内。

藉圃,藉田之圃也。藉田者,《后汉书》引干宝《周礼》注曰:"古之王者,贵

① 〔汉〕郑玄注,〔唐〕贾公彦疏,赵伯雄整理,王文锦审定:《周礼注疏》,北京大学出版社 1999 年版,第 423 页。

② 〔清〕孙诒让撰,王文锦、陈玉霞点校:《周礼正义》,中华书局 1987 年版,第 1220 页。

③ 史箴:《囿游,苑中苑和园中园的滥觞》,《建筑学报》1995 年第 3 期。

④ 〔汉〕公羊寿传,〔汉〕何休解诂,〔唐〕徐彦疏,浦卫忠整理,杨向奎审定:《春秋公羊传注疏》,北京大学出版社 1999 年版,第 36~39 页。

⑤ 〔周〕左丘明传,〔晋〕杜预注,〔唐〕孔颖达正义,浦卫忠等整理,杨向奎审定:《春秋左传正义》,北京大学出版社 1999 年版,第 92~93 页。

⑥ 〔晋〕范宁集解,〔唐〕杨士勋疏,夏先培整理,杨向奎审定:《春秋穀梁传注疏》,北京大学出版社 1999 年版,第 39~40 页。

⑦ 〔晋〕范宁集解,〔唐〕杨士勋疏,夏先培整理,杨向奎审定:《春秋穀梁传注疏》,北京大学出版社 1999 年版,第 241、287、330 页。

为天子,富有四海,而必私置藉田,盖其义有三焉:一曰,以奉宗庙,亲致其孝也;二曰,以训于百姓在勤,勤则不匮也;三曰,闻之子孙,躬知稼穑之艰难无违(逸)也。"①《礼记·祭义》云:"天子为藉千亩,冕而朱纮,躬秉耒,诸侯为藉百亩,冕而青纮,躬秉耒,以事天地、山川、社稷、先古,以为醴酪齐盛于是乎取之,敬之至也。"②《孟子·滕文公章句下》注曰:"诸侯耕助者,躬耕劝率其民,收其藉助,以供粢盛。"③卫之藉圃,即文公百里藉田内之圃。《左传·哀公十七年》载:"春,卫侯为虎幄于藉圃。"注曰:"于藉田之圃,新造幄幕,皆以虎兽为饰。"④

梁囿,因近战国时魏国之都城大梁而名。梁囿位于圃田泽,其泽位列"十薮"⑤,多麻黄草,又称甫草泽。《水经注》引《述征记》言:"践县境便睹斯卉,穷则知逾界。"⑥可见当时泽中草木生长之茂盛,景象十分壮观。梁囿曾是郑国囿圃,称郑圃,周王曾在此田猎。《水经注》引《穆天子传》言:"天子射鸟猎兽于郑圃,命虞人掠林。"⑦郑圃也叫原圃。《左传·僖公三十三年》曰:"郑之有原圃,犹秦之有具圃也。"正义曰:下注云"中牟县西有圃田泽",则"原圃"地名。⑧ 到战国时,魏都大梁,故名梁囿。梁囿水草茂盛,适宜禽畜繁育,是理想的狩猎、游观之地。《孟子·梁惠王章句上》载:"孟子见梁惠王。王立于沼上,顾鸿雁麋鹿。"⑨后来,梁囿毁于秦灭魏的战争中。《史记·魏世家》载:"秦七攻魏,五入

① 〔南朝宋〕范晔撰,〔唐〕李贤等注:《后汉书》,中华书局1965年版,第3106页。
② 〔汉〕郑玄注,〔唐〕孔颖达疏,龚抗云整理,王文锦审定:《礼记正义》,北京大学出版社1999年版,第1329页。
③ 〔汉〕赵岐注,〔宋〕孙奭疏,廖明春、刘佑平整理,钱逊审定:《孟子注疏》,北京大学出版社1999年版,第164页。
④ 〔周〕左丘明传,〔晋〕杜预注,〔唐〕孔颖达正义,浦卫忠等整理,杨向奎审定:《春秋左传正义》,北京大学出版社1999年版,第1694页。
⑤ 《尔雅·释地》:"鲁有大野。晋有大陆。秦有杨陓。宋有孟诸。楚有云梦。吴越之间有具区。齐有海隅。燕有昭余祁。郑有圃田。周有焦护。十薮。"〔晋〕郭璞注,〔宋〕邢昺疏,李传书整理,徐朝华审定:《尔雅注疏》,北京大学出版社1999年版,第190~192页。
⑥ 〔北魏〕郦道元原注,陈桥驿注释:《水经注》,浙江古籍出版社2013年版,第347页。
⑦ 〔北魏〕郦道元原注,陈桥驿注释:《水经注》,浙江古籍出版社2013年版,第71页。
⑧ 〔周〕左丘明传,〔晋〕杜预注,〔唐〕孔颖达正义,浦卫忠等整理,杨向奎审定:《春秋左传正义》,北京大学出版社1999年版,第474页。
⑨ 〔汉〕赵岐注,〔宋〕孙奭疏,廖明春、刘佑平整理,钱逊审定:《孟子注疏》,北京大学出版社1999年版,第5页。

囿中,边城尽拔,文台堕,垂都焚,林木伐,麋鹿尽,而国继以围。"①因战争的影响和环境的变迁,"在北魏郦道元作《水经注》之时,圃田泽已萎缩为东西四十许里,南北二十许里的狭长地带,其间还有众多沙岗"②。

　　史籍对温囿之记载不详,仅见于《战国策》綦母恢为西周公谋温囿之事。《战国策·西周》载:"周君反(返),见梁囿而乐之也。綦母恢谓周君曰:'温囿不下此,而又近。臣能为君取之。'反见魏王,……綦母恢曰:'周君形不小利,事秦而好小利。今王许戍三万人与温囿,周君得以为辞于父兄百姓,而利温囿以为乐,必不合于秦。臣尝闻温囿之利,岁八十金,周君得温囿,其以事王者,岁百二十金,是上党每患而赢四十金。'魏王因使孟卯致温囿于周君而许之戍也。"③

　　诸侯竞相占地筑囿的行为,危害了百姓的生活。《孟子·滕文公章句下》载:"暴君代作。坏宫室以为污池,民无所安息;弃田以为园囿,使民不得衣食;邪说暴行又作。园囿污池,沛泽多而禽兽至。"④百姓亦对诸侯国君占地筑囿不满。《孟子·梁惠王章句下》载:"孟子对曰:……'臣闻郊关之内,有囿方四十里,杀其麋鹿者如杀人之罪。则是方四十里为阱于国中,民以为大,不亦宜乎?'"⑤

(二)两周苑台

　　两周苑台营建有专门的制度规范。《五经异义》引《公羊》云:"天子三台,诸侯二。天子有灵台以观天文,有时台以观四时施化,有囿台观鸟兽鱼鳖。诸侯当有时台、囿台,诸侯卑,不得观天文,无灵台。"⑥周文王始营筑灵台。《诗经·灵台》曰:"经始灵台,经之营之。庶民攻之,不日成之。经始勿亟,庶民子

① 〔汉〕司马迁撰:《史记》,中华书局1959年版,第1860页。
② 黄富成、王星光:《先秦到秦汉"圃田泽"环境变迁与文化地理关系考略》,《农业考古》2014年第1期。
③ 〔汉〕刘向集录:《战国策》,上海古籍出版社1985年版,第63~64页。
④ 〔汉〕赵岐注,〔宋〕孙奭疏,廖明春、刘佑平整理,钱逊审定:《孟子注疏》,北京大学出版社1999年版,第177页。
⑤ 〔汉〕赵岐注,〔宋〕孙奭疏,廖明春、刘佑平整理,钱逊审定:《孟子注疏》,北京大学出版社1999年版,第34页。
⑥ 〔清〕陈寿祺撰,曹建墩校点:《五经异义疏证》,上海古籍出版社2012年版,第132页。

来。"①《孟子·梁惠王章句上》亦曰:"《诗》云'经始灵台,……'文王以民力为台为沼,而民欢乐之,谓其台曰灵台,谓其沼曰灵沼,乐其有麋鹿鱼鳖。古之人与民偕乐,故能乐也。"②"天子有灵台,以候天地;诸侯有时台,以候四时。登高远望,人情所乐。"③灵台、时台除观天文、察四时外,也是游观之所。而囿台已与苑囿结合,是以游赏为主要功能的苑台。春秋战国时期,诸侯强大,王室式微,礼制处在崩溃之中,所谓"礼崩乐坏"是也。诸侯国君纷纷僭越制度,皆以"高台榭、美宫室"为竞相效尤的风尚,宫苑也大都以"台"命名,进入苑台园林营建的兴盛时期。此时的苑台,虽小部分沿袭通神、望天的用途,但游观的功能已上升至主要地位,近于宫苑的性质。两周时期,河南境内之东都洛邑以及见诸史籍的诸侯国,皆有苑台营建,如周王室之灵台、昆昭台,楚国的章华台等。

其一,周台。

周人尚礼,洛邑作为西周之东都,有天子三台——灵台、时台、囿台的营建,以观天文,察四时,尽游观之乐。春秋战国时期,周王室虽然衰微,但奢靡不减,周灵王建昆昭之台,以为观览宴乐之处。此外,还有周赧王逃难之逃台。

昆昭台,周灵王所营筑。《拾遗记·周灵王》载:"(周灵王)二十三年,起'昆昭'之台,亦名'宣昭'。聚天下异木神工,得崿谷阴生之树。其树千寻,文理盘错,以此一树,而台用足焉。大干为桁栋,小枝为栌榱。其木有龙蛇百兽之形。又筛水精以为泥。台高百丈,升之以望云色。"④斫千寻之树,营百丈之台,虽属夸张之词,但昆昭台上肯定有木构建筑,所谓"高台榭"也。灵王升台望云色,继承了筑台观天象的传统。《拾遗记》又载:"时有苌弘,能招致神异。王乃登台,望云气蓊郁。忽见二人乘云而至,须发皆黄,非谣俗之类也。乘游龙飞凤之辇,驾以青螭。其衣皆缝缉毛羽也。王即迎之上席。"⑤灵王登台迎仙人,也隐

① 〔宋〕朱熹集传:《诗经》,上海古籍出版社 2013 年版,第 353 页。
② 〔汉〕赵岐注,〔宋〕孙奭疏,廖明春、刘佑平整理,钱逊审定:《孟子注疏》,北京大学出版社 1999 年版,第 6~7 页。
③ 〔汉〕公羊寿传,〔汉〕何休解诂,〔唐〕徐彦疏,浦卫忠整理,杨向奎审定:《春秋公羊传注疏》,北京大学出版社 1999 年版,第 183 页。
④ 〔前秦〕王嘉撰,〔南朝梁〕萧绮录,王根林校点:《拾遗记》,见《汉魏六朝笔记小说大观》,上海古籍出版社 1999 年版,第 512 页。
⑤ 〔前秦〕王嘉撰,〔南朝梁〕萧绮录,王根林校点:《拾遗记》,见《汉魏六朝笔记小说大观》,上海古籍出版社 1999 年版,第 512 页。

喻了古人筑高台通神的原初功能。而“王即迎之上席”则表示此台还是宴饮享乐之所在。《太平广记》则曰：“周灵王起处昆昭之台。有侍臣苌弘，巧智如流，因而得侍。长夜宴乐，或俳谐儛笑，有殊俗之伎。”①

避债台，亦名逃债台、誃台。《太平御览》引《帝王世纪》云：“周赧王虽居天子之位，为诸侯所侵逼，与家人无异。贯于民，无以归之，乃上台以避之。故周人因名其台曰逃债台。故洛阳南宫簃（誃）台是也。”②亦作避责台、逃责台。责，古与“债”通。《随园随笔·摘〈史记〉注》载：“赧王为诸侯所逼，负责于民，乃上台避之，号避责台。”③《汉书·诸侯王表》载：“自幽、平之后，日以陵夷，至虖厄隘河洛之间，分为二周，有逃责之台，被窃𫓧之言。”注：“服虔曰：‘周赧王负责，无以归之，主迫责急，乃逃于此台，后人因以名之。’刘德曰：‘洛阳南宫誃台是也。’”④又《说文解字》曰：“誃，离别也。读若《论语》‘跢予之足’。周景王作洛阳誃台。”注曰：“其字亦作誃。尔雅之簃，盖亦誃之异体。”⑤故避债台为周景王所筑，位于今河南洛阳。

其二，楚台。

章华台，楚襄王迁都陈时所建，位于今河南商水县。

章华台本为楚灵王营建于华容之古苑台。《左传·昭公七年》载：“（楚灵王）及即位，为章华之宫，纳亡人以实之。”注：“章华，南郡华容县。”⑥又云：“楚子成章华之台，愿以诸侯落之。”注：“宫室始成，祭之为落。台今在华容城内。”⑦华容之章华台高大奢华，亦名“三休台”。《艺文类聚·居处部二》曰：“贾子曰，翟王使使者之楚，楚王欲夸之，飨客章华之台。三休，乃至于上。”⑧《舆地

① 〔宋〕李昉等编：《太平广记》，中华书局1961年版，第3246页。

② 〔宋〕李昉编纂，夏剑钦校点：《太平御览》（第二册），河北教育出版社1994年版，第684～685页。

③ 〔清〕袁枚著，胡协寅校阅：《随园随笔》（上），广益书局1936年版，第17页。

④ 〔汉〕班固撰，〔唐〕颜师古注：《汉书》，中华书局1962年版，第391～392页。

⑤ 〔汉〕许慎撰，〔清〕段玉裁注：《说文解字注》，上海古籍出版社1981年版，第97页。

⑥ 〔周〕左丘明传，〔晋〕杜预注，〔唐〕孔颖达正义，浦卫忠等整理，杨向奎审定：《春秋左传正义》，北京大学出版社1999年版，第1236页。

⑦ 〔周〕左丘明传，〔晋〕杜预注，〔唐〕孔颖达正义，浦卫忠等整理，杨向奎审定：《春秋左传正义》，北京大学出版社1999年版，第1238页。

⑧ 〔唐〕欧阳询撰，汪绍楹校：《艺文类聚》，上海古籍出版社1965年版，第1118页。

纪胜·江陵府》卷六十四载:"楚灵王章华之台,亦谓之三休台。"①

楚襄王二十年(前279),秦将白起攻破楚国都城郢,襄王迁都于陈,遂在其西南之汝阳水滨筑台,亦沿袭旧名,称章华台。《七国考订补·楚台室》载:"章华台,楚襄王筑。《河南志》:'河南开封府商水县西北三里有章华台。初,楚灵王筑章华台于华容城内。襄王为秦将白起所迫,北保于陈,更筑此台。'"②《太平寰宇记·陈州》"商水县"条云:"章华台,在县西北三里。……《春秋后语》:'楚襄王二十年,为秦将白起所逼,北保于陈,更筑此台。'"③

此外,商水有丛台。《太平寰宇记·陈州》"商水县"条云:"丛台,在县北二十五里。……按郎蔚之《陈州旧图》云:'楚王游观弋钓地,或税驾于此,往往有嘉禾丛生,因以为名也。'"④《大清一统志·陈州府》载:"丛台,在商水县北二十里沙河之阳。按春秋襄公十七年,楚灵王筑章华台,并筑此。图经,有嘉禾丛生,因名。"⑤

其三,卫台。

卫有灵台。《左传·哀公二十五年》载:"卫侯为灵台于藉圃,与诸大夫饮酒焉。"⑥灵台本周天子观天文之处,周文王始筑。"灵台之义。正以候天地,故以灵言之;诸侯候四时,故谓之时台。"⑦又曰:"灵者,精也,神之精明称灵,故称台曰灵台。"⑧西周时,灵台是天子地位的象征;春秋时,此制已为诸侯所僭越,故有卫侯筑灵台与大夫宴乐。

有卫台。《史记·卫康叔世家》载:"伯姬劫悝于厕,强盟之,遂劫以登台。"[集解]服虔曰:"于卫台上召卫群臣。"⑨

有重华台。《读史方舆纪要·大名府》载:"又(开州)州治南有古重华台。

① 〔宋〕王象之:《舆地纪胜》,中华书局1992年版,第2209页。
② 〔明〕董说原著,缪文远订补:《七国考订补》,上海古籍出版社1987年版,第352页。
③ 〔宋〕乐史著,王文楚等点校:《太平寰宇记》,中华书局2007年版,第190页。
④ 〔宋〕乐史著,王文楚等点校:《太平寰宇记》,中华书局2007年版,第190页。
⑤ 〔清〕穆彰阿、潘锡恩等纂修:《大清一统志》(第五册),上海古籍出版社2008年版,第21页。
⑥ 〔周〕左丘明传,〔晋〕杜预注,〔唐〕孔颖达正义,浦卫忠等整理,杨向奎审定:《春秋左传正义》,北京大学出版社1999年版,第1708页。
⑦ 〔汉〕公羊寿传,〔汉〕何休解诂,〔唐〕徐彦疏,浦卫忠整理,杨向奎审定:《春秋公羊传注疏》,北京大学出版社1999年版,第183页。
⑧ 〔清〕陈寿祺撰,曹建墩校点:《五经异义疏证》,上海古籍出版社2012年版,第133页。
⑨ 〔汉〕司马迁撰:《史记》,中华书局1959年版,第1600页。

士孙子曰'卫灵公坐重华之台,侍御数百。仲叔圉谏,公乃出宫女',即此处云。"①

其四,宋台。

宋有平公台。《左传·襄公十七年》载:"宋皇国父为大宰,为平公筑台,妨于农功。"②

其五,魏台。

魏有仪台。《史记·魏世家》载:"(魏惠王)六年,伐取宋仪台。"[集解]徐广曰:"一作'义台'。"[索隐]按:"年表作'义台',然义台见《庄子》。司马彪亦曰台名,郭象云义台,灵台。"③《史记·六国年表》载:"(魏惠王六年)伐宋,取仪台。"④

魏有范台。《战国策·魏二》"梁王魏婴觞诸侯于范台"载:"梁王魏婴觞诸侯于范台。酒酣,请鲁君举觞。鲁君与,避席择言曰:'昔者,帝女令仪狄作酒而美,进之禹,禹饮而甘之,遂疏仪狄,绝旨酒,曰:"后世必有以酒亡其国者。"齐桓公夜半不嗛,易牙乃煎敖燔炙,和调五味而进之,桓公食之而饱,至旦不觉,曰:"后世必有以味亡其国者。"晋文公得南之威,三日不听朝,遂推南之威而远之,曰:"后世必有以色亡其国者。"楚王登强台而望崩山,左江而右湖,以临彷徨,其乐忘死,遂盟强台而弗登,曰:"后世必有以高台陂池亡其国者。"今主君之尊,仪狄之酒也;主君之味,易牙之调也;左白台而右闾须,南威之美也;前夹林而后兰台,强台之乐也。有一于此,足以亡其国。今主君兼此四者,可无戒与!'梁王称善相属。"⑤鲁君用楚王之强台比喻范台而规劝梁王勿溺于台榭游观之乐。

有晖台。《战国策·东周》"秦兴师临周而求九鼎"载:"齐王曰:'寡人将寄径于梁。'颜率曰:'不可。夫梁之君臣欲得九鼎,谋之晖台之下,少海之上,其日久矣。鼎入梁,必不出。'"⑥"少"当作"沙"。《读史方舆纪要·开封府》载:"沙海,在府城西北十二里。《战国策》'齐欲发卒取周鼎,颜率说曰"梁君臣欲得九

① 〔清〕顾祖禹撰,贺次君、施和金点校:《读史方舆纪要》,中华书局2005年版,第741页。
② 〔周〕左丘明传,〔晋〕杜预注,〔唐〕孔颖达正义,浦卫忠等整理,杨向奎审定:《春秋左传正义》,北京大学出版社1999年版,第944页。
③ 〔汉〕司马迁撰:《史记》,中华书局1959年版,第1844页。
④ 〔汉〕司马迁撰:《史记》,中华书局1959年版,第719页。
⑤ 〔汉〕刘向集录:《战国策》,上海古籍出版社1985年版,第846~847页。
⑥ 〔汉〕刘向集录:《战国策》,上海古籍出版社1985年版,第2页。

鼎,谋于沙海之上"',指此也。"①

此外,魏还有兰台、京台、中天台等位于河南之苑台见于史籍。

其六,韩台。

韩有韩王台。《艺文类聚·居处部二》载:"晋孙楚《韩王台赋》曰:酸枣寺门外,夹道左右,有两故台。访诸故老,云韩王听讼观也。望韩王之故台,寻往代之所营。双阙碣以峻峙,贯云气而上征。历千载而特立,显妙观于太清。薄邯郸之丛台,陋楚国之章华。邈岩峣以亢极,岂岑楼之能加。至乃宫观弘敞,增台隐天,伐文梓于万仞,发玉石于三泉。优倡角乌鸟之声,蛾眉戏白雪之舞,纷淫衍以低仰,翳修袖而容与。"②《元和郡县图志·滑州》"酸枣县"条云:"酸枣故城,在县西南一十五里。六国时韩王所理处,旧址犹存。"③《太平寰宇记·开封府》"酸枣县"条云:"韩王台二,并在(酸枣)县南一十六里。按孙楚《韩王台赋》云:'酸枣县门外,左右有两故台,访古老云:韩王听政之观也。'"④

有望气台。《太平寰宇记·开封府》"酸枣县"条云:"望气台,在(酸枣)县西南十五里。"⑤《舆地志·兖州》"陈留国"条云:"酸枣县西有韩王望气台。"⑥

韩国还有上文提到之"鸿台之宫",应是以台为中心的宫苑园林。

三、园林思想

两周时期,尤其是春秋战国时期,礼制的崩溃、社会的动荡带来了中国历史上的第一次思想大解放。诸子百家,相互争鸣,对中国古代文化有着非常深刻的影响。其中,诸子学说中隐现的山水审美、环境意识等对当时河南园林的发展产生了巨大的推动作用。

① 〔清〕顾祖禹撰,贺次君、施和金点校:《读史方舆纪要》,中华书局 2005 年版,第 2148 页。
② 〔唐〕欧阳询撰,汪绍楹校:《艺文类聚》,上海古籍出版社 1965 年版,第 1121 页。
③ 〔唐〕李吉甫撰,贺次君点校:《元和郡县图志》,中华书局 1983 年版,第 201 页。
④ 〔宋〕乐史著,王文楚等点校:《太平寰宇记》,中华书局 2007 年版,第 32 页。
⑤ 〔宋〕乐史著,王文楚等点校:《太平寰宇记》,中华书局 2007 年版,第 32 页。
⑥ 〔南朝陈〕顾野王著,顾恒一、顾德明等辑注:《舆地志辑注》,上海古籍出版社 2011 年版,第 25 页。

（一）山水审美

山水成为审美的对象在时间顺序上明显地滞后于动植物。原始的自然山川崇拜，使大自然在人们的心目中尚保持着一种浓重的神秘性。直到商代，山水还被认为是自然界的神祇所在，而被视作崇拜祭扫的对象。《国语·楚语上》说："夫美也者，上下、内外、小大、远近皆无害焉，故曰美。"①可见，先人对于美的认识是基于利害关系而定的，即对象要进入人们审美视野的基本前提是对审美主体——人不构成危害。自然界中那些人所熟知、与人无害甚至为人所驾驭的自然物、自然现象都可以成为美的对象。反之，那些人们不能理解、无力操纵乃至对人构成危害的自然物、自然现象，则被赋予神秘的色彩而成为祭拜的对象。

后来，随着社会生产力的发展，人们对自然的掌控能力大大增强，对自然的认识也逐步加深。到了西周晚期，人们开始对生活环境周围的山林川泽流露出审美意识。到了春秋战国时期，不仅动植物、山水，整个自然界都成为人们的审美对象，还出现了自然美的比德说，着眼于自然物象的某些特征与人的某些品德美相类比，人可以从自然界中直观自身而感觉其美。从此，人们对于大自然山水风景的审美，开始走向了自觉。先秦时期，管仲最早以水、玉比德，提出水可以比于君子之德。晏婴也以水比德。孔子则以山以水比德。《论语·雍也下》载："子曰：'知者乐水，仁者乐山。'"②孔子还用植物比兴。《论语·子罕下》载："子曰：'岁寒，然后知松柏之后凋也。'"③此时，文学作品中也以比德比兴对有关自然景物进行状写。"《诗经》里已有大量的自然美的描写，大量的比兴手法，有的虽是以物比形，以物比貌，以物比事，以物比理，但很多是直接或间接地以物比德。"④屈原在《离骚》中也广泛地以自然物比喻人的品德，更在《橘颂》中，用"精色内白，类可任兮"⑤句，称橘子外观精美、内心洁净，类似有道德的君子，以比德的审美观塑造自然物的艺术形象。

---

① 〔春秋〕〔旧题〕左丘明撰，鲍思陶点校：《国语》，齐鲁书社 2000 年版，第 266 页。
② 程树德撰，程俊英、蒋见元点校：《论语集释》，中华书局 1990 年版，第 408 页。
③ 程树德撰，程俊英、蒋见元点校：《论语集释》，中华书局 1990 年版，第 623 页。
④ 钟子翱：《论先秦美学中的"比德"说》，《北京师范大学学报》1982 年第 2 期。
⑤ 〔战国〕屈原著，汤炳正等注：《楚辞今注》，上海古籍出版社 1996 年版，第 167 页。

园林也是如此，早期的台、苑、囿、圃相结合即已包含着山水审美的因子，但尚处于不自觉的状态；自然审美出现以后，人们才有意识地将自然景物纳入园林营建中来。诸侯贵族开始将宫室苑台建造于风景优美的自然境域中，如位于河南的楚国章华台就建在汝河之滨，魏国梁囿也依圃田泽而筑。另外，此时的园林中已经开始出现以游赏为目的而经营的水体，人为地将自然引入园中。虽然这些都处于很低级的层次，但园林的艺术性于此开始出现。

（二）环境意识

周初，人们已经流露出朦胧的环境意识。《国语·周语中》曰："周制有之曰：'列树以表道，立鄙食以守路。国有郊牧，疆有寓望，薮有圃草，囿有林池，所以御灾也。'"[①]周人在立国之初已经从国家层面规定了植树绿化、营园御灾的制度，这些至今还是现代园林所孜孜以求的目标。

春秋战国时期，手工业的独立以及城市工商业的兴起，一方面加速了当时城市化的进程，另一方面也导致了大面积自然植被的毁坏。一来，城市用地本身需要改变自然的环境；二来，城市建设与生活必然要消耗大量的木材。这就不可避免地要采伐森林，随之而来的则是自然景观的萧条、人为的裸地与水土流失。人为的破坏对环境的影响也引起了时人的注意，如管子、孟子等大都已意识到大规模地砍伐林木与干旱、水灾间的因果关系，表现出朦胧的生态意识。他们甚至向统治者进谏，期望以法令的形式来约束、规定采伐以及狩猎的对象与时间，同时提倡植树造林，通过恢复植被来改善人居环境。

这种环境意识不仅仅体现在诸子学说、政治建议中，也表现在城市中生活的贵族士大夫对居住环境的改善上。在生活环境城市化的初期，人与自然的矛盾并不突出，而到了城市化加速的春秋战国时期，城市之中人口集中，街衢纵横，加之这一阶段社会动荡，战争频繁，城市的防御显得尤其重要，"三里之城七里之郭"为都市所必备。一些有识之士开始觉悟到城市文明所产生的"异化"效应，在城市生活繁荣的背后，拥挤、嘈杂已使生活于市井之中的人感到不适，从而萌生了改善居住环境的欲念，倾向于在小范围改善自然环境的"郊居"，晏婴、季文子等众多的王公贵族则是通过使宅邸"园圃化"的方式来改善居住环境，弥

---

① ［春秋］［旧题］左丘明撰，鲍思陶点校：《国语》，齐鲁书社 2000 年版，第 34 页。

补城市环境之不足。因而,饱含环境意识的私家园林开始出现了。

图 1-11　战国赵固墓战国铜鉴图案(引自郭宝钧:《中国青铜
器时代》,生活·读书·新知三联书店 1963 年版,
第 139 页)

　　出土于河南省辉县市赵固墓的战国铜鉴,它的图案纹样(图 1-11)形象地
描绘了中原地区士大夫的园居生活。图案的正中是一幢两层楼房,上层的人鼓
瑟投壶,下层为众姬妾环侍。楼房的左边悬编磬,二女乐击鼓且舞。磬后有习
射之圃,磬前为洗马之池。楼房的右边悬编钟,二女乐歌舞如左,其侧有鼎釜罗
列,炊饪酒肉。围墙之外松鹤满园,三人弯弓而射,迎面张网罗以捕捉逃兽。池
沼中有荡舟者,亦搭弓矢作驱策御马之姿势。可见,图案中园林已具备后世私
家园林的雏形。

第二章 ─ 秦汉时期 ─

秦汉时期(前221—220)是中国历史上的重要时期,"书同文,行同伦"的文化思想开始统一,封建土地所有制最终确立。① 政治、经济、文化的发展带来了科技与艺术的勃兴,中国园林史上的第一个造园高潮随之出现。这一时期,中国园林类型开始分化,封建王权的高度集中使皇权与神权并驾齐驱,模拟神仙居处的皇家园林产生并成为造园的主流,萌芽于战国末期的私家园林逐渐形成,祠庙园林与陵墓园林随封建礼仪制度的发展开始萌生。秦汉时期的河南是国家统治的核心区域②,洛阳在西汉时与长安并称"两京",东汉时则为都城,此时河南园林的发展也对中国园林的生成产生了重要的影响。

第一节　皇家园林

东汉建国初期,朝廷崇尚俭约,反对奢华,故宫苑的兴造不多。光武帝曾裁减上林苑的官员,废除游览打猎之类的皇室活动。《后汉书》卷七十六载:"(光武)损上林池籞之官,废骋望弋猎之事。"③到东汉后期,宦官与外戚弄权,政风败坏,帝王不思进取,追求享乐,尤其是桓、灵二帝,不顾民力疾苦兴建苑囿台榭,除扩建旧宫苑外,又兴建了许多新宫苑,形成东汉皇家园林营筑的高潮。同时,也为老百姓带来无穷的祸害。《后汉书》卷七十八载:"明年(灵帝中平二

---

① 林剑鸣:《论秦汉时期在中国历史的地位》,《人文杂志》1982年第5期。

② 杨丽:《秦汉时期河南战略地位探析》,《中州学刊》2011年第3期。

③ 〔南朝宋〕范晔撰,〔唐〕李贤等注:《后汉书》,中华书局1965年版,第2457页。

年,185)南宫灾。(张)让、(赵)忠等说帝令敛天下田亩税十钱,以修宫室。发太原、河东、狄道诸郡材木及文石,每州郡部送至京师,黄门常侍辄令谴呵不中者,因强折贱买,十分雇一,因复货之于宦官,复不为即受,材木遂至腐积,宫室连年不成。"[1]又《后汉书》卷五十七载:"今第舍增多,穷极奇巧,掘山攻石,不避时令。促以严刑,威以正〔法〕。民无罪而覆入之,民有田而覆夺之。"[2]足见为祸之烈。

　　秦汉皇家园林多称为"宫苑",亦如西汉之有宫、苑之别。宫苑多建置在国都宫城之内或毗邻宫城,如东汉洛阳的"四御苑";宫以宫殿建筑群为主体,山池花木穿插其间,附娱游观赏内容,与苑浑然一体;有的则把部分山池、花木扩大为相对独立的园林区域,呈宫中有苑的格局。另外,建置在郊野山林地带的离宫别苑,占地广、规模大,宫殿建筑群散布在辽阔的山水自然环境中,呈苑中有宫、苑中有苑的格局,其内涵广博、功能复杂,兼具游憩生产、军事训练等功能,如洛阳城外的上林苑、广成苑等。此外,也有称之为园的,如濯龙园。

一、东汉都城洛阳

　　都城是国家的政治、经济、文化中心,其规划思想影响着皇家园林的分布与审美风尚。东汉洛阳城兴建于东周都城"成周"的基础之上,城郭平面大体呈长方形,南北约九里,东西约六里,俗称"九六城",设城门十二座。全城共有二十四条街道,将城市分隔成方整的闾里,街道两侧植有栗、漆、梓、桐等绿化树木。[3]（见图2-1）

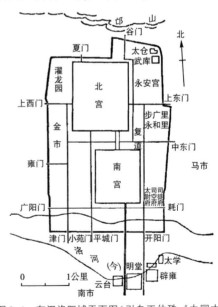

图2-1　东汉洛阳城平面图(引自王仲殊:《中国古代都城概说》,《考古》1982年第5期)

---

① 〔南朝宋〕范晔撰,〔唐〕李贤等注:《后汉书》,中华书局1965年版,第2535页。

② 〔南朝宋〕范晔撰,〔唐〕李贤等注:《后汉书》,中华书局1965年版,第1856页。

③ 汪菊渊:《中国古代园林史》(第二版),中国建筑工业出版社2012年版,第64页。

（一）规划思想

西汉长安承秦咸阳之制，被赋予"象天"意象以渲染皇权神圣；东汉洛阳城则通过轴线的强化和礼制建筑的营建，使皇权和礼制相衔接，营构出昭示德治教化的"崇礼"意象。[①]

"崇礼"，就是尊崇《周礼》的规范。东汉辞赋家在描摹洛阳城时，即对其崇奉周礼、尊奉周制的情形多有渲染。班固《东都赋》载："然后增周旧，修洛邑，翮翮巍巍，显显翼翼。光汉京于诸夏，总八方而为之极。是以皇城之内，宫室光明，阙庭神丽，奢不可逾，俭不能侈。外则因原野以作苑，顺流泉而为沼。发蘋藻以潜鱼，丰圃草以毓兽。制同乎梁驺，义合乎灵囿。"[②]其中，"增周旧，修洛邑"，"奢不可逾，俭不能侈"，"制同乎梁驺，义合乎灵囿"，形容洛阳城奢俭合礼，符合"天子之田"和"王之灵囿"的古制。

东汉洛阳的城市规划遵循了《周礼·考工记》的营国制度。傅毅《洛都赋》云："分画经纬，开正涂轨，序立庙祧，面朝后市。"[③]洛阳金市位于南宫之后，而官署区在正宫之前，符合前朝后市的布局。《周礼·考工记》营国制度的核心内容，就是以宫城为核心，以南北中轴线为主导，规制全城。光武帝定都洛阳，将宫城内部的宫殿轴线延伸出宫城，形成以南宫前殿、平城门、南郊坛（丘）为节点的都城轴线，使整个都城布局全部纳入以宫城为核心、以宫城南北轴线为主导的结构形式中。轴线两侧布置庙社、"三雍"（明堂、灵台、辟雍）等礼制建筑，北接宫阙，南通圜丘，将皇权与天命通过"礼"衔接起来，达成君承天命、礼本天道的意象效果。这条轴线不仅是空间的主导，也是活动的主轴，朝会、祭祀活动都沿着这条轴线进行，从而增强了东汉洛阳"崇礼"意象的可感知性，成功营造出合周制、崇周礼的都城意象。

（二）宫苑布局

东汉洛阳宫城，从西汉多宫并存演变为南北两宫对峙，宫城面积占全城面

---

①　胡方：《从"象天"到"崇礼"：两汉都城意象探析》，《管子学刊》2015 年第 4 期。

②　费振刚、仇仲谦、刘南平校注：《全汉赋校注》，广东教育出版社 2005 年版，第 496 页。

③　费振刚、仇仲谦、刘南平校注：《全汉赋校注》，广东教育出版社 2005 年版，第 408 页。

积的比例较西汉之时有较大幅度的减少。① 南宫占据城市中心位置,成为洛阳城市布局的核心,并延伸其轴线为城市的规划轴线。②

南宫为秦代遗留的旧宫,西汉时尚存。《史记》卷八载:"高祖(五年,前202)置酒洛阳南宫。"③《汉书》卷九十九下载:"(新莽地皇)三年(22)……(遣)司徒王寻将十余万屯洛阳填南宫。"④东汉定都洛阳,始进行大规模的营建。《后汉书》卷一载:"十四年春正月,起南宫前殿。"⑤东汉初年光武帝统治时期,南宫是最主要的政治活动场所,朝会等政治活动大多在南宫前殿举行。南宫中轴线两侧总共有5排30余座宫殿台观,处在中轴线上的有正殿却非殿、崇德殿等,其他殿名见于《元河南志·后汉城阙古迹》。⑥ 其中,嘉德殿为汉灵帝母亲董皇后居所,也称作永乐宫;明光殿为尚书郎奏事场所;玉堂殿建于汉灵帝时,"遂使钩盾令宋典缮治南宫,〔修玉堂殿〕。又使掖庭令毕岚铸铜人四,列于苍龙、玄武阙外。又铸四钟,皆受二千斛,悬于〔玉〕堂及云台殿殿前"⑦。南宫四面有墙,每墙开有一门,分别以四方之神命名。南宫的面积大约为1.3平方公里。⑧

北宫在南宫以北偏西,与南宫相距七里,"中央作大屋,复道三行;天子从中道,从官夹左右,十步一卫"⑨。张衡《东京赋》赞曰:"飞阁神行,莫我能形。"⑩北宫营建于东汉明帝时,永元三年(91)"起北宫及诸官府"⑪,永元八年(96)"冬十月,北宫成"⑫,前后历时五年。北宫中最主要的宫殿是德阳殿,这座建筑气势恢宏、规模雄伟。《东汉会要》卷六载:"德阳殿周旋容万人。阶高二丈,皆文石作

---

① 孙红飞:《两汉都城规划布局探析》,《中原文物》2012年第5期。

② 张甜甜:《东汉园林史研究》,福建农林大学硕士学位论文2015年,第31页。

③ 〔汉〕司马迁撰:《史记》,中华书局1959年版,第380页。

④ 〔汉〕班固撰,〔唐〕颜师古注:《汉书》,中华书局1962年版,第4178页。

⑤ 〔南朝宋〕范晔撰,〔唐〕李贤等注:《后汉书》,中华书局1965年版,第63页。

⑥ 方原:《东汉洛阳宫城制度研究》,《秦汉研究》2009年。

⑦ 周天游辑注:《八家后汉书辑注》,上海古籍出版社1986年版,第513页。

⑧ 方原:《东汉洛阳宫城制度研究》,《秦汉研究》2009年。

⑨ 〔宋〕王应麟:《玉海》,江苏古籍出版社1987年版,第2871页。

⑩ 费振刚、仇仲谦、刘南平校注:《全汉赋校注》,广东教育出版社2005年版,第679页。

⑪ 〔南朝宋〕范晔撰,〔唐〕李贤等注:《后汉书》,中华书局1965年版,第107页。

⑫ 〔南朝宋〕范晔撰,〔唐〕李贤等注:《后汉书》,中华书局1965年版,第111页。

坛。激沼水于殿下。"①德阳殿前还建有高耸入云的阙楼,相传在40里以外就能望见。北宫中轴线上有和欢殿、宣明殿等殿台,此外宫中还有崇德殿等20余座建筑,殿名见于《元河南志·后汉城阙古迹》。② 北宫修建好以后,便取代南宫成为东汉王朝统治者最重要的政治活动场所,皇帝即位、日常朝会等活动大多在北宫德阳殿和崇德殿进行。另外,正殿德阳殿以北有永安宫,与永乐宫一样,同为太后寝宫,符合前朝后寝的格局。③ 北宫的面积约为1.8平方公里。④

另外,三雍(明堂、灵台、辟雍)等礼制建筑也依城市轴线展开。《东观汉记》载:"中元元年(56),……是岁,起明堂、辟雍、灵台,及北郊兆域。"⑤三雍是礼乐教化的象征,东汉非常重视三雍的象征意义。光武在封禅泰山时,告祷天地曰:"建明堂,立辟雍,起灵台,设庠序。同律、度、量、衡。修五礼,五玉,三帛,二牲,一死,贽。"⑥将建三雍与修五礼一起强调。明帝宗祀光武的诏书也说:"仰惟先帝受命中兴,拨乱反正,以宁天下,封泰山,建明堂,立辟雍,起灵台,恢弘大道,被之八极。"⑦将设立三雍作为光武文治的内容。

明堂是周制最重要的礼制建筑,史载洛阳明堂"四面起土作堑,上作桥,中无水"⑧。考古发掘,明堂遗址位于平城门大道东侧,基座呈方形,上有圆形台基。其形制,采取的是九室十二堂布局,有别于西汉明堂五室;其上以茅草加瓦覆盖,同于古制;有桥、堑之类的辅助设施,符合《周礼·考工记》的要求。明堂左有辟雍,右有灵台。张衡《东京赋》曰:"造舟清池,惟水泱泱。左制辟雍,右立灵台。因进距衰,表贤简能。冯相观祲,祈禳禳灾。"⑨

辟雍为正方形,四面筑有围墙,园内对称布置四组建筑物,每组由三座建筑组成;四周设有沟堑,除北面外,其他三面堑内有水。《玉海》卷九十五载:"辟雍

① 〔宋〕徐天麟:《东汉会要》,上海古籍出版社1978年版,第82页。

② 方原:《东汉洛阳宫城制度研究》,《秦汉研究》2009年。

③ 曹胜高:《论东汉洛阳城的布局与营造思想——以班固等人的记述为中心》,《洛阳师范学院学报》2005年第6期。

④ 方原:《东汉洛阳宫城制度研究》,《秦汉研究》2009年。

⑤ 〔汉〕刘珍等撰,吴树平校注:《东观汉记校注》,中州古籍出版社1987年版,第13页。

⑥ 〔南朝宋〕范晔撰,〔唐〕李贤等注:《后汉书》,中华书局1965年版,第3166页。

⑦ 〔南朝宋〕范晔撰,〔唐〕李贤等注:《后汉书》,中华书局1965年版,第100页。

⑧ 〔宋〕王应麟:《玉海》,江苏古籍出版社1987年版,第1733页。

⑨ 费振刚、仇仲谦、刘南平校注:《全汉赋校注》,广东教育出版社2005年版,第679页。

以水周其外,以节观者。诸侯曰泮宫。西南有水,北无,下天子也。"①李尤《辟雍赋》亦云:"辟雍岩岩,规圆矩方。阶序牖闼,双观四张。流水汤汤,造舟为梁。神圣班德,由斯以匡。喜喜济济,春射秋飨。"②辟雍遗址位于南郊开阳门大道东侧,其平面呈方形,边长 170 米,外有围墙,内有方形大院,中心为边长 45 米的方形夯土台基。

灵台位于平城门大道西侧,即"明堂之右"。现存遗址长、宽各约 220 米,中心为边长约 50 米的夯土台基,残高约 8 米。台基周围有两层平台,下层台面有环廊,上层四周各有五间建筑,建筑四面墙壁各涂有相应颜色,东青、西白、南赤、北黑,以对应四灵之位,以符合休征之说。③ 张衡曾为太史令,长期主持灵台的工作,其所铸浑天仪就置于此,他说灵台用于"冯相观祲,祈禳禳灾",是符合历史事实的。班固《灵台诗》云:"乃经灵台,灵台既崇;帝勤时登,爰考休征。三光宣精,五行布序;习习祥风,祁祁甘雨。百谷溱溱,庶卉蕃芜;屡惟丰年,于皇乐胥。"④《后汉书》卷二载:"(永平)二年春正月辛未,……(明帝)升灵台,望元气,吹时律,观物变。"⑤通过灵台观察天象,以达到帝王行事与之相睦。

二、洛阳"四御苑"

洛阳城中,除南、北二宫以及庙社、"三雍"等礼制建筑外,还建有四座御苑,即濯龙园、永安宫、西园和直里园。(见图 2-2)

(一)濯龙园

濯龙园是东汉洛阳城内最大的一座园林,其修成的时间应不晚于章帝建初

---

① 〔宋〕王应麟:《玉海》,江苏古籍出版社 1987 年版,第 1733 页。

② 费振刚、仇仲谦、刘南平校注:《全汉赋校注》,广东教育出版社 2005 年版,第 574 页。

③ 吴迪、李德方、叶万松:《古都洛阳》,杭州出版社 2011 年版,第 125 页。

④ 〔南朝宋〕范晔撰,〔唐〕李贤等注:《后汉书》,中华书局 1965 年版,第 1372 页。

⑤ 〔南朝宋〕范晔撰,〔唐〕李贤等注:《后汉书》,中华书局 1965 年版,第 100 页。

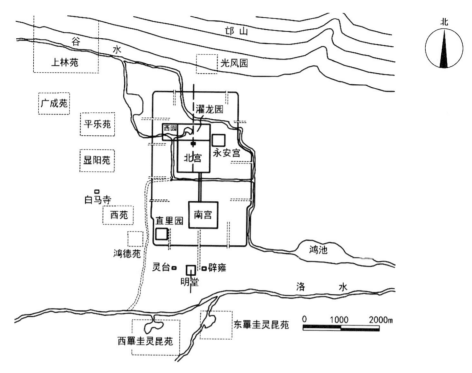

图 2-2　东汉洛阳主要宫苑分布图[引自汪菊渊:《中国古代园林史》(第二版),中国建筑工业出版社 2012 年版,第 65 页]

元年(76)。① 该园位于北宫之后直抵城的北垣,与北宫形成"前宫后苑"的格局。

　　濯龙园原为皇后"躬亲蚕事"和游娱之所,建有织室。《后汉书》卷十上载:"(明德马皇后)乃置织室,蚕于濯龙中,数往观视,以为娱乐。"②傅毅《洛都赋》云:"桑宫茧馆,区制有矩。后帅九嫔,躬敕工女。"③汉桓帝时对濯龙园进行扩建修葺,园林景色益臻幽美。桓帝好音乐,善吹笙,经常在园内举行演奏会。《后汉书》卷十上载:"(桓)帝尝幸苑囿离宫,后辄以风邪露雾为戒,辞意款备,多见详择。帝幸濯龙中,并召诸才人,下邳王已下皆在侧,请呼皇后。"④

---

① 吴方浪:《东汉城市园林水景观建设探析——以濯龙园为例》,《南昌工程学院学报》2016 年第 2 期。
② 〔南朝宋〕范晔撰,〔唐〕李贤等注:《后汉书》,中华书局 1965 年版,第 413 页。
③ 费振刚、仇仲谦、刘南平校注:《全汉赋校注》,广东教育出版社 2005 年版,第 408~409 页。
④ 〔南朝宋〕范晔撰,〔唐〕李贤等注:《后汉书》,中华书局 1965 年版,第 409 页。

濯龙园以水景取胜[①]，谷水自西北方流入，后东注鸿池，汇入洛水。张衡《东京赋》云："濯龙芳林，九谷八溪。芙蓉覆水，秋兰被涯。渚戏跃鱼，渊游龟蠵。"[②]傅毅《洛都赋》亦云："顾濯龙之台观，望永安之园数。淳清沼以泛舟，浮翠虬与玄武。"[③]园中以濯龙池最为著名。《后汉书》卷五十七载："时（桓）帝在濯龙池，管霸奏云等事。"[④]《资治通鉴》卷五十四"桓帝延熹二年"引胡三省注曰："濯龙池，在濯龙园中，近北宫。"[⑤]濯龙池水面广大，景色壮观。南朝徐陵《洛阳道》诗云："濯龙望如海，河桥渡似雷。"[⑥]梁刘潜赞曰："濯龙望水，未足俦光。"[⑦]南齐谢朓更将之与天上瑶池相提并论，发出"载怀姑射，尚想瑶池。濯龙乃饰，天渊在斯"[⑧]的感叹。此外，濯龙园内还有许多供观赏用的溪流和瀑布，"九谷八溪"，景色秀丽。宋李质赞曰："垂濯龙之瀑布，与蟠秀而东驰。"[⑨]

除水景外，濯龙园还有台观建筑，登上可望永安宫。[⑩]园内还栽植花草树木，豢养动物。《后汉书》卷七载："饰芳林而考濯龙之宫"[⑪]，引薛综注《东京赋》云："濯龙，殿名。芳林谓两旁树木兰也。"[⑫]建安二十五年（220），曹操起建始殿，所伐树木就来自濯龙园。[⑬]李尤《德阳殿赋》曰："德阳之北，斯曰濯龙。蒲萄安石，蔓延蒙笼，橘柚含桃，甘果成丛。"[⑭]园内动物有马、鹿等，据文献记载，濯龙园内围建有大型马厩，晋葛洪《抱朴子外篇·博喻》曰："乘黄、天鹿，虽幽饥而

---

① 孙炼：《大者罩天地之表，细者入毫纤之内——汉代园林史研究》，天津大学硕士学位论文2003年，第98页。

② 费振刚、仇仲谦、刘南平校注：《全汉赋校注》，广东教育出版社2005年版，第679页。

③ 费振刚、仇仲谦、刘南平校注：《全汉赋校注》，广东教育出版社2005年版，第408页。

④ 〔南朝宋〕范晔撰，〔唐〕李贤等注：《后汉书》，中华书局1965年版，第1852页。

⑤ 〔宋〕司马光：《资治通鉴》，中华书局1976年版，第1751页。

⑥ 〔南朝梁〕萧统选编：《新校订六家注文选》（第一册），郑州大学出版社2013年版，第145页。

⑦ 〔清〕严可均辑，冯瑞生审订：《全梁文》，商务印书馆1999年版，第680页。

⑧ 〔南朝齐〕谢朓著，曹融南校注：《谢宣城集校注》，上海古籍出版社1991年版，第129页。

⑨ 马积高、万光治主编：《历代辞赋总汇》（宋代卷），湖南文艺出版社2014年版，第3266页。

⑩ 张甜甜：《东汉园林史研究》，福建农林大学硕士学位论文2015年，第38页。

⑪ 〔南朝宋〕范晔撰，〔唐〕李贤等注：《后汉书》，中华书局1965年版，第320页。

⑫ 〔南朝宋〕范晔撰，〔唐〕李贤等注：《后汉书》，中华书局1965年版，第320页。

⑬ 〔晋〕干宝撰，汪绍楹校注：《搜神记》，中华书局1979年版，第90页。

⑭ 费振刚、仇仲谦、刘南平校注：《全汉赋校注》，广东教育出版社2005年版，第576页。

不乐蓺秣于濯龙之厩。"①《文选·鸟兽》注引《卢植集》曰:"诏给濯龙厩马三百匹。"②

濯龙园还延续有前代园林生产与通神的功能,除前述的织室外,园内还建有老子祠,岁时祭祀。《后汉书》卷七载:"(桓帝)九年……秋七月……庚午,祠黄、老于濯龙宫。"③濯龙园前宫后苑的"朝寝式"布局,适合于表现皇权的威严崇高,后此形式一直主导历代宫苑布局。

(二)永安宫

永安宫在洛阳城东,北宫东北处。《河南志》引《洛阳宫殿名》曰:"周回六百九十八丈。"④又引《洛阳宫殿簿》曰:"宫内有景福殿、安昌殿、延休殿。"⑤永安宫内还有合欢殿,堂内金耀,故称"黄堂"。又有候台以临高,宫内遍植草木,有园林之美。张衡《东京赋》曰:"永安离宫,修竹冬青。阴池幽流,玄泉洌清。鹈鹕秋栖,鹊鸲春鸣。䴔鸠丽黄,关关嘤嘤。"⑥宫内冬天依然修竹翠绿、池水幽幽、瀑布清洌。一年四季均能听到悦耳的虫鸣鸟叫。故李尤有《永安宫铭》赞之曰:"合欢黄堂,中和是遵。旧庐怀本,新果畅春。候台集道,俾司星辰。丰业广德,以协天人。万福来助,嘉娱永欣。"⑦

(三)西园

西园,也有文献称"北宫西园"⑧,位于洛阳北宫西,城西承明门内御道以北,东连禁掖。园内堆筑假山,水渠周流澄澈,可行舟。《后汉书》卷八载:"是岁(灵帝中平二年,185),造万金堂于西园。"⑨存贮卖官鬻爵得来之钱财。

---

① 杨照明撰:《抱朴子外篇校笺》(下),中华书局1997年版,第300页。

② 〔南朝梁〕萧统选,〔唐〕李善注:《昭明文选》(上),京华出版社2000年版,第382页。

③ 〔南朝宋〕范晔撰,〔唐〕李贤等注:《后汉书》,中华书局1965年版,第316~317页。

④ 〔清〕徐松辑,高敏点校:《河南志》,中华书局1994年版,第52页。

⑤ 〔清〕徐松辑,高敏点校:《河南志》,中华书局1994年版,第52页。

⑥ 费振刚、仇仲谦、刘南平校注:《全汉赋校注》,广东教育出版社2005年版,第679页。

⑦ 〔清〕严可均辑:《全后汉文》,商务印书馆1999年版,第509页。

⑧ 孙炼:《大者罩天地之表、细者入毫纤之内——汉代园林史研究》,天津大学硕士学位论文2003年,第98页。

⑨ 〔南朝宋〕范晔撰,〔唐〕李贤等注:《后汉书》,中华书局1965年版,第352页。

西园以山景见长,其假山名曰"少华山",是以今陕西华县小华山为蓝本堆筑的大型土山。《山海经》之"西山经":"(太华之山)又西八十里曰小华之山。"①《水经注》卷十九载:"(华山)西南有小华山也。"②小华山有茂林修竹,渭水自西萦绕在山前,山水相映,景色优美。西园之少华山,"聚土为山,十里九坂,种奇树,育麋鹿麏麂,鸟兽百种"③。坂即山坡,"十里九坂"意为山坡连绵的丘陵地带。西园少华山取小华山局部特征加以模仿,山坡连绵,上种奇树,似有"写实与写意"相融合的意味,造园的意趣已有所进步。少华山上不仅种植奇树,放逐珍稀动物,而且还有亭、楼等休憩建筑物。张衡《东京赋》中有"西登少华,亭候修敕"④之句。唐李善注曰:"谓西园中有少华之山。"⑤所谓"亭候修敕",《周礼·地官·遗人》曰:"市有候馆。"郑注曰:"候馆,楼可以观望者也。"⑥

西园内水渠回环曲折,绕园而过,可驶小舟,渠中多植莲。晋王嘉《拾遗记》卷六载:"灵(献)帝初平三年,游于西园,起裸游馆千间,采绿苔而被阶,引渠水以绕砌。周流澄澈,乘船以游漾。使宫人乘之,选玉色轻体者,以执篙楫,摇漾于渠中。……又奏'招商'之歌,以来凉气也。歌曰:'凉风起今日照渠,青荷昼偃叶夜舒,惟日不足乐有余,清丝流管歌玉凫,千年万岁喜难渝。'渠中植莲,大如盖,长一丈,南国所献;其叶夜舒昼卷,一茎有四莲丛生,名曰'夜舒荷';亦云月出则舒也,故曰'望舒荷'。……西域所献茵墀香,煮以为汤,宫人以之浴浣毕,使以余汁入渠,名曰'流香渠'。"⑦

西园是帝后怡乐之所。"(灵)帝盛夏避暑于裸游馆,长夜饮宴,帝嗟曰:'使万岁如此,则上仙也。'……又使内竖为驴鸣。于馆北又作'鸡鸣堂',多畜鸡。每醉迷于天晓,内侍竞作鸡鸣,以乱真声也。乃以炬烛投于殿前,帝乃惊

① 张耘点校:《山海经·穆天子传》,岳麓书社 2006 年版,第 15 页。
② 〔北魏〕郦道元原注,陈桥驿注释:《水经注》,浙江古籍出版社 2001 年版,第 309 页。
③ 〔宋〕李昉:《太平御览》,中华书局 1960 年版,第 945 页。
④ 费振刚、仇仲谦、刘南平校注:《全汉赋校注》,广东教育出版社 2005 年版,第 679 页。
⑤ 〔南朝梁〕萧统选,〔唐〕李善注:《昭明文选》(上),京华出版社 2000 年版,第 76 页。
⑥ 〔汉〕郑玄注,〔唐〕贾公彦疏,赵伯雄整理,王文锦审定:《周礼注疏》,北京大学出版社 1999 年版,第 345 页。
⑦ 〔晋〕王嘉撰,孟庆祥、商嫩姝译注:《拾遗记译注》,黑龙江人民出版社 1989 年版,第 175 页。

悟。"①《后汉书》卷八载:"是岁(光和四年,181)(灵)帝作列肆于后宫,使诸采女贩卖,更相盗窃争斗。帝着商估服,饮宴为乐。又于西园弄狗,着进贤冠,带绶。"②西园这种"列肆"的做法,是现今有案可稽的最早建于皇家园林内的"买卖街"。尔后,这种园林造景形式为后世所因袭。如西晋惠帝太子"于宫中为市,使人屠酤,手揣斤两,轻重不差"③,南朝宋文帝华林园商肆,后赵仙都苑"贫儿村",北宋艮岳"高阳酒肆"和清代众多皇家园林中的市井小街等。《后汉书》卷八载:"又驾四驴,(灵)帝躬自操辔,驱驰周旋,京师转相放效。"④《后汉纪》卷第二十四载:"又于西园驾四驴,上躬自操辔,驰驱周旋,以为欢乐。于是公卿贵戚转相放效,至乘辎軿以为骑从,互相请夺,驴价与马齐。"⑤抛开灵帝的荒唐举动不谈,这也从侧面说明汉代园林已经在较大程度上摆脱了商周苑囿的"娱神"功能,将"娱人"突出到造园的主要地位。⑥

(四)直里园

直里园又名"南园",在城之西南。《后汉书》志第二十六载:"直里监各一人,四百石。"注曰:"直里亦园名也,在洛阳城西南角。"⑦

从文献对前述御苑的记载可见,濯龙园与西园是洛阳城内主要的宫苑园林,其主要功能是供帝后游赏玩乐,园中水体形式丰富多样,植物布置错落有致。园林内虽有经济生产和通神祭祀的设施,如织室和老子祠,但此类功能已经处于次要地位。御苑中水体占园林面积较大,推断其可能是通过相互连接的水渠而形成一个较大的水系,供应皇宫内外生产和生活用水。

---

① 〔晋〕王嘉撰,孟庆祥、商嫩姝译注:《拾遗记译注》,黑龙江人民出版社1989年版,第175页。

② 〔南朝宋〕范晔撰,〔唐〕李贤等注:《后汉书》,中华书局1965年版,第346页。

③ 〔唐〕房玄龄等撰:《晋书》,中华书局1974年版,第1458页。

④ 〔南朝宋〕范晔撰,〔唐〕李贤等注:《后汉书》,中华书局1965年版,第346页。

⑤ 〔晋〕袁宏撰,周天游校注:《后汉纪校注》,天津古籍出版社1987年版,第688页。

⑥ 徐伯安:《中国古代园林序说》,见张复合主编:《建筑史论文集》(第十三辑),清华大学出版社2000年版,第66页。

⑦ 〔南朝宋〕范晔撰,〔唐〕李贤等注:《后汉书》,中华书局1965年版,第3596页。

三、离宫别苑

洛阳近郊一带风景优美,水源丰富;北有邙山连绵起伏,近有洛水、伊水、谷水环城而过。这些为园林的营建提供了十分优越的自然条件,数处皇家离宫(行宫)别苑散布其间,见于文献记载的有平乐苑、上林苑、广成苑、鸿池苑、罼圭苑、西苑、鸿德苑、显阳苑等。

(一)平乐苑

《后汉书》卷五十四注曰:"洛阳宫殿名有平乐苑、上林苑。"①《河南志》也引《洛阳宫殿名》有"平乐苑"。② 平乐苑亦作平乐观、平乐馆。③ "平乐"之名取自西汉长安上林苑中的"平乐馆"。张衡《西京赋》云:"大驾幸乎平乐,张甲乙而袭翠被。"薛综注曰:"平乐馆,大作乐处也。"④郦道元《水经注》卷十六载:"飞廉神禽,能致风气,古人以良金铸其象。明帝永平五年(62),长安迎取飞廉并铜马,置上西门外平乐观。"⑤华峤《后汉书》载:"灵帝于平乐观下起大坛,上建十二重,五采华盖高十丈。坛东北为小坛,复建九重,华盖高九丈,列奇兵骑士数万人,天子住大盖下。礼毕,天子躬擐甲,称无上将军,行阵三匝而还,设秘戏以示远人。"⑥《后汉书》卷八载:"(中平五年,188)甲子,(灵)帝自称'无上将军',耀兵于平乐观。"注曰:"平乐观在洛阳城西。"⑦其地今有平乐村。

李尤《平乐观赋》曰:"乃设平乐之显观,章秘玮之奇珍。习禁武以讲捷,厌不羁之遐邻。徒观平乐之制,郁崔嵬以离娄。赫岩岩其鉴客,纷电影以盘盱。弥平原之博敞,处金商之维隅。大厦累而鳞次,承岩巇之翠楼。过洞房之转闳,历金环之华铺。南切洛滨,北陵仓山。龟池泆溁,果林榛榛。天马沛艾,鬐尾布

① 〔南朝宋〕范晔撰,〔唐〕李贤等注:《后汉书》,中华书局 1965 年版,第 1783 页。
② 〔清〕徐松辑,高敏点校:《河南志》,中华书局 1994 年版,第 59 页。
③ 〔日〕冈大路著,常瀛生译:《中国宫苑园林史考》,农业出版社 1988 年版,第 44 页。
④ 费振刚、仇仲谦、刘南平校注:《全汉赋校注》,广东教育出版社 2005 年版,第 635、666 页。
⑤ 〔北魏〕郦道元原注,陈桥驿注释:《水经注》,浙江古籍出版社 2001 年版,第 265 页。
⑥ 转引自〔北魏〕郦道元原注,陈桥驿注释:《水经注》,浙江古籍出版社 2001 年版,第 265 页。
⑦ 〔南朝宋〕范晔撰,〔唐〕李贤等注:《后汉书》,中华书局 1965 年版,第 356 页。

分。尔乃大和隆平,万国肃清。殊方重译,绝域造庭。四表交会,抱珍远并。"①
可见,平乐观北部连接在青山上,观内建筑如鱼鳞般层叠布列,高大的楼阁穿插
其间,宏伟高耸,雕镂绘饰,颜色鲜艳,熠熠发光,十分华丽。观内有水面广阔无
边的龟池和草木丛杂的果树林,骏马奔驰于其间。平乐观中还表演角力、射弩、
吞刀吐火、巴渝舞等汉百戏。

张衡《东京赋》曰:"其西则有平乐都场,示远之观。龙雀蟠蜿,天马半汉。
瑰异谲诡,灿烂炳焕。"②赋中言平乐观在皇宫西面,适合远观,内有供人聚会、表
演的平坦场地。平乐观建筑的屋顶装饰虽未逾礼制,但是盘旋欲飞的龙雀和奔
驰状的铜马雕像却显得奇特而有趣。

李尤与张衡所作辞赋虽对平乐苑之景色有所夸张,但仍可想象其规模的广
大。平乐苑北部坐落在山脚,地势较高,建宫观楼台以登临;南部则缓坡下降,
向洛水之滨延伸,地势平坦以游赏。

(二)上林苑

上林苑是东汉帝王"校猎"和王室"采捕"的主要园林之一,兼具田猎游乐
和经济生产功能,分布在东汉洛阳城西以及北邙山上。③《洛阳县志》载:"平乐
西北有上林苑。"④《后汉书》卷五十四载:"先帝之制,左开鸿池,右作上林,不奢
不约,以合礼中。"注曰:"鸿池在洛阳东,上林在西。"⑤明帝永平十五年(72),
"冬,车骑校猎上林苑"⑥。和帝永元五年(93),"二月戊戌,诏有司省减内外厩
及凉州诸苑马。自京师离宫果园上林广成囿悉以假贫民,恣得采捕,不收其
税"⑦。顺帝永和四年(139),"冬十月戊午,校猎上林苑,历函谷关而还"⑧。桓
帝延熹元年(158),"冬十月校猎广成,遂幸上林苑"⑨。灵帝光和五年(182)冬

① 费振刚、仇仲谦、刘南平校注:《全汉赋校注》,广东教育出版社 2005 年版,第 578~579 页。
② 费振刚、仇仲谦、刘南平校注:《全汉赋校注》,广东教育出版社 2005 年版,第 679 页。
③ 王铎:《东汉、魏晋和北魏的洛阳皇家园林》,《华中建筑》1997 年第 4 期。
④ 〔清〕龚崧林纂修,〔清〕汪坚总修:《洛阳县志》,成文出版社 1976 年版,第 835 页。
⑤ 〔南朝宋〕范晔撰,〔唐〕李贤等注:《后汉书》,中华书局 1965 年版,第 1782~1783 页。
⑥ 〔南朝宋〕范晔撰,〔唐〕李贤等注:《后汉书》,中华书局 1965 年版,第 119 页。
⑦ 〔南朝宋〕范晔撰,〔唐〕李贤等注:《后汉书》,中华书局 1965 年版,第 175 页。
⑧ 〔南朝宋〕范晔撰,〔唐〕李贤等注:《后汉书》,中华书局 1965 年版,第 269 页。
⑨ 〔南朝宋〕范晔撰,〔唐〕李贤等注:《后汉书》,中华书局 1965 年版,第 304 页。

十月,"校猎上林苑,历函谷关,遂巡狩于广成苑。十二月,还,幸太学"①。汉函谷关在今新安县东北,位于汉洛阳西百余里。东汉多位帝王幸上林,历函谷关,可见,上林苑范围方圆数百里。上林苑中还有居民村落,平民可耕牧于苑中。《后汉书》志第二十六载:"上林苑令一人,六百石。本注曰:主苑中禽兽。颇有民居,皆主之。捕得其兽送太官。"②又《后汉书》卷八十三载:"(梁鸿)受业太学,家贫而尚节介,博览无不通,而不为章句。学毕,乃牧豕于上林苑中。"③

(三)广成苑

广成苑在汉洛阳南,今临汝西。其内山岭起伏,河流纵横,宜于狩猎。④ 史载明帝"车驾数幸广成苑,(钟离)意以为从禽废政,常当车陈谏般乐游田之事,天子即时还宫"⑤。广成苑地近上林苑,东汉帝王多先后游历,两地名常同时出现在史籍中。除前文"上林苑"条提到外,《后汉书》卷七亦载:"(延熹六年,163)冬十月丙辰,校猎广成,遂幸函谷关、上林苑。"⑥

东汉文人马融为提倡蒐狩之礼,希求皇上文武相兼,作《广成颂》讽谏。文中对广成苑的起始、苑内外的山川形胜、泉水草木作了生动的描绘:

> 自黄炎之前,传道罔记;三五以来,越可略闻。且区区之酆郊,犹廓七十里之囿,盛春秋之苗。诗咏囿草,乐奏驺虞。是以大汉之初基也,宅兹天邑,总风雨之会,交阴阳之和。揆厥灵囿,营于南郊。徒观其坰场区宇,恢胎旷荡,蒇夐勿罔,寥豁郁泱,骋望千里,天与地莽。于是周陆环溇,右矕三涂,左概嵩岳,面据衡阴,箕背王屋,浸以波、溠,夤以荥、洛。金山、石林,殷起乎其中,峨峨磍磍,铩铩崔崔,隆穹槃回,崛崺错崔。神泉侧出,丹水涅池,怪石浮磐,燿焜于其陂。其土毛则攟牧荐草,芳茹甘荼,茈萁、芸蒩,昌本、深蒲,芝荋、菫、荁,襄荷、芋渠,桂荏、凫葵,格、韭、菹、于。其植物则玄林包竹,藩陵蔽京,珍林嘉树,建木丛生,椿、梧、栝、柏,柜、柳、枫、杨,丰彤

---

① 〔南朝宋〕范晔撰,〔唐〕李贤等注:《后汉书》,中华书局 1965 年版,第 347 页。
② 〔南朝宋〕范晔撰,〔唐〕李贤等注:《后汉书》,中华书局 1965 年版,第 3593 页。
③ 〔南朝宋〕范晔撰,〔唐〕李贤等注:《后汉书》,中华书局 1965 年版,第 2765 页。
④ 基口淮:《秦汉园林概说》,《中国园林》1992 年第 2 期。
⑤ 〔南朝宋〕范晔撰,〔唐〕李贤等注:《后汉书》,中华书局 1965 年版,第 1408 页。
⑥ 〔南朝宋〕范晔撰,〔唐〕李贤等注:《后汉书》,中华书局 1965 年版,第 312 页。

对蔚,崟额惨爽。翕习春风,含津吐荣,铺于布濩,嶊崜嶵荧,恶可弹形。①

这段文字说明,广成苑地域辽阔,一望无涯,登高纵目,天地莽莽。四周山林起伏,东观嵩山,西眺三涂,南面衡山之阴,北倚王屋峰岭。苑中有波、溠、荥、洛四水,有金山、石林两山。金山即金门山,在今河南宜阳境内;石林一名万安山,在今洛阳市东南,南接登封县。西山蜿蜒起伏,曲折交错,山体雄浑,峰岭高耸。山侧有神奇的泉水,有美丽奇特的池潭。水中的怪石在波浪的冲击中反射出耀眼的光芒。森林丛竹,覆盖了高丘大阜,芳草嘉树,丰茂挺拔,各种花卉,布被山野,在春风的吹拂下,色彩斑斓,难以形容。

从《广成颂》描写的大规模狩猎活动的收获看,苑内动物有虎、兕、熊、豨、苍螳、玄猿、游雉、晨凫,以及大量的水禽、鱼类。从巡狩结束后的游览活动看,广成苑内还有"禁囿",只有皇帝和他的随从能出入。禁囿内有"昭明之观""高光之榭",有宏池、瑶台,水边有坚实的大堤,有婀娜的蒲柳,有大面积翠绿的莎草,水面广阔浩渺,天地一色。太阳仿佛升于池东,月亮似乎落于池西。池内可以行大船,荡轻舟,乘风破浪,在扬帆疾驰中,群起放歌,声震遐迩。由此,我们不仅可以了解到禁囿的游娱内容,而且可知它是以大水面为主体的园林,在水滨建观榭,设堤台,铺绿莎。这与以山石为主的景区迥然异趣,别是一番天地。

(四)鸿池苑

鸿池苑在汉洛阳东郊谷水之滨,有广阔水面百顷以上,以天然水景著称。《水经注》载:"谷水又东注鸿池陂,……(鸿)池东西千步,南北千一百步,四周有塘池,中又有东西横塘,水溜径通。"②鸿池陂,亦称鸿郤陂、洪池陂,旧址位于今河南偃师城区中南、商城遗址东南。③《春秋左传正义》卷五二之"昭公二十六年"载:"召伯逆王于尸,及刘子、单子盟。遂军圉泽,次于堤上。"④文中之"圉泽"即鸿池。东汉建武二十四年(48),光武帝诏令于洛阳城东周公所开故渠基础上,开凿新渠以引洛水绕城而东,经河南县城南,纳谷、瀍二水,入"鸿池陂",后于偃师以东注入洛

① 〔南朝宋〕范晔撰,〔唐〕李贤等注:《后汉书》,中华书局1965年版,第1956~1957页。

② 〔北魏〕郦道元原注,陈桥驿注释:《水经注》,浙江古籍出版社2001年版,第268页。

③ 张鹏飞:《〈水经注〉石刻文献丛考》,社会科学文献出版社2015年版,第284页。

④ 〔周〕左丘明传,〔晋〕杜预注,〔唐〕孔颖达正义,浦卫忠等整理,杨向奎审定:《春秋左传正义》,北京大学出版社1999年版,第1472页。

水,时称阳渠,"鸿池陂"则作为重要的蓄洪湖泊居于阳渠河道之中,阳渠以"鸿池陂"为界分东、西两部分。《水经注》所引李尤《鸿池陂铭》曰:"鸿泽之陂,圣王所规。开源东注,出自城池也。"①其中,"鸿池之陂,圣王所规"句意指此陂为周公所建;"开源东注,出自城池"句则指阳渠引水经洛阳城东流,注于鸿池。郦道元在此引李尤之言,以阐明阳渠之起源、方位、河道流向。

张衡《东京赋》云:"于东则洪池清蘥,渌水澹澹,内阜川禽,外丰葭菼,献鳖蜃与龟鱼,供蜗蠯与菱芡。"注曰:"洪,池名也。在洛阳东三十里。阜,多也。丰,饶也。……(李)善曰:《周礼》曰:春献鳖蜃,秋献龟鱼,祭祀供蜱蠃。"②可见,鸿池苑除调蓄洛阳周围河流之水外,还具有经济生产功能。《后汉书》卷五载:"(安帝永初二年,108)癸巳,诏以鸿池假与贫民。"③

汉桓帝曾欲扩建鸿池苑,被赵典直谏而打消此想法。《后汉书》卷二十七载:"时帝欲广开鸿池,典谏曰:'鸿池泛溉,已且百顷,扰复增而深之,非所以崇唐虞之约己,遵孝文之爱人也。'帝纳其言而止。"注曰:"宫室苑囿无所增益,有不便,辄弛以利人,是爱人也。"④

晋张载亦有《洪池陂铭》曰:"开源东注,出自城池。鱼鳖炽殖,水鸟盈涯。菱藕狎獦,粳稻连畦。渐台中起,列馆参差。惟水泱泱,厥大难訾。"⑤此"洪池陂"即李尤所言"鸿池陂",其中,"开源东注,出自城池"句亦引自李尤铭。可见,直到西晋时,鸿池苑仍为赏游之地。苑内不仅水面辽阔,物产丰富,而且"渐台中起,列馆参差",有大量的建筑。

(五)罼圭苑

罼圭苑在汉洛阳南郊洛水之南岸,分东、西二苑,前者位于开阳门外,周围一千五百步,苑中有鱼梁台;后者位于津阳门外,周围三千三百步。⑥《后汉书》卷八载:"(光和三年,180)是岁,作罼圭、灵昆苑。"注曰:"罼圭苑有二,东罼圭

①　〔北魏〕郦道元原注,陈桥驿注释:《水经注》,浙江古籍出版社2001年版,第268页。

②　〔南朝梁〕萧统选,〔唐〕李善注:《昭明文选》(上),京华出版社2000年版,第76页。

③　〔南朝宋〕范晔撰,〔唐〕李贤等注:《后汉书》,中华书局1965年版,第212页。

④　〔南朝宋〕范晔撰,〔唐〕李贤等注:《后汉书》,中华书局1965年版,第947~948页。

⑤　〔清〕严可均辑:《全晋文》,商务印书馆1999年版,第906页。

⑥　〔日〕冈大路著,常瀛生译:《中国宫苑园林史考》,农业出版社1988年版,第44~45页。

苑周一千五百步,中有鱼梁台,西罼圭苑周三千三百步,并在洛阳宜平门外也。"①关于此事,《后汉书》卷五十四亦载:"(灵)帝欲造罼圭灵琨苑,赐复上疏谏曰:'窃闻使者并出,规度城南人田,欲以为苑。昔先王造囿,裁足以脩三驱之礼,薪莱刍牧,皆悉往焉。先帝之制,左开鸿池,右作上林,不奢不约,以合礼中。今猥规郊城之地,以为苑囿,坏沃衍,废田园,驱居人,畜禽兽,殆非所谓'若保赤子'之义。今城外之苑已有五六,可以逞情意,顺四节也,宜惟夏禹卑宫,太宗露台之意,以尉下民之劳。'书奏,帝欲止,以问侍中仁芝、中常侍乐松。松等曰:'昔文王之囿百里,人以为小;齐宣五里,人以为大。今与百姓共之,无害于政也。'帝悦,遂令筑苑。"②可见,灵帝意欲筑罼圭灵昆苑的时候,也曾采纳忠臣直谏;但后来误听宦官之言,以文王自比,欣然筑苑。

罼圭苑装饰奢华。梁元帝萧绎《金楼子》之"箴戒篇"曰:"汉灵帝起罼圭灵昆苑,以珉玉为壁,以博山柏节为床。"③

(六)西苑

西苑为汉顺帝阳嘉元年(132)所筑。《后汉书》卷六载:"是岁,起西苑,修饰宫殿。"④东汉郎𫖮"昼研精义,夜占象度,勤心锐思,朝夕无倦"。顺帝时,灾异屡见,郎𫖮趁机谏曰:"臣闻天垂妖象,地见灾符,所以谴告人主,责躬修德,使正机平衡,流化兴政也。……方今时俗奢佚,浅恩薄义。……自顷缮理西苑,修复太学,宫殿官府,多所构饰。……又西苑之设,禽兽是处,离房别观,本不常居,而皆务精土木,营建无已,消功单贿,巨亿为计。……愿陛下校计缮修之费,永念百姓之劳,罢将作之官,减雕文之事,损庖厨之馔,退宴私之乐。"⑤从郎𫖮的谏书中可知,西苑豢养禽畜,有离宫别馆,装饰华丽,耗资巨大。

(七)鸿德苑

鸿德苑在津阳门外。《后汉书》卷七载:"(永寿元年,155)六月,洛水溢,坏

---

① 〔南朝宋〕范晔撰,〔唐〕李贤等注:《后汉书》,中华书局1965年版,第345页。

② 〔南朝宋〕范晔撰,〔唐〕李贤等注:《后汉书》,中华书局1965年版,第1782~1783页。

③ 〔南朝梁〕梁元帝撰:《金楼子》,中华书局1985年版,第16页。

④ 〔南朝宋〕范晔撰,〔唐〕李贤等注:《后汉书》,中华书局1965年版,第262页。

⑤ 〔南朝宋〕范晔撰,〔唐〕李贤等注:《后汉书》,中华书局1965年版,第1053~1058页。

鸿德苑。"①又曰:"延熹元年(158)春三月己酉,初置鸿德苑令。"②但《东观汉记》卷三则曰:"桓帝延熹元年(158)三月己酉,初置鸿德苑,置令。"③这与《后汉书》所记有矛盾。鸿德苑应是在修建过程中,于永寿元年(155)被所溢洛水毁坏,后继续修建,延熹元年(158)苑成,置鸿德苑令。

(八)显阳苑

显阳苑在汉洛阳城西。《后汉书》卷七载:"(延熹二年,159)秋七月,(桓帝)初造显阳苑,置丞。"④蔡邕《述行赋》序曰:"延熹二年秋,霖雨逾月。是时梁冀新诛,而徐璜、左悺等五侯擅贵于其处。又起显阳苑于城西,人徒冻饿,不得其命者甚众。"⑤汉末,董卓将兵入洛阳,曾屯显阳苑。《资治通鉴》卷五十九载:"董卓至显阳苑,远见火起,知有变,引兵急进;未明,到(洛阳)城西。"注曰:"(显阳苑)在洛阳西。"⑥

洛阳作为东汉之都城,在建都之初便着手解决漕运和城市供水的问题,乃开凿漕渠,引洛水进入洛阳以通漕运和补给城市用水,形成一个比较完整的水系,前述的鸿池便是调节水量的蓄水库。这个水系为城内外的园林提供了优越的供水条件,因而绝大多数御苑均能够开辟各种水体,因水而成景,在一定程度上促进了园林理水技艺的发展。东汉科技发达,曾有造纸术、候风地动仪等发明。城市供水方面也积极引入科学技术而多有机巧创新,《后汉书》卷七十八载:"又铸天禄虾蟆,吐水于平门外桥东,转水入宫。又作翻车渴乌,施于桥西,用洒南北郊路,以省百姓洒道之费。"⑦宫中常作鱼龙曼延百戏,"舍利之兽从西方来,戏于庭,入前殿,激水化成比目鱼,嗽水作雾,化成黄龙,长八丈,出水遨戏于庭,炫耀日光"⑧。诸如此类的技术必然会影响园林理水,增益后者的机巧性

---

①　〔南朝宋〕范晔撰,〔唐〕李贤等注:《后汉书》,中华书局 1965 年版,第 301 页。

②　〔南朝宋〕范晔撰,〔唐〕李贤等注:《后汉书》,中华书局 1965 年版,第 303 页。

③　〔汉〕刘珍等撰,吴树平校注:《东观汉记校注》,中州古籍出版社 1987 年版,第 126 页。

④　〔南朝宋〕范晔撰,〔唐〕李贤等注:《后汉书》,中华书局 1965 年版,第 304 页。

⑤　费振刚、仇仲谦、刘南平校注:《全汉赋校注》,广东教育出版社 2005 年版,第 911 页。

⑥　〔宋〕司马光编著,〔元〕胡三省音注:《资治通鉴》,中华书局 1956 年版,第 1902 页。

⑦　〔南朝宋〕范晔撰,〔唐〕李贤等注:《后汉书》,中华书局 1965 年版,第 2537 页。

⑧　〔南朝宋〕范晔撰,〔唐〕李贤等注:《后汉书》,中华书局 1965 年版,第 205~206 页。

和多样化。例如，西园中就有"激上河水，铜龙吐水，铜仙人衔杯，受水下注"①的做法。

总的看来，东汉的皇家园林数量不如西汉之多，规模远较西汉为小，造景趋于精致。皇家园林游赏功能已上升到主要地位，因而比较注意造景的效果，但还保留着经济生产和通神祭祀的功能；园林要素比较注意溪涧流水、修竹冬青以及对外来植物的引种栽植，如西园之"月舒荷"；园中筑土为山，模仿现实栽种植物，放养动物，建楼观以登临。可见，汉代的皇家园林已经发展成为可供朝事、游乐、起居、饮宴以至修炼、求仙等多方面功能的综合园林。②

东汉末，豪族军阀董卓专政，胁迫汉献帝迁都长安，尽焚洛阳的宫苑、祠庙、官府及民家。曹植《送应氏诗》记述了洛阳劫后的凄凉景象："步登北芒坂，遥望洛阳山。洛阳何寂寞，宫室尽烧焚。垣墙皆顿擗，荆棘上参天。不见旧耆老，但睹新少年。侧足无行径，荒畴不复田。游子久不归，不识陌与阡。中野何萧条，千里无人烟。念我平常居，气结不能言。"③

此外，秦汉时的河南地区还有行宫御苑见于史籍，如宣房宫。宣房宫位于今河南濮阳县新习乡焦二寨北三里，为汉武帝驻跸行宫。《史记》卷二十九载："今天子(汉武帝)元光之中，而河决于瓠子，东南注钜野，通于淮、泗。……自河决瓠子后二十余岁，岁因以数不登，而梁楚之地尤甚。天子既封禅巡祭山川，其明年(元封二年，109)，旱，干封少雨。天子乃使汲仁、郭昌发卒数万人塞瓠子决。于是天子已用事万里沙，则还自临决河，沈白马玉璧于河，令群臣从官自将军已下皆负薪填决河。是时东郡烧草，以故薪柴少，而下淇园之竹以为楗。……于是卒塞瓠子，筑宫其上，名曰宣房宫。"④司马迁曾亲随汉武帝参加堵口，故曰："余从负薪塞宣房，悲《瓠子》之诗而作《河渠书》。"⑤宣房宫何时废弃不得而知，至少在唐时已无存。唐高适有诗《自淇涉黄河途中作》曰："渤潏陵堤防，东郡多悲辛。天子忽惊悼，从官皆负薪。畚筑岂无谋？祈祷如有神。宣房

① 〔宋〕李昉：《太平御览》，中华书局 1960 年版，第 945 页。
② 储兆文：《中国园林史》，东方出版中心 2008 年版，第 36 页。
③ 〔南朝梁〕萧统选，〔唐〕李善注：《昭明文选》(中)，京华出版社 2000 年版，第 36 页。
④ 〔汉〕司马迁撰：《史记》，中华书局 1959 年版，第 1409~1413 页。
⑤ 〔汉〕司马迁撰：《史记》，中华书局 1959 年版，第 1415 页。

今安在? 高岸空嶙峋。"①

第二节　私家园林

中国私家园林萌芽于战国末期,正式形成于秦汉时期。西汉初年,朝廷崇尚节俭,私人营园的并不多见。武帝以后,贵族、官僚、地主、商人广治田产,拥有大量奴婢,过着奢侈的生活。桓宽《盐铁论》就多次提到这种情形,如《散不足·第二十九》曰:"今富者黼绣帷幄,涂屏错踟。中者锦绨高张,采画丹漆。"②又如《刺权·第九》:"贵人之家,云行于涂,縠击于道……舆服僭于王公,宫室溢于制度,并兼列宅,隔绝闾巷,阁道错连,足以游观,凿池曲道,足以骋骛,临渊钓鱼,放犬走兔,隆豺鼎力,蹋鞠斗鸡,中山素女抚流徵于堂上,鸣鼓巴俞作于堂下,妇女被罗纨,婢妾曳绨纻,子孙连车列骑,田猎出入,毕弋捷健。"③生活的富足激发人们对享乐的追求,私家园林的记载多见诸史籍文献。史载汉武帝丞相田蚡"治宅甲诸第,田园极膏腴"④。所谓"宅""第"即包含园林在内,也称"园"或"园池",多建置在城市及近郊,园中"积土成山,列树成林,台榭连阁,集观增楼"⑤。《汉书》卷九十八载:"(贵戚"王氏五侯")大治第室,起土山渐台,洞门高廊阁道,连属弥望。"⑥东汉初期,经济有待复苏,社会上尚能保持节俭的风尚。中期以后,吏治腐败,外戚、宦官操纵政权,贵族、官僚敛聚财富,追求奢侈的生活。他们都竞相营建第宅、园池,往往"连里竟街,雕修缮饰,穷极巧伎"⑦。到后期的桓、灵两朝,此风更盛。

① 〔唐〕高适著,孙钦善校注:《高适集校注》(修订本),上海古籍出版社2014年版,第72页。
② 〔汉〕桓宽撰,王利器校注:《盐铁论校注》(定本),天津古籍出版社1992年版,第352页。
③ 〔汉〕桓宽撰,王利器校注:《盐铁论校注》(定本),天津古籍出版社1992年版,第121页。
④ 〔汉〕班固撰,〔唐〕颜师古注:《汉书》,中华书局1962年版,第2380页。
⑤ 〔汉〕桓宽撰,王利器校注:《盐铁论校注》(定本),天津古籍出版社1992年版,第353页。
⑥ 〔汉〕班固撰,〔唐〕颜师古注:《汉书》,中华书局1962年版,第4023~4024页。
⑦ 〔南朝宋〕范晔撰,〔唐〕李贤等注:《后汉书》,中华书局1965年版,第1764页。

除贵族、官僚建在城市及其近郊的宅、第、园池外，大地主、大商人等地方豪富也在郊野竞相造园，宏大、奢华不让勋贵。《西京杂记》卷三载："茂陵富人袁广汉，藏镪巨万，家僮八九百人。于北邙山下筑园，东西四里，南北五里，激流水注其内。构石为山，高十余丈，连延数里。养白鹦鹉、紫鸳鸯、牦牛、青兕、奇兽怪禽，委积其间。积沙为洲屿，激水为波潮，其中致江鸥海鹤，孕雏产鷇，延漫林池。奇树异草，靡不具植。屋皆徘徊连属，重阁修廊，行之，移晷不能遍也。"①虽然袁广汉筑园之北邙山为陕西茂陵县西北的黄山，非河南洛阳北之邙山，但秦汉时的河南，多设郡县，亦有侯国，政治、经济、文化发达，勋贵、豪富的私家园林也多见于史籍。其中，具有代表性的如梁孝王兔园、梁冀诸园林等，仿效皇家园苑，殚极土木，大肆兴建楼台亭榭，广植花木，穷奢极欲。

一、梁孝王兔园

西汉初，曾效仿周代诸侯国分封宗室诸王就藩国、营都邑，诸王争相在封土内经营宫室园苑，其中以梁孝王刘武经营的兔园最为宏大富丽，与皇家宫苑几无二致。

梁孝王为汉文帝第四子，初封于大梁（开封）。"孝王以土地下湿，东都睢阳（商丘），又改曰梁。"②后元七年（前157）文帝崩，其同母兄景帝即位，兄弟之情甚笃，加之又曾助朝廷平叛有功，故多获封赏。《史记》卷五十八载："汉立太子。其后梁最亲，有功，又为大国，居天下膏腴地。地北界泰山，西至高阳，四十余城，皆多大县。孝王，窦太后少子也，爱之，赏赐不可胜道。"③其后，刘武依仗窦太后的宠爱企图篡位，失败后沉湎于声色冶游，在都邑睢阳大筑宫苑，兔园就是这时候建成的。同书卷载："于是孝王筑东苑，方三百余里。广睢阳城七十里。大治宫室，为复道，自宫连属于平台三十余里。得赐天子旌旗，出从千乘万骑。……出言趋，入言警。招延四方豪杰，自山以东游说之士，莫不毕至……梁

---

① 〔晋〕葛洪撰，周天游校注：《西京杂记》，三秦出版社 2006 年版，第 137 页。

② 〔北魏〕郦道元原注，陈桥驿注释：《水经注》，浙江古籍出版社 2001 年版，第 352 页。

③ 〔汉〕司马迁撰：《史记》，中华书局 1959 年版，第 2082~2083 页。

多作兵器弩弓矛数十万,而府库金钱且百巨万,珠玉宝器多于京师。"①

　　梁孝王所筑东苑即兔园,也称梁园,位于河南睢阳城东郊的平台。也有人认为梁园在大梁城东北之平台,则是出于注文的衍字而以讹传讹,以至于唐代诗人李白《梁园吟》竟直指开封为梁园了。②

　　刘武封地膏腴,财力雄厚,为兴造宫苑提供了优越的物质条件。其又喜招延四方豪杰,自山以东游士莫不至,许多知名文士云集门下,对梁国园林的繁荣有一定的影响。睢阳的宫苑不止一处,《汉书》所谓"方三百余里"乃是就全部宫苑的总体而言,形容其占地之广,类似长安的上林苑。

　　《史记》卷五十八之[索隐]:"如淳云'(平台)在梁东北,离宫所在'者,按今城东二十里临新河,有故台址,不甚高,俗云平台,又一名修竹苑。"③这里所谓"在梁东北",指在梁国的东北,也就是睢阳。修建在平台一带的兔园是睢阳最大的一处宫苑,也是当时的名园之一。关于此园情况,《西京杂记》作如下之描述:"梁孝王好营宫室苑囿之乐,作曜华之宫,筑兔园。园中有百灵山,山有肤寸石、落猿岩、栖龙岫。又有雁池,池间有鹤洲凫渚。其诸宫观相连,延亘数十里,奇果异树,瑰禽怪兽毕备。王日与宫人宾客弋钓其中。"④其他文献亦有记载,但内容略有出入。如《述异记》云:"梁孝王筑平台,台至今存。有兼葭洲、凫藻洲、梳洗潭,中有望秦山,商人望乡之处。"⑤《太平御览》卷一百五十九引《图经》云:"梁王有修竹园,园中竹木天下之选。集诸方游士各为赋,故馆有邹枚之号。又有雁鹜池,周回四里,亦梁王所凿。又有清冷池,有钓台,谓之清冷台。"⑥故修竹园应是兔园内的一处"园中之园",以种植大片竹林作为成景之主调。

　　从以上引文,足见兔园的规模相当大,而且已具备人工山水园的全部要素:山、水、植物、建筑。园内有人工开凿的水池——雁池和清冷池,有人工堆筑的山和岛屿。落猿岩、栖龙岫可能是以筑山来模拟动物的形貌,百灵山畜养兽类,山上的肤寸石系指小块石头。肤寸是古代的长度单位,一指宽为"寸",四指宽

---

①　〔汉〕司马迁撰:《史记》,中华书局1959年版,第2083页。
②　转引自周维权:《中国古典园林史》(第三版),清华大学出版社2008年版,第88页。
③　〔汉〕司马迁撰:《史记》,中华书局1959年版,第2084页。
④　〔晋〕葛洪撰,周天游校注:《西京杂记》,三秦出版社2006年版,第114页。
⑤　〔南朝梁〕任昉撰:《述异记》,中华书局1985年版,第15页。
⑥　〔宋〕李昉:《太平御览》,中华书局1960年版,第772页。

为"肤",肤寸石意即尺度很小的石头。这个以石块结合夯土而堆筑成的土石山,应是文献记载的用石筑山的首例。兔园内有"奇果异树"等观赏植物,放养许多"瑰禽怪兽",这从池中一些洲、渚的命名也可以看得出来。宫、观、台等建筑"延亘数十里",曜华宫为其中的主体建筑群。孝王礼贤下士,梁园为养士之所,一时文人云集。司马相如、枚乘在住园期间分别写成著名的汉赋《子虚赋》和《七发》;路乔如为《鹤赋》;公孙诡为《文鹿赋》;邹阳为《酒赋》;公孙乘为《月赋》;羊胜为《屏风赋》;韩安国作《几赋》不成,邹阳代作。因而园内的建筑物亦多以文人名流所居而命名,如"馆有邹枚之号"句,意即枚乘居住之馆舍为"枚馆",邹阳居住之馆舍为"邹馆",等等。梁园辞赋开启了汉代大赋之先声,所以梁园又有"文人雅集"之誉。鲁迅先生曾在《汉文学史纲要》中称:"天下文学之盛,当时盖未有如梁者也。"

尤其是枚乘,除上文所述之《七发》外,还作有《梁王菟园赋》:

修竹檀栾,夹池水,旋菟园,并驰道,临广衍,长冗坂。故径于昆仑,狼观相物,芴焉子有,似乎西山。西山隑隑,恤焉隤隤。嶻嶻嵳嵳,崟岩嵃嵫,巍巍𡾋焉。暴燎激扬,尘埃蛇龙,秦林薄竹。游风踊焉,秋风扬焉,满庶庶焉,纷纷纭纭,腾踊云乱。枝叶翚散,摩来幡幡焉。溪谷沙石,涸波沸日,湲浸疾东。流连焉鳞鳞,阴发绪菲菲。阛阛欢扰,昆鸡蝭蛙,仓庚密切。别鸟相离,哀鸣其中。若乃附巢寒鷩之传于列树也,欐欐若飞雪之重弗丽也。西望西山,山鹊野鸠,白鹭鹊桐,鹠鹩鹞雕,翡翠鸹鸹,守狗戴胜,巢枝穴藏。被塘临谷,声音相闻。啄尾离属,翱翔群熙。交颈接翼,阘而未至。徐飞睚睢,往来霞水,离散而没合。疾疾纷纷,若尘埃之间白云也。予之幽冥,究之乎无端。

于是晚春早夏,邯郸裴国易阳之容丽人及其燕饰子,相与杂遝而往欵焉。车马接轸相属,方轮错毂。接服何骖,披衔迹蹑。自奋增绝,怵惕腾跃,水意而未发。因更阴逐,心相轶奔,隧林临河,怒气未竭,羽盖繇起,被以红沫。潎潎若雨委雪,高冠扁焉,长剑闲焉,左挟弹焉,右执鞭焉。日移乐襄,游观西园之芝。芝成宫阙,枝叶荣茂,选择纯熟,挈取舍苴。复取其次,顾赐从者。于是从容安步,斗鸡走兔,俯仰钓射,煎熬炮炙,极乐到暮。若乃夫郊采桑之妇人兮,袿裬错纤,连袖方路,摩眅长髦。便娟数顾,芳温往来接,神连未结,已诺不分,缥并进靖,侯笑连便,不可忍视也。于是妇人先称曰："春阳生兮萋萋,不才子兮心哀,见嘉客兮不能归,桑萎蚕饥,中人望奈何!"①

《梁王菟园赋》的前一部分写兔园之广大及其景致风貌,又通过狩猎者之眼,描述园中的流水、林木、禽鸟;后一部分写晚春早夏之际王宫丽人的冶游活动。

兔园以山池、花木、建筑之盛及人文之荟萃而名重于当时。它吸收文人审美情趣,创造了理想的园林环境,因此成为六朝以来部分皇家、贵族园林的代指。直到唐代仍有文人为之作诗文咏赞,发思古悠情。

南朝梁江淹亦曾作《梁王兔园赋》:"于是金塘缅演,绿竹被陂,缭绕青翠,若近复远,水鸟鵁鹅,雏鸥鸧雁,上飞衡阳,下宿沔汉,十十五五,忽合而复散,于是大夫之徒,称诗而归,春阳始晚,未华未稀。"②

同为南朝梁诗人何逊的《扬州法曹梅花盛开》云:"兔园标物序,惊时最是梅。衔霜当路发,映雪拟寒开。枝横却月观,花绕凌风台。朝洒长门泣,夕驻临邛杯。应知早飘落,故逐上春来。"③

唐李白有诗《携妓登梁王栖霞山孟氏桃园中》,诗中追怀梁孝王的风流雅事,把梁孝王与东晋携妓游东山的谢安相提并论:"碧草已满地,柳与梅争春。谢公自有东山妓,金屏笑坐如花人。今日非昨日,明日还复来。白发对绿酒,强歌心已摧。君不见梁王池上月,昔照梁王樽酒中。梁王已去明月在,黄鹂愁醉啼春风。分明感激眼前事,莫惜醉卧桃园东。"④

岑参有《梁园歌送河南王说判官》云:"君不见,梁孝王,修竹园,颓墙隐辚势仍存。娇娥曼脸成草蔓,罗帷珠帘空竹根。大梁一旦人代改,秋月春风不相待。池中几度雁新来,洲上千年鹤应在。梁园二月梨花飞,却似梁王雪下时。当时置酒延枚叟,肯料平台狐兔走?万事翻覆如浮云,昔人空在今人口。单父古来称虑生,只今为政有吾兄。辎轩若过梁园道,应傍琴台闻政声。"另有《山房春事》云:"梁园日暮乱飞鸦,极目萧条三两家。庭树不知人去尽,春

①　费振刚、仇仲谦、刘南平校注:《全汉赋校注》,广东教育出版社 2005 年版,第 23~24 页。
②　〔唐〕欧阳询撰、汪绍楹校:《艺文类聚》,上海古籍出版社 1965 年版,第 1162 页。
③　〔明〕张溥编、〔清〕吴汝纶选:《汉魏六朝百三家集选》,吉林人民出版社 1998 年版,第 628 页。
④　〔唐〕李白著、〔清〕王琦注:《李太白全集》,中华书局 1977 年版,第 927 页。

来还发旧时花。"①

二、沁水公主园

沁水公主园亦称沁园。沁水公主为东汉明帝刘庄之女，嫁给东汉开国功臣邓禹孙邓乾为妻。《后汉书》卷十下载："皇女致，(永平)三年(60)封沁水公主，适高密侯邓乾。"注文曰："沁水，县，属河内郡。"②《后汉书》卷十六载："高密侯(邓)震卒，子乾嗣。乾尚显宗女沁水公主。永元十四年(102)，阴皇后巫蛊事发，乾从兄奉以后舅被诛，乾从坐，国除。元兴元年(105)，和帝复封乾本国，拜侍中。"③

建初八年(83)，沁水公主园曾为窦宪所夺，后归还。《东观汉记》卷十二载："窦宪恃宫掖声势，遂以贱直夺沁水公主园田，公主不敢诉。后肃宗(章帝刘炟)驾出过园，指以问宪，宪阴鸣不得对。发觉，帝大怒，召宪切责曰：'今贵主尚见枉夺，何况小臣乎！'"④窦宪夺田之事，亦见史载。《后汉书》卷二十三载："(窦)宪恃宫掖声执，遂以贱直请夺沁水公主园田，主逼畏，不敢计。"⑤《后汉纪》卷十一载："(窦)宪乘势放纵，夺沁水公主田，主畏宪，不敢争，左右莫敢言。上尝幸公主第，问以田事，宪托言借之。后上知焉，大怒，诏以田还主，切责宪曰：'此何异指鹿为马，久念使人惊怖。昔先帝每以舅氏田宅为言，而宪反夺贵主田，何况小民哉！难雕之人，不可汲引，吾捐弃汝等如孤雏腐鼠尔！'"⑥

词牌名《沁园春》即出于此，亦作公主园之代称。宋吴曾《能改斋漫录》卷十六之"沁水公主园"载："今世乐府，传《沁园春》词。案《后汉书》：'窦宪女弟立为皇后，宪恃宫掖声势，遂以县直请夺沁水公主园。'然则沁水园者，公主之园也。故唐人类用之。崔湜《长宁公主东庄侍宴》诗云：'沁园东郭外，襄驾一游

① 〔唐〕岑参撰，廖立笺注：《岑嘉州诗笺注》，中华书局 2004 年版，第 313、779 页。
② 〔南朝宋〕范晔撰，〔唐〕李贤等注：《后汉书》，中华书局 1965 年版，第 459 页。
③ 〔南朝宋〕范晔撰，〔唐〕李贤等注：《后汉书》，中华书局 1965 年版，第 606 页。
④ 〔汉〕刘珍等撰，吴树平校注：《东观汉记校注》，中州古籍出版社 1987 年版，第 415 页。
⑤ 〔南朝宋〕范晔撰，〔唐〕李贤等注：《后汉书》，中华书局 1965 年版，第 812 页。
⑥ 〔晋〕袁宏撰，周天游校注：《后汉纪校注》，天津古籍出版社 1987 年版，第 313~314 页。

盘。'李适《长宁公主东庄侍宴》诗云：'歌舞平阳地，园亭沁水林。'李义府《长宁公主东庄》诗云：'平阳馆外有仙家，沁水园中好物华。'"①清李舒章《早春游万附马白石庄》诗云："白石桥边御路堤，沁园池馆向清溪。"②

沁园亦可指代公主。《唐大诏令集》卷四十一"封高阳公主制"载："用嘉成德，将及推恩，疏封锡号，礼典攸在。第二十女，资身淑慎，秉训柔明，克备肃雍之仪，允彰图史之德。而方营鲁馆，宜启沁园，俾承宠于中闱，复增荣于列赋。仍食实封一千户。（开元二十九年）"③唐吴颂《代郭令公谢男尚公主表》云："陛下以臣备位台司，服勤王室，特收贱族，许以国姻。宗党生光，室家同庆。门开鲁馆，地列沁园，事出非常，荣加望外。"④《宋大诏令集》卷三十六"许国公主进封晋国公主制"载："门下。朕协和万邦，敦叙九族。犬牙麟趾，内崇磐石之宗；鲁馆秦楼，外盛沁园之制。今属元正改号，庆泽周流，宜增汤沐之封。"⑤

沁水公主园之山石曲水、亭台楼观已不可考，沿革变迁、损毁缮修亦不可悉。至金元时，其地尚为官宦文士宴饮游赏的名胜之所。《大明一统志》卷二十八载："（沁园）金时官僚宴游之地，有石图本尚存。"⑥元耶律楚材《过沁园有感》曰："昔年曾赏沁园春，今日重来迹已陈。水外无心修竹古，雪中含恨庾梅新。垣颓月榭经兵火，草没诗碑覆劫尘。羞对覃怀昔时月，多情依旧照行人。"⑦明代王铎的《移居》诗曰："栖托东湖上，茅堂近北城。古今余冷泪，兵火剩残生。抚竹沁园好，吹箫铁岸清。扶危诸志在，肯自味洲蘅。"⑧

沁水公主园之具体位置有争议，一般认为其遗址位于今济源市区东北15公里的化村与留村以南的高岗上。⑨

① 〔宋〕吴曾撰，刘宇整理：《能改斋漫录》（下），见上海师范大学古籍整理研究所编：《全宋笔记》第五编（三），大象出版社2012年版，第193页。
② 郭绍虞编选，富寿荪校点：《清诗话续编》（下），上海古籍出版社1983年版，第1676页。
③ 〔宋〕宋敏求编：《唐大诏令集》，商务印书馆1959年版，第194页。
④ 〔清〕董诰等编：《全唐文》，中华书局1983年版，第4551页。
⑤ 司義祖整理：《宋大诏令集》，中华书局1962年版，第191页。
⑥ 〔明〕李贤等撰：《大明一统志》，三秦出版社1990年版，第2011页。
⑦ 田同旭、王扎根：《沁水史话辩证》，山西人民出版社2016年版，第34~35页。
⑧ 田同旭、王扎根：《沁水史话辩证》，山西人民出版社2016年版，第35页。
⑨ 中国人民政治协商会议河南省济源市委员会文史委员会编：《济源文史资料》（第二辑），1993年版，第167页。

三、梁冀诸园林

梁冀为东汉开国元勋梁统的后人，"少为贵戚，逸游自恣"。"初为黄门侍郎，转侍中，虎贲中郎将，越骑、步兵校尉，执金吾。"①顺帝永和六年(141)八月，"壬戌，河南尹梁冀为大将军"②。梁冀专横跋扈，先立冲帝刘炳，后"鸩弑"质帝刘志，"(质)帝崩于玉堂前殿，年九岁"③。桓帝立，"建和元年(147)，益封冀万三千户，增大将军府举高第茂才，官属倍于三公"。"和平元年(150)，重增封冀万户，并前所袭合三万户。""封(梁)冀妻孙寿为襄城君，兼食阳翟租，岁入五千万，加赐赤绂，比长公主。"④

梁冀专擅弄权、把持朝政，"在位二十余年，穷极满盛，威行内外，百僚侧目，莫敢违命，天子恭己而不得有所亲豫"⑤。其贪污受贿、卖官鬻爵，"四方调发，岁时贡献，皆先输上第于冀，乘舆乃其次焉。吏人赍货求官请罪者，道路相望"。其穷奢极欲、大肆敛财，"各遣私客籍属县富人，被以它罪，闭狱掠拷，使出钱自赎，资物少者至于死徙"⑥。梁冀还先后在洛阳城内外及附近千里的范围之内，大肆圈占山林川泽，修建奢华的园林宅邸供其享用。其一人所占园林数量之多、分布范围之广，均为前所未见者。《后汉书》卷三十四载：

> 冀乃大起第舍，而寿亦对街为宅，殚极土木，互相夸竞。堂寝皆有阴阳奥室，连房洞户。柱壁雕镂，加以铜漆；窗牖皆有绮疏青琐，图以云气仙灵。台阁周通，更相临望；飞梁石蹬，陵跨水道。金玉珠玑，异方珍怪，充积藏室。远致汗血名马。又广开园囿，采土筑山，十里九坂，以像二崤，深林绝涧，有若自然，奇禽驯兽，飞走其间。冀寿共乘辇车，张羽盖，饰以金银，游观第内，多从倡伎，鸣钟吹管，酣讴竟路。……又多拓林苑，禁同王家，西至

---

① 〔南朝宋〕范晔撰，〔唐〕李贤等注：《后汉书》，中华书局1965年版，第1178页。
② 〔南朝宋〕范晔撰，〔唐〕李贤等注：《后汉书》，中华书局1965年版，第271页。
③ 〔南朝宋〕范晔撰，〔唐〕李贤等注：《后汉书》，中华书局1965年版，第282页。
④ 〔南朝宋〕范晔撰，〔唐〕李贤等注：《后汉书》，中华书局1965年版，第1179页。
⑤ 〔南朝宋〕范晔撰，〔唐〕李贤等注：《后汉书》，中华书局1965年版，第1185页。
⑥ 〔南朝宋〕范晔撰，〔唐〕李贤等注：《后汉书》，中华书局1965年版，第1181页。

弘农,东界荥阳,南极鲁阳,北达河、淇,包含山薮,远带丘荒,周旋封域,殆将千里。又起菟苑于河南城西,经亘数十里,发属县卒徒,缮修楼观,数年乃成。移檄所在,调发生菟,刻其毛以为识,人有犯者,罪至刑死。①

梁冀诸园,分布在东至荥阳(今河南省郑州市西)、西至弘农(今河南省灵宝市)、南至鲁阳(今河南省鲁山县)、北至黄河和淇水方圆千里的广大地域内。梁冀诸园未必都是真正意义上的园林,其中的大部分乃是依仗权势、圈占山林川泽为私有者,多半用于生产和游猎。其地范围内实行像皇家苑囿一样严格的禁令,虽无墙垣藩篱,但树以旗帜,上书"民不得犯"。《后汉纪》卷二十载:"(梁冀诸园)周旋千里,诸有山薮丘麓,皆树旗大题云'民不得犯'。……十月,冀与寿及诸子相随游猎诸苑中,纵酒作倡乐。"②

从《后汉书》所记,并结合相关史籍如《东观汉记》《后汉纪》等,可见梁冀的三处私家园林——城内第宅、城西别第、城西菟苑。这些园林都属当时河南园林亦即东汉私家园林的代表,在一定程度上反映了其时贵戚、官僚的营园情况。

其一,城内第宅。

梁冀在洛阳城内大兴土木,修建第舍,其妻孙寿亦在其街对面造宅,互相攀比、极尽奢华之能事。第宅内房屋栉比鳞次,楼台亭阁互相连接,可以登临眺望;"堂寝皆有阴阳奥室,连房洞户",雕梁画栋亦是极为华丽。其第宅内还建有"鱼池钓台","飞梁石蹬,陵跨水道"。"飞梁"是指横跨水面凌空而设的石桥,"石蹬"则类似于今天的水中汀步。东汉园林理水技艺发达,私家园林中的水景较多,往往把建筑与理水相结合而因水成景,园林内建置高楼水榭、石桥曲池的形象已多见于汉画像砖、画像石上。如图 2-3 表现的便是一幢临水的水榭,整幢建筑物用悬臂梁承托悬挑,使之由岸边突出于水面,以便于观赏水中游鱼嬉戏之景。山东诸城出土的一方画像石描绘了一座华丽邸宅,其第二进院落中有长条状的水池,池岸曲折自然,则类似于梁冀邸宅庭院内"飞梁石蹬,陵跨水道"的开凿水体的点缀。③ 另外,"飞梁"和"石蹬"也表明,东汉已经能够巧妙运用石质园林小品,在保证实用功能的情况下,又能满足点景的观赏效果,同时还使

---

① 〔南朝宋〕范晔撰,〔唐〕李贤等注:《后汉书》,中华书局 1965 年版,第 1181~1182 页。
② 〔晋〕袁宏撰,周天游校注:《后汉纪校注》,天津古籍出版社 1987 年版,第 556~557 页。
③ 周维权:《中国古典园林史》(第三版),清华大学出版社 2008 年版,第 106 页。

得水景富有趣味。

其二，城西别第。

梁冀在洛阳城西亦有第宅，面积广大，有奴婢千人。《后汉纪》卷二十载："（梁）冀又起别第于城西，以纳奸亡命者置其中，或取良民以为奴婢，名曰'自卖民'，至千人。"[1]其还在第宅内"采土筑山，十里九坂，以像二崤，深林绝涧，有若自然，奇禽驯兽，飞走其间"[2]。

梁冀第宅中的假山以现实中的山峦——

图 2-3　东汉画像石水榭图（引自王建中：《汉代画像石通论》，紫禁城出版社 2001 年版，第 402 页）

"二崤"为筑山样本，模拟自然。"二崤"，即崤山，又名嵚崟山，位于今河南省洛宁县北部。从春秋战国至秦汉，崤山都具有重要的战略地位。《尚书》卷第二十载："崤，晋要塞也。"[3]"晋人御师必于崤矣。"[4]秦时崤山是国家祀奉的地理分界。《汉书》卷二十五上载："及秦并天下，令祠官所常奉天地名山大川鬼神可得而序也。于是自崤以东，名山五，大川祠二。"[5]汉初，众臣劝高祖定都洛阳曰："洛阳东有成皋，西有殽黾，背河乡洛，其固亦足恃也。"[6]梁冀园假山模仿崤山，也带有一定的政治色彩。[7] 现实中，崤山是秦岭东段支脉，东北—西南走向，长

① 〔晋〕袁宏撰，周天游校注：《后汉纪校注》，天津古籍出版社 1987 年版，第 556 页。

② 〔南朝宋〕范晔撰，〔唐〕李贤等注：《后汉书》，中华书局 1965 年版，第 1182 页。

③ 〔汉〕孔安国传，〔唐〕孔颖达疏，廖明春、陈明整理，吕绍纲审定：《尚书正义》，北京大学出版社 2000 年版，第 667 页。

④ 〔北魏〕郦道元原注，陈桥驿注释：《水经注》，浙江古籍出版社 2001 年版，第 64 页。

⑤ 〔汉〕班固撰，〔唐〕颜师古注：《汉书》，中华书局 1962 年版，第 1206 页。

⑥ 〔宋〕徐天麟撰：《西汉会要》，中华书局 1955 年版，第 638 页。

⑦ 黄一如：《梁冀园囿筑山情况试析》，《时代建筑》1994 年第 1 期。

一百六十余公里,绵亘于黄河、洛水之间。崤山又分为东、西二崤,"自东崤至西崤三十五里。东崤长阪数里,峻阜绝涧,车不得方轨。西崤全是石阪十二里,险不异东崤"①。对比史籍对梁冀宅第园林的记载和史料对崤山的描述,其"十里九坂""深林绝涧"的假山,是对崤山所作的"具体而微"的缩移摹写,以"十里九坂"的延绵气势来表现"二崤"之险峻恢宏,假山上的"深林绝涧"亦为了突出其险势。

梁冀园之前的园林假山大多带有象征意味,系对自然山形作概括性模拟,率先进入园林的"海上三山"源自海市蜃楼中虚无缥缈的幻象。② 此后,园林中大型假山屡见不鲜,但筑山范本未有明确指向性,如前文提到的西汉袁广汉园,其中"高十余丈,连延数里"的假山除含有炫富成分外,主要是为了地形改造,并与园外景观相呼应与衔接。同样,梁孝王兔园中的落猿岩、栖龙岫等,也可以看作是对原有地形的改造,或是对自然山景特征性片段的模拟。至此,中国园林堆筑假山开始以具体自然山峦作为样本,缩景处理。稍后,皇家园林西园之少华山,即模仿现实中之小华山。此后,宋时之艮岳,"筑土山于景龙门之侧,以像余杭之凤凰山"③。

梁冀园之假山除在造型上缩移摹写外,还使"奇禽驯兽,飞走其间",更具备浓郁的自然风景的意味。西汉上林苑也豢养禽兽,供田猎讲武,祭祀供奉。司马相如《上林赋》曰:"其兽则庸旄貘犛,沈牛麈麋,赤首圜题,穷奇象犀。……其兽则麒麟角端,骓騟橐驼,蛩蛩驒騱,駃騠驴骡。"④值得注意,梁冀园内所养禽兽的种类已由"奇禽怪兽"变化为"奇禽驯兽",而非上林苑所豢养的奇猛之兽。这种变化说明,园苑中畜养禽兽的生产、军事用途,已转化为供观赏的娱游享乐,造园的目的开始有所变化。

北魏时,梁冀城西别第遗迹尚存。《水经注》卷十六载:"谷水自阊阖门而南径土山东,水西三里有坂,坂上有土山,汉大将军梁冀所成,筑土为山,植木成苑,张璠《汉记》曰:山多峭坂,以象二崤,积金玉,采捕禽兽,以充其中。"⑤《洛阳

① 转引自冯惠民等编:《通鉴地理注词典》,齐鲁书社 1986 年版,第 399 页。
② 黄一如:《梁冀园囿筑山情况试析》,《时代建筑》1994 年第 1 期。
③ 〔宋〕赵彦卫撰,傅根清点校:《云麓漫钞》,中华书局 1996 年版,第 47 页。
④ 费振刚、仇仲谦、刘南平校注:《全汉赋校注》,广东教育出版社 2005 年版,第 89 页。
⑤ 〔北魏〕郦道元原注,陈桥驿注释:《水经注》,浙江古籍出版社 2001 年版,第 264 页。

伽蓝记》卷四云:"出西阳门外四里御道南,有洛阳大市,周回八里。市南有皇女台,汉大将军梁冀所造,⋯⋯市西北有土山鱼池,亦冀之所造。即汉书所谓'采土筑山,十里九坂,以似二崤'者。"①

其三,城西菟苑。

梁冀"又起菟苑于河南城西,经亘数十里,发属县卒徒,缮修楼观,数年乃成"。"菟"者,虎也,楚人称虎为"於菟"。梁冀还"移檄所在,调发生菟",置虎于苑中,"人有犯者,罪至刑死"。《后汉书》卷三十四载:"尝有西域贾胡,不知禁忌,误杀一菟,转相告言,坐死者十余人。"②

菟苑虽然规模广大,但未见有园内筑山理水的记载,却着重提到"缮修楼观,数年乃成"。足见建筑物不少,尤以高楼居多,而且营造规模十分可观。东汉私家园林内建置高楼的情况比较普遍,当时的画像石、画像砖都有具体的形象表现。这与秦汉盛行的"仙人好楼居"的神仙思想固然有着直接关系,另外也是出于造景、成景方面的考虑。楼阁的高耸形象可以丰富园林总体的轮廓线,成为园景的重要点缀,这在当时的诗文中多有描写,如《古诗十九首》"西北有高楼,上与浮云齐"③。登楼远眺,还能够观赏园外之景,崔朝《大将军临洛观赋》云:"处崇显以闲敞,超绝邻而特居。列阿阁以环匝,表高台而起楼。"④可见,东汉时人们已经认识到楼阁所特有的"借景"的功能。

传世和出土于河南以及周边地区的汉画像石、画像砖,许多都刻画了当时住宅、宅园、庭院的形象,细致而具体,可以和文字记载互相印证,加深对秦汉河南私家园林的了解。如图2-4表现的是一座完整的住宅建筑群,呈两路跨院,左边的跨院有两进院落,前院设大门和过厅,其后为正厅所在的正院,庭院中畜养着供观赏的禽鸟。右边的跨院亦有两进,前院为厨房,其后的一个较大的院落即是宅园,园的东南隅建置类似"阙"的高楼一幢,庭院内种植有树木。图2-5则全面地描绘了一座住宅的绿化情况,不仅宅内的几个庭院种植树木,宅门外的道路两旁也都成片地种植树木。住宅内的庭院既有进行绿化而成为庭园的,也有作为公共活动场地的。另外,在东汉画像石、画像砖所刻画的建筑形象中,以

---

① 〔北魏〕杨衒之撰,周祖谟校释:《洛阳伽蓝记校释》,中华书局1963年版,第156~157页。
② 〔南朝宋〕范晔撰,〔唐〕李贤等注:《后汉书》,中华书局1965年版,第1182页。
③ 姜书阁、姜逸波选注:《汉魏六朝诗三百首》,岳麓书社1992年版,第34页。
④ 费振刚、仇仲谦、刘南平校注:《全汉赋校注》,广东教育出版社2005年版,第439~440页。

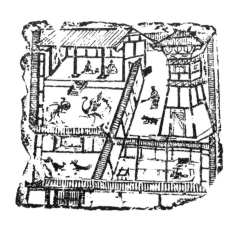

图 2-4 四川出土的东汉画像砖(引自刘志远、余德
章、刘文杰编著:《四川汉代画像砖与汉代
社会》,文物出版社 1983 年版,第 83 页)

图 2-5 河南郑州出土的东汉画像砖(引自周到、
吕品、汤文兴编:《河南汉代画像砖》,上
海人民美术出版社 1985 年版,第 92 页)

图 2-6 山东费县出土的重楼连阁画像石[引自周
维权:《中国古典园林史》(第三版),清华
大学出版社 2008 年版,第 107 页]

图 2-7 山东曲阜旧县村出土的画像砖(引
自李发林:《山东汉画像石研究》,
齐鲁书社 1982 年版,图版三)

高楼作为园林建筑的具体表现亦屡见不鲜,如图2-6、图2-7证之以梁冀苑园的"缮修楼观,数年乃成"的文字记载,可知东汉私家园林内建置多层楼房的情况已经比较普遍。

四、南阳樊氏园

樊氏园是园林化的庄园,为汉光武帝舅父樊宏所有,位于今河南新野县。[①]东汉初年豪强并起,奴役贫苦农民充当徒附,强迫精壮充当部曲,形成各地的大小割据势力。他们逐渐瓦解了西汉以来的地主小农经济,促成了农民人身依附于庄园主的庄园经济的长足发展。庄园远离城市,进行着封闭性的农业经营和手工业生产,相当于一个个在庄园主统治下的相对独立的政治、经济实体。其中的一些拥有武装力量则成为独立性更强的特殊庄园——"坞"。《后汉书》卷二十四载:"(马援)缮城郭,起坞候。"注引《字林》曰:"坞,小障也,一曰小城。"[②]同书卷七十二载:"(董卓)又筑坞于郿,高厚七丈,号曰'万岁坞'。积谷为三十年储。"[③]据此可知,坞乃是在战乱的环境下,由坞主组织宗族和属下居民屯聚一起而据险自守的有军事设防的庄园,坞主就相当于特殊的庄园主。随着庄园经济的发展,庄园主效仿权贵,往往加入些许园林化的经营,使庄园具有一定程度的园林特征,樊氏园即是如此。

樊宏出身于南阳世家大族,"其先周仲山甫,封于樊,因而氏焉,为乡里著姓"。樊宏本人官拜光禄大夫,封长罗侯。《后汉书》卷三十二:"(樊宏)父重,字君云,世善农稼,好货殖。重性温厚,有法度,三世共财,子孙朝夕礼敬,常若公家。其营理产业,物无所弃,课役童隶,各得其宜,故能上下勠力,财利岁倍,至乃开广田土三百余顷。其所起庐舍,皆有重堂高阁,陂渠灌注。又池鱼牧畜,有求必给。尝欲作器物,先种梓漆,时人嗤之,然积以岁月,皆得其用,向之笑者咸求假焉。赀至巨万,而赈赡宗族,恩加乡闾。"[④]可见,樊宏庄园广大,既"重堂

① 储兆文:《中国园林史》,东方出版中心2008年版,第39页。
② 〔南朝宋〕范晔撰,〔唐〕李贤等注:《后汉书》,中华书局1965年版,第836页。
③ 〔南朝宋〕范晔撰,〔唐〕李贤等注:《后汉书》,中华书局1965年版,第2329页。
④ 〔南朝宋〕范晔撰,〔唐〕李贤等注:《后汉书》,中华书局1965年版,第1119页。

高阁",又"池鱼牧畜",是混合生产与生活功能的园林化的庄园。

　　樊宏拥有大量庄田和奴仆,经营农工商业,而又出身高贵、位居要津,在地方上有很高的威望。像这样的世家大族庄园主,也就是魏晋南北朝时期的"士族"的前身。

　　此外,东汉中后期,帝王荒淫,吏治腐败,外戚擅权,宦官专政,许多文人出身的官僚不满现状,逃避政治斗争所带来的灾祸和迫害,辞官于庄园隐居,部分文人也终生不仕、隐居田园。庄园这种相对独立的政治、经济实体,在一定程度上能避开皇帝的集权政治,为隐士的"归田园居"提供条件。文人出身的庄园主深谙天人谐和的哲理浸润,重视居处生活与自然环境的关系,尤为关注后者的审美价值。在经营庄园时,他们往往有意识地去开发内部的自然生态之美,延纳、收摄外部的山水风景之美。开发、延纳又往往因势利导地借助于简单的园林手段,这便使其渗入了一定分量的园林要素,赋予了一定程度的园林特征,从而形成园林化的庄园。庄园为隐士们提供了田园牧歌式的庇托之所,其既是物质财富,也是精神家园。在庄园中,隐逸开始与园林营造产生直接的关系,并促成了别墅园林的形成。东汉的仲长统曾"欲卜居清旷,以乐其志",并论之曰:"使居有良田广宅,背山临流,沟池环匝,竹木周布,场圃筑前,果园树后。……蹰躇畦苑,游戏平林,濯清水,追凉风,钓游鲤,弋高鸿。讽于舞雩之下,咏归高堂之上。……不受当时之贵,永保性命之期。如是,则可以陵霄汉,出宇宙之外矣。岂羡夫入帝王之门哉!"[1]史籍虽未明确记载河南的此类园林,但如上林苑牧豕之梁鸿,西唐山渔钓之高凤[2],耕织为业,吟咏诗书,弹琴自娱,皆避尘嚣,充分享受诗书琴酒和田园逸趣。

第三节　其他园林

　　秦汉时期的河南除皇家园林和私家园林这两大类型外,其他类型的园林随

---

[1] 〔南朝宋〕范晔撰,〔唐〕李贤等注:《后汉书》,中华书局 1965 年版,第 1644 页。

[2] 〔南朝宋〕范晔撰,〔唐〕李贤等注:《后汉书》,中华书局 1965 年版,第 2769 页。

社会的发展也开始出现。

一、祠庙园林

延续远古自然崇拜，先秦时期帝王就开始祭祀山川林薮。《礼记》卷第十二曰："天子祭天下名山大川，五岳视三公，四渎视诸侯。"[①]秦朝建立伊始，即将无序的时兴时废的祭祀完全固定下来，并修建了祭祀专用的祠庙。《汉书》卷二十五上："及秦并天下，令祠官所常奉天地名山大川鬼神可得而序也。于是自崤以东，名山五，大川祠二。曰太室。太室，嵩高也。恒山，泰山，会稽，湘山。水曰沛(济)，曰淮。春以脯酒为岁祷，因泮冻；秋涸冻；冬塞祷祠。其牲用牛犊各一，牢具圭币各异。"[②]秦始皇就曾封禅东岳，勒石泰山。《史记》卷六载："二十八年，始皇……乃遂上泰山，立石，封，祠祀。"[集解]服虔曰："增天之高，归功于天。"张晏曰："天高不可及，于泰山上立封禅而祭之，冀近神灵也。"[③]此后，历代帝王们为了"报天之功"，皆以雄伟险峻的大山为祥瑞，在峰顶上设坛祭祀，举行封禅大典；或在河源祭拜河神，谋求风调雨顺。《汉书》卷二十五载："(宣帝)制诏太常：'夫江海，百川之大者也，今阙焉无祠。其令祠官以礼为岁事，以四时祠江海洛水，祈为天下丰年焉。'自是五岳、四渎皆有常礼。东岳泰山于博，中岳泰室于嵩高，南岳灊山于用灊，西岳华山于华阴，北岳常山于上曲阳，河于临晋，江于江都，淮于平氏，济于临邑界中，皆使者持节侍祠。"[④]其中，济、淮及中岳之祠皆在河南。但秦汉距今久远，祠庙仅存传说，其形式、存废均已不可考。

---

① 〔汉〕郑玄注，〔唐〕孔颖达疏，龚抗云整理，王文锦审定：《礼记正义》，北京大学出版社1999年版，第451页。

② 〔汉〕班固撰，〔唐〕颜师古注：《汉书》，中华书局1962年版，第1206页。

③ 〔汉〕司马迁撰：《史记》，中华书局1959年版，第242~243页。

④ 〔汉〕班固撰，〔唐〕颜师古注：《汉书》，中华书局1962年版，第1249页。

二、陵墓园林

中国历代帝王皆重视陵寝的建设及朝拜祭祀的礼仪,将之作为推崇皇权和维护身份等级制度的一种手段。中原地区殷周时代的墓葬是没有坟丘的。《汉书》卷三十六载:"文、武、周公葬于毕,秦穆公葬于雍橐泉宫祈年馆下,樗里子葬于武库,皆无丘陇之处。"①春秋时,孔子筑四尺高坟丘葬其父母,始出现坟丘式墓葬。到战国时代,坟丘形式的墓葬普遍化,所有统治者的墓葬都有高大的坟丘,并开始把坟丘的大小高低作为身份等级的标志。②

春秋以前的史料都称墓葬为"墓",无"丘墓""坟墓""冢墓"的称谓。战国时期坟丘式墓葬得到普遍推广,"丘墓""坟墓""冢墓"成为墓葬的通称。称君王的坟墓为"陵"也是从战国时期开始,见于史书的最早记载是赵肃侯十五年(前335)"起寿陵"③。君王处于等级制的最高一级,坟墓造得最高,故将其高大坟墓比作山陵,并隐晦地称君王去世为"山陵崩",而君王活着预先建造的坟墓称之为"寿陵"或"陵"。

古时君主接见群臣和处理政务的地方称"朝",起居生活之所称"寝",即所谓"前朝后寝"。君主供奉祖先的宗庙,则仿照宫殿的规制,前设有"庙"用来朝拜和祭祀,后设"寝"作为祖先灵魂生活起居的处所。同时,也有把"寝"与陵墓建造在一起,作为墓主灵魂生活起居的处所,这就是"陵寝"制度。西汉时,不但把"寝"与陵墓建造在一起,还在陵园旁边建"庙",使得陵墓在统治者礼仪制度中的地位变得更加重要。到东汉明帝的时候,把每年元旦公卿百官集会朝贺皇帝的仪式,搬到光武帝的"原陵"举行,成为皇帝亲率公卿百官上陵朝拜祭祀的典礼,从此,陵寝开始有隆重的朝拜祭祀的仪式。为了适应举行大规模祭祀仪式的需要,陵寝中开始建设大殿,称为"寝殿"。用石材建成的,则称为"石殿"。同时,还在大殿旁边建设悬挂大钟的"钟奥"(即钟架)。此后,历代的陵寝、祭

---

① 〔汉〕班固撰,〔唐〕颜师古注:《汉书》,中华书局1962年版,第1952页。
② 杨宽:《中国古代陵寝制度的起源及其演变》,《复旦学报》(社会科学版)1981年第5期。
③ 〔汉〕司马迁撰:《史记》,中华书局1959年版,第1802页。

拜制度皆在东汉的基础之上扩大和改革而成。

上陵朝拜祭祀使陵寝具有了公共活动场所的性质,此后,石像生、树木等要素逐渐被加入,又使其具有了园林的一些特征,严格受礼制约束的园林类型——陵墓园林开始形成。

东汉诸帝陵位于河南,但由于历史的湮没和田野考古工作开展较少的缘故,东汉帝陵的地望争议颇大,虽经历了漫长的探索之路却至今悬而未决。① 故无法对其具体的构成要素以及布局形式进行分析。

---

① 高凤、徐卫民:《秦汉帝陵制度研究综述(1949—2012)》,《秦汉研究》2013 年。

第三章 魏晋南北朝时期

　　魏晋南北朝时期政权更迭频繁,社会动荡不安;加之异族入侵,统治阶级内部争权夺利,民不聊生。这是中国历史上一个持续三百多年(220—589)的动乱分裂时期,也是文化思想十分活跃的时期。政治上大一统局面的破坏,影响到意识形态上的儒学独尊,人们敢于突破儒家思想的桎梏,藐视正统儒教礼法和行为规范,从非正统的和外来的种种思潮中探索人生的真谛。这一时期,儒、释、道、玄诸家争鸣,彼此融会阐发,均取得了长足的发展。思想的解放带来了人性的觉醒,文化的繁荣促进了艺术领域的开拓,园林经营也转向以满足作为人的本性的物质和精神享受为主,并升华为艺术创作的新境界。河南洛阳是魏晋的都城,北朝的统治中心,此时的河南园林也是魏晋南北朝时期中国园林的代表,并以此为转折,推动中国园林走向隋唐的全盛时期。

第一节　皇家园林

　　历朝皆在都城建宫置苑,但魏晋南北朝时期,囿于疆域与国力的制约,出现了一些新的特色。皇家园林置于宫城北部,规模普遍偏小;园林营造不再追求广漠巨大、规模宏伟,而是较多关注人工水道与池沼的布置、山石的形态特征等园林要素的细节;人文意识渗透到皇家园林中,通过局部模仿在都市中再现自然。这些都在华林园、西游园等河南皇家园林中得到很好的体现,并为后世的宫苑设计者所沿袭、发展。[1]

---

[1]　傅晶:《魏晋南北朝园林史研究》,天津大学硕士学位论文2003年,第198页。

一、都城洛阳

东汉末年的董卓之乱,使洛阳遭受到空前劫难。《后汉书》卷七十二载:"于是尽徙洛阳人数百万口于长安,步骑驱蹙,更相蹈藉,饥饿寇掠,积尸盈路。卓自屯留毕圭苑中,悉烧宫庙官府居家,二百里内无复孑遗。又使吕布发诸帝陵,及公卿已下冢墓,收其珍宝。"①曹操移都许昌,并对洛阳城市进行恢复、重建。曹操死后,其子曹丕篡汉登帝位,是为魏文帝,定都洛阳,继续在东汉的旧址上修复和新建宫苑、城池。其后,司马氏篡魏,建立西晋王朝,仍以洛阳为首都,城市、宫苑多沿曹魏旧制,新的建树不多。

(一)曹魏洛阳

曹魏对洛阳的重建是在东汉洛阳城废墟上进行的。董卓劫掠洛阳后,其地一直处于动乱状态。建安元年(196),曹操控制了洛阳一带,才结束了动乱局面。随着曹操统一北方,中原经济逐渐得到了恢复。从初平初年(190)至建安末年(220)这三十年间,特别是建安后期,洛阳的户口渐又有所充实,宫殿房屋也在恢复修筑。《三国志》卷十三载:"自天子西迁,洛阳人民单尽,(钟)繇徙关中民,又招纳亡叛以充之,数年间民户稍实。"②又《三国志》卷二十三载:"百姓自乐出徙洛、邺者,八万余口。"③《三国志》卷一注引《世语》说曰:"太祖自汉中至洛阳,起建始殿。"④曹操去世后,其子曹丕于公元220年称帝,国号魏,改元黄初,为魏文帝。黄初元年(220)十二月,魏文帝"初营洛阳宫,戊午幸洛阳"⑤。"黄初二年(221)正月,郊祀天地、明堂"⑥,正式迁都洛阳。《三国志》卷二注引《魏略》曰:"改长安、谯、许昌、邺、洛阳为五都,立石表,西界宜阳,北循太行,东

① 〔南朝宋〕范晔撰,〔唐〕李贤等注:《后汉书》,中华书局1965年版,第2327~2328页。
② 〔晋〕陈寿撰,陈乃乾校点:《三国志》,中华书局1959年版,第393页。
③ 〔晋〕陈寿撰,陈乃乾校点:《三国志》,中华书局1959年版,第666页。
④ 〔晋〕陈寿撰,陈乃乾校点:《三国志》,中华书局1959年版,第53页。
⑤ 〔晋〕陈寿撰,陈乃乾校点:《三国志》,中华书局1959年版,第76页。
⑥ 〔晋〕陈寿撰,陈乃乾校点:《三国志》,中华书局1959年版,第77页。

北界阳平,南循鲁阳,东界郏,为中都(洛阳)之地。令天下听内徙,复五年,后又增其复。"①洛阳人口大大充实,城市迅速复兴起来。

曹魏对洛阳的恢复建设自曹操始,至魏文帝曹丕黄初末年(226),洛阳的宫殿、宗庙、官府、库厩、第宅等已大体建成,宫北新建了皇家园林华林园,宫中西部仿邺城三台之例修建了陵云台,以储藏甲仗。《三国志》卷二载:"是岁(黄初二年)筑陵云台。"②魏文帝去世后,其子曹叡即位,是为魏明帝。其在位期间,洛阳大修宫殿、苑囿、坛庙和城池、道路。此时洛阳的建设可分为两期:第一期为太和元年(227)至青龙二年(234),以宫殿为主;第二期为青龙三年(235)至景初三年(239),以建宗庙、立社稷、修整街道为主。到魏明帝末年,洛阳已重新建成宫阙、庙社、官署壮丽,道路系统完善,城坚池深的都城。如图3-1所示。③

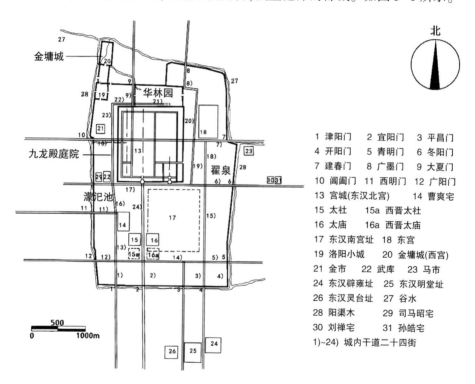

1 津阳门　　2 宜阳门　　3 平昌门
4 开阳门　　5 青明门　　6 冬阳门
7 建春门　　8 广莫门　　9 大夏门
10 阊阖门　11 西明门　12 广阳门
13 宫城(东汉北宫)　14 曹爽宅
15 太社　　15a 西晋太社
16 太庙　　16a 西晋太庙
17 东汉南宫址　18 东宫
19 洛阳小城　20 金墉城(西宫)
21 金市　　22 武库　　23 马市
24 东汉辟雍址　25 东汉明堂址
26 东汉灵台址　27 谷水
28 阳渠木　　29 司马昭宅
30 刘禅宅　　31 孙皓宅
1)~24) 城内干道二十四街

图 3-1　曹魏洛阳城及皇家园林分布图示意(引自傅熹年主编:《中国古代建筑史
(第二卷)》(第二版),中国建筑工业出版社 2009 年版,第 8 页)

① 〔晋〕陈寿撰,陈乃乾校点:《三国志》,中华书局 1959 年版,第 77 页。
② 〔晋〕陈寿撰,陈乃乾校点:《三国志》,中华书局 1959 年版,第 78 页。
③ 傅熹年主编:《中国古代建筑史(第二卷)》(第二版),中国建筑工业出版社 2009 年版,第 9 页。

曹魏重建的洛阳,其城墙、城门只是在东汉基础上修复、加固,城门的位置、数量都没有变化。城北面西侧的大夏门靠近宫苑,门楼高达三层,是魏明帝时所营造的壮丽建筑。曹叡对洛阳城的扩建,影响最大最久的是金墉城的修造。《水经注》卷十六云:"魏明帝于洛阳城西北角筑之,谓之金墉城。起层楼于东北隅……"①金墉城是洛阳城西北角一个孤立于城外的小城堡,在金墉城与洛阳城城角之间又建"洛阳小城",后又称"洛阳垒",把金墉城与洛阳城连通。自洛阳城西北角开小门穿过洛阳小城进入金墉城,金墉城西面城墙上楼观相连,城内东北角建高楼,防守非常严密。金墉城又称西宫,内有亭台楼阁、树木池沼,皇帝在"炎夏之日,高视常以避暑"。魏明帝大修北宫时,大臣曾建议其在西宫暂住。西晋亡后,金墉城的地位重于洛阳大城。五胡十六国以及东、西魏和北齐、北周分裂战乱之时,金墉城为重要的军事堡垒,城内存大量粮草、武器,城墙坚固高大,易守难攻。②

洛阳城内的布局,在曹魏重建后也有重大变化。它重建北宫,废弃南宫,形成宫室在北,官署、居里在南的格局。以北宫正门阊阖门向南到宣阳门间的南北大街为主街,称铜驼街,并于237年在铜驼街道东占用东汉南宫的局部,修建了七庙制的太庙,道西相对修建太社。形成自南门宣阳门由南北大道直指宫城正门正殿为中轴线,轴线两侧建宗庙、社稷和一系列官署的新格局。曹魏洛阳的城市格局先后为东晋建康、北魏洛阳所继承发展,并通过它们影响到北齐的邺南城和隋唐的长安、洛阳。直到元代的大都,才又把宫城重新置于都城南部。从这个意义上看,魏晋重建的洛阳是我国都城由两汉的长安、洛阳向隋唐长安演进过程中的一个很重要的转折点。

曹魏洛阳北宫至少有三条南北轴线,建有太极、昭阳、建始、崇华(九龙)、嘉福、式乾、芙蓉、云气等殿。每一座宫殿都形成以其为中心,前有殿门,周以廊庑,围合而成的大小规模不一的宫院。各宫院按性质、等级和使用要求排列成数条轴线,以巷道分区,形成一个相互联系的整体。北宫平面呈矩形,南面主要有二门,西为阊阖门,为正门,北对大朝会的正殿太极殿,形成全宫的南北主轴线。以太极殿为核心的一组院落是朝区,其北是式乾殿和昭阳殿所在的寝区。

① 〔北魏〕郦道元原注,陈桥驿注释:《水经注》,浙江古籍出版社2001年版,第259页。
② 翟建波:《魏晋南北朝时期洛阳的兴衰》,《社会科学》1985年第2期。

在昭阳殿东西侧和中轴线北端建有若干大小相等、排列整齐的较小院落,称为坊,居住有后宫的妃嫔等,殿和坊之间有巷道隔开。主轴线以西,建始殿、崇华殿、嘉福殿等若干宫殿形成北宫西部另一条轴线。在崇华、嘉福等殿的最北端和东西两侧,也有坊供妃嫔等居住。北宫东侧前部是宫中的官署部分,包括朝堂、尚书省、中书省等。朝堂即尚书朝堂,和宫内办事机构尚书五曹相连,是宰相和公卿百官议政之所。[1]

(二)西晋洛阳

西晋代魏立国,仍都洛阳。晋灭蜀吞吴重建统一王朝后,曾实行了一些有利于生产发展的措施。黄河流域继续成为全国经济最发达的地区,作为全国都城的洛阳,其繁荣程度也达到了新的水平。至曹魏后期,经曹氏几代的经营,洛阳已是"民异方杂居,多豪门大族,商贾胡貊,天下四(方)会,利之所聚,而奸之所生"[2]的大都市。西晋洛阳有金市、南市、马市等大市场,为商贩集中的地方。王公贵族也多经营工商业谋利。晋初,受益于洛阳丰富的水利资源,王公士族多以水碓致富,成为重要机械工业之一。大官僚石崇家有水碓三十余区。《晋书》卷三十三载:"有司簿阅(石)崇水碓三十余区,苍头八百余人。"[3]王戎"性好兴利,广收八方园田水碓,周遍天下"[4],"区宅僮牧、膏田水碓之属,洛下无比"[5]。

西晋以"禅让"的和平方式代魏后,全部沿用曹魏原有的宫殿、官署,除太庙坍塌改在宣阳门内重建外,无重大工程建设,规划上也没有改变。(如图3-2)《晋书》卷十九载:"(泰始)六年(270),因庙陷,当改修创,……至十年,乃更改筑于宣阳门内,穷极壮丽,然坎位之制犹如初尔。"[6]另外,西晋在北宫东北方建

---

[1] 傅熹年主编:《中国古代建筑史(第二卷)》(第二版),中国建筑工业出版社2009年版,第26~28页。

[2] 〔晋〕陈寿撰,陈乃乾校点:《三国志》,中华书局1959年版,第624页。

[3] 〔唐〕房玄龄等撰:《晋书》,中华书局1974年版,第1008页。

[4] 〔唐〕房玄龄等撰:《晋书》,中华书局1974年版,第1234页。

[5] 〔南朝宋〕刘义庆著,〔南朝梁〕刘孝标注,徐传武校点:《世说新语》,上海古籍出版社2013年版,第362页。

[6] 〔唐〕房玄龄等撰:《晋书》,中华书局1974年版,第603页。

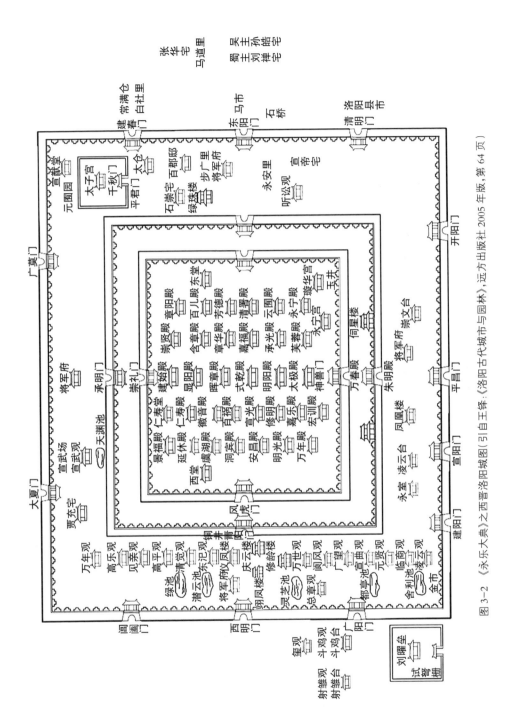

图 3-2　《永乐大典》之西晋洛阳城图（引自王铎：《洛阳古代城市与园林》，远方出版社 2005 年版，第 64 页）

东宫,为太子宫。《洛阳记》曰:"太子宫在大宫(北宫)东,薄室门外,中有承华门。"[1]东宫前临建春门内东西大道,正门为正德门,门内为承华门,有相当规模的宫殿。东宫建成后,遂在习惯上改称北宫为西宫,与曹魏洛阳西宫所指相异。这种称太子宫为东宫,相应称皇宫为西宫的通俗名称一直延续到十六国。前赵长安、后赵襄国、邺都、前秦、后秦长安都循此惯例,在都城建东宫、西宫,东宫居太子,西宫为皇宫。

永嘉五年(311),刘曜、王弥军攻入洛阳,焚毁宫室、府署、民居,洛阳再次沦为废墟。《资治通鉴》卷八十七载:"(刘曜)发掘诸陵,焚宫庙、官府皆尽。"[2]

(三)北魏洛阳

从晋怀帝永嘉五年(311)刘曜破毁洛阳到宋文帝元嘉七年(430)北魏攻占洛阳的百余年间,洛阳基本上处于军事拉锯状态,屡遭破坏,虽时有恢复,但远不及魏晋旧观。北魏孝文帝决定迁都洛阳,其时洛阳一片荒芜。太和十七年(493),营建洛阳;太和十八年(494)正式迁都;太和十九年(495),新都洛阳落成。

北魏洛阳一反汉魏"面朝背市"的传统,市场安排在城南,宫城在城北。大城承魏晋旧制,南北九里余,东西六里余。宣武帝景明二年(501)又依广阳王元嘉的建议,在城外扩建了坊巷,使整个城内外居民区范围达到"东西二十里,南北十五里"[3]。洛阳城规模空前宏大,居民也达到了十万九千余户。[4]

北魏洛阳宫在魏晋宫城的范围内重建,其宫城及主要城门依魏晋之旧。宫城南面并列开二门,西为阊阖门、太极殿,东为大司马门、朝堂,形成主次两条南北轴线。其中,阊阖门外建巨大的阙。《水经注》卷十六载:"今阊阖门外夹建巨阙,以应天宿。"[5]在主轴线上,前为朝区正殿太极殿,后为寝区主殿式乾、显阳、宣光、嘉福四殿,前后相布,各为一个三殿横列的群组。显阳殿后为永巷,分全宫为南、北二部,并使寝区可从东西向通到宫外。其中,太极殿东、西、南三面有

① 转引自〔南朝梁〕萧统选,〔唐〕李善注:《昭明文选》(中),京华出版社2000年版,第17页。
② 〔宋〕司马光编著,〔元〕胡三省音注:《资治通鉴》,中华书局1956年版,第2763页。
③ 〔北魏〕杨衒之撰,周祖谟校释:《洛阳伽蓝记校释》,中华书局1963年版,第227页。
④ 〔北魏〕杨衒之撰,周祖谟校释:《洛阳伽蓝记校释》,中华书局1963年版,第228页。
⑤ 〔北魏〕郦道元原注,陈桥驿注释:《水经注》,浙江古籍出版社2001年版,第263页。

廊庑环绕,北面有墙与寝殿隔开,形成全宫最大的殿庭,其南面正门为端门。主轴线再自阊阖门向南延伸,经铜驼街,直指洛阳南面正门宣阳门,和全城的南北主轴线相接。轴线上的重要建筑如阊阖门、太极殿、显阳殿等都沿用魏晋的旧名。在北宫的西侧,千秋门内横街之北为西林园,是宫内苑囿。这里是曹魏凌云台和九龙殿故地,西侧靠宫墙为凌云台,台上有北魏孝文帝所建的凉风观。宫城西墙有暗

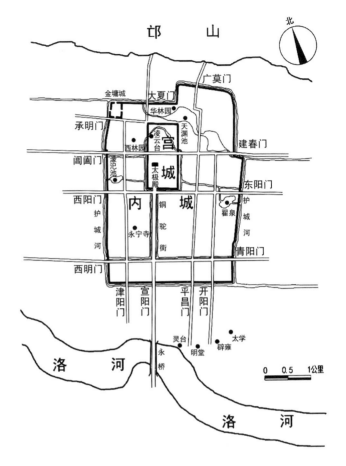

图 3-3　北魏洛阳城水系及皇家园林分布示意图(引自傅晶:《魏晋南北朝园林史研究》,天津大学博士学位论文,2003 年)

渠,引谷水入宫,在西林园中汇为大池,称灵芝九龙池。池中建有木构的钓台,用阁道连通。(如图 3-3)

北魏末年,军阀混战,王朝分崩离析,形成了高欢控制的东魏和宇文泰控制的西魏两相对峙的局面,洛阳又一次遭到严重破坏。《洛阳伽蓝记》之序曰:"武定五年(547),岁在丁卯,余因行役,重览洛阳。城郭崩毁,宫室倾覆,寺观灰烬,庙塔丘墟。墙被蒿艾,巷罗荆棘,野兽穴于荒阶,山鸟巢于庭树。游儿牧竖,踯躅于九逵;农夫耕老,艺黍于双阙。"[1]

---

[1]　〔北魏〕杨衒之撰,周祖谟校释:《洛阳伽蓝记校释》,中华书局 1963 年版,第 7 页。

二、华林园

华林园是魏晋南北朝时期的著名园林,在建康、洛阳、邺城、长安、平城、中山等地均曾有建置。[①] 并且,这些以华林园命名的御苑在整体格局和景观设置上表现出一定的继承性和相似性,形成园林史上独特的"华林园现象"。其中,曹魏将东汉洛阳城内之芳林园加以扩建,更名为"华林园",为其设置之始,此后,西晋、北魏继之,踵事增华,不但堪称北方地区地位最显赫的皇家园林,而且成为其他政权所营御苑的效仿对象。[②] (如图3-4)

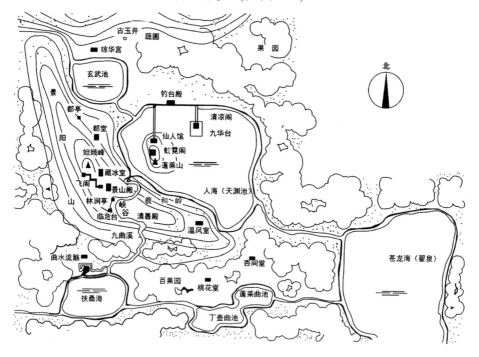

图 3-4 北魏洛阳华林园(引自王铎:《洛阳古代城市与园林》,远方出版社 2005 年版,第 91 页)

---

① 李文才:《魏晋南北朝时期的华林园——以洛阳、建康两地为中心论述》,见《魏晋南北朝隋唐政治与文化论稿》,世界知识出版社 2006 年版,第 127 页。。

② 贾珺:《魏晋南北朝时期洛阳、建康、邺城三地华林园考》,《建筑史》2013 年第 1 期。

（一）曹魏时期

建武元年(25)，光武帝刘秀建立东汉王朝，定都洛阳。洛阳宫殿以南宫和北宫为主，二者之间以复道相连。北宫以北地带辟为苑囿区，具体情形史书记载不详，但足以推断此处建有一座芳林园，为后世魏晋华林园之前身。《河南志·魏城阙古迹》载："华林园即汉芳林园。"①《河南志·后汉城阙古迹》又载："芳林园在步广里。……有崇光、华光二殿。"②步广里是东汉洛阳东北部的里坊之名，"在上东门内"③，芳林园就位于这一带。与其他著名的苑囿相比，洛阳芳林园在汉代宫苑中的地位并不算很高，以至于史料记载不详，但它却为后来盛极一时的魏晋和北朝华林园开创了源头。

东汉末年洛阳宫苑遭到焚掠，曹操挟汉献帝迁都许昌。延康元年(220)十月，魏文帝曹丕篡汉建魏，重新定都于洛阳，开启了魏晋南北朝时代之序幕。魏初，芳林园仍为御苑。《晋书》卷二十八载："魏文帝黄初三年(222)，(秃鹙鸟)又集洛阳芳林园池。"④随后不久，魏文帝开始在园内加挖湖池，建造高台，黄初五年(224)"穿天渊池"，黄初七年(226)"三月，筑九华台"⑤。

魏明帝曹叡在位期间大肆修建宫殿苑囿，在芳林园中堆叠土山、扩充水池、增饰楼殿、广植草木，景致远胜从前。《三国志》裴松之注引《魏略》曰："是年(青龙三年，235)起太极诸殿，筑总章观，高十余丈，建翔凤于其上；又于芳林园中起陂池，楫棹越歌；又于列殿之北，立八坊，诸才人以次序处其中，贵人、夫人以上，转南附焉，其秩石拟百官之数。帝常游宴在内，乃选女子知书可付信者六人，以为女尚书，使典省外奏事，处当画可，自贵人以下至尚保，及给披庭洒扫，习伎歌者，各有千数。通引谷水过九龙殿前，为玉井绮栏，蟾蜍含受，神龙吐出。使博士马均作司南车，水转百戏。岁首建巨兽，鱼龙曼延，弄马倒骑，备如汉西京之制，筑圜阖诸门阙外罘罳。"⑥又记景初元年(237)，"徒长安诸钟虡、骆驼、

---

① 〔清〕徐松辑，高敏点校：《河南志》，中华书局1994年版，第65页。
② 〔清〕徐松辑，高敏点校：《河南志》，中华书局1994年版，第55页。
③ 〔清〕徐松辑，高敏点校：《河南志》，中华书局1994年版，第52页。
④ 〔唐〕房玄龄等撰：《晋书》，中华书局1974年版，第862页。
⑤ 〔晋〕陈寿撰，陈乃乾校点：《三国志》，中华书局1959年版，第84、86页。
⑥ 〔晋〕陈寿撰，陈乃乾校点：《三国志》，中华书局1959年版，第104~105页。

铜人、承露盘。盘折,铜人重不可致,留于霸城。大发铜铸作铜人二,号曰翁仲,列坐于司马门外。又铸黄龙、凤皇各一,龙高四丈,凤高三丈余,置内殿前。起土山于芳林园西北陬,使公卿群僚皆负土成山,树松竹杂木善草于其上,捕山禽杂兽置其中"①。

《三国志》卷二十五载:"(景初元年,237)帝愈增崇宫殿,雕饰观阁,凿太行之石英,采谷城之文石,起景阳山于芳林之园,建昭阳殿于太极之北,铸作黄龙凤皇奇伟之兽,饰金墉、陵云台、陵霄阙。百役繁兴,作者万数,公卿以下至于学生,莫不展力,帝乃躬自掘土以率之。"②

《水经注》卷十六曰:"(谷水)又东历大夏门下,故夏门也。陆机《与弟书》云:门有三层,高百尺,魏明帝造,门内东侧,际城有魏明帝所起景阳山,余基尚存。孙盛《魏春秋》曰:景初元年,明帝愈崇宫殿雕饰观阁,取白石英及紫石英及五色大石于太行谷城之山,起景阳山于芳林园,树松竹草木,捕禽兽以充其中。于时百役繁兴,帝躬自掘土,率群臣三公已下,莫不展力。山之东,旧有九江,陆机《洛阳记》曰:九江直作圆水。水中作圆坛三破之,夹水得相径通。"③

《河南志·魏城阙古迹》载:"明帝取白石英及五色文石于太行、谷城之山,起景阳山于园中。帝躬自握土,以率群臣。景阳山北结方湖,湖中起御坐石,前建蓬莱山。景阳山东有九江,中作员坛三破之,侠水得始通。故曰灌龙、芳林,九谷八溪。避齐王名改华林。有疏圃、南圃殿。天渊池中有殿,悉是洛中故碑累之。南有文帝茅茨堂,前有茅茨碑。"④文中提及景阳山北结方湖,湖中置御座石,石前堆筑蓬莱山岛,均袭自《水经注》中关于北魏华林园的记载,从其他文献判断,有些景物可能是北魏所作,未必全是曹魏时期的创建。"疏圃"是传说中昆仑山上的水池之名,《淮南子·览冥训》载:"过昆仑之疏圃,饮砥柱之湍濑。"⑤《三辅黄图》记载西汉长安建章宫中有"疏圃殿"⑥,洛阳芳林园予以再现。

魏明帝原拟将长安宫苑中汉武帝所铸仙人承露铜盘运至洛阳,途中损折,

① 〔晋〕陈寿撰,陈乃乾校点:《三国志》,中华书局1959年版,第110页。
② 〔晋〕陈寿撰,陈乃乾校点:《三国志》,中华书局1959年版,第712页。
③ 〔北魏〕郦道元原注,陈桥驿注释:《水经注》,浙江古籍出版社2001年版,第259页。
④ 〔清〕徐松辑,高敏点校:《河南志》,中华书局1994年版,第65页。
⑤ 何宁撰:《淮南子集释》,中华书局1998年版,第470页。
⑥ 何清谷校注:《三辅黄图校注》,三秦出版社1995年版,第124页。

后在芳林园中重铸了一座铜盘,以接甘露。《河南志·后汉城阙古迹》载:"(魏)明帝诏:先帝时,灵芝生芳林园,自吾建承露盘已来,甘露复降。"①《太平御览》对此诏书也有相似的记载:"魏明帝《与东河王诏》曰:昔先帝时,甘露屡降仁寿殿前。自吾建承露盘以来,甘露复降芳林园。"②《艺文类聚》第九十八卷亦载:"魏陈王曹植《露盘颂》曰:明帝铸承露盘,茎长十二丈,大十围,上盘径四尺,下盘径五尺,铜龙绕其根,龙身长一丈,背负两子,自立于芳林园,甘露仍降,使王为颂铭。"③承露盘的设置延续了秦汉帝王求仙通神的风气。

魏明帝耗费国力,广建宫苑,大臣深以为忧,纷纷上书劝谏,如司徒董寻上书:"若今宫室狭小,当广大之,犹宜随时,不妨农务,况乃作无益之物,黄龙、凤皇、九龙、承露盘、土山、渊池,此皆圣明之所不兴也,其功参倍于殿舍。"④郎中栈潜上书:"今宫观崇侈,雕镂极妙,忘有虞之总期,思殷辛之琼室,禁地千里,举足投网,丽拟阿房,役百乾谿。臣恐民力凋尽,下不堪命也。"⑤太子舍人张茂上书:"昔汉武帝好神仙,信方士,掘地为海,封土为山,赖是时天下为一,莫敢与争者耳。……犹强寇在疆,图危魏室。陛下不兢兢业业,念崇节约,思所以安天下者,而乃奢靡是务,中尚方纯作玩弄之物,炫耀后园,建承露之盘,斯诚快耳目之观,然亦足以骋寇雠之心矣。惜乎,舍尧舜之节俭,而为汉武之侈事,臣窃为陛下不取也。"⑥大臣们将魏之宫苑比作殷商的琼室和秦代的阿房宫,批评皇帝奢侈过度,这也从一个侧面说明芳林园之宽敞壮丽。

经过魏文帝、魏明帝两代的建设,芳林园规模扩大,成为中国皇家造园史上继秦代上林苑和汉代建章宫之后新的里程碑。园西侧建三层大夏门,高达百尺;园西北部堆叠大型土山景阳山,山上大量种植各种树木和花草,并从太行山和谷城采集具有特殊形态、色泽的石头作为装饰;景阳山东侧有九条长溪,以圆坛分隔,似乎保留了东汉旧苑"九谷八溪"的特色。东南部大湖天渊池经过扩充后更为广阔,池中建九华台,性质类似于西汉上林苑昆明池中的豫章台和建章

① 〔清〕徐松辑,高敏点校:《河南志》,中华书局1994年版,第55页。
② 〔宋〕李昉编纂,夏剑钦校点:《太平御览》(第七册),河北教育出版社1994年版,第1023页。
③ 〔唐〕欧阳询撰,汪绍楹校:《艺文类聚》,上海古籍出版社1965年版,第1699页。
④ 〔晋〕陈寿撰,陈乃乾校点:《三国志》,中华书局1959年版,第111页。
⑤ 〔晋〕陈寿撰,陈乃乾校点:《三国志》,中华书局1959年版,第719页。
⑥ 〔晋〕陈寿撰,陈乃乾校点:《三国志》,中华书局1959年版,第105页。

宫太液池中的渐台,台上可能已经建有一座九华殿,开启了皇家园林中水心殿的先河。园中还建有茅茨堂等殿堂以及其他台观、楼阁建筑,大多装饰精丽,唯有茅茨堂(又作"苗茨堂")采用茅草覆顶,前建茅茨碑(又作"苗茨碑"),与全园华丽的风格形成强烈的反差,似乎有故意示俭的意图。《宋书》卷十五又载:"魏明帝天渊池南,设流杯石沟,燕群臣。"①可见天渊池之南还设有专门的石制沟渠,可在宴集群臣时作曲水流觞之戏。

此园西北堆山、东南辟池的手法是对中国自然地貌的抽象概括,也是继秦汉"一池三山"之后皇家园林造景的新模式,启发后世,具有重要的意义。园中的流杯渠同样成为历代园林所热衷的经典主题,甚至影响到日本、新罗等周边国家的宫苑。

魏明帝驾崩后,其子齐王曹芳继位,为避讳将芳林园改称"华林园",对此《三国志》注曰:"芳林园即今华林园,齐王芳即位,改为华林。"②曹芳和之后的高贵乡公曹髦、魏元帝曹奂在位期间司马氏擅权,皇帝均沦为傀儡,对华林园没有新的兴作。《初学记》第十二卷注引《魏高贵乡公集》曰:"幸华林,赐群臣酒。酒酣。上援笔赋诗,群臣以次作,二十四人不能著诗,授罚酒。黄门侍郎钟会为上。"③《三国志》卷四载:"景元元年(260)夏六月……己未,故汉献帝夫人节薨,帝临于华林园,使使持节追谥夫人为献穆皇后。"④这说明曹魏末期的华林园仍为皇帝游幸、宴集以及发布令旨的场所。

(二)西晋时期

景元四年(263)曹魏灭蜀汉,咸熙二年(265)司马炎迫使魏元帝禅位,建立西晋王朝,仍定都于洛阳,保留了曹魏的宫殿、苑囿。咸宁六年(280)西晋灭吴,天下再次统一。

《太平御览》引《晋宫阁(阙)名》,称西晋洛阳华林园中有"芙蓉殿、崇光殿、华光殿、蔬圃殿、华德殿、九华殿",注曰:"右五殿在华林园。"⑤又载:"华林馆

---

① 〔南朝梁〕沈约撰:《宋书》,中华书局 1974 年版,第 386 页。

② 〔晋〕陈寿撰,陈乃乾校点:《三国志》,中华书局 1959 年版,第 84 页。

③ 〔唐〕徐坚等:《初学记》,中华书局 1962 年版,第 283 页。

④ 〔晋〕陈寿撰,陈乃乾校点:《三国志》,中华书局 1959 年版,第 147 页。

⑤ 〔宋〕李昉编纂,夏剑钦校点:《太平御览》(第二册),河北教育出版社 1994 年版,第 668 页。

(园)有繁昌馆、建康馆、显昌馆、延祚馆、寿安馆、干禄馆。"①《河南志·晋城阙古迹》记录西晋洛阳华林园"内有崇光、华光、疏圃、华德、九华五殿;繁昌、建康、显昌、延柞、寿安、千(干)禄六馆。园内更有百果园,果别作一林,林各有一堂,如桃间堂、杏间堂之类"②。崇光、华光二殿始建于东汉,疏圃、九华二殿建于曹魏,芙蓉殿、华德殿和六馆修建时间已不可考,可能为西晋新建。

《太平御览》又引《晋宫阁(阙)名》曰:"天渊池(中)[有]紫宫舟、升进船。曜阳[池有]飞龙舟、射猎舟。"③还记载了华林园中重要植物的名称和数量:柏二株,榆十九株,青、白桐三株,枫香三株,君子树三株,万年树十四株,支子五株,合欢四株,白银八株,栗一株,侯栗六株,枣六十二株,王母枣十四株,橘十二株,桃七百三十株,白桃三株,侯桃三株,白柰四百株,林檎十二株,榅勃六株,椑子二株,枇杷四株,胡桃八十四株,葡萄百七十八株,杨樭二株,木瓜五株,薁李一株,楔枣四株,芭蕉二株,白及三株,茱萸三十六株,蕀三株,扶老三株。植物种类十分丰富,其中包含来自西域和南方的品种。不同类型的果树林间各建一堂,如桃间堂、杏间堂之类。

晋武帝司马炎曾经在华林园中举行宴集和射箭活动,群臣赋诗。《晋书》卷九十二载:"(晋武)帝于华林园宴射,贞赋诗最美。"④应贞诗见于《晋书》列传,但诗中并未对园景进行描写。西晋诗人闾丘冲《三月三日应诏诗》曰:"蔼蔼华林,岩岩景阳。业业峻宇,奕奕飞梁。垂荫倒影,若翱若翔。浩浩白水,泛泛龙舟。皇在灵沼,百辟周游。激濯清歌,鼓枻行讴。闻乐咸和,具醉斯柔。"⑤王济《平吴后三月三日华林园诗》曰:"思乐华林,薄采其兰。皇居伟则,芳园巨观。仁以山悦,水为智欢。清池流爵,秘乐通玄。物以时序,情以化宣。"⑥晋武帝本人也作《华林园诗》二首:"(其一)习习春阳,帝出乎震。天施地生,以应仲春。思文圣皇,顺时秉仁。钦若灵则,饮御嘉宾。洪恩普畅,庆乃众臣。(其二)其庆惟何,锡以帝祉。肆觐群后,有客戾止。外纳要荒,内延卿士。箫管咏德,八音

---

① 〔宋〕李昉编纂,夏剑钦校点:《太平御览》(第二册),河北教育出版社1994年版,第815页。
② 〔清〕徐松辑,高敏点校:《河南志》,中华书局1994年版,第75页。
③ 〔宋〕李昉编纂,夏剑钦校点:《太平御览》(第七册),河北教育出版社1994年版,第196页。
④ 〔唐〕房玄龄等撰:《晋书》,中华书局1974年版,第2370页。
⑤ 〔宋〕李昉编纂,夏剑钦校点:《太平御览》(第一册),河北教育出版社1994年版,第265页。
⑥ 〔唐〕欧阳询撰,汪绍楹校:《艺文类聚》,上海古籍出版社1965年版,第64页。

咸理。凯乐饮酒,莫不宴喜。"①这些诗句主要描绘了华林园中壮丽的风景以及举行宴集时曲水流觞、丝竹乐舞的场景。

西晋统一安定的局面仅维持很短的时间。晋惠帝司马衷是一位白痴皇帝,其为太子时游华林园,"闻虾蟆声,谓左右曰:'此鸣者为官乎,私乎?'或对曰:'在官地为官,在私地为私。'"②惠帝登基后,其皇后贾氏弄权,随即爆发"八王之乱"。永康元年(300)赵王司马伦在华林园中发动宫廷政变,《晋书》卷五十九载:"伦又矫诏开门夜入,陈兵道南,遣翊军校尉、齐王冏将三部司马百人,排阁而入。华林令骆休为内应,迎帝幸东堂。遂废贾后为庶人,幽之于建始殿。……于是伦请宗室会于华林园,召林、秀及王舆入,因收林,杀之,诛三族。"③

"八王之乱"导致西晋政局动荡,国力衰退,北方少数民族纷纷起兵,战乱四起。永嘉五年(311)六月匈奴刘曜大军破洛阳,掳晋怀帝司马炽。《晋书》卷五载:"(六月)丁酉,刘曜、王弥入京师。帝开华林园门,出河阴藕池,欲幸长安,为曜等所追及。曜等遂焚烧宫庙,逼辱妃后。"④建兴四年(316)刘曜又破长安,晋愍帝司马邺出降,西晋灭亡。匈奴军破洛阳时大肆焚掠,洛阳城与晋室宫苑破坏严重,华林园同遭劫难。

在随后的东晋十六国时期,洛阳华林园成为皇家园林的最高象征,各地政权纷纷加以仿效,东晋、后赵分别在建康和邺城建造新的华林园。清赵翼《陔余丛考》卷十六之"华林园有三处"曰:六朝时,华林园凡有三处,"盖其始,本自洛阳有华林园,因而晋南渡后以吴时旧宫苑仿之,于是有建康之华林;石虎都邺,亦仿洛阳规制,于是,有邺都之华林。古时宫苑多有仿旧名而为之者"⑤。后燕慕容熙在龙城所建龙腾苑,亦为仿魏晋华林园而成。《十六国春秋·后燕录》载:"(光始)三年(403)……五月,(慕容熙)大筑龙腾苑,广袤十余里,役徒二万人。又起景云山于苑内,基广五百步,峰高十七丈。"⑥《晋书》卷一百二十四载:

① 〔唐〕欧阳询撰,汪绍楹校:《艺文类聚》,上海古籍出版社1965年版,第714页。

② 〔唐〕房玄龄等撰:《晋书》,中华书局1974年版,第108页。

③ 〔唐〕房玄龄等撰:《晋书》,中华书局1974年版,第1599~1603页。

④ 〔唐〕房玄龄等撰:《晋书》,中华书局1974年版,第123页。

⑤ 〔清〕赵翼:《陔余丛考》,商务印书馆1957年版,第314页。

⑥ 〔清〕汤球撰:《十六国春秋辑补》,齐鲁书社2000年版,第370页。

"又起逍遥宫、甘露殿,连房数百,观阁相交。凿天河渠,引水入宫。又为其昭仪苻氏凿曲光海、清凉池。"①龙腾苑中堆造高大的景云山,凿天河渠引水,开辟湖池,修建宫殿观阁,明显是在模仿洛阳华林园的景阳山、天渊池格局。大夏秘书监胡义周曾作颂词,夸耀统万宫苑之美,亦以华林园比之曰:"华林灵沼,崇台秘室,通房连阁,驰道苑园。可以荫映万邦,光覆四海……营离宫于露寝之南,起别殿于永安之北。高构千寻,崇基万仞。玄栋镂槅,若腾虹之扬眉;飞檐舒咢,似翔鹏之矫翼。"②虽然其御苑具体情形不详,但颂词中将其比及"华林",并且与周文王"灵沼"并列,亦是推崇之意。

此外,后秦时期西域高僧鸠摩罗什翻译《佛说弥勒成佛经》③,将弥勒佛降生、说法的园林之名直接译作"华林园",也从侧面证明魏晋华林园在当时人心目中的特殊地位。

(三)北魏时期

东晋十六国时期,鲜卑拓跋氏在关外草原建立代国政权,公元376年被前秦所灭。登国元年(386)道武帝拓跋珪复国,同年改称魏王,成为北魏王朝之始。天兴元年(398),道武帝迁都平城(今山西大同),次年正式称帝。北魏通过征战逐渐统一北方,国势强盛,首都平城内外建有大量宫苑。《魏书》卷五载:"(兴安二年,453)二月……乙丑,发京师五千人穿天渊池。"④北魏此举实属于模仿洛阳华林园之事。

太和十七年(493),高祖孝文帝拓跋宏(元宏)迁都洛阳,重新以东汉、曹魏、西晋旧都为政治中心,并开始全面推行汉化政策。此时的洛阳华林园虽然残破,但景阳山、天渊池和一些殿台建筑旧迹依然幸存。《魏书》卷六十四载:"高祖曾幸华林园,因观故景阳山,(郭)祚曰:'山以仁静,水以智流,愿陛下修之。'高祖曰:'魏明以奢失于前,朕何为袭之于后?'"⑤

---

①　〔唐〕房玄龄等撰:《晋书》,中华书局1974年版,第3105页。

②　〔清〕汤球撰:《十六国春秋辑补》,齐鲁书社2000年版,第474~475页。

③　〔清〕雍正敕修:《乾隆大藏经·第二二册·大乘经·五大部》(五)(影印本),中国书店2010年版,第13页。

④　〔北齐〕魏收撰:《魏书》,中华书局1974年版,第112页。

⑤　〔北齐〕魏收撰:《魏书》,中华书局1974年版,第1422页。

孝文帝最初视华林园为魏明帝过度奢华的例证,拒绝了大臣郭祚整修景阳山的建议。但实际上迁都后不久,孝文帝立刻就对洛阳的城池和宫苑进行大规模重建,令司空崔长文和将作大匠蒋少游负责重修华林园。《魏书》卷六十七载:"(崔)光从祖弟长文,字景翰。少亦徙于代都,聪敏有学识。太和中,除奉朝请。迁洛,拜司空参军事,营构华林园。"①《魏书》卷九十一载:"高祖修船乘,以其(蒋少游)多有思力,除都水使者,迁前将军、兼将作大匠,仍领水池湖泛戏舟楫之具。及华林殿、沼修旧增新,改作金墉门楼,皆所措意,号为妍美。虽有文藻,而不得伸其才用,恒以剞劂绳尺,碎剧忽忽,徙倚园湖城殿之侧,识者为之叹慨。而乃坦尔为己任,不告疲耻。"②蒋少游是北魏杰出的建筑学家、书画家,擅长设计城阙、宫室、苑囿,在他的精心勾画下,华林园得以"修旧增新",景致大有可观。

此后,孝文帝经常在园中举行听讼、宴集、讲武等活动。《魏书》卷七下载:"(太和)二十年(496)……二月辛丑,帝幸华林,听讼于都亭。……三月丙寅,宴群臣及国老、庶老于华林园。诏曰:'国老黄耇以上,假中散大夫、郡守;耆年以上,假给事中、县令;庶老,直假郡县。各赐鸠杖、衣裳。'……八月壬辰朔,幸华林园,亲录囚徒,咸降本罪二等决遣之。……(丁巳)幸华林园听讼。……二十有一年(497)……(八月)甲戌,讲武于华林园。"③

孝文帝驾崩后,世宗宣武帝元恪继位,委派佞臣茹皓主持华林园工程。《魏书》卷九十三载:"(茹皓)迁骠骑将军,领华林诸作。皓性微工巧,多所兴立。为山于天渊池西,采掘北邙及南山佳石。徙竹汝颍,罗莳其间;经构楼馆,列于上下。树草栽木,颇有野致。世宗心悦之,以时临幸。"④茹皓本是南朝人,虽然声名不佳,但在造园艺术方面却有很高造诣,经过这一时期的建设,华林园的假山上再次搜集了大量的奇石,种植了更多的植物,山上山下点缀楼观建筑,表现出强烈的山野气息。《魏书》卷八载:"(永平)四年(511)……五月己亥迁代京铜龙置天渊池。"⑤即将平城旧京中的铜龙迁移至华林园,安设在天渊池上。

---

① 〔北齐〕魏收撰:《魏书》,中华书局 1974 年版,第 1506 页。
② 〔北齐〕魏收撰:《魏书》,中华书局 1974 年版,第 1971 页。
③ 〔北齐〕魏收撰:《魏书》,中华书局 1974 年版,第 179~182 页。
④ 〔北齐〕魏收撰:《魏书》,中华书局 1974 年版,第 2001 页。
⑤ 〔北齐〕魏收撰:《魏书》,中华书局 1974 年版,第 210 页。

北魏后期的历代皇帝均经常临幸华林园。《魏书》卷十载:"(永安)二年(529)……(秋七月)庚午,(孝庄帝)车驾入居华林园,升大夏门,大赦天下。"①《魏书》卷十一又载:"(普泰)元年(531)……四月癸卯,(节闵帝)幸华林都亭燕射,班锡有差。太乐奏伎有倡优为愚痴者,帝以非雅戏,诏罢之。"②《北史》卷十三载:"太后(胡氏)与(魏孝)明帝幸华林园,宴群臣于都亭曲水,令王公以下赋七言诗。太后诗曰:'化光造物含气贞。'明帝诗曰:'恭己无为赖慈英。'王公以下赐帛有差。"③《北史》卷十五载:"初,孝武在洛,于华林园戏射,以银酒卮容二升许,悬于百步外,命善射者十余人共射,中者即以赐之。"④

华林园中曾经畜养猛兽。《魏书》卷九载熙平元年(516)五月,肃宗孝明帝元诩曾经下诏"放华林野兽于山泽"⑤。《洛阳伽蓝记》卷三曰:"庄帝谓侍中李或曰:'朕闻虎见狮子必伏,可觅试之。'于是诏近山郡县捕虎以送。巩县、山阳并送二虎一豹。帝在华林园观之。于是虎豹见狮子,悉皆瞑目,不敢仰视。园中素有一盲熊,性甚驯,帝令取试之。虞人牵盲熊至,闻狮子气,惊怖跳踉,曳锁而走。帝大笑。"⑥

北魏著名地理学家郦道元曾记述华林园的景色,《水经注》卷十六载:

> 今也,山则块阜独立。江无复仿佛矣。谷水又东,枝分南入华林园,历疏圃南,圃中有古玉井,井悉以珉玉为之,以缁石为口,工作精密,犹不变古,璨焉如新。又径瑶华宫南,历景阳山北,山有都亭,堂上结方湖,湖中起御坐石也。御坐前建蓬莱山,曲池接筵,飞沼拂席,南面射侯,夹席武峙。背山堂上,则石路崎岖,岩嶂峻险,云台风观,缨峦带阜,游观者升降阿阁,出入虹陛,望之状兔没鸢举矣。其中引水飞皋,倾澜瀑布,或枉渚声溜,潺潺不断,竹柏荫于层石,绣薄丛于泉侧,微飙暂拂,则芳溢于六空,实为神居矣。其水东注天渊池,池中有魏文帝九华台,殿基悉是洛中故碑累之,今造钓台于其上。池南直魏文帝茅茨堂,前有《茅茨碑》,是黄初中所立也。其

---

① 〔北齐〕魏收撰:《魏书》,中华书局1974年版,第262页。

② 〔北齐〕魏收撰:《魏书》,中华书局1974年版,第276页。

③ 〔唐〕李延寿撰:《北史》,中华书局1974年版,第504页。

④ 〔唐〕李延寿撰:《北史》,中华书局1974年版,第568页。

⑤ 〔北齐〕魏收撰:《魏书》,中华书局1974年版,第224页。

⑥ 〔北魏〕杨衒之撰,周祖谟校释:《洛阳伽蓝记校释》,中华书局1963年版,第134页。

水自天渊池东出华林园,径听讼观南,故平望观也。魏明帝常言,狱,天下之命也,每断大狱,恒幸观听之。以太和三年,更从今名。观西北接华林隶簿,昔刘桢磨石处也。……池水又东流入洛阳县之南池,池,即故翟泉也,南北百一十步,东西七十步。[1]

北魏学者杨衒之对华林园的格局也有详细描述。《洛阳伽蓝记》卷一:

(翟)泉西有华林园。高祖以泉在园东,因名为苍龙海。华林园中有大海,即汉天渊池。池中犹有(魏)文帝九华台。高祖于台上造清凉殿,世宗在海内作蓬莱山,山上有仙人馆。(台)上有钓台殿。并作虹霓阁,乘虚来往。至于三月禊日,季秋巳辰,皇帝驾龙舟鹢首,游于其上。海西有藏冰室,六月出冰,以给百官。海西南有景山殿。山东有羲和岭,岭上有温风室。山西有姮娥峰,峰上有露寒馆。并飞阁相通,凌山跨谷。山北有玄武池。山南有清暑殿。殿东有临涧亭,殿西有临危台。景阳山南,有百果园。果别作林,林各有堂。有仙人枣,长五寸,把之两头俱出,核细如针,霜降乃熟,食之甚美。俗传云出昆仑山,一日西王母枣。又有仙人桃,其色赤,表里照彻,得霜乃熟。亦出昆仑山,一日王母桃也。奈林南有石碑一所,魏明帝所立也。题云"苗茨之碑"。高祖于碑北作苗茨堂。……奈林西有都堂,有流觞池。堂东有扶桑海。凡此诸海,皆有石窦流于地下,西通谷水,东连阳渠,亦与翟泉相连。若旱魃为害,谷水注之不竭;离毕滂润,阳谷泄之不盈。至于鳞甲异品,羽毛殊类,濯波浮浪,如似自然也。[2]

上述两段文字虽有相异之处,但可互为补充,复现其壮丽之景。

北魏时期的华林园在继承东汉、曹魏、西晋旧迹的基础上,另加扩建增修,达到最鼎盛的境地。此园从洛阳城外北侧的谷水引水,经西侧的大夏门进园,汇入东南部的大湖天渊池,将园内的玄武池、流觞池、扶桑海等湖池串联一体,向东流入翟泉(又名苍龙海、南池),并与阳渠相通,另设石洞沟通地下。这套水系设计合理,不但带来美丽的水景,同时还可以在发生干旱和洪涝灾害时保持不枯不漫。

傅熹年先生推断北魏时期华林园的北墙南移,将曹魏时期的景阳山旧基舍

---

[1] 〔北魏〕郦道元原注,陈桥驿注释:《水经注》,浙江古籍出版社 2001 年版,第 259~260 页。

[2] 〔北魏〕杨衒之撰,周祖谟校释:《洛阳伽蓝记校释》,中华书局 1963 年版,第 67~70 页。

于园外,在茹皓的主持下,另在旧山之南、天渊池之西堆筑了一座新景阳山。①
北魏时新景阳山为主景,旁边临近疏圃、南圃和瑶华宫。北山峰上建有都亭,东
峰名羲和岭,岭上建温风室;西峰名姮娥峰,峰上建露寒馆。另构飞阁跨越山
谷,连通山间建筑。"羲和"是传说中上古帝俊之妻,被后世视为太阳女神。《山
海经》之"大荒南经"云:"东(南)海之外,甘水之间,有羲和之国。有女子,名曰
羲和,方浴日于甘渊。羲和者,帝俊之妻,生十日。"②"姮娥"即嫦娥。园中以两
位女神的名字来命名东西二峰,暗喻日月;"温风"和"寒露"则含热冷之意,与
日月相对应。

景阳山的北面为方形的玄武池,东南侧的天渊池内保留着魏文帝曹丕所建
的九华台,台上尚存曹魏旧碑,北魏孝文帝在台上建造了清凉殿,又称清暑殿,
殿东西两侧分别建有临涧亭和临危台。春秋之际,皇帝经常在天渊池中泛龙舟
游赏。《水经注》称玄武池中设御座石,前堆蓬莱山岛,《洛阳伽蓝记》则称御座
石和蓬莱山岛在天渊池中。宣武帝在岛上修建仙人馆和钓台殿,二者之间以类
似于复道的虹霓阁连接,架设于半空中,形如长虹。

天渊池西设有藏冰室,夏天为宫廷和百官提供清热的冰块。池东设听讼
观,原为魏明帝所建的平望观,是北魏皇帝听讼、断狱的场所。园中另有曲池、
飞沼、瀑布,布置有射箭用的标靶,又有层层叠石和茂密的竹柏。景阳山之南依
旧辟为百果园,至少有桃、枣、柰等品种,各自成林。《魏书》卷一百一十二上曾
载:"世祖真君五年八月,华林园诸果尽花。"③柰林南侧的茅(苗)茨碑仍在,孝
文帝时期重建茅(苗)茨堂。

北魏时期的洛阳华林园保持了景阳山与天渊池相映的总体格局,局部又有
很多新的创造。景阳山两侧的羲和岭与姮娥峰以及山上的温风室与露寒馆均
东西相对,清暑殿两侧的临涧亭与临危台也形成对称的关系;园中建筑数量增
多,并以阁道连接;水系富有动态效果,假山景致更为复杂。此外,园内很多景
致,如羲和岭、姮娥峰、蓬莱山、仙人馆、疏圃殿以及所种的仙人枣、仙人桃,都含
有追摹仙境的意图,而且其表现手法不同于传统的"东海三仙山"模式,富有

①　傅熹年主编:《中国古代建筑史(第二卷)》(第二版),中国建筑工业出版社 2009 年版,第 167
　　页。
②　张耘点校:《山海经·穆天子传》,岳麓书社 2006 年版,第 164 页。
③　〔北齐〕魏收撰:《魏书》,中华书局 1974 年版,第 2912 页。

新意。

北魏后期,民生凋敝,经尔朱氏之乱,国力大衰。永熙三年(534),北魏孝武帝元脩入长安投奔宇文泰,而权臣高欢另立孝静帝元善见为帝,迁都邺城,从此,北魏分裂为东魏和西魏。孝武帝在长安只是傀儡,于逍遥园宴饮时怀念洛阳华林园曰:"此处仿佛华林园,使人聊增凄怨。"①东魏迁都后,高欢对邺城进行大规模修建,封高隆之为营构大将,"以十万夫彻洛阳宫殿,运于邺"②。洛阳作为废都,不但宫殿被拆,还成为东魏和西魏争夺的主要战场。这一带先后爆发河桥之战和邙山之战,城市遭到毁灭性的焚烧破坏。东魏武定五年(547)杨衒之因公务重返洛阳,见到的景象已经十分破败,此时的华林园应该已经被毁。

综上,魏晋洛阳的华林园一方面延续了前代宫苑盛行的高台厚榭的风气和追摹仙境的理想,另一方面在叠山、理水、建筑等方面又有许多新的创举。其造园意匠和审美思想对之后历代皇家园林均产生了深远的影响。例如,景阳山与天渊池所体现的西北筑山、东南凿池的空间模式从此被视为最佳的园林布局之一,北宋艮岳、清代避暑山庄都呈现出类似的山水风貌;清代圆明园的山水系统更为复杂,其基本格局为"园内山起于西北,高卑大小,曲折婉转,俱趣东南巽地;水自西南丁字流入,向北转东,复从亥壬入园,会诸水东注大海,又自大海折而向南,流出东南巽地,亦是西北为首,东南为尾,九州四海俱包罗于其内矣"③。这一所谓"形势之最胜者"实际上也可看作华林园的翻版。此外,华林园崇尚罗列奇石的叠山手法和追求曲折丰富的理水手法在后世被进一步发扬光大,流杯渠、水心殿、茅茨堂等特殊性质的景观设施在后世御苑中也屡次得到再现。

三、西游园

北魏迁都洛阳后,除在宫北重建了华林园外,又在宫城西部的千秋门内,魏

---

① 〔唐〕李延寿撰:《北史》,中华书局 1974 年版,第 174 页。
② 〔唐〕李延寿撰:《北史》,中华书局 1974 年版,第 1945 页。
③ 中国第一历史档案馆编:《圆明园》,上海古籍出版社 1991 年版,第 6 页。

晋洛阳台观基址上建造有西游园,其水系、建筑皆延续魏晋之旧。① 西游园属台苑风格的皇家宫苑,园内有面积广大的水面和高台建筑,殿廊兼备,花木优美。

《洛阳伽蓝记》卷一载:"千秋门内道北有西游园,园中有凌云台,即是魏文帝所筑者。台上有八角井,高祖于井北造凉风观,登之远望,目极洛川。台下有碧海曲池。台东有宣慈观,去地十丈。观东有灵芝钓台,累木为之,出于海中,去地二十丈。风生户牖,云起梁栋,丹楹刻桷,图写列仙。刻石为鲸鱼,背负钓台;既如从地踊出,又似空中飞下。钓台南有宣光殿,北有嘉福殿,西有九龙殿。殿前九龙吐水成一海。凡四殿,皆有飞阁向灵芝往来。三伏之月,皇帝在灵芝台以避暑。"②

西游园中的陵云台为魏文帝曹丕所筑。《三国志》卷二载:"(黄初)二年(221)……是岁筑陵云台。"③陵云台高绝,登之可观四方。《太平御览》卷第一百七十八引《述征记》云:"陵云台在明光殿西,高八丈,累砖作道通至台上,登台回眺,究观洛邑,暨南望少室,亦山岳之秀极也。"④陵云台有木制楼观高耸,构筑精巧。《世说新语》巧艺第二十一曰:"陵云台楼观精巧,先称平众木轻重,然后造构,乃无锱铢相负揭。台虽高峻,常随风摇动,而终无倾倒之理。魏明帝登台,惧其势危,别以大材扶持之,楼即颓坏。论者谓轻重力偏故也。"其注引《洛阳宫殿簿》曰:"陵云台上壁方十三丈,高九尺。楼方四丈,高五丈。栋去地十三丈五尺七寸五分也。"⑤西晋代曹魏后,陵云台依旧为帝后宴饮游观之处。《晋书》卷三十六载:"(晋)惠帝之为太子也,朝臣咸谓纯质,不能亲政事。(卫)瓘每欲陈启废之,而未敢发。后会宴陵云台,瓘托醉,因跪帝床前曰……"⑥《晋书》卷四十四又载:"帝后又登陵云台,望见麑苜蓿园,阡陌甚整,依然感旧。"⑦

① 赵延旭:《北魏皇家园林营建考述——从侧面看孝文帝汉化改革的影响》,《北方文物》2016 年第 3 期。

② 〔北魏〕杨衒之撰,周祖谟校释:《洛阳伽蓝记校释》,中华书局 1963 年版,第 54~55 页。凌云台也作"陵云台",照原书,不统一。

③ 〔晋〕陈寿撰,陈乃乾校点:《三国志》,中华书局 1959 年版,第 78 页。

④ 〔宋〕李昉编纂,夏剑钦校点:《太平御览》(第二册),河北教育出版社 1994 年版,第 693 页。

⑤ 〔南朝宋〕刘义庆著,〔南朝梁〕刘孝标注,徐传武校点:《世说新语》,上海古籍出版社 2013 年版,第 296 页。

⑥ 〔唐〕房玄龄等撰:《晋书》,中华书局 1974 年版,第 1058 页。

⑦ 〔唐〕房玄龄等撰:《晋书》,中华书局 1974 年版,第 1261 页。

西游园中的九龙殿亦沿用曹魏时旧名。九龙殿初名崇华殿,曹魏青龙年间毁于火灾,修复后改名九龙殿。《三国志》卷三载:"(青龙三年,235)秋七月,洛阳崇华殿灾。……(八月)丁巳,(明帝)行还洛阳宫。命有司复崇华,改名九龙殿。"①《晋书》卷二十七亦载:"(青龙)二年(234)四月,崇华殿灾,延于南阁,缮复之。至三年七月,此殿又灾。(明)帝问高堂隆:'此何咎也?于礼宁有祈禳之义乎?'隆对曰:'夫灾变之发,皆所以明教诫也,惟率礼修德可以胜之。《易传》曰:"上不俭,下不节,孽火烧其室。"又曰:"君高其台,天火为灾。"此人君苟饰宫室,不知百姓空竭,故天应之以旱,火从高殿起也。……'帝不从。遂复崇华殿,改曰九龙。"②景初三年(239),"(明)帝崩,殡于九龙殿"③。

西游园之"碧海曲池"以及"九龙吐水成海"亦沿用魏晋水系遗迹。《水经注》卷十六云:"(阳)渠水又东历故金市南,直千秋门,古宫门也。又枝流入石逗伏流,注灵芝九龙池。(北)魏太和中,皇都迁洛阳,经构宫极,修理街渠,务穷(幽)隐,发石视之,曾无毁坏。又石工细密,非今知所拟,亦奇为精至也,遂因用之。"④"灵芝、九龙池即曹魏明帝所引过九龙殿前水也。"⑤《三国志》卷二载:"(黄初三年,222)是岁,穿灵芝池。"⑥《三国志》注引《魏略》曰:"通引谷水过九龙殿前,为玉井绮栏,蟾蜍含受,神龙吐出。"⑦《读史方舆纪要》卷四十八载:"曹叡青龙三年(235),始于汉南宫崇德殿故址起太极、昭阳诸殿;又是年,崇华殿灾,乃更作九龙殿,引谷水过殿前。"⑧西晋时灵芝池依然水深池广,《太平御览》卷第六十七引《晋宫阁(阙)名》曰:"灵芝池,广长百五十步,深二丈,有连楼飞观,四出阁道、钓台,中有鸣鹤舟、指南舟。"⑨后虽遭兵火,大致结构仍在,为北魏所沿用,成为西游园的主体。《魏书》卷一百一十二下:"肃宗神龟元年(518)二

①　〔晋〕陈寿撰,陈乃乾校点:《三国志》,中华书局1959年版,第106页。
②　〔唐〕房玄龄等撰:《晋书》,中华书局1974年版,第803页。
③　〔元〕马端临撰:《文献通考》,浙江古籍出版社1988年版,第1121页。
④　〔北魏〕郦道元原注,陈桥驿注释:《水经注》,浙江古籍出版社2001年版,第262页。
⑤　〔清〕顾祖禹:《读史方舆纪要》,商务印书馆1937年版,第2051页。
⑥　〔晋〕陈寿撰,陈乃乾校点:《三国志》,中华书局1959年版,第82页。
⑦　〔晋〕陈寿撰,陈乃乾校点:《三国志》,中华书局1959年版,第105页。
⑧　〔清〕顾祖禹:《读史方舆纪要》,商务印书馆1937年版,第2051页。
⑨　〔宋〕李昉编纂,夏剑钦校点:《太平御览》(第一册),河北教育出版社1994年版,第593页。

月,获龟于九龙殿灵芝池,大赦改元。"①

又《太平御览》引《西征记》曰:"凌云台有冰井,延之以六月持去,经日犹坚也。"亦引《述征记》曰:"冰井在凌云台北,古旧藏冰处。"②中国科学院考古研究所汉魏洛阳城队在汉魏洛阳故城宫城内发掘清理了一座圆形建筑遗址,发掘者认为该圆形建筑系一处藏冰的冰室或冰井遗址。③ 另有学者依据上述文献记载并结合考古发掘分析认为,圆形建筑所在方形夯土台基址为北魏宫城西游园内陵云台,该圆形建筑是陵云台中的冰井。④

四、光风园

光风园种植有苜蓿,兼为士兵演武之地。《洛阳伽蓝记》卷五载:"中朝时,宣武场在大夏门东北,今为光风园,苜蓿生焉。"释曰:"苜蓿一名怀风,时人或谓光风。光风在其间,常肃然自照,其花有光彩,故名苜蓿怀风。"⑤《洛阳县志》亦载:"大夏门外有万寿亭,亭东宣武场,每岁农隙甲士习战,千乘万骑胥会于此。场西即贾充故宅。东北有光风园、苜蓿园,又邙山骆驼岭去城四里。岭前即古方泽池,历代率不相远。"⑥

五、许昌宫苑

许昌先为汉末的临时都城。建安元年(196),曹操迎汉献帝于许,建宗庙、社稷,定都于此。许在今河南许昌市东三十余里,东汉时属颍川郡。建安九年(204),曹操攻取邺,即以其为政权中心区,留汉献帝于许。

①　〔北齐〕魏收撰:《魏书》,中华书局1974年版,第2927页。
②　〔宋〕李昉编纂,夏剑钦校点:《太平御览》(第一册),河北教育出版社1994年版,第601页。
③　冯承泽、杨鸿勋:《洛阳汉魏故城圆形建筑遗址初探》,《考古》1990年第3期。
④　钱国祥:《汉魏洛阳故城圆形建筑遗址殿名考辨》,《中原文物》1998年第1期。
⑤　〔北魏〕杨衒之撰,周祖谟校释:《洛阳伽蓝记校释》,中华书局1963年版,第180页。
⑥　〔清〕龚崧林纂修,〔清〕汪坚总修:《洛阳县志》,成文出版社1976年版,第833页。

曹魏代汉后,许昌为其陪都。黄初元年(220),曹丕受禅称帝,从邺迁都洛阳,"以河内之山阳邑万户奉汉(献)帝为山阳公"①。黄初二年(221),改许为许昌,并定洛阳、邺、长安、许昌、谯为五都,使其成为曹魏陪都之一,原有的宫室、武库都保存下来。《晋书》卷十四载:"汉献帝都许。魏禅,徙都洛阳,许宫室武库存焉,改为许昌。"②许昌位于洛阳东南方向,是曹魏与孙吴作战时的前进基地,魏文帝多次巡幸并由此出发征讨孙吴。《三国志》卷二载:"(黄初三年,222)帝自许昌南征,诸军兵并进,(孙)权临江拒守。"③黄初四年(223)"九月甲辰,行幸许昌宫"④。其都城地位仅次于洛阳和邺,于曹魏时期久盛不衰。魏明帝也曾在许昌长期居住,其后诸帝则未见记载。

许昌"城方圆二十里,有三重。城南北东西土门金城,西南员实中台高六丈余,方圆二亩,上有庙城,门有铁镊"⑤。许昌沿用汉长安"面朝背市"的格局,宫城在城的南部,市在北部。三国韦诞《景福殿赋》有"践高昌以北眺,临列队之京市"⑥句,其中,高昌观在许昌宫北部,故可见其"宫南市北"的格局。至于城内的布置和宫城,宗庙、社稷、武库、官署的位置和相互关系以及居民区的情况尚有待进一步考证和对遗址的勘探。

曹操初迎汉献帝都许时,正处于中原大乱时期,仓促之间建立的许昌宫为应一时之需,且曹操都许后一直在从事征讨活动,没有扩建宫室的记载。天下初定后,曹魏的政治中心又迁到了邺城,许昌地位下降,扩建就更无从说起了,所以许昌宫室的规模不大。⑦ 对此,史籍也有所记载。《南齐书》卷九载:"后魏文(帝)修洛阳宫室,权都许昌,宫室狭小,元日于城南立毡殿,青帷以为门,设乐飨会。"⑧《三国志》卷十三亦载:"许昌逼狭,于城南以毡为殿,备设鱼龙曼延……"⑨魏明帝时,为了在大修洛阳宫时暂住,遂扩建许昌宫,一年左右完成。

① 〔晋〕陈寿撰,陈乃乾校点:《三国志》,中华书局 1959 年版,第 76 页。
② 〔唐〕房玄龄等撰:《晋书》,中华书局 1974 年版,第 421 页。
③ 〔晋〕陈寿撰,陈乃乾校点:《三国志》,中华书局 1959 年版,第 82 页。
④ 〔晋〕陈寿撰,陈乃乾校点:《三国志》,中华书局 1959 年版,第 83 页。
⑤ 〔宋〕李昉编纂,夏剑钦校点:《太平御览》(第二册),河北教育出版社 1994 年版,第 803 页。
⑥ 龚克昌、周广璜、苏瑞隆评注:《全三国赋评注》,齐鲁书社 2013 年版,第 209 页。
⑦ 权家玉:《试析曹魏时期许昌政治地位的变迁》,《魏晋南北朝隋唐史资料》2009 年。
⑧ 〔南朝梁〕萧子显撰:《南齐书》,中华书局 1972 年版,第 148 页。
⑨ 〔晋〕陈寿撰,陈乃乾校点:《三国志》,中华书局 1959 年版,第 400 页。

《三国志》卷三载："（太和六年，232）九月，行幸摩陂，治许昌宫，起景福、承光殿。"[1]

由于史籍记载简略，许昌宫的规制已不可考。但当时的在朝文士却各尽其才，写出《许昌宫赋》《景福殿赋》等诸多篇辞赋，歌颂帝王的功绩、极写宫苑的富丽，烘托都城的繁华，从中可以大致了解其面貌。

许昌宫的正殿称景福殿，供大朝会使用。殿四周建有廊庑，围成巨大的宫院，庭中种植槐树、枫树和秀草。南门称端门，南向正对宫城南门。东、西门名建阳门、金光门。端门之内在殿庭立钟虡，门内两侧放置金人。景福殿建在高大的土台上，台侧壁用石砌成，建有多层台基和栏杆，为巨大的台榭建筑。殿身面阔七间，按古制在两侧和后部分隔出东序、西序和北堂，分别称温房、凉室和阴堂。殿中部广堂部分有纵深的大梁承着天花藻井。据《水经注》记载，魏明帝所建此殿，造价八百余万，是当时著名的豪奢宫殿。在景福殿这组宫院之后即后宫，有清宴、永宁、安昌、临圃等殿，各由廊庑殿门围成大小不同的宫院。在中轴线上诸宫院的后部和两侧，有百子坊，是规格统一、排列整齐的较小院落，供后宫妃嫔和皇子居住。有学者考证，景福殿位于今许昌县张潘乡古城村一带的许昌故城内西南隅。[2]

在景福殿之东是魏帝听政的承光殿，殿西为游乐用的鞠室和听乐曲的教坊。宫城内的办事机构有三十二个坊署，是前后排错开排列的规整小院落，用干支编号。

宫中还有湖河，为宫苑的一部分，可以泛舟游赏，同时可利用河渠运输物资给养入宫，屯于河边库房。宫内有巨大的仓，其核心部分是巨大的台榭，称永始台，用以贮粮，外有多重垣墙环绕。

宫城除各城门建门楼外，城上也建有高大的观，有架空的阁道通到观上。其中高昌观在宫城北墙，可以向北俯瞰城市中心，既可观赏景物，又利于监视城中。

可见，许昌宫内建筑分为朝和寝两部分，建有宫内衙署等，和汉魏各宫相同。值得注意的是宫中有巨大的粮仓永始台，宫内官署有三十二坊之多，这是

① 〔晋〕陈寿撰，陈乃乾校点：《三国志》，中华书局1959年版，第99页。
② 贾庆申：《汉魏许昌宫景福殿基址考辨》，《许昌师专学报》（社会科学版）1993年第3期。

其作为曹魏对吴作战的前进基地,而有意加强其行政机构和拒守能力采取的措施。①

除上文详细介绍的洛阳、许昌皇家园林之外,见于史籍的还有桐园、春王园、琼圃园、云芝园、石祠园、平乐园、元圃园和桑梓苑等。这些园林均在洛阳城外,为东汉遗留的园苑。② 另外,今安阳北部毗邻魏晋邺城的地方,存在一些时于邺城定都王朝的行宫御苑,但其地多经战乱且史籍记载简略,今已不可考。

第二节　私家园林

秦汉时期,皇家园林于河南的诸园林类型中占绝对统治地位,仅有少数贵胄富商兴建私家园林。到魏晋南北朝,私家园林以士人园林的面目呈现出来并获得空前发展,产生了巨大而深远的影响。

魏晋南北朝门阀政治、庄园经济等特殊的社会背景和空前活跃的文化氛围,引发了士人对"山水"这一审美对象的深入挖掘,形成山水审美的社会风尚,与山水为伴的生活模式成为士人安顿身心的理想选择,士人园林日渐发展兴盛。魏晋时期的士人园林虽然仍多以庄园的形式出现,但在审美意趣和艺术风格上已与两汉私家园林不可同日而语;至南北朝,生产功能在士人园林中更加退居次要,园林进一步发展成为士人娱游赏会和修身养性的文化生活场所,随着山水审美的深入发展,士人们在园林意匠和创作风格上推陈出新,开园林小型化和景观写意化之先河,为后世文人园林的兴盛与成熟奠定了坚实的基础。

此时期河南的士人园林基本可分为两类。其一是城市宅园,多为在朝权贵的居所。他们身在朝堂,但情寄山水,在城中坊里构筑模仿自然的园林,使自己仍能享受到山林野趣。但由于自然条件的限制,以挖池堆山等人工景观的构筑

---

① 傅熹年主编:《中国古代建筑史(第二卷)》(第二版),中国建筑工业出版社 2009 年版,第 30 页。

② 王铎:《东汉、魏晋和北魏的洛阳皇家园林》,《华中建筑》1997 年第 4 期。

居多,但审美取向上仍与山居一致,崇尚"有若自然"。其二是庄园别业园林,经营者多为退隐的朝臣和高门士族。他们凭借丰厚的家产,占有山林良田,充分结合有利的自然环境兴建山居。前者以元氏诸王宅园与张伦宅园为代表,后者以金谷园最为著名。

一、城市私园

魏晋南北朝时期河南的城市私园以都城洛阳最具代表性。王族、权贵、豪富的聚集,以及洛阳得天独厚的山水环境,为私家园林的建造提供了优越的条件。尤其是北魏洛阳城,出现了许多有名的私家宅园。

(一)元氏诸王宅园

北魏洛阳城"自延酤以西,张方沟以东,南临洛水,北达邙山,其间东西二里,南北十五里,并名为寿丘里,皇宗所居也。民间号为王子坊"。这些帝族王侯、外戚公主,在那里修建了许多园林式的宅院。《洛阳伽蓝记》述曰:"于是帝族王侯,外戚公主,擅山海之富,居川林之饶。争修园宅,互相夸竞。崇门丰室,洞户连房,飞馆生风,重楼起雾。高台芳榭,家家而筑;花林曲池,园园而有。莫不桃李夏绿,竹柏冬青。"[1]其中,以河间王元琛等元氏诸王宅园最为著名。

河间王元琛,初为定州刺史,后晋升尚书,再为秦州刺史。琛性贪暴,敛财为巨富。《洛阳伽蓝记》卷四曰:"河间王琛最为豪首。常与高阳(即丞相高阳王元雍)争衡。造文柏堂,形如徽音殿,置玉井金罐,以五色缋为绳。……造迎风馆于后园,窗户之上,列钱青锁,玉凤衔铃,金龙吐佩。素奈朱李,枝条入檐,伎女楼上,坐而摘食。琛常会宗室,陈诸宝器,金瓶银瓮百余口,瓯檠盘盒称是。"[2]元琛宅园在其第宅之后,故称"后园",园有山、水、沟、渠、荷池、高树,有矶石叠置驳岸,亭阁连着小桥,园中养有禽鸟,自然之美溢然。《洛阳伽蓝记》赞之曰:"观其廊庑绮丽,无不叹息,以为蓬莱仙室亦不是过。入其后园,见沟渎蹇

---

① 〔北魏〕杨衒之撰,周祖谟校释:《洛阳伽蓝记校释》,中华书局1963年版,第163页。

② 〔北魏〕杨衒之撰,周祖谟校释:《洛阳伽蓝记校释》,中华书局1963年版,第163~165页。

产,石磴礁嶤,朱荷出池,绿萍浮水,飞梁跨阁,高树出云,咸皆唧唧。虽梁王兔苑想之不如也。"①"河阴之变"后,北魏王侯多死难,元琛宅院沦为寺院,称河间寺,遗址在白马寺西北方金沟一带。

淮宣王元彧,曾任侍中、尚书令,在洛阳法云寺北有宅园,内有花、树,曲水流觞,其常与宾客日夜宴游其中。《洛阳伽蓝记》卷四曰:"彧性爱林泉,又重宾客。至于春风扇扬,花树如锦,晨食南馆,夜游后园。僚寀成群,俊民满席。丝桐发响,羽觞流行,诗赋并陈,清言乍起,莫不领其玄奥,忘其褊郄焉。是以入彧室者,谓登仙也。荆州秀才张斐常为五言,有清拔之句云:'异林花共色,别树鸟同声。'"②

清河王元怿为北魏世宗尚书仆射,后辅佐幼帝明宗,为元叉所因杀。其宅园地址在今枣园村一带。"第宅丰大,逾于高阳(指丞相高阳王元雍)。西北有楼,出凌云台,俯临朝市,目极京师……楼下有儒林馆、延宾堂,形制并如清暑殿(于华林园中)。土山钓池,冠于当世。斜峰入牖,曲沼环堂,树响飞嚶,阶丛花药。怿爱宾客,重文藻,海内才子,莫不辐辏,府僚臣佐,并选隽民。至于清晨明景,骋望南台,珍羞具设,琴笙并奏,芳醴盈罍,嘉宾满席。使梁王愧兔园之游,陈思(陈思王曹植)惭雀台(铜雀台)之宴。"③可见,其宅园内有楼、台、土山、水池以及水边的钓鱼台;池水弯曲,环绕建筑;阶前种植花木,有高树鸣禽。宅园为元怿宴请宾客、赏乐饮酒、歌赋游赏之所。

高阳王元雍,魏孝文帝南征时为行镇大将军,后为明帝时丞相、太傅。元雍"贵极人臣,富兼山海。居止第宅,匹于帝宫。白壁丹楹,窈窕连亘,飞檐反宇,镂槛周通……自汉晋以来,诸王豪侈,未之有也……其竹林鱼池,侔于禁苑,芳草如积,珍木连阴"④。元雍亦死于"河阴之变",其宅园后舍为佛寺,曰高阳王寺。

(二)权贵豪富宅园

除王族贵戚外,北魏的权贵豪富也在洛阳城里坊内大治宅第,分区聚居。如东阳门外二里御道北的晖文里内,"有太保崔光、太傅李延寔、冀州刺史李韶、

---

① 〔北魏〕杨衒之撰,周祖谟校释:《洛阳伽蓝记校释》,中华书局1963年版,第167页。
② 〔北魏〕杨衒之撰,周祖谟校释:《洛阳伽蓝记校释》,中华书局1963年版,第155~156页。
③ 〔北魏〕杨衒之撰,周祖谟校释:《洛阳伽蓝记校释》,中华书局1963年版,第143~144页。
④ 〔北魏〕杨衒之撰,周祖谟校释:《洛阳伽蓝记校释》,中华书局1963年版,第137~138页。

秘书监郑道昭等四宅。并丰堂崛起,高门洞开"①。东阳门外的昭德里内,"有尚书仆射游肇、御史中尉李彪、七兵尚书崔休、幽州刺史常景、司农张伦等五宅"②。其中,建造之巧,园貌之美,首推大司农张伦的宅园。

张伦,字天念,北魏上谷沮阳(今河北省怀来县与北京市延庆县一带)人,曾任护军长史、员外常侍、司农少卿,孝庄帝初年转任大司农,住在东阳门外御道南的昭德里(今首阳山镇渔古、义井两村北)。在北魏上层统治阶层中,他是汉臣儒吏,地位和权势都不及鲜卑贵族。他的宅院空间小,场地面积大受限制。但是,张伦的文化素养高,审美能力强,其宅园不以大取胜,而是采用独特的手法,最大限度地利用空间和环境,刻意以小巧见长,使所造园林达到了"有若自然"的水平。《洛阳伽蓝记》卷二曰:"(司农张伦宅)斋宇光丽,服玩精奇,车马出入,逾于邦君。园林山池之美,诸王莫及。伦造景阳山,有若自然。其中重岩复岭,欹崿相属。深溪洞壑,逦迤连接。高林巨树,足使日月蔽亏;悬葛垂萝,能令风烟出入。崎岖石路,似壅而通;峥嵘涧道,盘纡复直。是以山情野兴之士,游以忘归。"③

甘肃天水文士姜质游其园,甚爱之,遂作《庭山赋》传世。文曰:"……濠上之客,柱下之史,悟无为以明心,托自然以图志。辄以山水为富,不以章甫为贵。……青松未胜其洁,白玉不比其珍。心托空而栖有,情入古以如新。既不专流宕,又不偏华尚,卜居动静之间,不以山水为忘,庭起半丘半壑,听以目达心想。进不入声荣,退不为隐放。尔乃决石通泉,拔岭岩前,斜与危云等并,旁与曲栋相连。下天津之高雾,纳沧海之远烟。纤列之状一如古,崩剥之势似千年。若乃绝岭悬坡,蹭蹬蹉跎,泉水纤徐如浪峭,山石高下复危多。五寻百拔,十步千过,则知巫山弗及,未审蓬莱如何。其中烟花露草,或倾或倒,霜干风枝,半耸半垂,玉叶金茎,散满阶坪。然目之绮,烈鼻之馨,既共阳春等茂,复与白雪齐清。……羽徒纷泊,色杂苍黄,绿头紫颊,好翠连芳,白鸽生于异县,丹足出自他乡。皆远来以臻此,借水木以翱翔。不忆春于沙漠,遂忘秋于高阳。非斯人之感至,何候鸟之迷方?……森罗兮草木,长育兮风烟,孤松既能却老,半石亦可

① 〔北魏〕杨衒之撰,周祖谟校释:《洛阳伽蓝记校释》,中华书局 1963 年版,第 84~85 页。
② 〔北魏〕杨衒之撰,周祖谟校释:《洛阳伽蓝记校释》,中华书局 1963 年版,第 89~90 页。
③ 〔北魏〕杨衒之撰,周祖谟校释:《洛阳伽蓝记校释》,中华书局 1963 年版,第 90 页。

留年。"①园中假山模仿华林园景阳山而筑,峰岭起伏,洞壑幽深,路径崎岖,涧谷盘旋,林木高巨,富有自然野趣。

张伦宅园是北魏洛阳私家园林中艺术水准最高的一个。他把对自然山水美的认识,注入到宅园的建设中,把对自然山水美的感受,物化到现实的生活领域。张伦宅园还是史料记载中,最先在园林中叠石垒山的案例,是秦汉的粗犷风格向魏晋精细风格转型的典范。园林中"深溪洞壑","泉水纤徐","烟花露草","悬葛垂萝",特别是园林建筑,不以宏大压群,而是"庭起半丘半壑"。因而,其园林景物之美,当时鲜卑族诸王莫及,还是以后历代公认的名园。

二、庄园别业

除城市私园以外,退隐的朝臣和高门士族,占有山林良田,并充分结合有利的自然环境兴建有庄园别业园林。这些人有高贵门第和政治特权,又受过良好教育,他们对庄园的经营在一定程度上体现了自身的文化素养和审美情趣,把以自然美为核心的时代美学思潮,融糅于庄园生产、生活的功能规划之中,延纳大自然山水风景之美,通过园林化的手法来创造一种自然与人文相互交融、亲和的人居环境。河南作为当时经济、文化的发达地区,有关这类庄园的记载在文献和文学作品中亦屡见不鲜,洛阳的金谷园与潘岳庄园便是其中之代表。

(一)石崇金谷园

金谷园是西晋官僚豪富石崇所经营的一处庄园别业,位于魏晋洛阳城西北郊的金谷涧。金谷园约建于晋惠帝元康初年(291),存世仅十余年,是我国第一个见于史载的别墅型私家园林。

石崇,字季伦,河北南皮人。其父石苞因辅佐晋武帝司马炎篡魏有功,晋爵大司马。石崇弱冠登朝,历县令、郡守等职;晋惠帝元康初,出任南中郎将、荆州刺史、南蛮校尉、鹰扬将军。石崇在荆州,为官贪财,劫掠巨富。这种丑行使石崇迅速暴富,后又拜太仆,出任征虏将军,假节,监徐州诸军事,镇下邳。晚年卜

---

① 〔北魏〕杨衒之撰,周祖谟校释:《洛阳伽蓝记校释》,中华书局1963年版,第91~95页。

居洛阳城郊金谷涧畔的河阳别业,也就是金谷园。《晋书》卷三三载:"崇有别馆在河阳之金谷,一名梓泽,送者倾都,帐饮于此焉。"[1]

关于金谷园的景物状况,石崇所作《思归叹(引)》的序文中有简略的介绍:"余少有大志,夸迈流俗。弱冠登朝,历任二十五年。年五十,以事去官。晚节更乐放逸,笃好林薮,遂肥遁于河阳别业。其制宅也,却阻长堤,前临清渠。百木几于万株,流水周于舍下。有观阁池沼,多养鱼鸟。家素习技,颇有秦赵之声。出则以游目弋钓为事,入则有琴书之娱。"[2]

石崇出镇下邳赴任之前,友人齐聚金谷园,为其饯行。参与者均为当时之名士,宴饮所作之诗集由石崇作序,即《金谷诗序》,文中谈及金谷园:"余以元康六年(296),从太仆卿出为使持节、监青徐诸军事、征虏将军。有别庐在河南县界金谷涧中,去城十里,或高或下,有清泉茂林、众果竹柏、药草之属,金田十顷、羊二百口,鸡猪鹅鸭之类,莫不毕备。又有水碓、鱼池、土窟,其为娱目欢心之物备矣。时征西大将军、祭酒王诩当还长安,余与众贤,共送往涧中,昼夜游晏,屡迁其坐,或登高临下,或列坐水滨,时琴瑟笙筑,合载车中,道路并作。"[3]

石崇与当时之文学名士潘岳、陆机、左思、陆云、刘琨等人交往,常游于园中,号为"金谷二十四友",吟咏山林,留下了许多诗篇。潘岳即有诗咏金谷园之景:"回溪萦曲阻。峻阪路威夷。绿池泛淡淡。青柳何依依。滥泉龙鳞澜。激波连珠挥。前庭树沙棠。后园植乌椑。灵囿繁石榴。茂林列芳梨。饮至临华沼。迁坐登隆坻。"[4]

可见,金谷园是石崇安享山林之乐趣、兼作吟咏服食的场所,局部地段相当于一座临河的、地形略有起伏的天然水景园。如果按金谷园中包括的田亩、畜牧、竹木、果树、水碓、鱼池等要素来看,则它并非单纯为了娱目赏心,应是一处具备一定规模的庄园,生产和经济的运作占主要地位,只不过它的园林化程度比较高一些,居住聚落部分人工开凿的池沼和由园外引来的金谷涧水穿错萦流于建筑物之间,河道能行驶游船,沿岸可供垂钓。植物配置以大片成林的树木为主调,其余分别与不同的环境相结合而突出其成景作用,例如前庭的沙棠、后

---

①　〔唐〕房玄龄等撰:《晋书》,中华书局 1974 年版,第 1006 页。
②　〔清〕严可均辑,何宛屏等审订:《全晋文》,商务印书馆 1999 年版,第 333 页。
③　〔清〕严可均辑,何宛屏等审订:《全晋文》,商务印书馆 1999 年版,第 335 页。
④　逯钦立辑校:《先秦汉魏晋南北朝诗》,中华书局 1983 年版,第 632 页。

园的乌桕、柏木林中点缀的梨花等。园中"观"和"楼阁"建筑较多,仍然保持着汉代的遗风。根据《晋书·石崇传》"登凉台,临清流"的记载,以及枣腆《赠石季伦诗》"朝游清渠侧,日夕登高馆",曹摅《赠石崇诗》"美兹高会,凭城临川。峻墉亢阁,层楼辟轩。远望长州,近察重泉"等文字描写,足见金谷园的建筑物形式多样、层楼高阁、画栋雕梁。金谷园在清纯朴素的自然、田园和园林环境中显现一派绮丽华靡的格调,与园主人的身份、地位也是相称的。

石崇于金谷园中还蓄养有大量家妓,其中最有名的是绿珠。"八王之乱"前期,赵王司马伦一度专权,逼石崇交出绿珠。由于绿珠是石崇的爱妾,他坚持不肯交出,遂致绿珠坠楼而死,石崇亦被杀,金谷园自此荒废。繁华落尽的金谷园至唐时仍为文人凭吊的古迹,对"绿珠坠楼"之事也多有题咏。

唐代苏拯的《金谷园》曰:"积金累作山,山高小于址。栽花比绿珠,花落还相似。徒有敌国富,不能买东市。徒有绝世容,不能楼上死。只此上高楼,何如在平地。"[1]杜牧《金谷园》曰:"繁华事散逐香尘,流水无情草自春。日暮东风怨啼鸟,落花犹似坠楼人。"[2]《金谷怀古》曰:"凄凉遗迹洛川东,浮世荣枯万古同。桃李香消金谷在,绮罗魂断玉楼空。往年人事伤心外,今日风光属梦中。徒想夜泉流客恨,夜泉流恨恨无穷。"[3]徐凝《金谷览古》曰:"金谷园中数尺土,问人知是绿珠台。绿珠歌舞天下绝,唯与石家生祸胎。"[4]乔知之《绿珠篇》曰:"石家金谷重新声,明珠十斛买娉婷。此日可怜君自许,此时可喜得人情。君家闺阁不曾难,常将歌舞借人看。意气雄豪非分理,骄矜势力横相干。辞君去君终不忍,徒劳掩袂伤铅粉。百年离别在高楼,一旦红颜为君尽。"[5]

明清时,"金谷春晴"为洛阳八景之一,依然是人们踏青觅古之地。

金谷园是中国园林史上第一个封建官僚性质的庄园型别墅园林,它不但是人居环境优选的开创首例,也以其繁华绚丽在文学史上留下了灿烂的篇章。

---

① 〔清〕彭定求等编:《全唐诗》,中州古籍出版社 2008 年版,第 3700 页。
② 〔清〕彭定求等编:《全唐诗》,中州古籍出版社 2008 年版,第 2721 页。
③ 〔清〕彭定求等编:《全唐诗》,中州古籍出版社 2008 年版,第 2727 页。
④ 〔清〕彭定求等编:《全唐诗》,中州古籍出版社 2008 年版,第 2451 页。
⑤ 〔清〕彭定求等编:《全唐诗》,中州古籍出版社 2008 年版,第 404 页。

（二）潘岳庄园

潘岳庄园位于洛水之傍,《闲居赋》曰:"于是退而闲居于洛之涘。身齐逸民,名缀下士。陪京溯伊,面郊后市。"[①]

关于园居之景,《闲居赋》又曰:"筑室种树。逍遥自得。池沼足以渔钓。春税足以代耕。灌园鬻蔬。以供朝夕之膳。牧羊酤酪。以俟伏腊之费。孝乎惟孝。友于兄弟。此亦拙者之为政也。"[②]后世拙政园之名亦出于此。潘岳庄园内竹木翁郁、长杨掩映,还有大片的柿树、梨树、枣树、李树。水中游鱼出没,池上遍植荷花。在树林深处可设宴待客,于水滨池畔可行修禊之礼,村舍野居,点缀其间,一派朴实无华的园林化庄园景象跃然纸上。庄园里"寿觞举,慈颜和,浮杯乐饮,绿竹骈罗,顿足起舞,抗音高歌"的情景使潘岳发出"人生安乐,孰知其他"的感叹。在这里,文人精神的怡然悠闲与心理的虚融清静统一于山水田园中。

另外,园中有畜牧、鱼池、果木、蔬菜等的生产活动,"春税足以代耕"即借水力舂米获得的经济收入。这个庄园大体上与金谷园的规模和性质相似,均属于生产性的经济实体的范畴。

这一时期的私家园林,无论大小,都体现出追求自然的倾向。园林不再突出楼阁堂室,也较少堆土造山,而是利用山石林木与泉流池沼来创造出自然情趣。在园内景观的布置上,也日趋精巧,很好地处理了山、水、林、石间的远近、高下、幽显等关系,在有限的空间内将其组成合理的结构。由于较少堆土造山,故而开始注重对石头,尤其是形状奇特的石头的利用,这也开启了后世园林中置石为景的先例。庄园建在郊野,将园中之景与外景结合起来,也就是将人工的修建融入自然之中,达到人在园中、神游天际的欣赏境界。

---

① 〔南朝梁〕萧统编,〔唐〕李善注:《（昭明）文选》,中华书局1977年版,第225页。
② 〔南朝梁〕萧统编,〔唐〕李善注:《（昭明）文选》,中华书局1977年版,第225页。

第三节　寺观园林

　　魏晋南北朝时期,战乱频仍的局面成为宗教盛行的温床,无论是异域传来的佛教,还是土生土长的道教,都在这个时期广泛地传播开来,并影响到社会各个阶层。佛、道进行宗教活动的寺、观在此时也开始大量兴建,相应地出现了寺观园林这种新的园林类型。此时期河南的寺观园林以北魏洛阳的佛寺园林为代表。

一、佛道寺观与园林

　　自汉武帝时张骞通西域后,佛教便随着中西经济、文化的交流传入中国内地。史载,汉哀帝元寿元年(前 2),"博士弟子景卢受大月氏王使伊存口受《浮屠经》"①,为中国人接触佛教之始。后东汉明帝曾派人到印度求法,指定洛阳白马寺庋藏佛经。"寺"本来是政府机构的名称,此后便作为佛教建筑的专称。魏晋南北朝时期,社会动乱带来的思想解放为外来和本土成长的宗教学说提供了传播条件。外来佛教教义和哲理在一定程度上与儒家和老庄的思想相融合,以适应汉民族的文化心理结构。而佛教的因果报应、轮回转世之说对于苦难深重的人民颇有迷惑力和麻醉作用,不仅受到人民的信仰,而且统治阶级也对其加以利用和扶持,佛教遂广泛地流行起来,对当时的社会、政治、思想、文化、艺术等各方面,均产生了极其深远的影响。洛阳则为佛教在北方的传播中心。

　　道教开始形成于东汉,其渊源为古代的巫术,合道家、神仙、阴阳五行之说,奉老子为教主,张道陵倡导的五斗米道为道教定型化之始。东汉末,五斗米道与后起的太平道流行于民间,一时成为农民起义的旗帜。其后经过东晋葛洪加以理论上的整理,北魏寇谦之制定乐章诵戒,南朝陆修静编著斋醮仪范,宗教形

---

① 〔晋〕陈寿撰,陈乃乾校点:《三国志》,中华书局 1959 年版,第 859 页。

式更为完备。道教讲求养生之道、长寿不死、羽化登仙,正符合统治阶级企图永享奢靡生活、留恋人间富贵的愿望,因而不仅在民间流行,同时也经过统治阶级的改造、利用而在上层社会中兴盛起来。

佛、道的传播与盛行,使作为宗教建筑的佛寺、道观大量出现,由城市及其近郊而遍布于远离城市的山野地带。

佛寺是佛教讲经传教的场所,其古印度原型按僧房、佛堂、讲堂、大塔的序列构成。传入中国后,由于汉民族传统文化对外来文化强有力的同化和中国传统木结构建筑对于不同功能的广泛适应性,佛寺建筑的古印度原型逐渐被汉化了。同时,由于深受儒家和老庄思想影响,人们对宗教信仰一开始便持着平和、执中的态度,并不要求宗教建筑与世俗建筑的差异化。宗教建筑的世俗化,意味着寺、观无非是住宅的放大和宫殿的缩小。佛寺建筑融糅于高度发达的汉民族建筑体系之中,逐渐汉化而成为汉式的寺院。"塔"仍然是寺院建筑群的中心,但已演变为中国传统的多层木构楼阁。其他的佛堂、讲堂、僧房等亦改变成院落建筑群,形成以"塔"为中心的严整、对称的布局。

道观是供奉道教神仙、举行宗教活动的场所,也是道士集体居住、修持的地方。道观建筑一开始便以汉地木构建筑的面貌出现,逐渐形成比较定型的建筑模式。"观"原本是一种登高远眺的建筑物,汉代帝王多迷信神仙和方士之术,在他们的宫苑内一般都建置"观"以便登高望仙、通达神明。东汉道教徒修建简单房舍作为斋戒的场所,叫作"茅室""静室",五斗米道的活动中心叫作"义舍",这些都是道观的雏形。魏晋南北朝时,民间自建的修道场所称"靖""靖庐",属于天师道教团组织所有的称"治",亦称"馆"或"观",已开始以"观"作为道教建筑的称谓了。"治"是一组颇具规模的建筑群,主管道士叫作"祭酒"。《要修科仪戒律钞》记述了当时的一所"治"的建筑情况:主体建筑物位于建筑群的中央,名"崇虚堂",其上另起一层名"崇玄台",台的中央安置大香炉。崇虚堂之北为崇仙堂及东、西厢房,南为门室和祭酒的宿舍。这三幢殿堂构成了建筑群的南北中轴线。崇虚堂体量高大,是祭酒和道士们举行礼拜仪典的地方,也是整组建筑群的构图中心。至南北朝末,"天尊殿"取代了崇虚堂的地位,山门、坛、天尊殿、讲经堂等殿堂构成建筑群中路的中轴线,其余的次要殿堂以及生活、勤杂用房则分别散置在中路两侧和左、右跨院。

随着寺、观的大量兴建,相应地出现了寺观园林这种新的园林类型。它也像寺、观建筑的世俗化一样,并不直接表现宗教意味和显示宗教特点,而是受到时代美学思潮的浸润,更多地追求人间的赏心悦目、畅情舒怀。寺观园林包括三种情况:一、毗邻于寺观而单独建置的园林,犹如宅园之于邸宅。南北朝的佛教徒盛行"舍宅为寺"的风气,贵族官僚们往往把自己的邸宅捐献出来作为佛寺。原居住用房改造成供奉佛像的殿宇和僧众的用房,宅园则原样保留为寺院的附园。二、寺、观内部各殿堂庭院的绿化或园林化。三、郊野地带的寺、观外围的园林化环境。

其中,城市的寺观园林多属前两种情况。城市的寺、观不仅是举行宗教活动的场所,也是居民公共活动的中心,各种宗教节日、法会、斋会等都会吸引大量群众参加。群众参加宗教活动、观看文娱表演,同时也游览寺、观园林。有些较大的寺观,其园林定期或经常开放,游园活动盛极一时。

二、洛阳的佛寺园林

洛阳的佛寺,始于东汉明帝时的白马寺,至西晋永嘉年间已有四十二所,但都已毁于兵火。北魏迁都洛阳以后,佛教得到了迅速发展。到孝明帝神龟元年(518),洛阳佛寺就达五百多所。《魏书》卷一百一十四曰载:"自迁都已来,年逾二纪,寺夺民居,三分且一。……今之僧寺,无处不有。或比满城邑之中,或连溢屠沽之肆,或三五少僧,共为一寺。梵唱屠音,连檐接响,像塔缠于腥臊,性灵没于嗜欲,真伪混居,往来纷杂。"[1]"河阴之变"中的"朝士死者,其家多舍居宅,以施僧尼,京邑第舍,略为寺矣"[2]。到北魏末年,洛阳城中"寺有一千三百六十七所"[3],仅在建春门外建阳里方圆三百步的地方,就有璎珞寺、慈善寺等十所寺院。洛阳城内外"招提栉比,宝塔骈罗"。而且这些寺院都相当华丽壮观,"争写天上之姿,竞摹山中之影;金刹与灵台比高,讲殿共阿房等壮。岂直木衣绨绣,土被朱紫而已哉"[4]。

① 〔北齐〕魏收撰:《魏书》,中华书局1974年版,第3045页。
② 〔北齐〕魏收撰:《魏书》,中华书局1974年版,第3047页。
③ 〔北魏〕杨衒之撰,周祖谟校释:《洛阳伽蓝记校释》,中华书局1963年版,第228页。
④ 〔北魏〕杨衒之撰,周祖谟校释:《洛阳伽蓝记校释》,中华书局1963年版,第5~6页。

北魏洛阳寺院园林的大量出现以佛教在北方的广泛传播和民众对佛教的崇奉为社会基础。佛教在洛阳长期的传播而使其具有特殊的文化地位,则是营建具有浓厚佛教文化特色的佛寺园林形成风气的重要社会条件。北魏迁都洛阳后,社会上层、下层"舍宅为寺"风气的兴盛,则更促使了洛阳佛寺园林的大量涌现。如图 3-5。而这些园林因寺院营建者不同而具有不同的特色,可分为如下类型。

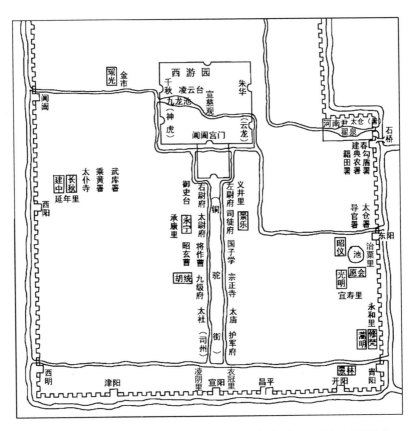

图 3-5 北魏洛阳的佛寺分布(引自〔北魏〕杨衒之撰,范祥雍校注:《洛阳伽蓝记校注》,
上海古籍出版社 1978 年版)

(一)帝后所立佛寺园林

北魏王朝的诸帝后笃信佛教,营造佛寺、亲度僧尼,成为他们积功德、求福田的主要方式。帝后所建寺院不仅气势雄伟,并且都兴修了景色秀美的园林。

其景观一般是"复殿重房,交疏对溜,青台紫阁,浮道相通"①,"庭列修竹,檐拂高松,奇花异草,骈阗阶砌"②。甚至园林中浮屠的装饰也大致相似。例如永宁寺"刹上有金宝瓶,容二十五石。宝瓶下有承露金盘三十重,周匝皆垂金铎……扉上有五行金钉,其十二门二十四扇,合有五千四百枚。复有金镮铺首……佛事精妙,不可思议"③。这种装饰成为以后皇帝或后妃寺院园林浮屠修饰的标准。因此当时文献载,秦太上君寺"佛事庄饰,等于永宁"④,景明寺"庄饰华丽,侔于永宁"⑤,秦太上公寺"素彩布工,比于景明"⑥。由此可见,皇帝或后妃所建的寺院园林不仅规模宏大、景色优美,而且浮屠的装饰也都华丽无比。因此,可以说皇帝或后妃所建寺院园林,都要在营建的规模与装饰的标准上达到最高的水准,以此凸显他们作为最高统治者在寺院园林营建上的特权。

(二)权贵所立佛寺园林

在北魏崇奉佛教风气的影响下,当时贵族、官僚多信仰佛教。为了表现他们信仰的虔诚,大多数人要立寺建塔。其所建的私家寺院,为祈福发愿的场所。这些私家寺院有辟地新建的佛寺,如"正觉寺,尚书令王肃所立也"⑦。也有改建他们的宅第而成的佛寺。如愿会寺,"中书侍郎王翊舍宅所立"⑧;光明寺则原为"苞信县令段晖宅"⑨。在这些寺院中,一般都修建有园林。

其中,以诸王所建数量最多。例如,"景乐寺,太傅清河文献王怿所立"⑩,"追圣寺,北海王所立"⑪。当时民间号为"王子坊"的寿丘里,"列刹相望,祇洹郁起,宝塔高凌"⑫。其中舍宅为寺的诸王人数也很多。如"追光寺,侍中尚书

---

① 〔北魏〕杨衒之撰,范祥雍校注:《洛阳伽蓝记校注》,上海古籍出版社1978年版,第132页。
② 〔北魏〕杨衒之撰,范祥雍校注:《洛阳伽蓝记校注》,上海古籍出版社1978年版,第235页。
③ 〔北魏〕杨衒之撰,范祥雍校注:《洛阳伽蓝记校注》,上海古籍出版社1978年版,第2页。
④ 〔北魏〕杨衒之撰,范祥雍校注:《洛阳伽蓝记校注》,上海古籍出版社1978年版,第94页。
⑤ 〔北魏〕杨衒之撰,范祥雍校注:《洛阳伽蓝记校注》,上海古籍出版社1978年版,第132页。
⑥ 〔北魏〕杨衒之撰,范祥雍校注:《洛阳伽蓝记校注》,上海古籍出版社1978年版,第140页。
⑦ 〔北魏〕杨衒之撰,范祥雍校注:《洛阳伽蓝记校注》,上海古籍出版社1978年版,第100页。
⑧ 〔北魏〕杨衒之撰,范祥雍校注:《洛阳伽蓝记校注》,上海古籍出版社1978年版,第55页。
⑨ 〔北魏〕杨衒之撰,范祥雍校注:《洛阳伽蓝记校注》,上海古籍出版社1978年版,第55页。
⑩ 〔北魏〕杨衒之撰,范祥雍校注:《洛阳伽蓝记校注》,上海古籍出版社1978年版,第52页。
⑪ 〔北魏〕杨衒之撰,范祥雍校注:《洛阳伽蓝记校注》,上海古籍出版社1978年版,第158页。
⑫ 〔北魏〕杨衒之撰,范祥雍校注:《洛阳伽蓝记校注》,上海古籍出版社1978年版,第208页。

令东平王略之宅也"①,"大觉寺,广平王怀舍宅也"②。在诸王的这些私家寺院中,修建的园林非常华美。如高阳王寺"竹林鱼池,侔于禁苑,芳草如积,珍木连阴"③,河间寺"沟渎蹇产,石磴礁嶤,朱荷出池,绿萍浮水,飞梁跨阁,高树出云"④。

(三)平民所立佛寺园林

北魏时期,平民崇信佛教的人数众多。这些虔诚奉佛的平民仿效贵族、官僚纷纷立寺建塔以求福祉。他们修建寺院多采用改建的方式,也就是实行"舍宅为寺"的做法。例如,灵应寺本为京兆人杜子休的宅第,"地形显敞,门临御道。时有隐士赵逸,云是晋武时人,晋朝旧事,多所记录。正光初,来至京师,见子休宅,叹息曰:'此宅中朝时太康寺也。'……子休遂舍宅为灵应寺"⑤。又如开善寺原为京兆人韦英之宅,位于"千金比屋"的准财里。"(韦)英早卒,其妻梁氏不治丧而嫁,更约河内人向子集为夫。虽云改嫁,仍居英宅"。传说韦英化为厉鬼,"梁氏惶惧,舍宅为寺"⑥。这些事例说明,一般平民的寺院园林,多是"舍宅为寺"而成的。

因平民所建寺院园林原为其宅院,故多分布于里坊之中。由于他们的社会地位不高,与皇帝或后妃以及贵族、官僚所立的寺院园林在规模上差别很大。不过,由于这些寺院园林多为平民中的富人所立,因而园林的景致也很别致,如《洛阳伽蓝记》所描述:"层楼对出,重门启扇,阁道交通"⑦,"果菜丰蔚,林木扶疏"⑧。

---

① 〔北魏〕杨衒之撰,范祥雍校注:《洛阳伽蓝记校注》,上海古籍出版社 1978 年版,第 224 页。
② 〔北魏〕杨衒之撰,范祥雍校注:《洛阳伽蓝记校注》,上海古籍出版社 1978 年版,第 234 页。
③ 〔北魏〕杨衒之撰,范祥雍校注:《洛阳伽蓝记校注》,上海古籍出版社 1978 年版,第 177 页。
④ 〔北魏〕杨衒之撰,范祥雍校注:《洛阳伽蓝记校注》,上海古籍出版社 1978 年版,第 208~209 页。
⑤ 〔北魏〕杨衒之撰,范祥雍校注:《洛阳伽蓝记校注》,上海古籍出版社 1978 年版,第 88~89 页。
⑥ 〔北魏〕杨衒之撰,范祥雍校注:《洛阳伽蓝记校注》,上海古籍出版社 1978 年版,第 205 页。
⑦ 〔北魏〕杨衒之撰,范祥雍校注:《洛阳伽蓝记校注》,上海古籍出版社 1978 年版,第 205 页。
⑧ 〔北魏〕杨衒之撰,范祥雍校注:《洛阳伽蓝记校注》,上海古籍出版社 1978 年版,第 89 页。

（四）胡人所立佛寺园林

在北魏洛阳的西域胡人，也有修建寺院的。西域胡人在中土修建寺院历史久远。早在东汉明帝时，"唯听西域人得立寺都邑，以奉其神"①。及至西晋怀帝永嘉年间，西域高僧竺佛图澄"欲于洛阳立寺"，后因战乱"志遂不果"②。迨至北魏，君臣上下崇信佛教，迁洛后奉佛之风更盛，"时佛法经像，盛于洛阳，异国沙门，咸来辐辏"③。西域胡人前来洛阳弘法修行，其中部分人还在洛阳修建佛寺，诸如"菩提寺，西域胡人所立"④，"法云寺，西域乌场国胡沙门僧昙摩罗所立"⑤。这些佛寺也多有园林的营建。

西域胡人在洛阳营建的寺院园林特点鲜明。一方面，西域胡人要使所建佛寺园林适应大多数汉人供奉佛教的需要。如菩提寺，"西域胡人所立也，在慕义里"⑥。在树木和花草的种植上，"伽蓝之内，花果蔚茂，芳草蔓合，嘉木被庭"⑦。这与北魏上层人士所建的寺院园林是相似的。另一方面，他们所建寺院园林也保留了一些西域建筑的特色，"佛殿僧房，皆为胡饰，丹素炫彩，金玉垂辉"⑧。显然，这种类型的佛寺园林是西域文化与北魏文化相互结合的产物。正因为如此，其在洛阳城中别具一格，京师中喜好西域佛法的汉族僧人"皆就摩罗受持之"⑨。可见西域胡人所建寺院园林对心仪佛事的汉族信徒具有很大的吸引力。

（五）洛阳佛寺园林特色

北魏洛阳的寺院中，到处可见土山钓台、珍草香木，加之浮屠耸立、洞房周匝，佛寺与园林的营建已经基本实现了一体化，形成了独具特色的佛寺园林景观。

---

① 〔南朝梁〕释慧皎撰，汤用彤校注，汤一玄整理：《高僧传》，中华书局1992年版，第352页。
② 〔南朝梁〕释慧皎撰，汤用彤校注，汤一玄整理：《高僧传》，中华书局1992年版，第345页。
③ 〔北魏〕杨衒之撰，范祥雍校注：《洛阳伽蓝记校注》，上海古籍出版社1978年版，第235页。
④ 〔北魏〕杨衒之撰，范祥雍校注：《洛阳伽蓝记校注》，上海古籍出版社1978年版，第173页。
⑤ 〔北魏〕杨衒之撰，范祥雍校注：《洛阳伽蓝记校注》，上海古籍出版社1978年版，第201页。
⑥ 〔北魏〕杨衒之撰，范祥雍校注：《洛阳伽蓝记校注》，上海古籍出版社1978年版，第173页。
⑦ 〔北魏〕杨衒之撰，范祥雍校注：《洛阳伽蓝记校注》，上海古籍出版社1978年版，第201页。
⑧ 〔北魏〕杨衒之撰，范祥雍校注：《洛阳伽蓝记校注》，上海古籍出版社1978年版，第201页。
⑨ 〔北魏〕杨衒之撰，范祥雍校注：《洛阳伽蓝记校注》，上海古籍出版社1978年版，第201页。

北魏洛阳佛园林的社会功能是为社会大众创造一个宣教空间。因此,佛寺的空间组成,既有崇拜讲经的佛堂、僧尼起居的斋堂,又有吸引施主香客的优美环境。这个环境空间是芸芸众生的"红尘"世界与空灵的佛教王国相联系的中介空间。因此,灵秀的自然之景在园中占着突出地位,佛寺不仅是进行禅事的地方,也是游赏、垂钓、吟咏,甚至是观赏游艺、杂技的处所,欢娱的空间。由于园林被认为是人与自然相联系的空间,故佛寺大都林木葱郁、花柳扶疏。杨衒之的《洛阳伽蓝记》也重点记述了这些园林景物,"园林"一词也用得较多,这也是把佛寺看成"园林"的一个类属的依据,后来就逐步形成了与皇家园林、私家园林并列的寺观园林。

佛寺的建筑格局,在东汉刚传入中国时沿袭印度的传统布置,塔居寺院的中央。由于塔体高耸,造型优美,在滴翠的绿林中、挺拔的青山上、飘逸的白云间,往往显示着神圣美。因此,塔在佛寺空间布局中占着特殊的显赫地位。但由于其时舍宅为寺、舍园为寺,直至舍官署为寺的做法,佛寺建筑的布局也就受到中国传统官署、民宅布局的影响而中国化。其后,寺院也就约定俗成,与传统官署、民宅一样,有明确的中轴线、院落,佛殿在中轴线上,周围回廊周匝。而斋房、膳堂、园林、塔院往往在其侧或其后,佛寺格局开始向中国化转变。

北魏洛阳佛寺园林的植物栽培大都相当精致。《洛阳伽蓝记》载,寺院环境普遍松竹拂檐,柳丝重岸,香草护阶,菩提扶疏。水的运用不仅仅局限于放生池,有的寺院还有相当大的水面,士庶游人可临岸垂钓。园林中假山、水池有机地结合在一起,是其重要的构成要素。例如,景明寺"房檐之外,皆是山池"[①],冲觉寺"土山钓台,冠于当世。斜峰入牖,曲沼环堂"[②],河间寺"沟渎蹇产,石磴礁峣"[③]。

佛教文化传入后,与中国的哲学、文学、艺术、建筑等相互影响,使佛寺园林作为社会生活的一个类属,其社会功能和园林构成艺术在北魏洛阳达到了高峰。此后虽有统治者的数次灭佛,但作为文化,终抵不过其深邃的人生禅"悟"之道的宣教,以至渗透到反佛的宋明理学,渗透到整个中国大众的生活之中。

---

① 〔北魏〕杨衒之撰,范祥雍校注:《洛阳伽蓝记校注》,上海古籍出版社 1978 年版,第 132 页。
② 〔北魏〕杨衒之撰,范祥雍校注:《洛阳伽蓝记校注》,上海古籍出版社 1978 年版,第 185 页。
③ 〔北魏〕杨衒之撰,范祥雍校注:《洛阳伽蓝记校注》,上海古籍出版社 1978 年版,第 208~209 页。

"天下名山僧占多"，北魏以后的一千四百余年，佛寺园林就成了我国园林大观园中独树一帜的人与自然、人与空灵世界相联系的生活空间，绵延发展。

魏晋南北朝时期，河南境内的其他地区还存在有许多寺观，如洪谷寺、葛仙观等，但由于战乱、灾害的破坏，加之文献记载稀少，皆未能如洛阳佛寺园林一样，集中地反映出当时河南寺观园林的景观特色。

第四节　其他园林

除中国传统园林的三大主要类型——皇家园林、私家园林、寺观园林外，魏晋南北朝时期河南还存在公共园林、祠庙园林等其他园林类型，具有代表性的有洛阳龙门等。

一、公共园林

游山览水自古是一大乐事，至魏晋南北朝时期，由于社会、经济、思想等各方面的影响，人们对山水的眷恋似乎更重于前人。城市近郊的一些宗教活动地、风景游览地等逐渐成为士庶流连聚会的场所，具有了公共园林的性质。河南此类园林之典型代表就是位于洛阳近郊的龙门。

龙门山系秦岭余脉，熊耳山之分支，走向由西向东，自宜阳西来，至龙门突然断裂，分东、西两山，伊水从中流过，犹如一座天然石阙，故古称"伊阙""阙塞"。西山亦称钟山、天竺山，山顶最高海拔 263.9 米，与河谷相对相对高差 116 米。山之北有红石沟，山之南有梁沟、岔子沟。东山因古时盛产香葛而得名香山，山顶最高峰海拔 303.5 米，与河谷相对高差 166 米。山东接偃师万安山，再东连嵩山。

龙门石窟开凿于北魏孝文帝太和十七年（493），此后历经东魏、西魏、北齐、北周，以及隋唐五代和北宋诸朝，石窟造像延续了一千余年，其中北魏和唐代的一百五十余年间进行了大规模的造像活动。同时，从北魏开始在龙门及其周边陆续建佛寺僧房，植松柏，修道理水，点缀龙门的秀丽山水，使龙门逐步成为以石窟佛寺为中心的山水风景园林，也是信徒朝拜进香、帝王游幸、文人学士吟咏的胜地。《魏书》卷九载："（熙平二年夏四月，517）乙卯，皇太后幸伊阙石窟寺，即日还宫。"[①]龙门两山对峙，伊水中流，松柏滴翠，东、西两山上的造像石窟，像蜂窝一样布满峭壁，为东方中世纪石刻艺术的代表。从社会共享角度看，龙门就是一个融宗教活动与自然风景为一体的公共园林。

此外，"竹林七贤"的畅游处"山阳故地"，紧靠太行岫岩，有太行山泉（称长泉、重泉），修竹幽篁，环境清雅，与始建于东汉末年的竹林寺相映成趣。魏晋以降，无数文人墨客在此游览赋诗，为又一处公共园林。

二、祠庙园林

魏晋南北朝时期对人神的崇拜可分为三类：

其一，被神化的先人，像一些著名的历史人物和传说中的人物，像伏羲、尧、禹、姜太公、卫灵公、孙叔敖、伍子胥、老子、子路、子产、项羽、光武帝、卓茂等。据《魏书·地形志》载，司州汲郡朝歌县（今河南）有伏羲祠、姜太公庙，司州东郡长垣县有卫灵公祠、子路祠，东燕县（今河南长垣西北）、北豫州广武郡中牟县（今河南中牟）有尧祠、伍子胥庙，郑州阳翟郡阳翟县（今河南禹州）有禹山祠，东禹州长陵郡安宁县（今河南新蔡县南）有孙叔敖庙。另据《晋书·地理志》载，豫州梁国苦县（今河南鹿邑）有老子庙，北豫州广武郡苑陵县（今河南新郑东北）、洛州阳城郡康城县（今河南禹州西北）等地有子产祠，睢州谷阳郡高昌县（今河南鹿邑）有项羽庙，北扬州南顿郡南桓县（今河南项城附近）有光武帝祠，北豫州荥阳郡密县（今河南新密东南）有卓茂祠。

其二，被神化的官僚，这些人上至帝王，下至县令，所包甚广。如许昌县将官池镇的魏文帝庙、三门峡的邓芝祠等。

其三，被神化的民间普通人。例如张母祠，《太平御览》卷四十二引戴延之

---

① 〔北齐〕魏收撰：《魏书》，中华书局1974年版，第225页。

《西征记》曰："邙山西匡东垣,亘阜相属,其下有张母祠,即永嘉中,此母有神术,能愈病,故元帝渡江时,延圣火于丹阳,即此母也。今祠存焉。"①

　　上述人神崇拜的三类人中,包括皇帝、圣贤、文臣、武将、平民、道士,几乎涉及了社会各个阶层的人物,反映了当时人神崇拜习俗的盛行。在这些祠庙中,也会种植佳木,甚至凿池,进行园林化的经营。

---

① 〔宋〕李昉编纂,夏剑钦校点:《太平御览》(第一册),河北教育出版社1994年版,第364页。

第四章 隋唐时期

隋朝的建立结束了中国近四百年的分裂和动荡,重新实现了大一统的局面。后虽有隋末唐初短暂的战乱,但整体上处于繁荣兴盛的局面。隋唐疆域辽阔,南北统一,经济发达,统治者实行开明、兼容的文化政策,儒、释、道三教并重,明朗、高亢、奔放、外向、激情四溢是这个时代鲜明的精神气度。唐诗是这种精神气度的典型代表,浪漫和诗意不仅表现在诗歌、绘画、音乐、舞蹈等艺术领域,而且充溢到人们日常的世俗生活中。此时的中外文化交流也异常频繁,在继承前代文化和吸收外来文化的基础上,华夏各民族共同创造了多元包容、辉煌灿烂的文化,建筑、园林也浸透着祥和逸乐的诗情画意,进入了全盛时期。这时的皇家园林艺术再一次展现出恢宏的气魄和灿烂的光彩,同时,私家园林从美学宗旨到艺术手法,也都达到了成熟的境界。早在隋朝定都长安后,就因洛阳"水陆通,贡赋等"①而营建东都;至唐代,也将洛阳作为都城,以其为代表的河南园林也在此时走向全盛。

第一节　皇家园林

隋唐时期,河南的皇家园林多建置在洛阳及其附近,大内御苑、行宫御苑、离宫御苑这三种类别的区分比较明显,各自的规划布局特点也比较突出,代表性的园林有洛阳隋西苑、唐神都苑等。

---

① 〔唐〕魏徵撰:《隋书》,中华书局 1973 年版,第 61 页。

一、隋唐洛阳

隋唐建都的长安,虽有关中八百里秦川沃野,但毕竟人烟稠密,粮食和物资供应需仰给于南方。由于黄河三门峡之险阻,南方粮食物资不可能及时水运到长安,因而大量积存在水陆交通均很方便的洛阳。每逢关中灾荒之年,皇帝就要率百官"就食洛阳"。

仁寿四年(604)七月,隋炀帝即位,"十一月乙未,幸洛阳"。诏曰:"洛邑自古之都,王畿之内,天地之所合,阴阳之所和。控以三河,固以四塞,水陆通,贡赋等。故汉祖曰:'吾行天下多矣,唯见洛阳。'自古皇王,何尝不留意,所不都者盖有由焉。然或以九州未一,或以困其府库,作洛之制所以未暇也。我有隋之始,便欲创兹怀、洛,日复一日,越暨于今。念兹在兹,兴言感哽!朕肃膺宝历,纂临万邦,遵而不失,心奉先志。……今可于伊、洛营建东京,便即设官分职,以为民极也。"[1]大业元年(605)"三月丁未,诏尚书令杨素、纳言杨达、将作大匠宇文恺营建东京,徙豫州郭下居人以实之"[2]。《资治通鉴》卷一百八十亦载:"每月役丁二百万人,徙洛州郭内居民及诸州富商大贾数万户以实之"[3]。"(大业)二年(606)春正月辛酉,东京成"[4],"(大业)五年(609)春正月丙子,改东京为东都"[5]。

隋末,东都为王世充所据。唐武德四年(621)破东都平王世充,拆毁端门楼、乾阳殿,以表示反对隋炀帝之宫室侈丽,又罢东都为洛州,宫改称洛阳宫。[6]唐高宗显庆二年(657)又立洛州为东都,与长安并称"京""都"或"两京",正式建立"两京制"。龙朔元年(661)后,逐渐修缮洛阳宫。此后高宗、武后交替来往东西两京,并在洛阳增建宿羽、高山、上阳等宫。[7] 又移洛阳中桥,以利洛阳南

---

① 〔唐〕魏徵撰:《隋书》,中华书局 1973 年版,第 60~61 页。
② 〔唐〕魏徵撰:《隋书》,中华书局 1973 年版,第 63 页。
③ 〔宋〕司马光编著,〔元〕胡三省音注:《资治通鉴》,中华书局 1956 年版,第 5617 页。
④ 〔唐〕魏徵撰:《隋书》,中华书局 1973 年版,第 65 页。
⑤ 〔唐〕魏徵撰:《隋书》,中华书局 1973 年版,第 72 页。
⑥ 〔宋〕司马光编著,〔元〕胡三省音注:《资治通鉴》,中华书局 1956 年版,第 5918 页。
⑦ 〔宋〕王溥撰:《唐会要》,中华书局 1955 年版,第 552 页。

北两部分的交通。① 武则天当政后改称洛阳为神都,常驻于此,并拓建宫室官署,改善郭内洛水两岸的交通。② 又在宫内建明堂、天堂③,在端门外建"万国颂德天枢"④。自 685 年武则天久驻东都起,到 705 年中宗即位止,洛阳作为唐之实际首都达 20 年之久,是洛阳历史上的极盛期。开元中,唐玄宗也曾多次居留东都。后经安史之乱以及回纥军的焚烧劫掠,"比屋荡尽,士民皆衣纸"⑤,"东都残毁,百无一存"⑥。中唐以后,帝后不再来此,"宫阙、营垒、百司廨舍率已荒阤"⑦。但直至唐末,洛阳仍保留"东都"称号,一些失势或半退休官员可以"分司东都"的名义于此安享晚年。由于洛阳又是江淮漕运输往长安途中的重镇,所以在中晚唐时,仍是很繁荣的大都市。唐末(904)朱温迁唐都于洛阳,发丁匠数万修治东都宫室。⑧ 907 年,朱温代唐,建立梁政权,以汴京为都。洛阳作为隋唐东都,至此而止。经唐末五代兵乱后,城郭"摧圮殆尽"⑨,坊市也"鞠为荆棘"⑩。

隋唐东都洛阳城在汉魏洛阳故城之西,北倚邙山,东有瀍水,西有涧水,南有伊水。洛水自西南向东北流,形成洛水北部西宽东窄、南部东宽西窄的情况。占地面积较大的皇城、宫城建在洛水北岸西侧较宽处,其余地区布置坊市,这就形成洛阳皇城宫城在西北角,坊市在东部、南部的格局。都城中轴线一改过去居中的惯例,它北起邙山,穿过宫城、皇城、洛水上的天津桥、外郭城的南门定鼎门,往南一直延伸到龙门伊阙。居住区由纵横的街道划分为一百零三个坊里,以四坊之地建北、南、西三个市。⑪ 坊里原先也像长安一样由高墙封闭,中唐以后受到商品经济的冲击,一些坊墙逐渐拆毁而开设商店,商业活动已不仅局限于三市了。(如图 4-1 所示)

① 〔宋〕王溥撰:《唐会要》,中华书局 1955 年版,第 1577 页。
② 〔后晋〕刘昫等撰:《旧唐书》,中华书局 1975 年版,第 2854 页。
③ 〔后晋〕刘昫等撰:《旧唐书》,中华书局 1975 年版,第 862、865 页。
④ 〔宋〕司马光编著,〔元〕胡三省音注:《资治通鉴》,中华书局 1956 年版,第 6496、6502 页。
⑤ 〔宋〕司马光编著,〔元〕胡三省音注:《资治通鉴》,中华书局 1956 年版,第 7135 页。
⑥ 〔后晋〕刘昫等撰:《旧唐书》,中华书局 1975 年版,第 3512 页。
⑦ 〔宋〕司马光编著,〔元〕胡三省音注:《资治通鉴》,中华书局 1956 年版,第 7849 页。
⑧ 〔宋〕司马光编著,〔元〕胡三省音注:《资治通鉴》,中华书局 1956 年版,第 8626~8627 页。
⑨ 〔清〕徐松辑,高敏点校:《河南志》,中华书局 1994 年版,第 1 页。
⑩ 〔清〕徐松辑,高敏点校:《河南志》,中华书局 1994 年版,第 3 页。
⑪ 〔唐〕李林甫等撰,陈仲夫点校:《唐六典》,中华书局 1992 年版,第 220 页。

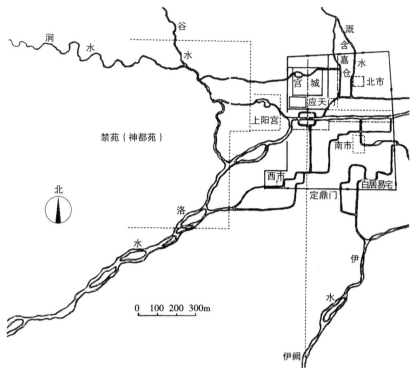

图 4-1　隋唐洛阳平面图［引自周维权：《中国古典园林史》（第三版），

清华大学出版社 2008 年版，第 178 页］

　　宫城周回十三里二百四十一步，隋名紫微城，唐名洛阳宫，是皇帝听政和日常居住的地方。皇城隋名太微城，围绕在宫城的东、南、西三面，呈"凹"形，为官府衙署之所在，南面的正门名端门。上阳宫在皇城之西南，南临洛水，西距谷水、北连禁苑。隋炀帝营建东都之初，即大肆营建皇家园林。《隋书》卷三载："于皂涧营显仁宫，采海内奇禽异兽草木之类，以实园苑。"①其后，唐代对皇家园林也多有增缮。例如，洛阳城西之禁苑在隋名西苑，在唐修缮后改为东都苑，其规模比洛阳城还大。

　　洛阳城内纵横各十街。"天街"自皇城之端门直达定鼎门，宽百步，长八里，当中为皇帝专用的御道，两旁道泉流渠，种榆、柳、石榴、樱桃等行道树。每当春夏，桃红柳绿，流水潺潺，宛若画境。城内水道如网，渠道纵横，入城之水有洛

---

① 〔唐〕魏徵撰：《隋书》，中华书局 1973 年版，第 63 页。

水、漕渠、南运渠、通济渠、通津渠、泄城渠、伊水、瀍水等,供水条件和水运交通十分方便,对城市风貌的形成和发展有很大的作用,这也是促成隋唐洛阳园林兴盛的一个重要因素。

隋唐洛阳城见证了中国封建社会最辉煌的一段历史,包含丰富的文化内涵,是研究中国古代都城建制、城市布局、社会生活、园林营造的宝贵资料,在中国古代都城发展史上具有重要地位,其平面布局、建筑形制对后世影响深远。

二、大内御苑

隋唐洛阳的大内御苑主要是洛阳宫附属的园林,由陶光园和九洲池等景观构成,宫内有苑,宫苑一体。(见图4-2)

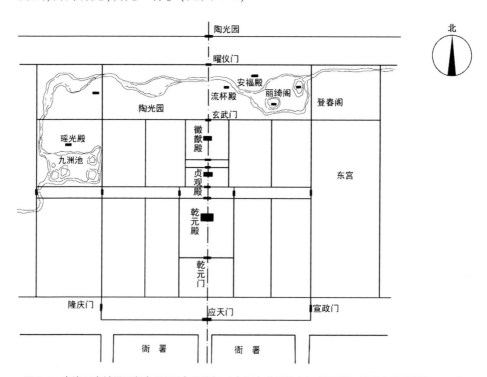

图4-2 唐洛阳宫城平面想象图[引自周维权:《中国古典园林史》(第三版),清华大学出版社2008年版,第185页]

　　洛阳宫在隋名紫微城,即洛阳东都宫城。唐贞观六年(632)改名洛阳宫,武后光宅元年(684)改名太初宫。宫的南垣设三座城门,中门应天门。应天门之北为朝区之正门乾元门。其后的乾元殿为朝区的正殿,也是天子大朝之所,武则天时改建为规模宏大的明堂。贞观殿为朝区的后殿,武则天时改建为天堂。其后的徽猷殿则为寝区的正殿。应天门、乾元殿、贞观殿、徽猷殿构成宫廷区的中轴线,东、西两侧散布着一系列的殿宇建筑群,其中有天子的常朝宣政殿、寝宫以及嫔妃居所和各种辅助用房。宫廷区的东侧为太子居住的东宫,西侧为诸皇子、公主居住的地方。《唐六典》载洛阳宫"东西四里一百八十步,南北二里八十五步,周回十三里二百四十一步"①。

　　其中,徽猷殿东有流杯殿一组,殿上有流杯渠,殿前有山池,两翼回廊前伸,各建有轩亭,是园林建筑。《太平御览》卷一百七十五引《两京杂记》曰:"流杯殿东西廊、殿南头两边皆有亭子以间山池。此殿上作漆渠九曲,从陶光园引水入渠,隋炀帝常于此为曲水之饮,在东都。"②《唐两京城坊考》卷五亦曰:"又北流杯殿,殿上漆渠九曲,从陶光园引水注庄敬院,隋炀帝与宫人为曲水之饮。"③《河南志》"唐城阙古迹"又曰:"(徽猷)殿前有石池,东西五十步,南北四十步。池中有金花草,紫茎碧叶,丹花绿实,味酸可食。"④

　　陶光园在宫廷区的北侧,平面呈长条状,园内横贯东西向的水渠,在园的东半部潴而为水池,是一座水景园。池中有二岛,分别建登春、丽绮二阁,池北为安福殿。《河南志》"唐城阙古迹"载:"陶光园在徽猷、宏徽之北。东西数里。南面有长廊,即宫殿之北面也。园中有东西渠,西通于苑。"⑤"池有二洲,东洲有登春阁,其下为澄华殿,西洲有丽绮阁,其下为凝华殿。池北曰安福门。"⑥考古发掘显示,陶光园平面呈东西向长方形,东西长 1040 米,南北宽 156 米。⑦

　　以九洲池为主体的园林区位于宫城的西北角,其命名寓有表现琼楼仙境的

①　〔唐〕李林甫等撰,陈仲夫点校:《唐六典》,中华书局 1992 年版,第 220 页。

②　〔宋〕李昉编纂,夏剑钦校点:《太平御览》(第二册),河北教育出版社 1994 年版,第 668 页。

③　〔清〕徐松撰,〔清〕张穆校补,方严点校:《唐两京城坊考》,中华书局 1985 年版,第 134 页。

④　〔清〕徐松辑,高敏点校:《河南志》,中华书局 1994 年版,第 121 页。

⑤　〔清〕徐松辑,高敏点校:《河南志》,中华书局 1994 年版,第 122 页。

⑥　〔清〕徐松撰,〔清〕张穆校补,方严点校:《唐两京城坊考》,中华书局 1985 年版,第 134 页。

⑦　中国社会科学院考古研究所编著:《隋唐洛阳城:1959—2001 年考古发掘报告》(第二册),文物出版社 2014 年版,第 651 页。

意思。《唐两京城坊考》卷五曰："九洲池,在仁智殿南、归义门西,其池屈曲,象东海之九洲,居地十顷,水深丈余,鸟鱼翔泳,花卉罗植。池之洲,殿曰瑶光,隋造。武后杀僧怀义于瑶光殿前树下。亭曰琉璃,隋造,在瑶光殿南。观曰一柱,隋造,在琉璃亭南。环池者曰花光院、曰山斋院、曰翔龙院、曰神居院、曰仙居院、曰仁智院、曰望景台,西则达于隔城。"[1]其中,山斋院在池东;翔龙院在花光院北;神居院在翔龙院北;仙居院在安福殿西;仁智院在仙居院西,殿西有千步阁,隋炀帝造,南有归义门;望景台在池北,高四十尺,方二十五步。经考古发现,宫城西北角有大面积的淤土堆积,西距西墙5米,北距陶光园南墙148米。淤土东西最长为280米,南北最宽为260米,总面积约为600平方米。淤土距今地表深度不一,西部及西南部一般深在2米以下,东部深1.8米左右,东北部深0.5米左右。这处淤土堆显然是一个大水池的遗迹,可能就是当年的九洲池。九洲池的北面与陶光园内的水渠连接,南面伸出约9米的缺口应是通往宫城外的另一条水渠。

三、行宫御苑

隋唐两代,除兴建长安、洛阳两京宫殿外,还在长安、洛阳附近修建了大量的离宫,在二京之间和去离宫的路上也建有大量的行宫。这些宫苑绝大多数都建置在山岳风景幽美的地带,很注意建筑基址的自然环境和小气候条件,尤其重视其本身的园林化处理,多为宫苑一体的布局。

唐太宗时,为巡幸洛阳,贞观十一年(637)建明德宫。后废明德宫"给(洛阳)遭水者"[2]。又于贞观十四年(640)在汝州建襄城宫。《资治通鉴》卷一百九十五载:"上将幸洛阳,命将作大匠阎立德行清暑之地。秋,八月,庚午,作襄城宫于汝州西山。"[3]同书卷一百九十六载:"(贞观十五年,641)三月,戊辰,幸襄城宫,地既烦热,复多毒蛇;庚午,罢襄城宫,分赐百姓,免阎立德官。"[4]

① 〔清〕徐松撰,〔清〕张穆校补,方严点校:《唐两京城坊考》,中华书局1985年版,第135~136页。
② 〔宋〕司马光编著,〔元〕胡三省音注:《资治通鉴》,中华书局1956年版,第6131页。
③ 〔宋〕司马光编著,〔元〕胡三省音注:《资治通鉴》,中华书局1956年版,第6154页。
④ 〔宋〕司马光编著,〔元〕胡三省音注:《资治通鉴》,中华书局1956年版,第6165页。

高宗后期长居洛阳,永淳元年(682)在嵩山建奉天宫。《旧唐书》卷五载:"秋七月己亥,造奉天宫于嵩山之阳,仍置嵩阳县。"[1]同书卷一百九十二载:"初置奉天宫,帝令所司于逍遥谷口特开一门,号曰仙游门,又于苑北面置寻真门,皆为师正立名焉。"[2]《唐会要》卷三十之"奉天宫"条曰:"宏(弘)道元年(683)十二月,遗诏废之。文明元年(684)二月,改为嵩阳观。"[3]

武周时,又于圣历三年(700)在嵩山建三阳宫。《资治通鉴》卷二百六载:"(久视元年,700)春,一月……作三阳宫于告成之石淙。……夏,四月,戊申,太后幸三阳宫避暑。"注曰:"三阳宫去洛城一百六十里。"[4]又在万安山建兴泰宫。《资治通鉴》卷二百七载:"(长安四年,704)春,正月……丁未,毁三阳宫,以其材作兴泰宫于万安山。二宫皆武三思建议为之,请太后每岁临幸,功费甚广,百姓苦之。……夏,四月……太后幸兴泰宫。"[5]三阳宫在告成南,为洛阳东南方向。兴泰宫在寿安县之万安山,为洛阳西南方向。

四、离宫御苑

隋唐两代的离宫外有墙垣环绕,事实上是一个皇宫与园苑结合的小宫城,洛阳附近的离宫御苑主要有隋西苑、唐神都苑以及上阳宫等。

(一)隋西苑

隋炀帝杨广即位后,在东都洛阳大力营建宫殿苑囿,其中以西苑最为著名。西苑建于隋大业元年(605),位于洛阳宫城以西,又名会通苑。《河南志》"隋城阙古迹"云:"上林苑。初曰会通苑。又改上林而曰西苑。"[6]这是历史上仅次于西汉上林苑的一座特大型皇家园林,风格受到南北朝时期自然山水园林的影

① 〔后晋〕刘昫等撰:《旧唐书》,中华书局1975年版,第110页。
② 〔后晋〕刘昫等撰:《旧唐书》,中华书局1975年版,第5126页。
③ 〔宋〕王溥撰:《唐会要》,中华书局1955年版,第557页。
④ 〔宋〕司马光编著,〔元〕胡三省音注:《资治通鉴》,中华书局1956年版,第6545~6546页。
⑤ 〔宋〕司马光编著,〔元〕胡三省音注:《资治通鉴》,中华书局1956年版,第6569~6571页。
⑥ 〔清〕徐松辑,高敏点校:《河南志》,中华书局1994年版,第111页。

响,以湖、渠等水系为主体,将宫苑建筑融于山水之中。(图4-3)

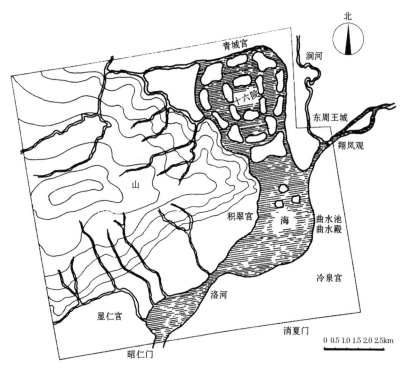

图4-3 隋西苑平面示意图[引自汪菊渊:《中国古代园林史》(第二版),
中国建筑工业出版社2012年版,第116页]

《资治通鉴》卷一百八十载:"(大业元年)五月,筑西苑,周二百里;其内为海,周十余里;为蓬莱、方丈、瀛洲诸山,高出水百余尺,台观殿阁,罗络山上,向背如神。北有龙鳞渠,萦纡注海内。缘渠作十六院,门皆临渠,每院以四品夫人主之,堂殿楼观,穷极华丽。宫树秋冬凋落,则剪彩为华叶,缀于枝条,色渝则易以新者,常如阳春。沼内亦剪彩为荷芰菱芡,乘舆游幸,则去冰而布之。十六院竞以肴羞精丽相高,求市恩宠。上好以月夜从宫女数千骑游西苑,作清夜游曲,于马上奏之。"①

《大业杂记》亦云:"元年夏五月,筑西苑,周二百里。其内造十六院,屈曲周绕龙鳞渠。其第一延光院,第二明彩院,第三含香院,第四承华院,第五凝晖院,第六丽景院,第七飞英院,第八流芳院,第九曜(曜)仪院,第十结绮院,第十一百

① 〔宋〕司马光编著,〔元〕胡三省音注:《资治通鉴》,中华书局1956年版,第5620页。

福院,第十二万善院,第十三长春院,第十四永乐院,第十五清暑院,第十六明德院。□置四品夫人十六人,各主一院。庭植名花,秋冬即剪彩为之,色渝则改著新者。其池沼之内,冬月亦剪彩为芰荷。每院开东、西、南三门,门并临龙鳞渠。渠面阔二十步,上跨飞桥。过桥百步,即种杨柳修竹,四面郁茂,名花美草,隐映轩陛。其中有逍遥亭,八面合成,结构之丽,冠绝今古。其十六院,例相仿效。每院各置一屯,屯即用院名名之。屯别置正一人,副二人,并用宫人为之。其屯内备养刍豢,穿池养鱼,为园种疏,植瓜果,四时肴膳,水陆之产,靡所不有。其外游观之处,复有数十,或泛轻舟画舸,习采菱之歌;或升飞桥阁道,奏春游之曲。苑内造山为海,周十余里,水深数丈。其中有方丈、蓬莱、瀛洲诸山,相去各三百步,山高出水百余尺。上有通真观、集灵台、总仙宫,分在诸山。风亭月观,皆以机成,或起或灭,若有神变。海北有龙鳞渠,屈曲周绕十六院入海。海东有曲水池,其间有曲水殿,上巳禊饮之所。每秋八月月明之夜,帝引宫人三五十骑,人定之后,开阊阖门入西苑,歌管达曙,□诸府寺,因乃置清夜游之曲数十首。"[1]

《河南志》"隋城阙古迹"也载:"(西苑)周二百二十九里一百三十八步。东曰嘉豫门,望春门。南面曰清夏门,兴安门,昭仁门。西面曰迎秋门,游义门,笼烟门,灵溪门,风和门。北面曰朝阳门,灵圃门,御冬门,应福门。苑内设十六院:延光院,明彩院,含香院,承华院,凝晖院,丽景院,飞英院,流芳院,曜仪院,(缺第十)白福院,万善院,长春院,永乐院,清暑院,明德院。"[2]

西苑是一座人工山水园,兼有经济生产的功能。隋继汉制,国家财政与宫室耗用分开,九寺中设太府寺,专管宫室、器物、园林,故而西苑规模浩大。从文献记载来看,园内除理水、筑山、植物配置和建筑营造外,生产的薪柴、林木、蔬果、粮食等直接为宫中生活之用,并设有围墙隔离,百姓不得入。苑址范围内是一片略有丘陵起伏的平原,北背邙山,西、南两面都有山丘作为屏障。其周回二百余里,比洛阳城大数倍,共有十四门,东墙二门,南墙三门,北墙四门,西墙五门。西苑以人工开凿的最大水域"北海"为中心,洛水和谷水贯流其中,水资源十分充沛。北海周长十余里,海中筑蓬莱、方丈、瀛洲三座岛山,高出水面百余

---

[1]　〔唐〕杜宝撰,辛德勇辑校:《大业杂记辑校》,三秦出版社2006年版,第13~15页。
[2]　〔清〕徐松辑,高敏点校:《河南志》,中华书局1994年版,第111~113页。

尺。海北的水渠曲折萦行注入海中,沿着水渠建置十六院,均穷极华丽,院门皆临渠。隋炀帝为便于游西苑,"自大内开为御道,直通西苑,夹道植长松高柳。帝多幸苑中,去来无时,侍御多夹道而宿,帝往往中夜即幸焉"①。他还作清夜游曲,在马上演奏。

此外,隋炀帝还作《望江南》,游湖上时令宫中美人演唱。《炀帝海山记》曰:"帝多泛东湖,因制湖上曲《望江南》八阕云。'湖上月,遍照列仙家。水浸寒光铺枕簟,浪摇晴影走金蛇。偏称泛灵槎。光景好,轻彩望中斜。清露冷侵银兔影,西风吹落桂枝花。开宴思无涯。湖上柳,烟里不胜摧。宿雾洗开明媚眼,东风摇弄好腰枝。烟雨更相宜。环曲岸,阴覆画桥低。线拂行人春晚后,絮飞晴雪暖风时。幽意更依依。湖上雪,风急堕还多。轻片有时敲竹户,素华无韵入澄波。望外玉相磨。湖水远,天地色相和。仰面莫思梁苑赋,朝来且听玉人歌。不醉拟如何。湖上草,碧翠浪通津。修带不为歌舞缓,浓铺堪作醉人茵。无意衬香衾。晴霁后,颜色一般新。游子不归生满地,佳人远意寄青春。留咏卒难伸。湖上花,天水浸灵芽。浅蕊水边匀玉粉,浓苞天外剪明霞。只在列仙家。开烂熳,插鬓若相遮。水殿春寒幽冷艳,玉轩晴照暖添华。清赏思何赊。湖上女,精选正轻盈。犹恨乍离金殿侣,相将尽是采莲人。清唱谩频频。轩内好,嬉戏下龙津。玉管朱弦闻尽夜,踏青斗草事青春。玉辇从群真。湖上酒,终日助清欢。檀板轻声银甲缓,醅浮香米玉蛆寒,醉眼暗相看。春殿晚,仙艳奉杯盘。湖上风光真可爱,醉乡天地就中宽,帝主正清安。湖上水,流绕禁园中。斜日暖摇清翠动,落花香暖众纹红,蘋末起清风。闲纵目,鱼跃小莲东。泛泛轻摇兰棹稳,沉沉寒影上仙宫,远意更重重。'"②

西苑的规划布局和园景艺术特点有六:

其一,水景园的内容。西苑内有大海(大湖)和龙鳞渠,水系根据地势,略呈西高东低、北高南低的走向,引谷水(涧河)顺邙山脚下,由西往东而入苑,退水于洛河。"渠面宽二十步",屈曲环绕各园区,又汇之为海,"海周十余里,水深数丈"。《河南志》"隋城阙古迹"云:"造山为海,周十余里。水深数丈,中有方丈、蓬莱、瀛洲诸山,相去各三百步。山高水出百余尺。上有通真观、集灵台、总仙

---

①　佚名撰:《炀帝海山记》,见〔明〕陆楫等辑:《古今说海》,巴蜀书社 1988 年版,第 636 页。

②　佚名撰:《炀帝海山记》,见〔明〕陆楫等辑:《古今说海》,巴蜀书社 1988 年版,第 635~636 页。

宫,分在诸山。别有浮桥,水殿百余,泛滥往来。"①水是园林命脉,西苑园景以河、湖、山为骨架、脉络布置园景,形成水光潋滟、湖光山色的景观特征。今洛阳西工下池村地段,疑为当年大海之处,"下池"之名疑为民间称谓之延传。

其二,"三神山"造园遗风。西苑海内有三岛,名曰蓬莱、方丈、瀛洲,仍沿袭秦汉以来"一池三山"的宫苑模式。山上有道观建筑,仅具求仙的象征意义,实则作为游赏的景点。关于"三神山"的传说,《汉书》卷二十五上云:"蓬莱、方丈、瀛洲。此三神山者,其传在渤海中,去人不远。盖尝有至者,诸仙人及不死之药皆在焉。其物禽兽尽白,而黄金银为宫阙。未至,望之如云;及到,三神山反居水下,水临之。患且至,则风辄引船而去,终莫能至云。"②秦始皇筑兰池宫,堆"三神山"。《史记》卷六载:"(三十一年)始皇为微行咸阳,与武士四人俱,夜出逢盗兰池。"正义引《秦记》云:"始皇都长安,引渭水为池,筑为蓬(莱)、瀛(洲),刻石为鲸,长二百丈。"③后汉武帝营建章宫,凿太液池,池中亦筑"三神山"。《史记》卷十二载:"于是作建章宫,……其北治大池,渐台高二十余丈,名曰泰液池。中有蓬莱、方丈、瀛洲、壶梁,象海中神山龟鱼之属。"④其后历代皇朝多有效仿。清北京西苑(今北海公园和中南海),亦引西山之水,聚什刹海,又凿池为北中南海,堆三岛于其中。

其三,集锦式宫苑布局。宫苑内造十六院,屈曲周绕龙鳞渠。各院皆占据水湾,面向清流。《河南志》"隋城阙古迹"云:"每院备有堂皇之丽,阶庭并植名花奇树。院口西南开三门,门并临龙鳞渠。渠面阔二十步,上跨飞桥。院置一屯,用院名名之。屯内养羊、豕、池鱼,园蔬瓜果悉具。"⑤这种区分主题、随势引水的规划方法是我国皇家园林最早出现的集锦式布局手法。

其四,庄园型离宫园景。西苑内十六院每院各置一屯,屯即用院名命名。每屯别置正一人,副二人。屯内畜养雉豢,穿池养鱼为园,种蔬菜植瓜果,四时肴膳水陆之产,靡所不有。这种田园式的宫苑规划,显然受魏晋寄情山水、乐于田园的高士思想影响,如西晋石崇金谷园、南朝谢灵运山居等,也反映"五谷熟

---

① 〔清〕徐松辑,高敏点校:《河南志》,中华书局1994年版,第114页。

② 〔汉〕班固撰,〔唐〕颜师古注:《汉书》,中华书局1962年版,第1204页。

③ 〔汉〕司马迁撰:《史记》,中华书局1959年版,第251页。

④ 〔汉〕司马迁撰:《史记》,中华书局1959年版,第482页。

⑤ 〔清〕徐松辑,高敏点校:《河南志》,中华书局1994年版,第113页。

而民人育"的儒家思想,直接保证了宫苑的食粟、蔬果供给。

其五,奇巧壮丽的园林建筑。西苑的园林建筑分三种类型:第一类是十六院中宫人和管园人的居住建筑;第二类是崇拜和游赏性建筑,如海东的曲水池中有曲水殿,三月上巳,隋炀帝与群臣禊饮之所也;第三类是纯游赏性的景观建筑,这类建筑壮观宏丽,结构巧绝,如跨龙鳞渠的飞桥,逍遥亭,三仙山观、台、宫等。

其六,名花异木,荟萃宫苑。隋炀帝营建显仁宫时,就曾"课天下诸州,各贡草木花果,奇禽异兽于其中"①。"采海内奇禽异兽草木之类,以实园苑。"②隋炀帝初建西苑时,"诏天下境内所有鸟兽草木,驿至京师。天下共进花木鸟兽鱼虫莫知其数……大业六年,后(西)苑草木鸟兽,繁息茂盛,桃蹊李径,翠阴交合,金猿青鹿,动辄成群"③。为使苑中四季彩花纷呈,"秋冬即剪彩为之,色渝则改著新者。其池沼之内,冬月亦剪彩为芰荷"④。

综上所述,西苑大体上沿袭秦汉以来"一池三山"的宫苑模式。苑内景点多以建筑为中心,用十六组建筑群结合水道的穿插而构成园中有园的小园林集群,是一种创新的规划方式。园林中的龙鳞渠、北海、曲水池、五湖构成一个完整的水系,模拟天然河湖的水景,开拓水上游览的内容,这个水系又与"积土石为山"相结合而构成丰富的、多层次的山水空间。苑内植物配置范围广泛,移栽品种极多。可见,西苑不仅是复杂的园林艺术创作,也是庞大的土木工程、绿化工程;它在园林设计规划方面具有里程碑意义,标志着中国园林全盛期的到来。

(二)神都苑

唐武德三年(620)平王世充之役,唐军驻洛阳之西,西苑有所损毁。武德九年(626),设洛阳官监,管理宫城及西苑。西苑隶属唐司农寺,主要是作为庄园加以管理的。唐高宗时,把西苑分东、西、南、北四面,分别设官管辖,负责种植及修葺房屋,积蓄了大量资财。上元二年(675),管理西苑的司农少卿韦机说已积有四十万贯钞,高宗遂命以此钞修复苑中建筑,并新建高山宫、宿羽宫。以后

---

① 〔唐〕魏徵撰:《隋书》,中华书局1973年版,第686页。
② 〔唐〕魏徵撰:《隋书》,中华书局1973年版,第63页。
③ 佚名撰:《炀帝海山记》,见〔明〕陆楫等辑:《古今说海》,巴蜀书社1988年版,第634~636页。
④ 〔唐〕杜宝撰,辛德勇辑校:《大业杂记辑校》,三秦出版社2006年版,第14页。

陆续增建，形成唐之西苑，也称禁苑。武则天改称洛阳为神都后，又称神都苑。《唐两京城坊考》卷五曰："唐之东都苑，隋之会通苑也。又曰上林苑，武德初改芳华苑，武后曰神都苑。"①

《旧唐书》卷三十八载："禁苑，在都城之西。东抵宫城，西临九曲，北背邙阜，南距飞仙。苑城东面十七里，南面三十九里，西面五十里，北面二十里。苑内离宫、亭、观一十四所。"②《唐六典》卷七曰："禁苑……中有合璧、冷泉、高山、龙鳞、翠微、宿羽、明德、望春、青城、黄女、陵波十有一宫，芳树、金谷二亭，凝碧之池。"③

神都苑中诸宫苑的沿革及位置大致如下：

合璧宫。《旧唐书》卷四载："（高宗显庆五年，660）夏四月戊寅，车驾还东都，造八关宫于东都苑内。……五月壬戌，幸八关宫，改为合璧宫。"④同卷："龙朔元年（661）三月丙申朔，改元。壬戌，幸合璧宫。"⑤同卷："（麟德）二年（665）春正月壬午，幸东都。丁酉，幸合璧宫。"⑥《河南志》"唐城阙古迹"曰："合璧宫，在苑之最西。当中殿曰连璧殿。又有齐圣殿，北据山阜，甚为宏壮。"⑦又《旧唐书》卷五载："（上元二年，675）夏四月……己亥，皇太子弘薨于合璧宫之绮云殿。时帝幸合璧宫，是日还东都。"⑧可见，合璧宫在东都洛阳城西，其与东城之距离，乘车、马能当日去回。传言武则天避暑于合璧宫，迟迟不还东都，故后世称此地为"延秋"。

凝碧池。《唐两京城坊考》卷五曰："（苑内）最东者凝碧池，当中央者龙鳞宫。"注云："盖唐改（隋西苑）海为凝碧池，隋炀帝之积翠池盖即凝碧池。"⑨

明德宫。《河南志》"唐城阙古迹"曰："明德宫，在合璧宫东南……隋曰显

①　〔清〕徐松撰，〔清〕张穆校补，方严点校：《唐两京城坊考》，中华书局1985年版，第143页。
②　〔后晋〕刘昫等撰：《旧唐书》，中华书局1975年版，第1421页。
③　〔唐〕李林甫等撰，陈仲夫点校：《唐六典》，中华书局1992年版，第222页。
④　〔后晋〕刘昫等撰：《旧唐书》，中华书局1975年版，第80页。
⑤　〔后晋〕刘昫等撰：《旧唐书》，中华书局1975年版，第81页。
⑥　〔后晋〕刘昫等撰：《旧唐书》，中华书局1975年版，第86页。
⑦　〔清〕徐松辑，高敏点校：《河南志》，中华书局1994年版，第137页。
⑧　〔后晋〕刘昫等撰：《旧唐书》，中华书局1975年版，第100页。
⑨　〔清〕徐松撰，〔清〕张穆校补，方严点校：《唐两京城坊考》，中华书局1985年版，第144页。

仁宫。南逼南山,北临洛水。宫北有射堂、官马坊。"①《唐两京城坊考》卷五曰:
"合璧之东南,隔水者为明德宫。"注云:"隋曰显仁宫。"②

黄女宫。《河南志》"唐城阙古迹"曰:"黄女宫,在合璧宫东。三面临洛水。
水深潭处号黄女湾,因以为名。芳树亭,在黄女宫南,大帝造。"③《唐两京城坊
考》卷五云:"合璧之东为黄女宫。其正南而隔水者,芳榭(树)亭也。"④

高山宫。《河南志》"唐城阙古迹"曰:"高山宫,在苑西北,司农卿韦机
造。"⑤《唐两京城坊考》卷五云:"苑之西北隅为高山宫。"按:"贞观十一年
(637),以谷、洛溢,废飞山宫之玄圃院,赐遭水家。疑高山宫即飞山宫也。"⑥

宿羽宫。《资治通鉴》卷二百二载:"调露元年(679)春,正月,己酉,上幸东
都。司农卿韦弘机作宿羽、高山、上阳等宫,制度壮丽。"⑦《河南志》"唐城阙古
迹"曰:"宿羽宫,韦机造。在苑东北,南邻大池,池流水盘曲。"⑧《唐两京城坊
考》卷五云:"(苑之)东北隅为宿羽宫。"按:"宫中有宿羽台。"⑨

望春宫。《河南志》"唐城阙古迹"曰:"望春宫,在苑东南。"⑩《唐两京城坊
考》卷五:"(苑之)东南隅为望春宫。"⑪

冷泉宫。《河南志》"唐城阙古迹"曰:"冷泉宫,隋造。有泉极冷,因以为
名。"⑫

积翠宫。《河南志》"唐城阙古迹"曰:"积翠宫,隋造。《六典》作翠微
宫。"⑬《唐两京城坊考》卷五:"积翠宫,隋造。《六典》作翠微宫。按隋炀帝集四

---

① 〔清〕徐松辑,高敏点校:《河南志》,中华书局1994年版,第138页。
② 〔清〕徐松撰,〔清〕张穆校补,方严点校:《唐两京城坊考》,中华书局1985年版,第144页。
③ 〔清〕徐松辑,高敏点校:《河南志》,中华书局1994年版,第139页。
④ 〔清〕徐松撰,〔清〕张穆校补,方严点校:《唐两京城坊考》,中华书局1985年版,第144页。
⑤ 〔清〕徐松辑,高敏点校:《河南志》,中华书局1994年版,第138页。
⑥ 〔清〕徐松撰,〔清〕张穆校补,方严点校:《唐两京城坊考》,中华书局1985年版,第144页。
⑦ 〔宋〕司马光编著,〔元〕胡三省音注:《资治通鉴》,中华书局1956年版,第6388页。
⑧ 〔清〕徐松辑,高敏点校:《河南志》,中华书局1994年版,第138页。
⑨ 〔清〕徐松撰,〔清〕张穆校补,方严点校:《唐两京城坊考》,中华书局1985年版,第144页。
⑩ 〔清〕徐松辑,高敏点校:《河南志》,中华书局1994年版,第138页。
⑪ 〔清〕徐松撰,〔清〕张穆校补,方严点校:《唐两京城坊考》,中华书局1985年版,第144页。
⑫ 〔清〕徐松辑,高敏点校:《河南志》,中华书局1994年版,第137~138页。
⑬ 〔清〕徐松辑,高敏点校:《河南志》,中华书局1994年版,第138页。

方散乐于东京,阅之于芳华苑积翠池,则宫以池得名。"①《资治通鉴》卷一百九十四载:"(贞观十一年,637)三月……庚子,上宴洛阳宫西苑,泛积翠池。"注曰:"(洛阳西苑)谷、洛二水会于其间,虑其泛溢,为三陂以御之:一曰积翠,二曰月陂,三曰上阳。"②

青城宫。《河南志》"唐城阙古迹"曰:"青城宫,在宿羽宫西。"③《唐两京城坊考》卷五云:"青城宫,隋造,在宿羽宫西。"④《资治通鉴》卷一百八十八载:"(王)世充陈于青城宫。"注曰:"此青城宫若在洛城西北。"⑤

其余,陵波宫,隋所造;金谷亭,"大帝(唐高宗李治)造"⑥。

《唐两京城坊考》卷五又载:"隋及唐初苑内,又有朝阳宫、栖云宫、景华宫、成务殿、大顺殿、文华殿、春林殿、和春殿、华渚堂、翠阜堂、流芳堂、清风堂、光风堂、崇兰堂、丽景堂、鲜云堂、回流亭、流风亭、露华亭、飞香亭、芝田亭、长塘亭(又作草塘亭)、芳洲亭、翠阜亭、芳林亭、流芳亭、飞华亭、留春亭、澂(澄)秋亭、洛浦亭,皆隋炀帝所造。武德、贞观之后多渐移毁,显庆后,田仁汪、韦机等改拆营造,或取旧名,或因余所,规制与此异矣。"⑦可以看出唐代洛阳离宫园林因继隋朝,仍为昌盛。

此外,依《河南志》记载,神都苑"(墙)垣高一丈九尺。东面四门:从北第一曰嘉豫门(门上有观,隋曰翔凤观),次南曰上阳门,次南曰新开门,最南曰望春门。南面三门:从东第一曰兴善门(隋曰清夏门),次西曰兴安门,次西曰灵光门(隋曰昭仁门)。西面五门:从南第一曰迎秋门,次北曰游义门,次北曰笼烟门,次北曰灵溪门,次北曰风和门。北面五门:从西第一曰朝阳门,次东曰灵囿门,次东曰元圃门,次东曰御冬门,最东曰膺福门"⑧。共十七门。《唐两京城坊考》也有相同记载。⑨

---

① 〔清〕徐松撰,〔清〕张穆校补,方严点校:《唐两京城坊考》,中华书局1985年版,第144页。
② 〔宋〕司马光编著,〔元〕胡三省音注:《资治通鉴》,中华书局1956年版,6127页。
③ 〔清〕徐松辑,高敏点校:《河南志》,中华书局1994年版,第138~139页。
④ 〔清〕徐松撰,〔清〕张穆校补,方严点校:《唐两京城坊考》,中华书局1985年版,第144页。
⑤ 〔宋〕司马光编著,〔元〕胡三省音注:《资治通鉴》,中华书局1956年版,第5888页。
⑥ 〔清〕徐松辑,高敏点校:《河南志》,中华书局1994年版,第139页。
⑦ 〔清〕徐松撰,〔清〕张穆校补,方严点校:《唐两京城坊考》,中华书局1985年版,第145页。
⑧ 〔清〕徐松辑,高敏点校:《河南志》,中华书局1994年版,第136~137页。
⑨ 〔清〕徐松撰,〔清〕张穆校补,方严点校:《唐两京城坊考》,中华书局1985年版,第143页。

关于神都苑的管理,据《唐六典》卷十九之"司农寺"条记载,其管理机构由总监和四面监组成。"苑总监掌宫苑内馆园池之事……凡禽鱼果木皆总而司之。""四面监掌所管面苑内宫馆园池与其种植修葺之事……"注曰:"显庆二年(657),改青城宫监曰东都苑北面监,明德宫监曰东都苑南面监,洛阳宫农圃监曰东部苑东面监,食货监曰东都苑西面监。"[1]从这些职官的名称看来,唐代的东都苑主要是从事农副业生产的经济实体,是与汉代上林苑颇相类似的皇家庄园,游赏的职能已退居次要地位。

另据《河南志》"唐城阙古迹"记载,唐东都苑周十七门,其中有十四门沿用隋代之旧门,只增设了三座新门。故隋西苑的规模很可能大致与唐苑相当。神都苑的大体范围在今南至龙门山及山南一部分,西至延秋、唐华村,西北至磁涧,北至邙山红山村一带,总面积约为 160 平方公里。

(三)上阳宫

上阳宫始建于上元年间,是在隋十六院的基址上重新修建的大型离宫御苑。《旧唐书》卷一百八十五上载:"上元中,(韦机)迁司农卿,检校园苑,造上阳宫。"[2]

其一,上阳宫的位置规模。

上阳宫西面紧邻禁苑神都苑,东接皇城之西南隅,南临洛水,西拒谷水。自洛水引支渠入宫,潴而为池,池中有洲,沿洛水建有长约一里的长廊。《资治通鉴》卷二百二云:"上阳宫临洛水,为长廊亘一里。"[3]

《唐六典》卷七载:"上阳宫在皇城之西南。苑之东垂也。南临洛水,西拒谷水,东面即皇城右掖门之南。上元中营造,高宗晚年常居此宫以听政焉。东面二门:南曰提象门,即正衙门。北曰星躔门。提象门内曰观风门,南曰浴日楼,北曰七宝阁,其内曰观风殿。殿东面。其内又有丽春台、耀(曜)掌亭、九洲亭。其西则有西上阳宫,两宫夹谷水,虹桥以通往来。北曰化成院,西南曰甘露殿,殿东曰双曜亭。又西曰麟趾殿,东曰神和亭,西曰洞玄堂。观风之西曰本枝院,又西曰丽春殿,殿东曰含莲亭,西曰芙蓉亭,又西曰宜男亭,北曰芬芳门,其内曰芬芳殿。又有

① 〔唐〕李林甫等撰,陈仲夫点校:《唐六典》,中华书局 1992 年版,第 530 页。
② 〔后晋〕刘昫等撰:《旧唐书》,中华书局 1975 年版,第 4796 页。
③ 〔宋〕司马光编著,〔元〕胡三省音注:《资治通鉴》,中华书局 1956 年版,第 6388 页。

露菊亭、互春、妃嫔、仙杼、冰井等院散布其内。宫之南面曰仙洛门。又西曰通仙门,并在苑中。其内曰甘汤院。次北东上曰玉京门,门内北曰金阙门,南曰泰初门。玉京之西曰客省院、荫殿、翰林院,又西曰上阳宫,宫西曰含露门。玉京西北出曰仙桃门,又西曰寿昌门,门北出曰玄武门,门内之东曰飞龙厩。"①

依文献对比现状,上阳宫范围大体在今洛阳城纱厂路以南,金谷园路以西,洛河以北,涧河以东,约 8 平方公里范围内。

其二,上阳宫的建筑布局。见图 4-4。

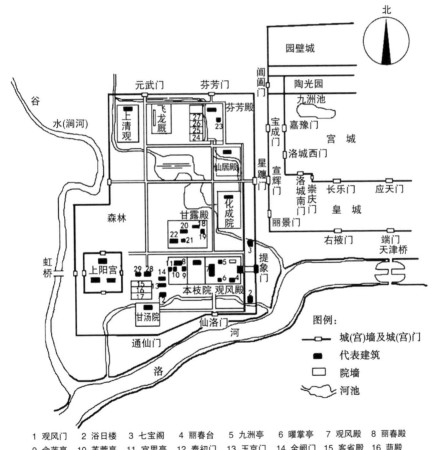

1 观风门　2 浴日楼　3 七宝阁　4 丽春台　5 九洲亭　6 曜掌亭　7 观风殿　8 丽春殿
9 含莲亭　10 芙蓉亭　11 宜男亭　12 泰初门　13 玉京门　14 金阙门　15 客省院　16 荫殿
17 翰林院　18 甘露殿　19 双曜亭　20 麟趾殿　21 神和亭　22 洞元堂　23 露菊亭　24 宜春院
25 妃嫔院　26 仙妤院　27 冰井院　28 仙桃门　29 寿昌门

图 4-4　唐洛阳上阳宫平面图(据《元河南志》《唐两京城坊考》及考古发掘和现状地形绘出)

① 〔唐〕李林甫等撰,陈仲夫点校:《唐六典》,中华书局 1992 年版,第 221 页。

上阳宫是供唐朝帝后游赏、离居的处所,高宗和武则天晚年在此处理政务。依功能要求,其采取了组团式布局。但是,上阳宫各建筑组团并没有像朝宫那样对称、行列布置,而是采用自由的、集锦式的组团布局,散置在园林空间之中。从规划角度分析,分为六个组团①:

第一组团:观风殿组团(高宗居此听政,武则天还政后居此)。包括观风门、浴日楼、丽景台、七宝阁、九洲亭和曜掌亭等。这组建筑面东,在皇城提象门外,距皇城最近。其大体位置在今洛阳市西工区八一路一带。

第二组团:化成院组团。包括仙居殿[武则天于神龙元年(705)十一月崩于上阳宫此殿,年八十三]、甘露殿、双曜亭等。其大体位置在今洛阳金谷园路以西,唐宫路以北,手表厂以东的方形地段内。

第三组团:麟趾殿组团。包括神和亭、洞元堂等。其遗址的位置大约在今洛阳市第二人民医院一带。

第四组团:本枝院组团。包括丽春殿、含莲亭、芙蓉亭、宜男亭。其大体位置在今洛阳西工区613导弹研究所一带,南临洛河有一里长的风景长廊,风光秀丽。

第五组团:芬芳殿组团。在上阳宫西北的芬芳门内,包括宜春院、仙妤院、妃嫔院、冰井院、露菊亭和上清观等。其大体位置在今洛阳西工区西部小屯村以北地段。

第六组团:上阳宫组团。据考古发现,上阳宫西部有一方形宫园(小上阳宫)。《唐六典》对其记载不详,《唐两京城坊考》亦云“不知其处”,其内可能有客省院、荫殿、翰林院、飞龙厩等建筑。其位置大体在今洛阳王城公园、六建公司一带。

通仙门内的甘汤院也是一个组团。上述各殿、院皆是组团的主体建筑,其周围还有附属建筑,以满足嫔妃居住、游赏,或者朝廷离居生活的需要。

这种组团式自由布局的离宫建设,既有对前朝十六院遗风的继承,也有根据其时其地的条件重新规划,阐发着时人的创造才能。隋十六院还呈现着行列布局的简单化迹象,而上阳宫则完全是自由布局,所显示的自然性更强,择地更

---

① 李新社、王恺:《唐洛阳上阳宫及宫苑考略》,见洛阳博物馆编:《洛阳博物馆建馆50周年论文集》,大象出版社2008年版,第136页。

得体于自然。

其三,上阳宫的建筑形制。

关于上阳宫的建筑形制史料缺乏记载,但考古发现的上阳石蟾蜍水口、琉璃瓦当等,反映着建筑的雕饰精丽。当时遗留下来的许多文学作品也描绘了其华贵的景象。

白居易《洛川晴望赋》曰:"瞻上阳之宫阙兮,胜仙家之福庭。"①

贾登《上阳宫赋》云:"天子卜惟洛食,受于河图,开上阳之别馆,取大壮之规模,尔其则以三象,当乎四术。沓(启)云构而承天,擎露盘而洗日。俯驰道而将半,临御沟而对出。疑海上之仙家,似河边之织室。……既其避暑,亦以迎春。……闭玉户而藏春,掩金台而罢曙。见芳草之空积,看桂花之独著。"②

李庚《两都赋》曰:"上阳别宫,丹粉多状,鸳瓦鳞翠,虹梁叠壮。横延百堵,高量十丈。出地标图,临流写障。霄倚霞连,屹屹言言。翼太和而耸观,侧宾曜而疏轩。"③

从诗赋中可以感受到上阳宫建筑的高大宏丽,"启云构而承天",饰以"鸳瓦鳞翠""丹粉多状"的绿瓦红柱。唐李昭道的《洛阳楼》图和不知名画家的洛阳《宫苑图》中有亭、廊、折线形桥;楼阁多为两层,重檐,八角或六角平面,彼此相接,纵横交错,自由布局;又有高台重楼,建筑屋顶形式有歇山、悬山、攒尖,亭也多重檐。这些唐画中的建筑形象可以与诗词歌赋中对上阳宫的描写相互印证。

其四,上阳宫的水系规划。

王建《上阳宫》诗曰:"上阳花木不曾秋,洛水穿宫处处流。画阁红楼宫女笑,玉箫金管路人愁。幔城入涧橙花发,玉辇登山桂叶稠。曾读列仙王母传,九天未胜此中游。"④说明上阳宫是个以水为主题的水景园,依地势引涧水入宫中,再出宫入洛河。

其五,上阳宫的花木配置。

"上阳花木不曾秋"说明上阳宫内既有常青的松柏,又有南方的桂、橙之类阔叶常青树。《河南志》"唐城阙古迹"亦载:"(上阳宫)九州亭。在丽春台北。

---

① 〔唐〕白居易著,朱金城笺校:《白居易集笺校》,上海古籍出版社 1988 年版,第 3919 页。

② 〔清〕董诰等编:《全唐文》,中华书局 1983 年版,第 4089 页。

③ 〔清〕董诰等编:《全唐文》,中华书局 1983 年版,第 7643 页。

④ 〔清〕彭定求等编:《全唐诗》,中州古籍出版社 2008 年版,第 1542 页。

亭院内有竹木森翠。"①可见,上阳宫的花木多、绿化好,再配以二水贯宫的诸多水量,构成了一派"胜仙家之福庭"的园林景观。

其六,上阳宫的社会功能。

上阳宫是可供帝王长期驻居的离宫,"驻居期间,这里便成了国家临时的政治中心。因此其不但要具有游乐功能,还需要有近似于京城正宫的政治功能"②,故上阳宫中有完备的生活设施以及大量侍奉帝王起居的宫人。宋陶毂《清异录》亦曰:"开元中,后宫繁众,侍御寝者难于取舍,为彩局儿以定之。集宫嫔用骰子掷,最胜一人乃得专夜。"③这仅是嫔御,宫中尚有许多宫女,元稹《上阳白发人》曰:"御马南奔胡马蹙,宫女三千合宫弃。"④

上阳宫虽有宫女三千,但仅"十中有一得更衣",命运悲惨。白居易《上阳白发人》题解曰:"天宝五载已后,杨贵妃专宠,后宫人无复进幸矣。六宫有美色者辄置别所,上阳是其一也。贞元中尚存焉。"诗叹曰:"上阳人,红颜暗老白发新。绿衣监使守宫门,一闭上阳多少春!玄宗末岁初选入,入时十六今六十。同时采择百余人,零落年深残此身。忆昔吞悲别亲族,扶入车中不教哭。皆云入内便承恩,脸似芙蓉胸似玉。未容君王得见面,已被杨妃遥侧目。妒令潜配上阳宫,一生遂向空房宿。秋夜长,夜长无寐天不明。耿耿残灯背壁影,萧萧暗雨打窗声。春日迟,日迟独坐天难暮。宫莺百啭愁厌闻,梁燕双栖老休妒。莺归燕去长悄然,春往秋来不记年。唯向深宫望明月,东西四五百回圆。今日宫中年最老,大家遥赐尚书号。……上阳人,苦最多。少亦苦,老亦苦,少苦老苦两如何!"⑤

天宝年间,曾发生上阳宫女题诗红叶,抛于宫中流水,寄情宫外的事件。唐徐凝《上阳红叶》诗曰:"洛下三分红叶秋,二分翻作上阳愁。千声万片御沟上,一片出宫何处流。"⑥《全唐诗》卷七百九十七也收录数首此类诗歌。其中,天宝

① 〔清〕徐松辑,高敏点校:《河南志》,中华书局1994年版,第128页。
② 祁远虎:《离宫、行宫辨》,《西安文理学院学报》(社会科学版)2010年第2期。
③ 〔宋〕陶毂撰,郑村声、俞钢整理:《清异录》,见朱易安、傅璇琮等主编:《全宋笔记》第一编(二),大象出版社2003年版,第18~19页。
④ 〔唐〕元稹著,周相录校注:《元稹集校注》,上海古籍出版社2011年版,第718页。
⑤ 〔唐〕白居易著,朱金城笺校:《白居易集笺校》,上海古籍出版社1988年版,第156页。
⑥ 〔清〕彭定求等编:《全唐诗》,中州古籍出版社2008年版,第2451页。

宫人《题洛苑梧叶上》诗题解曰："天宝末,洛苑宫娥题诗梧叶,随御沟流出。顾况见之,亦题诗叶上,泛于波中。后十余日,于叶上又得诗一首。后闻于朝,遂得遣出。"诗曰："一入深宫里,年年不见春。聊题一片叶,寄与有情人。"又诗曰:"一叶题诗出禁城,谁人酬和独含情。自嗟不及波中叶,荡漾乘春取次行。"德宗宫人《题花叶诗》曰："一入深宫里,无由得见春,题诗花叶上,寄与接流人。"又宣宗时宫人《题红叶》诗曰:"流水何太急,深宫尽日闲。殷勤谢红叶,好去到人间。"其题解曰:"卢偓应举时,偶临御沟,得一红叶,上有绝句,置于巾箱。及出宫人,偓得韩氏。睹红叶,吁嗟久之。曰:'当时偶题,不谓郎君得之。'"①

可见,上阳宫虽是"上阳花木不曾秋,洛水穿宫处处流"的人间仙境,但也是唐王朝千百宫女惨淡人生的人间"囚牢"。

第二节　私家园林

隋唐河南的私家园林较之魏晋南北朝更为兴盛,艺术水平较前代更高。隋统一全国,修筑大运河,沟通南北经济。唐则在此基础上进一步发展,呈现出历史上空前的太平盛世和安定局面。随着人民生活水平和文化素质的普遍提高,民间便相应地追求园林之趣。东都洛阳作为当时的政治、经济、文化中心之一,民间造园之风兴盛。隋唐分设东、西两京,洛阳同样设置宫廷和政府机构,除皇家园林外,贵戚、官僚也纷纷在洛阳及其附近建置邸宅和园林,"号千有余邸"②,更是推动了私家园林营造的风潮,参图4-5。其中,以牛僧孺归仁里园、城南庄,裴度集贤里园、午桥庄,白居易履道里园,李德裕平泉庄等为代表。

隋唐洛阳的私家园林对后世影响深远,直至宋代,洛阳公卿私园仍有沿用

---

① 〔清〕彭定求等编:《全唐诗》,中州古籍出版社2008年版,第4021~4022页。

② 〔宋〕李格非撰,孔凡礼整理:《洛阳名园记》,见朱易安、傅璇琮等主编:《全宋笔记》第三编(一),大象出版社2008年版,第172页。

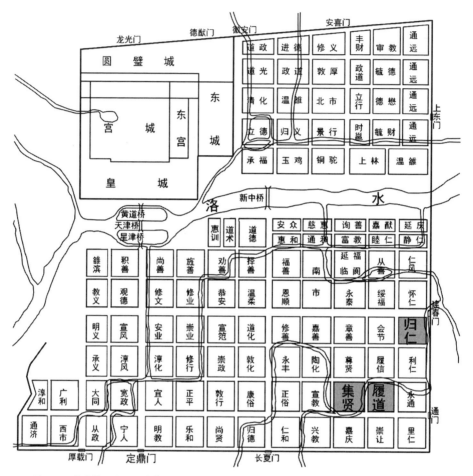

图 4-5　唐代洛阳私园分布位置图(引自黄晓、刘珊珊:《唐代牛僧孺长安、洛阳园墅研究》,

《建筑史》2014 年第 2 期,第 91 页)

其旧基址者。更甚者,在后世文人眼中,洛阳园林的兴废已成为朝代盛衰的象征。正如宋人李格非在《洛阳名园记后》中所云:"园圃之废兴,洛阳盛衰之候也。且天下之治乱,候于洛阳之盛衰而知;洛阳之盛衰,候于园圃之废兴而得。"①

_____

① 〔宋〕李格非撰,孔凡礼整理:《洛阳名园记》,见朱易安、傅璇琮等主编:《全宋笔记》第三编(一),大象出版社 2008 年版,第 173 页。

一、城市私园

洛阳有伊、洛二水穿城而过,城内河道纵横,为园林营造提供了优越的条件。洛阳城内的私家园林多以水景取胜,亦多模拟江南水乡景观,激发人们对江南景物的联想。白居易《池上小宴问程秀才》曰:"洛下林园好自知,江南境物暗相随。净淘红粒窖香饭,薄切紫鳞烹水葵。雨滴蓬声青雀舫,浪摇花影白莲池。停杯一问苏州客,何似吴松江上时?"①除水景外,洛阳私家园林的叠石技艺也达到了较高的水准。白居易《题岐王旧山池石壁》赞叹曰:"树深藤老竹回环,石壁重重锦翠斑。俗客看来犹解爱,忙人到此亦须闲。况当霁景凉风后,如在千岩万壑间。黄绮更归何处去?洛阳城内有商山。"②洛阳城内的私家园林有纤丽与清雅两种格调。前者如牛僧孺归仁里园,后者之代表则为白居易履道里园。

(一)归仁里园

归仁里园为穆宗时宰相牛僧孺的宅园,位于洛阳归仁里,故名。开成初年(836),时任淮南节度使的牛僧孺因"搢绅道丧,阉寺弄权","无复进取之怀"③,数上章求退。其曾寄诗给白居易,称"唯羡东都白居士,月明香积问禅师"。白居易则劝他"应须且为苍生住,犹去悬车十四年"。④ 大约在此时,牛僧儒便开始"筑第于归仁里"⑤。

"开成二年(837)五月,(牛僧孺)加检校司空,食邑二千户,判东都尚书省事、东都留守、东畿汝都防御使。"⑥其得以回到洛阳。是年夏,牛僧孺在归仁里园筑成小滩,邀白居易共赏,白氏作《题牛相公归仁里宅新成小滩》:"平生见流

---

① 〔唐〕白居易著,丁如明、聂世美校点:《白居易全集》,上海古籍出版社1999年版,第432页。

② 〔唐〕白居易著,丁如明、聂世美校点:《白居易全集》,上海古籍出版社1999年版,第436页。

③ 〔后晋〕刘昫等撰:《旧唐书》,中华书局1975年版,第4472页。

④ 〔唐〕白居易著,朱金城笺校:《白居易集笺校》,上海古籍出版社1988年版,第2264页。

⑤ 〔后晋〕刘昫等撰:《旧唐书》,中华书局1975年版,第4472页。

⑥ 〔后晋〕刘昫等撰:《旧唐书》,中华书局1975年版,第4472页。

水,见此转留连。况此朱门内,君家新引泉。伊流决一带,洛石砌千拳。与君三伏月,满耳作潺湲。深处碧磷磷,浅处清溅溅。碕岸束呜咽,沙汀散沦涟。翻浪雪不尽,澄波空共鲜。两崖滟滪口,一泊潇湘天。曾作天南客,漂流六七年。何山不倚杖? 何水不停船? 巴峡声心里,松江色眼前。今朝小滩上,能不思悠然!"①

这首诗采用唐诗常见的叙事章法,分为三节。前八句交代缘起,牛僧孺在宅内引水构池,与以往通常关注水池不同,这次描述的重点是引水的河道。河内布置了许多洛阳石,伊水漫流其间,冲刷折洄,激荡出潺湲的水声,给三伏酷暑带来清凉。中八句进行具体描写,每两句都将河道与池塘对举:河道蜿蜒清浅,伴着呜咽的水声,浪花飞溅如雪;池塘深湛凝碧,荡出无尽的涟漪,水面空旷澄澈。渠石让人联想到瞿塘峡口的滟滪石堆,池塘则使人仿佛置身于潇湘水畔,两者一幽一旷,一动一静,在对比中增添了趣味。后八句是引申和总结,这处水滩让白居易想起客游江南的时光,如今归仁里宅的小滩唤起旧时记忆,巴峡涛声,松江水色,仿佛都在眼前,体现了中晚唐"小中见大"的理水追求。

牛僧孺小滩勾起白居易借石激水、营造水滩的欲望。开成五年(840)白居易在履道里园西渠水中置石构滩。《亭西墙下伊渠水中置石激流潺湲成韵颇有幽趣以诗记之》称:"嵌嶷嵩石峭,皎洁伊流清。立为远峰势,激作寒玉声。夹岸罗密树,面滩开小亭。忽疑严子濑,流入洛阳城。"②白居易对此颇为自得,写就《新小滩》给外任山南东道节度使的牛僧孺:"石浅沙平流水寒,水边斜插一渔竿。江南客见生乡思,道似严陵七里滩。"③但牛僧孺读后颇不以为然,轻描淡写地回应,让白居易"请向归仁砌下看",不相信履道里小滩会胜过归仁水滩,甚至认为它得自模仿。白居易回了一首《赠思黯》:"为怜清浅爱潺湲,一日三回到水边。若道归仁滩更好,主人何故别三年?"④他顾左右而言他,称自己一日至少游赏三次履道里园小滩,归仁里宅若果真那么好,您为何一别就是三年? 牛僧孺、白居易园中水滩的演变,生动展示了唐人造园时互相借鉴、切磋和较量的过程,揭示了唐人园居生活亲切、风雅和幽默的一面。

① 〔唐〕白居易著,朱金城笺校:《白居易集笺校》,上海古籍出版社 1988 年版,第 2463~2464 页。
② 〔唐〕白居易著,朱金城笺校:《白居易集笺校》,上海古籍出版社 1988 年版,第 2482 页。
③ 〔唐〕白居易著,朱金城笺校:《白居易集笺校》,上海古籍出版社 1988 年版,第 2509 页。
④ 〔唐〕白居易著,朱金城笺校:《白居易集笺校》,上海古籍出版社 1988 年版,第 2452 页。

　　归仁水滩是牛僧孺的得意之作,但更为后世称道的则是他对奇石,尤其是太湖石的喜好。北宋洛阳人邵博称:"牛僧孺李德裕相仇,不同国也,其所好则每同。今洛阳公卿园圃中石,刻奇章者,僧孺故物;刻平泉者,德裕故物,相半也。"①可见,北宋后洛阳园墅里仍能经常见到牛、李所藏旧石。

　　牛僧孺任职淮南时,便将"嘉木怪石,置之阶廷"。开成三年(838)夏,苏州太守李道枢赠予牛僧孺太湖石,此后僚属们纷纷效仿赠石,此应是其聚石之始。会昌三年(843)五月白居易为牛僧孺作《太湖石记》,将石分等:"石有族,聚太湖为甲,罗浮天竺之徒次焉。今公之所嗜者甲也。"并阐述了太湖石的品赏标准:"富哉石乎!厥状非一,有盘拗秀出如灵丘鲜云者,有端俨挺立如真官神人者,有缜润削成如珪瓒者,有廉棱锐刿如剑戟者。又有如虬如凤,若跧若动,将翔将踊,如鬼如兽,若行若骤,将攫将斗者。风烈雨晦之夕,洞穴开嚬,若欲云欱雷,嶷嶷然有可望而畏之者。烟霏景丽之旦,岩崿霮䨴,若拂岚扑黛,霭霭然有可狎而玩之者。昏旦之交,名状不可。撮要而言,则三山五岳,百洞千壑,𬮥缕簇缩,尽在其中。百仞一拳,千里一瞬,坐而得之。此其所以为公适意之用也。"②

　　在白居易的文中,首先关注的是湖石姿态,连用八个比喻:就静态而言像绕山的浮云、天宫的仙人、细润的美玉和锐利的剑戟,从动态来看则像蜷伏翔踊的龙和凤,疾走攫斗的鬼和兽。而观赏的时刻不同,感受也各异:风雨晦暝的夜晚,石洞开阖恍如吞云喷雷,凛然可畏;风和日丽的晴天,轻雾未散又像披纱点黛,蔼然可亲。这些都是白居易与牛僧孺"迫观熟察",反复端详捕获的生动联想,在此基础上白居易提炼出中晚唐"小中见大"赏石理念的经典表述:不大的湖石中仿佛潜藏着三山五岳、百洞千壑,湖石一拳可当高山百仞,眼中一瞥如见山河万里,大千世界的山水奇观,他们在园内堂前便可坐而得之。这一理念前承南朝宗炳的"竖划三寸,当千仞之高;横墨数尺,体百里之迴"③,后启明代文震亨的"一峰则太华千寻,一勺则江湖万里"④。清代汤贻汾的"观庭中一树,便

①　〔宋〕邵博撰,刘德权、李剑雄点校:《邵氏闻见后录》,中华书局 1983 年版,第 212 页。

②　〔唐〕白居易著,丁如明、聂世美校点:《白居易全集》,上海古籍出版社 1999 年版,第 1015 页。

③　〔南朝宋〕宗炳、王微著,陈传席译解:《画山水序·叙画》,人民美术出版社 1985 年版,第 5 页。

④　〔明〕文震亨著,陈植校注,杨超伯校订:《长物志》,江苏科学技术出版社 1984 年版,第 102 页。

可想像千林;对盆里一拳,亦即度知五岳"①,成为中国古代造园和绘画的核心理念,并不断得到阐述和发扬。

牛僧孺赏石掀起了士人聚敛太湖石的热潮。例如,开成四年(839)剑南东川节度使杨汝士有心引退,在洛阳购置园墅,特地搜罗了一块太湖石。至北宋,徽宗对太湖石的痴迷最终导致了亡国的悲剧。牛僧孺赏石还树立了太湖石的赏鉴标准,其首次运用如此多的比喻,从姿态、动感、纹理、声韵各个角度,对太湖石展开全方位的评价,并提炼出怪、奇、透、丑、润等原则,后世赏石只需在此框架中陆续添入瘦、漏、皱、清、古等标准,并按各自的立场再作取舍即可。后南宋范成大《太湖石志》:"或缜润为珪瓒,廉列如剑戟,蠹如峰峦,列知屏障;或滑如肪,或黝为漆,或如人、如兽、如禽鸟。好事者取之,以充苑囿庭除之玩。"②基本是对白居易《太湖石记》的提炼和简化。明代米万钟甚至化用《太湖石记》来描述作为太湖石竞争对手的灵璧石:"有盘拗秀拔者,有廉棱锐刿者,有蛇舞凤腾跃动不测者,有虎蹲狼顾观瞵无端者。……有若喝云喷雷,嶷嶷然可畏者;又有若拂岚扑黛,霭霭然可昵者,又一奇观也。……真所谓百仞一拳,千里一瞬者。"③牛僧孺成为后世赏石绕不过的高峰和典范,园林置石也成为中国特有的文化现象。

归仁里园至宋时仍繁盛,为洛阳园林之冠。《邵氏闻见后录》卷第二十七载:"李邦直归仁园,乃僧孺故宅,埋石数冢,尚未发。"④《洛阳名园记》云:"归仁,其坊名也,园尽此一坊,广轮皆里余。北有牡丹、芍药千株,中有竹百亩,南有桃李弥望。唐丞相牛僧孺园七星桧,其故木也。今属中书李侍郎,方创亭其中。河南城方五十余里,中多大园池,而此为冠。"⑤

① 〔清〕汤贻汾:《画筌析览》,见于安澜编:《画论丛刊》,人民美术出版社1989年版,第526页。

② 〔宋〕范成大:《太湖石志》,见〔宋〕杜绾著,王云、朱学博、廖莲婷整理校点:《云林石谱(外七种)》,上海书店出版社2015年版,第38~39页。

③ 〔明〕米万钟:《十面灵璧图》题识,见黄晓、贾珺:《吴彬〈十面灵璧图〉与米万钟非非石研究》,《装饰》2012年第8期。

④ 〔宋〕邵博撰,刘德权、李剑雄点校:《邵氏闻见后录》,中华书局1983年版,第212页。

⑤ 〔宋〕李格非撰,孔凡礼整理:《洛阳名园记》,见朱易安、傅璇琮等主编:《全宋笔记》第三编(一),大象出版社2008年版,第167页。

(二)集贤里园

集贤里园为宪宗时宰相裴度的宅园,位于洛阳东南集贤里,故名。集贤里园选址紧邻白居易的履道里园,其地处"都城风土水木之胜在东南偏"①,是筑园怡乐的首选胜地。

大和八年(834)三月,裴度至洛阳,几个月后宅园便建成了。是年秋,白居易在《代林园戏赠》序里提到"裴侍中新修集贤宅成,池馆甚盛,数往游宴,醉归自戏耳"②。裴度的新林园颇令白居易嫉妒。他从大和三年(829)退居洛阳,五年来一直津津于向人夸耀自己的履道里园,如今裴度在旁边也建了一座,又壮观又气派,令他不禁既羡且妒。白居易一连写了四首诗,模仿履道里园的语气同自己两问两答:

《代林园戏赠》:"南院今秋游宴少,西坊近日往来频。假如宰相池亭好,作客何如作主人?"③《戏答林园》:"岂独西坊来往频?偷闲处处作游人。衡门虽是栖迟地,不可终朝锁老身。"④

《重戏赠》:"集贤池馆从他盛,履道林亭勿自轻。往往归来嫌窄小,年年为主莫无情。"⑤《重戏答》:"小水低亭自可亲,大池高馆不关身。林园莫妒裴家好,憎故怜新岂是人?"⑥

履道里园像个失宠的姬妾,责问白居易,今年园中活动少了许多,每日都见你到西坊集贤里园去,假如裴丞相园子真那么好,你何不到那边做主人?白居易辩解说,我不只常到集贤里园,景致优美的地方都会去;你这里确实是我的栖身之地,但我总不能天天待在园中吧。履道里园无奈地退一步说,集贤池馆虽然繁盛,但不要轻慢了履道林亭;你每次回来都嗟叹过于窄小,做了好多年主人可不能太薄情。白居易只好软语宽慰,裴家的大池高馆跟我没啥关系,你这儿的小水低亭更亲切宜人,我并不向往裴家园子,人怎么可以喜新厌旧呢。在这

① 〔唐〕白居易著,朱金城笺校:《白居易集笺校》,上海古籍出版社1988年版,第3705页。
② 〔唐〕白居易著,朱金城笺校:《白居易集笺校》,上海古籍出版社1988年版,第2190页。
③ 〔唐〕白居易著,朱金城笺校:《白居易集笺校》,上海古籍出版社1988年版,第2190页。
④ 〔唐〕白居易著,朱金城笺校:《白居易集笺校》,上海古籍出版社1988年版,第2191页。
⑤ 〔唐〕白居易著,朱金城笺校:《白居易集笺校》,上海古籍出版社1988年版,第2191页。
⑥ 〔唐〕白居易著,朱金城笺校:《白居易集笺校》,上海古籍出版社1988年版,第2192页。

诙谐戏谑的对答中,掩饰不住白居易对集贤里园的歆羡。

"履道集贤两宅相去一百三十步"①,举足即达,故白居易于集贤里园往来颇为频繁。除与裴度宴集外,他还常常单独造访。如大和八年(834)秋裴度要处理公务,看到白居易过来,就戏问他有何企求,白居易笑答:"池月幸闲无用处,今宵能借客游无?"②

大和九年(835)裴度赠诗给白居易,为集贤里园求诗,白居易作《裴侍中晋公以集贤林亭即事诗二十六韵见赠猥蒙徽和才拙词繁辄广为五百言以伸酬献》③。这首长诗洋洋洒洒一百句,历叙园林景致、园中宴乐及主人功名等,实际是以诗的形式写成的园记,是解读集贤里园最重要的一篇文献。

"三江路万里,五湖天一涯。何如集贤第,中有平津池?池胜主见觉,景新人未知。竹森翠琅玕,水深洞琉璃。水竹以为质,质立而文随。文之者何人?公来亲指麾。疏凿出人意,结构得地宜。灵襟一搜索,胜概无遁遗。因下张沼沚,依高筑阶基。嵩峰见数片,伊水分一枝。"④此二十句为总说,描写集贤里园的结构,并点明裴度在造园时的核心作用。园林以平津池为中心,从伊水引流;池北借势构筑堂馆平台,可眺望嵩山,使园林既适应小环境,又与大环境联系起来。园内大量种竹,奠定了幽深的格调。

"南溪修且直,长波碧逶迤。北馆壮复丽,倒影红参差。东岛号晨光,杲曜迎朝曦。西岭名夕阳,杳暧留落晖。前有水心亭,动荡架涟漪。后有开阖堂,寒温变天时。幽泉镜泓澄,怪石山欹危。春葩雪漠漠(谓杏花岛),夏果珠离离(谓樱桃岛)。"⑤此十六句对南溪、北馆等十景进行具体细致的描绘。

"主人命方舟,宛在水中坻。亲宾次第至,酒乐前后施。解缆始登泛,山游仍水嬉。沿洄无滞碍,向背穷幽奇。瞥过远桥下,飘旋深涧陲。管弦去缥缈,罗绮来霏微。棹风逐舞回,梁尘随歌飞。宴余日云暮,醉客未放归。高声索彩笺,大笑催金卮。唱和笔走疾,问答杯行迟。一咏清两耳,一酣畅四支。主客忘贵

<hr>

① 〔唐〕白居易著,朱金城笺校:《白居易集笺校》,上海古籍出版社1988年版,第2215页。
② 〔唐〕白居易著,朱金城笺校:《白居易集笺校》,上海古籍出版社1988年版,第2199页。
③ 〔唐〕白居易著,朱金城笺校:《白居易集笺校》,上海古籍出版社1988年版,第2033页。
④ 〔唐〕白居易著,朱金城笺校:《白居易集笺校》,上海古籍出版社1988年版,第2033~2034页。
⑤ 〔唐〕白居易著,朱金城笺校:《白居易集笺校》,上海古籍出版社1988年版,第2034页。

贱,不知俱是谁?"①描写园居的生活。裴度携宾客泛舟池上,游玩各处风景,山幽水雅,涧深桥远,各具情致。诗人们或在舟中赏乐观舞,或在池边衔觞赋诗,无拘无束,得意忘形。

"客有诗魔者,吟哦不知疲。乞公残纸墨,一扫狂歌词。维云社稷臣,赫赫文武姿。十授丞相印,五建大将旗。四朝致勋华,一身冠皋夔。去年才七十,决赴悬车期。公志不可夺,君恩亦难违。从容就中道,俯偓来保厘。貂蝉虽未脱,鸾皇已不羁。"②历叙裴度的勋功声望。裴度一生谋国谋政,功高盖世,如今年届七十,因而得以从容引退,安享园居之乐。

"历征今与古,独步无等夷。陆贾功业少,二疏官秩卑。乘舟范蠡惧,辟谷留侯饥。岂如公今日,身安家国肥?羊祜在汉南,空留岘首碑。柳恽在江南,只赋汀洲诗。谢安入东山,但说携蛾眉。山简醉高阳,唯闻倒接䍦。岂如公今日,余力兼有之。"③历举古代贤人逸士作比。前贤风流,皆有缺憾;不及裴度,兼具众美。

"愿公寿如山,安乐长在兹。愿我比蒲稗,永得相因依。谢灵运诗云:'蒲稗相因依。'"④最后,以祝颂作结,庄重得体。

在营造集贤里园的过程中,裴度在白居易帮忙下,亲自指挥匠人,开凿山池,构置堂亭。集贤里园以水池为主,大量种竹。水与竹共同奠定了园林清幽淡雅的格调,并在此基础上筑岛堆山、莳花种树。其中,平津池位于园林中部,顺应地势挖成,从流经坊外的伊水引流,池面开阔,深湛可鉴。池中点缀三座岛屿,为唐代盛行的"一池三山"格局。东面是晨光岛,便于欣赏日出;旁边可能是种樱桃的樱桃岛;中央小岛花木最盛,称百花洲,亦或白居易提到的杏花岛;岛边临水建有水心亭。园中主要建筑位于水池北岸,称北馆,坐北朝南,地势较高,可以眺望城南嵩山,是绝佳的借景。馆前设开阔的平台,用于举行宴集,观赏歌舞;台侧很可能有船坞,宾客可以在此登舟游泛。馆北还建有开阁堂,天冷的时候可到堂内聚宴。水池西岸为夕阳岭,用从平津池开挖的泥土堆成,在山间可以欣赏夕阳落晖。园内叠有山石,很可能在夕阳岭北部,靠近北馆,便于宾

---

① 〔唐〕白居易著,朱金城笺校:《白居易集笺校》,上海古籍出版社 1988 年版,第 2034 页。
② 〔唐〕白居易著,朱金城笺校:《白居易集笺校》,上海古籍出版社 1988 年版,第 2034 页。
③ 〔唐〕白居易著,朱金城笺校:《白居易集笺校》,上海古籍出版社 1988 年版,第 2034 页。
④ 〔唐〕白居易著,朱金城笺校:《白居易集笺校》,上海古籍出版社 1988 年版,第 2035 页。

主赏玩。池东和池南以花、树为主,点缀少量台榭。池南还有条南溪,从伊水引流,一支注入平津池,宏旷阔大;一支从竹林间流过,幽静深邃。

集贤里园有宏大之气,园中的大池大山大堂大馆(平津池、夕阳岭、开阖堂、北馆),开阔疏朗,雄伟壮观,最能衬托主人裴度的器度和身份;在宏大的同时,集贤里园也不乏幽邃之致,南溪、竹林、幽泉、怪石,都适合近观静赏,别具风韵。在水泉布置上,集贤里园有溪有池,以水景为主,乘舟嬉水是园中最重要的活动;且革除了水景园不适合远眺遥望的缺陷,有晨光岛可观日出,夕阳岭可赏落日,同时还可在水心亭对望北馆及其池中倒影,或在北馆台前遥望城外远山。园中亭台馆榭精美壮丽,极尽人工智巧。

自大和八年(834)三月起,裴度就在集贤里园享受起悠然安适的园居生活。集贤里园常常门庭若市,"亲宾次第至,酒乐前后施",热闹非凡。众人在园中游山戏水,穿桥度涧,欣赏乐伎们悠扬的管弦、翻飞的舞裙;甚至园中流杯渠也是一派欢腾景象,客人们嫌酒杯漂得太慢,"问答杯行迟"[①]。白居易还写过一次秋日的夜宴:"九烛台前十二姝,主人留醉任欢娱。翩翩舞袖双飞蝶,宛转歌声一索珠。坐久欲醒还酩酊,夜深初散又踟蹰。南山宾客东山妓,此会人间曾有无?"[②]

有时裴度独处园中,享受闲步听泉、品茶观鹤的清静之趣。如大和九年(835)夏,他在亭中午休,醒来作《凉风亭睡觉》:"饱食缓行新睡觉,一瓯新茗侍儿煎。脱巾斜倚绳床坐,风送水声来耳边。"[③]刘禹锡在汝州作《奉和裴晋公凉风亭睡觉》:"骊龙睡后珠元在,仙鹤行时步又轻。方寸莹然无一事,水声来似玉琴声。"[④]

至北宋时,集贤里园属民家,名为湖园。其具体介绍可参见后文。

(三)履道里园

履道里园是白居易的宅园,位于洛阳履道里(坊),故名。唐穆宗长庆四年(824),白居易罢杭州刺史,秋至洛阳,"于履道里得故散骑常侍杨凭宅,竹木池

---

①　〔唐〕白居易著,丁如明、聂世美校点:《白居易全集》,上海古籍出版社 1999 年版,第 453 页。

②　〔唐〕白居易著,朱金城笺校:《白居易集笺校》,上海古籍出版社 1988 年版,第 2198 页。

③　〔清〕彭定求等编:《全唐诗》,中州古籍出版社 2008 年版,第 1698 页。

④　〔唐〕刘禹锡著,陶敏、陶红雨校注:《刘禹锡全集编年校注》,岳麓书社 2003 年版,第 617 页。

馆,有林泉之致"①。其初买时,曾因钱不足,用两马抵偿。白居易在《洛下卜居》中注曰:"买履道宅,价不足,因以两马偿之。"②白居易在杨凭旧园的基础上稍加修葺改造,是为此园。白居易自五十八岁时定居于此,遂不再出仕;并写就《醉吟先生传》,托名"醉吟先生"记述晚年的诗酒游乐生活。《旧唐书》卷一百六十六载:"又效陶潜五柳先生传,作醉吟先生传以自况。"③

其《醉吟先生传》曰:"醉吟先生者,忘其姓字、乡里、官爵,忽忽不知吾为谁也。宦游三十载,将老,退居洛下。所居有池五六亩,竹数千竿,乔木数十株,台榭舟桥,具体而微,先生安焉。家虽贫,不至寒馁;年虽老,未及昏耄。性嗜酒,耽琴,淫诗。凡酒徒、琴侣、诗客,多与之游。游之外,栖心释氏,通学小中大乘法。与嵩山僧如满为空门友,平泉客韦楚为山水友,彭城刘梦得为诗友,安定皇甫朗之为酒友。每一相见,欣然忘归。洛城内外六七十里间,凡观寺、丘墅,有泉石花竹者,靡不游;人家有美酒、鸣琴者,靡不过;有图书、歌舞者,靡不观。自居守洛川泊布衣家,以宴游召者,亦时时往。每良辰美景,或雪朝月夕,好事者相过,必为之先拂酒罍,次开诗箧。酒既酣,乃自援琴,操宫声,弄《秋思》一遍。若兴发,命家僮调法部丝竹,合奏《霓裳羽衣》一曲。若欢甚,又命小妓歌《杨柳枝》新词十数章,放情自娱,酩酊而后已。往往乘兴,屦及邻,杖于乡,骑游都邑,肩舁适野。舁中置一琴、一枕,陶、谢诗数卷。舁竿左右,悬双酒壶。寻水望山,率情便去;抱琴引酌,兴尽而返。如此者凡十年。其间日赋诗约千余首,日酿酒约数百斛,而十年前后赋酿者不与焉。"④

其一,园林选址。

履道里地处洛阳城东南,其地以水竹著称。履道里园在里坊的西北角,伊水支渠汇合后折向东流的地方。⑤ 白居易《池上篇·并序》云:"都城风土水木之胜,在东南偏。东南之胜,在履道里。里之胜,在西北隅。西闬北垣第一地,

---

① 〔后晋〕刘昫等撰:《旧唐书》,中华书局 1975 年版,第 4354 页。

② 〔唐〕白居易著,朱金城笺校:《白居易集笺校》,上海古籍出版社 1988 年版,第 450 页。

③ 〔后晋〕刘昫等撰:《旧唐书》,中华书局 1975 年版,第 4355 页。

④ 〔唐〕白居易著,丁如明、聂世美校点:《白居易全集》,上海古籍出版社 1999 年版,第 977～978 页。

⑤ 中国社会科学院考古研究所洛阳唐城队:《洛阳唐东都履道坊白居易故居发掘简报》,《考古》1994 年第 8 期。

即白氏叟乐天退老之地。"①

另外,"洛中多君子,可以恣欢言"②,也是白居易择居履道里的关键因素。东南诸里坊幽静怡人,为士人青睐,置别业于其中,以为逸老地。唐代可计之洛阳二十九位分司官中,二十五人居住在这一区域。③ 白居易的好友牛僧孺等也在此置宅园。

白居易至洛阳初购宅时,作《洛下卜居》曰:"东南得幽境,树老寒泉碧。池畔多竹阴,门前少人迹。"④道尽了其地环境之幽,水竹之盛。

其二,园景营造。

白居易购得履道里宅园后,曾两次对其修葺,增设园景。《池上篇·并序》曰:"初,乐天既为主,喜且曰:'虽有台,无粟不能守也。'乃作池东粟廪。又曰:'虽有子弟,无书不能训也。'乃作池北书库。又曰:'虽有宾朋,无琴酒不能娱也。'乃作池西琴亭,加石樽焉。"⑤

宝历元年(825)春,修葺新居,并由当时的洛阳尹王起帮助造池上桥,植花草树木。有诗《春葺新居》曰:"江州司马日,忠州刺史时。栽松满后院,种柳荫前墀。彼皆非吾土,栽种尚忘疲。况兹是我宅,葺艺固其宜。平旦领仆使,乘春亲指挥。移花夹暖室,洗竹覆寒池。池水变绿色,池芳动清辉。寻芳弄水坐,尽日心熙熙。一物苟可适,万缘都若遗。设如宅门外,有事吾不知。"⑥又有诗《题新居呈王尹兼简府中三掾》曰:"弊宅须重葺,贫家乏羡财。桥凭川守造,树倩府寮栽。朱板新犹湿,红英暖渐开。仍期更携酒,倚槛看花来。"⑦

大和三年(829)冬,又修葺池上旧亭。其有诗《葺池上旧亭》曰:"欲入池上冬,先葺池中阁。"⑧又置太湖石于园中。其有诗《太湖石》曰:"远望老嵯峨,近观怪嵚崟,才高八九尺,势若千万寻。嵌空华阳洞,重叠匡山岑。邈矣仙掌迥,呀然剑门深。形质冠今古,气色通晴阴。未秋已瑟瑟,欲雨先沉沉。天姿信为

① 〔唐〕白居易著,丁如明、聂世美校点:《白居易全集》,上海古籍出版社1999年版,第954页。
② 〔唐〕白居易著,丁如明、聂世美校点:《白居易全集》,上海古籍出版社1999年版,第331页。
③ 勾利军:《唐代东都分司官居所试析》,《史学月刊》2003年第9期。
④ 〔唐〕白居易著,朱金城笺校:《白居易集笺校》,上海古籍出版社1988年版,第449~450页。
⑤ 〔唐〕白居易著,丁如明、聂世美校点:《白居易全集》,上海古籍出版社1999年版,第954页。
⑥ 〔唐〕白居易著,丁如明、聂世美校点:《白居易全集》,上海古籍出版社1999年版,第107页。
⑦ 〔唐〕白居易著,丁如明、聂世美校点:《白居易全集》,上海古籍出版社1999年版,第354页。
⑧ 〔唐〕白居易著,丁如明、聂世美校点:《白居易全集》,上海古籍出版社1999年版,第333页。

异,时用非所任。磨刀不如砺,捣帛不如砧。何乃主人意,重之如万金？岂伊造物者,独能知我心！"①

白居易"罢杭州刺史时,得天竺石一、华亭鹤二以归,始作西平桥,开环池路。罢苏州刺史时,得太湖石、白莲、折腰菱、青板舫以归,又作中高桥,通三岛径"②。早先,他还得到三块方整、平滑、可以坐卧的青石,后置于园中。

其三,构景要素。

履道里园的布局(见图4-6),大体为宅门向西临坊里巷,西巷有伊渠从南往北,又往东流去;园内水由西墙下引入,在园内周围绕流,上东北隅流出入伊渠;南面是园,有水池;第宅在东北,第宅西是西园;池沼周围和宅西的伊水渠畔为景观相对集中的两个区域。

白居易初购时,履道里宅园已"竹木池馆,有林泉之致"③。其有诗《泛春池》曰:"谁知始疏凿,几主相传受。杨家去云远,田氏将非久。天与爱水人,终焉落吾手。"注曰:"此池始杨常侍开凿,中间田家为主,予今有之。蒲浦、桃岛,皆池上所有。"④明确说明了池沼在其购宅时已经存在,而且岸上植有柳树,水边长有蒲草,池中有桃花岛。

白居易购宅以后,又在池周建有琴亭、书库和粮仓,不仅使池周免去了空寂落寞之感,增添了生活气息,而且都具有很强的实用性,体现了兼顾美观与功用的造园技巧。池中有三座小岛,岛间以平桥、高桥相连接。其诗《桥亭卯饮》曰:"卯时偶饮斋时卧,林下高桥桥上亭。"⑤

池中小岛上原有一座亭阁,白居易居洛阳时对其进行修茸:"向暖窗户开,迎寒帘幕合。苔封旧瓦木,水照新朱蜡。软火深土炉,香醪小瓷榼。"⑥他在小阁的向阳面开窗以取暖,背阴处挂帘幕以御寒,阁顶重新封土涂蜡,室内还加筑了火炉。

伊水支渠从履道里西的坊墙下流过,在白居易宅园北折向东流,为利用伊

① 〔唐〕白居易著,丁如明、聂世美校点:《白居易全集》,上海古籍出版社1999年版,第332页。
② 〔唐〕白居易著,丁如明、聂世美校点:《白居易全集》,上海古籍出版社1999年版,第954页。
③ 〔后晋〕刘昫等撰:《旧唐书》,中华书局1975年版,第4354页。
④ 〔唐〕白居易著,丁如明、聂世美校点:《白居易全集》,上海古籍出版社1999年版,第108页。
⑤ 〔唐〕白居易著,丁如明、聂世美校点:《白居易全集》,上海古籍出版社1999年版,第432页。
⑥ 〔唐〕白居易著,丁如明、聂世美校点:《白居易全集》,上海古籍出版社1999年版,第333页。

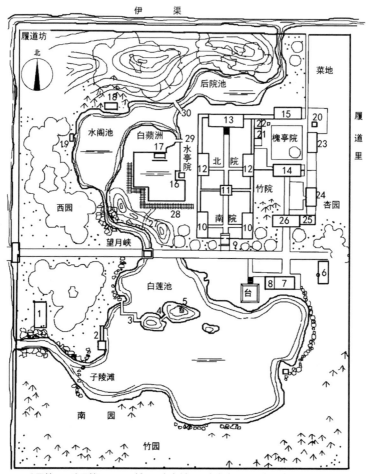

图 4-6　白居易洛阳履道里宅园平面图(引自鞠培泉、黄一如:《白居易履道西园之辨析》,
《中国园林》2016 年第 3 期)

水支渠造景提供了有利条件。白居易有诗句:"伊水分来不自由,无人解爱为谁流。家家抛向墙根底,唯我栽莲起小楼。"①伊水渠中种有莲,渠边建有小楼。白

① 〔唐〕白居易著,丁如明、聂世美校点:《白居易全集》,上海古籍出版社 1999 年版,第 515~516页。

居易还在渠旁新建涧亭,有诗曰:"烟萝初合涧新开,闲上西亭日几回。"①此亭专为观水听风而作,白居易在此新开一小滩,涧亭面滩而设。

在宅园中之空旷处,还分布有阁、台、亭各一座。《小阁闲坐》曰:"阁前竹萧萧,阁下水潺潺。"②只有溪流之中才有潺潺的流水之声,如果是近池而坐,必听不到流水之声而只能看到平湖一片,故这座小阁为近泉而建造。另《罢府归故居》云:"石片抬琴匣,松枝阁酒杯。"③可知松竹把一座小阁笼罩其中,使诗人可以感受"拂簟卷帘坐,清风生其间"④的惬意。有诗《小台晚坐忆梦得》曰:"汲泉洒小台,台上无纤埃。解带面西坐,轻襟随风开。晚凉闲兴动,忆同倾一杯。月明候柴户,藜杖何时来?"⑤另《小台》曰:"新树低如帐,小台平似掌。六尺白藤床,一茎青竹杖。风飘竹皮落,苔印鹤迹上。幽境与谁同?闲人自来往。"⑥树木新栽还未长成,可见这座小台建成的时间应该也不会太久;台上植有竹林,不然也就不会有微风吹起竹皮潇潇落下的幽深意境。

考古工作者还在白氏宅园的西南部发现了一处圆形砖砌遗址,表面平整光滑,由上口周壁、台面及中心圆坑三部分组成,坑底尚残存有一层3厘米厚的草木灰,草木灰下为红烧土,考古人员推测其为一处酿酒作坊的遗址。⑦白居易自称为"醉吟先生"⑧,嗜酒如命,据统计其以酒为题的诗不下百首。其有诗《对新家酝玩自种花》:"香曲亲看造,芳丛手自栽。迎春报酒熟,垂老看花开。"⑨可见,履道里园中存在酿酒的设施。

白居易晚年笃信佛、道,这种思想上的倾向在其宅园之内也有实物为证。宅园西南部曾发掘出两片经幢残件,上面残存"开国男白居易造此佛顶尊胜大

① 〔唐〕白居易著,丁如明、聂世美校点:《白居易全集》,上海古籍出版社1999年版,第550页。

② 〔唐〕白居易著,丁如明、聂世美校点:《白居易全集》,上海古籍出版社1999年版,第554页。

③ 〔唐〕白居易著,丁如明、聂世美校点:《白居易全集》,上海古籍出版社1999年版,第471～472页。

④ 〔唐〕白居易著,丁如明、聂世美校点:《白居易全集》,上海古籍出版社1999年版,第554页。

⑤ 〔唐〕白居易著,丁如明、聂世美校点:《白居易全集》,上海古籍出版社1999年版,第468页。

⑥ 〔唐〕白居易著,丁如明、聂世美校点:《白居易全集》,上海古籍出版社1999年版,第463页。

⑦ 中国社会科学院考古研究所洛阳唐城队:《洛阳唐东都履道坊白居易故居发掘简报》,《考古》1994年第8期。

⑧ 〔唐〕白居易著,丁如明、聂世美校点:《白居易全集》,上海古籍出版社1999年版,第977页。

⑨ 〔唐〕白居易著,丁如明、聂世美校点:《白居易全集》,上海古籍出版社1999年版,第569页。

悲"等字迹,可以推测其原为白氏宅园之物。①

　　经过多年增缮,履道里园成为白居易晚年游赏娱乐、治学读书、修道习禅、雅集聚会的理想场所。对此,《池上篇·并序》曰:"有水一池,有竹千竿。……有堂有亭,有桥有船,有书有酒,有歌有弦。……灵鹤怪石,紫菱白莲,皆吾所好,尽在我前。""每至池风春,池月秋,水香莲开之旦,露清鹤唳之夕,拂杨石,举陈酒,援崔琴,弹姜《秋思》,颓然自适,不知其他。酒酣琴罢,又命乐童登中岛亭,合奏《霓裳·散序》,声随风飘,或凝或散,悠扬于竹烟波月之际者久之。曲未竟,而乐天陶然已醉,睡于石上矣。"②

　　其四,景观特色。

　　首先,以水景为基础的总体布局。

　　履道里宅园充分利用了毗邻伊水支渠的优势,引水入园,作为贯穿整个园林的主脉,使整个园林变得鲜活起来。白居易《引泉》诗曰:"静扫林下地,闲疏池畔泉。伊流狭似带,洛石大如拳。"③1992 年的考古发掘也表明,在唐代伊水渠道以东,履道里园遗址发掘区域的南面发现了大片的淤土,可能为宅园中的池沼所在,并有一条小水道向西一直与唐代的伊水渠相通。④ 这条水道即是其"引泉"的渠道。

　　白居易构园之初,即于近池营造粟廪、书库和琴亭等建筑单体,疏通引水渠道;修剪池周树木,铺筑环池廊道;于池中建西平桥和中高桥,植白莲、折腰菱等观赏植物,使得岸边竹木掩映中有亭阁环绕。白居易晚年在宅西伊水渠侧,又建一个水景区,对伊水渠流入宅园之处加以处理,造成水势的回环婉转,在水流湍急处放置峭立的嵩山石,造成水流击石成韵的声音美;沿着溪流两岸密树成林,树木掩映之下"面滩开小亭"⑤,目的是为了听"滩声"。

　　白居易还巧妙地利用"近水楼台"的地理位置,借用坊西墙下的伊水渠,在

---

①　中国社会科学院考古研究所洛阳唐城队:《洛阳唐东都履道坊白居易故居发掘简报》,《考古》1994 年第 8 期。

②　〔唐〕白居易著,丁如明、聂世美校点:《白居易全集》,上海古籍出版社 1999 年版,第 954～955 页。

③　〔唐〕白居易著,丁如明、聂世美校点:《白居易全集》,上海古籍出版社 1999 年版,第 331 页。

④　中国社会科学院考古研究所洛阳唐城队:《洛阳唐东都履道坊白居易故居发掘简报》,《考古》1994 年第 8 期。

⑤　〔唐〕白居易著,丁如明、聂世美校点:《白居易全集》,上海古籍出版社 1999 年版,第 559 页。

渠畔"栽莲叠石"①，使人身处其中，既可以俯瞰莲荷翩翩，俯听水石激荡，又可登上小楼，远观墙外街景。白居易在楼西种植柳树，作诗《喜小楼西新柳抽条》："一行弱柳前年种，数尺柔条今日新。渐欲拂他骑马客，未多遮得上楼人。须教碧玉羞眉黛，莫与红桃作曲尘。为报金堤千万树，饶伊未敢苦争春。"②身处高楼，看到渠边柳条垂下，好像快要触到来往于坊间大道上骑马的行人；而且在春暖花开之季，新栽柳树抽条，与道旁的桃树相映生辉，一片桃红柳绿的景象。无事之时，既可以端坐高楼借看墙外坊间大街上的喧闹景象，又可以独处亭间品评潺湲的灵动滩声。

其次，以名石单置或群置成景。

"构石"之风始于东晋、南朝的士人园林，中唐时玩石赏石已经蔚然成风，如与白居易同时代的李德裕、牛僧孺等人对奇石都有着特别的嗜好。但是白居易最早从理论上对石类进行分级，论说它在园林中的美学意义，认为"聚太湖为甲，罗浮天竺之徒次焉"③。白居易对园内的奇石极为珍视，"归来未及问生涯，先问江南物在耶？引手摩挲青石笋，回头点捡（检）白莲花"④。

履道里宅园中石类主要有五种，即罢杭州刺史后带回的一片天竺石、罢苏州刺史时所得的五块太湖石、友人杨贞一赠送的三块青石、无名山客赠送的磐石和伊水渠中所置的嵩石。白居易根据自己的审美情趣和石类的奇巧姿态把它们分置于园中，与流水、建筑和植物相互配合、相映成趣。引进的太湖石、天竺石形状奇巧，被单置或三两群组于溪畔、湖边，表达了"石令人古，水令人远"的高洁雅意。嵩石为本地所产，虽缺乏突出的姿态，但白居易将其置于伊水渠中，水流激荡之下也生出了几分音韵和气势之美。

值得一提的是名石在白居易的园林中也不单单局限于玩赏，他还巧妙地借助石头的形状满足实用，如大青石"方长平滑，可以坐卧"⑤。另有《问支琴石》⑥诗一首，明白地道出了石在白园中的功能除观赏外，还可以作为琴托使用，真可

---

① 〔唐〕白居易著，丁如明、聂世美校点：《白居易全集》，上海古籍出版社 1999 年版，第 482 页。
② 〔唐〕白居易著，丁如明、聂世美校点：《白居易全集》，上海古籍出版社 1999 年版，第 515 页。
③ 〔唐〕白居易著，丁如明、聂世美校点：《白居易全集》，上海古籍出版社 1999 年版，第 1015 页。
④ 〔唐〕白居易著，丁如明、聂世美校点：《白居易全集》，上海古籍出版社 1999 年版，第 414 页。
⑤ 〔唐〕白居易著，丁如明、聂世美校点：《白居易全集》，上海古籍出版社 1999 年版，第 954 页。
⑥ 〔唐〕白居易著，丁如明、聂世美校点：《白居易全集》，上海古籍出版社 1999 年版，第 472 页。

谓匠心独运,巧得天工。

再次,园内建筑自然素朴兼顾实用。

履道里宅园内的建筑作为景点和观景点,亭阁楼台大多近水而作;建筑多采用原生材料,不事雕琢,表现出自然野趣;形制简单朴拙,意境自然淡雅,不求奢华,体现出造园者不同流俗的审美情趣。

白居易有诗《自题小草亭》:"新结一茅茨,规模俭且卑。土阶全垒块,山木半留皮。阴合连藤架,丛香近菊篱。壁宜藜杖倚,门称荻帘垂。"[①]说明其新建的草亭虽用材俭卑,却极具天然风貌,在周围花木植物的映托下散发出清新幽雅的气息,别有一番韵味。又如其建在南园池周的粟廪、书库、琴亭,溪畔的小阁,伊水渠侧的小楼,规模虽简,但均能做到与周围的环境和谐统一,相互协调和衬托,共同组成质朴天然的景观空间。

园内建筑除了组景、配景,还有很强的实用功能,跟园主人的生活息息相关。《桥亭卯饮》[②]诗说明其一早至园中,于高桥上的小亭内饮酒赋诗。《葺池上旧亭》有"中有独宿翁,一灯对一榻"[③]句,说明白居易夜晚也会宿于池亭之中。而在一天之内"小阁闲坐",登楼观景的活动更是在其诗文中随处可见,显然这些建筑单体在很大程度上满足了白居易的生活需要。

最后,以品质高洁的标准选择动植物。

白居易是一个喜爱花木之人,从其留下的大量诗文中看,他在任职之处和居住之所都热衷于植树种花。履道里宅园种植的多为作者所钟情的青松、翠竹,青松配植于亭阁等建筑之侧,翠竹栽种于池畔溪旁,以其苍翠挺拔增添幽雅意境,水中植物以高雅的白莲和折腰菱为主。这些植物早已被文人士大夫赋予了"人格化"的特征,如青松刚正不屈,翠竹虚心有节,白莲高尚莹洁。白居易在自己的宅院中配植这些植物,暗示着他不同流俗、趋雅尚洁的人格精神。

在动物方面,白居易在诗文中多次提到与他相伴多年的华亭双鹤。其有诗曰:"何似家禽双白鹤,闲行一步亦随身。"[④]白鹤具有卓尔不群、洁身自好的象征意义,携鹤同游于园林,于无形中体现了白居易超然闲逸的隐逸心态。

---

① 〔唐〕白居易著,丁如明、聂世美校点:《白居易全集》,上海古籍出版社1999年版,第500页。
② 〔唐〕白居易著,丁如明、聂世美校点:《白居易全集》,上海古籍出版社1999年版,第432页。
③ 〔唐〕白居易著,丁如明、聂世美校点:《白居易全集》,上海古籍出版社1999年版,第333页。
④ 〔唐〕白居易著,丁如明、聂世美校点:《白居易全集》,上海古籍出版社1999年版,第502页。

白园内还有柳、桃、紫藤、蒲草等植物,鸡、鸢、鸟、鹅等常见的小动物,显示出园林动植物的多样性,也达到了雅俗共赏的艺术效果。动植物的活动和姿态变化,给园林增添了不可缺少的灵动意境。

白居易的履道里园林虽处处充满着诗情画意,但他并没有着意为园林和其中的各处景点命以雅称,只是出于记诗之便,偶以"南园""西亭""白莲池"等方位词或是特色称之,可见其并不刻意追求形式上的附庸风雅,淡泊和闲适才是主旨。也正是在这种思想的指引下,白居易把自己对世事感怀的情绪及人生哲理凝铸在履道里园中,成就了这一具有隐逸特点的园林杰作。

履道里园后"卒为佛寺"[1],至宋一分为二,称大字寺园与会隐园。李格非《洛阳名园记》曰:"大字寺园,唐白乐天园也。……今张氏得其半,为会隐园,水竹尚甲洛阳,但以其图考之,则某堂有某水,某亭有某木,其水其木,至今犹存,而曰堂曰亭者,无复仿佛矣。……寺中乐天石刻存者尚多。"[2]尹洙作《张氏会隐园记》曰:"水竹树石,亭阁桥径,屈曲回护,高敞荫蔚,邃极乎奥,旷极乎远,无一不称者。"[3]可见,履道里园之花木水石宋时仍存。

二、庄园别业

庄园别业源于魏晋南北朝时期建在郊野地带的别墅、庄园,至唐时,其大多数的性质已经从原先的生产、经济实体转化为游憩、休闲为主的私家园林。这种园林形式统称为别业、山庄、庄,规模较小者也叫作山亭、水亭、田居、草堂等。名目虽多,但含义则大同小异。

贵戚、官僚除了在城内构筑宅园,不少人还在郊外兴建庄园别业,甚至一人有十余处之多。《长安志》引《谭宾录》曰:"(前中书侍郎、同中书门下平章事)元载城中开南、北二甲第,又于近郊起亭榭,帷帐什器,皆如宿设。城南别墅凡

① 〔宋〕欧阳修、宋祁撰:《新唐书》,中华书局 1975 年版,第 4304 页。

② 〔宋〕李格非撰,孔凡礼整理:《洛阳名园记》,见朱易安、傅璇琮等主编:《全宋笔记》第三编(一),大象出版社 2008 年版,第 170 页。

③ 〔宋〕尹洙撰:《张氏会隐园记》,见曾枣庄、刘琳编:《全宋文》(第〇二八册),上海辞书出版社 2006 年版,第 34 页。

数十所,婢仆曳罗绮二百余人。"①洛阳近郊如长安一样,有很多庄园别业。其中,南郊一带风景优美,引水方便,别墅园林尤为密集。例如,裴度除在洛阳城内营造集贤里宅园外,还另在郊外建置午桥别墅。尽管这些园墅规模宏大,然而主人往往并不经常居住。其建置的情况有三种:第一,单独建置在离城不远、交通往返方便且风景比较优美的地带;第二,单独建置在风景名胜区内;第三,依附于庄园而建置。

(一)城南庄

城南庄为牛僧孺的庄园别业,开成二年(837)建成,是一座以水池为中心的大型园林。白居易《同梦得酬牛相公初到洛中小饮见赠》云:"宫城烟月饶全占,关塞风光请中分。诗酒放狂犹得在,莫欺白叟与刘君。"②刘禹锡《酬思黯见示小饮四韵》云:"兵符相印无心恋,洛水嵩云恣意看。"③白居易在诗中称,牛相公将洛阳宫城的烟月全部占去,还要分走一半的关塞风光。前者指牛僧孺办公的宫城,后者指他的城南庄。而刘禹锡之诗则云在城南庄可眺洛水嵩云。

牛僧孺虽然在洛阳,但"高情限清禁,寒漏滴深宫"④,被公务羁绊而无法前往城南庄恣意游赏,只好嘱白居易、刘禹锡代其游观。开成三年(838)初白居易作《早春忆游思黯南庄因寄长句》云:"南庄胜处心常忆,借问轩车早晚游。美景难忘竹廊下,好风争奈柳桥头。冰消见水多于地,雪霁看山尽入楼。若待春深始同赏,莺残花落却堪愁。"⑤时逢早春,池冰消融后水面渐开,积雪覆盖的青山映入楼台,竹丛廊下,柳梢桥头,春意萌动,皆成佳致。白居易在开篇、结尾反复提醒牛僧孺,再不乘车来游,等到莺残花落必定后悔。牛僧孺答以《忆南庄》(已佚),刘禹锡《和思黯忆南庄见示》:"丞相新家伊水头,智囊心匠日增修。化成池沼无痕迹,奔走清波不自由。台上看山徐举酒,潭中见月慢回舟。从来天下推尤物,合属人间第一流。"⑥客气地称赞了庄内景致。白居易又作《奉和思黯

---

① 〔宋〕宋敏求撰,辛德勇、郎洁点校:《长安志·长安志图》,三秦出版社2013年版,第258页。

② 〔唐〕白居易著,朱金城笺校:《白居易集笺校》,上海古籍出版社1988年版,第2310页。

③ 〔唐〕刘禹锡著,陶敏、陶红雨校注:《刘禹锡全集编年校注》,岳麓书社2003年版,第671页。

④ 〔唐〕刘禹锡著,陶敏、陶红雨校注:《刘禹锡全集编年校注》,岳麓书社2003年版,第676页。

⑤ 〔唐〕白居易著,朱金城笺校:《白居易集笺校》,上海古籍出版社1988年版,第2338页。

⑥ 〔唐〕刘禹锡著,陶敏、陶红雨校注:《刘禹锡全集编年校注》,岳麓书社2003年版,第693页。

自题南庄见示兼呈梦得》:"谢家别墅最新奇,山展屏风花夹篱。晓月渐沉桥脚底,晨光初照屋梁时。台头有酒莺呼客,水面无尘风洗池。除却吟诗两闲客,此中情状更谁知?"①述其与刘禹锡再次来游,看山赏月,并一觉睡到"晨光初照屋梁时",庄园外群山如屏,篱墙上百花绽放,莺声婉转,水清如镜,唯一可惜的是,这大好风光只有他和刘禹锡两个闲客欣赏。在白居易的一再敦促下,牛僧孺终于在四月游赏了南庄,作《游南庄醉后寓言》(已佚),刘禹锡《和牛相公游南庄醉后寓言戏赠乐天兼见示》云:"城外园林初夏天,就中野趣在西偏。蔷薇乱发多临水,鸂鶒双游不避船。水底远山云似雪,桥边平岸草如烟。白家唯有杯筹兴,欲把头盘打少年。"②从中可知,牛僧孺这次是乘舟游园,蔷薇临水而开,鸳鸯傍船而游,水底远山衬着白云宛若雪覆山头,岸边青草蔓延无际如雾如烟。

此后牛僧孺似乎得闲,园居诗作增多,先后有《雨后林园》和《南溪醉歌》等(已佚),白居易作《奉和思黯相公雨后林园四韵见示》:"新晴夏景好,复此池边地。烟树绿含滋,水风清有味。"③刘禹锡作《牛相公林亭雨后偶成》:"飞雨过池阁,浮光生草树。新竹开粉奁,初莲爇香炷。野花无时节,水鸟自来去。"④又作《思黯南墅赏牡丹花》⑤。其中,最重要的是开成三年(838)六月,刘禹锡《和牛相公南溪醉歌见寄》:

> 脱屣将相守冲谦,惟于山水独不廉。枕伊背洛得胜地,鸣皋少室来轩檐。相形面势默指画,言下变化随顾瞻。有时转入潭岛间,珍木如幄藤为帘。清池曲榭人所致,野趣幽芳天与添。忽然便有江湖思,沙砾平浅草纤纤。怪石钓出太湖底,珠树移自天台尖。崇兰迎风绿泛艳,坼莲含露红襜襜。修廊架空远岫入,弱柳覆槛流波沾。诸蒲抽英剑脊动,岸获逆笋锥头铦。携筋命侣极永日,此会虽数心无厌。人皆置庄身不到,富贵难与逍遥兼。唯公出处得自在,决就放旷辞炎炎。坐宾尽欢恣谈谑,愧我掉头还奋髯。能令商於多病客,亦觉自适非沉潜。⑥

①　〔唐〕白居易著,朱金城笺校:《白居易集笺校》,上海古籍出版社1988年版,第2340页。

②　〔唐〕刘禹锡著,陶敏、陶红雨校注:《刘禹锡全集编年校注》,岳麓书社2003年版,第697页。

③　〔唐〕白居易著,朱金城笺校:《白居易集笺校》,上海古籍出版社1988年版,第2351页。

④　〔唐〕刘禹锡著,陶敏、陶红雨校注:《刘禹锡全集编年校注》,岳麓书社2003年版,第704页。

⑤　〔唐〕刘禹锡著,陶敏、陶红雨校注:《刘禹锡全集编年校注》,岳麓书社2003年版,第696页。

⑥　〔唐〕刘禹锡著,陶敏、陶红雨校注:《刘禹锡全集编年校注》,岳麓书社2003年版,第706~707页。

这首诗在结构上模仿了三年前白居易为裴度写的《裴侍中晋公以集贤林亭即事诗二十六韵见赠猥蒙徵和才拙词繁辄广为五百言以伸酬献》，当代学者认为"诗之体格则在集中为仅见，亦足见禹锡信笔率意为之，非本怀所乐耳"①。但实际上这类诗是中唐"以文为诗"的典范，是诗人接受园主委托，用诗歌传移摹写园貌的用心之作，可视为后世园记之滥觞。以此诗为纲并参以其他诗文，可大致了解城南庄的格局和景致。

诗中前八句为总说，称牛僧孺对山水情有独钟，因此在伊、洛两水之间，遥对鸣皋、少室两山，亲自选址精心构园，园中既有清池曲榭，又有野趣幽芳，兼具人工与天然之美。中十二句具体描写各景，城南庄靠近伊水便于引流，刘禹锡《和思黯忆南庄见示》称"化成池沼无痕迹，奔走清波不自由"②，奔腾的河水汇入池塘，由动转静。池中筑岛，岛上的藤木营造出幽深之感；出岛望见浩渺的水面，又顿觉江湖辽阔，由奥入旷。沿池布置奇石珍木，太湖怪石立于岸边（"近水摇奇冷③"），天台珠树种在岛上（"岛凉松叶风④"），沿堤栽菊种柳，池中养蒲植莲，此外还有修竹、兰草、蔷薇等，并建有小桥、游廊和亭台楼阁。在廊中槛内望远山高耸，溪水奔流，看蒲叶生芽，荻草抽笋，都洋溢着勃勃生机。后十句写游园之乐，恭维牛僧孺的园居生活，富贵与逍遥兼而得之。园中游乐也多与水有关，"台头有酒莺呼客，水面无尘风洗池"⑤是在台上欣赏池面涟漪；"光辉满池上，丝管发舟中"⑥，"潭中见月慢回舟"⑦，则是在池中泛舟、听曲和赏月。刘禹锡此诗颇有庄成而记的意味。

其时，苏州刺史李道枢送给牛僧孺一块太湖石。牛僧孺珍爱异常，作长律《李苏州遗太湖石奇状绝伦，因题二十韵，奉呈梦得、乐天》："念此园林宝，还须别识精。诗仙有刘白，为汝数逢迎。"⑧并请刘禹锡、白居易各作长诗一首。白居易《奉和思黯相公以李苏州所寄太湖石奇状绝伦因题二十韵见示兼呈梦得》云：

① 〔唐〕刘禹锡著，瞿蜕园笺证：《刘禹锡集笺证》，上海古籍出版社1989年版，第1382页。

② 〔唐〕刘禹锡著，陶敏、陶红雨校注：《刘禹锡全集编年校注》，岳麓书社2003年版，第693页。

③ 〔清〕彭定求等编：《全唐诗》，中州古籍出版社2008年版，第2410页。

④ 〔唐〕刘禹锡著，陶敏、陶红雨校注：《刘禹锡全集编年校注》，岳麓书社2003年版，第676页。

⑤ 〔唐〕白居易著，朱金城笺校：《白居易集笺校》，上海古籍出版社1988年版，第2340页。

⑥ 〔唐〕刘禹锡著，陶敏、陶红雨校注：《刘禹锡全集编年校注》，岳麓书社2003年版，第676页。

⑦ 〔唐〕刘禹锡著，陶敏、陶红雨校注：《刘禹锡全集编年校注》，岳麓书社2003年版，第693页。

⑧ 〔清〕彭定求等编：《全唐诗》，中州古籍出版社2008年版，第2410页。

"疏傅心偏爱,园公眼屡回。共嗟无此分,虚管太湖来。(居易与梦得俱典姑苏,而不获此石。)"①他以疏受自比,称刘禹锡为东园公,两人对此石爱玩不已,并嗟叹白白当过苏州刺史,竟与其失之交臂。从刘禹锡《和牛相公南溪醉歌见寄》"怪石钓出太湖底"可知,这块湖石运到洛阳后被安置在城南庄。

(二)平泉庄

平泉庄是唐武宗宰相李德裕的庄园别业,营建于宝历元年(825)其任浙西观察使时②。李德裕年轻时曾随父宦游在外十四年,遍览名山大川;后瞩目伊洛山水风物之美,便有退居之志。其于《平泉山居诫子孙记》中曰:

> 经始平泉,追先志也。吾随侍先太师忠懿公在外十四年,上会稽,探禹穴,历楚泽,登巫山,游沅湘,望衡峤。先公每维舟清眺,意有所感,必凄然遐想,属目伊川。尝赋诗曰:"龙门南岳尽伊原,草树人烟目所存。正是北州梨枣熟,梦魂秋日到郊园。"吾心感是诗,有退居伊洛之志。

于是,他购得龙门之西的一块废园地,重新加以规划建设。"剪荆棘,驱狐狸,始立班生之宅,渐成应叟之地。又得江南珍木奇石,列于庭际。平生素怀,于此足矣。"

李德裕深知仕途艰险,怕后代子孙难于守成,因此告诫子孙曰:"鬻吾平泉者,非吾子孙也。以平泉一树一石与人者,非佳子弟也。吾百年后,为权势所夺,则以先人所命,泣而告之,此吾志也。"③

其一,选址。

平泉庄位于洛阳龙门南部,伊水西岸,距离洛阳城三十里。④ 据学者考证,即今伊阙西南八里的梁树沟一带。⑤ 这里有西高东低的平缓丘峦,北邻龙门伊阙,东对万安山、缑岭,南对鸣皋山(又名九皋山),视野开阔,取景丰富,特别适合造园,故此地在唐一代园墅密布。李德裕《灵泉赋》序中讲道:"自东邻故丞相

---

① 〔唐〕白居易著,朱金城笺校:《白居易集笺校》,上海古籍出版社 1988 年版,第 2349 页。
② 黄晓、刘珊珊:《唐代李德裕平泉山居研究》,《建筑史》2012 年第 3 期。
③ 〔清〕董诰等编:《全唐文》,中华书局 1983 年版,第 7267 页。
④ 〔唐〕康骈撰,萧逸校点:《剧谈录》,见〔五代〕王仁裕等撰,丁如明等校点:《开元天宝遗事(外七种)》,上海古籍出版社 2012 年版,第 160 页。
⑤ 王铎:《洛阳古代城市与园林》,远方出版社 2005 年版,第 164 页。

崔公至谷口故丞相司徒李公凡别墅五六,皆谓之平泉,实发源于此。"①晚年闲居洛阳的白居易也曾频频来游,其《醉游平泉》诗中夸耀:"洛客最闲唯有我,一年四度到平泉。"②

李德裕选在平泉营建别墅,即是属意于周围优美的风景。其《知止赋》曰:"伊出陆浑,北绕皇居。度双阙之苍翠,若天泽之逶迤。少室东映于原隰,鸣皋西对于林间。"③在山居中远眺,伊水逶迤,一线如带,萦绕着东都壮丽的宫室。山居东面可遥望嵩山,南面可"远见鸣皋山,青峰原上出"④。园内还建有书楼专供远眺,其《书楼晴望》云:"苍翠连双阙,微茫认九原。残红映巩树,斜日照辕辕。"⑤暮春时节在楼中向东眺望,山间绿意已浓,从东北的龙门双阙一直连到东面的万安山,时近傍晚,夕阳余晖映红了巩县的林木和远处的辕辕山。

平泉一带除了大量贵族别业,还分布着许多村舍,平泉庄附近便被李德裕呼为赤松村。⑥ 唐代官员有永业田和职分田,平泉一带土地肥沃,一直是官员们的首选。李德裕等许多高官很可能也在平泉拥有田产,他们的别业"中虽有亭台馆榭等娱乐之设备,然一部分或大部分实为水田旱田"⑦。这些田地需要雇人耕种,逐渐形成村庄。又《唐律疏议》规定永业田内要种桑、榆、枣等树木,⑧与李德裕描写的"桑柘夕烟间""桑叶初黄梨叶红"等景致相合。其《忆晚眺》曰:"伊川新雨霁,原上见春山。缑岭晴虹断,龙门宿鸟还。牛羊平野外,桑柘夕烟间。不及乡园叟,悠悠尽日闲。"⑨春日的雨后,东面的缑岭挂着一抹残虹,归巢的雀鸟结伴飞往龙门,原野上散布着成群的牛羊,桑柘间升起袅袅的炊烟,一幅安详恬静的乡村田园景致图。

不过李德裕一直在淡化平泉庄的经济色彩,而主要将其视为一处怡情养性

---

① 〔清〕董诰等编:《全唐文》,中华书局 1983 年版,第 7157 页。

② 〔清〕彭定求等编:《全唐诗》,中州古籍出版社 2008 年版,第 2350 页。

③ 〔清〕董诰等编:《全唐文》,中华书局 1983 年版,第 7155 页。

④ 〔清〕彭定求等编:《全唐诗》,中州古籍出版社 2008 年版,第 2461 页。

⑤ 〔清〕彭定求等编:《全唐诗》,中州古籍出版社 2008 年版,第 2461 页。

⑥ 〔清〕彭定求等编:《全唐诗》,中州古籍出版社 2008 年版,第 2464 页。

⑦ [日]加藤繁著,王桐龄译:《唐代庄园考》,《师大月刊》1993 年第 2 期。转引自贾珺主编:《建筑史》(第三十辑),清华大学出版社 2012 年版,第 86 页。

⑧ 岳纯之点校:《唐律疏议》,上海古籍出版社 2013 年版,第 208 页。

⑨ 〔清〕彭定求等编:《全唐诗》,中州古籍出版社 2008 年版,第 2464 页。

之所,他在诗文中从未称"平泉庄",而主要称其为"山居"或"别业",如《平泉山居诫子孙记》①《早春至言禅公法堂忆平泉别业》②等,努力将其表现为一座山居,而非庄园。

其二,理水。

平泉山居最主要的特点体现在理水方面。"平泉"是洛阳城南的一个地名,为伊水西岸这片坡麓的统称,以泉流纵横著名。李德裕喜好水景,与其"智者乐水"的性格相合,平泉山居内有水无山,以泉水作为核心和纽带。李德裕曾写《灵泉赋》对泉水加以突出和强调,认为自己的平泉"潜灵蕴异,美过神泉"③。又从刘禹锡诗《和浙西李大夫伊川卜居》④知,其造园之初即疏浚泉源。泉源宽度不足一寻,深度则超过一尺,涌出后形成溪流,不断有其他泉水汇入,绵延长达数里;沿途布置珍木奇石,点缀亭台楼榭,山居的主要景观依水流分布左右。

《灵泉赋》序写泉源之水,"涌不腾沸,淡然冽清,冬温夏寒,明媚可鉴"。刚发源时水流不大,喷涌也不猛烈,但水质很好,清淡冷冽,冬温夏凉。平静的水面分外清澈,"随浅深而见底,实秋毫之可析。其莹若纤埃之映琉璃,微虫之潜琥珀。玉瑕瑜而不掩,镜妍媸而尽觌"⑤。

泉水慢慢蓄积形成溪流,被李德裕称作"东溪"。诗云:"近蓄东溪水,悠悠起渌波。彩鸳留不去,芳草日应多。夹岸生奇筱,缘岩覆女萝。兰桡思无限,为感濯缨歌。"溪中可以泛舟,两岸是一条长达三里多的"竹径"。诗云:"野竹自成径,绕溪三里余。"⑥径旁间植松树,建有坞舍。溪旁的竹、松是李德裕诗中出现最密集的意象,如"野竹阴无日,岩泉冷似秋"⑦,"清泉绕舍下,修竹荫庭除。幽径松盖密,小池莲叶初"⑧,"密竹无蹊径,高松有四五"⑨等。可见,东溪一带是李德裕最经常的徜徉驻足之所。

---

① 〔清〕董诰等编:《全唐文》,中华书局 1983 年版,第 7267 页。
② 〔清〕彭定求等编:《全唐诗》,中州古籍出版社 2008 年版,第 2461 页。
③ 〔清〕董诰等编:《全唐文》,中华书局 1983 年版,第 7157 页。
④ 〔唐〕刘禹锡著,陶敏、陶红雨校注:《刘禹锡全集编年校注》,岳麓书社 2003 年版,第 377 页。
⑤ 〔清〕董诰等编:《全唐文》,中华书局 1983 年版,第 7157~7158 页。
⑥ 〔清〕彭定求等编:《全唐诗》,中州古籍出版社 2008 年版,第 2462 页。
⑦ 〔清〕彭定求等编:《全唐诗》,中州古籍出版社 2008 年版,第 2460 页。
⑧ 〔清〕彭定求等编:《全唐诗》,中州古籍出版社 2008 年版,第 2459 页。
⑨ 〔清〕彭定求等编:《全唐诗》,中州古籍出版社 2008 年版,第 2459 页。

溪流顺坡而下越聚越大,最终化为瀑布泻入池中。"悬瀑溜于碧潭,散浮溜于清沚"①,"飞泉鸣树间,飒飒如度雨"②,"飞泉与万籁,仿佛疑萧吹"③等句,都描写了瀑布跌落池塘的场景:四溅的水沫,飘洒如雨,飞瀑的音响,又仿佛呜咽的箫声。池边设有钓台石(《思平泉树石杂咏一十首·钓台》④)和瀑泉亭(《春暮思平泉杂咏二十首·瀑泉亭》⑤),是欣赏瀑布的场所。

瀑布下的池塘称作"碧潭"或"春潭",李德裕有诗描述,如"人依红桂静,鸟傍碧潭闲"⑥,"回塘碧潭映,高树绿萝悬"⑦,"龙门有开士,爱我春潭碧"⑧,"影入春潭底,香凝月榭前"⑨等句。碧潭旁栽有大量植物,如诗中提到的红桂、山桂、绿萝和紫藤等。另有诗"野竹连池合,岩松映雪低"⑩,"幽径松盖密,小池莲叶初。从来有好鸟,近复跃鲦鱼"⑪,"映池芳树密,傍涧古藤繁"⑫等句,可知还有丛竹、雪松、莲花和蜡梅等。

碧潭是李德裕与知交好友的雅集之处。开成元年(836)九月他刚回平泉时便在潭边设宴款待刘禹锡,李德裕作《潭上喜见新月》⑬,刘禹锡作《和李相公平泉潭上喜见初月》⑭,两人坐在潭边赏月,并以琴声助兴,松间水上,相映生辉。

碧潭的水面较大,潭边建有水榭,为临池、赏月、宴饮、乐舞提供了空间,同时池中还可以泛舟。其有诗曰:"翠岑当累榭,皓月入轻舟。"⑮"累榭空留月,虚舟若待人。"⑯山居中专门备了两艘小船,称泛池舟和舴艋舟。其还有诗曰:"桂

① 〔清〕董诰等编:《全唐文》,中华书局 1983 年版,第 7158 页。
② 〔清〕彭定求等编:《全唐诗》,中州古籍出版社 2008 年版,第 2459 页。
③ 〔清〕彭定求等编:《全唐诗》,中州古籍出版社 2008 年版,第 2460 页。
④ 〔清〕彭定求等编:《全唐诗》,中州古籍出版社 2008 年版,第 2462 页。
⑤ 〔清〕彭定求等编:《全唐诗》,中州古籍出版社 2008 年版,第 2461 页。
⑥ 〔清〕彭定求等编:《全唐诗》,中州古籍出版社 2008 年版,第 2461 页。
⑦ 〔清〕彭定求等编:《全唐诗》,中州古籍出版社 2008 年版,第 2463 页。
⑧ 〔清〕彭定求等编:《全唐诗》,中州古籍出版社 2008 年版,第 2460 页。
⑨ 〔清〕彭定求等编:《全唐诗》,中州古籍出版社 2008 年版,第 2462 页。
⑩ 〔清〕彭定求等编:《全唐诗》,中州古籍出版社 2008 年版,第 2461 页。
⑪ 〔清〕彭定求等编:《全唐诗》,中州古籍出版社 2008 年版,第 2459 页。
⑫ 〔清〕彭定求等编:《全唐诗》,中州古籍出版社 2008 年版,第 2459 页。
⑬ 〔清〕彭定求等编:《全唐诗》,中州古籍出版社 2008 年版,第 2461 页。
⑭ 〔唐〕刘禹锡著,陶敏、陶红雨校注:《刘禹锡全集编年校注》,岳麓书社 2003 年版,第 643 页。
⑮ 〔清〕彭定求等编:《全唐诗》,中州古籍出版社 2008 年版,第 2460 页。
⑯ 〔清〕彭定求等编:《全唐诗》,中州古籍出版社 2008 年版,第 2462 页。

舟兰作枻,芬芳皆绝世。只可弄潺湲,焉能济大川。树悬凉夜月,风散碧潭烟。未得同鱼子,菱歌共扣舷。""无轻斫艋舟,始自鸥夷子。双阙挂朝衣,五湖极烟水。时游杏坛下,乍入湘川里。永日歌濯缨,超然谢尘滓。"①两舟雅致小巧,穿梭于树影月波之间,捕鱼采菱,扣舷而歌,颇可令园主忘怀世事,仿佛如范蠡般悠游于五湖烟水间。

平泉庄的水对李德裕有多重意义。其在《灵泉赋》将泉源、竹溪、飞瀑、碧潭合称为"灵泉",泉水贯通整座山居,绕柴门茅舍,润兰竹松菊,漱石扬波,汇入池沼,以水之形态带给李德裕丰富美感。在其眼中,灵泉"动则广大,止则虚明。如君子之绝德,乃望表而见情。发源而东,百谷皆盈。既处高而就下,虽遇坎而亦平",蕴含了李德裕对"水德"的体会。其还将泉水神异化,视为对自己的护佑。当李德裕"获戾放逐"时,"泉色暂晦,含晶不发"。又如"尘掩悬黎,雾昏秋月",灵泉变成与自己福祸相依、同干连枝的一体。最后,其将山泉与更广阔的时空联系在一起,"乘鸥舳以晨泛,听菱歌而夜起。见蒹葭之始香,疑沅湘之在此"②,仿佛又回到度过童年和壮年时光的南国山水间,兴起无尽的感慨。赏玩水态是乐之,仰止水德是敬之,灵化的泉水则具有了生命,并与自己的人生融为一体,这四者赋予李德裕的"智者乐水"以丰富的内涵。

其三,木石。

泉水构成了平泉庄的骨架,园景的主体则是花木和奇石,李德裕专门作《平泉山居草木记》与《金松赋》详细记述。另外,其在三任浙西观察使、一任淮南节度使期间搜集了大量珍木奇石,置于平泉庄。其中,《平泉山居草木记》记录了木石"所出山泽,庶资博闻"③。除去重复,文中共记花木 63 种、奇石 13 种,其中江南东道 43 种,江南西道 21 种,淮南道 2 种,山南东道 3 种,河南道 2 种,岭南道 3 种,另有 2 种产地不详。平泉庄汇集了各地的物产,来自江南的占到八成以上,中晚唐时期江南对北方园林的影响可见一斑。

这些木石尤其是奇石可将人带至其产地的风光中。如位于碧潭边的钓台石,李德裕坐在石上,面对瀑布,仿佛来到了富春江畔的严光垂钓处;看到日观

---

① 〔清〕彭定求等编:《全唐诗》,中州古籍出版社 2008 年版,第 2463 页。
② 〔清〕董诰等编:《全唐文》,中华书局 1983 年版,第 7158 页。
③ 〔清〕董诰等编:《全唐文》,中华书局 1983 年版,第 7267 页。

石,又宛如置身于泰山之巅看日出,远处可望见扶桑诸岛,"沧海似熔金,众山如点黛";巫山石将他带回长江三峡,似乎又看见"十二峰前月",听到"三声猿夜愁";海娇石则将他挟往宣州的仙都山,这座山峰耸然孤出,"迢迢一何迥,不与众山连"①。其他,如罗浮石、漏潭石、叠浪石、赤城石都会唤起类似的联想,这是中唐典型的"小中见大"的赏石方式。从这个意义上说,汇集了诸多物产的平泉山居就仿佛各地版图的缩微,将李德裕与他所经历和想象的世界联系起来。

李德裕对花木的癖好犹过奇石,注重欣赏其姿态。

平泉庄的第一珍木是得自扬州的金松。李德裕在淮南时,拜访孔融故台,"忽睹奇木,植于庭际,枝似柽松,叶如瞿麦。迫而察之,则翠叶金贯,粲然有光","风入叶而成韵,露垂柯而流液。不受命于严霜,谅同心于寒柏。含春霭而葱蒨,映夕阳而的皪。疑翠尾之群翔,若金潭之旁射"。李德裕赏玩不已,得一株植平泉,"封植得地,枝叶茂盛",欣然作《金松赋》,庆幸从此可以"永爱玩而无斁"②。

平泉庄的第二珍木应是产于剡溪的红桂树。李德裕为红桂作专诗,题为《比闻龙门敬善寺有红桂树独秀伊川,尝于江南诸山访之莫致,陈侍御知予所好,因访剡溪樵客,偶得数株,移植郊园,众芳多(色)沮,乃知敬善所有是蜀道莨草,徒得嘉名,因赋是诗,兼赠陈侍御》③。红桂树,白花红心,"后素合余绚,如丹见本心",符合儒家的道德理想。李德裕将其种在碧潭边,临水照影。诗云:"愿以鲜葩色,凌霜照碧浔。"④

曾追随李德裕的段成式在《酉阳杂俎》中记载了平泉山居的许多植物,如"卫公平泉庄有黄辛夷、紫丁香。……月桂,叶如桂,花浅黄色,四瓣,青蕊,花盛发如柿叶带棱,出蒋山。溪荪,如高粱姜,生水中,出茆山。山茶,似海石榴,出桂州,蜀地亦有。贞桐,枝端抽赤黄条,条复旁对,分三层,花大如落苏花,作黄色,一茎上有五六十朵。俱那卫,叶如竹,三茎一层,茎端分条如贞桐,花小,类木樨,出桂州。……牡桂,叶大如苦竹叶,叶中一脉如笔迹,花带叶三瓣,瓣端分为两歧,其表色浅黄,近歧浅红色。花六瓣,色白,心凸起如荔枝,其色紫,出婺

① 〔清〕彭定求等编:《全唐诗》,中州古籍出版社 2008 年版,第 2463 页。
② 〔清〕董诰等编:《全唐文》,中华书局 1983 年版,第 7157 页。
③ 〔清〕彭定求等编:《全唐诗》,中州古籍出版社 2008 年版,第 2459 页。
④ 〔清〕彭定求等编:《全唐诗》,中州古籍出版社 2008 年版,第 2461 页。

州山中。簇蝶花,花为朵,其簇一蕊,蕊如莲房,色如退红,出温州。山桂,叶如麻,细花紫色,黄叶簇生,如慎火草,出丹阳山中"①。所记与《平泉山居草木记》相合。

花木对于李德裕亦有多重意义。先是对花木合理配植以赏玩。其《柳柏赋》云:"竹婵娟以挺秀,松英茂以含滋。可荫蔚于台榭,故封植于园池","贞苦有余,而姿华不足,徒植于精舍,列于幽庭,不得处园池之中,与松竹相映"。② 又是以花木体现儒家的"比德"思想。他称赞白芙蓉"楚泽之中,无莲不红,惟斯华以素为绚,犹美人以礼防躬"③;红桂树"后素合余绚,如丹见本心"④;"受天地之正者,惟松柏而已。故圣人称其有心,美其后凋。岂无他木,莫可俦匹"⑤,将花木视为美人、君子的化身。再是用花木延续屈原"香草美人"的隐喻传统。⑥ 如将金松视为"犹处子在于隐沦,奇才遗于草泽"⑦,对柳柏则"叹此物之具美,以幽深而见遗"⑧;其失意时以花木观照,有如览镜,人木合一,引发深切的共鸣。花木实际已深深植入李德裕的生活,"嘉树芳草"成为其"性之所耽",是他生命中不可缺少的调剂。

其四,建筑。

平泉庄的景致以泉水为骨架,以木石为主体,建筑见于记载的仅五处,虽然不多,却担负着赏景和雅集等重要功能。

沿泉水流向看,第一座应是流杯亭。《春暮思平泉杂咏二十首·流杯亭》曰:"激水自山椒,析波分浅濑。回环疑古篆,诘曲如萦带。宁恕羽觞迟,惟欢亲友会。欲知中圣处,皓月临松盖。"⑨山椒即山顶,《灵泉赋》提到"自亭徂溪,夤缘数里",可知泉水以亭为起点,应即流杯亭,位于离山顶泉源不远处的浅滩上。

①　〔唐〕段成式撰,方南生点校:《酉阳杂俎》,中华书局 1981 年版,第 281~282 页。
②　〔清〕董诰等编:《全唐文》,中华书局 1983 年版,第 7152 页。
③　〔清〕董诰等编:《全唐文》,中华书局 1983 年版,第 7145 页。
④　〔清〕彭定求等编:《全唐诗》,中州古籍出版社 2008 年版,第 2461 页。
⑤　〔清〕董诰等编:《全唐文》,中华书局 1983 年版,第 7151~7152 页。
⑥　许东海:《宰相辞赋与家族地图——李德裕罢相时期辞赋之花木书写及其文化解读》,《文学与文化》2011 年第 1 期。
⑦　〔清〕董诰等编:《全唐文》,中华书局 1983 年版,第 7157 页。
⑧　〔清〕董诰等编:《全唐文》,中华书局 1983 年版,第 7152 页。
⑨　〔清〕彭定求等编:《全唐诗》,中州古籍出版社 2008 年版,第 2462 页。

亭旁植有辛夷,亭内有回环弯曲的石渠,李德裕期待将来告老还乡,能在亭中"殷勤泛羽卮"①,而"秋忆泛兰卮"②则是他回忆秋日与亲友在亭中作曲水流觞之饮。

　　泉水在竹林间汇成溪流,溪旁建有斋舍,这里是李德裕的起居之处。"清泉绕舍下,修竹荫庭除"③,描写的即是此斋舍。冬雪初霁的清晨,推门可见"雪覆寒溪竹"④。斋中设有禅榻,诗曰:"忆我斋中榻,寒宵几独眠。管宁穿亦坐,徐孺去常悬。"⑤他搜罗的许多奇石都布置在溪旁和榻前,"台岭八公之怪石,巫山严湍琅邪台之水石,布于清渠之侧,仙人迹鹿迹之石,列于佛榻之前"⑥。此外,溪中还有茅山芳荪(《春暮思平泉杂咏二十首·芳荪》⑦)和友人赠送的海鱼骨(《思平泉树石杂咏一十首·海鱼骨》⑧),李德裕坐在禅榻上或走到溪边就能够欣赏。

　　如果将竹溪一带看作供园主起居的"后室"空间,那么飞泉和碧潭一带便可视为园主待客的"前堂"空间,各种宴会和演出都在这里举行。潭边建有瀑泉亭,因便于赏瀑得名。瀑布颇有气势,"飞泉挂空,如决天浔。万仞悬注,直贯潭心"⑨。潭边还有一座水榭,水榭对着园外的山峰,特别适合赏月,二者在潭中映出倒影,晃漾喜人。诗云"翠岑当累榭"⑩,"月正中央,洞见浅深。群山无影,孤鹤时吟"⑪。竹溪一带以奇石为主,碧潭周围则以花木为主,前文提到的红桂、山桂、绿萝、紫藤、丛竹、雪松、重台莲、白莲和蜡梅等都种在潭边,有供人垂钓的钓台石、立在梧下的叠浪石,还栖息着青田鹤、双䴔鹕、白鹭鸶和富春山双猿,停泊着泛池舟和舴艋舟。

①　〔清〕彭定求等编:《全唐诗》,中州古籍出版社 2008 年版,第 2464 页。
②　〔清〕彭定求等编:《全唐诗》,中州古籍出版社 2008 年版,第 2460 页。
③　〔清〕彭定求等编:《全唐诗》,中州古籍出版社 2008 年版,第 2459 页。
④　〔清〕彭定求等编:《全唐诗》,中州古籍出版社 2008 年版,第 2461 页。
⑤　〔清〕彭定求等编:《全唐诗》,中州古籍出版社 2008 年版,第 2460 页。
⑥　〔清〕董诰等编:《全唐文》,中华书局 1983 年版,第 7268 页。
⑦　〔清〕彭定求等编:《全唐诗》,中州古籍出版社 2008 年版,第 2462 页。
⑧　〔清〕彭定求等编:《全唐诗》,中州古籍出版社 2008 年版,第 2463 页。
⑨　〔清〕彭定求等编:《全唐诗》,中州古籍出版社 2008 年版,第 2617 页。
⑩　〔清〕彭定求等编:《全唐诗》,中州古籍出版社 2008 年版,第 2460 页。
⑪　〔清〕彭定求等编:《全唐诗》,中州古籍出版社 2008 年版,第 2617 页。

李德裕"好著书为文,奖善嫉恶,虽位极台辅,而读书不辍"[1]。平泉庄有书楼,刘禹锡称赞其"满室图书在,入门松菊闲"[2]。书楼位置颇高,李德裕读书之暇,常常倚楼远眺,山川胜景,兴衰往事,都上心头。书楼突破了园林的界限,将山居与广阔的天地和辽远的历史联系在一起,这也正是"借景"的深层意义所在。

其五,园居生活。

李德裕在平泉时多为一人独处,赏花对石,听泉望月,读书眺远,怡然自得;偶尔会宴请好友,奏乐联诗。但这段时光极为短暂,大多数时间山居都是出现在他的思忆中。对李德裕而言,平泉庄更多的其实是一种心灵的慰藉。山居建成后,很可能绘有园图,故他在南方时才会发出"丹青写不尽,宵梦叹非真"[3]的感慨。中晚唐时,许多身居高位的园林主人皆"终身不曾到,唯展宅图看"[4]。李德裕虽在平泉庄住过,但大多数时间面对的也是图中的山居,隐逸林下只是一个遥不可及的梦想。

大中二年(848)九月,李德裕被贬为崖州司户参军,即今海南岛琼山县;850年,卒于任所,同在贬所的妻子儿女也先后病亡。后其孙李延古曾"去官居平泉庄"[5],可知山居后来仍为李氏所有。但在李德裕卒后,平泉庄遭到很大的破坏,尤以晚唐的黄巢之乱为甚。园中花木大多灭绝,北宋时张洎游平泉,"唯雁翅桧、珠子柏、莲房玉蕊等,犹有存者"。奇石多被"洛阳有力者取去",张洎曾在陶穀的梁园中见到礼星石和狮子石。[6]

(三)午桥庄

午桥庄是裴度的庄园别业,位于洛阳定鼎门外,也称"南宅""南庄"或"城南庄"。裴度晚年时,宦官专权,其遂退居东都洛阳,"于午桥创别墅,花木万株,

---

① 〔后晋〕刘昫等撰:《旧唐书》,中华书局 1975 年版,第 4528 页。

② 〔唐〕刘禹锡著,陶敏、陶红雨校注:《刘禹锡全集编年校注》,岳麓书社 2003 年版,第 644 页。

③ 〔清〕彭定求等编:《全唐诗》,中州古籍出版社 2008 年版,第 2462 页。

④ 〔唐〕白居易著,丁如明、聂世美校点:《白居易全集》,上海古籍出版社 1999 年版,第 385 页。

⑤ 〔宋〕司马光编著,〔元〕胡三省音注:《资治通鉴》,中华书局 1956 年版,第 8644 页。

⑥ 〔宋〕张洎撰,俞钢整理:《贾氏谈录》,见朱易安、傅璇琮等主编:《全宋笔记》第一编(二),大象出版社 2003 年版,第 140 页。

中起凉台暑馆,名曰绿野堂。引甘水贯其中,酾引脉分,映带左右"①。

大和八年(834)五月,白居易作《奉酬侍中夏中雨后游城南庄见示八韵》:"岛树间林峦,云收雨气残。四山岚色重,五月水声寒。老鹤两三只,新篁千万竿。化成天竺寺,移得子陵滩。心觉闲弥贵,身缘健更欢。帝将风后待,人作谢公看。甪里年虽老,高阳兴未阑。佳辰不见召,争免趁杯盘?"②可见,裴度到洛阳不久就得到了午桥庄,并在园中开池栽树、养鹤种竹,景致已颇有可观,只是建筑还不多。

大和九年(835)秋,他买下李龟年三兄弟位于洛阳通远坊宅内的中堂③,迁建到午桥庄,并取名绿野堂。是年冬,刘禹锡由汝州调任同州,途经洛阳,与裴度、白居易、李绅在午桥庄联诗,当时绿野堂尚未完工,因此联句里只提到"残雪午桥岸,斜阳伊水渍"④。开成元年(836)春,绿野堂正式建成,裴度作《新成绿野堂即事》(已佚)庆祝,并邀诗友们唱和。至此,午桥庄才成为一处堪与集贤里园媲美的别墅,开始作为裴度的重要园居场所。史载:"(裴)度视事之隙,与诗人白居易、刘禹锡酬宴终日,高歌放言,以诗酒琴书自乐,当时名士,皆从之游。"⑤

白居易作《奉和裴令公新成午桥庄绿野堂即事》:"旧径开桃李,新池凿凤凰,只添丞相阁,不改午桥庄。远处尘埃少,闲中日月长。青山为外屏,绿野是前堂。引水多随势,栽松不趁行。年华玩风景,春事看农桑。花妒谢家妓,兰偷荀令香。游丝飘酒席,瀑布溅琴床。巢许终身隐,萧曹到老忙。千年落公便,进退处中央。"⑥刘禹锡在同州作《奉和裴令公新成绿野堂即事》:"蔼蔼鼎门外,澄澄洛水湾。堂皇临绿野,坐卧看青山。位极却忘贵,功成欲爱闲。官名司管籥,心术去机关。禁苑陵晨出,园花及露攀。池塘鱼拨刺,竹径鸟绵蛮。志在安潇洒,尝经历险艰。高情方造适,众意望征还。好客交珠履,华筵舞玉颜。无因随

① 〔后晋〕刘昫等撰:《旧唐书》,中华书局 1975 年版,第 4432 页。
② 〔唐〕白居易著,朱金城笺校:《白居易集笺校》,上海古籍出版社 1988 年版,第 2185 页。
③ 〔唐〕郑处诲撰,田廷柱点校:《明皇杂录》,中华书局 1994 年版,第 27 页。
④ 〔唐〕刘禹锡著,陶敏、陶红雨校注:《刘禹锡全集编年校注》,岳麓书社 2003 年版,第 622 页。
⑤ 〔后晋〕刘昫等撰:《旧唐书》,中华书局 1975 年版,第 4432 页。
⑥ 〔唐〕白居易著,朱金城笺校:《白居易集笺校》,上海古籍出版社 1988 年版,第 2238 页。

贺燕,翔集画梁间。"①姚合作《和裴令公新成绿野堂即事》:"结构立嘉名,轩窗四面明。丘墙高莫比,萧宅僻还清。池际龟潜戏,庭前药旋生。树深檐稍邃,石峭径难平。道旷襟情远,神闲视听精。古今功独出,大小隐俱成。曙雨新苔色,秋风长桂声。携诗就竹写,取酒对花倾。古寺招僧饭,方塘看鹤行。人间无此贵,半仗暮归城。"②

三首诗都围绕绿野堂及其周围景致展开。白居易用"丞相阁"恭维绿野堂,并点明这次主要是在庄内添建正堂,并非大兴土木,全面改建。这座正堂因前有大片绿野而得名,姚合《和裴令公游南庄忆白二十、韦七二宾客》称"花开半山晓,竹动数村寒"③,可想象午桥庄规模之大,庄内大部分都是农田,使"春事看农桑"成为重要的游赏项目。

绿野堂采用堂皇的形制,四面通透,远近取景皆佳。南面如屏风般耸立着嵩山群峰,在堂内或坐或卧都能望见。当时,洛阳园宅以能远借青山为贵,购买或租赁时需另出"见山钱"④。白居易《和裴令公南庄一绝》称"何似嵩峰三十六,长随申甫作家山"⑤,绿野堂视野开阔,嵩山诸峰皆在望中,仿佛变成了裴度自家之山,宰相气派迥出各园之上。靠近绿野堂凿有一座方池,格局颇似其长安兴化里园池。裴度引伊水入园,溪水蜿蜒流入池中,众人在堂内参加宴席,可以欣赏池中的龟鱼和池畔的白鹤;坐在池边瀑布旁弹琴,琴韵悠悠,与水声相和。姚合诗中提及"池满红莲湿,云收绿野宽。……斗雀翻衣袂,惊鱼触钓竿"⑥,可知入夏后池中还有莲花,钓鱼也是常有的活动。

绿野堂外植有松桂绿竹,繁荫掩映,自成幽境。不久,裴度又在堂前栽桃种柳,白居易作《奉和令公绿野堂种花》调侃:"令公桃李满天下,何用堂前更种花?"⑦开成二年(837)桃柳长成,白居易全然忘了自己的调侃,激赏"映楼桃花,拂堤垂柳,是庄上最胜绝处",并寄诗给裴度要求观赏。当时裴度不在庄内,白

① 〔唐〕刘禹锡著,陶敏、陶红雨校注:《刘禹锡全集编年校注》,岳麓书社2003年版,第628页。
② 〔清〕彭定求等编:《全唐诗》,中州古籍出版社2008年版,第2588页。
③ 〔清〕彭定求等编:《全唐诗》,中州古籍出版社2008年版,第2589页。
④ 陈植:《中国历代名园记选注》,安徽科学技术出版社1983年版,第27~28页。
⑤ 〔唐〕白居易著,朱金城笺校:《白居易集笺校》,上海古籍出版社1988年版,第2307页。
⑥ 〔清〕彭定求等编:《全唐诗》,中州古籍出版社2008年版,第2589页。
⑦ 〔唐〕白居易著,朱金城笺校:《白居易集笺校》,上海古籍出版社1988年版,第2252页。

居易故伎重施,称"可惜亭台闲度日",自己打算"欲偷风景暂游春",悄悄进庄游赏,希望花柳间饶舌的黄莺,不要飞到宫城里告诉裴度。①

此外,午桥庄还种有数百株文杏,并有一处"茂草盈里"的小儿坡,裴度特命人在坡上放牧一群白羊,称"芳草多情,赖此妆点也"②。大片的桃柳、文杏和草场,都反映出午桥庄的庄园特色,像"春事看农桑"一样,裴度在这里将田庄风光转化为可供欣赏的园林景致。

裴度在洛阳的生活悠然安适,他拥有两处园墅,又有白居易、刘禹锡、李绅、姚合等赋闲文士相伴,经营园池和饮酒赋诗成为最主要的活动。由于太过安闲,任何事件或变化都可能成为他们欢饮雅聚的契机。如开成元年(836)冬日雪后,裴度嫌白居易、刘禹锡没有不请自来赏雪,遂写诗责备两人:"忆昨雨多泥又深,犹能携妓远过寻。满空乱雪花相似,何事居然无赏心。"③刘、白开心地回应:"迟迟未去非无意"④,"唯待梁王召即来"⑤。吸取了冬天的教训,开成二年(837)刚开春,白、刘便一起劝裴度设宴迎春,"宜须数数谋欢会,好作开成第二春"⑥,"弦管常调客常满,但逢花处即开尊"⑦。白居易将在洛阳的这段生活概括为"前日魏王潭上宴连夜,今日午桥池头游拂晨"⑧,几乎每天都有欢宴雅集;裴度则总结道:"予自到洛中,与乐天为文酒之会,时时措咏,乐不可支,则慨然共忆梦得,而梦得亦分司至止,欢惬可知。"⑨

裴度很希望就此悠游林泉终老,但唐文宗却舍不下他,每当有官员从洛阳去长安,"文宗必先问之曰:'卿见裴度否?'"开成二年(837)五月,文宗起用七十三岁的裴度为太原尹、北都留守、河东节度使,"诏出,度累表固辞老疾,不愿更典兵权",文宗用近乎恳求的语气再次下诏:"卿虽多病,年未甚老,为朕卧镇

① 〔唐〕白居易著,朱金城笺校:《白居易集笺校》,上海古籍出版社1988年版,第2295页。
② 周勋初:《唐人轶事汇编》(二),上海古籍出版社1995年版,第1018页。
③ 〔清〕彭定求等编:《全唐诗》,中州古籍出版社2008年版,第1698页。
④ 〔唐〕刘禹锡著,陶敏、陶红雨校注:《刘禹锡全集编年校注》,岳麓书社2003年版,第651页。
⑤ 〔唐〕白居易著,朱金城笺校:《白居易集笺校》,上海古籍出版社1988年版,第2283页。
⑥ 〔唐〕白居易著,朱金城笺校:《白居易集笺校》,上海古籍出版社1988年版,第2288页。
⑦ 〔唐〕刘禹锡著,陶敏、陶红雨校注:《刘禹锡全集编年校注》,岳麓书社2003年版,第653页。
⑧ 〔唐〕白居易著,朱金城笺校:《白居易集笺校》,上海古籍出版社1988年版,第2052页。
⑨ 〔唐〕刘禹锡著,陶敏、陶红雨校注:《刘禹锡全集编年校注》,岳麓书社2003年版,第666页。

北门可也。"①裴度只好到太原赴任。三个月后,裴度写诗给白居易怀念洛阳,白居易和诗回忆了在午桥庄追随裴度的美好时光:"清宵陪宴话,美景从游遨。花月还同赏,琴诗雅自操。朱弦拂宫徵,洪笔振风骚。近竹开方丈,依林架桔槔。春池八九曲,画舫两三艘。径滑苔黏屐,潭深水没篙。绿丝萦岸柳,红粉映楼桃(皆午桥庄中佳境)。"②或许是出于对洛阳园池的思念,开成三年(838)裴度在太原任所开凿水池,经营园林,白居易《又和令公新开龙泉晋水二池》赞美了新园景色,"笙歌闻四面,楼阁在中央。春变烟波色,晴添树木光",诗的最后提醒裴度,"龙泉信为美,莫忘午桥庄"。③ 他期待着裴度能够重回洛阳,一起安度晚年。

裴度对午桥庄也一直念念不忘,开成三年(838)冬,身在太原的裴度"病甚,乞还东都养病"④,他很想回到洛阳园池中。但文宗希望裴度离自己近些,命他回到长安,并派国医细心照料。开成四年(839)三月,文宗在曲江设宴,裴度病重不能参加,文宗特派使者请他作诗,说"朕诗集中欲得见卿唱和诗","御札及门,而度已薨"⑤。文宗册赠裴度为太傅,为其辍朝四日,备极哀荣。《晋公遗语》记载:"裴令临终,告门人曰:'吾死无所系,但午桥庄松云岭未成,软碧池绣尾鱼未长,《汉书》未终篇,为可恨尔。'"⑥或许裴度仍抱有希望,认为还有机会回到洛阳,但开成二年(837)一别竟是永诀,此后他再也没有回到心爱的洛阳园池中。

午桥庄是一座"花木万株",垂柳、桃花、文杏、牧草郁郁成林,弥山遍野的庄园。在近乎天然的环境中建有绿野堂,为园居活动的主体:在堂内可以举办宴席,欣赏乐舞;向南是大片的绿野,嵩山群峰扑面而来,后来在堂前栽种了桃柳,使景致更富有层次;裴度引伊水入园,在堂侧开凿水池,以便在堂内观鹤赏莲、听琴钓鱼。或许是因为裴度年事渐高,绿野堂的活动以静观为主,但与其长安兴化里园和集贤里园一脉相承的是,庄内也是宾客络绎不绝,"当时名士,皆从

① 〔后晋〕刘昫等撰:《旧唐书》,中华书局1975年版,第4432页。
② 〔唐〕白居易著,朱金城笺校:《白居易集笺校》,上海古籍出版社1988年版,第2319页。
③ 〔唐〕白居易著,朱金城笺校:《白居易集笺校》,上海古籍出版社1988年版,第2346~2347页。
④ 〔后晋〕刘昫等撰:《旧唐书》,中华书局1975年版,第4432页。
⑤ 〔后晋〕刘昫等撰:《旧唐书》,中华书局1975年版,第4433页。
⑥ 周勋初:《唐人轶事汇编》(二),上海古籍出版社1995年版,第1019页。

之游",裴度与众人"酣宴终日,高歌放言",尽享园居之乐。

午桥庄在宋归北宋名相张齐贤所有。史载齐贤晚年归洛,"得裴度午桥庄,有池榭松竹之盛,日与亲旧觞咏其间,意甚旷适"①。午桥庄故址在今洛龙区八里堂一带,②其地靠近伊水,周围有大片农田,且离龙门不远,举目可见嵩山,环境优美,很适合修建别墅。

(四)龙门北溪

北溪,在洛阳龙门山北,为唐代东都著名的游赏之地。唐睿宗时,韦嗣立在此地购置别业,营筑园林。《唐诗纪事》卷十一曰:"开元中,(韦)嗣立自汤井还都,经其龙门北溪别业,忽怀骊山之胜"③。其时,张说、崔日知、崔泰之、魏奉古与韦嗣立同游龙门北溪别业,诸人赋诗酬唱。《唐诗纪事》卷十四曰:"龙门北溪,韦嗣立山居在焉,诸公赋诗,(魏)奉古时预酬唱之末。张说序崔、韦赠答诗云:二公述志论文,首贻雅唱。其余寻声响答,望形影赴,故亦峻碧池之涟漪,增瑶林之沃若。"④从众人所赋之诗中,可略知其概况。

韦嗣立作《偶游龙门北溪,忽怀骊山别业,因以言志示第淑奉呈诸大僚》:"幽谷杜陵边,风烟别几年。偶来伊水曲,溪嶂觉依然。傍浦怜芳树,寻崖爱绿泉。岭云随马足,山鸟向人前。地合心俱静,言因理自玄。"⑤又作《自汤还都经龙门北溪,赠张左丞崔礼部崔光禄》:"栖闲有愚谷,好事枉朝轩。树接前驱拥,岩传后骑喧。褰帘出野院,植杖候柴门。既拂林下席,仍携池上樽。……空闻岸竹动,徒见浦花繁。多愧春莺曲,相求意独存。"⑥

魏奉古作《奉酬韦祭酒偶游龙门北溪,忽怀骊山别业,因以言志示弟淑奉呈诸大僚之作》:"有美朝为贵,幽寻地自偏。践临伊水汭,想望灞池边。是遇皆新赏,兹游若旧年。藤萝隐路接,杨柳御沟联。……未蹑中林步,空承丽藻传。阳春和已寡,扣寂竟徒然。"⑦

① 〔元〕脱脱等撰:《宋史》,中华书局1977年版,第9158页。
② 王铎:《唐宋洛阳私家园林的风格》,《华中建筑》1990年第1期。
③ 〔宋〕计有功辑撰:《唐诗纪事》,上海古籍出版社2013年版,第154页。
④ 〔宋〕计有功辑撰:《唐诗纪事》,上海古籍出版社2013年版,第213~214页。
⑤ 〔清〕彭定求等编:《全唐诗》,中州古籍出版社2008年版,第455页。
⑥ 〔清〕彭定求等编:《全唐诗》,中州古籍出版社2008年版,第456页。
⑦ 〔清〕彭定求等编:《全唐诗》,中州古籍出版社2008年版,第456页。

崔日知作《奉酬韦祭酒偶游龙门北溪,忽怀骊山别山,因以言志,示弟淑并呈诸大僚之作》:"夙龄秉微尚,中年忽有邻。以兹山水癖,遂得狎通人。迨我咸京道,闻君别业新。岩前窥石镜,河畔踏芳茵。既怜伊浦绿,复忆灞池春。"①

崔泰之作《奉酬韦嗣立祭酒偶游龙门北溪,忽怀骊山别业,因以言志示弟淑奉呈诸大僚之作》:"关塞临伊水,骊山枕灞川。俱临隐路侧,同在帝城边。谢公兼出处,携妓玩林泉。鸣驺喷梅雪,飞盖曳松烟。闻琴幽谷里,看弈古岩前。落日低帏帐,归云绕管弦。叨荣渐北阙,微尚爱东田。寂寞灰心尽,萧条尘事捐。朝思登崭绝,夜梦弄潺湲。宿怀南涧意,况睹北溪篇。"②

从以上诗篇可知,韦嗣立龙门北溪别业在龙门口北侧,濒临伊水,有"绿泉"近山。其别业园林中有馆阁、绿池、松、梅、竹、柳,其环境是田园"野院",野趣十足。园临伊水,浦内有芦苇、竹林。

（五）嵩山别业

嵩山别业的经营者卢鸿一是一位终生不做官的布衣文人,也是一位在当时颇为少见的、有名气的真正隐士。开元年间,他屡受征召而不仕,据《旧唐书》卷一百九十二载:

卢鸿一字浩然,本范阳人,徙家洛阳。少有学业,颇善籀篆楷隶,隐于嵩山。开元初,遣备礼再征不至。五年,下诏曰:"朕以寡薄,忝膺大位。……"鸿一赴征。六年,至东都,谒见不拜。……上别召升内殿,赐之酒食。诏曰:"卢鸿一应辟而至,访之至道,有会淳风,爰举逸人,用劝天下。特宜授谏议大夫。"鸿一固辞……将还山,又赐隐居之服,并其草堂一所,恩礼甚厚。③

卢鸿一归隐嵩山之后,刻意经营庄园别业。他选择别业内及其附近比较有特色的景观十处——草堂、倒景台、樾馆、枕烟庭、云锦淙、期仙磴、涤烦矶、幂翠庭、洞元室、金碧潭,各赋诗一首并有诗序,编为一卷,题曰《嵩山十志十首》④。诗中对这个别业的建筑、自然环境、如何延纳山水风景,以及园林化处理等方面

---

① 〔清〕彭定求等编:《全唐诗》,中州古籍出版社 2008 年版,第 456 页。
② 〔清〕彭定求等编:《全唐诗》,中州古籍出版社 2008 年版,第 457 页。
③ 〔后晋〕刘昫等撰:《旧唐书》,中华书局 1975 年版,第 5119~5121 页。
④ 〔清〕彭定求等编:《全唐诗》,中州古籍出版社 2008 年版,第 566 页。

都有描写。其诗虽为骚体,但其诗序对景观的描写却尤为具体,而且不乏园林艺术和风景审美的独到见解。

其中,关于建筑的有《草堂》:"草堂者,盖因自然之溪阜,前当墉洫;资人力之缔构,后加茅茨。将以避燥湿,成栋宇之用;昭简易,叶乾坤之德,道可容膝休闲。谷神同道,此其所贵也。及靡者居之,则妄为剪饰,失天理矣。"

有《樾馆》:"樾馆者,盖即林取材,基颠柘,架茅茨,居不期逸,为不至劳,清谈娱宾,斯为尚矣。及荡者鄙其隘闳,苟事宏湎。乖其宾矣。"

关于自然环境的有《云锦淙》:"云锦淙者,盖激溜冲攒,倾石丛倚,鸣湍叠濯,喷若雷风,诡辉分丽,焕若云锦。可以莹发灵瞩,幽玩忘归。及匪士观之,则反曰寒泉伤玉趾矣。"

有《涤烦矶》:"涤烦矶者,盖穷谷峻崖,发地盘石,飞流攒激,积漱成渠。澡性涤烦,迥有幽致。可为智者说,难为俗人言。"

有《倒景台》:"倒景台者,盖太室南麓,天门右崖,杰峰如台,气凌倒景。登路有三处可憩。或曰三休台,可以邀驭风之客,会绝尘之子。超逸真,荡遐襟,此其所绝也。及世人登焉,则魂散神越,目极心伤也。"

关于延纳山水风景的有《枕烟庭》:"枕烟庭者,盖特峰秀起,意若枕烟。秘庭凝虚,宵若仙会,即扬雄所谓爱静神游之庭是也。可以超绝纷世,永洁精神矣。及机士登焉,则寥阒懻恍,愁怀情累矣。"①

卢鸿一与王维一样,既是诗人,又是颇有造诣的山水画家,其曾将嵩山别业的十处景观绘为《草堂十志诗图》传世。宋董逌《书卢鸿〈草堂图〉》云:"卢浩然在开元中,尝赐隐居服,官为营草堂。逮还山,乃广其学庐,聚徒肄业。其居之室号宁极,则取所谓深根而反一者也。鸿尝自图其居以见,世共传之,其本尝在段成式家。当时号山林胜绝。"②可以想见嵩山别业所含蕴的浓郁诗画情趣。

此外,《嵩山十志十首》和《草堂十志诗图》的出现,也从一个侧面反映了园林与山水诗、山水画在唐代文人心目中的重要位置。卢鸿一作为布衣隐士,他在《嵩山十志十首》的诗序中用简练的语言所表述的隐逸思想以及有关风景、园林审美观念的"雅""俗"分野的议论,尤其值得注意。

---

① 〔清〕彭定求等编:《全唐诗》,中州古籍出版社2008年版,第566~567页。
② 〔宋〕董逌:《广川画跋》,中华书局1985年版,第63页。

三、文人园的勃兴

自唐代实施科举制度以后,士人的隐逸行为多作为入仕为官的一种手段,结庐泉石,目注市朝。盛唐之后,社会危机显现,"邦无道,乘槎浮于海",士人对山林隐逸的向往再度盛行。然而,此时之士人并未像汉魏隐士那样走进深山,而是受佛教禅宗观念的影响,创造出了"中隐"的思想,以"隐于园"取代"隐于野",满足了士人既要避世修身又不愿放弃财富享乐的心理需求。特别是中唐以后,这种思想普遍流行于文人士大夫中,直接刺激了私家园林的普及和发展。

白居易在《中隐》诗中对这种隐逸思想进行了写照和诠释:"大隐住朝市,小隐入丘樊。丘樊太冷落,朝市太嚣喧。不如作中隐,隐在留司官。似出复似处,非忙亦非闲。不劳心与力,又免饥与寒。终岁无公事,随月有俸钱。君若好登临,城南有秋山。君若爱游荡,城东有春园。……人生处一世,其道难两全。贱即苦冻馁,贵则多忧患。唯此中隐士,致身吉且安。穷通与丰约,正在四者间。"①

"中隐"不必"归园田居",更不必"遁迹山林",隐于园林亦可。于是,士人们便把理想寄托于园林,把感情倾注于园林,凭借近在咫尺的园林而尽享隐逸之乐趣。亦如白居易云:"始知真隐者,不必在山林。"②"进不趋要路,退不入深山。深山太濩落,要路多艰险。不如家池上,乐逸无忧患。"③园林开始在士人的生活中占有重要地位,甚至于许多文人士大夫亲自参与园林的设计营造。文人园林自魏晋南北朝以山居的形式出现后,至唐中后期开始兴盛。

唐代山水艺术发达,文人普遍创作山水诗文、绘画,对山水风景的鉴赏具备一定造诣。同时,这些文人凭借对自然美的深刻理解进行园林的经营,也把他们对人生哲理的体验、宦海浮沉的感怀融注于造园艺术之中。前文叙述之白居易、裴度、李德裕、牛僧孺等人,其仕途失意时,无不在丘壑林泉中找到了精神的

---

①　〔唐〕白居易著,丁如明、聂世美校点:《白居易全集》,上海古籍出版社1999年版,第331页。

②　〔唐〕白居易著,丁如明、聂世美校点:《白居易全集》,上海古籍出版社1999年版,第104页。

③　〔唐〕白居易著,丁如明、聂世美校点:《白居易全集》,上海古籍出版社1999年版,第559页。

寄托和慰藉。在这种社会风尚的影响之下,园林的精神境界进一步提高、升华,文人色彩愈加浓厚,格调清冽雅致,为世人所称。例如,牛僧孺归仁里园和李德裕平泉庄,被誉为洛阳"怪木奇石"的荟萃之地。若干年后,两家败落,园内的奇石散出,凡镌刻牛、李两家标记的,洛阳人无不争相购买。

文人园林乃是士流园林之更侧重以赏心悦目而寄托理想、陶冶性情、表现隐逸者。推而广之,则不仅是文人经营的或者文人所有的园林,也泛指那些受到文人趣味浸润而"文人化"的园林。如果把它视为一种造园艺术风格,则"文人化"的意义就更为重要,乃是广义的文人园林。它们不仅在造园技巧、手法上表现了园林与诗、画的沟通,而且在造园思想上融入了文人士大夫的独立人格、价值观念和审美理念,作为园林艺术的灵魂。

白居易是文人参与造园实践中最有代表性的一人,他有相当多的诗歌、文章是描写、记述或评论山水园林的。白居易曾先后主持营建了四处私园,其中,就有前文所述之洛阳履道里宅园,其诗云:"官舍非我庐,官园非我树。洛中有小宅,渭上有别墅。"①洛中小宅即其履道里宅园。

白居易认为营园的主旨非仅为生活之享受,而在于以泉石养心怡性、培育高尚情操,所谓"高人乐丘园,中人慕官职"②也。园林是其中隐逸思想"物化"的结果,故经营墅园应力求与自然环境契合,顺乎自然之势,合于自然之理;城市宅园则应着眼于"幽",而获闹中取静的效果。其履道里宅园正因"非庄非宅非兰若,竹树池亭十亩余"③,而"地与尘相远,人将境共幽"④。园内组景亦概以幽致为要:"幽僻嚣尘外,清凉水木间。"⑤建筑物力求朴拙:"新结一茅茨,规模俭且卑。土阶全垒块,山木半留皮。"⑥他十分重视园林的植物配置成景,"插柳作高林,种桃成老树"⑦,"绕廊紫藤架,夹砌红药栏"⑧。

白居易对竹子情有独钟,其撰写的《养竹记》阐述了竹子形象的"比德"寓

① 〔宋〕计有功辑撰:《唐诗纪事》,上海古籍出版社 2013 年版,第 588 页。
② 〔唐〕白居易著,丁如明、聂世美校点:《白居易全集》,上海古籍出版社 1999 年版,第 454 页。
③ 〔唐〕白居易著,丁如明、聂世美校点:《白居易全集》,上海古籍出版社 1999 年版,第 480 页。
④ 〔唐〕白居易著,丁如明、聂世美校点:《白居易全集》,上海古籍出版社 1999 年版,第 351 页。
⑤ 〔唐〕白居易著,丁如明、聂世美校点:《白居易全集》,上海古籍出版社 1999 年版,第 517 页。
⑥ 〔唐〕白居易著,丁如明、聂世美校点:《白居易全集》,上海古籍出版社 1999 年版,第 500 页。
⑦ 〔唐〕白居易著,丁如明、聂世美校点:《白居易全集》,上海古籍出版社 1999 年版,第 115 页。
⑧ 〔唐〕白居易著,丁如明、聂世美校点:《白居易全集》,上海古籍出版社 1999 年版,第 21 页。

意及审美特色:"竹似贤,何哉? 竹本固,固以树德。君子见其本,则思善建不拔者。竹性直,直以立身。君子见其性,则思中立不倚者。竹心空,空以体道。君子见其心,则思应用虚受者。竹节贞,贞以立志。君子见其节,则思砥砺名行,夷险一致者。夫如是,故君子人多树之为庭实焉。"①其履道里宅园的植物配置也以竹木为主,并作《池上竹下作》高度评价园中竹与水的象征寓意:"穿篱绕舍碧逶迤,十亩闲居半是池。食饱窗间新睡后,脚轻林下独行时。水能性淡为吾友,竹解心虚即我师。何必悠悠人世上,劳心费目觅亲知?"②白居易离开洛阳后,仍对之眷恋不已。其《忆庐山旧隐及洛下新居》写道:"草堂久闭庐山下,竹院新抛洛水东。自是未能归去得,世间谁要白须翁?"③

唐代文人园林的假山以土山居多,也有用石间土的土石山。纯用石块堆叠的石山尚不多见,但由单块石料或者若干块石料组合成景的"置石"则比较普遍。白居易是最早肯定"置石"之美学意义的人,他对履道里宅园内以置石配合流水所构成的小品十分喜爱:"嵌巉嵩石峭,皎洁伊流清。立为远峰势,激作寒玉声。夹岸罗密树,面滩开小亭。忽疑严子濑,流入洛阳城。"④他还为牛僧孺私园写就《太湖石记》,对园林用石中的上品——太湖石的美学意义做了阐述,把文人的嗜石、嗜书、嗜琴、嗜酒相提并论,肯定了石具有与书、琴、酒相当的艺术价值。

以白居易为代表的唐代文人融儒、道、释三家之长于园林中,对于其后宋代文人园林的兴盛及其风格特点的成熟有重要的指引作用。文人参与营造园林,意味着文人的造园思想——"道"与工匠的造园技艺——"器"开始有了初步的结合。文人的立意通过工匠的具体操作而得以实现,"意"与"匠"的联系更为紧密。可以说,唐代的文人承担了造园家的部分职能,"文人造园家"的雏形在此时即已出现。

---

① 〔唐〕白居易著,丁如明、聂世美校点:《白居易全集》,上海古籍出版社1999年版,第632页。
② 〔唐〕白居易著,丁如明、聂世美校点:《白居易全集》,上海古籍出版社1999年版,第354页。
③ 〔唐〕白居易著,丁如明、聂世美校点:《白居易全集》,上海古籍出版社1999年版,第381页。
④ 〔唐〕白居易著,丁如明、聂世美校点:《白居易全集》,上海古籍出版社1999年版,第559页。

第三节　寺观园林

佛教和道教经过魏晋南北朝的发展,到唐代达到兴盛的局面。佛教的十三个宗派都已经完全确立,道教的南北天师道与上清、灵宝、净明逐渐合流,教义、典仪、经籍均形成完整的体系。唐代的统治者出于维护封建统治的需要,采取儒、道、释三教并尊的政策,在思想上和政治上都不同程度地加以扶持和利用。

随着佛教的兴盛,寺院的地主经济亦相应地发展起来。大寺院拥有大量田产,相当于地主庄园的经济实体。高级僧侣过着大地主一般的奢侈生活,大量农民依附于寺院生存。李姓的唐代皇室奉老子为始祖,道教也受到皇室的扶持。宫苑里面建置道观,皇亲贵戚多有信奉道教者,道观也和佛寺一样,成为地主庄园般的经济实体。无怪乎时人惊呼“凡京畿上田美产,多归浮屠”①。寺、观的建筑制度已趋于完善,大的寺观往往是连宇成片的庞大建筑群,包括殿堂、寝膳、客房、园林四部分功能分区。

寺观除进行宗教活动外,也对市民开放,艺人的杂技、舞蹈表演,商人设摊做买卖,吸引大量市民前来观看,逐渐成为城市公共交往的中心。寺观的世俗化使它在环境处理上把宗教的肃穆与人世的愉悦相结合,更重视庭院的绿化和园林的经营。许多寺、观以园林之美和花木的栽培而闻名于世,文人们都喜欢到寺观以文会友、吟咏、赏花,寺观的园林绿化亦适应于世俗趣味,追模私家园林。

洛阳作为隋唐的两京之一,是寺、观集中的大城市。洛阳城中的寺观一部分为宅第改建。如安国寺,本为隋杨文思宅园,至唐时为宗楚客宅园,后宗楚客流放岭南,易为卫王李重俊宅;神龙二年(706),李重俊为太子,②三年(707),其宅改为崇因尼寺,再改卫国寺,景云元年(710)改为安国寺。又如宏道观,在修

①　〔宋〕欧阳修、宋祁撰:《新唐书》,中华书局1975年版,第4716页。
②　〔后晋〕刘昫等撰:《旧唐书》,中华书局1975年版,第2837页。

文坊,原为章怀太子李贤宅园,后改为道观。还有一些寺院占地广大,如宜人坊的太常寺,并有官药园,合占半个里坊。又如宏道观,占地一个里坊。还如白马寺,垂拱元年(685),"太后修故白马寺,以僧怀义为寺主"①,大兴土木,广修殿阁,时有"跑马关山门"之说。这些寺观,多数都有园林或者庭院园林化的建置。几乎每一所寺、观之内均莳花植树,往往繁花似锦、绿树成荫。甚至有以栽培某种花或树而出名的。如安国寺,"诸院牡丹特盛"②。寺观内栽植树木的品种繁多,松、柏、杉、桧、桐等比较常见。寺观内也栽植竹林,甚至有单独的竹林院。此外,果木花树亦多所栽植,而且往往具有一定的宗教象征寓意。

洛阳城内水渠纵横,许多寺观引来活水在园林或庭院里面建置山池水景。寺、观园林及庭院山池之美、花木之盛往往使得游人们流连忘返,描写文人到寺观赏花、观景、饮宴、品茗的唐代诗文也屡见不鲜。凡此种种,足见洛阳的寺观园林和庭院园林化之盛况,也表明了寺观园林兼具城市公共园林的职能。

寺观不仅在城市兴建,而且遍及郊野。但凡风景幽美的地方,尤其是山岳风景地带,几乎都有寺观建置,故云"天下名山僧(道)占多"。河南以寺观为主体的山岳风景名胜区,到唐代差不多都已陆续形成。如嵩山、王屋山,既是宗教活动中心,又是风景游览胜地。寺观作为香客和游客的接待场所,对风景名胜区之区域格局的形成和原始型旅游的发展,起着决定性的作用。佛教和道教的教义都包含尊重大自然的思想,又受到魏晋南北朝以来所形成的传统美学思潮影响,寺、观的建筑当然也就力求和谐于自然的山水环境,起着"风景建筑"的作用。郊野的寺观把植树造林列为僧、道的一项公益劳动,也有利于风景区的环境保护。因此,郊野的寺观往往内部花繁叶茂,外围古树参天,成为游览的对象、风景的点缀。许多寺观栽培名贵花木、保护古树名木的园林绿化情况,也屡见于当时人的诗文中。

隋唐时期的佛寺布局更趋于规范化而形成模式,汉化和世俗化的程度也更为深刻。尤其在中唐以后,塔已退居主院以外的两侧或后部的次要位置上,供奉佛像的正殿(佛堂、金堂)代替塔而成为主院的构图中心,也是整个佛寺建筑

---

① 〔宋〕司马光编著,〔元〕胡三省音注:《资治通鉴》,中华书局 1956 年版,第 6436 页。

② 〔宋〕宋敏求撰:《河南志》,见王晓波、李勇先、张保见等点校:《宋元珍稀地方志丛刊·甲编》,四川大学出版社 2007 年版,第 28 页。

群的构图中心。隋唐时期的佛寺建筑均为"分院制",即以主院为主体,在它的周围建置若干较小的别院,组成一个大建筑群。大小院落一般都栽植花木而成为绿化的庭院,或者点缀山池、花木而成为园林化的庭院。如果佛寺建在山地,则别院可以和主院分开建置,依照地形条件而因山就势、不拘一格。道观建筑的世俗化较之前也更为深刻,其个体建筑和群体布局的情况,就宏观而言大体上类似于佛寺建筑。

第四节　其他园林

隋唐之世,皇家园林、私家园林、寺观园林主流以外,河南的其他园林类型也取得了较快发展,尤其是出现了衙署园林等新的园林类型。

一、衙署园林

所谓衙署园林,就是"大量散落在全国各地、由地方官吏牵头营建,或附属在官廨衙署之内,或建在衙署所在府、州、县城郊,并非私人营建的园林"[1]。衙署园林的最早出现时间目前无史可考,先秦时曾有官府之园的记载,如庄周"尝为蒙漆园吏"[2],从某种程度上来说,这可以被视为衙署园林的前身。但是,作为一种正式的园林类型,衙署园林还是在隋唐时期才出现的。目前,我国现存最早的衙署园林——山西绛守居园池,即是隋唐时期所建。

隋唐时期,文人多入仕。在谋求政治抱负的同时,他们也把自己的思想文化和审美观点带入了官场,其表现之一就是在营建府衙、官邸和其他政府工程时,不自觉地将修治私家园林的理念融入其中,从而使这些衙署也染上了私家

---

① 赵鸣、张洁:《试论我国古代的衙署园林》,《中国园林》2003 年第 4 期。

② 〔汉〕司马迁撰:《史记》,中华书局 1959 年版,第 2143 页。

园林的痕迹。

作为官衙府邸的附属建筑,隋唐时期的衙署园林一般都建在城市之中,常位于衙署内、官府第宅之后与之毗邻处,这是它与皇家园林中的行宫和私家园林中的郊野别业有所区别的地方。为了避免远离自然环境而使衙署园林中显得过于肃然,造园者采取了种种弥补措施。一般是将衙署园林置于城市中的河湖之畔,如晚唐的韦皋在成都内、外二江合流之处建造的合江亭①,成为一时之名胜。或者是在园中广栽植物,借以象征自然山林,如"东阁官梅动诗兴"②的蜀州蓓画池等。

河南是隋唐两代的统治中心区,有中央和地方衙署的附属园林存在。但或因朝代的更迭,或因自然灾害的侵袭,其随着衙署的荒废而逐渐衰败直至消灭,无法觅其踪迹。

二、公共园林

隋唐时期,河南的公共园林主要是以寺观为主体的山岳风景名胜区,其既是宗教活动中心,又是风景秀丽的游览胜地。其中,著名的有嵩山和王屋山。

(一)嵩山

嵩山在都城洛阳之东南,横亘于伊川、偃师、登封、巩义和新密诸县之间,东为太室山,西为少室山。嵩山历代皆是帝王封禅、离居、游幸以及文人雅士隐居、游览之地,有众多皇家离宫、庄园别业、寺观园林。北魏时,嵩山已兼容儒、释、道数家文化,至唐时达到兴盛,成为帝王权贵、文人雅士以及世俗百姓共享的山水园林空间。

嵩山是历代帝王封禅之地。西汉元封元年(前110)春正月,汉武帝刘彻"幸缑氏,礼祭中岳太室,从官在山下闻若有言'万岁'者三。诏祠官加增太室

---

① 潘明娟:《成都古代园林初探》,《西安教育学院学报》2003年第3期。

② 萧涤非主编:《杜甫全集校注》,人民文学出版社2014年版,第2081页。

祠,禁无伐其草木,以山下户三百为之奉邑"①。至唐时,高宗、武后②等多次封奉。嵩山也是道教名山圣地。道教典籍《云笈七签》列嵩山为第六小洞天,其道文化始于西晋时,高道鲍靓于元康二年(292)曾登嵩山,入石室得古《三皇文》;汉武帝加增的太室祠北魏时改为中岳庙,③周围群山环列,众峰拱揖,为嵩山之代表。嵩山还是佛教名山圣地。嵩山东汉时已建佛寺,唐代更是盛极一时,有法王寺、少林寺、会善寺、嵩岳寺、龙潭寺等,其中,嵩岳寺"广大佛刹,殚极国财,济济僧徒,弥七百众。落落堂宇一千间"④。而龙潭寺则山岭环绕,碧水曲流,林木繁茂。寺西北峰峦壁立,涧峡深邃,曲水回环,汇而成九龙潭,为嵩阴盛景之最。

唐时嵩山为一时之盛,帝后赋兴,臣僚文士吟咏,多有诗作留存至今。

武后游龙潭寺,作诗曰:"山窗游玉女,涧户对琼峰。岩顶翔双凤,潭心倒九龙。酒中浮竹叶,杯上写芙蓉。故验家山赏,唯有风入松。"⑤游石淙山,作诗曰:"三山十洞光玄箓,压峤金峦镇紫微。均露均霜标胜壤,交风交雨列皇畿。万仞高岩藏日色,千寻幽涧浴云衣。且驻欢筵赏仁智,雕鞍薄晚杂尘飞。"⑥中宗李显为太子时游石淙作诗曰:"霞衣霞锦千般状,云峰云岫百重生。水炫珠光遇泉客,岩悬石镜厌山精。"⑦赞赏嵩山之景。

狄仁杰有《奉和圣制夏日游石淙山》:"宸晖降望金舆转,仙路峥嵘碧涧幽。羽仗遥临鸾鹤驾,帷宫直坐凤麟洲。飞泉洒液恒疑雨,密树含凉镇似秋。老臣预陪悬圃宴,余年方共赤松游。"⑧卢照邻有诗"明君封禅日重光,天子垂衣历数长。九州四海常无事,万岁千秋乐未央"⑨,歌咏武则天出游盛况。宋之问则有诗歌咏嵩山三阳宫景色:"离宫秘苑胜瀛洲,别有仙人洞壑幽。岩边树色含风

① 〔宋〕司马光编著,〔元〕胡三省音注:《资治通鉴》,中华书局 1956 年版,第 678 页。

② 〔宋〕司马光编著,〔元〕胡三省音注:《资治通鉴》,中华书局 1956 年版,第 6503~6504 页。

③ 〔金〕黄久约撰:《大金重修中岳庙碑》,见王新英辑校:《全金石刻文辑校》,吉林文史出版社 2012 年版,第 252 页。

④ 〔唐〕李邕:《嵩岳寺碑》,转引自河南省文物局编:《河南省文物志》,文物出版社 2009 年版,第 277 页。

⑤ 〔清〕彭定求等编:《全唐诗》,中州古籍出版社 2008 年版,第 26 页。

⑥ 〔清〕彭定求等编:《全唐诗》,中州古籍出版社 2008 年版,第 26 页。

⑦ 〔清〕彭定求等编:《全唐诗》,中州古籍出版社 2008 年版,第 11 页。

⑧ 〔清〕彭定求等编:《全唐诗》,中州古籍出版社 2008 年版,第 258 页。

⑨ 〔清〕彭定求等编:《全唐诗》,中州古籍出版社 2008 年版,第 246 页。

冷,石上泉声带雨秋。鸟向歌筵来度曲,云依帐殿结为楼。微臣昔忝方明御,今日还陪八骏游。"①

诗仙李白则借歌咏好友元丹丘来赞叹嵩山秀色:"元丹丘,爱神仙。朝饮颍川之清流,暮还嵩岑之紫烟。三十六峰常周旋。长周旋,蹑星虹。身骑飞龙耳生风。横河跨海与天通。我知尔游心无穷。"②岑参则以诗绘出一幅秋月嵩山图:"草堂近少室,夜静闻风松。月出潘陵尖,照见十六峰。九月山叶赤,溪云淡秋容。火点伊阳村,烟深嵩角钟。……昨诣山僧期,上到天坛东。向下望雷雨,云间见回龙。"③语言恬淡、绝去雕饰的韦应物则把人带进嵩山翠岭幽泉之中:"息驾依松岭,高阁一攀缘。前瞻路已穷,既诣喜更延。出巘听万籁,入林濯幽泉。鸣钟生道心,暮磬空云烟。独往虽暂适,多累终见牵。方思结茅地,归息期暮年。"④白居易也常到嵩山游览,有诗《从龙潭寺至少林寺题赠同游者》:"山屐田衣六七贤,搴芳蹋翠弄潺湲。九龙潭月落杯酒,三品松风飘管弦。"还有诗《夜从法王寺下归岳寺》《宿龙潭寺》《嵩阳观夜奏霓裳》等。⑤

嵩山除有官宦文士游览、佛道信徒朝拜外,还是逸士隐居之所。例如,前文提及之卢鸿一,即于嵩山筑别业隐居,屡诏不仕。

(二)王屋山

王屋山为古代华夏名山,成书于春秋时期的《山海经》即有记载:"王屋之山。是多石。瀽水出焉。"⑥汉刘安《淮南子》将其列为九山之一:"何谓九山?会稽、泰山、王屋、首山、太华、岐山、太行、羊肠、孟门。"⑦王屋山有优越的自然条件,其地处山西板块上升和华北平原板块下降的边缘,挤压、扭动使这里构造复杂,断裂和褶皱形成日精、月华、五斗、华盖等峰,巍峨耸天,层峦叠嶂,绝壁深谷,悬瀑峭岩,异常壮美。

① 〔清〕彭定求等编:《全唐诗》,中州古籍出版社 2008 年版,第 297 页。
② 〔唐〕李白著,朱金城、翟蜕园校注:《李白集校注》,上海古籍出版社 1980 年版,第 492 页。
③ 〔唐〕岑参著,陈铁民、侯忠义校注:《岑参集校注》,上海古籍出版社 1981 年版,第 3 页。
④ 〔清〕彭定求等编:《全唐诗》,中州古籍出版社 2008 年版,第 885 页。
⑤ 〔唐〕白居易著,丁如明、聂世美校点:《白居易全集》,上海古籍出版社 1999 年版,第 423 页。
⑥ 张耘点校:《山海经·穆天子传》,岳麓书社 2006 年版,第 51 页。
⑦ 何宁撰:《淮南子集释》,中华书局 1998 年版,第 313 页。

王屋山是道教"十大洞天"之首。晋葛洪《抱朴子》称王屋山"正神在其山中"①。南朝陶弘景《真诰》云:"王屋山,仙之别天,所谓阳台是也。……阳台是清虚之宫也。"②李唐王朝追尊老子为始祖,封"太上玄元皇帝"③,以道教为国教,勒令各地营建道观。道教茅山宗四代宗师司马承祯于圣历二年(699)在王屋山天坛顶建紫微宫,开元十二年(724)又在王屋山建阳台宫,赐御匾"寥阳殿",使玉真公主拜其为师,入王屋山修道。司马承祯著《上清天宫地府经》④,提出"洞天福地"说,王屋山为"十大洞天"之首,号"小有清虚"之天。王屋山成为唐时道教圣地,于此朝拜修道、游山观赏者甚多。

唐玄宗李隆基曾游王屋山,有诗《王屋山送道士司马承祯还天台》曰:"紫府求贤士,清溪祖逸人。江湖与城阙,异迹且殊伦。间有幽栖者,居然厌俗尘。林泉先得性,芝桂欲调神。地道逾稽岭,天台接海滨。音徽从此间,万古一芳春。"⑤

天宝年间,李白游王屋山作《寄王屋山人孟大融》:"我昔东海上,劳山餐紫霞。亲见安期公,食枣大如瓜。中年谒汉主,不惬还归家。朱颜谢春辉,白发见生崖。所期就金液,飞步登云车。愿随夫子天坛上,闲与仙人扫落花。"⑥

王维作《奉和圣制幸玉真公主山庄因题石壁十韵之作应制》:"碧落风烟外,瑶台道路赊。如何连帝苑,别自有仙家。比地回銮驾,缘溪转翠华。洞中开日月,窗里发云霞。庭养冲天鹤,溪留上汉查。种田生白玉,泥灶化丹砂。谷静泉逾响,山深日易斜。御羹和石髓,香饭进胡麻。大道今无外,长生讵有涯。还瞻九霄上,来往五云车。"⑦在王维看来,玉真公主入王屋山修道的山居,亦如在"帝苑"之中。

韩愈也多次到王屋山,其《高君仙砚铭》曰:"儒生高常与子下天坛。"⑧李商

① 〔晋〕葛洪著,王明校释:《抱朴子内篇校释》,中华书局1980年版,第76页。

② 〔南朝梁〕陶弘景撰:《真诰》,中华书局1985年版,第67页。

③ 〔后晋〕刘昫等撰:《旧唐书》,中华书局1975年版,第90页。

④ 中国人民政治协商会议河南省济源市委员会文史委员会编:《济源文史资料》(第七辑),2001年版,第126页。

⑤ 〔清〕彭定求等编:《全唐诗》,中州古籍出版社2008年版,第16页。

⑥ 〔唐〕李白著,朱金城、翟蜕园校注:《李白集校注》,上海古籍出版社1980年版,第843页。

⑦ 〔唐〕王维著,杨文生编著:《王维诗集笺注》,四川人民出版社2003年版,第110页。

⑧ 〔清〕董诰等编:《全唐文》,中华书局1983年版,第5643页。

隐则学道于王屋玉阳山。其余,卢仝、刘禹锡、元稹、杜牧、张籍等诗人皆先后游王屋山,留有大量诗作。

白居易晚年退居洛阳,亦多次游王屋山,作《天坛峰下赠杜录事》言其对天坛的向往:"年颜气力渐衰残,王屋中峰欲上难。顶上将探小有洞,喉中须咽大还丹。河车九转宜精炼,火候三年在好看。他日药成分一粒,与君先去扫天坛。"①又作《早冬游王屋自灵都抵阳台上方望天坛偶吟成章寄温谷周尊师中书李相公》,尽言山之巍峨清幽:"霜降山水清,王屋十月时。石泉碧漾漾,岩树红离离。朝为灵都游,暮有阳台期。飘然世尘外,鸾鹤如可追。"②

除嵩岳、王屋以外,洛阳城中之天津桥为洛河两岸的交通要道,是洛阳最繁华的地方。尤其是拂晓时分,晓月当空,烟柳迷蒙;桥上车水马龙,桥下波光粼粼,吸引无数文人诗咏。如白居易诗《晓上天津桥闲望偶逢卢郎中张员外携酒同倾》:"上阳宫里晓钟后,天津桥头残月前。空阔境疑非下界,飘飘身似在寥天。星河隐映初生日,楼阁葱茏半出烟。此处相逢倾一盏,始知地上有神仙。"③又如张籍诗《寄孙洛阳格》:"遥爱南桥秋日晚,雨边杨柳映天津。"④"天津晓月"是著名的"洛阳八景"之一,亦可认为其是城市公共园林的雏形。唐洛阳天津桥遗址已经考古发现,在今洛阳桥附近。

---

① 〔唐〕白居易著,丁如明、聂世美校点:《白居易全集》,上海古籍出版社 1999 年版,第 424 页。
② 〔唐〕白居易著,丁如明、聂世美校点:《白居易全集》,上海古籍出版社 1999 年版,第 337 页。
③ 〔唐〕白居易著,丁如明、聂世美校点:《白居易全集》,上海古籍出版社 1999 年版,第 491 页。
④ 〔清〕彭定求等编:《全唐诗》,中州古籍出版社 2008 年版,第 1968 页。

第五章 ── 两宋时期 ──

唐末五代，长安所在的关中地区历经战乱，经济凋敝，加之漕运艰难，物资供应不畅，其长期作为中国统治中心的状况至此结束。其后，洛阳短暂成为都城，随即被开封凭借突出的交通优势而取代，北宋统治近两百年，河南为中国的政治、经济、文化中心。

北宋强化中央集权，"重文抑武"，科举取士，造就了历史上空前庞大的士人阶层；经济空前繁荣，造就了开封、洛阳等一批商业城市；科技发达，"四大发明"之三都在此时完成；文学艺术创作兴盛，人文蔚起，流派纷呈，出现了宋词、笔记、话本、小说等多种文学形式，山水画也趋于成熟。陈寅恪评价道："华夏民族之文化，历数千载之演进，造极于赵宋之世。"①园林艺术发展至宋代也日臻成熟，达到了前所未有的高度。园林类型完备，风格手法多样，营造技术成熟，园林与山水艺术互渗至此完全确立。园居生活较以前大为丰富，鼓琴、围棋、观画、品茶、赏花、打马、玩石、垂钓、蹴鞠等活动也多在园林中进行，并且随着宋代教育的发展，出现了书院园林这一新的类型。北宋河南园林是当时中国园林的代表，对南宋及后世园林的营造影响深远。

第一节　皇家园林

北宋有四京，"谓东京开封府（汴），西京河南府（洛），南京应天府（归德），

---

① 陈寅恪：《邓广铭〈宋史职官志考证〉序》，见《金明馆丛稿二编》，上海古籍出版社 1980 年版，第 245 页。

北京大名府(魏)"①。河南的皇家园林主要分布于开封和洛阳,以东京后苑、琼林苑、延福宫、艮岳等为代表。这些皇家园林对中国园林史影响深远,是南宋临安及后世帝王宫苑模仿的范本。

一、北宋开封

北宋的东京开封原为唐代的汴州,五代之后梁、后晋、后周皆建都于此,北宋也承袭后周以此为都。东京有交通之便,却无山河之险,遂形成"太平则居东都通济之地,以便天下;急难则居西洛险固之宅,以守中原"②的局面。

东京城的城市结构由唐代的子城——罗城发展而来,经过后周世宗及北宋诸帝的扩建改造,最终形成皇城—内城—外城的城市格局。其中,外城又称新城,为后周时扩建,周长五十里一百六十五步,略近方形,为民居和市肆之所在。内城又称旧城,即唐汴州旧城,周长二十里一百五十五步,除部分民居市肆外,主要为衙署、王府邸宅、寺观之所在。宫城又称大内,为宫廷和部分衙署之所在,周长五里。从宫城的正南门宣德门到内城正南门朱雀门是城市中轴线上的主要干道——御街,往南一直延伸到外城的南正门南薰门。此外,尚有若干条东西向和南北向的干道穿越内城和外城。(见图5-1)

东京沿袭了北魏、隋唐以来以宫城为中心的分区规划结构形式。宫城位于全城的中央,宫城的南部排列着外朝的宫殿,包括大朝的大庆殿和常朝的紫宸殿;外朝之北为寝宫与内苑;宫城南北中轴线的延伸作为全城规划的主轴线,自宫城南门宣德门,经朱雀门,沿朱雀门大街,直达外城南薰门。整个城市的各种分区基本上以轴线为中心来布置。但是,东京城城市的内容和功能已经全然不同,由单纯的政治中心演变为商业兼政治中心。北宋中期以后,"里坊制"逐渐变为"厢坊制";得益于商品经济的发展,内城、外城的主要街道都很宽阔,住宅和店铺均面临街道建造,除天街外几乎都是商业大街;有些街道还成为各行各

① 〔明〕李濂撰,周宝珠、程民生点校:《汴京遗迹志》,中华书局1999年版,第215页。
② 〔宋〕李焘撰,上海师范大学古籍整理研究所、华东师范大学古籍研究所点校:《续资治通鉴长编》,中华书局1995年版,第2783页。

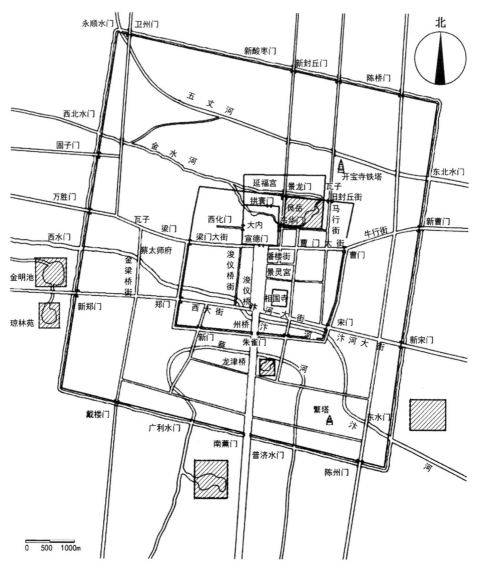

图 5-1　东京城及主要宫苑分布示意图[引自郭黛姮编著:《中国古代建筑史(第三卷)》
(第二版),中国建筑工业出版社 2009 年版,第 559 页]

业相对集中的地区;城的东北、东南和西部的主要街道附近的商业区尤为繁华,
商店、茶楼、酒肆、瓦子等鳞次栉比,大相国寺内的庙市可容纳近万人。五丈河、
金水河、汴河、蔡河均贯穿城内,连接江淮水运,更促进了物资交流和商业繁荣。

　　东京城周围地势低平,河湖密布,水系发达,战国时期即开凿了鸿沟水系,
造就了魏国大梁的繁荣。至隋代,通济渠的通航也大大改善了开封地区的水运

条件,使其成为转运江淮物资的要地,促进了唐末汴州的崛起。后周定都开封后,即着手恢复五代战乱破坏的水系,先后疏浚并恢复了汴渠、五丈河和蔡河等隋唐运河,使城市周边的河道相互沟通,形成了网络。"周世宗显德二年(955)四月,诏别筑新城"①,将分别位于城外南、北方向的蔡河和五丈河两条运河圈入城内。此后,北宋在后周的基础上逐步构建起以东京城为中心的运河网。北宋建隆二年(961)春,为解决五丈河的水源和城市的饮水问题,自荥阳黄堆山引京水,经中牟从东京城西入城,名曰金水河,"入浚沟,通城濠,东汇于五丈河","乾德三年(965),又引贯皇城,历后苑,内庭池沼,水皆至焉"②。自此,北宋东京城汴河、蔡河、五丈河、金水河"四渠贯都"。另外,东京城内还有教习水军的讲武池、金明池以及众多官私园林池沼,与里坊沟渠一起,构成了北宋东京三重城濠、四渠贯都、池沼遍布、沟渠联通的城市水系。

　　合理的城市布局、贯通的湖沼水系为东京城园林的营造提供了优越的条件,发达的商品经济则为开展园林活动提供了充足的物质基础。城内外遍布着众多的公私园林,拥有全国最发达的园林业,③可谓花天锦地。正如孟元老所说:"大抵都城左近,皆是园圃,百里之内,并无閒地。"④著名的园林除皇宫内的后苑、延福宫、艮岳以外,还有玉津园、宜春苑、瑞圣园、琼林园、金明池、撷芳园等,园林大大小小有一百余处。袁褧《枫窗小牍》卷下载:"汴中园圃亦以名胜当时,聊记于此。州南则玉津园,西去一丈佛园子、玉太尉园、景初园。陈州门外,园馆最多,著称者奉灵园、灵嬉园。州东宋门外,麦家园、虹桥王家园。州北李驸马园。西郑门外,下松园、王太宰园、蔡太师园。西水门外,养种园。州西北有庶人园。城内有芳林园、同乐园、马季良园。其他不以名著约百十,不能悉记也。"⑤这些苑园无一不是景致迷人,妙趣横生,使人心旷神怡,流连忘返。同时,一些公私园林还定时向百姓开放,初步具备了公共园林的特征。《汴京遗迹志》卷八曰:"玉津园、下松园、药朵园、养种园、一丈佛园、马季良园、景初园、春灵

---

①　〔明〕李濂撰,周宝珠、程民生点校:《汴京遗迹志》,中华书局 1999 年版,第 2 页。

②　〔明〕李濂撰,周宝珠、程民生点校:《汴京遗迹志》,中华书局 1999 年版,第 93 页。

③　周宝珠:《北宋东京的园林与绿化》,《河南师范大学学报》1983 年第 1 期。

④　〔宋〕孟元老撰,伊永文笺注:《东京梦华录笺注》,中华书局 2006 年版,第 613 页。

⑤　〔宋〕袁褧撰,俞钢、王彩燕整理:《枫窗小牍》,见上海师范大学古籍整理研究所编:《全宋笔记》
　　第四编(五),大象出版社 2008 年版,第 242 页。

园、灵禧园、同乐园。以上诸园，皆宋时都人游赏之所。"①

东京开封也很重视城市的绿化，后周显德三年(956)即有诏令规定，宽五十步以下的街道，"许两边人户，各于五步内取便种树掘井，修盖凉棚"②。东京城绿化树种依土质以柳、榆为主，其次为槐、椿、杏等树。据《东京梦华录》的记载，自皇城南边宣德门南去的御街，约阔二百步，道路两边的御沟，"宣和间尽植莲荷，近岸植桃、李、梨、杏，杂花相间，春夏之间，望之如绣"③。御街是东京城市中心的一条大干道，用四种果树种植两旁，春季时杂花相间，使人如置身园林之中，这在我国古代都城中是不多见的。其他街道植槐的也不少，如李元叔《广汴都赋》记载，"览夫康衢，则四通五达，连骑方轨。青槐夏荫……"④植柳的街道更多一些，据《东京梦华录》记载，"城里牙道，各植榆柳成荫"⑤，"自西门东去观桥、宣泰桥，柳阴牙道，约五里许"⑥。

此外，东京城护城河沿岸也有绿化。《东京梦华录》亦有记载："东都外城，方圆四十余里，城濠曰护龙河，阔十余丈。濠之内外，皆植杨柳，粉墙朱户，禁人往来。"⑦可以说，这是东京一个重要的绿化林带。东京城内河渠两岸植树亦多。宋初以来，屡有诏令，要求沿河广植榆柳。这一点可以从张择端的《清明上河图》中看出来，该图共绘一百七十多棵树木，主要是柳树，其次是榆树或椿树，分布在汴河两岸及街道两旁。许多柳树身粗枝嫩，相当古老，是经过斫伐多次的缘故。城楼两边的断墙上，也是树木繁茂。

二、东京宫苑

北宋东京城内的皇家园林有大内御苑和离宫御苑两类。其中，前者依附皇

---

① 〔明〕李濂撰，周宝珠、程民生点校：《汴京遗迹志》，中华书局1999年版，第125页。
② 〔清〕董诰等编：《全唐文》，中华书局1983年版，第1257页。
③ 〔宋〕孟元老撰，伊永文笺注：《东京梦华录笺注》，中华书局2006年版，第78页。
④ 〔宋〕王明清撰，戴建国、赵龙整理：《玉照新志》，见上海师范大学古籍整理研究所编：《全宋笔记》第六编(二)，大象出版社2013年版，第156页。
⑤ 〔宋〕孟元老撰，伊永文笺注：《东京梦华录笺注》，中华书局2006年版，第2页。
⑥ 〔宋〕孟元老撰，伊永文笺注：《东京梦华录笺注》，中华书局2006年版，第100页。
⑦ 〔宋〕孟元老撰，伊永文笺注：《东京梦华录笺注》，中华书局2006年版，第1页。

城而建,也称宫苑,有后苑、延福宫、艮岳等;后者分布于城内外,有琼林苑、宜春苑、玉津园、金明池、瑞圣园等多处。

(一)后苑

后苑位于开封北宋宫城之西北,与历代前宫后苑的制度相同。后苑的历史可追溯至五代时期,原为后晋宫苑。《旧五代史》卷八十载:"天福六年(941)……(十二月乙巳)帝(后晋高祖)习射于后苑。"[①]同书卷一百一十五亦曰:"(显德二年,955)冬十月庚午,召近臣射于(后)苑中。"[②]北宋代周,自建隆三年(962)至开宝元年(968),历经六年的增缮,后苑初步建成。其后,后苑又逐渐营建了一些宫殿,到北宋末期形成了一个花木繁盛、殿亭林立、池沼美丽的皇家御苑,帝后常召见近臣在此赏花赋诗。

《宋会要辑稿》"方域一"之"东京大内"载:"(宣和门)俗号苑东门,召近臣入苑由此门。门内后苑,苑有大(太)清楼,楼贮四库书。走马楼。延春阁,旧曰万春,宝元中改。仪凤、翔鸾二阁,景祐中有瑞竹生阁首。宜圣殿,奉祖宗圣容。嘉瑞殿,旧曰崇圣,后改今名。宣和殿。安福殿。宝岐殿。化成殿,旧曰玉宸,明道元年改,四方贡珍果常贮此殿。金华殿,大中祥符中常宴辅臣。清心殿,真宗奉道之所。流杯殿,唐明皇书山水字于右(石),天圣初自长安辇入苑中,构殿为流杯,尝令侍臣、馆阁官赋诗。清辉殿。亲(观)稼殿,景祐二年(1035)建,赐名。华景亭。翠芳亭,景祐中橙实亭前,命近臣观。瑶津亭,象瀛山池。"[③]

查阅史书记载,可对后苑的情况有大致了解。首先,清心殿为宋真宗奉道之所。其次,宋仁宗时后苑增建颇多。再次,流杯殿在大内御苑出现,且为奉唐明皇书山水字于内而构殿。其后,宋仁宗时后苑内有象瀛山池,其借池中岛"象瀛山",延续了皇家园林仙岛布局的传统。最后,后苑有亲(观)稼殿,种有庄稼。《宋史》卷十八载:"绍圣元年(1094)……八月丙戌,召辅臣观稼后苑。"[④]

宋代帝王常与大臣宴集于后苑。《宋史》卷四百八十载:"(太平兴国)三年

---

① 〔宋〕薛居正等撰:《旧五代史》,中华书局1976年版,第1055页。
② 〔宋〕薛居正等撰:《旧五代史》,中华书局1976年版,第1533页。
③ 〔清〕徐松辑,刘琳等校点:《宋会要辑稿》,上海古籍出版社2014年版,第9268页。
④ 〔元〕脱脱等撰:《宋史》,中华书局1977年版,第341页。

(978)三月,……上又尝召(钱)俶及其子惟浚宴后苑,泛舟池中。"①宋真宗大中祥符年间,钱俶之十四子钱惟演也曾参与后苑宴集,并在其《玉堂逢辰录》有载:"(大中祥符)九年(1016)正月二十八日,先于阁门赐食。久之,召宰臣、亲王、承郎、给谏入玉宸殿赐宴。其日,初入苑。东门至苑中西南行至一门,百余步,有小亭,上坐亭中。见讫,穿假山中,南行至大荼蘼架。上赐坐,皆石床。上面南,侍臣东西分列。架下有小水分流,渡于坐石之侧。赐酒三行,又南登小山,又有小亭前,上山直至一阁,其上藏太宗御书及史籍,并御制文字,命侍臣更读之。乃南过小楼,东有阁道,上设缯轴,书《五臣论》等,皆列于壁。自阁道下瞰,皆是梨花夹路如雪,标枝拂于阑槛间。又北行,皆在山上。山径中设茶具。御坐北即有御制《自诫箴》《紫牡丹歌》《风琴诗》《千叶牡丹诗》等绘轴。却南行至翔鸾阁,小宴赋诗毕,便至流杯亭。皆坐,借以方褥,流水周绕,御杯载以龙首小舟,泛泛而至其次。每一杯,皆舟中一仙人执之而来。又有水嬉千百,其状龙鱼,皆相随流泛。其馔亦用小舟,一胡人捧盘来,周遍乃止。酒数行,乃登象瀛山,峰峦峻拔,其上珍木异花聚萃相映。山北址有响石,上制《响铭》在焉,山下亭中,有石水台,水中朱《书诫酒铭》,又诸石笋石壁之上皆朱书御诗。至此遍观,赐茶而出,憩于幄次。少顷,又召入,复穿一石桥,跨小池之上,覆以荼蘼架。此处又有大桥,交荫花卉千品,遂至玉宸殿,遍观。东一室中有碑文,又东有石记,未暇读,乃宣侍坐,命酒于殿内,七杯而罢。其日惟黄门小乐二十余人,行酒者皆中使也,阁门使、教坊并不预焉。盖深严之地,非人间矣。及出,侍臣皆醉焉。"②

宋人画作《景德四图》之《太清观书》,图左记事云:"景德四年(1007)三月,召辅臣对太清楼启扃馈观,太宗圣制御书及新写四部新书。真宗亲执目录令黄门奉书示之,……过水亭、放生池,又东至玉宸殿,盖退朝宴息之所,……历翔鸾、仪凤二阁眺望。"③《续资治通鉴长编》卷六十五亦云:"(景德四年三月乙巳)是日,上召辅臣对苑中,遂登(太清)楼阅视。又至景福玉宸殿、翔鸾仪凤阁,上

① 〔元〕脱脱等撰:《宋史》,中华书局 1977 年版,第 13902 页。
② 〔宋〕钱惟演:《玉堂逢辰录》,见新兴书局编:《笔记小说大观》(第二十五编),新兴书局有限公司 1985 年版,第 518 页。
③ 许万里、梁爽:《琼楼览胜:名画中的建筑》,文化艺术出版社 2010 年版,第 18~20 页。

置酒作诗,……玉宸殿乃上宴息之所。"①

对比钱惟演《玉堂逢辰录》与《太清观书》之所记可知,在宋真宗时期,后苑中有假山,为土石混合而成,形态有山谷、冈阜、峰峦,可穿行或登临,旁列石笋石壁。早春之际,山路两旁盛开梨花。山上建有楼阁,有阁道来往相通,如太清楼、玉宸殿即在山上。山下有大型的荼蘼架,架下有饮宴用的石座椅。有流杯亭,下有流杯石渠;有小池,池上小石桥,桥上有荼蘼架;另有大池,池上有大桥。

另外,从《太清观书》之画中亦可见太清楼的建筑形象。楼面宽七间,当心间(居中的一间)柱距较大,次、梢、尽间递减。匾额为《营造法式》所称之"华带牌",悬挂于楼阁上层前檐正中,牌心书有"太清观书"四字。楼为重檐歇山顶(宋称"九脊殿"),正脊两端有吻兽装饰,尾尖卷曲向内,与正脊相接处张口吞脊。垂脊与岔脊端有兽头作结束,无仙人蹲兽。斗拱用材较大,合乎宋代规定七间殿宇的用材。担下一周在柱头处使用"一斗三升"(在正心拱上用三个小斗托着正心枋),没有补间斗拱,简练有力,颇显疏朗。殿堂采用唐宋时期"两阶制"设东西阶的做法,主人就东阶,客就西阶,供宾主升降之用。堂前廊道及踏道两侧皆围以《营造法式》所载之"单钩栏",单钩栏的形式由上而下安寻杖(扶手)、盆唇和地栿,在寻杖与盆唇之间施瘿项云拱,其下再立间柱,安装实心栏板。画中亦可见散水砖设于台基下四周,以受檐上滴下之水。②

政和二年(1112)三月蔡京于太清楼侍宴,作《太清楼侍宴记》,对当时后苑的园林景观记载较详,文曰:"乃由景福殿西序入苑门,就次以憩。诏臣蔡京曰:'此跬步至宣和,即昔言者所谓金柱玉户者也……'东入小花径,南度碧芦丛,又东入便门,至宣和殿。止三楹,左右挟,中置图书笔砚,古鼎彝罍洗陈几案台榻。漆以黑,下字纯朱,上栋饰绿,无文采。东西庑侧各有殿,亦三楹。东曰琼兰,积石为山,峰峦间出,有泉出石窦,注于沼北。有御札'静'字榜梁间,以洗心涤虑。西曰凝芳,后曰积翠;南曰瑶林;北洞曰玉宇。石自壁隐出,崭岩峻立,幽花异木,扶疏茂密。后有沼曰环碧,两旁有亭曰临漪、华渚。沼次有山,殿曰云华,阁曰太宁。左蹑道以登,中道有亭曰琳霄、垂云、骞凤、层峦,百尺高峻,俯视峭壁

---

① 〔宋〕李焘撰,上海师范大学古籍整理研究所、华东师范大学古籍研究所点校:《续资治通鉴长编》,中华书局 1995 年版,第 1447 页。

② 许万里、梁爽:《琼楼览胜:名画中的建筑》,文化艺术出版社 2010 年版,第 18~20 页。

攒峰,如深山大壑。次曰会春。阁下有殿曰玉华,玉华之侧有御书榜曰'三洞琼文之殿',以奉高真。旁有种玉、缘云轩相峙。臣奏曰:'宣和殿阁亭沼,纵横不满百步,而修真观妙,发号施令,仁民爱物,好古博雅,玩芳缀华咸在焉。楹无金瑱,壁无珠珰,阶无玉砌,而沼池岩谷,溪涧原隰,太湖之石,泗滨之磬,……而有鸥、凫、雁、鹜、鸳鸯、鸂鶒,龟鱼驯驯,雀飞而上下。无管弦丝竹、鱼龙曼衍之戏,而有松风竹韵,鹤唳莺啼,天地之籁,适耳而自鸣。其洁齐清灵,雅素若此,则言者不根,盖不足恤。'"①

　　徽宗重和元年(1118)九月,掖庭大火,"后苑广圣宫及宫人所居几尽"②。宋徽宗遂对后苑焚毁部分进行重建,至次年八月始成。九月,宋徽宗召蔡京等诸臣宴于保和殿,蔡京又作《保和殿曲燕记》云:"于是由临华殿门入,侍班东曲水,朝于玉华殿。上步至西曲水,循醹醾架,至太宁阁,登层峦、林霄、骞凤、垂云亭,景物如前,林木蔽荫如胜,始至保和。殿三楹,楹七十架,两挟阁,无彩绘饰侈。落成于八月,而高竹崇桧,已森然蓊郁。"③

　　文中之保和殿,即建于绍圣二年(1095)四月的宣和殿,为避年号之讳,易名保和。《宋会要辑稿》对其沿革有详细记述,其"方域一"之"东京杂录"条云:

　　(绍圣)二年(1095)四月二日,宣和殿成。初,哲宗以睿思殿先帝所建,不敢燕处,乃即睿思殿之后,有后苑隙地仅百许步者,因取以为宣和殿焉。宣和殿者,止三楹,两侧后有二小沼,临之以山。殿广袤才数丈,制度极小。后太皇太后垂帘之际,为臣僚论列,遂毁拆,独余其址存焉。及徽(哲)宗亲政久之,宣和于是旋复。徽宗亦蹜神宗、哲宗故事,昼日不居寝殿,又以睿思时为讲礼、进膳之所,乃皆就宣和燕息。大观二年(1108),既再缮葺之,徽宗乃亲书为之记甚详,而刻诸石。及重和元年(1118),议改号,因即以为宣和元年(1119),乃改宣和殿为保和殿。宣和之后殿,重和元年(1118)所创也。④

　　可见,宣和殿在睿思殿后,哲宗改为宴息之所,曾一度毁废,至徽宗复建。

①　〔宋〕蔡京撰:《太清楼侍宴记》,见曾枣庄、刘琳编:《全宋文》(第一〇九册),上海辞书出版社2006年版,第169页。

②　〔元〕脱脱等撰:《宋史》,中华书局1977年版,第1379页。

③　〔宋〕蔡京撰:《保和殿曲燕记》,见曾枣庄、刘琳编:《全宋文》(第一〇九册),上海辞书出版社2006年版,第172页。

④　〔清〕徐松辑,刘琳等校点:《宋会要辑稿》,上海古籍出版社2014年版,第9276~9277页。

宣和殿有后殿,应为重和元年(1118)制,宣和元年(1119)八月成。

由蔡京的两篇文字结合史料记载可以想象,后苑自迎阳门进入后,西行,过小花径,向南穿过长满芦苇丛的水湾,到宣和殿。宣和殿面阔三间,带左右挟屋。东西两侧各有一面阔三间小殿,殿前后各有一小亭。宣和殿后有后殿及东西二阁。整个规整的殿庭之后是环碧池,水面较大。环碧池岸边有两座亭,池边即是假山。自宣和殿后西侧山势渐起,山脊上布置四座小亭。假山平面沿湖岸大进大出,起伏多变,并且应是内外双层,堆叠出山岭与沟壑,给人"俯视峭壁攒峰,如深山大壑"的感觉。假山从西、北、东三面怀抱环碧池与宣和殿庭,并在南侧用壁隐假山围台,整个基地形成山包平地的格局。池北主山下因山势并列布置两组殿阁。殿前有荼蘼架、流杯沟渠。假山内可能有山洞,沟通相邻空间。整个园林以假山为骨架,划分景区;山脚水际,散置亭轩;树木花草,奇石高竹,水鸟山禽,满布园中。

后苑的风景可以划分为四部分:太清楼、宣圣殿、化成殿及亲稼殿等西部宴饮观稼区,橙实亭、西曲水中部果木种植区,环碧池及后山东北部山水风景区和东南部宣和殿建筑群。与东京四园苑相比,后苑的园林艺术又有了很大发展。在满足宫廷日常游览需求之外,增加了诗情画意的内涵。水景形态丰富,有池沼、泉水、曲水,既有模仿自然的景色,又有富有文化内涵的人文景观。水体突破了四园苑水景的几何形形态,造园手法更加追求自然之趣。各处景物的布置逐渐由无意转为有计划的安排。后苑的景物内容丰富,在皇宫内苑较小的范围内,涵盖了东京四园苑的大部分造园要素。山,这一造园要素也出现在宋代的皇家园林中(宋仁宗时后苑有象瀛山池,也可能为山)。后苑是一个造园四要素齐备的皇家园林,它的景物层次丰富,从平原庄稼到高山亭阁,近、中、远皆有景可赏。

太清楼西部宴饮观稼区延续了宋代皇家园林的重要现实功能,成为皇家关心平民、关心大臣的一种象征。在太清楼附近有化成、宣圣等殿,建成较早,至宋徽宗时后苑中景物已得到极大丰富,园林建筑有意识地对称布置。宋代帝王并不像清代帝王常在皇家园林中处理政务,但宣和殿、玉华殿等处仍是对称布置,体现出皇家园林建筑严肃庄重的特点。园林在对称中又有变化,如沿山路布置亭子,循曲水建荼蘼花架、流杯亭。另外,在建筑装饰上也非常朴素,如宣和殿"下宇纯朱,上栋饰绿,无文采"。这些都使后苑严肃的皇家气氛得到缓和,既不失皇家风范,又得自然之趣。后苑的这一布局方法在后世的皇家园林中得到继承和发展,如颐和园、避暑山庄、圆明园等处,不过后世将园林分为理政及园居两部分。

后苑中的建筑很多,宗教建筑也开始出现在皇家园林之中。如宋真宗时清心殿作为奉道之所;宋哲宗时于后苑西北隅创建一座月台,建成后因太过华丽,只好改做置仙佛像之所。可见,到了北宋中后期,宗教在园林中已经从抽象或非正式的存在,逐渐转化为具象且正式的存在。

无论从造园要素的完整程度、园林的景物层次,还是建筑群的布局、水景的形态,后苑与东京四园苑相比,都有了突破性的进展,对后世的园林布局、园林功能分区,甚至造园模式都产生了深远影响。宋代造园的一个特点是更重视皇宫内苑的营造,后苑在皇宫内苑中存在最早,也存在最久,它的不断营建与完善对宋徽宗时延福宫和艮岳的造园艺术起到了很好的借鉴作用。可以说,后苑是宋代造园艺术发展过程的见证,其造园艺术是高于东京四园苑的。

(二)延福宫

旧延福宫原在后苑西南,仅有十三座殿堂,规模较小。徽宗政和三年(1113)春,于宫城北门拱辰门外新作延福宫,其南邻宫城,北达内城北墙,东至景龙门,西至天波门。延福宫新址原为百司供应之所,为兴建此宫,曾把宫城北门外的若干仓库、作坊和两座军营拆迁至他处。延福宫规模宏大,精致华丽,其建造时,由童贯、杨戬、贾详、蓝从熙、何诉五位宦官各自负责监修一部分,成为各不相同的五个区,故号称"延福五位"。其后又跨旧城修筑,号"延福第六位"。

延福宫内园林及建筑的情况,《宋史》卷八十五言之甚详:

> 始南向,殿因宫名曰延福,次曰蕊珠,有亭曰碧琅玕。其东门曰晨晖,其西门曰丽泽。宫左复列二位。其殿则有穆清、成平、会宁、睿谟、凝和、昆玉、群玉,其东阁则有蕙馥、报琼、蟠桃、春锦、叠琼、芬芳、丽玉、寒香、拂云、偃盖、翠葆、铅英、云锦、兰薰、摘金,其西阁有繁英、雪香、披芳、铅华、琼华、文绮、绛萼、秾华、绿绮、瑶碧、清阴、秋香、丛玉、扶玉、绛云。会宁之北,叠石为山,山上有殿曰翠微,旁为二亭:曰云岿,曰层巘。凝和之次阁曰明春,其高逾一百一十尺。阁之侧为殿二:曰玉英,曰玉涧。其背附城,筑土植杏,名杏冈,覆茅为亭,修竹万竿,引流其下。宫之右为佐二阁,曰宴春,广十有二丈,舞台四列,山亭三峙。凿圆池为海,跨海为二亭,架石梁以升山,

亭曰飞华,横度之四百尺有奇,纵数之二百六十有七尺。又疏泉为湖,湖中作堤以接亭,堤中作梁以通湖,梁之上又为茅亭、鹤庄、鹿寨、孔翠诸栅,蹄尾动数千,嘉花名木,类聚区别,幽胜宛若生成,西抵丽泽,不类尘境。[①]

延福宫共分为六区,其中,内城五区分别由童贯、杨戬、贾详、蓝从熙、何䜣五个宦官负责,蔡京主持。《宋史》卷四百七十二载:"又欲广宫室求上宠媚,召童贯辈五人,风以禁中偪侧之状。贯俱听命,各视力所致,争以侈丽高广相夸尚,而延福宫、景龙江之役起,浸淫及于艮岳矣。"[②]童贯等五人"各为制度,不务沿袭",负责建造不同区域,形成风格殊异的园中之园,使延福宫从园林布局、园林功能、造园技术等方面都较之前代有了很大突破。

延福宫的整体布局是对称中蕴含不对称的,有主有次。从延福宫的布局可以明显看出,此时对于园林的布局已经有了详细的规划,园林主次分明,各具特色。将不同风格的园林聚集在一起,完善了造园要素,很好地处理了不同风格园林的共存问题。

第一部分是较为严谨的殿庭区。延福宫主殿南向,名延福殿,后面是蕊珠殿,有亭曰碧琅玕。中部园景,即延福宫的景观中心是南向的延福殿以及蕊珠殿、碧琅玕亭建筑群。第二部分殿阁林立,着重渲染琳宫翠宇的神仙境界。位于殿庭区之东,有穆清、成平、凝和等七殿,其东有蕙馥、报琼等十五阁,其西有繁英、雪香等十五阁。形成了延福宫内最大的殿阁建筑群。在成平殿之北,叠石为山,山上有一殿二亭。第三部分以登眺为主,环境自然亲切。在凝和殿旁,建有 30 米高的明春阁,阁侧有二殿。阁后依城垣堆土山,植杏,名杏冈,有草亭、竹林、流水。第四部分是以观宴功能为主,并有海中神山的构思。在殿庭区之西,有宴春阁,广十二丈,周围列置舞台,三面布置山亭。旁有椭圆形大水池,长向 120 米,短向 80 米。池上为亭,有石桥与假山相通。此部分没有太多殿阁建筑。第五部分似以杭州西湖为蓝本,花木鸟兽较多。疏泉为湖,湖中有堤,堤上建桥以使湖水相通,桥上有茅亭。鹤庄、鹿寨、孔翠等珍禽异兽饲养所与嘉花名木分区设置,这一部分以动植物之景取胜。

其后,又跨内城北墙增建"延福第六位",史书虽记载不多,但可以想见也是

---

① 〔元〕脱脱等撰:《宋史》,中华书局 1977 年版,第 2100 页。
② 〔元〕脱脱等撰:《宋史》,中华书局 1977 年版,第 13726 页。

一座别致的园林。《宋史》卷八十五载:"跨城之外浚壕,深者水三尺,东景龙门桥,西天波门桥,二桥之下叠石为固,引舟相遇,而桥上人物外自通行不觉也,名曰景龙江。其后又辟之,东过景龙门至封丘门。……及作景龙江,江夹岸皆奇花珍木,殿宇比比对峙,中涂曰壶春堂,绝岸至龙德宫。"①

整个延福宫有统一的规划,其追求的意象自中部向两侧,由上帝天庭而楼台仙境,由楼台仙境而自然风物,其严整性递减,隐逸自然的文人趣味递增。

延福宫东部有大量的殿阁,作为园林建筑,其布置情况不清楚,但是如此规模庞大、造型丰富的建筑群在园林中的布置并非易事。在所列殿阁之外,会宁殿之北有叠石假山,山上又有殿亭,凝和殿旁边也有一些建筑群,这些建筑通过其他的造园要素联系起来,使延福宫的第一、二、三三个部分每一处都以殿为主要建筑,配有一定附属建筑,通过叠石为山或者水体、植物的布置形成一处处小园林。各殿阁之间又通过一些山石、小桥造景作为过渡与连接,使各个院落景点既独立又相互依存。从蔡京《延福宫曲宴记》可窥见延福宫建筑之奢华:"晚,召赴景龙门观灯。玉华阁飞升,金碧绚耀,疑在云霄间,……次诣穆清殿,后入崆峒洞天,过霓桥,至会宁殿。有八阁,东西对列,曰琴、棋、书、画、茶、丹、经、香。臣等熟视之,自崆峒入,至八阁,所陈之物,左右上下皆琉璃也,映彻焜煌,心目俱夺。……次诣成平殿,凤烛龙灯,灿然如昼,奇伟万状,不可名言。"②

延福宫西部为其第四和第五部分,建筑密度较小,第四部分以宴春阁为中心,形成了一处景观中心。宴春阁体量高大,旁边舞台四列,山亭三峙。阁旁凿圆池为海,海中有山,成为延福宫西部一处以宴饮为主的园林景观。第五部分的园林景观是湖中长堤之上布置的动植物园。延福宫西部的园林很有特色。山水的布置已经摆脱了一池三山的布局,但依旧是宋代几何形水体为主,池中架石梁升山,山体庞大"横度之四百尺有奇,纵数之二百六十有七尺"。湖中造堤接亭,这种做法与杭州西湖中苏堤、白堤的造景手法有点类似,但是在堤中梁上建茅亭、鹤庄等动物园,却是别出心裁的布置手法。其间又杂有嘉花名木,故《宋史》赞叹其景"幽胜宛若生成,西抵丽泽,不类尘境"。

---

① 〔元〕脱脱等撰:《宋史》,中华书局 1977 年版,第 2100 页。
② 〔宋〕蔡京撰:《延福宫曲宴记》,见曾枣庄、刘琳编:《全宋文》(第一〇九册),上海辞书出版社 2006 年版,第 178~179 页。

　　另外，与其他宋代皇家园林相比，园内排除了大片农作物的种植，也没有出现亲稼殿之类的建筑，园林景物更注重品种的多样性与名贵性，园林的政治功能有所减弱，欣赏功能得到提高。园林艺术更倾向于体现园居者的造园思想，延福宫的造园意境得到很大提升，园林作为心境的栖园，它的本质意义更为纯粹，体现出宋人对园林艺术欣赏水平的提高。从殿阁命名上来看，园林更加注重对花木的欣赏，突出以文人生活为中心，这与宋代文化状态空前兴盛有着密切关系。文人画在宋代的兴起及文人们对意境的追求，深深地影响了皇家园林。

　　总而言之，延福宫吸收了大量前代造园的经验，在园林布局、园林内容、造园手法和园林意境等方面有很多突破与提升，这应该对后来成功地建造艮岳起到了一定促进作用。经过北宋末年的大规模营建，延福宫形成了密集的宫殿群与大型园林相结合的建筑形式，这在我国古代建筑史上是少见的，从而形成了北宋晚期工程建筑上的一大特色。

（三）艮岳

　　艮岳又名万岁山、寿山艮岳，其西门题榜曰阳华宫（或华阳宫），故又称为阳华宫。周围十余里，景龙门南北一线为西界，东华门东西一线为南界，里城北墙为北界，封丘门南北一线为东界（也有人认为以内城东墙为东界）。艮岳始建于宋徽宗政和七年（1117），于宣和四年（1122）建成，工程负责人为工部侍郎孟揆与宦者梁师成。宋赵彦卫《云麓漫钞》卷三云："命工部侍郎孟揆鸠工，内官梁师成董役，筑土山于景龙门之侧，以象余杭之凤凰山。"[①]

　　其一，建造源起。

　　艮岳之兴建，源自徽宗宠溺道教，始于堪舆之说。王明清《挥麈后录》卷二载："祐陵登极之初，皇嗣未广，混康言京城东北隅地叶堪舆，倘形势加以少高，当有多男之祥。始命为数仞岗阜，已而后宫占熊不绝。上甚以为喜善，繇是崇信道教，土木之工兴矣。一时佞幸因而逢迎，遂竭国力而经营之，是为艮岳。"[②]

　　艮岳与上清宝箓宫地望相连，关系密切。《宋史》卷八十五载："上清宝箓

---

① 〔宋〕赵彦卫撰，朱旭强整理：《云麓漫钞》，见上海师范大学古籍整理研究所编：《全宋笔记》第六编（四），大象出版社 2013 年版，第 126 页。

② 〔宋〕王明清撰，穆公校点：《挥麈录》，见《宋元笔记小说大观》，上海古籍出版社 2001 年版，第 3633 页。

宫,政和五年(1115)作,在景龙门东,对景晖门。"①《续资治通鉴》卷第九十二载:"(政和六年)夏,四月,乙丑,会道士于上清宝箓宫。宫建于景龙门,对晨晖门,密连禁署,用道士林灵素言也。……帝心独喜其说,赐号通真先生,作上清宝箓宫,帝时登皇城,下视之。由是开景龙门,城上作复道通宝箓宫,以便斋醮之事。"②《宋史》卷二十一载:"(政和七年)夏四月庚申,帝讽道箓院上章,册己为教主道君皇帝。"③艮岳在上清宝箓宫之东,④可称为"上清宝箓宫的后花园"。"宝箓宫北、东、南三面临嵌艮岳,艮岳西北部为圌山亭洞天道教景区,与宝箓宫东序直接相连"⑤(如图5-2)。可见,艮岳的兴建其实可以说是徽宗模拟神霄仙境"恍然如见玉京广爱之旧",宣扬神霄信仰的造神运动之一部分。

图5-2 艮岳想象平面图(引自朱育帆:《艮岳景象研究》,
北京林业大学博士学位论文1997年,第114页)

① 〔元〕脱脱等撰:《宋史》,中华书局1977年版,第2101页。
② 〔清〕毕沅编著,"标点续资治通鉴小组"校点:《续资治通鉴》,中华书局1957年版,第2378页。
③ 〔元〕脱脱等撰:《宋史》,中华书局1977年版,第398页。
④ 〔明〕李濂撰,周宝珠、程民生点校:《汴京遗迹志》,中华书局1999年版,第54页。
⑤ 朱育帆:《艮岳景象研究》,北京林业大学博士学位论文1997年,第27页。

其二，景观布局。

描述艮岳园景的核心文献有徽宗御制《艮岳记》，祖秀《华阳宫记》，《宋史·地理志》，李质、曹组《艮岳百咏诗》。其中《艮岳记》是徽宗在艮岳刚落成时写的一篇介绍设计意象与整体布局的文字。而祖秀游览时开封已经陷落，艮岳已遭到破坏，由于适逢雪后，所见景观的整体性很强。从这两篇文字可见艮岳山水景观形制。

御制《艮岳记》云：设洞庭、湖口、丝溪、仇池之深渊，与泗滨、林虑、灵璧、芙蓉之诸山，取瑰奇特异瑶琨之石，即姑苏、武林、明、越之壤，荆楚、江湘、南粤之野，移枇杷、橙柚、橘柑、椰栝、荔枝之木，金蛾、玉羞、虎耳、凤尾、素馨、渠那、末利、含笑之草，不以土地之殊，风气之异，悉生成长养于雕栏曲槛，而穿石出罅。岗连阜属，东西相望，前后相续。左山而右水，后溪而旁陇，连绵弥满，吞山怀谷。其东则高峰峙立，其下则植梅以万数，绿萼承趺，芬芳馥郁，结构山根，号萼绿华堂。又旁有承岚昆云之亭，有屋外方内圆如半月，是名书馆。又有八仙馆，屋圆如规。又有紫石之岩，祈真之磴，揽秀之轩，龙吟之堂，清林秀出。其南则寿山嵯峨，两峰并峙，列嶂如屏。瀑布下入雁池，池水清泚涟漪，凫雁浮泳水面，栖息石间，不可胜计。其上亭曰噰噰，北直绛霄楼，峰峦崛起，千叠万复，不知其几千里，而方广无数十里。其西则参木、杞菊、黄精、芎䓖，被山弥坞，中号药寮；又禾麻、菽麦、黍豆、秔秫，筑室若农家，故名西庄。上有亭曰巢云，高出峰岫，下视群岭，若在掌上。自南徂北，行岗脊两石间，绵亘数里，与东山相望。水出石口，喷薄飞注如兽面，名之曰白龙。泝濯龙峡，蟠秀练光，跨云亭、罗汉岩。又西，半山间楼曰倚翠，青松蔽密，布于前后，号万松岭。上下设两关，出关下平地，有大方沼。中有两洲，东为芦渚，亭曰浮阳，西为梅渚，亭曰云浪。沼水西流为凤池，东出为研池，中分二馆，东曰流碧，西曰环山。馆有阁曰巢凤，堂曰三秀，以奉九华玉真安妃圣像。东池后结栋山下，曰挥云厅。复由磴道盘行萦曲，扪石而上，既而山绝路隔，继之以木栈。木倚石排空，周环曲折，有蜀道之难。跻攀至介亭最高诸山，前列巨石凡三丈许，号排衙。巧怪崭岩，藤萝蔓衍，若龙若凤，不可殚穷。麓云半山居右，极目萧森居左。北俯景龙江，长波远岸，弥十余里，其上流注山间。西行潺湲，为漱玉轩；又行石间，为炼丹（亭）、凝亭观、圜山亭。下视水际，见高阳酒肆、清斯阁。北岸万竹,苍翠蓊郁,仰不见明。有胜筠庵、蹑云台、萧闲馆、飞岑亭,无杂花异木,四面皆竹也。又支流为山庄、为回溪。自山蹊石蹲塞条下平陆,中立而四顾,则岩峡洞穴,亭阁楼观,乔木茂草,或高或下,或远或近,一出一入,一荣一凋,四向周匝。徘徊而仰顾,若在重山大壑、幽谷深崖之底,而不知京邑空旷坦荡而平夷也,又不知郭郭寰会纷华而填委也。真天造地设,神谋化力,非人所能为者,此举其梗概焉。及夫时序之景物,朝昏之变态也,若夫土膏起脉,农祥晨正,万类胉动,和风在条,宿冻分沾,泳漾水之新波,被石际之宿草。红苞翠萼,争笑并开于烟暝;新莺归燕,呢喃百转于木末。攀柯弄蕊,借石临流,使人情舒体堕,而忘料峭之味。及云峰四起,列日照耀,红桃绿李,半垂间出于密叶;芙蕖菡萏,菁蓼芳苓,摇茎弄芳,倚靡于川湄。蒲菰荇蓂,芰菱苇芦,沿岸而溯流;青苔绿藓,落英坠实,飘岩而铺砌。披清风之广莫,荫繁木之余阴。清虚爽垲,使人有物外之兴,而忘扇箑之劳。及一叶初惊,蓐收调辛,燕翩翩而辞巢,蝉寂寞而无声。白露既下,草木摇落,天高气清,霞散云薄。逍遥徜徉,坐堂伏槛,旷然自怡,无萧瑟沉寥之悲。及朔风凛冽,寒云暗幕,万物凋疏,禽鸟缩漂。层冰峨峨,飞雪飘舞,而青松独秀于高巅,香梅含华于冻雾。离榭拥幕,体道复命,无岁律云暮之叹。此四时朝昏之景殊,而所乐之趣无穷也。朕万机之余,徐步一到,不知崇高富贵之荣。而腾山赴壑,穷深探岭,绿叶朱苞,华阁飞升,玩心惬志,与神合契,遂忘尘俗之缤纷,而飘然有凌云之志,终可乐也。及陈清夜之醮,奏梵呗之音,而烟云起于岩窦,火炬焕于半空。环珮杂遝,下临于修涂狭径;迅雷掣电,震动于庭轩户牖。既而车舆冠冕,往来交错,尝甘味酸,览香酌醴,而遗沥坠核,纷积床下。俄顷挥霍,腾飞乘云,沉然无声。夫天不人不因,人不天不成,信矣。朕履万乘之尊,居九重之奥,而有山间林下之逸;澡渫肺腑,发明耳目,恍然如见玉京广爱之旧。而东南万里,天台、雁荡、凤凰、庐阜之奇伟,二川、三峡、云梦之旷荡,四方之远且异,徒各擅其一美,未若此山并包罗列,又兼其绝胜。飒爽溟涬,参诸造化,若开辟之素有。虽人为之山,顾岂小哉! 山在国之艮,故名之曰艮岳。则是山与泰、华、嵩、衡等同,固作配无极。壬寅岁正月朔日记。[1]

《艮岳记》之"穿石出罅。岗连阜属,东西相望。前后相续。左山而右水,后溪而旁陇,连绵弥满,吞山怀谷"句,《华阳宫记》之"然华阳大氏众山环列,于其中得平芜数十顷,以治园圃"[2]句,明确了艮岳的总体山水形制。整个艮岳中所筑之山并非彼此孤立,而是主从相依、脉络分明的一个整体。

艮岳山系主要由"艮岳"和"寿山"组成。艮岳作为主山,也是全园的总名,屹立园北,山顶并列五亭,介亭居中,位置最高。其取余杭凤凰山之势,东侧相连山岭南北走向,"高峰峙立""梅植万数",称为梅岭。艮岳西侧是"绵亘数里"与东岭相对的万松岭等山岭。园南部是两峰嵯峨的寿山,寿山之南还有名为芙蓉城的东西向小山。东西两座山岭北接艮岳主峰,南接寿山,中间还横有蟠桃岭等小土坡,整个山势北高南低,连绵回环,形成艮岳山系的基本骨架。

艮岳主要水面有寿山北麓之雁池;万松岭东、艮岳之阳的大方沼;大方沼西为凤池,东出为砚池;艮岳西北是鉴湖。其水系源流大体如下:"景龙江水自水门进入艮岳后,遣水西行,过漱玉轩即为桃溪,夹溪仙桃极目,至凤凰山西北麓,一脉分溪进入洞天景区,再向南出洞天景区进入山系环绕之壶中平芜,与凤池、大方沼相汇。……另一脉西汇入狭长之鉴湖。"[3]

由此可见,艮岳的山水形制与风水学说相符。艮岳作为主山,端立于北部,梅岭等东岭是青龙砂山,万松岭等西岭是白虎砂山,蟠桃岭是案山,寿山是朝山。艮岳前有流水及大方沼,是为朱雀水。这个格局背山面水,负阴抱阳,确是理想的风水格局。另据朱育帆先生研究,主要水系虽然在艮岳主山西侧引入到山前,但其在山北景龙江处的引水口却在较为偏东的位置,园内水流方向为先自东向西,转而向南,再向东、南。

艮岳全园以景龙江为界,分为南、北两部分。其中,南部是园林主体,东西边界在景龙门与旧封丘门之间,大约 500 米;南北边界在货行巷与景龙江之间,大约 800 米,包括上清宝箓宫在内。

---

① 〔宋〕宋徽宗撰:《艮岳记》,见曾枣庄、刘琳编:《全宋文》(第一六六册),上海辞书出版社 2006 年版,第 383~386 页。

② 〔宋〕释祖秀撰:《华阳宫记》,见曾枣庄、刘琳编:《全宋文》(第一四六册),上海辞书出版社 2006 年版,第 88 页。

③ 朱育帆:《艮岳景象研究》,北京林业大学博士学位论文 1997 年,第 52 页。

　　根据朱育帆先生总结,艮岳南部由壶中区域和壶外区域构成。壶中区域:北部由凤凰山、凤凰山左翅来禽岭、洞天景区、凤凰山右翼万松岭以及蟠桃岭围合,包括大方沼景区、凤池景区、砚池景区、长春谷景区、圃山亭洞天景区等;西部为西岭景区;中部包括射圃景区、蟠桃岭景区、泛雪厅景区;东部有砚池景区、书馆景区、萼绿华堂景区;南部是雁池景区。壶外区域:西部包括西庄景区、驰道薄景区、药寮景区;南部是芙蓉城景区;北部有鉴湖景区与漱玉轩景区。艮岳北部则由景龙江景区和曲江池景区构成。①

　　艮岳对自然山水细节摹写极为精到。岳岭、冈峦、峡谷、陇阜、崖嶂、峰岫、岩壁、屏坡、磴洞、坞陂等山形,江湖、池沼、溪瀑、泉渚、渊塘、湾游等水态,基本包括了自然界中所能见到的形式。同时,艮岳中各处的园景已经有机融合在一起,景色没有明确的分区,但每处又别有风致。这说明艮岳作为集景园,其景点内部景物的布置及各景点之间的关系与过渡处理比东京四园苑、延福宫等要成熟得多,其叠山理水、构筑建筑以及植物的选择与布置都已经达到很高水平。可以说,艮岳的园林造景已达到了诗情画意的境界,代表了北宋皇家园林艺术的最高水平。

　　其三,构景要素。

　　艮岳以山为名,山水为全园主题,其山水景观源于对自然世界中真山真水的模拟。但是,在筑山方面,宋代较前代有了大的发展,不再停留于对真山的生搬硬套,而是做到了“致广大而尽精微”。艮岳筑山土石并用,山势连绵起伏,错落有致,与“布山形,取峦向,分石脉”的画理相契合。同时,艮岳筑山依据风水术,其势模仿余杭凤凰山,以万岁山居于整个假山山系的主位,其西的万松岭为侧岭,其东南的芙蓉城则是延绵的余脉;南面的寿山居于山系的宾位,隔着水体与万岁山遥相呼应,形成一个宾主分明,有远近呼应、余脉延展的完整山系。主峰来龙山,配以左右辅弼山,山之南对有案山,大方沼、雁池等水体处于群山环抱之中,形成藏风聚水的格局。

　　宋代园林置石已非常广泛,皇家园林中多以置石构景。置石常以高大者为君,处于主位,甚至束石为亭,旁立碑记,增加它的气势,其他的石头处于臣位,其姿态与朝臣相仿。这一布置方式模仿帝王临朝,是封建等级制度的体现,也

---

① 朱育帆:《艮岳景象研究》,北京林业大学博士学位论文 1997 年,第 110~111 页。

是皇家园林的又一特征。艮岳的庭院中也有大量置石陈列,其使用范围和数量都达到了空前的地步。此外,艮岳之山洞有着联系引导、贮石造雾的使用功能以及寻仙求道的精神追求。从"碧虚洞天"之名即可体味其蕴含的道家思想,山洞不仅是夏天的清凉避暑之地,更可作为避世清修之所。

艮岳中各色水景,池、湖、溪、泉、渊、峡、沜、江,几乎包罗了水体所有的天然形态,并于园内形成一个完整的水系。景龙江的水从西南角进入园中,入园形成小池曲江,而后折而西南为回溪,至万松岭东北麓沿濯龙峡流入大方沼,大方沼西流为凤池,东出则为砚池,与雁池的水汇合后从寿山东侧流出。其池沼多为几何形状,如大方沼、砚池等;其他皇家园林如玉津园、琼林苑等园中,也有方池、方塘、圆池等。这说明在宋代皇家园林中,自然形态的水体并不是主流。宋代理水手法与技术也达到很高水平,已能够构造瀑布水景,其在观赏时才能见到,平常并不使用;瀑布所选水落石面径数仞,滑净如削,十分讲究。这些在艮岳中都有体现。

宋代园林建筑形象更加精致,建筑种类更加多样,使园林的内容比前代丰富生动了很多。艮岳中的建筑几乎涵盖了当时所有的建筑形式,还建造了"屋圆如规"的八仙馆和"外方内圆"如半月的书馆这样特殊形式的建筑,在满足使用功能的基础上,充分发挥其"点景"与"观景"的作用。西庄、山庄这类村居野舍在艮岳中的出现,比之以前所见的观稼殿之类更适合田园风格,使作为皇帝关心农事象征的稼穑景点逐渐转化为对田园生活的诗意再现,这就是艮岳优于其他园林的地方。该做法不仅继承了以往园林的造园手法和造园意境,更是去芜存菁,重新组合,使园林艺术得到了全面的提升。另外,艮岳中有众多道教建筑,如祈真磴、太素庵、虚妙斋、玉霄洞、清虚洞天、八仙馆、炼丹亭等,均体现了问道求仙的思想。与宗教有关的建筑大量出现在皇家园林之中,对后世皇家园林中宗教建筑的形式及布置都产生了很大影响。

艮岳中的植物种类多样,包括乔木、灌木、藤本植物,草本、木本花卉以及各种农作物等。它们漫山遍岗,沿溪傍陇,穿石出罅,无所不在。植物的配置方式有孤植、丛植、混交。有时,还以成片栽植的植物命名,如梅岭、杏岫、黄杨巇、丁香嶂、椒崖、龙柏坡、斑竹麓、海棠川等,又如桐径、松径、百花径、合欢径、竹径、雪香径等,彰显出景点的特色与主题。这些植物丰富了艮岳的植物景观,也给这座皇家园林带来了无穷神韵。

此外,艮岳中还畜养着大量各地进贡的珍禽异兽,这些动物散布在园林之中,为各处景观带来了生命的气息。园中有专人负责这些动物的畜养,甚至把它们训练得能在皇帝临幸时聚集一处,犹如朝臣迎驾。

艮岳对造园要素的运用,不仅在形式上有所突破,其相互之间的结合也比以前更为有机。另外,在造园意境上,它是一座诗情画意的人工山水园,虽然规模庞大,但其中的建筑风格清新自然,处处体现着优雅细致的精神。与明清皇家园林相比,艮岳皇家气派较少,将大自然生态环境和各地山水风景加以高度概括、提炼而缩移摹写,代表了宋代宫廷造园的最高水平。

除后苑、延福宫、艮岳等皇家园林以外,其宫苑还有撷芳园,在景龙江北,原为徽宗潜邸龙德宫,"其地岁时次第展拓,后尽都城一隅焉,名曰撷芳园,山水美秀,林麓畅茂,楼观参差,犹艮岳、延福也"①。另张知甫《可书》曰:"宣和末,都城起建园囿,殆无虚日,土木之工,盛冠古今。如撷芳园、山庄、锦庄、筠庄、寿岳、辋川、华子冈、鹿寨、鹅笼、曲江、秋香谷、檀乐馆、菊坡、万花冈、清风楼等处不可举,皆极奢移,为一时之壮观。"②

三、东京四园苑

"四园苑"之名史书记载略有差异。叶梦得《石林燕语》云:"琼林苑、金明池、宜春苑、玉津园,谓之四园。"③但《宋史》卷一百六十五曰:"园苑四:玉津、瑞圣、宜春、琼林苑,掌种植蔬荕以待供进,修饰亭宇以备游幸宴设。"④可见,四园苑并非单指园林本身,其还有职司之分。另《文献通考》卷五十六载:"宋四园苑提举官,无常员,以三司判官、内侍都知、诸司使以上充。东曰宜春,南曰玉津,西曰琼林,北曰瑞圣。"⑤又虑及四园苑的方位分布,以及琼林苑与金明池的关系,故四园苑应指城东宜春苑、城南玉津园、城西琼林苑(金明池)、城北瑞圣园。

① 〔元〕脱脱等撰:《宋史》,中华书局1977年版,第2100~2101页。

② 〔宋〕张知甫撰,孔凡礼点校:《可书》,中华书局2002年版,第420~421页。

③ 〔宋〕叶梦得撰,宇文绍奕考异,侯忠义点校:《石林燕语》,中华书局1984年版,第4页。

④ 〔元〕脱脱等撰:《宋史》,中华书局1977年版,第3905页。

⑤ 〔元〕马端临撰:《文献通考》,中华书局1986年版,第508页。

东京四园苑的管理相当严格,由三班院使臣、内侍监领,具体管理是主典,每园都有军校、士兵参与管园。四园苑内花草树木的管理也相当严密。"(真宗)天禧元年(1017)五月,诏:'四园苑自今不得更将榆柳林地土出掘窠木,租赁与人。'"①天禧四年(1020)十二月,提举诸司库务司又上奏提出,玉津园的林木每两年进行一次科斫(伐木),"如有枯柿及倒折,合添植柳、椿,即依数采斫"②,即不仅不能随意采伐,即使自然枯死,也要依数补植柳树或椿树。仁宗庆历七年(1047)三月,又下诏:"诸园苑提举司给印历,籍花果林木实数。如诸处取移及科斫,画时上历;或有枯死,即随时依本色添种,亦件折入帐收系。"③"历"就是册子,即对园内所有树木都进行登记造册,若有移植或枯死要及时补植,并留下记录。

四园苑虽属皇家园林,但其与宫苑不同,帝后不常临幸。此外,四园苑与国家祭祀坛庙关系较密切,如先农坛初在朝阳门外七里,后改在玉津园;天坛在玉津园附近,地坛与瑞圣园紧邻。四园苑还是望祀五岳的场所,《宋史》卷一百二载:"东岳、北岳册次于瑞圣园,南岳册次于玉津园,西岳、中岳册次于琼林苑。"④

宋末,四园苑均毁于宋金战火中。南宋乾道六年(1170),范成大使金,八月过开封时,宜春苑已是"颓垣荒草而已"⑤。他又作《宜春苑》诗曰:"狐冢獾蹊满路隅,行人犹作御园呼。连昌尚有花临砌,肠断宜春寸草无。"⑥元白珽《湛渊静语》引宋邹之《使燕日录》曰:"相近琼林苑、金明池。苑余墙垣,池存废沼。"⑦盛极一时的繁华之地,仅余荒废的大池。

(一)琼林苑

琼林苑,俗称西青城,在顺天门(新郑门)外道南;金明池在顺天门外道北,与琼林苑南北相对,可视为同一座园林。王应麟《玉海》卷一百四十七载:"太平

① 〔清〕徐松辑,刘琳等校点:《宋会要辑稿》,上海古籍出版社 2014 年版,第 9303 页。
② 〔清〕徐松辑,刘琳等校点:《宋会要辑稿》,上海古籍出版社 2014 年版,第 9303 页。
③ 〔清〕徐松辑,刘琳等校点:《宋会要辑稿》,上海古籍出版社 2014 年版,第 9304 页。
④ 〔元〕脱脱等撰:《宋史》,中华书局 1977 年版,第 2487 页。
⑤ 〔宋〕范成大撰,孔凡礼点校:《范成大笔记六种》,中华书局 2002 年版,第 2 页。
⑥ 〔宋〕范成大著,富寿荪标校:《范石湖集》,上海古籍出版社 2006 年版,第 147 页。
⑦ 〔元〕白珽撰:《湛渊静语》,中华书局 1985 年版,第 28 页。

兴国元年(976),诏以卒三万五千人凿(金明)池以引金河水注之,有水心五殿,南有飞梁,引数百步,属琼林苑。"①

琼林苑于乾德二年(964)始置,到政和年间才全部完成。皇帝常在琼林苑赐宴大臣。韩琦《丙午上巳琼林苑赐筵》诗云:"春光浓簇宝津楼,楼下新波涨鸭头。嘉节难逢真上巳,赐筵荣入小瀛洲。仙园雨过花遗屧,御陌风长絮走球。禊饮不须辞巨白,清明来日尚归休。"②王安石《九日赐宴琼林苑作》诗云:"金明驰道柳参天,投老重来听管弦。"③从诗中可见此园的风光。每逢大比之年,殿试发榜后皇帝必在此园赐宴新科进士,谓之"琼林宴"。《宋史》卷一百五十五载:"(太平兴国)八年(983),……进士始分三甲。自是锡宴就琼林苑。"④自此,琼林宴成为进士及第的代称。《石林燕语》卷一云:"岁赐二府从官燕,及进士闻喜燕,皆在其间。"⑤

金明池与琼林苑相对而置,太平兴国元年(976)始凿;二年(977)二月乙巳,宋太宗"幸新凿池,赐穿池卒人千钱,布一端"⑥;三年(978),命名为金明池;七年(982),建成水心五殿。神宗熙宁年间修建池北船坞;哲宗年间一度修缮池中桥殿,但工役旋罢,并新建龙舟。徽宗政和年间,建金明池南岸北向临水殿,池中桥殿也修整一新,并进行绿化种植,遂成为一座以略近方形的大水池为主体的皇家园林,周长九里三十步。

天子岁时游豫,"首夏幸金明池观水嬉,琼林苑宴射"⑦。每年在春暖花开的季节,皇帝都要率皇宫后妃与显官政要去琼林苑、金明池游观,并且逐渐成为北宋历代皇帝的一种惯例。"岁以二月开,命士庶纵观,谓之'开池';至上巳,车驾临幸毕,即闭"⑧,即在每年的三月一日到四月八日的开池期间向士庶开放。宋代有许多咏叹皇帝于金明池游观的诗,如郑獬《游金明池》诗云:"金舆时幸龙

---

① 〔宋〕王应麟:《玉海》,江苏古籍出版社1987年版,第2707页。
② 〔宋〕韩琦撰,李之亮、徐正英笺注:《安阳集编年笺注》(上),巴蜀书社2000年版,第409页。
③ 〔宋〕王安石撰,〔宋〕李壁笺注:《王荆文公诗笺注》,中华书局1958年版,第590~591页。
④ 〔元〕脱脱等撰:《宋史》,中华书局1977年版,第3607页。
⑤ 〔宋〕叶梦得撰,宇文绍奕考异,侯忠义点校:《石林燕语》,中华书局1984年版,第4页。
⑥ 〔宋〕王应麟:《玉海》,江苏古籍出版社1987年版,第2707页。
⑦ 〔元〕脱脱等撰:《宋史》,中华书局1977年版,第2695页。
⑧ 〔宋〕叶梦得撰,宇文绍奕考异,侯忠义点校:《石林燕语》,中华书局1984年版,第4页。

舟宴,花外风飘万岁声。"①韩琦《从驾过金明池》诗云:"空外长桥横蝃蝀,城边真境辟蓬莱。"②

其一,景观布局(见图5-3)。

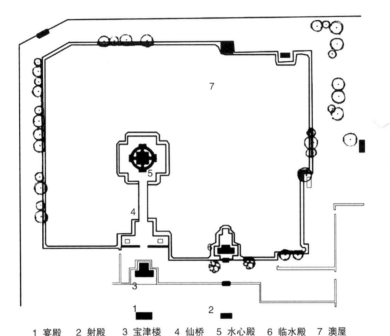

1 宴殿　2 射殿　3 宝津楼　4 仙桥　5 水心殿　6 临水殿　7 澳屋

图5-3　金明池平面图[引自周维权:《中国古典园林史》(第三版),清华大学出版
社2008年版,第286页]

关于琼林苑的景观,《东京梦华录》有详细记载。琼林苑之东南隅筑山高数十丈,名"华觜冈"。山"高数十丈,上有横观层楼,金碧相射"。山下为"锦石缠道,宝砌池塘,柳锁虹桥,花紫凤舸。其花皆素馨、末(茉)莉、山丹、瑞香、含笑、射香等",大部分为广闽、二浙所进贡的名花。花间点缀梅亭、牡丹亭等小亭兼作赏花之用。入苑门,"大门牙道皆古松怪柏。两傍有石榴园、樱桃园之类,各有亭榭"。可以设想,此园除殿亭楼阁、池桥画舫之外,还以树木和南方的花草取胜,是一座以植物为主体的园林。苑内于射殿之南设球场,"乃都人击球之

①　北京大学古文献研究所编:《全宋诗》,北京大学出版社1998年版,第6866页。
②　〔宋〕韩琦撰,李之亮、徐正英笺注:《安阳集编年笺注》,巴蜀书社2000年版,第385页。

所"。①

　　相较于琼林苑,金明池的景观布局在古代园林建设中具有典型的代表性。它没有山、水等自然景观可以凭借,而是在一块平坦无奇的土地上围墙起苑,凿池堆山,叠石造景,完全是由人工营建而成的一座水上乐园。"入池门内南岸西去百余步,有面北临水殿,车驾临幸观争标,锡宴于此。往日旋以彩幄,政和间用土木工造成矣。……桥之南立棂星门,门里对立彩楼。每争标作乐,列妓女于其上。门相对街南有砖石瓦砌高台,上有楼观,广百丈许,曰宝津楼。前至池门,阔百余丈,下阚仙桥、水殿,车驾临幸观骑射、百戏于此。池之东岸,临水近墙皆垂柳,两边皆彩棚幕次,临水假赁,观看争标。街东皆酒食店舍,……北去直至池后门,乃汴河西水门也。其池之西岸,亦无屋宇,但垂杨蘸水,烟草铺堤,游人稀少,多垂钓之士。"②

　　金明池上的"飞虹"仙桥与"水心五殿"是这座水上园林的核心建筑,亦称"仙桥水殿"。所谓"水心五殿"即金明池中央专为皇帝游乐建造的水上宫殿。开封地势平坦,城中虽不乏小桥流水,而湖光山色却不可得。故金明池在开凿之初即规划造山,将挖池的泥土堆积于池的中央,撮土成山,叠石造景,随后又在南方搜得诸多奇花异草种植其上,建成了大池中心的人工岛。岛的周边呈"十"字状,用砖石砌成。小岛之上又建巍峨宫殿。金明池以池中央的人工岛为核心,从池的西岸到池心岛修建虹桥,即所谓"飞虹"。此桥尤为别致,"南北约数百步,桥面三虹,朱漆阑楯,下排雁柱,中央隆起,谓之'骆驼虹',若飞虹之状。桥尽处,五殿正在池之中心,四岸石瓦向背,大殿中坐,各设御幄,朱漆明金龙床,河间云水戏龙屏风,不禁游人"③。通过撮土筑岛,修建桥梁,又在岛上建筑楼阁,并设置了御座、龙床、屏风等富丽堂皇的御用物品,营造出一个风光如画的人间天堂。皇帝站在湖心岛的殿台上可以饱览金明池上各处的秀美景色,如登蓬莱仙岛。郑獬《游金明池》赞曰:"波底画桥天上动,岸边游客鉴中行。"金明池上湖水如镜,天水一色,水上的拱桥与水下的影子融为一体,浑然天成。韩琦《驾幸金明池》就把金明池比作蓬莱仙岛,诗云:"庶俗一令趋寿域,从官齐许

---

① 〔宋〕孟元老撰,伊永文笺注:《东京梦华录笺注》,中华书局 2006 年版,第 676、683 页。

② 〔宋〕孟元老撰,伊永文笺注:《东京梦华录笺注》,中华书局 2006 年版,第 643~644 页。

③ 〔宋〕孟元老撰,伊永文笺注:《东京梦华录笺注》,中华书局 2006 年版,第 643 页。

宴蓬山。楼台金碧芳菲外，舟楫笙歌浩渺间。"①而王安国的《金明池》则把金明池比作西天王母所住的瑶池，诗曰："霓旌远远拂楼船，满地春风锦绣筵。三岛路深游阆苑，九霞觞满奏钧天。仗归金阙浮云外，人望池台落日边。最引平生江海趣，波澜一段草如烟。"②

金明池北岸的澳屋是其标志性建筑，为修造与停靠船舶的地方。因"国初两浙献龙船"，"岁久腹败，欲修治而水中不可施工"，故"于金明池北凿大澳可容龙船，其下置柱，以大木梁其上，乃决水入澳，引船当梁上，即车出澳中水，船乃于空中，完补讫复以水浮船，撤去梁柱，以大屋蒙之，遂为藏船之室，永无暴露之患"③。这个澳屋实质上就是世界最早的船坞，它的创建不仅解决了修造大船的困难，也为其停泊养护提供了专用场所，同时还为金明池添置了一道特殊的风景。

航行于金明池上的各类船只为金明池的景观增添了无限的活力。宋人蔡絛曰："金明池，始太宗以存武备，且为国朝一盛观也。其龙舟甚大，上级一殿曰'对乘'。既岁久，绍圣末诏名匠杨谈者新作焉。久之落成，华大于旧矣。独铁费十八万斤，他物略称是。盖楼阁殿既高巨，舰得重物乃始可运。"④由于龙船上面有高大殿阁，船底需填压十八万斤的大铁饼保持平衡。除大龙船外，还有许多富有特色的各类小龙船，如水上百戏乐船、虎头船、龙头船、飞鱼船、鳅鱼船，还有露台乐伎与船屋等。这些船只造型优美，装饰华丽，具有很高的观赏价值，给明净的金明池增加了无限的生机。

对比《东京梦华录》之记载，其所描绘的琼林苑中"柳锁虹桥，花萦凤舸"，实际上就是金明池与琼林苑水、陆两苑相互映衬的景色。陆地上的琼林苑不仅设置了亭、台、楼、廊、榭、轩、馆阁等传统景观，同时又在金明池的水面上布局了游舫、桥梁，加上湖心岛宏大的殿宇及点缀其间的奇花异石、果树珍木，琼林苑与金明池相互映衬，使周边环境更加富饶美丽，风光无限。

其二，游乐活动。

每年春季"开池"时是琼林苑、金明池最热闹的日子，士庶皆相约"上池"。

①　〔宋〕韩琦撰，李之亮、徐正英笺注：《安阳集编年笺注》（上），巴蜀书社 2000 年版，第 386 页。
②　北京大学古文献研究所编：《全宋诗》，北京大学出版社 1998 年版，第 7532 页。
③　〔宋〕沈括著，施适校点：《梦溪笔谈》，上海古籍出版社 2015 年版，第 205 页。
④　〔宋〕蔡絛撰，冯惠民、沈锡麟点校：《铁围山丛谈》，中华书局 1983 年版，第 71 页。

他们设置筵席,宴请酬谢,开展各种交际活动。全国各地的艺人、乐工与各种文艺团体也都争相到金明池上献艺,有所谓"百乐并举"之称。三月的金明池上游人如织,热闹异常。爱好者可根据自己的兴趣有选择地参与游乐活动。其中,有几种水上游戏最为动人。

水战:即军舰角逐,源于金明池上水军演习。宋初,皇帝每年都要亲自督察、检阅水军的练习情况。宋太宗曾在水心殿上,"观战舰角胜,鼓噪以进,往来驰突,为回旋击刺之状。顾谓侍臣曰:'兵棹之技,南方之事也,今既平定,固不复用,但时习之,不忘武功耳。'"①后水军演习逐渐发展成为游艺表演性的保留项目。每年春季在池苑对外开放的季节,皇帝仍然要观看水战,市民与游客亦可入池观看水战表演,场面惊骇、刺激。宋人袁裒于《枫窗小牍》中叹曰:"余少从家大夫观金明池水战,见船舫回旋,甲戈照耀,为之目动心骇。"②

水秋千:就是把在水上荡秋千和跳水结合起来表演的一种运动。据孟元老称述:"又有两画船,上立秋千,船尾百戏人上竿,左右军院虞候监教,鼓笛相和。又一人上蹴秋千,将平架,筋头掷身入水,谓之'水秋千'。"③可见,它是通过秋千自由摆荡,然后腾空下跳。北宋朱翌曾有追忆金明池的龙舟赛事与水秋千的诗:"却忆金明三月天,春风引出大龙船。二十余年成一梦,梦中犹记水秋千。"④

龙船争标:即划船比赛,宋人称它为"争标"。"有小龙船二十只,上有绯衣军士各五十余人,各设旗鼓铜锣。船头有一军校,舞旗招引,乃虎翼指挥兵级也。"⑤然后还有虎头船、飞鱼船等各种精巧艳丽的小船助阵表演。设定划船比赛的距离,"水殿前至仙桥,预以红旗插于水中,标识地分远近。……水殿前水棚上一军校,以红旗招之,龙船各鸣锣鼓出阵……则诸船皆列五殿之东面,对水殿排成行列,则有小舟一军校,执一竿,上挂以锦彩银碗之类,谓之'标竿',插在近殿水中。又见旗招之,则两行舟鸣鼓并进,捷者得标,则山呼拜舞。并虎头船

① 〔元〕马端临撰:《文献通考》,中华书局1986年版,第1381页。
② 〔宋〕袁裒撰,俞钢、王彩燕整理:《枫窗小牍》,见上海师范大学古籍整理研究所编:《全宋笔记》第四编(五),大象出版社2008年版,第232页。
③ 〔宋〕孟元老撰,伊永文笺注:《东京梦华录笺注》,中华书局2006年版,第660页。
④ 北京大学古文献研究所编:《全宋诗》,北京大学出版社1998年版,第20824页。
⑤ 〔宋〕孟元老撰,伊永文笺注:《东京梦华录笺注》,中华书局2006年版,第660页。

之类,各三次'争标'而止"①。这种竞赛的方法与当今的龙舟竞赛很类似。除竞速外,还有"旋罗""海眼""交头"等各种划船的技法比赛,乐趣横生。

竞渡之戏:即当今的游泳比赛。《宋史》卷一百一十三载:"(帝)幸金明池,命为竞渡之戏,掷银瓯于波间,令人泅波取之。因御船奏教坊乐,岸上都人纵观者万计。帝顾视高年皓首者,就赐白金器皿。"②可见当时朝廷对水上游乐活动的鼓励,那些年高体衰的老者,在游泳比赛中可能无法得到奖品,皇帝就亲自给予赏赐。

水傀儡:即水上木偶戏。史载:"又有一小船,上结小彩楼,下有三小门,如傀儡棚,正对水中乐船,上参军色进致语,乐作,彩棚中门开,出小木偶人,小船子上,有一白衣人垂钓,后有小童举棹划船,辽绕数回,作语乐作,钓出活小鱼一枚,又作乐,小船入棚。继有木偶筑球、舞旋之类,亦各念致语唱和乐作而已,谓之'水傀儡'。"③可知,当时的水木偶能划船、垒球、跳舞,还能钓出鲜活的小鱼来,引人入胜。

百戏表演:即曲艺杂技。孟元老在《驾幸临水殿观争标锡宴》一文对金明池上的百戏记载说:"上有诸军百戏,如大旗狮豹,棹刀蛮牌,神鬼杂剧之类。"④而在这"之类"中,还包括了各种舞蹈、爆仗、魔术、杂技等。

从宋人留下的各种记载可知,当时的金明池的确是"西池风景出尘寰"⑤的人间乐园。如王直方的《上巳游金明池》诗中所描绘:"游丝堕絮惹行人,酒肆歌楼驻画轮。凤管遏回云冉冉,龙舟冲破浪粼粼。日斜黄伞归驰道,风约青帘认别津。朝野欢娱真有象,壶中要看四时春。"⑥

其三,遗迹。

琼林苑与金明池是北宋王朝盛衰的缩影,随着北宋政权的强盛而日益繁华壮观,随着北宋政权的灭亡而荒废消失。靖康元年(1126)正月,金军攻陷了宋王朝的首都东京,东京城中的楼台桥梁焚烧殆尽,绝大部分华美的建筑在大火

---

① 〔宋〕孟元老撰,伊永文笺注:《东京梦华录笺注》,中华书局 2006 年版,第 661 页。
② 〔元〕脱脱等撰:《宋史》,中华书局 1977 年版,第 2696 页。
③ 〔宋〕孟元老撰,伊永文笺注:《东京梦华录笺注》,中华书局 2006 年版,第 660 页。
④ 〔宋〕孟元老撰,伊永文笺注:《东京梦华录笺注》,中华书局 2006 年版,第 660 页。
⑤ 〔宋〕韩琦撰,李之亮、徐正英笺注:《安阳集编年笺注》,巴蜀书社 2000 年版,第 386 页。
⑥ 北京大学古文献研究所编:《全宋诗》,北京大学出版社 1998 年版,第 14940 页。

中化为灰烬,美丽的皇家水上园林金明池也在战争中被金兵毁坏了。在宋金战争中,金军围城两年多,大批人马就驻扎在都城西北的牟驼岗。军营与琼林苑、金明池相近,于是池苑就成了金军的物资供应地,各种游乐设施及果树花木都成了金军烧饭的燃料,不能烧锅的砖石也被他们挖出用于修筑战壕。南宋初,宋军大将郑刚中率军北征经过琼林苑、金明池,于《西征道里记·并序》中说:"琼林苑,北人尝以为营,至今围以小小城。金明池断栋颓壁,望之萧然。"①金军破坏了池苑的各种建筑设施,但金明池水尚存。靖康二年(1127)四月,金军俘虏了宋徽宗、宋钦宗及宫女、宗室等大批人口及国宝珍奇北去,宋高宗逃亡于临安(今杭州)。金明池由于长期无人经管,池水日益干涸,河水断流,淤泥填塞,逐渐从人们的视野中消失。

据1993年开封市文物工作队实测,金明池东岸位于东京外城西墙之西近300米处,池为南北向,呈近方形,东西长约1240米,南北宽1230米,周长4940米,与《东京梦华录》载"方圆九里三十步"大致吻合。池底污泥距今地表深12.5~13.5米,厚度为0.4~0.7米,泥内包含有众多的小蚌壳及个别的白瓷片、腐草及蓝砖颗粒等。池底低于当时池岸3~4米,未探出池岸所砌之石,可能是在金明池废弃后被拆除。在池中心一带,距今地表约10米深处,普遍探出较多的蓝砖瓦块,面积约400平方米,推测为池内水心五殿及其所处水心岛的遗迹。

1996年7月至8月,开封市文物工作队对金明池遗址进行了二期勘探工作,探出了池南岸临水殿遗址。该殿原为北宋时车驾临幸观争标、赐宴之地,徽宗政和年间改为木结构。本次仅探出殿基,长约20米,宽15米,深约9米。基内出土有白瓷片、腐木块及黑灰颗粒等包含物。另外,史书所载金明池与琼林苑之间的大道亦被探出与东面的顺天门遗址正对。实测路宽20米,深约7.5米,路土较硬,层次分明。金明池遗址之上至今地表,皆为纯净的黄沙层。

琼林苑与金明池虽然随着北宋王朝的灭亡而荒废,但是它并没有从人们的记忆中彻底抹去,它在中国园林史上曾经拥有的地位并未因此而消失。无数文人墨客在金明池上留下了情深意厚的诗词文赋,还有一些绘画作品和回忆录对金明池的描绘也非常生动具体。这些遗留下来的历史文本使我们透过历史的

---

① 〔宋〕郑刚中撰:《西征道里记·并序》,见曾枣庄、刘琳编:《全宋文》(第一七八册),上海辞书出版社2006年版,第308页。

烟尘仿佛看到金明池再现于眼前。

（二）玉津园

玉津园是五代旧园,在南薰门外。《石林燕语》卷一云:"玉津园,则五代之旧也。"①后周显德五年(958)九月,周世宗柴荣曾"赐宰臣、枢密使及近臣宴于玉津园"②。《宋会要辑稿》对玉津园的沿革方位、隶属职能记载较详,其"方域三"之"玉津园"条曰:"在南薰门外,夹道为两园,中引闵河水别流贯之。周显德中置,宋朝因之,以三班及内侍监领,军校兵隶及主典凡二百六十六人。岁时节物,进供入内。仲夏驾幸观获麦,锡从臣宴饮,及赏赉园官、啬夫有差。又进麦穗三百秉,麦十斛,面百囊,命分赐中外。凡契丹朝贡使至,皆就园赐射宴。又掌豢象,及种秫象茭刍,薮蓝沤淀,各有岁课,凡皇城南诸园池入官者皆属焉。"③可见,玉津园是帝后亲稼观麦之处、赐契丹国使宴射之所,还负责向皇宫输送粮食,兼管城南诸官园。

宋初诸帝,常幸玉津园。《宋史》卷一百一十三载:"太祖建隆元年(960)四月,幸玉津园。是后凡十三临幸。"④真宗也"幸玉津园者十"⑤。但是,玉津园中的亲稼观麦活动,自仁宗后不在玉津园进行,而改在后苑举行。《宋史》卷一百一十三载:"(仁宗)皇祐五年(1053),后苑宝政殿刈麦,谓辅臣曰:'朕新作此殿,不欲植花,岁以种麦,庶知稼事不易也。'自是幸观谷、麦,惟就后苑。"⑥《石林燕语》卷一亦云:"玉津,半以种麦,每仲夏,驾幸观刈麦;自仁宗后,亦不复讲矣,惟契丹赐射为故事。"⑦

玉津园规模宏大,神宗时,将籍田与先农坛设于园中,并引惠民河水入园内以供使用。《宋史》卷一百二载:"元丰二年(1079),……以南郊铇麦殿前地及玉津园东南菱地并民田共千一百亩充籍田外,以百亩建先农坛兆,开阡陌沟洫,

① 〔宋〕叶梦得撰,宇文绍奕考异,侯忠义点校:《石林燕语》,中华书局1984年版,第4页。
② 〔宋〕薛居正等撰:《旧五代史》,中华书局1976年版,第1575页。
③ 〔清〕徐松辑,刘琳等校点:《宋会要辑稿》,上海古籍出版社2014年版,第9303页。
④ 〔元〕脱脱等撰:《宋史》,中华书局1977年版,第2695页。
⑤ 〔元〕脱脱等撰:《宋史》,中华书局1977年版,第2697页。
⑥ 〔元〕脱脱等撰:《宋史》,中华书局1977年版,第2693页。
⑦ 〔宋〕叶梦得撰,宇文绍奕考异,侯忠义点校:《石林燕语》,中华书局1984年版,第4页。

置神仓、斋宫并耕作人牛庐舍之属,绘图以进。已而殿成,诏以思文为名。"①苏轼《玉津园》诗云:"承平苑囿杂耕桑,六圣勤民计虑长。碧水东流还旧派,紫坛南峙表连冈。不逢迟日莺花乱,空想疏林雪月光。千亩何时躬帝藉,斜阳寂历锁云庄。"②另外,杨大雅(侃)《皇畿赋》写道:"别有景象仙岛,园名玉津。珍果献夏,奇花进春。百亭千榭,林间水滨。……柳笼阴于四岸,莲飘香于十里。屈曲沟畎,高低稻畦。越卒执耒,吴牛行泥。霜早刈速,春寒种迟。春红粳而花绽,簌素粒而雪飞。何江南之野景,来辇下以如移?雪拥冬已。"③玉津园园苑与耕种结合,园中有许多田地,种麦植桑,延续了前代皇家园林经济生产的功能。

园内还种植荩草十五顷,主要供于养象所内的几十头象。所谓养象所,如魏泰《东轩笔录》卷八曰:"刘曰:'要见大象,当诣南御苑。'……盖南苑豢训象也。"④除养象外,还养有其他珍禽异兽。杨大雅(侃)《皇畿赋》也写道:"珍禽贡兮何方,怪兽来兮何乡?郊薮既乐,山林是忘。则有麒麟含仁,驺虞知义。神羊一角之祥,灵犀三蹄之瑞。狻猊来于天竺,驯象贡于交趾。孔雀翡翠,白鹇素雉,怀笼暮归,呼侣晓去。何毛羽之多奇,罄竹素而莫纪也。忽断苑墙,又连池篽。介族千状,沙禽万类,尽游泳而往来,或浮沈而出处。"⑤《皇畿赋》之语虽有浮夸,但仍可推知玉津园中禽飞鸟翔,游泳浮沉,具有类似于皇家动物园的性质。

玉津园定期对士庶开放,其余时间不得入内。穆修《玉津园》诗云:"君王未到玉津游,万树红芳相倚愁。金锁不开春寂寂,落花飞出粉墙头。"⑥刘敞亦有诗云:"垂杨冉冉笼清篽,细草茸茸覆路沙。长闭园门人不入,禁渠流出雨残花。"⑦

综上所述,玉津园是一处面积广、功能多样、管理严格的园林。园中景物十分丰富,殿坛亭榭、水池岛屿、林花稻田、珍禽异兽,纷然杂陈。盛夏之际,"柳笼

① 〔元〕脱脱等撰:《宋史》,中华书局 1977 年版,第 2490 页。

② 〔宋〕苏轼著,李之亮笺注:《苏轼文集编年笺注》(十一),巴蜀书社 2011 年版,第 384 页。

③ 〔宋〕杨大雅撰:《皇畿赋》,见曾枣庄、刘琳编:《全宋文》(第〇一〇册),上海辞书出版社 2006 年版,第 322~323 页。

④ 〔宋〕魏泰撰,李裕民点校:《东轩笔录》,中华书局 1983 年版,第 89 页。

⑤ 〔宋〕杨大雅撰:《皇畿赋》,见曾枣庄、刘琳编:《全宋文》(第〇一〇册),上海辞书出版社 2006 年版,第 322~323 页。

⑥ 北京大学古文献研究所编:《全宋诗》,北京大学出版社 1998 年版,第 1614 页。

⑦ 〔宋〕刘敞撰:《公是集》,中华书局 1985 版,第 351 页。

阴于四岸,莲飘香于十里",可比美江南风物。玉津园保留了不少前代帝王苑囿的内容,游乐、祭祀、礼制、生产诸多功能兼备。中国以农立国,玉津园则是象征帝王亲稼的耕作之地;宋室南渡后,临安南郊也设置了玉津园。可见,玉津园不是一般的皇家园林,其政治象征意义远大于宴享游观之乐。

据考古勘察,玉津园在今开封市南郊机场北路至护城堤间,南柴屯、孟坟、西柳林、东柳林、大李庄和小李庄一带。[①]

(三)宜春苑

宜春苑,在城东朝阳门外,其地原为秦王赵廷美园。太平兴国七年(982),通津门外迎春苑迁此,改称宜春苑。《玉海》卷一七一之"太平兴国宜春苑"条:"在朝阳门外道南,本秦王园。太平兴国七年,以迎春苑自通津门外汴水濒乃迁置,改名。以其故地为富国仓。"[②]

宜春苑的前身迎春苑为后周旧园,据《旧五代史》之"周世宗本纪"记载,显德五年(958)十月戊子[③]、六年(959)二月辛丑[④],周世宗皆曾"幸迎春苑"。北宋代周,太祖朝常幸迎春苑。史载,建隆二年(961)二月,"辛卯,幸迎春苑宴射";同年闰三月,"癸未,幸迎春苑宴射"。[⑤]建隆三年(962)春正月,"庚午,幸迎春苑宴射";同年二月,"丙辰,幸国子监,遂幸迎春苑,宴从官";同年五月,"甲子,幸相国寺祷雨,遂幸迎春苑宴射";同年六月,"乙卯,幸迎春苑宴射"。[⑥]从史书记载可见帝王来往频繁,甚至一年四至。其后,开宝七年(974)冬十月,"甲申,上幸迎春苑,登汴堤,发战舰东下。丙戌,复幸迎春苑,登汴堤,观诸军习战,遂幸东水门,发战棹东下"[⑦]。可见,迎春苑临汴水。至太宗朝,太平兴国三年

① 王铎:《略论北宋东京(今开封)园林及其园史地位(续)》,《华中建筑》1993 年第 2 期。
② 〔宋〕王应麟:《玉海》,江苏古籍出版社 1987 年版,第 3137 页。
③ 〔宋〕薛居正等撰:《旧五代史》,中华书局 1976 年版,第 1575 页。
④ 〔宋〕薛居正等撰:《旧五代史》,中华书局 1976 年版,第 1580 页。
⑤ 〔宋〕李焘撰,上海师范大学古籍整理研究所、华东师范大学古籍研究所点校:《续资治通鉴长编》,中华书局 1995 年版,第 40、43 页。
⑥ 〔宋〕李焘撰,上海师范大学古籍整理研究所、华东师范大学古籍研究所点校:《续资治通鉴长编》,中华书局 1995 年版,第 60、63、67、69 页。
⑦ 〔宋〕李焘撰,上海师范大学古籍整理研究所、华东师范大学古籍研究所点校:《续资治通鉴长编》,中华书局 1995 年版,第 324 页。

(978)三月乙巳"又命齐王(四年冬十月以平北汉功进位秦王)廷美宴(钱)俶于迎春苑";九月乙酉,"得诸科(进士)七十人,并赐及第,始赐宴于迎春苑"。① 故迎春苑在宋初还为赐宴新科进士之所。

太平兴国七年(982)五月,宋太宗以秦王廷美谋反为由,"降封涪陵县公,房州安置"②,没收其宅园为官有,迎春苑遂迁至朝阳门外道南故秦王园,并改称宜春苑,迎春苑旧址改为富国仓。正如《石林燕语》卷一云:"宜春苑本秦悼王园,因以皇城宜春旧苑为富国仓,遂迁于此。"③

太宗之后,宜春苑少见于史籍。景德四年(1007),邢昺知曹州,真宗"令近臣祖送,设会于宜春苑"④。又大中祥符五年(1012)九月,"壬申,观新作延安桥。幸大相国寺、上清宫。射于宜春苑"⑤。其后一百余年未见记载。直至北宋末,徽宗躲避金兵南逃,兵退后回京,于宜春苑暂住。《宋史》卷二十三载:"(靖康元年,1126)三月……乙酉,迎道君皇帝于宜春苑。"⑥可见,宜春苑已"无复增修事,君王惜费金"⑦,不再为皇帝所重视。《石林燕语》卷一亦曰:"宜春,俗但称庶人园,以秦王故也,荒废殆不复治。"⑧故宜春苑也称庶人园。

宜春苑虽不为帝王所喜,但其园林机构健全,运转正常,并兼管城东官园。宜春苑的日常维护由朝廷差三班及内臣监领,军校、兵隶及主典凡二百九十人负责。"每岁内苑赏花,则诸苑进牡丹及缠枝杂花。七夕、中元,进奉巧楼花殿,杂果实莲菊花木及四时,进时花入内。园苑并准此。上巳、重阳,则宗室骑马或馆阁、三司、开封府,刑部法官及典军臣僚,与玉津、瑞圣园分互选胜赐宴。凡皇城东诸园榭入宫者尽隶焉。"⑨

关于宜春苑之景观,可从宋代诗赋中管窥。宋祁诗曰:"宜春苑里报春回,

① 〔宋〕李焘撰,上海师范大学古籍整理研究所、华东师范大学古籍研究所点校:《续资治通鉴长编》,中华书局1995年版,第425、434页。

② 〔元〕脱脱等撰:《宋史》,中华书局1977年版,第68页。

③ 〔宋〕叶梦得撰,宇文绍奕考异,侯忠义点校:《石林燕语》,中华书局1984年版,第4页。

④ 〔元〕脱脱等撰:《宋史》,中华书局1977年版,第12799页。

⑤ 〔元〕脱脱等撰:《宋史》,中华书局1977年版,第151页。

⑥ 〔元〕脱脱等撰:《宋史》,中华书局1977年版,第426页。

⑦ 〔宋〕王安石撰:《临川先生文集》,中华书局1959年版,第207页。

⑧ 〔宋〕叶梦得撰,宇文绍奕考异,侯忠义点校:《石林燕语》,中华书局1984年版,第4页。

⑨ 〔宋〕王应麟:《玉海》,江苏古籍出版社1987年版,第3137~3138页。

宝胜缯花百种催。瑞羽关关迁木早,神鱼泼泼上冰来。"①王安石《宜春苑》诗云:"宜春旧台沼,日暮一登临。解带行苍藓,移鞍坐绿阴。树疏啼鸟远,水静落花深。无复增修事,君王惜费金。"②可见,宜春苑中有高台、池沼,花木繁盛,苑中豢养名贵鸟类。作为北宋时期重要的御苑之一,宜春苑还承担着皇家宴饮、习射、接待外国使臣等任务,因此园中还有满足宴射、接待外使要求的建筑。杨大雅《皇畿赋》云:"其东则有汴水之阳,宜春之苑。向日而亭台最丽,迎郊而气候先暖。莺啭何早,花开不晚。"③与当时东京其他园林相比,杨大雅认为宜春苑的亭台最为华美。宜春苑本是秦王的私人园林,规模不大,主要通过建筑、水体、花木来组织景观。历史文献中没有关于宜春苑中筑山,或者置石的记录。又结合同时代洛阳私园中也无筑山的情况来看,高台不仅可以丰富园林的空间层次,而且还可在其上宴饮,居高临下游观,远借苑外之景。这种以高台为主结合花木成园的思想基本延续了秦汉以来贵族园林之风,故在园林布局上宜春苑没有太大突破。

宜春苑规模小,以静观为主,几位文人的描述也突出了景色的"静"字。君王的冷落,虽使宜春苑少了些金碧朱紫、楼阁亭台,但却多了些自然苍古之趣,多了些许禅意。

宜春苑毁于靖康战火,范成大于宋孝宗乾道六年(1170)八月使金,过开封时看到的已是"肠断宜春寸草无"的破败之景。

据考古勘察,宜春苑范围约0.5平方公里。在今开封城东高压阀门厂和城东银行办事处连线以南地段,南界滨河路东段,北临新宋路。④

又明李濂《汴京遗迹志》卷之八:"宜春苑。有二,一在固子门外,宋人号西御园;一在丽景门外,号东御园。"⑤可见,开封城西北的御苑也称宜春苑,但其沿革来历已无考。

---

① 北京大学古文献研究所编:《全宋诗》,北京大学出版社1992年版,第2577页。

② 〔宋〕王安石撰:《临川先生文集》,中华书局1959年版,第207页。

③ 〔宋〕杨大雅撰:《皇畿赋》,见曾枣庄、刘琳编:《全宋文》(第〇一〇册),上海辞书出版社2006年版,第322页。

④ 王铎:《略论北宋东京(今开封)园林及其园史地位(续)》,《华中建筑》1993年第2期。

⑤ 〔明〕李濂撰,周宝珠、程民生点校:《汴京遗迹志》,中华书局1999年版,第126页。

(四)瑞圣园

瑞圣园,在景阳门外道东,为北宋帝王宴射、观刈谷之处。初名北园,太平兴国二年(977)改名含芳园;大中祥符三年(1010),以天书奉安于此而改名瑞圣园。瑞圣园与北郊祀地典礼关系密切,哲宗绍圣三年(1096),立北郊斋宫于景阳门外道西,故又号北青城。瑞圣园以三班及内侍监领,军校兵隶及主典凡二百一十二人,"岁时节物,进供入内。孟秋驾幸,省敛谷实,锡从臣宴饮,赏赉园官、啬夫有差。凡皇城诸园池入官者皆属焉。"①

关于瑞圣园的景色,有多篇诗赋赞颂。曾巩诗《上巳日瑞圣园锡燕呈诸同舍》云:"北上郊原一据鞭,华林清集缀儒冠。方塘潆潆春光渌,密竹娟娟午更寒。流渚酒浮金凿落,照庭花并玉阑干。君恩倍觉丘山重,长日从容笑语欢。"②可见,园林之中有方塘密竹,景色幽雅。杨大雅《皇畿赋》云:"其北则瑞圣新名,含芳旧苑。四方异花,于是乎见;百啭好鸟,于是乎闻。十洲得景,三岛分春。延厩之设,是名天驷。伐大宛以新求,涉渥洼而远致。群驱八骏,队数十骥。虽挽粟之千车,乃尝秣之一费。彼沙台之崔嵬,耸佛刹之千尺。冈阜连延于西南,原田平坦于东北。"③孔武仲诗《题瑞圣园》云:"深沉百尺池,坐见渊鱼跃。蓊蔚千秋木,中闻鱼鸟乐。久与鱼鸟暌,尘土厌徽索。偶来叩异境,佳思得开廓。朝廷尚清熙,圣主守勤约。銮舆不游幸,花卉任荣落。便如到山林,不悟近城郭。心闲与境一,足以慰寂寞。由来市朝味,未易胜林壑。因循不远引,金信吾侪弱。"④

可见,瑞圣园是以水景和植物为主,其布局以水为主线,水体形式有方塘、深池、曲水;池中有三座岛屿(也可能不是三岛,仅指聚天下美景于此);种植奇花异卉、密林修竹,植物种类丰富;园中有多种善鸣鸟类,还养有外国进贡的马匹;园内空地上有大片谷田。西南借冈阜起伏之景,东北借园田广阔之景,远望园外沙台崔嵬,佛刹高耸,冈阜连绵,平畴千里。园内水景与园外冈阜原田相映

① 〔清〕徐松辑,刘琳等校点:《宋会要辑稿》,上海古籍出版社 2014 年版,第 9305 页。
② 北京大学古文献研究所编:《全宋诗》,北京大学出版社 1992 年版,第 5605 页。
③ 〔宋〕杨大雅:《皇畿赋》,见曾枣庄、刘琳编:《全宋文》(第一一〇册),上海辞书出版社 2006 年版,第 323~324 页。
④ 北京大学古文献研究所编:《全宋诗》,北京大学出版社 1992 年版,第 10255 页。

成趣,空间层次丰富。瑞圣园的景色突出一个"闲"字,其中充满了道家"清静无为"的精神。处身其中,闻鱼鸟之乐,顿生濠濮间想,虽近城郭,却如山林。

瑞圣园中除园林部分外,还栽植蔬菜、农作物,帝王偶尔临幸观谷,但主要功能还是生产。北宋名臣宋庠曾奏曰:"臣窃见玉津、瑞圣诸园,旧有隙地,异时主者垦为公田,岁藉其收,以备常用。"宋庠要求在苑中"择上腴之地,播五谷之种,谨耘籽之法,慎登获之勤,每春种秋敛之。……至于果蔬之细,皆须苑囿之植。外尽庶物,内将至诚。达其令芳,以介福禄"①。可知,瑞圣园内有大量空地,种植五谷果蔬,"岁时节物,进供入内"。

瑞圣园建筑较少,布局疏朗。园中多举行宴射、观稼等活动。如《宋史》卷八载:"(大中祥符)八年(1015)七月……丙子,幸瑞圣园观稼,宴射于水心殿。"②"(天圣)五年(1027)八月丁巳,幸瑞圣园观刈谷,燕从臣,射于园中,观骑士射柳枝。"③可见,园中建有水心殿和观稼亭以满足需要。此外,瑞圣园中还曾举行东岳与北岳的册次仪式,奉泰山天书于正殿。这些仪式都需要在一系列较为正式的建筑中举行,因而,此园建筑风格较为端庄严肃。

据考古勘察,瑞圣园在今开封市北大北岗村及其以东地带,范围约0.5平方公里。④

北宋东京除以上四园苑外,还有景华苑、金凤园、潜龙园、讲武池等,亦建于宋初。其中,潜龙园在城西固子门里东北,为宋太祖赐给太宗赵光义的园林。太宗登基后,时常临幸。淳化三年(992),太宗幸潜龙园登水心亭观群臣竞射,凡中的者由其亲自把盏,群臣皆醉。稍后拓广园地,改名奉真园。园景朴素淡雅,于山水陂野之间点缀着村居茅店。天圣七年(1029),改名芳林园。景华、金凤、潜龙、讲武四园地址不详。

---

① 〔宋〕宋庠撰:《乞于御苑空地内种植奉祠祭扎子》,见曾枣庄、刘琳编:《全宋文》(第〇二〇册),上海辞书出版社2006年版,第387页。

② 〔元〕脱脱等撰:《宋史》,中华书局1977年版,第158页。

③ 〔清〕徐松辑,刘琳等校点:《宋会要辑稿》,上海古籍出版社2014年版,第1740页。

④ 王铎:《略论北宋东京(今开封)园林及其园史地位(续)》,《华中建筑》1993年第2期。

四、洛阳宫苑

北宋西京洛阳是在隋唐东都的基础上修葺、恢复和发展起来的,由宫城、皇城和外城组成,基本上承袭了隋唐东都洛阳的城市格局,宫城和皇城位于城池的西北隅;宫城内主要殿宇的布局形式基本上与隋唐时一样,只是具体位置稍有不同。建隆三年(962),宋太祖曾命"有司画洛阳宫殿,按图修之",东京"皇居始壮丽矣"。① 可见,洛阳宫苑曾对东京皇宫的建设产生了重要影响。

北宋洛阳宫城"周回九里三百步"②,相比隋唐时期的"周十三里二百四十一步"③,范围明显缩小。直到宋徽宗时期,始将规模扩大到"广袤十六里"④。

关于宫城,《宋史》卷八十五载:"城南三门:中曰五凤楼,东曰兴教,西曰光政。因隋、唐旧名。东一门,曰苍龙。西一门,曰金虎。北一门,曰拱宸。旧名玄武,大中祥符五年(1012)改。五凤楼内,东西门曰左、右永泰,门外道北有鸾和门,太平兴国三年(978),以车辂院门改。右永泰门西有永福门。兴教、光政门内各三门,曰:左、右安礼,左、右兴善,左、右银台。苍龙、金虎门内第二隔门曰膺福、千秋。膺福门内道北门曰建礼。正殿曰太极,旧名明堂,太平兴国三年(978)改。殿前有日、月楼,日华、月华门,又有三门,曰太极殿门。"⑤传说,太极"殿中藻井,有盘木黄龙,势如飞动,太祖尝弹落其目睛"⑥。

又《宋史》卷八十五载:"(太极殿)后有殿曰天兴,次北殿曰武德,西有门三重,曰:应天、乾元、敷教。内有文明殿,旁有东上阁门、西上阁门,前有左、右延福门。后又有殿曰垂拱,殿北有通天门,柱廊北有明福门,门内有天福殿,殿北有寝殿曰太清,第二殿曰思政,第三殿曰延春。东又有广寿殿,视朝之所也。"⑦其中,广寿殿原名嘉庆殿,后唐庄宗末,刘皇后焚其殿而逃往太原。明宗天成四

① 〔元〕脱脱等撰:《宋史》,中华书局1977年版,第2097页。
② 〔元〕脱脱等撰:《宋史》,中华书局1977年版,第2103页。
③ 〔清〕徐松辑,高敏点校:《河南志》,中华书局1994年版,第117页。
④ 〔元〕脱脱等撰:《宋史》,中华书局1977年版,第11208页。
⑤ 〔元〕脱脱等撰:《宋史》,中华书局1977年版,第2103页。
⑥ 〔清〕徐松辑,高敏点校:《河南志》,中华书局1994年版,第146页。
⑦ 〔元〕脱脱等撰:《宋史》,中华书局1977年版,第2103页。

年(929)重修。殿成,有司请丹漆金碧以饰之。明宗曰:"此殿经焚,不可不修,但务宏壮,不劳华侈。"于是改为广寿殿。①

再《宋史》卷八十五载:"北第二殿曰明德,第三殿曰天和,第四殿曰崇徽。天福殿西有金銮殿,对殿南廊有彰善门。殿北第二殿曰寿昌,第三殿曰玉华,第四殿曰长寿,每五殿曰甘露,第六殿曰乾阳,第七殿曰善兴。西有射弓殿。千秋门内有含光殿。拱宸门内西偏有保宁门,门内有讲武殿,北又有殿相对。内园有长春殿、淑景亭、十字亭、九江池、砌台、娑罗亭。"②这里藏有许多奇石,相传有李德裕醒酒石。关于此石,《河南志》引《五代通录》曰:"(李)德裕孙敬义,本名延古,居平泉旧墅。唐光化初,洛中监军取其石,置之家园。敬义泣谓张全义,请石于监军。监军忿然曰:黄巢贼后,谁家园池完复,岂独平泉有石哉!全义尝被巢命,以为诟己,即奏毙之,得石,徙致于此。其石以水沃之,有林木自然之状。今谓之娑罗石,盖以树名之,亭宇覆焉。"石之"前有九江池,一名九曲池。梁太祖沈杀九王之处"。③

从北宋帝王对太极殿、广寿殿、金銮殿、讲武殿、含光殿的关注和临幸可以看出,上述宫殿是西京大内较为重要的政治场所及主要建筑。

洛阳宫城东西两侧"有夹城,各三里余。东二门:南曰宾曜,北曰启明。西二门:南曰金曜,北曰乾通。宫室合九千九百九十余区。夹城内及内城北,皆左右禁军所处。皇城周回十八里二百五十八步。南面三门:中曰端门,东西曰左、右掖门。东一门,曰宣仁。西三门:南曰丽景,与金曜相直;中曰开化,与乾通相直;北曰应福。内皆诸司处之"④。"诸司"主要有尚书省、御史台、太庙、郊社等衙署机构。

北宋时期,曾四次对洛阳宫殿进行修葺,并于城中增筑宫室,颇盛于隋唐。⑤一是宋太祖开宝年间,命王仁珪、李仁祚和河南知府焦继勋主持修缮西京,"宫室合九千九百九十余区"⑥,极为壮丽。在这次修建中,明堂殿和宫城南门五凤

① 〔宋〕薛居正等撰:《旧五代史》,中华书局1976年版,第549页。
② 〔元〕脱脱等撰:《宋史》,中华书局1977年版,第2103～2104页。
③ 〔清〕徐松辑,高敏点校:《河南志》,中华书局1994年版,第152页。
④ 〔元〕脱脱等撰:《宋史》,中华书局1977年版,第2104页。
⑤ 考古研究所洛阳发掘队:《洛阳涧滨东周城址发掘报告》,《考古学报》1959年第2期。
⑥ 〔元〕脱脱等撰:《宋史》,中华书局1977年版,第2104页。

楼当为修建的重点工程。明堂殿的建成也是宋太祖意欲迁都洛阳的注脚。二是宋真宗景德元年(1004),这次大修的范围不仅包含了宫殿,还有可能扩大到皇城里的诸司官署等地。三是宋神宗时期,由于时间久远,西京大内宫殿已经自然损毁相当严重,不得不修缮。四是宋徽宗时期,"昇治宫城,广袤十六里,创廊屋四百四十间,费不可胜。会髹漆,至灰人骨为胎,斤直钱数千。尽发洛城外二十里古冢,凡衣冠垄兆,大抵遭暴掘"①。其中,宋徽宗时期的修治从政和元年(1111)十一月持续到政和六(1116)年,长达五年时间,规模空前。宫城规模也扩大到"广袤十六里"。经历次重修后,部分殿宇还承袭了隋唐旧名,娑罗石、九曲池等前代遗物尚存。邵雍诗云:"京都尚有汉唐气,宫阙犹虚霸王形。烟外乱峰才隐约,霜余红树半凋零。"②

西京洛阳宫苑可视为北宋帝王的行宫御苑,虽然帝王很少驾幸,宫阙常年闲置,但"宅中雄别都,旋宫千万门;……琉璃映瓦翼,玲琅耀金铺"③,气势宏伟和建筑精美,吸引了许多文人墨客的赞颂。宋人刘敞有诗云:"仰视制作雄,疑有神物扶。始知壮丽功,不使来世逾。"④苏舜钦又赞:"洛阳宫殿郁嵯峨,千古荣华逐逝波。"⑤洛阳宫苑虽经过数次修建,殿宇雄伟壮丽,但宫中仍缺失部分建筑且留有空地,并少有花草植物的种植,这明显反映了宫殿的闲置情况和日益下降的政治地位。

第二节　私家园林

北宋东京开封与西京洛阳是经济、文化繁荣发达的地区,其私家园林之盛自不待言,史料文献中多有记载,甚至还出现了专门记述洛阳私园的著作《洛阳

---

① 〔元〕脱脱等撰:《宋史》,中华书局1977年版,第11208页。
② 北京大学古文献研究所编:《全宋诗》,北京大学出版社1992年版,第4492页。
③ 〔宋〕刘敞:《彭城集》,中华书局1985年版,第68页。
④ 〔宋〕刘敞:《彭城集》,中华书局1985年版,第68页。
⑤ 〔宋〕沈文倬校点:《苏舜钦集》,上海古籍出版社1981年版,第59页。

名园记》。其中,以富郑公园、独乐园、湖园等为北宋河南私家园林的代表。

一、开封私园

东京私家园林遍布,"大抵都城左近,皆是园圃,百里之内,并无闲地"。其中,分布在城内的有蔡京、童贯、王黼诸人之居第,其宅园之侈华,不亚于帝王家。至于城外诸园,规模较大的有外城南部的王太尉园、孟景初园,城东的麦家园、虹桥王家园,城西的下松园、王太宰园、蔡太师园、童太师园,城北的李驸马园等,亦如《东京梦华录》卷六之"收灯都人出城探春"条载:"转龙湾西去,一丈佛园子、王太尉园,奉圣寺前孟景初园……自转龙湾东去,陈州门外,园馆尤多。州东宋门外,……麦家园、虹桥、王家园……州北李驸马园。……过板桥有下松园、王太宰园、杏花冈。金明池角,南去水虎翼巷,水磨下蔡太师园。……州西北元有庶人园,有创台、流杯亭榭数处,放人春赏。"①

开封私园的所有者多皇亲、权贵,如李驸马、蔡太师等。此外,宋太祖通过"杯酒释兵权"②解除了石守信等开国武臣的兵权,并赏赐以良田美宅,使其安享富贵。这些人也竞相建造豪奢的宅园,如石守信之子后为太祖驸马,"家多财,所在有邸舍、别墅"③,王彦超于"宣化门内有大第,园林甚盛"④。

(一)李驸马园

李驸马园,又名东庄或静渊庄。李驸马名李遵勖,初名勖,因娶宋真宗赵恒妹万寿公主,而加"遵"字为"遵勖",并按例封为驸马都尉,赐第永宁里。《避暑录话》卷下曰:"所居为诸主第一,其东得隙地百余亩,悉疏为池,力求异石名木,参列左右,号静渊庄,俗言李家东庄者也。"⑤《东都事略》卷第二十九亦曰:"(李遵勖)居第园池,聚名华、奇果、美石于其中,有自千里而至者,其费不赀。有'会

① 〔宋〕孟元老撰,伊永文笺注:《东京梦华录笺注》,中华书局 2006 年版,第 612~613 页。
② 〔宋〕王稱撰,孙言诚、崔国光点校:《东都事略》,齐鲁书社 2000 年版,第 205 页。
③ 〔元〕脱脱等撰:《宋史》,中华书局 1977 年版,第 8813 页。
④ 〔元〕脱脱等撰:《宋史》,中华书局 1977 年版,第 8913 页。
⑤ 〔宋〕叶梦得:《避暑录话》,中华书局 1985 年版,第 70 页。

贤'‘闲燕'二堂,北隅有庄曰‘静渊',引流水周舍下。"①李驸马园中的奇石,"募人载送,有自千里至者",并"构堂引水,环以佳木,延一时名士大夫与宴乐"。②园中还最早种有银杏,"出宣歙,京师始惟北李园地中有之,见于欧梅唱和诗,今则畿甸处处皆种"③。李遵勖好学,喜爱读书,并且通佛教的性理之说,与当时著名文士为师友,如杨亿、刘筠等。他经常在园中"延一时名士大夫与宴乐"。"宣和间木皆合抱,都城所无有,其家以归有司,改为撷芳园。"④

(二)丁谓宅园

丁谓为真宗朝宰相,阮阅《诗话总龟·前集》卷之十六载:"丁晋公旧有园在保康门外,园内有仙游亭、仙游洞。与道士刘通往来。遁作《仙游亭诗》赠公云:‘屡在仙游亭上醉,仙游洞里杳无人。他时鸣鹤归沧海,同看蓬莱岛上春。'"⑤又《东轩笔录》卷十三曰:"丁谓为宰相,将治第于水柜街,患其卑下,既而于集禧观凿池,取弃土以实其基,遂高爽,又奏开保康门为通衢,而宅据要会矣。"⑥保康门与相国寺相对,并对寺架桥。丁谓是真宗朝一系列"天书事件"的参与者,其园中道教思想体现得特别浓厚。

(三)蔡太师园

蔡太师园为徽宗权相蔡京宅园,在开封有多处。其中,城东园林周回数十里,"花木繁茂,径路交互"⑦。可见,其园内不仅种有多种花卉和树木,而且园林中路径的设置也是以曲折迂回为美的。

蔡京常住的赐第在城西闾阖门外,靠内城城壕,与景龙江相通,徽宗经常乘舟往来。庄绰《鸡肋编》卷中云:"京又为《皇帝幸鸣銮堂记》曰:宣和元年九月,金芝生道德院。二十日,皇帝自景龙江泛舟由天波溪至鸣銮堂,淑妃从。……

①　〔宋〕王偁撰,孙言诚、崔国光点校:《东都事略》,齐鲁书社 2000 年版,第 201 页。
②　〔元〕脱脱等撰:《宋史》,中华书局 1977 年版,第 13569 页。
③　〔宋〕朱弁撰:《曲洧旧闻》,中华书局 1985 年版,第 26 页。
④　〔宋〕叶梦得:《避暑录话》,中华书局 1985 年版,第 70 页。
⑤　〔宋〕阮阅编,周本淳校点:《诗话总龟》,人民文学出版社 1987 年版,第 184 页。
⑥　〔宋〕魏泰撰,李裕民点校:《东轩笔录》,中华书局 1983 年版,第 150 页。
⑦　魏同贤主编:《冯梦龙全集》(7),江苏古籍出版社 1993 年版,第 643 页。

上曰'今岁四幸鸣銮矣'。……遣使道由臣堂视卧内,嗟其弊恶。"①《老学庵笔记》卷八云:"蔡京赐第,宏敞过甚。老疾畏寒,幕不能御,遂至无设床处,惟扑水少低,间架亦狭,乃即扑水下作卧室。"②同书卷五又云:"有六鹤堂,高四丈九尺,人行其下,望之如蚁。"③其在建园时,曾拆毁民房数百间。周辉《清波杂志》卷六云:"蔡京罢政,赐邻地以为西园,毁民屋数百间。一日,京在园中,顾焦德曰:'西园与东园景致如何?'德曰:'太师公相,东园嘉木繁阴,望之如云;西园人民起离,泪下如雨。可谓"东园如云,西园如雨"也。'"④北宋时期,包括皇帝在内,很少因起宫苑、宅第强迫百姓搬迁,蔡京西园可谓特例。蔡京还借花石纲役,以太湖石于园中叠置假山,其曾赋诗《与范谦叔饮西园》云:"一日趋朝四日闲,荒园薄酒愿交欢。三峰崛起无平地,二派争流有激湍。极目榛芜惟野蔓,忘忧鱼鸟自波澜。满船载得圭璋重,更掬珠玑洗眼看。"⑤

宋钦宗时,蔡京罢官,宅园籍没,后毁于金兵围城之际。《东京志略》引《清波别志》曰:"(蔡京赐第)籍没后,赐种师中,来及迁入,一夕煨烬无遗。"⑥

(四)王黼宅园

王黼曾获赠太师中书令兼尚书令,故又称王太宰。其于相国寺东有宅园,"周围数里","聚花石为山",正厅以青铜瓦覆盖,宏丽壮伟,其后堂起高楼大阁,辉耀相对。另在城西阊阖门外竹竿巷有赐第,"穷极华侈",园内垒"奇石为山,高十余丈,便坐二十余处,种种不同,如螺钿阁子,即梁柱门窗什器,皆螺钿也。琴光漆花罗木雕花镶玉之类悉如此。第之西,号西村,以巧石作山径,诘屈往返,数百步间,以竹篱茅舍为村落之状……"⑦徽宗曾为王黼私第御书载赓堂、膏露堂、宠光亭、十峰亭、老山亭、荣光斋、隐庵等七块牌额,荣宠一时;其还亲至王黼私第睹第内之"宝玩石山,侔拟宫禁。喟然叹曰:'此不快活耶!'"⑧王黼宅

① 〔宋〕庄绰撰,萧鲁阳点校:《鸡肋编》,中华书局1983年版,第62~63页。
② 〔宋〕陆游撰,李剑雄、刘德权点校:《老学庵笔记》,中华书局1979年版,第106页。
③ 〔宋〕陆游撰,李剑雄、刘德权点校:《老学庵笔记》,中华书局1979年版,第63页。
④ 〔宋〕周辉撰,刘永翔校注:《清波杂志校注》,中华书局1994年版,第278页。
⑤ 北京大学古文献研究所编:《全宋诗》,北京大学出版社1992年版,第11944页。
⑥ 〔清〕宋继郊编撰,王晟等点校:《东京志略》,河南大学出版社1999年版,第400页。
⑦ 〔宋〕徐梦华编:《三朝北盟会编·甲》,大化书局1979年版,第304页。
⑧ 〔宋〕徐梦华编:《三朝北盟会编·甲》,大化书局1979年版,第308页。

园所具有的纤巧富丽的审美趣味,开明清江南私家园林之先河。南宋刘子翚《汴京纪事》诗云:"空嗟覆鼎误前朝,骨朽人间骂未销。夜月池台王傅宅,春风杨柳太师桥。"①

北宋自真宗朝"岁时始赐饮于宰相第"②,如上述丁谓、蔡京和王黼的宅园,都曾有赐宴活动。

除上述宅园之外,开封私园见于史籍者尚多。如太宗朝宰相李昉"为文慕白居易。所居有园亭,又葺郊外宴游之地,多蓄声妓,娱乐亲友"③。如李谦溥之李氏园亭,王禹偁《李氏园亭记》称其在"大内之东南","某坊(道德坊)之后第","开一园,构二亭,竹树花卉少而且备,游赏宴息近而不劳"。④ 王辟之《渑水燕谈录》卷第八称其宅"中为小圃,购花木竹石植之,颇与朝士大夫游"⑤。如王巩宅园,在"其居室之西,前有山石环奇琬琰之观,后有竹林阴森冰雪之植,中置图史百物,而名之曰清虚",有山林之趣。⑥ 如袁裦宅园,"近陈州门内、蔡河东畔。居后有圃,乔林深竹,映带城隅。中有来鹤亭,王大父时有野鹤来栖,遂驯狎不去"⑦。苏轼有《来鹤亭》诗云:"鸿渐偏宜丹凤南,冠霞帔月影毵毵。酒酣亭上来看舞,有客新名唤作耽。"⑧如王直方园,处城隅,"其园中之堂曰'赋归',亭曰'顿有'"⑨。

宦官在开封亦有宅园。仁宗朝内臣孙可久,年过五十即乞致仕,"都下有居第,堂北有小园,城南有别墅,每良辰美景,以小车载酒,优游自适"⑩。徽宗朝宦

---

① 北京大学古文献研究所编:《全宋诗》,北京大学出版社 1992 年版,第 21427 页。

② 〔宋〕宋敏求撰,诚刚点校:《春明退朝录》,中华书局 1980 年版,第 2 页。

③ 〔宋〕王稱撰,孙言诚、崔国光点校:《东都事略》,齐鲁书社 2000 年版,第 258 页。

④ 〔宋〕王禹偁撰:《李氏园亭记》,见曾枣庄、刘琳编:《全宋文》(第○○八册),上海辞书出版社 2006 年版,第 69 页。

⑤ 〔宋〕王辟之撰,吕友仁点校:《渑水燕谈录》,中华书局 1981 年版,第 103 页。

⑥ 〔宋〕苏辙撰:《王氏清虚堂记》,见曾枣庄、刘琳编:《全宋文》(第○九六册),上海辞书出版社 2006 年版,第 183 页。

⑦ 〔宋〕袁裦撰,俞钢、王彩燕整理:《枫窗小牍》,见上海师范大学古籍整理研究所编:《全宋笔记》第四编(五),大象出版社 2008 年版,第 227 页。

⑧ 〔清〕王文诰辑注,孔凡礼点校:《苏轼诗集》,中华书局 1982 版,第 2655 页。

⑨ 〔宋〕晁说之撰:《王立之墓志铭》,见曾枣庄、刘琳编:《全宋文》(第一三○册),上海辞书出版社 2006 年版,第 319 页。

⑩ 〔宋〕吴处厚撰,李裕民点校:《青箱杂记》,中华书局 1985 年版,第 109 页。

官童贯，"其家园林池沼，甲于京师，金玉数十万计，服食无异御府"①。

此外，北宋重文轻武，东京文风鼎盛，宅园受此影响多植清雅的植物，如竹子、梅花、菊花等，有"人家住屋，须是三分水、二分竹、一分屋，方好"②的说法。如《洛阳名园记》的作者李格非，在京城"为太学正，得屋于经衢之西，输直于官而居之。治其南轩地，植竹砌傍，而名其堂曰'有竹'"③。

二、洛阳私园

北宋时洛阳为西京，同时兼有文化中心的地位，私家造园之风极盛。从北宋王朝建立开始，就陆续有高官在洛阳修建宅园，至熙宁、元丰年间洛阳私园营造进入最鼎盛的时期，全城内外园林数量当以百计，故有"西都士大夫园林相望"④之说。洛阳私家园林艺术成就极高，在中国园林史上占有重要地位。穆修《过西京》诗赞曰："西京千古帝王宫，无限名园水竹中。"⑤

北宋时期洛阳私家园林之所以空前兴盛，与其优越的自然条件和人文条件是分不开的。

首先，洛阳拥有良好的气候条件。洛阳所在的河洛地区位处中原腹心，属于暖温带的南部边缘，一年四季分明，光照充足，降雨丰沛，寒暖适中，土壤肥沃，非常适宜人类生活和植物生长，也同样宜于造园，故而邵雍有诗云："洛阳最得中和气，一草一木皆入看。"⑥张琰《〈洛阳名园记〉序》称："夫洛阳帝王东西宅，为天下之中；土圭日景，得阴阳之和；嵩少瀍涧，钟山水之秀；名公大人，为冠

①　〔宋〕徐梦华编：《三朝北盟会编·甲》，大化书局1979年版，第518页。

②　〔宋〕周密撰，吴企明点校：《癸辛杂识》，中华书局1988年版，第117页。

③　〔宋〕晁补之撰：《有竹堂记》，见曾枣庄、刘琳编：《全宋文》（第一二七册），上海辞书出版社2006年版，第15页。

④　〔宋〕赵善璙撰：《自警编》，见上海师范大学古籍整理研究所编：《全宋笔记》第七编（六），大象出版社2015年版，第83页。

⑤　北京大学古文献研究所编：《全宋诗》，北京大学出版社1992年版，第1611页。

⑥　〔宋〕邵雍著，郭彧整理：《伊川击壤集》，中华书局2013年版，第197页。

冕之望;天匠地孕,为花卉之奇。"①直到北宋时期,洛阳的生态环境都保持得很好,明显优于包括关中、幽燕、三晋在内的大多数北方地区,甚至比起很多南方地区来也未必逊色,为私家园林的兴盛提供了重要的基础。

其次,洛阳所处的地理形势上佳,自然山水环境优美,对此杨亿有诗云:"周汉经营迹未遐,山川形胜最堪嘉。前瞻阙塞千寻出,旁逗伊流一派斜。"②洛水主河道和伊水的支流直接从城中萦回穿过,为很多深居坊巷之中的园林提供了源头活水,而城外更有瀍水、涧水等多条河流交汇,郊野所建园林更加富于水泉,足以与江南水乡媲美。同时洛阳城外围群山环抱,带来丰富的远景,拓展了园林的视觉空间,对此,欧阳修《丛翠亭记》称:"洛阳天下中,……宜其山川之势雄深伟丽,以壮万邦之所瞻。由都城而南以东,山之近者阙塞、万安、轘辕、缑氏,以连嵩室,首尾盘屈逾百里。从城中因高以望之,众山逶迤,或见或否,惟嵩最远最独出。其崭岩耸秀,拔立诸峰上,而不可掩蔽。"③群峰连绵起伏,与诸水相映照,气象万千,其中尤以东南方向的中岳嵩山最为雄壮。

再次,洛阳作为历史悠久的古都,素有造园传统,隋唐、五代留下不少废园旧址,成为北宋私家园林营造的重要基础,如湖园、会隐园、松岛、归仁园、东庄、午桥庄等均建于前朝旧园故址之上,坐收事半功倍之效,故而《洛阳名园记》称:"洛阳园池,多因隋唐之旧。"一些唐代名园凋零之后,部分奇石、珍器散出,往往成为新园的佳藏,为之增色不少。

最后,北宋时期天下承平,作为名都大邑的洛阳经济、文化均十分发达,社会各阶层普遍具有兴造园林、游赏园林的爱好,并形成特殊的地方习俗,非其他地区可比。北宋很多高官都是洛阳人,致仕之后退居故里,往往会修建美轮美奂的宅第园林以作养老娱情之所,又有大量的文人学士慕洛阳的风土人情而迁居于此,筑园幽居。按照当地的风俗,私家园林虽属私人所有,却也经常向公众开放,对此邵雍有《洛下园池》诗云:"洛下园池不闭门,洞天休用别寻春。纵游只却输闲客,遍入何尝问主人。"④一些官僚和文人的园子还屡次举行雅集活动,

① 〔宋〕李格非撰,孔凡礼整理:《洛阳名园记》,见朱易安、傅璇琮等主编:《全宋笔记》第三编(一),大象出版社 2008 年版,第 162 页。

② 北京大学古文献研究所编:《全宋诗》,北京大学出版社 1992 年版,第 1327 页。

③ 〔宋〕欧阳修著,李逸安点校:《欧阳修全集》,中华书局 2001 年版,第 929 页。

④ 〔宋〕邵雍著,郭彧整理:《伊川击壤集》,中华书局 2013 年版,第 96 页。

全城上下形成了浓厚的游园、赏园氛围,进一步促进了私家造园的风气。

综合而言,北宋时期的洛阳具有得天独厚的城市环境,堪称钟灵毓秀、物华天宝,成为私家造园的最佳土壤。苏辙《洛阳李氏园池诗记》云:"洛阳古帝都,其人习于汉唐衣冠之遗俗,居家治园池,筑台榭,植草木,以为岁时游观之好。其山川风气,清明盛丽,居之可乐。平川广衍,东西数百里。嵩高少室天坛王屋,冈峦靡迤,四顾可挹。伊洛瀍涧,流出平地。故其山林之胜,泉流之洁,虽其间阎之人与其公侯共之。一亩之宫,上瞩青山,下听流水,奇花修竹,布列左右。而其贵家巨室,园囿亭观之盛,实甲天下。"①从自然和人文两方面准确地概括了北宋洛阳私家园林盛极一时的原因。

(一)《洛阳名园记》

李格非的《洛阳名园记》作于宋哲宗绍圣二年(1095),以细腻的笔触列述了当时洛阳名园十九处。李格非工于词章,主张"文不可以苟作,诚不著焉,则不能工",要"字字如肺肝出",②南宋的邵博"读之至流涕",赞许李格非"出东坡之门,其文亦可观"。③《洛阳名园记》除具有一般游记、园记散文的特征而为选家所注目外(坊间流行的古文选本大多仅摘选记文的后论一段,而忽略正文所述十九处园囿的价值),对于中国园林史尤其是唐宋园林之变迁研究有重要意义。

其一,《洛阳名园记》开专题园记、园录之先河。

唐宋时期园记文章甚多,如唐人白居易《草堂记》《池上篇·并序》、李德裕《平泉山居草木记》《平泉山居诫子孙记》、杜佑《杜城郊居王处士凿山引泉记》,宋人苏舜钦《沧浪亭记》、司马光《独乐园记》、朱长文《乐圃记》、陆游《南园记》、张淏《艮岳记》等,皆为园记散文名篇,对园林之空间地位、景观布置、山水因借等皆有较详细的记录,可供后代造园家取资处甚丰,但皆为单独园林之记录。唐宋的史传地志中亦往往涉及园林,如陆广微《吴地记》、朱长文《吴郡图经续记》、范成大《吴郡志》、宋敏求《长安志》、程大昌《雍录》、祝穆《方舆胜览》、王象之《舆地纪胜》等,但所述或简略不详,或辗转稗贩古人,以讹传讹。而李格非的

---

① 〔宋〕苏辙著,曾枣庄、马德富校点:《栾城集》,上海古籍出版社1987年版,第515~516页。

② 〔元〕脱脱等撰:《宋史》,中华书局1977年版,第13122页。

③ 〔宋〕邵博撰,刘德权、李剑雄点校:《邵氏闻见后录》,中华书局1983年版,第191页。

《洛阳名园记》则是他亲历实地考察所得，有些还见过图录，多为第一手资料，其重要性就不言而喻了。李格非之后，周密有《吴兴园林记》（实为《癸辛杂识》前集"吴兴园圃"条，有好事者别出单行，名为《吴兴园林记》），记述常所经游的湖州园林三十六处，与李格非的《洛阳名园记》略可仿佛。明清以来，《游金陵诸园记》《帝京景物略》《扬州画舫录》《履园丛话》之类渐多，遂成园记中的一大类，但体例多滥觞于李格非的《洛阳名园记》，可见其开创之功。

其二，《洛阳名园记》有证史、补史之功用。

有关唐宋洛阳园林的记录，较集中保存在《河南志》及《唐两京城坊考》之中。但两书或拘于体例，或因材料有限，所述园林大多内容简略。如唐代裴度宅园，《河南志》之"集贤坊条"下曰"中书令裴度宅，园池尚存，今号'湖园'，属民家"①，仅寥寥数语。《唐两京城坊考》卷五之"东京外郭城集贤坊"条曰："中书令裴度宅。《旧(唐)书》本传：东都立第于集贤里，筑山穿池，竹木丛萃，有风亭水榭，梯桥架阁，岛屿回环，极都城之胜概。"②而《洛阳名园记》则曰：

> 洛人云："园圃之胜，不能相兼者六，务宏大者少幽邃，人力胜者少苍古，多水泉者艰眺望。能兼此六者，惟湖园而已。"予尝游之，信然。在唐为裴晋公宅园，园中有湖，湖中有堂，曰百花洲，名盖旧堂盖新也。湖北之大堂曰四并堂，名盖不足，胜盖有余也。其四达而当东西之蹊者，桂堂也。截然出于湖之右者，迎晖亭也。过横地，披林莽，循曲径而后得者，梅台知止庵也。自竹径望之超然，登之修然者，环翠亭也。渺渺重邃，犹擅花卉之盛，而前据池亭之胜者，翠樾轩也。其大略如此。若夫百花酣而白昼眩，青蘋动而林阴合，水静而跳鱼鸣，木落而群峰出，虽四时不同，而景物皆好，则又其不可殚记者也。③

此段文字宛然一篇完整的园记，而对裴度宅园的叙述，可以丰富并深化人们对《河南志》及《唐两京城坊考》的理解。又《洛阳名园记》中所述的吕蒙正园、松岛等皆是如此，不仅比《河南志》详尽，而且将园之沿革说得很清楚。

《洛阳名园记》有记载而《河南志》阙录，片言不存者也不少。如大字寺园

---

① 〔清〕徐松辑，高敏点校：《河南志》，中华书局 1994 年版，第 16 页。
② 〔清〕徐松撰，〔清〕张穆校补，方严点校：《唐两京城坊考》，中华书局 1985 年版，第 161 页。
③ 〔宋〕李格非撰，孔凡礼整理：《洛阳名园记》，见朱易安、傅璇琮等主编：《全宋笔记》第三编（一），大象出版社 2008 年版，第 171 页。

谓其即唐白乐天园也；又谓其一半为张氏所得，改称为"会隐园"；又尹洙亦有《张氏会隐园记》①。但《河南志》既没有提及白居易的履道里园，更没有述其沿革，也没有说入宋改为寺观园林，更没有提及会隐园。欧阳修诗文中亦多次提到普明院大字院、普明后园等，②实即白氏履道里园故址。《河南志》提及惠和坊有普明院，考东都坊里，惠和坊在外郭城中，而履道里坊在外郭城东南角，两不相蒙，疑为同名异地。

其三，《洛阳名园记》单篇如缩微园史。

《洛阳名园记》著录的十九处园林，每段内容篇幅简短，但首尾始末交代清楚，皆可独立成文。其文字简洁省约，对每个园圃之地理位置、四至八到、园内景物与建筑、周围景色、园地之沿革变迁、园内雅集聚会等活动，尽量提及，且能在每段首尾点明该园之特色、地位。这样具体的描述可以入画，亦可为构园造景提供素材，并可绘出平面设想图。

其四，《洛阳名园记》近似科考报告。

《洛阳名园记》不是稗贩旧说，而是踏勘纪实，近似一篇科学考察报告，从方法上更为科学，从材料上更有价值。张琰谓本文的写作是作者"足迹目力心思之所及"③。除本篇外，宋代另有张礼《游城南记》④，方法上也类似，作者一行数人结伴而行，从长安东南门出去，进行了长达七天的游历考察。邵博《邵氏闻见后录》卷二五亦记其与晁以道同游长安，考察周秦汉唐故迹之事。⑤ 这种亲历亲验的方法显然是从事一切研究的基本规则。值得注意的是，《洛阳名园记》中"以其图考之，则某堂有某水、某亭有某木，至今犹存""予尝游之""游之""览之"，故获得了大量第一手资料，抢救性地保存了许多珍贵的记录。

其五，《洛阳名园记》之宗旨为供鉴戒。

《洛阳名园记》记述洛阳唐宋园林不厌其详，但作者并不希望人们耽玩沉溺

---

① 〔宋〕尹洙撰：《张氏会隐园记》，见曾枣庄、刘琳编：《全宋文》（第〇二八册），上海辞书出版社2006年版，第34页。

② 〔宋〕欧阳修撰，李之亮笺注：《欧阳修集编年笺注》（四），巴蜀书社2007年版，第166页。

③ 〔宋〕李格非撰，孔凡礼整理：《洛阳名园记》，见朱易安、傅璇琮等主编：《全宋笔记》第三编（一），大象出版社2008年版，第162页。

④ 〔宋〕张礼撰，孔凡礼整理：《游城南记》，见朱易安、傅璇琮等主编：《全宋笔记》第三编（一），大象出版社2008年版，第199~220页。

⑤ 〔宋〕邵博撰，刘德权、李剑雄点校：《邵氏闻见后录》，中华书局1983年版，第202页。

于烟霞泉石,而是为了求真实供鉴戒。换言之,作者见微知著,主要从政治、军事等关乎国家盛衰成败的角度来考虑。

> 洛阳处天下之中,挟殽、渑之阻,当秦、陇之襟喉,而赵、魏之走集,盖四方必争之地也。天下常无事则已,有事则洛阳先受兵。予故尝曰:洛阳之盛衰者,天下治乱之候也。方唐贞观、开元之间,公卿贵戚,开馆列第于东都者,号千有余邸,及其乱离,继以五季之酷,其池塘竹树,兵车蹂践,废而为丘墟,高亭大榭,烟火焚燎,化而为灰烬,与唐共灭而俱亡者,无余处矣。予故尝曰:园圃之废兴,洛阳盛衰之候也。且天下之治乱,候于洛阳之盛衰而知;洛阳之盛衰,候于园圃之废兴而得。则《名园记》之作,予岂徒然哉。呜呼,公卿大夫,方进于朝,放乎以一己之私自为,而忘天下之治忽,欲退享此乐,得乎?唐之末路是也。①

张琰曰:"文叔方洛阳盛时,足迹目力心思之所及,亦远见高览,知今日之祸。"②司马光在《进〈资治通鉴〉表》中道:"臣之精力,尽于此书。伏望陛下宽其妄作之诛,察其愿忠之意,以清闲之燕,时赐省览,监前世之兴衰,考当今之得失,嘉善矜恶,取是舍非。"③胡三省《新注资治通鉴序》将此意发挥得更充分:"为人君而不知《通鉴》,则欲治而不知自治之源,恶乱而不知防乱之术。为人臣而不知《通鉴》,则上无以事君,下无以治民。为人子而不知《通鉴》,则谋身必至于辱先,作事不足以垂后。乃如用兵行师,创法立制,而不知迹古人之所以得,鉴古人之所以失,则求胜而败,图利而害,此必然者也。"④《洛阳名园记》虽是小品,但也能因微见著,由园圃兴废上升到洛阳盛衰、天下治乱的高度,告诫公卿大夫要以史为鉴,不敢放乎一己之私以自为,忘天下之治,退享此乐。故张琰序说:"噫,繁华盛丽过尽一时,至于荆棘铜驼,腥膻伊洛,虽宫室苑囿涤池皆尽。然一废一兴,循天地无尽藏。安得光明盛大,复有如洛阳众贤佐中兴之业乎。季父浮休侍郎,咏长安废兴地有诗云:'忆昔开元全盛日,汉苑隋宫已黍离。

---

① 〔宋〕李格非撰,孔凡礼整理:《洛阳名园记》,见朱易安、傅璇琮等主编:《全宋笔记》第三编(一),大象出版社 2008 年版,第 172~173 页。

② 〔宋〕李格非撰,孔凡礼整理:《洛阳名园记》,见朱易安、傅璇琮等主编:《全宋笔记》第三编(一),大象出版社 2008 年版,第 162 页。

③ 〔宋〕司马光著,李之亮笺注:《司马温公集编年笺注》(六),巴蜀书社 2009 年版,第 88 页。

④ 〔宋〕司马光编著,〔元〕胡三省音注:《资治通鉴》,中华书局 1956 年版,序第 24 页。

覆辙由来皆在说,今人还起古人悲。'感而思治世之难遇,嘉贤者之用心,故重言以书其首。"①邵博述其得此文"读之至流涕",又记与晁说之(以道)同游长安周秦汉唐故地,晁叹息说:"其专以简易俭约为德,初不言形胜富强,益知仁义之尊,道德之贵。彼阻固雄豪,皆生于不足,秦汉唐之迹,更可羞矣。"②这与《资治通鉴》从材料上探求真实、从宗旨上"陈述覆辙以供鉴戒"完全契合,说明史学发达时期之宋代士人多存深刻自觉的使用观念。

(二)洛阳诸园述论

由于战乱和其他灾祸,北宋洛阳的私家园林全部被毁,难觅遗迹。今在《洛阳名园记》之基础上,参考诗文、方志、笔记之记述,对有代表性的诸园进行述论。

其一,安乐窝。

安乐窝是北宋著名学者邵雍宅园,位于天津桥之南的尚善坊。邵雍,字尧夫,晚年自号安乐先生、伊川翁,谥号康节,祖籍范阳(今河北省涿州市),幼迁共城(今河南省辉县),学识渊博,著有《观物篇》《先天图》《伊川击壤集》《皇极经世》等书,在易学方面尤有精深造诣,一生坚持不出仕,保持布衣身份,却极受士林崇敬,争相迎奉。

邵雍在洛阳寓居三十年,数次迁居。嘉祐七年(1062),宣徽使王拱辰利用一处旧宅基修建宅院供他长期居住,已经退休的名相富弼让门客购买宅对门的一座园林,一并赠与邵雍。邵雍为宅园起名"安乐窝"。所在宅基地原属官田,后由司马光等朋友集资买下,以安其居。对此邵雍之子邵伯温《邵氏闻见录》有详细记载:"康节先公庆历间过洛,馆于水北汤氏,爱其山水风俗之美,始有卜筑之意。……嘉祐七年,王宣徽尹洛,就天宫寺西天津桥南五代节度使安审琦宅故基,以郭崇韬废宅余材为屋三十间,请康节迁居之。富韩公命其客孟约买对宅一园,皆有水竹花木之胜。熙宁初,行买官田之法,天津之居亦官地。榜三月,人不忍买。诸公曰:'使先生之宅他人居之,吾辈蒙耻矣。'司马温公而下,集钱买之。……今宅契司马温公户名,园契富韩公户名,庄契王郎中户名,康节初

① 〔宋〕李格非撰,孔凡礼整理:《洛阳名园记》,见朱易安、傅璇琮等主编:《全宋笔记》第三编(一),大象出版社2008年版,第163页。
② 〔宋〕邵博撰,刘德权、李剑雄点校:《邵氏闻见后录》,中华书局1983年版,第202页。

不改也。"①

邵雍为答谢王拱辰赠宅,作《天津新居成谢府尹王君贶尚书》诗云:"嘉祐壬寅岁,新巢始僝功。仍分道德里,更近帝王宫。槛仰端门峻,轩迎两观雄。窗虚响瀍涧,台迥璨伊嵩。"②熙宁年间诸公集资购买园宅基地,邵雍又作诗相谢:"重谢诸公为买园,买园城里占林泉。七千来步平流水,二十余家争出钱。嘉祐卜居终是僦,熙宁受券遂能专。凤凰楼下新闲客,道德坊中旧散仙。洛浦清风朝满袖,嵩岑皓月夜盈轩。接篱倒戴芰荷畔,谈麈轻摇杨柳边。陌彻铜驼花烂漫,堤连金谷草芊绵。青春未老尚可出,红日已高犹自眠。洞号长生宜有主,窝名安乐岂无权。敢于世上明开眼,会向人间别看天。尽送光阴归酒盏,都移造化入诗篇。也知此片好田地,消得尧夫笔似椽。"③

当代学者多因"仍分道德里""道德坊中旧散仙"二句推断安乐窝在道德坊,但从以上诗文综合来看,道德坊应该是邵雍搬迁前的旧居所在地,而王拱辰为之所建"天津新居"位于天津桥南、天宫寺西,原址为五代时期节度使安审琦故宅。《增订唐两京城坊考》考证天宫寺在尚善坊,④《河南志》又明确记载安审琦宅位于尚善坊东部,⑤则邵雍的安乐窝必在此坊无疑(至今其地仍有安乐窝村)。此外,邵雍诗中一再强调安乐窝邻近皇宫,位于宫门高大城楼(俗称五凤楼、凤凰楼)之下,与尚善坊的位置十分吻合;而道德坊在尚善坊东北,与宫门相隔数坊,方位明显不符。

安乐窝北面依临洛水,距离天津桥很近,园中可闻水声,故而邵雍咏园诗经常提及天津桥,如《天津幽居》诗曰:"予客洛城里,况复在天津。日近先知晓,天低易得春。时光优化国,景物厚幽人。自可辞轩冕,闲中老此身。"⑥

熙宁八年(1075)邵雍作《六十五岁新正自贻》诗咏安乐窝之景:"予家洛城里,况在天津畔。行年六十五,当宋之盛旦。南园临通衢,北圃仰双观。虽然在京国,却如处山涧。清泉篆沟渠,茂木绣霄汉。凉风竹下来,皓月松间见。面前

---

① 〔宋〕邵伯温撰,刘德权、李剑雄点校:《邵氏闻见录》,中华书局1983年版,第194~196页。

② 〔宋〕邵雍著,郭彧整理:《伊川击壤集》,中华书局2013年版,第42页。

③ 〔宋〕邵雍著,郭彧整理:《伊川击壤集》,中华书局2013年版,第194页。

④ 〔清〕徐松撰,李健超增订:《增订唐两京城坊考》,三秦出版社2006年版,第292页。

⑤ 〔清〕徐松辑,高敏点校:《河南志》,中华书局1994年版,第6页。

⑥ 〔宋〕邵雍著,郭彧整理:《伊川击壤集》,中华书局2013年版,第47页。

有芝兰,目下无冰炭。坐上有余欢,胸中无交战。"①《夏日南园》诗曰:"夏木无重数,森阴翠槛低。"②《南园花竹》诗曰:"花行竹径紧相挨,每日须行四五回。因把花行侵竹种,且图竹径对花开。花香远远随衣袂,竹影重重上酒杯。谁道山翁少温润,这般红翠却长偎。"③从诗句判断,宅园分设南、北两处,南园临路,北圃可见皇宫门前的一对高大的门阙(楼观),园中有沟渠、树林、松竹、芝兰。

邵雍其他诗作提及园中有东、西二轩。东轩前栽种黄红两株梅花④和一株"添色牡丹"⑤,均为奇种,春日花开烂漫;西轩前设有花栏,秋季种菊花带来"绕栏种菊一齐芳,户牖轩窗总是香"⑥的效果。

安乐窝是典型的隐士之居,虽然景致简约,却很受当时官僚、文人欣赏。司马光经常来安乐窝游玩,并多次为之作诗,如《赠邵尧夫》:"家虽在城阙,萧瑟似荒郊。远去名利窟,自称安乐巢。云归白石洞,鹤立碧松梢。得丧非吾事,何须更解嘲?"⑦又如《和邵尧夫〈安乐窝中职事吟〉》:"灵台无事日休休,安乐由来不外求。细雨寒风宜独坐,暖天佳景即闲游。松篁亦足开青眼,桃李何妨插白头。我以著书为职业,为君偷暇上高楼。"⑧

其二,富郑公园。

富郑公园为北宋名臣富弼宅园,位于洛阳城内洛水南岸尚善坊,⑨邻近著名古刹天宫寺。富弼,字彦国,河南府(洛阳)人,少年时即以笃学大度而闻名,天圣八年(1030)中进士,仁宗至和二年(1055)授同中书门下平章事、集贤殿大学士,后封祁国公,进封郑国公;神宗熙宁二年(1069),因为反对王安石变法而出判亳州,后加封司空、韩国公致仕,居于洛阳,身后追赠太尉,谥号文忠。

富郑公园景色优美,为北宋时新建的私家园林,故云:"洛阳园池多因隋、唐之旧,独富郑公园最为近辟而景物最胜。"关于其园林景观,《洛阳名园记》云:

① 〔宋〕邵雍著,郭彧整理:《伊川击壤集》,中华书局2013年版,第224页。
② 〔宋〕邵雍著,郭彧整理:《伊川击壤集》,中华书局2013年版,第121页。
③ 〔宋〕邵雍著,郭彧整理:《伊川击壤集》,中华书局2013年版,第116页。
④ 〔宋〕邵雍著,郭彧整理:《伊川击壤集》,中华书局2013年版,第113页。
⑤ 〔宋〕邵雍著,郭彧整理:《伊川击壤集》,中华书局2013年版,第154页。
⑥ 〔宋〕邵雍著,郭彧整理:《伊川击壤集》,中华书局2013年版,第92页。
⑦ 〔宋〕司马光著,李之亮笺注:《司马温公集编年笺注》(二),巴蜀书社2009年版,第313页。
⑧ 〔宋〕司马光著,李之亮笺注:《司马温公集编年笺注》(二),巴蜀书社2009年版,第340页。
⑨ 贾珺:《北宋洛阳私家园林考录》,《中国建筑史论汇刊》,2014年第2期。

"游者自其第东出探春亭,登四景堂,则一园之景胜可顾览而得。南渡通津桥,上方流亭,望紫筠堂而还。右旋花木中有百余步,走荫樾亭、赏幽台,抵重波轩而止。直北走土筠洞,自此入大竹中。凡谓之洞者,皆斩竹丈许,引流穿之,而径其上。横为洞一,曰土筠;纵为洞三,曰水筠,曰石筠,曰榭筠。历四洞之北,有亭五,错列竹中,曰丛玉,曰披风,曰漪岚,曰夹竹,曰兼山。稍南有梅台,又南有天光台,台出竹木之杪。遵洞之南而东,还有卧云堂,堂与四景堂并南北,左右二山,背压通流,凡坐此,则一园之胜可拥而有也。"①可见,此园位于宅院之东,结构复杂,西为探春亭,中央建四景堂,向南过通津桥,有方流亭、紫筠堂,西转为花木丛、荫樾亭、赏幽台、重波轩,北为大竹林,其中开辟土筠洞、水筠洞、石筠洞和榭筠洞,引入水流,以小径穿越,手法非常特别。再北为丛玉、披风、漪岚、夹竹、兼山五亭,南为梅台,再南为天光台,竹洞东南为卧云堂。另设左右两座假山,山下贯通溪流,登山可临瞰全园。(如图5-4)

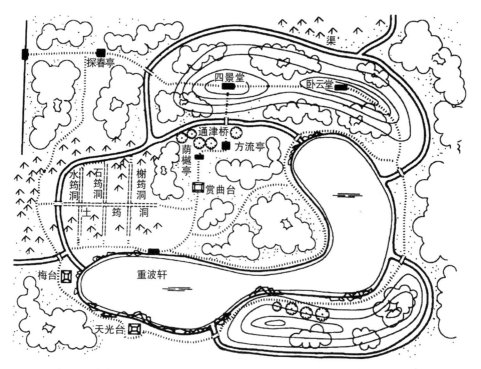

图5-4 富郑公园想象平面图(引自王铎:《洛阳古代城市与园林》,远方出版社2005年版,第205页)

---

① 〔宋〕李格非撰,孔凡礼整理:《洛阳名园记》,见朱易安、傅璇琮等主编:《全宋笔记》第三编
(一),大象出版社2008年版,第164页。

马永卿《懒真子》云:"富郑公留守西京日,因府园牡丹盛开,召文潞公、司马端明、楚建中、刘几、邵先生同会。是时牡丹一栏凡数百本。"①朱弁《曲洧旧闻》云:"富韩公居洛,其家圃中凌霄花无所因附而特起,岁久遂成大树,高数寻,亭亭然可爱。"②又陆游《老学庵笔记》卷九亦云:"凌霄花未有不依木而能生者,惟西京富郑公园中一株,挺然独立,高四丈,围三尺余,花大如杯,旁无所附。宣和初,景华苑成,移植于芳林殿前,画图进御。"③可见,园中牡丹花、凌霄花均为佳品。

《洛阳名园记》又云:"郑公自还政事归第,一切谢宾客,燕息此园几二十年,亭台花木皆出其目营心匠,故逶迤衡直,闿爽深密,皆曲有奥思。"④富弼有时会邀请好友来此园中游玩观赏,诗酒唱和。邵雍所居安乐窝与富弼宅园同在尚善坊,就经常造访,曾有诗咏及此园:"名园不放过鸦飞,相国如今遂请时。鼎食从来称富贵,更和花笋一兼之。"⑤"通衢选地半松筠,元老辞荣向盛辰。多种好花观物体,每斟醇酒发天真。"⑥元丰中,富弼效仿"白乐天在洛,与高年者八人游",邀集"士大夫老而贤者于韩公之第,置酒相乐",即"洛阳耆英会"。⑦

后世以此园为儒臣名园之典范,如清代文人王源曾经将康熙年间大学士王熙的北京怡园与富弼宅园相提并论:"昔富郑公为园,目营心匠,爽闿深密,曲有奥思。公亦自所结构。盖公立身廊庙,栖志岩壑,故能静以御物,量广而识明,遇事凝然,一言而群疑悉定。"⑧

其三,董氏二园。

董氏园分为东、西二园,园主疑为董俨。⑨ 董俨,字望之,洛阳人,太平兴国三年(978)进士,真宗朝累官工部侍郎,后以贿贬。

① 〔宋〕马永卿撰:《懒真子》,中华书局 1985 年版,第 30 页。
② 〔宋〕朱弁撰:《曲洧旧闻》,中华书局 1985 年版,第 17 页。
③ 〔宋〕陆游撰,李剑雄、刘德权点校:《老学庵笔记》,中华书局 1979 年版,第 120 页。
④ 〔宋〕李格非撰,孔凡礼整理:《洛阳名园记》,见朱易安、傅璇琮等主编:《全宋笔记》第三编(一),大象出版社 2008 年版,第 164 页。
⑤ 〔宋〕邵雍著,郭彧整理:《伊川击壤集》,中华书局 2013 年版,第 123 页。
⑥ 〔宋〕邵雍著,郭彧整理:《伊川击壤集》,中华书局 2013 年版,第 136 页。
⑦ 〔宋〕沈括著,胡道静校证:《梦溪笔谈校证》,上海古籍出版社 1987 年版,第 354 页。
⑧ 〔清〕王源:《居业堂文集》,中华书局 1985 年版,第 310 页。
⑨ 陈植、张公弛选注:《中国历代名园记选注》,安徽科学技术出版社 1983 年版,第 40 页。

董氏西园是《洛阳名园记》中记述较为详细的园林之一,文中云:"自南门入,有堂相望者三,稍西一堂,在大地间;逾小桥,有高台一;又西一堂,竹环之,中有石芙蓉,水自其花间涌出,开轩窗,四面甚敞。盛夏燠暑,不见畏日,清风忽来,留而不去,幽禽静鸣,各夸得意。此山林之景,而洛阳城中遂得之于此。小路抵池,池南有堂,面高亭,堂虽不宏大,而屈曲甚邃。游者至此往往相失,岂前世所谓'迷楼'者类也?"①

董氏西园之"亭台花木,不为行列区处,周旋景物,岁增月葺所成"。可见,西园的亭台楼阁、花草树木布置无事先规划,而是依据自然山林的特点,随意增置而成。从南门进入西园,有三堂相望。稍西的方向有一堂,坐落在大池间,与水池上方的一座小桥形成一个景区。走过小桥,采用借景手法而建有一高台,在高台上,就可以大致将整个院子的景色收入眼帘。园子西面的竹林中有一堂,林中又有石芙蓉(石雕的荷花),花间又有水流出。之所以有水流出,应该是竹林中有水池,石芙蓉坐落在池中,自然就有水从花间流出,这一景象令人清心,心旷神怡。每当开四面轩窗,整个屋子就变得宽敞明亮,茂密的林木挡住了盛夏的炎炎烈日,"清风忽来,留而不去",别有一番"幽禽静鸣,各夸得意"的境界,"此山林之景,而洛阳城中遂得之于此",真可谓避暑纳凉的好去处。沿林中小路穿行而过,就到了碧水荡漾的湖池。池的南面有一堂,堂对面有一高亭,与之相呼应,登上高亭就能将全园景色收入眼帘。堂虽不大,但"屈曲甚邃",游览者到此处,往往迷失方向,终日不得出,格局类似于传说中隋炀帝在扬州行宫所建的"迷楼"。

董氏"东园北向,入门有栝可十围,实小如松实,而甘香过之。有堂可居,董氏盛时,载歌舞游之,醉不可归,则宿此数十日。南有败屋遗址,独流杯、寸碧二亭尚完。西有大池,中为堂,榜曰之'含碧'。水四面喷泻池中,而阴出之,故朝夕如飞瀑,而池不溢"②。

董氏东园为宴饮之所,园西部辟大水池,池中央建正堂含碧堂,向四周喷水,状如飞瀑,另有流杯亭、寸碧亭。司马光《又和董氏东园栝屏石床》诗云:"密

---

① 〔宋〕李格非撰,孔凡礼整理:《洛阳名园记》,见朱易安、傅璇琮等主编:《全宋笔记》第三编(一),大象出版社 2008 年版,第 164~165 页。

② 〔宋〕李格非撰,孔凡礼整理:《洛阳名园记》,见朱易安、傅璇琮等主编:《全宋笔记》第三编(一),大象出版社 2008 年版,第 165 页。

叶萧森翠幕纤,暂来犹恨不长居。脱冠解带坐终日,花落石床春自如。"①可见园中桧木成屏,前置石床。

其四,环溪。

环溪为北宋大臣王拱辰宅园,位于道德坊。王拱辰原名拱寿,字君贶,开封府咸平(今河南省通许县)人,仁宗天圣八年(1030)状元,先后任御史中丞、北京留守、宣徽使、太子少保,元丰八年(1085)哲宗即位后加检校太师,任武汝军节度使,徙彰德军节度使,当年去世,谥号懿恪。

庞元英《文昌杂录》卷第四:"北京留守王宣徽,洛中园宅尤胜。中堂七间,上起高楼,更为华侈。"②又王得臣《麈史》云:"王拱辰即洛之道德坊营第甚侈,中堂起屋三层,上曰'朝元阁'。"③

《洛阳名园记》记其园景云:"其洁华亭者南临池,池左右翼而北,过凉榭,复汇为大池,周回如环,故云然也。"④(见图5-5)这几句开头就勾勒出园子的概况,表明"环溪"之由来。司马光曾游环溪作《君贶环溪》诗云:"地胜风埃外,门深花竹间。波光冷于玉,溪势曲如环。"⑤又《和子华游君贶园》诗自注云:"太尉公引水绕园,可以泛舟,名曰'环溪'。"⑥《洛阳名园记》云:"榭南有多景楼,以南望,则嵩高、少室、龙门、大谷,层峰翠巘,毕效奇于前。榭北有风月台,以北望,则隋、唐宫阙楼殿,千门万户,岩巘璀璨,延亘十余里;凡左太冲十余年极力而赋者,可瞥目而尽也。"⑦富有层次的楼台变化成为园中景观,登高远眺,又将远处宫阙的景观借入园内。再云:"又西有锦厅、秀野台,园中树松桧花木千株,皆品别种列。除其中为岛屿,使可张幄次,各待其盛而赏之。凉榭、锦厅,其下可坐

① 〔宋〕司马光著,李之亮笺注:《司马温公集编年笺注》(二),巴蜀书社2009年版,第354页。
② 〔宋〕庞元英撰,金圆整理:《文昌杂录》,见朱易安、傅璇琮等主编:《全宋笔记》第二编(四),大象出版社2006年版,第155页。
③ 〔宋〕王得臣撰,俞宗宪点校:《麈史》,上海古籍出版社1986年版,第87页。
④ 〔宋〕李格非撰,孔凡礼整理:《洛阳名园记》,见朱易安、傅璇琮等主编:《全宋笔记》第三编(一),大象出版社2008年版,第165页。
⑤ 北京大学古文献研究所编:《全宋诗》,北京大学出版社1992年版,第6202页。
⑥ 北京大学古文献研究所编:《全宋诗》,北京大学出版社1992年版,第6212页。
⑦ 〔宋〕李格非撰,孔凡礼整理:《洛阳名园记》,见朱易安、傅璇琮等主编:《全宋笔记》第三编(一),大象出版社2008年版,第165~166页。

数百人,宏大壮丽,洛中无逾者。"①

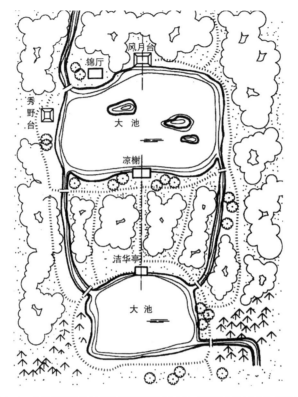

图5-5 宋洛阳环溪园平面示意图[引自王铎:《洛阳古代城市与园林》,
远方出版社2005年版,第207页]

　　王拱辰官位显赫,生活奢侈,所造宅园也强调宏大壮丽的风格。邵雍有诗赞美此园为"大第名园冠洛中"②。宅中建三层大型楼阁,底层为七间厅堂。园中环以溪流,南北皆为水池,设洁华亭、多景楼、凉榭、风月台、锦厅、秀野台,可登高眺望全城及周围山峰,花木成林,还可在其中搭建帐篷以赏花宴饮。

　　其五,刘氏园。

　　刘氏园为宋初给事中刘载之园③,位置不详。园内有"凉堂,高卑制度,适惬可人意",即凉堂的高低、比例、构筑都很适合。因此,"有知《木经》者见之,且

① 〔宋〕李格非撰,孔凡礼整理:《洛阳名园记》,见朱易安、傅璇琮等主编:《全宋笔记》第三编
　　(一),大象出版社2008年版,第166页。
② 〔宋〕邵雍著,郭彧整理:《伊川击壤集》,中华书局2013年版,第238页。
③ 郭建慧、刘晓喻、晁琦等:《〈洛阳名园记〉之刘氏园归属考辨》,《中国园林》2019年第2期。

云近世建造,率务峻立,故居者不便而易坏,唯此堂正与法合"。园"西南有台一区,尤工致,方十许丈地。而楼横堂列,廊庑回缭,栏楯周接,木映花承,无不妍稳,洛人目为'刘氏小景'"①。园西南筑有高台,建筑工致,并且在不是很大的面积中,楼和堂纵横相列,楼堂外有廊庑,并以步廊连接,又有花木衬托,故景致清丽,位置妥帖。

其六,丛春园。

丛春园为北宋大臣安焘宅园,位于洛阳城内洛水南岸,距离天津桥不远。安焘,字厚卿,开封人,仁宗嘉祐四年(1059)进士,曾任门下侍郎,后以观文殿学士知河南府,崇宁四年(1105)正月在洛阳去世。

丛春园为安焘"买于尹氏。岑寂而乔木森然,桐梓桧柏,皆就行列"。乔木排列规则式种植,在中国古典园林中较为罕见。园中建两亭,"其大亭有丛春亭,高亭有先春亭。丛春亭出荼蘼架上,北可望洛水,盖洛水自西汹涌奔激而东。天津桥者,叠石为之,直力滀其怒,而纳之于洪下。洪下皆大石底,与水争,喷薄成霜雪,声闻数十里"。洛水本就穿城而过,资料显示洛水上建有四道桥梁,天津桥是其中一个。丛春园借助园外洛水之景,既可以登高远眺,开阔视野,也可"月夜登是亭,听洛水声。久之,觉清洌侵人肌骨,不可留,乃去"②。

其七,归仁园。

归仁园位于归仁坊,以坊而得名。在唐为宰相牛僧孺园,北宋时期初为观文殿学士丁度园,后归李清臣所有。《河南志》之"归仁坊"条曰:"观文殿学士丁度园,本唐相牛僧孺归仁因池石仅存,此才得其半。"《洛阳名园记》曰:"归仁,其坊名也,园尽此一坊,广轮皆里余。……唐丞相牛僧孺园七里桧,其故木也,今属中书李侍郎。"③

归仁园内"北有牡丹、芍药千株,中有竹百亩,南有桃李弥望",花木繁盛。还有牛僧孺园遗留的七里桧。"河南城方五十余里,中多大园池,而此为冠"。

① 〔宋〕李格非撰,孔凡礼整理:《洛阳名园记》,见朱易安、傅璇琮等主编:《全宋笔记》第三编(一),大象出版社2008年版,第166页。

② 〔宋〕李格非撰,孔凡礼整理:《洛阳名园记》,见朱易安、傅璇琮等主编:《全宋笔记》第三编(一),大象出版社2008年版,第166页。

③ 〔宋〕李格非撰,孔凡礼整理:《洛阳名园记》,见朱易安、傅璇琮等主编:《全宋笔记》第三编(一),大象出版社2008年版,第167页。

归仁园占满一坊之地,规模为洛阳第一。但其中建筑似乎很少,李清臣曾经建造过亭子。《邵氏闻见后录》载:"李邦直归仁园,乃僧孺故宅,埋石数冡,尚未发。"①牛僧孺酷好奇石,园中当有佳品,可惜埋于土中,未见其形。

其八,苗帅园。

苗帅园为节度使苗授宅园,在会节坊。苗授,字授之,潞州(今山西省长治市)人,长期从军征战,曾经大破羌人、征讨西夏,元祐三年(1088)迁武泰军节度使、殿前副都指挥使,知潞州,身后赠开府仪同三司,谥号庄敏。②

苗帅园原为开宝丞相王溥宅园。《洛阳名园记》云:"节度使苗侯既贵,欲极天下佳处,卜居得河南,河南园宅又号最佳处,得开宝宰相王溥园,遂构之。"③王溥,字齐物,并州祁县(今山西省祁县)人,五代后汉乾祐元年(948)状元及第,历任高官,北宋乾德年间担任宰相,进位司空,开宝二年(969)封太子太师,太平兴国初年(976)封祁国公,太平兴国七年(982)去世,谥号文献。《河南志》之"会节坊"条:"太子太师王溥宅,溥居丧,留守向拱为营园宅,相传其他本唐徐坚宅,而韦述记不载。林木丰蔚,甲于洛城。以尝监修国史,洛人名'王史馆园'。"④此园当以林木茂盛见长。邵雍曾经参加在此园举行的雅集,作诗云:"竹绕长松松绕亭,令人到此骨毛清。梅梢带雪微微坼,水脉连冰渐渐鸣。残腊岁华无奈感,半醺襟韵不胜情。谁怜相国名空在,吾道如何必可行。"⑤诗中提到的"相国"即王溥,当时去世已久。

关于苗帅园,《洛阳名园记》曰:"园既古,景物皆苍老,复得完力藻饰出之,于是有欲凭陵诸园之意矣。"园子是旧园,所以园内景物皆苍老,又经过重新修缮装饰,欲超越其他诸园。"园故有七叶二树对峙,高百尺,春夏望之如山然,今创堂其北,竹万余竿,皆大满二三围,疏筠琅玕,如碧玉椽,今创亭其南。"园内旧有二树相对,今在其北边建有一堂,又有万余竿竹子,皆满二三围。这些竹子疏筠琅玕,就好像碧玉做的椽子。又在竹林南边建有一亭。"东有水,自伊水派

①　〔宋〕邵博撰,刘德权、李剑雄点校:《邵氏闻见后录》,中华书局1983年版,第212页。

②　〔元〕脱脱等撰:《宋史》,中华书局1977年版,第11067页。

③　〔宋〕李格非撰,孔凡礼整理:《洛阳名园记》,见朱易安、傅璇琮等主编:《全宋笔记》第三编(一),大象出版社2008年版,第167页。

④　〔清〕徐松辑,高敏点校:《河南志》,中华书局1994年版,第20页。

⑤　〔宋〕邵雍著,郭彧整理:《伊川击壤集》,中华书局2013年版,第72~73页。

来,可浮十石舟,今创亭压其溪;有大松七,今引水绕之;有池宜莲荇,今创水轩,板出水上,对轩有桥亭。制度甚雄侈。"伊、洛二水,皆经洛阳,园中溪流,为伊水支派,深广可行载重千金的船,又临溪建有一亭。临池筑水轩,轩前水中立柱,上置踏板。对着轩的溪上有一桥,桥上又有亭子。这一亭一轩布置合宜,又引水成溪,"然此犹未尽得王丞相故园。"①

其九,赵韩王园。

赵韩王园为宋初重臣赵普宅园,在从善坊,或称"赵中令园"。赵普,字则平,幽州蓟县(今天津市蓟县)人,15岁即随父迁居洛阳,后周时期出仕,显德七年(960)正月拥赵匡胤发动兵变,建立大宋王朝,一生中三次出任相当于宰相的高位,太宗淳化元年(990)任西京留守、河南尹、中书令,居于洛阳。淳化三年(992)拜太师、封魏国公,身后谥号忠献,追赠尚书令、真定王,又追封为韩王,恩遇冠于一朝。

《河南志》之"从善坊"条载:"太师赵普宅。普为留守,官为葺之,凡数位,后有园池,其宏壮甲于洛城,迄今完固不坏。"②《画墁录》载:"赵韩王两京起第,外门皆柴荆,不设正寝。……后园亭榭,制作雄丽,见之使人竦然。厅事有倚(椅)子一只,样制古朴,保坐分列,自韩王安排,至今不易。太祖幸洛,初见柴荆,既而观堂筵以及后圃,晒之曰:'此老子终是不纯。'"③赵普为官日久,在东、西二京均有宅第,其洛阳宅园由朝廷为之修建,前部的住宅部分制度简朴,后面的花园部分十分华丽。

《洛阳名园记》载:"赵韩王宅园,国初诏将作营治,故其经画制作,殆侔禁省。韩王以太师归是第,百日而薨。子孙皆家京师,罕居之,故园池亦以扃钥为常,高亭大榭,花木之渊薮,岁时独厮养拥彗负畚锸者于其间而已。盖人之于宴闲,每自吝惜,宜甚于声名爵位。"④

司马光有诗吟咏在此园雅集和游乐的情形:"冠盖连翩陌上来,风光烂漫拥

---

① 〔宋〕李格非撰,孔凡礼整理:《洛阳名园记》,见朱易安、傅璇琮等主编:《全宋笔记》第三编(一),大象出版社2008年版,第167~168页。

② 〔清〕徐松辑,高敏点校:《河南志》,中华书局1994年版,第21页。

③ 〔宋〕张舜民撰:《画墁录》,中华书局1991年版,第19页。

④ 〔宋〕李格非撰,孔凡礼整理:《洛阳名园记》,见朱易安、傅璇琮等主编:《全宋笔记》第三编(一),大象出版社2008年版,第168页。

楼台。玉卮贮酒随宜饮,绮席寻花触处开。"①"中令园陪丞相游,百分劝酒不须愁。春风陌上醒归去,只恐更为桃李羞。"②范纯仁《子华相公同游赵令公园》诗曰:"相君行乐处,繁盛故王家。声远歌喧阁,香浓酒泛花。瑰材扶广厦,美植列甘棠。强饮频中圣,回头畏曲车。"③又有《和子华游韩王园怀故园池莲红薇二首》云:"丞相园池冠壁田,娉婷次第坼红莲。主人居守麟符重,谁见新妆照水妍。""鲜葩嫩蕊吐香浓,千朵妖饶颤晚风。却想许园仙品盛,姝衣轻透玉肌红。"④

其十,李氏仁丰园。

仁丰园在仁风坊,属于李氏,姓名不详。《河南志》之"仁风坊"条曰:"仁风坊,俗作'仁丰'。"⑤

《洛阳名园记》云:"甘露院东李氏园,人力甚治,而洛中花木无不有,中有四并、迎翠、濯缨、观德、超然五亭。"⑥可见此园以花木品种丰富而著称,其间点缀五座亭子。

其十一,松岛。

松岛位于睦仁坊,其前身为五代后梁大臣袁象先园,北宋初年归名臣李迪所有,后归吴氏。

李迪,字复古,河北赞皇人,宋真宗景德二年(1005)状元,官至同中书门下平章事、集贤殿大学士,景祐年间以太子太傅之职退休,谥号文定。

《河南志》之"睦仁坊"条:"太子太傅致仕李迪园,本袁象先园,园有松岛。"⑦韩琦《寄题致政李太傅园亭》诗云:"洛下名园比比开,几何能得主人来?争如塞上抽身早,长向花前尽兴回。九老仪形传好事,十洲风景与仙才。无时啸傲烟霞外,世务纷纷想厌哈。"⑧

① 〔宋〕司马光著,李之亮笺注:《司马温公集编年笺注》(二),巴蜀书社2009年版,第249页。

② 〔宋〕司马光著,李之亮笺注:《司马温公集编年笺注》(二),巴蜀书社2009年版,第483页。

③ 北京大学古文献研究所编:《全宋诗》,北京大学出版社1992年版,第7416页。

④ 北京大学古文献研究所编:《全宋诗》,北京大学出版社1992年版,第7446页。

⑤ 〔清〕徐松辑,高敏点校:《河南志》,中华书局1994年版,第22页。

⑥ 〔宋〕李格非撰,孔凡礼整理:《洛阳名园记》,见朱易安、傅璇琮等主编:《全宋笔记》第三编(一),大象出版社2008年版,第168页。

⑦ 〔清〕徐松辑,高敏点校:《河南志》,中华书局1994年版,第21页。

⑧ 〔宋〕韩琦撰,李之亮、徐正英笺注:《安阳集编年笺注》,巴蜀书社2000年版,第630页。

李迪有子東之,字公明,曾任集贤院学士、工部尚书、侍读,治平四年(1067)以太子少保致仕,后迁少师。司马光为之作《送李公明序》,特意提及李氏有"洛阳佳园宅"①;又作《题致仕李太傅园亭》诗云:"汉家飞将种,气概耿清秋。解去金貂贵,来从洛社游。清商拥高宴,华馆带长流。可笑班超老,崎岖万里侯。"②

《洛阳名园记》言此园景曰:"松岛,数百年松也。其东南隅双松尤奇。在唐为袁象先园,本朝属李文定公丞相,今为吴氏园,传三世矣。颇葺亭榭池沼,植竹木其傍,南筑台,北构堂,东北曰道院。又东有池,池前后为亭临之。自东大渠引水注园中,清泉细流,涓涓无不通处,在他郡尚无有,而洛阳独以其松名。"③此园以松树著称于世,引渠水萦绕全园,池岸设亭,南北分别建造高台和厅堂。

范祖禹有《游李少师园十题》④,分咏园中景致和动植物,如《松岛》:"孤屿何亭亭,苍松郁相对。池中蛟龙起,天际风雨会。"《芡池》:"向日铺青盖,浮波散绿盘。明珠洛浦佩,白玉水仙丹。"《笛竹》:"凤食实已美,龙吟声更奇。惜无蔡邕识,那得马融吹。"《鹤》:"王子吹笙去,仙禽下云端。夜栖松月静,朝舞桧风寒。"《水轮》:"崩腾喷雪浪,昼夜无停息。回旋天磨转,运动日卓侧。"《竹径》:"整整植翠旗,森森列羽卫。微风群玉动,赫日苍云翳。"《莲池》:"藻荇遍回塘,芙蕖出清水。红灯迭照映,翠盖相磨倚。"《月桂》:"天寒桂子堕,花发向庭中。月华十二满,常照此芳丛。"《雁翅柏》:"高枝含烟雾,密叶张羽翼。参差随风势,惨淡入云色。"《茅庵》:"结茅深林下,开户流水边。晓听松风坐,夜枕云涛眠。"可见园中植物除松柏之外另有月桂,池中有莲花、藻荇,还设有水轮、茅庵。

园林易主之后,司马光作《又和游吴氏园二首》诗,感慨"名因易主似行邮,美竹高松景自幽";又赞其园景:"天气清和无喘牛,花林烂熳竹林幽。临风高咏足为乐,有勇方知笑仲由。"⑤

其十二,东园。

---

① 〔宋〕司马光著,李之亮笺注:《司马温公集编年笺注》(五),巴蜀书社 2009 年版,第 141 页。

② 〔宋〕司马光著,李之亮笺注:《司马温公集编年笺注》(二),巴蜀书社 2009 年版,第 304 页。

③ 〔宋〕李格非撰,孔凡礼整理:《洛阳名园记》,见朱易安、傅璇琮等主编:《全宋笔记》第三编(一),大象出版社 2008 年版,第 169 页。

④ 北京大学古文献研究所编:《全宋诗》,北京大学出版社 1992 年版,第 10358~10360 页。

⑤ 〔宋〕司马光著,李之亮笺注:《司马温公集编年笺注》(二),巴蜀书社 2009 年版,第 484 页。

东园为北宋名臣文彦博别业,又名东庄、东田,位于洛阳建春门内怀仁坊。文彦博本人有诗题为"余于洛城建春门内循城得池数百亩,其池乃唐之药园,因学徐勉作东田引水一支灌其中,岁月渐久,景物已老,乔木修竹森然,四合菱莲蒲荇于沼于沚,结茅构宇务实去华,野意山情颇以自适,故作是诗",诗云:"引得清伊一派通,三湾相接势无穷。便成渺渺江湖趣,更有萧萧芦苇风。西洛故年为胜地,东田今日属衰翁。药园事迹分明在,尽见云卿旧记中。"自注:"唐沈佺期云卿《药园记》,东田乃其旧地。"①可见此园位于建春门内,依临城墙,扼守伊水三湾相接之处,应在怀仁坊内,其前身为唐代诗人沈佺期的药园。

《洛阳名园记》曰:"文潞公东园,本药圃,地簿东城,水渺弥甚广,泛舟游者,如在江湖间也。渊映、缥水二堂,宛宛在水中。湘肤、药圃二堂,间列水石,西去其第里余。今潞公官太师,年九十,尚时杖履游之。"②

司马光《和君贶题潞公东庄》诗云:"嵩峰远迭千重雪,伊浦低临一片天。百顷平皋连别馆,两行疏柳拂清泉。"③范纯仁《和子华陪文潞公宴东田》诗云:"湍流湉湉走平田,清旷园林未暑天。绕圃曲堤都种竹,泛舟双沼不栽莲。沙边白鹭翘来静,丛上幽花晚更妍。乘月陪欢忘夜久,莎间潜有露珠圆。"④文彦博本人东田宴集诗云:"尝同徐勉构东田,花竹成阴雨后天。为爱宪台宽白简,得随相府赏红莲。清樽屡醋吟情逸,红袖频翻舞态妍。归兴直须三鼓尽,月华况是十分圆。"⑤《游东田八韵》诗曰:"文物平津阁,风流太傅山。胜游松岛外,故迹药园间。霜蔀编为屋,寒荆刈作关。窗棂云漠漠,畦窦水潺潺。芦渚炊烟起,萍沤钓艇还。竹经朝雨翠,荷借夕阳殷。幽兴能招隐,高情自爱闲。从来行乐处,携手一开颜。"⑥

此园规模广大,达数百亩,虽在城内,风貌却类似郊园,林木森森,以丰沛的水景见长,其中大池浩渺,水上有菱角、莲花、蒲草,富有江湖野趣,内设渊映、缥水、湘肤、药圃四堂,列置水石之景,向东南可远眺嵩山山峰。

① 〔宋〕文彦博著,侯小宝校注:《文潞公诗校注》,三晋出版社2014年版,第322页。
② 〔宋〕李格非撰,孔凡礼整理:《洛阳名园记》,见朱易安、傅璇琮等主编:《全宋笔记》第三编(一),大象出版社2008年版,第169页。
③ 〔宋〕司马光著,李之亮笺注:《司马温公集编年笺注》(二),巴蜀书社2009年版,第392页。
④ 北京大学古文献研究所编:《全宋诗》,北京大学出版社1992年版,第7445页。
⑤ 〔宋〕文彦博著,侯小宝校注:《文潞公诗校注》,三晋出版社2014年版,第297页。
⑥ 〔宋〕文彦博著,侯小宝校注:《文潞公诗校注》,三晋出版社2014年版,第323页。

东园中还曾经蓄养过友人梅挚(字公仪)所赠的一只华亭鹤,文彦博《梅公仪见寄华亭鹤一只》诗曰:"子真仙裔富高情,远寄仙禽至洛城。昔向华亭常警露,今来缑岭伴吹笙。稻粱犹忆嘉禾美,竹树应怜履道清。已遣吾家伊水墅,旋营莎荐似咸京。"①

其十三,紫金台张氏园。

《洛阳名园记》云:"自东园并城而北,张氏园亦绕水而富竹木,有亭四。"②园主张氏生平不详,园位于洛阳城东部怀仁坊以北,邻近城墙,大约在仁风、静仁、延庆三坊范围内,园中富于水景,树竹茂盛,其间点缀四亭。

其十四,水北胡氏园。

胡氏园位于洛阳城外邙山脚下,依临瀍水,园主生平不详。《洛阳名园记》云:"水北胡氏二园,相距十许步,在邙山之麓,瀍水经其旁,因岸穿二土室,深百余尺,坚完如挺埴。开轩窗其前,以临水上,水清浅则鸣漱,湍瀑则奔驶,皆可喜也。有亭榭花木,率在二室之东。凡登览徜徉,俯瞰而峭绝,天授地设,不待人力而巧者,洛阳独有此园耳。但其亭台之名,皆不足载,载之且乱实。如其台四望尽百余里,而萦伊缭洛乎其间,林木荟蔚,烟云掩映,高楼曲榭,时隐时见,使画工极思不可图,而名之曰'玩月台'。有庵在松桧藤葛之中,辟旁牖,则台之所见,亦毕陈于前,避松桧,骞藤葛,的然与人目相会,而名之曰'学古庵'。其实皆此类。"③

胡氏园依山傍水,分为两个园子,园内开凿两个土窟,深达百尺,其东设亭榭花木,视野绝佳,有玩月台、学古庵等建筑。

其十五,独乐园。

独乐园是北宋名臣、史学家司马光宅园,位于尊贤坊。司马光,字君实,号迂叟,祖籍陕州夏县(今山西省夏县)涑水乡,出生于光州光山县(今河南省光山县),仁宗宝元初中进士甲科,神宗继位后官至翰林学士兼侍读学士,熙宁年间王安石主持变法,作为反对派的司马光离开东京,以端明殿学士判西京御史台,在洛阳建独乐园长期居住,完成《资治通鉴》的编撰工作。元丰八年(1085)哲宗

---

① 〔宋〕文彦博著,侯小宝校注:《文潞公诗校注》,三晋出版社 2014 年版,第 196 页。

② 〔宋〕李格非撰,孔凡礼整理:《洛阳名园记》,见朱易安、傅璇琮等主编:《全宋笔记》第三编(一),大象出版社 2008 年版,第 169 页。

③ 〔宋〕李格非撰,孔凡礼整理:《洛阳名园记》,见朱易安、傅璇琮等主编:《全宋笔记》第三编(一),大象出版社 2008 年版,第 170 页。

继位,司马光奉诏入京,出任门下侍郎,元祐元年(1086)闰二月拜尚书左仆射兼门下侍郎,当年九月去世,追赠太师、温国公,谥号文正。①

司马光本人作《独乐园记》记述此园景物:"熙宁四年,迁叟始家洛。六年,买田二十亩于尊贤坊北,辟以为园,其中为堂,聚书出五千卷,命之曰'读书堂'。堂南有屋一区,引水北流,贯宇下。中央为沼,方、深各三尺,疏水为五,派注沼中,状若虎爪。自沼北伏流出北阶,悬注庭下,状若象鼻。自是分为二渠,绕庭四隅,会于西北而出,命之曰'弄水轩'。堂北为沼,中央有岛,岛上植竹。圆周三丈,状若玉玦,揽结其杪,如渔人之庐,命之曰'钓鱼庵'。沼北横屋六楹,厚其墉茨,以御烈日,开户东出,南北列轩牖,以延凉飔,前后多植美竹,为清暑之所,命之曰'种竹斋'。沼东治地为百有二十畦,杂莳草药,辨其名物而揭之。畦北植竹,方径一丈,状若棋局,屈其杪,交相掩以为屋。植竹于其前,夹道如步廊,皆以蔓药覆之,四周植木药为藩援,命之曰'采药圃'。圃南为六栏,芍药、牡丹、杂花各居其二,每种止植两本,识其名状而已,不求多也。栏北为亭,命之曰'浇花亭'。洛城距山不远,而林薄茂密,常苦不得见,乃于园中筑台,构屋其上,以望万安、轘辕,至于太室,命之曰'见山台'。"②(如图5-6)

李格非《洛阳名园记》载:"司马温公在洛阳自号迁叟,谓其园曰独乐园。园卑小,不可与它园班。其曰读书堂者,数十椽屋;浇花亭者,益小;弄水种竹轩者,尤小;曰见山台者,高不过寻丈;曰钓鱼庵,曰采药圃者,又特结竹杪落蕃蔓草为之尔。温公自为之序,诸亭台诗颇行于世,所以为人欣慕者,不在于园耳。"③

园中正堂为读书堂,兼做书房。堂南另设一个庭院,中央辟方形水池,自南侧引水,分为五脉汇入池中,形如虎爪;又从池北地下引水潜流出北面的台阶,悬空注入第二进院内,状若象鼻,再分为两条水渠,绕庭院四角,从西北隅流出庭院,两院之间的建筑因此得名为"弄水轩"。读书堂的北面是一个尺度较大的水池,池中筑圆形小岛,周长三丈,岛上种植竹子,束其枝叶,模仿渔家蓬屋搭建小庐,称作"钓鱼庵"。水池的北面有六间房屋,屋顶上铺设多层茅草,围墙也做

① 〔元〕脱脱等撰:《宋史》,中华书局1977年版,第10757页。
② 〔宋〕司马光著,李之亮笺注:《司马温公集编年笺注》(五),巴蜀书社2009年版,第205页。
③ 〔宋〕李格非撰,孔凡礼整理:《洛阳名园记》,见朱易安、傅璇琮等主编:《全宋笔记》第三编(一),大象出版社2008年版,第171页。

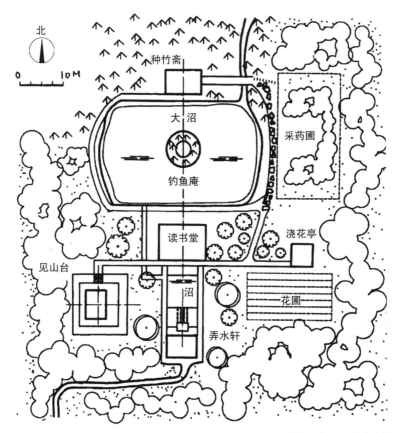

图 5-6 司马光独乐园想象平面图(引自王铎:《洛阳古代城市与园林》,远方出版社 2005 年版,第 199 页)

得很厚,可以抵御烈日;此屋在东侧开门,在南北两侧开辟窗户,以求凉风;屋前后多种姿态秀美的竹子,形成绝佳的避暑天地,故而命名为"种竹斋"。

大水池的东侧开辟一片药畦,分为一百二十小块,其中杂植各种草药,根据各自的品种加以标示。药畦北部在边长一丈的范围内种竹子,平面规整如围棋盘,将竹梢压低,相互交织,形成小屋的样子,前引夹道,两侧又种竹子,用藤本覆盖,四周另外种植木本药物作为藩篱,称之为"采药圃"。药畦的南面辟为花圃,分作六栏,牡丹、芍药和其他花卉各占两栏,每个品种只种两株。花圃的北面构建一亭,称为"浇花亭"。此外还在园中构筑高台,台上又建屋,称"见山台",在此可远眺洛阳附近的万安山、镮辕山、太室山。

以上所述之读书堂、弄水轩、钓鱼庵、种竹斋、采药圃、浇花亭、见山台即为独乐园之七景,司马光曾作《独乐园七题》①,将此七景分别与董仲舒、严子陵、韩伯林、陶渊明、杜牧之、王子猷、白居易七位古人联系在一起,赋予深刻的文化内涵。

相对其他公卿园林而言,此园十分朴素简洁,却深受朝野上下广大文臣学士推崇,诗文传唱甚多,见载史册,垂范后世,被视为宋代文人园林的代表,北宋以来有多位画家为之绘图。

其十六,湖园。

湖园位于集贤坊,其前身为唐代中书令裴度集贤里宅园,北宋时期属于民家所有,园主姓名不传。《河南志》之"集贤坊"条载:"中书令裴度宅,园池尚存,今号'湖园',属民家。"②

《洛阳名园记》对湖园的评价很高,认为此园兼有宏大、幽邃、人力、苍古、水泉、眺望六大特点,四季景色变化丰富。文曰:"在唐为裴晋公宅园,园中有湖,湖中有堂,曰百花洲,名盖旧堂盖新也。湖北之大堂曰四并堂,名盖不足,胜盖有余也。其四达而当东西之蹊者,桂堂也。截然出于湖之右者,迎晖亭也。过横地,披林莽,循曲径而后得者,梅台知止庵也。自竹径望之超然,登之修然者,环翠亭也。眇眇重邃,犹擅花卉之盛,而前据池亭之胜者,翠樾轩也。其大略如此。若夫百花酣而白昼眩,青蘋动而林阴合,水静而跳鱼鸣,木落而群峰出,虽四时不同,而景物皆好,则又其不可殚记者也。"③

湖园中以大湖为中心,湖中岛上之堂称百花洲,湖北建四并堂,东西道路之间设桂堂,湖西设迎晖亭,穿过密林间的曲径可至梅台知止庵,过竹径可登环翠亭,另在花间树下设翠樾轩。

其十七,吕文穆园。

吕文穆园为北宋名臣吕蒙正私园,在集贤坊。吕蒙正,字圣功,河南府(洛阳)人,太宗太平兴国二年(977)状元,一生中三次登上相位,至道初年曾以右仆射出判河南府兼西京留守,景德二年(1005)春辞官回洛阳闲居,身后追赠中书

---

① 〔宋〕司马光著,李之亮笺注:《司马温公集编年笺注》(一),巴蜀书社 2009 年版,第 244～251 页。

② 〔清〕徐松辑,高敏点校:《河南志》,中华书局 1994 年版,第 16 页。

③ 〔宋〕李格非撰,孔凡礼整理:《洛阳名园记》,见朱易安、傅璇琮等主编:《全宋笔记》第三编(一),大象出版社 2008 年版,第 171 页。

令,谥号文穆。《宋史》卷二百六十五载:"蒙正至洛,有园亭花木,日与亲旧宴会,子孙环列,迭奉寿觞,怡然自得。"①

《河南志》之"集贤坊"条载:"太子太师致仕吕蒙正园"②,"永泰坊"条下又载:"观文殿学士张观宅,本太子太师致仕吕蒙正宅,真宗两临幸之"③。《邵氏闻见录》卷八亦载:"吕文穆公既致政,居于洛,今南州坊张观文宅是也。"④故吕蒙正宅在永泰坊,园在集贤坊。

《洛阳名园记》云:"吕文穆园在伊水上流,水茂而竹盛,有亭三,一在池中,二在池外,桥跨池上,相属也。"⑤此园居于伊水上游,具有良好的引水条件,园中竹木茂盛,辟有水池,池中设亭一座,另在岸边设亭两座。

其十八,王尚恭宅园。

王尚恭,字安之,祖籍京兆万年(今陕西省西安市),其父王汲迁居河南府(洛阳),本人官至太常少卿,以朝议大夫的官职退居洛阳,封太原县开国子,晚年曾参与耆英会。据范纯仁撰《朝议大夫王公墓志铭》记载:"元丰七年八月九日,朝议大夫致仕王公以疾终于西都嘉善里之第,享年七十有八。"⑥可知其宅第在洛阳城内嘉善坊。嘉善坊在旧南市(后改为乐成、通利二坊)之南、思顺坊隔街东南,故程颢为王氏宅园晚晖亭所作诗称:"欲知剩占清风处,思顺街东第一家。"⑦

王尚恭曾经为自己的宅园作诗五首,分咏小园和野轩、污亭、药轩、晚晖亭,司马光、邵雍、程颢等著名文士均有和诗。如司马光《野轩》:"黄鸡白酒田间乐,藜杖葛巾林下风。更若食芹仍暴背,野怀并在一轩中。"⑧《污亭》:"杂花乱种盘涡底,小屋深居鉴燧心。朝市嚣声那得到,晨昏暑气不能侵。"⑨《药轩》:"雨余

① 〔元〕脱脱等撰:《宋史》,中华书局 1977 年版,第 9148 页。

② 〔清〕徐松辑,高敏点校:《河南志》,中华书局 1994 年版,第 16 页。

③ 〔清〕徐松辑,高敏点校:《河南志》,中华书局 1994 年版,第 17 页。

④ 〔宋〕邵博撰,刘德权、李剑雄点校:《邵氏闻见录》,中华书局 1983 年版,第 76 页。

⑤ 〔宋〕李格非撰,孔凡礼整理:《洛阳名园记》,见朱易安、傅璇琮等主编:《全宋笔记》第三编(一),大象出版社 2008 年版,第 172 页。

⑥ 洛阳市地方史志编纂委员会编:《洛阳市志·文物志》,中州古籍出版社 1995 年版,第 284 页。

⑦ 〔宋〕程颢、程颐著,王孝鱼点校:《二程集》,中华书局 1981 年版,第 484 页。

⑧ 〔宋〕司马光著,李之亮笺注:《司马温公集编年笺注》(二),巴蜀书社 2009 年版,第 411 页。

⑨ 〔宋〕司马光著,李之亮笺注:《司马温公集编年笺注》(二),巴蜀书社 2009 年版,第 412 页。

条甲绕阶生,往往桐君昔未名。采贮不须勤暴彗,秋阳日日满檐楹。"①《晚晖亭》:"俯临城市厌喧哗,回顾园林景更嘉。醉立斜阳头似雪,往来误认白公家。"②邵雍《和王安之小园五题》:"小园新葺不离家,高就岗头底就宽。洛邑地疑偏得胜,天津人至又非赊。宜将阆苑同时语,莫共桃源一道夸。闻说一轩多种药,只应犹欠紫河车。"③程颢《小园》:"闲坊西曲奉常家,景物天然占一窊。恰似庾园基址小,全胜沤涧路途赊。知君陋巷心犹乐,比我侨居事已夸。且喜杖藜相过易,隔墙无用少游车。"④从诗句判断,园中种植杂花、草药,很有素雅的风致。范纯仁另有诗咏及园中蛙乐轩:"群响本无异,悲欢由感怀。蛙鸣得其所,人乐与之偕。既泯物我念,宁烦丝竹谐。谁能同此适,应亦少朋侪。"⑤

司马光与王尚恭交游较多,曾赠与其草药之种,在诗集中留下《酬王安之谢药栽二章》《送药栽与安之》⑥等篇章。

其十九,张去华宅园。

宋初大臣张去华宅园位于永泰坊。张去华,字信臣,开封襄邑(今河南省商丘市睢县)人,建隆二年(961)状元,官至工部侍郎。张去华共生十子,长子张师德为大中祥符元年(1008)状元,其余诸子也多任官职,如张师古、张师颜均为国子博士,张师锡为殿中丞。

《宋史·张去华传》载:"真宗嗣位,复拜左谏议大夫。未几,迁给事中、知杭州。……在洛葺园庐,作中隐亭以见志。"⑦《河南志》之"永泰坊"条载:"尚书、工部侍郎致仕张去华宅。去华致政,园中作中隐亭以见志。故相张齐贤居会节坊,号南张,去华号北张。皆子孙昌炽,洛中冠冕,二族最盛。"⑧张去华在园中建中隐亭,典出唐代白居易《中隐》诗:"大隐住朝市,小隐入丘樊。丘樊太冷落,朝

① 〔宋〕司马光著,李之亮笺注:《司马温公集编年笺注》(二),巴蜀书社2009年版,第412~413页。
② 〔宋〕司马光著,李之亮笺注:《司马温公集编年笺注》(二),巴蜀书社2009年版,第413页。
③ 〔宋〕邵雍著,郭彧整理:《伊川击壤集》,中华书局2013年版,第317页。
④ 〔宋〕程颢、程颐著,王孝鱼点校:《二程集》,中华书局1981年版,第483页。
⑤ 北京大学古文献研究所编:《全宋诗》,北京大学出版社1992年版,第7403页。
⑥ 〔宋〕司马光著,李之亮笺注:《司马温公集编年笺注》(一),巴蜀书社2009年版,第264、265页。
⑦ 〔元〕脱脱等撰:《宋史》,中华书局1977年版,第10110页。
⑧ 〔清〕徐松撰:《河南志》,中华书局1994年版,第17页。

市太嚣喧。不如作中隐,隐在留司官。似出复似处,非忙亦非闲。"①

张氏宅园中有静居堂,又称静居院。欧阳修曾作《寄题洛阳致政张少卿静居堂》诗:"洛人皆种花,花发有时阑。君家独种玉,种玉产琅玕。"②此处"张少卿"应指张师锡,《邵氏闻见录》曾经提及"张少卿师锡及其子职方君景伯"与邵雍往来密切。③　王安石《张氏静居院》诗亦云:"嵩山填门户,洛水绕阶除。侯于山水间,结驷有通衢。"④

梅尧臣有《张侍郎中隐堂》诗:"畴昔人归老,于兹望白云,门高知后庆,宾至诵先芬。草树中园秀,衣冠旧里闻,宁同江令宅,寂寞向淮渍。"⑤又作《寄题西洛致仕张比部静居院四堂》诗:"张侯归静居,堂宇结四隅,堂中何所有,书画罗签厨。四堂各异名,名异义亦殊,夷心与会真,内以道德娱,清白及金兰,外为子孙模。西南夜落蟾,东北朝生乌,天门风相通,盛衰理可无,蒨尔松桧树,间之花石株,雨晴气候佳,邻里或来俱,遣摘班林笋,共持香粳盂。饭毕循径行,不使僮仆扶,所至旧衣坐,遍历日过晡。时遇园果熟,甘浆而粉肤,就枝掇鲜美,咀味销冰酥。以此乐岁月,岂是忘形躯,礼法不我弃,劳苦不我纡。上不愧二疏,下不泛五湖,自有逍遥趣,幸世遭唐虞。"⑥诗中描绘静居院设有四堂,分别以"夷心""会真""清白""金兰"为名,庭中种植松桧,设置花石,主人的园居生活逍遥自在。

其二十,会隐园。

会隐园为北宋退休官员张师雄宅园,位于履道坊。张师雄是洛阳人,曾经在边郡为官,晚年回乡居于会隐园(南园),外号"蜜翁翁",与其诸子均和邵雍有密切交往,故邵伯温《邵氏闻见录》记载"南园张大丞师雄及诸子……交游最密"⑦。魏泰《东轩笔录》载张氏逸事:"有张师雄者,西京人,好以甘言悦人,晚年尤甚,洛中号曰'蜜翁翁'。出官在边郡,一夕,贼马至界上,忽城中失师雄所

① 〔唐〕白居易著,丁如明、聂世美校点:《白居易全集》,上海古籍出版社1999年版,第331页。
② 〔宋〕欧阳修撰,李之亮笺注:《欧阳修集编年笺注》(一),巴蜀书社2007年版,第343页。
③ 〔宋〕邵伯温撰,刘德权、李剑雄点校:《邵氏闻见录》,中华书局1983年版,第195页。
④ 〔宋〕王安石著,秦克、巩军标点:《王安石全集》,上海古籍出版社1999年版,第401页。
⑤ 〔宋〕梅尧臣著,朱东润编年校注:《梅尧臣集编年校注》,上海古籍出版社1980年版,第31页。
⑥ 〔宋〕梅尧臣著,朱东润编年校注:《梅尧臣集编年校注》,上海古籍出版社1980年版,第1013页。
⑦ 〔宋〕邵伯温撰,刘德权、李剑雄点校:《邵氏闻见录》,中华书局1983年版,第195页。

在,至晓,方见师雄重衣披裘,伏於土窟中,神已痴矣。"①

《洛阳名园记》载:"唐白乐天园也。乐天云:'吾有第在履道坊,五亩之宅,十亩之园,有水一池,有竹千竿。'是也。今张氏得其半,为会隐园,水竹尚甲洛阳,但以其图考之,则某堂有某水,某亭有某木,其水其木,至今犹存,而曰堂曰亭者,无复仿佛矣。岂因于天理者可久,而成于人力者不可恃邪?寺中乐天石刻存者尚多。"②

尹洙《张氏会隐园记》曰:"河南张君清臣创园于某坊,其兄上党使君名曰'会隐'。清臣固隐矣,其曰'会'者,使君亦有志于隐欤?夫驰世利者,心劳而体拘,唯隐者能外放而内适,故两得焉。有志者虽体未得休,而心无他营,不犹贤乎哉。张氏世卿大夫,清臣独以衣冠为身污,湔洗奋去,目不视势人。洛阳城风物之嘉,有以助其趣者,必留连忘归。始得民家园,治而新之,水竹树石,亭阁桥径,屈曲回护,高敞荫蔚,邃极乎奥,旷极乎远,无一不称者。日与方外之士傲然其间,乐乎哉,隐居之胜也。"③此处所云"清臣"应该是张师雄的字。

此园前身为唐代白居易履道坊宅园,后世半为大字寺,半为民家,张氏购入民家旧园后改造一新,成为洛阳名园。因为园在城南,时人又称之为"南园"。

张氏有子四人,长子名张景昱(字明叔),二子字才叔,三子名张景昌(字子京),四子字和叔,经常与司马光、邵雍等在园中举行雅集。范祖禹《和乐庵记》记载:"河南张子京结茅为庵于其所居会隐之园。元丰中,司马温文正公为隶书以名之,取《棠棣》之诗'兄弟和乐'云。后十年,子京书与余曰:'庵得名于温公,近以雨坏,复新之。温公殁矣,是不可忘也,子其为我记之。'始,余以熙宁中入洛,温公方买田于张氏之西北,以为独乐园。公宾客满门,其常往来从公游者,张氏兄弟四人,出处必偕。余每见公幅巾深衣坐林间,四张多在焉,或奕棋投壶,饮酒赋诗。公又凿园之东南墉为门,开径以待子京之昆弟杖屦相过。于流水修竹之间,入乎幽深,出乎荫翳,乃得是庵焉。美木嘉卉,四时之变,无一不可喜者。宾至,则兄弟倒屣,怡怡然,信所谓和且乐也。温公与其兄伯康友爱尤

① 〔宋〕魏泰撰,李裕民点校:《东轩笔录》,中华书局1983年版,第169页。
② 〔宋〕李格非撰,孔凡礼整理:《洛阳名园记》,见朱易安、傅璇琮等主编:《全宋笔记》第三编(一),大象出版社2008年版,第170页。
③ 〔宋〕尹洙撰:《张氏会隐园记》,见曾枣庄、刘琳编:《全宋文》(第〇二八册),上海辞书出版社2006年版,第34页。

笃……康伯入洛,则二家兄弟日相从游。其名子京之庵,不惟以善张氏,亦公之志也。《诗》曰:'凡今之人,莫如兄弟。'外物之娱悦,其有可以易此者欤! 张氏伯曰明叔,仲曰才叔,次则子京,季曰和叔。自其先君弃官隐居,园池之美,为洛之冠。子孙不坠其素风。"①这说明张景昌曾于园中筑有一座茅庵,司马光为之题写"和乐庵"之额,后因遭雨重修,另请范祖禹作记。张氏兄弟与司马光交游密切,经常相从徜徉于园中。

邵雍《访南园张氏昆仲因而留宿》诗云:"中秋天气随宜好,来访南园会隐家。贪饮不知归去晚,水精宫里宿烟霞。"②"会隐家"字后另加自注"张氏园名"。园中建有梅台,旁边的假山上种梅花成林,春日经常邀请洛阳名流赏花,诸公多有诗赞誉,如邵雍又有《同诸友城南张园赏梅十首》诗,其五云:"梅台赏罢意何如,归插梅花登小车。"其七云:"春早梅花正烂开,生平不饮亦衔杯。城南尽日高台上,恰似江南去一回。"其九云:"五岭虽多何足观,三川纵少须重去。台边况有数千株,仍在名园最深处。"③司马光《和君贶宴张氏梅台》诗云:"京洛春何早,凭高种岭梅。纷披百株密,烂漫一朝开。"④《又和(子华)上元日游南园赏梅花》诗又称:"梅簇荒台自可羞,相君爱赏忘宵游。"⑤

又司马光《明叔家瑞莲》诗称:"君家得莲种,远自浙江湄。"⑥《喜雨八韵呈明叔》诗注曰:"明叔家旧养竹鸡,放之林中,今蕃息颇多,俗以为雨候。"⑦可见园中有得自江南的莲花,还曾经放养竹鸡。

① 〔宋〕范祖禹撰:《和乐庵记》,见曾枣庄、刘琳编:《全宋文》(第〇九八册),上海辞书出版社 2006 年版,第 286 页。
② 〔宋〕邵雍著,郭彧整理:《伊川击壤集》,中华书局 2013 年版,第 104 页。
③ 〔宋〕邵雍著,郭彧整理:《伊川击壤集》,中华书局 2013 年版,第 195~196 页。
④ 〔宋〕司马光著,李之亮笺注:《司马温公集编年笺注》(二),巴蜀书社 2009 年版,第 397 页。
⑤ 〔宋〕司马光著,李之亮笺注:《司马温公集编年笺注》(二),巴蜀书社 2009 年版,第 483 页。
⑥ 〔宋〕司马光著,李之亮笺注:《司马温公集编年笺注》(一),巴蜀书社 2009 年版,第 271 页。
⑦ 〔宋〕司马光著,李之亮笺注:《司马温公集编年笺注》(二),巴蜀书社 2009 年版,第 415 页。

第三节　寺观园林

宋代继承唐代儒、道、释三教共尊的传统,加以发展为儒、道、释互相融会。佛教尤其是禅宗,与传统儒学相结合,渗透到社会思想意识的各方面,文人士大夫之间盛行禅悦之风,僧侣也因此日益文人化。道教强调清净、空寂、恬适、无为的哲理,表现为高雅闲逸的文人士大夫情趣,一部分道士也像禅僧一样逐渐文人化。相应地,文人园林的趣味广泛渗透到佛道两教的造园活动中,寺观园林由世俗化而进一步文人化。

北宋东京开封与西京洛阳城中都有大量寺观园林存在。如《洛阳名园记》中的"天王院花园子","盖无他池亭,独有牡丹数十万本",每到开花时期,园内"张幕幄,列市肆,管弦其中,城中士女,绝烟火游之。过花时则复为丘墟"[1]。东京城内及附廓的许多寺观都有各自的园林,如开宝寺房屋数千间,连数坊之地,寺内盘曲庭槐,"重山抱城起,清川带野回"[2],又如五岳观前有奉灵园,东边有迎(凝)祥池,"夹岸垂杨,菰蒲莲荷,凫雁游泳其间,桥亭台榭,棋布相峙"[3]。宋人有诗云:"平时念京国,此地惬幽情。杨柳繁无路,凫鹥远有声。"[4]寺观大多数会在节日或一定时期内向市民开放,任人游览,故寺观园林多具有类似城市公共园林的职能,如玉仙观、一丈佛园子、祥祺观、巴娄寺、铁佛寺、鸿福寺等,均是"四时花木、繁盛可观",形成了以这些寺观为中心的公共游览地,东京居民到此探春消夏,或访胜寻幽。其中,以东京开封的相国寺、开宝寺、玉清昭应宫等寺观为代表。

---

① 〔宋〕李格非撰,孔凡礼整理:《洛阳名园记》,见朱易安、傅璇琮等主编:《全宋笔记》第三编(一),大象出版社 2008 年版,第 167 页。

② 〔宋〕刘敞撰:《公是集》,中华书局 1985 版,第 88 页。

③ 〔宋〕孟元老撰,伊永文笺注:《东京梦华录笺注》,中华书局 2006 年版,第 100 页。

④ 北京大学古文献研究所编:《全宋诗》,北京大学出版社 1992 年版,第 10324 页。

一、佛寺园林

北宋代周伊始，即对前朝排佛政策松动，曾诏曰："诸路州府寺院，经显德二年停废者勿复置，当废未毁者存之。"①其后太宗皇帝认为"浮屠氏之教有裨政治"②，佛教寺院遂得以壮大，著名的有相国寺、开宝寺、天清寺、太平兴国寺等。

（一）相国寺

相国寺原是北齐天保六年（555）修建的建国寺，后废。唐初为歙州司马郑景的私家宅院。唐睿宗景云初，僧人慧云募宅为寺。时值睿宗李旦庆贺登基，于延和元年（712）下诏定名为相国寺，并亲书其匾额"大相国寺"。宋时达到鼎盛，宋白《修相国寺碑记》曰："岳立正殿，翼舒长廊。左钟曰楼，右经曰藏。后拔层阁，北通便门。广庭之内，花木罗生；中庑之外，僧居鳞次。"③宋时的相国寺，"基旧极大，包数坊之地"④，内分有六十四个院落，池沼含碧，榆柳成荫，芳花荟萃。相国寺有下院景德寺，在丽景门外，"寺前有桃花洞"⑤，是京城繁华之地。

（二）开宝寺

开宝寺，又称上方寺、光教寺、铁塔寺，位于旧封丘门外斜街子，内有二十四院。宋人周密云："光教寺在汴城东北角，俗呼为上方寺。"⑥寺始建于北齐天保十年（559），名独居寺。唐开元十七年（729），玄宗东封泰山返回时经过此地，改为封禅寺。宋开宝三年（970）改为开宝寺，重建缭廊朵殿，凡二百八十区。宋时

① 〔宋〕李焘撰，上海师范大学古籍整理研究所、华东师范大学古籍研究所点校：《续资治通鉴长编》，中华书局1995年版，第17页。
② 〔宋〕李焘撰，上海师范大学古籍整理研究所、华东师范大学古籍研究所点校：《续资治通鉴长编》，中华书局1995年版，第554页。
③ 〔宋〕宋白撰：《修相国寺碑记》，见曾枣庄、刘琳编：《全宋文》（第〇〇三册），上海辞书出版社2006年版，第414页。
④ 〔宋〕魏泰撰，李裕民点校：《东轩笔录》，中华书局1983年版，第148页。
⑤ 〔宋〕孟元老撰，伊永文笺注：《东京梦华录笺注》，中华书局2006年版，第309页。
⑥ 〔宋〕周密撰，吴企明点校：《癸辛杂识》，中华书局1988年版，第218页。

为皇家寺院,面积巨大,"前临官街,北镇五丈河,屋数千间,连数坊之地,极于巨丽"①。寺内原有一座木塔,为喻浩所造,八角十三层,"在京师诸塔中最高,而制度甚精"②,后毁于雷火。皇祐元年(1049),于该寺上方院内另建一座琉璃砖塔,在夷山之上,更显高大,"为都城形胜之所"③。刘敞诗云:"此地宜眺览,冠绝都城隈。远近见千里,令人心目开。"④

(三)天清寺

天清寺,后周显德二年(955)置,原在清远坊,显德六年(959)徙于东京外城陈州门里繁台下。"繁台本梁王鼓吹台,梁高祖常阅武于此,改为讲武台。其后繁氏居其侧,里人乃呼为繁台,则繁台之名始于此也。"⑤宋开宝七年(974),寺内建繁塔一座,雄伟高大。清明踏青之时,东京人喜欢到此游览,"登楼下瞰,尤为殊观"。宋人石延年赋诗云:"台高地迥出天半,瞭见皇都十里春。"⑥苏舜钦在登繁塔时有诗曰:"孝王有遗墟,寥落千年余,今为太常宅,复此繁华都。踊躄冠旧丘,西人号浮图。下镇地脉绝,上与烟云俱。我来历初级,穰穰瞰市衢,车马尽蝼蚁,大河乃污渠。跻攀及其颠,四顾万象无,迥然尘垄隔,顿觉襟抱舒。俄思一失足,立见糜体躯。投步求自安,不暇为他谟。平时好交亲,岂复能邀呼? 举动强自持,恐为众揶揄。一身虽暂高,争如且平居? 君子不幸险,吾将监诸书。"⑦

(四)太平兴国寺

太平兴国寺,原为龙兴寺,周世宗时废为粮仓。开宝三年(970),经僧人力争,复为寺,诏为重修,八年(975)十一月成。太平兴国二年(977),更名为太平兴国寺。太平兴国寺在汴河马军衙桥东北,大内右掖门外西去踊路街街南。寺

① 〔宋〕江少虞撰:《宋朝事实类苑》,上海古籍出版社1981年版,第567页。

② 〔宋〕欧阳修撰,林青校注:《归田录》,三秦出版社2003年版,第2页。

③ 〔宋〕李焘撰,上海师范大学古籍整理研究所、华东师范大学古籍研究所点校:《续资治通鉴长编》,中华书局1995年版,第7560页。

④ 〔宋〕刘敞撰:《公是集》,中华书局1985版,第88页。

⑤ 〔宋〕吴处厚撰,李裕民点校:《青箱杂记》,中华书局1985年版,第85页。

⑥ 北京大学古文献研究所编:《全宋诗》,北京大学出版社1998年版,第2011页。

⑦ 〔宋〕苏舜钦著,傅平骧、胡问涛校注:《苏舜钦集编年校注》,巴蜀书社1991年版,第148页。

院内种有牡丹,《枫窗小牍》曰:"淳化三年(992)冬十月,太平兴国寺牡丹红紫盛开,不逾春月;冠盖云拥,僧舍填骈。有老妓题寺壁云:'曾趁东风看几巡,冒霜开唤满城人。残脂剩粉怜犹在,欲向弥陀借小春。'此妓遂复车马盈门。"①

二、道观园林

北宋时期,道教受到诸帝推崇。至宋徽宗时,自称"教主道君皇帝",更是贬佛倡道,道观遂得以兴隆。其中,著名的有玉清昭应宫、五岳观等。

(一)玉清昭应宫

宋真宗时,为安放"天书",起玉清昭应宫之役,丁谓为修宫使,宦官刘承规监造。"(大中祥符)七年(1014),……(冬十一月乙酉)玉清昭应宫成。"②其初建时,原计划十五年完成,丁谓"令以夜继日,每绘一壁给二烛,遂七年而成"③。玉清昭应宫"尤为精丽。屋室有少不中程,虽金碧已具,必毁而更造,有司不敢计所费"④。孙升《孙公谈圃》云:"玉清昭应宫,丁晋公领其使监造,土木之工,极天下之巧,绘画无不用黄金。四方古名画,皆取其壁龛庑下,以其余材,建五岳观,世犹谓之木天,则玉清之宏壮可知。"⑤

修建玉清昭应宫几乎动用了全国的资源,《容斋三笔》卷十一云:"大中祥符间,奸佞之臣罔真宗以符瑞,大兴土木之役,以为道宫。玉清昭应之建,丁谓为修宫使,凡役工日至三四万,所用有秦、陇、岐、同之松,岚、石、汾、阴之柏,潭、衡、道、永、鼎、吉之梓、楩、楮,温、台、衢、吉之梼,永、澧、处之槻、樟,潭、柳、明、越之杉,郑、淄之青石,衡州之碧石,莱州之白石,绛州之斑石,吴越之奇石,洛水之石卵,宜圣库之银朱,桂州之丹砂,河南之赭土,衢州之朱土,梓、信之石青、石

① 〔宋〕袁褧撰,俞钢、王彩燕整理:《枫窗小牍》,见上海师范大学古籍整理研究所编:《全宋笔记》第四编(五),大象出版社 2008 年版,第 216 页。
② 〔元〕脱脱等撰:《宋史》,中华书局 1977 年版,第 157 页。
③ 〔宋〕李焘撰,上海师范大学古籍整理研究所、华东师范大学古籍研究所点校:《续资治通鉴长编》,中华书局 1995 年版,第 1899 页。
④ 〔元〕脱脱等撰:《宋史》,中华书局 1977 年版,第 13609 页。
⑤ 〔宋〕孙升撰:《孙公谈圃》,中华书局 1991 年版,第 9 页。

绿,磁、相之黛,秦、阶之雌黄,广州之藤黄,孟、泽之槐华,虢洲之铅丹,信州之土黄,河南之胡粉,衡州之白垩,郓州之蚌粉,兖、泽之墨,归、歙之漆,莱芜、兴国之铁。其木石皆遣所在官部兵民入山谷伐取。又于京师置局,化铜为鍮、冶金薄、锻铁以给用。……起二年四月,至七年十一月宫成,总二千六百一十区。……是时,役遍天下,而至尊无穷兵黩武、声色苑囿、严刑峻法之举,故民间乐从,无一违命,视秦、隋二代,万万不侔矣。"①

玉清昭应宫的东西山院,"皆累石为山,引流水为池。东有昆玉亭、澄虚阁、昭德殿,西有瑶蜂亭、涵辉阁、昭信殿"。主殿之一的玉皇殿,又曰太初殿,"楚石为丹墀,龙墀前置日月楼,画太阳太阴像,及环殿图八十一。太一东西廊,图五百灵官,前置石坛、钟楼、经楼。四隅置楼阙其外,累甓为墙,引金水为甓渠,环宫垣,又分为二石渠贯宫中"②。可见其东西山院之世俗园林化。

后玉清昭应宫毁于火灾,《续资治通鉴长编》卷一百八:"(天圣)七年(1029)……(六月)丁未,大雷雨,玉清昭应宫灾。宫凡三千六百一十楹,独长生崇寿殿存焉。"③这一美轮美奂的人世天宫,仅仅存在了十数年。

(二)五岳观

五岳观在东京外城南薰门外道东,创建于宋真宗大中祥符年间。《玉海》卷一百载:"(大中)祥符五年(1012)八月己未,命丁谓等建观南薰门外,以奉五岳。七年九月壬子,名曰会灵,门曰嘉应、昭福,殿曰延真、崇元、祝釐。八年四月丁谓请御制颂记。五月癸巳,名池曰凝祥,园曰奉灵。"④

五岳观中有园,园中有池,引惠民河水。《东京梦华录》记奉灵园"夹岸垂杨,菰蒲莲荷,凫雁游泳其间,桥亭台榭,棋布相峙"⑤。又有孔仲武诗:"平时念京国,此地惬幽情。杨柳繁无路,凫鹥远有声。"⑥可见园内杨柳葱郁,池中植物繁茂,还有许多水禽。《墨庄漫录》卷四曰:"京师五岳观后凝祥池,有黄色莲花

① 〔宋〕洪迈撰,孔凡礼点校:《容斋随笔》,中华书局 2005 年版,第 555~556 页。
② 〔宋〕李攸撰:《宋朝事实》,中华书局 1985 年版,第 108~109 页。
③ 〔宋〕李焘撰,上海师范大学古籍整理研究所、华东师范大学古籍研究所点校:《续资治通鉴长编》,中华书局 1995 年版,第 2515 页。
④ 〔宋〕王应麟:《玉海》,江苏古籍出版社 1987 年版,第 1826 页。
⑤ 〔宋〕孟元老撰,伊永文笺注:《东京梦华录笺注》,中华书局 2006 年版,第 100 页。
⑥ 〔宋〕孔文仲、孔武仲、孔平仲著,孙永选校点:《清江三孔集》,齐鲁书社 2002 年版,第 161 页。

甚奇,他处少见本也。"①但此园平时关闭,"唯每岁清明日,放万姓烧香游观一日"②。

凝祥池也置放有太湖石。徽宗曾幸凝祥池,见栏槛间配石,问内侍杨戬:"何处得之?"戬云:"价钱三百万,是戬买来。"可见,凝祥池太湖石为数不少,点缀于殿前池岸,增添了园林的自然美。

五岳观后毁于大火,重建后改名为集禧观,即欧阳修《归田录》中之"遂迁于集禧宫迎祥池水心殿"③。

此外,北宋宫观也是安置年老官员的地方。叶梦得《石林燕语》卷七载:"大中祥符五年(1012),玉清、昭应宫成,王魏公为首相,始命充使,宫观置使自此始,然每为现任宰相兼职。……康定元年(1040),李若谷罢参知政事留京师,以资政殿大学士为提举会灵观事。宫观置提举,自此始……熙宁初,先帝患四方士大夫年高者,多疲老不可寄委,罢之则伤恩,留之则玩政,遂仍旧宫观名,而增杭州洞霄及五岳庙等,并依西京崇福宫置管勾或提举官,以知州资序人充,不复限以员数,故人皆得以自便。"④

第四节 其他园林

宋代的河南园林类型较全,除皇家园林、私家园林、寺观园林以外,衙署园林、陵墓园林、公共园林皆有,并且随着社会教育的发展,还出现了书院园林这一新的类型。

---

① 〔宋〕张邦基撰,孔凡礼点校:《墨庄漫录》,中华书局2002年版,第119页。

② 〔宋〕孟元老撰,伊永文笺注:《东京梦华录笺注》,中华书局2006年版,第100页。

③ 〔宋〕欧阳修撰,林青校注:《归田录》,三秦出版社2003年版,第56页。

④ 〔宋〕叶梦得撰,宇文绍奕考异,侯忠义点校:《石林燕语》,中华书局1984年版,第95页。

一、衙署园林

衙署园林在唐代即已出现,称为郡斋;至宋代,衙署园林普遍建造,名为郡圃。韩琦《定州众春园记》曰:"天下郡县,无远迩小大,位署之外,必有园池台榭观游之所,以通四时之乐。"[①]可见宋代衙署园林建设的普遍性,其中以河南安阳郡园最为著名。

安阳郡园是我国有历史文献记载较早的一座衙署园林,为北宋相州郡署后园及其北部康乐园的总称,位于安阳老城东北部,即今高阁寺和后仓水坑一带。该园"景以堂胜,堂以碑胜",园中有昼锦堂,欧阳修撰《相州昼锦堂记》,并由蔡襄书丹,刻于石碑上,其时号称"三绝"。现碑刻置于老城东南隅的韩王庙内,而原址上的园池皆废毁。

郡园建于宋乾德年间,史载乾德五年(967)二月,宋彰德军节度使韩重赟为建相州州廨,征召当地百姓到西山伐木,建厅堂,规模壮观。《嘉靖彰德府志》记载:"宋乾德中韩重赟治相州,起民兵伐木西山作州廨,颇极宏壮。太祖见之曰:朕居不过是也!"元纳新《河朔访古记》亦载:"彰德路总管府治后花圃,曰康乐园……故老相传,黄堂厅事,肇启建于节度韩重赟。"[②]后韩琦来相州任职,至和三年(1056)作《康乐园》诗曰:"相署虽有园,狭陋日已久。"[③]可见,州廨后园在韩琦来相州之前就已存在。

韩琦三次判相州,皆对郡园营缮。《嘉靖彰德府志》载:"至和中,忠献韩公三治相州,益作堂亭园池,雄于河北。"先是至和二年(1055)二月,枢密副使韩琦以祛疴养病之名还归相州,至嘉祐元年(1056)七月被朝廷召回。其间,韩琦修缮兵库、扩建郡署后园并新修康乐园,挖土成池,蓄水为沼,植花栽木,筑堂建亭,园遂初成。据《相州新修园池记》载:"又于其东前直太守之居建大堂曰'昼锦',堂之东南建射亭曰'求己',堂之西北建小亭曰'广春'。其二居新城之北,

---

① 〔宋〕韩琦撰,李之亮、徐正英笺注:《安阳集编年笺注》,巴蜀书社2000年版,第693页。
② 〔元〕纳新撰:《河朔访古记》,中华书局1991年版,第27页。
③ 〔宋〕韩琦撰,李之亮、徐正英笺注:《安阳集编年笺注》,巴蜀书社2000年版,第79页。

为园曰'康乐'。直废台凿门通之,治台起屋曰'休逸',得魏冰井废台铁梁四为之柱。台北凿大池,引洹水而灌之,有莲有鱼。南北二园,皆植名花、杂果,松柏、杨柳所宜之木凡数千株。"园池"既成而遇寒食节,州之士女无老幼,皆摩肩蹑武,来游吾园。或遇乐而留,或择胜而饮,叹赏歌呼,至徘徊忘归"。^①熙宁元年(1068)七月,韩琦任相州不满三月,于康乐园中增建荣归堂,在后园中建观鱼亭、狎鸥亭。《诗话总龟》前集卷一五引《古今诗话》曰:"魏公自中书出守相州,于居第作狎鸥亭。"^②熙宁六年(1073)二月,韩琦回相州,增建忘机堂,有《题忘机堂》诗曰:"今归旧里藏衰拙,更葺新堂便燕休。"^③又增建虚心堂,有《虚心堂会陈龙图》诗曰:"为堂于其中,一境遂清绝。"^④于康乐园西南隅增建醉白堂。至此,安阳郡园"雄壮华丽,甲于河朔"。

另元祐二年(1087),杜纯又增修飞仙台和红芳亭。元祐四年(1089),后任知州李琮又别开新渠口,水量增大,水流入城,使州署园池中的水得以重新循环流动,园中的花卉树木也因水活而复归枝繁叶茂。

此时的安阳郡园已经成为一处以池水、亭堂为主体,绿水环绕,楼台相合,鸥鸣鸟啼的通幽胜境,风格为"以景寓情,感物吟志"的写意水景园。

郡园的空间划分与使用功能紧密结合,分为后园和康乐园两部分。后园不仅是家人日常生活起居之所,也是处理内务以及宴饮宾客的园林空间,私密性较强,以建筑为主,加以水池亭堂、名花杂果,使空间划分与使用功能紧密结合。康乐园在后园之北,是韩琦为满足乡邻在农历传统的节日里入园赏花观池而建,具有半开放性的性质,此园胜在水景和茂林修竹,开旷与幽奥兼得,宏大与幽邃并胜。韩琦《康乐园》诗曰:"州人岁节游,若度一筒口。至则无足观,叠迹但虚走。遂令观赏心,归去成烦呕。有圃隔牙城,广袤半百亩。我来辟而通,高户敞轩牖。"^⑤

郡园中无筑山记载,但其中有高台和大池,是整个园子的中心。郡园池池面开旷宏大,池中有莲有鱼,水边蔓草,池畔杨柳,竹草花木幽邃。韩琦有诗《再

---

① 〔宋〕韩琦撰,李之亮、徐正英笺注:《安阳集编年笺注》,巴蜀书社 2000 年版,第 709 页。
② 〔宋〕韩琦撰,李之亮、徐正英笺注:《安阳集编年笺注》,巴蜀书社 2000 年版,第 462 页。
③ 〔宋〕韩琦撰,李之亮、徐正英笺注:《安阳集编年笺注》,巴蜀书社 2000 年版,第 623 页。
④ 〔宋〕韩琦撰,李之亮、徐正英笺注:《安阳集编年笺注》,巴蜀书社 2000 年版,第 118 页。
⑤ 〔宋〕韩琦撰,李之亮、徐正英笺注:《安阳集编年笺注》,巴蜀书社 2000 年版,第 79 页。

题观鱼轩》曰："几认琴声泉漱玉,数惊钩影月沈弦。"①又有诗《放泉》曰:"缓带
凭轩喜放泉,映花穿柳逗潺湲。"②可见,园池中有滩,滩底铺石,水石相激,翻浪
作响,可观可听。至和二年(1055)和熙宁六年(1073),韩琦不仅二次复疏了高
平渠,而且自城西引渠水沿城北流,分水入城,灌注园池,使园池景观繁盛。后
任知州李琮又根据地形对洹水别开新渠口,水流入城使园池复归茂盛。

　　郡园中的建筑较少且类型单一,只有堂、亭(轩)、台三种。后园中有飞仙
台,高十丈,南临东池。后园中的自公堂、昼锦堂和忘机堂为居住、休憩之所,仍
处于中轴线上;求己亭是练习射箭之所;广春亭是观景之所;狎鸥亭和观鱼亭是
闲适娱乐之所;飞仙台为远眺之所;红芳亭为闲情赏花之所;御书亭为读书吟诗
之所。园中的建筑布置较为自由,休逸堂是借西山之景入园的登高远眺的高
台,此堂在抱螺台上修建,并把魏宫冰井台上的四根铁梁柱运到园中,作为休逸
堂的四根支柱;另外,醉白堂是邀友畅饮、赏花听泉的僻静之所,荣归堂是观莲
戏水之所,虚心堂是伴竹买醉的幽静之所。这种因势筑台,引水为池,临水建
亭,绕竹设堂等因环境而变的组景手法,对现代园林设计仍有借鉴意义。

　　郡园建筑中,忘机堂前有东池,《狎鸥亭》曰:"亭压东池复坏基,园林须喜主
人归。"③以"鸥鸟忘机"景象比喻忘掉世俗的机巧之心,淡泊名利,与世无争。
荣归堂内可观赏池中盛开的莲花,以示出淤泥而不染之品。竹林中建虚心堂,
取竹虚心之寓意。醉白堂周围修竹逾千,清幽绝俗,韩琦《醉白堂》诗曰:"妖妍
姬侍目嘉卉,咿哑丝竹听流泉"④,胜似仙境。

　　关于郡园建筑的风格特点,《安阳集》中并无涉及,但依《河朔仿古记》中所
述之"雄壮华丽,甲于河朔"⑤一句可以肯定,其建筑应是造型宏大壮丽,细部装
饰考究。

　　依《安阳集》记载,郡园植物数量达数千株,种类约三十种,多为松、柏、槐、
榆、杨柳、桃、李、杏等乡土树种,还有大片的竹林,以及水里的莲花、菱荷、浮萍;
加之许多不同品种的牡丹、芍药、菊花以及美丽的花丛和蔓生植物纤萝等,形成

①　〔宋〕韩琦撰,李之亮、徐正英笺注:《安阳集编年笺注》,巴蜀书社 2000 年版,第 624~625 页。
②　〔宋〕韩琦撰,李之亮、徐正英笺注:《安阳集编年笺注》,巴蜀书社 2000 年版,第 465 页。
③　〔宋〕韩琦撰,李之亮、徐正英笺注:《安阳集编年笺注》,巴蜀书社 2000 年版,第 462 页。
④　〔宋〕韩琦撰,李之亮、徐正英笺注:《安阳集编年笺注》,巴蜀书社 2000 年版,第 120 页。
⑤　〔元〕纳新撰:《河朔访古记》,中华书局 1991 年版,第 27 页。

四季常青、三季有花的"花海"胜景。郡园中的植物大多由韩琦亲手栽植并精心经营。《栽花二阕》其一曰："名园尝已植群芳，更得新株补旧行。"①其二曰："百品名花手种来，复寻嘉艳及时栽。"②又诗云："城头仰视亲栽柳，天外微分旧见山。"③《乙卯昼锦堂同赏牡丹》曰："我是至和亲植者，雨中相见似潸然。"④造园者不仅注重植物的姿、枝、叶、花、果、味，而且还非常注重花木间的搭配；园中不仅植物景观丰富，还有蝴蝶、鸟雀、乌鸦、鱼等动物素材。这些无疑给园池平添了盎然生机与活力。

金末元初，战事纷乱，园内建筑虽有增有减，但园池基本上已废毁。金节度完颜熙载曾经驻扎在彰德府治内，在荒基上作养素楼，并修饰昼锦堂，使其成为暂时休憩的居所。南宋范成大《揽辔录》云："昼锦堂尚存，北人尝更修饰之。"⑤至元代时，《河朔访古记》载："《昼锦堂记》碑，今移至魏公祠堂。"⑥后园内唯有飞仙台上新建观音堂，其余建筑皆废毁，园也已变成菜圃和麦地了，毫无园林美景可言。

除安阳郡园外，开封府北园也是见于史载的北宋衙署园林，创建于后周。宋初太宗赵光义为开封尹时，太祖亦常幸此园，《宋史》卷二："（乾德四年，966）七月……已巳，幸造船务，又幸开封尹北园赛射。"⑦可见府尹北园亦是东京的一处重要园林。

二、书院园林

书院，萌芽于唐代末期，形成于五代，盛于宋代。《新唐书》卷四十七载："开元五年（717），乾元殿写四部书，置乾元院使，有刊正官四人，以一人判事；押院中使一人，掌出入宣奏，领中官监守院门；知书官八人，分掌四库书。六年

① 〔宋〕韩琦撰，李之亮、徐正英笺注：《安阳集编年笺注》，巴蜀书社 2000 年版，第 473 页。

② 〔宋〕韩琦撰，李之亮、徐正英笺注：《安阳集编年笺注》，巴蜀书社 2000 年版，第 473 页。

③ 〔宋〕韩琦撰，李之亮、徐正英笺注：《安阳集编年笺注》，巴蜀书社 2000 年版，第 606 页。

④ 〔宋〕韩琦撰，李之亮、徐正英笺注：《安阳集编年笺注》，巴蜀书社 2000 年版，第 673 页。

⑤ 〔清〕厉鹗撰，虞万里校点：《南宋杂事诗》，浙江古籍出版社 1987 年版，第 115 页。

⑥ 〔元〕纳新撰：《河朔访古记》，中华书局 1991 年版，第 27 页。

⑦ 〔元〕脱脱等撰：《宋史》，中华书局 1977 年版，第 24 页。

(718),乾元院更号丽正修书院,置使及检校官,改修书官为丽正殿直学士。……十三年(725),改丽正修书院为集贤殿书院。"①故书院之名始于唐代,初为朝廷收藏和整理典籍的地方,与作为教育机构的书院不同。清袁枚《随园随笔》亦曰:"书院之名起唐玄宗时,丽正书院、集贤书院皆建于朝省,为修书之地,非士子肄业之所也。"②后五代战乱,学校停办,一些文人学者选择名山胜地,修建房舍,招收生徒,进行讲习活动,作为教学组织的书院基本形成,③由此也就产生了书院园林的雏形。

书院建筑是民俗建筑和庙宇建筑的复合体,是一种以民俗建筑为主体,庙宇建筑为重点,带有园林环境的乡土性文化建筑。它是一个多样性、多功能的建筑组群,是教育与学术研究相结合、培育人才、传播文化的基地。而书院环境优美宁静,以陶冶心灵、清静潜修为宗旨,故大多设于文化荟萃、山水秀丽之地。基于这个前提,书院园林就有别于宫苑园林、寺院园林、衙署园林、第宅园林。书院园林的格调皆崇尚自然,取景于自然,不求雕饰和华丽,讲求宁静、清幽、雅淡。同时所布局的景点多有命名,并富含诗的意境,有的还有诗人吟咏之作,文人气息十分浓郁。这种营建和规划,不仅完善了书院建筑的规模,更重要的是深化了园林的意境,使书院成为园林建筑的典范之一。

宋代河南书院异常活跃,在中国教育史上大放异彩。《文献通考》卷四十六载:"宋兴之初,天下四书院(白鹿洞、石鼓、应天、岳麓)建置之本末如此。此外,则又有西京嵩阳书院,赐额于(太宗)至道二年(996)赐田于天圣二年。"④其中,河南就有登封的嵩阳书院和商丘的应天府书院两处。

(一)嵩阳书院

嵩阳书院是我国古代著名的书院之一,位于中岳嵩山南麓,登封市城北约三公里处,因地处嵩山之阳,故而得名。

嵩阳书院的前身是五代时期的太乙书院,更早则是北魏孝文帝时期的嵩阳寺、隋炀帝时期的嵩阳观、武则天时期的奉天宫等。后周显德二年(955),世宗

---

① 〔宋〕欧阳修、宋祁撰:《新唐书》,中华书局1975年版,第1212~1213页。

② 王英志编纂校点:《袁枚全集新编》(第十三册),浙江古籍出版社2015年版,第275页。

③ 何礼平、郑健民:《我国古代书院园林的文化意义》,《中国园林》2004年第8期。

④ 〔元〕马端临撰:《文献通考》,中华书局1986年版,第432页。

柴荣根据名士奏请,将位于太室山麓的嵩阳观改称太乙书院。至道三年(997)五月,宋太宗御赐"太室书院"匾额。宋真宗大中祥符年间又赐太室书院九经,并且增设了学官。景祐二年(1035),宋仁宗下令西京官员重修书院,并赐名"嵩阳书院",还赐田十顷①作为"学田"以维持常年经费。由此,嵩阳书院步入历史上最兴盛时期。

书院前有流水潺潺的双溪河,背靠帝王封禅的嵩山峻极峰,西依气势磅礴的少室山,东临可饱览胜景的万岁峰;内有秦汉古柏,外有唐天宝巨碑。南唐徐锴《陈氏书堂记》曰:"然则稽合同异。别是与非者,地不如人,陶钧气质,渐润心灵者,人不若地,学者察此,可以有意于居矣。"②故嵩阳书院为读书治学的理想之地。宋代学者名臣,如程颢、程颐、司马光、范仲淹等均曾在嵩阳书院讲学,"四方达人高士自远而至,苟有向往之心"③。宋李鹰《嵩阳书院诗》云:"嵩阳敞儒宫,远自唐之庐。章圣旌隐君,此地构宏居。崇堂讲遗文,宝楼藏赐书。赏田逾千亩,负笈昔云趋。"④

随着北宋中后期的三次兴学运动(宋仁宗朝至高宗朝),各地州县学大批涌现,书院迅速衰落。官学管理较好,有充裕的钱粮供给,士人纷纷离开兴废无常的书院转入州县学。嵩阳书院也在庆历年间兴州县学时废弃,⑤"垣墙聚蓬蒿,观殿巢鸢鸟。二纪无人迹,荒榛谁扫除"⑥。

(二)应天府书院

应天府书院与白鹿洞、岳麓、石鼓并称北宋四大书院,位于今河南省商丘市北。应天府书院的前身为后晋戚同文讲学的睢阳学舍,亦名南都学舍,宋大中祥符二年(1009)获应天书院赐额,庆历三年(1043)十二月,应天府书院升为南京国子监,就此成为了北宋最高学府之一。

与岳麓、白鹿洞、嵩阳等建在山林中的书院不同,应天府书院受应天府地位

---

① 〔清〕毕沅编著,"标点续资治通鉴小组"校点:《续资治通鉴》,中华书局1957年版,第970页。
② 〔清〕董诰等编:《全唐文》,中华书局1983年版,第9279页。
③ 〔清〕叶封撰:《重建嵩阳书院碑记》,见陈谷嘉、邓洪波主编:《中国书院史资料》,浙江教育出版社1998年版,第1328页。
④ 北京大学古文献研究所编:《全宋诗》,北京大学出版社1992年版,第13592页。
⑤ 张显运:《简论北宋时期的河南书院》,华中师范大学硕士学位论文2003年,第29页。
⑥ 北京大学古文献研究所编:《全宋诗》,北京大学出版社1992年版,第13592页。

和地理条件影响,隐于朝市而建。书院从南向北,依次为中心主轴线和左右副轴线组成的三组串联式多进院落。"(大中)祥符二年(1009)二月二十四日庚戌,诏应天府新建书院,以曹诚为助教。国初,有戚同文者通五经业,聚徒百余人。……于是,诚即同文旧居,建学舍百五十间,聚书千五百余卷,愿以学舍入官,令同文孙舜宾主之,故有是命,并赐院额"①,"召明经艺者讲习"②。"端明殿学士盛公侍郎度文其记,前参知政事陈公侍郎尧佐题其榜。由是风乎四方,士也如狂,望兮梁园,归轼鲁堂。……观夫二十年间相继登科,而魁甲英雄,仪羽台阁,盖翩翩焉,未见其止。"③《容斋随笔》评曰:"宋兴,天下州府有学自此始。"④

应天府书院建立后,朝廷对其颇为优待。天圣六年(1028)十二月,"癸未,除应天府书院地基税钱"⑤。明道二年(1033)冬十月,"乙未,置应天府书院讲授官一员"⑥。景祐二年(1035),"十一月辛巳朔,以应天府书院为府学,仍给田十顷"⑦。庆历三年(1043)十二月,"戊午,以南京府学为国子监"⑧。

地方官对书院的发展也极为重视,多方延揽、设法留用知名学者担任教席。天圣五年(1027),晏殊留守南京,延请在家丁母忧的范仲淹掌府学。晏殊《举范仲淹状》道:"(范仲淹)日于府学之中观书肄业,敦劝徒众,讲习艺文,不出户庭,独守贫素。"⑨"常宿学中,训督有法度,勤劳恭谨,以身先之。……出题使诸生作赋,必先自为之,欲知其难易,及所当用意,亦使学者准以为法。由是四方

---

① 〔宋〕王应麟:《玉海》,江苏古籍出版社1987年版,第3075页。
② 〔清〕徐松辑,刘琳等校点:《宋会要辑稿》,上海古籍出版社2014年版,第2762页。
③ 〔宋〕范仲淹撰:《南京书院题名记》,见曾枣庄、刘琳编:《全宋文》(第〇一八册),上海辞书出版社2006年版,第418~419页。
④ 〔宋〕洪迈撰,孔凡礼点校:《容斋随笔》,中华书局2005年版,第488页。
⑤ 〔宋〕李焘撰,上海师范大学古籍整理研究所、华东师范大学古籍研究所点校:《续资治通鉴长编》,中华书局1995年版,第2486页。
⑥ 〔宋〕李焘撰,上海师范大学古籍整理研究所、华东师范大学古籍研究所点校:《续资治通鉴长编》,中华书局1995年版,第2637页。
⑦ 〔宋〕李焘撰,上海师范大学古籍整理研究所、华东师范大学古籍研究所点校:《续资治通鉴长编》,中华书局1995年版,第2761页。
⑧ 〔宋〕李焘撰,上海师范大学古籍整理研究所、华东师范大学古籍研究所点校:《续资治通鉴长编》,中华书局1995年版,第3516页。
⑨ 〔宋〕晏殊撰:《举范仲淹状》,见曾枣庄、刘琳编:《全宋文》(第〇一九册),上海辞书出版社2006年版,第207页。

从学者辐辏,宋人以文学有声名于场屋朝廷者,多其所教也。"①

范仲淹与应天府书院之间关系密切,少时曾受教于戚同文。《宋史》卷三百一十四载:"(范仲淹)少有志操,即长,知其世家,乃感泣辞母,去之应天府,依戚同文学。昼夜不息,冬月惫甚,以水沃面。"②牟巘作《范文正公义学记》亦称:"郡人戚同文聚徒讲授,士不远千里而至,文正公亦依之以学。"③故范仲淹也积极为应天府书院延揽人才,其有《代人奏乞王洙充南京讲书状》,称赞应天宋城人王洙"素负文藻,深明经义",天圣二年(1024)进士及第,因故免官归居南京,至天圣六年(1028),已满三年,"伏望圣慈,特与除授当州职事官,兼州学讲说"④。此外,范仲淹还积极延请名师前来讲学,如延请作为"宋初三先生"之一的孙复讲授《春秋》等。

北宋末年,金军南下,南京国子监毁于兵火,至南宋时已邈不可考。其后,屡建屡废。至明"明中季,睢阳没于黄河,城迁于北,讲院故址不可得"⑤。嘉靖中,御史蔡瑗将城西北隅的社学改建,以"应天书院"称之。万历七年(1579)正月,"诏毁天下书院"⑥,应天书院未能幸免。

可见,北宋时河南的书院园林具有利于学习的宁静氛围;建筑布局受等级观念影响,呈中轴对称的院落布局;同时在院内点缀匾额、碑刻,展现书法、哲学和历史文化,形成丰富的景观层次,也体现了书院园林特有的人文底蕴。

三、陵墓园林

宋代河南的陵墓园林为北宋皇陵,即宋陵。陵区共八座陵寝,埋葬北宋的七位帝王,加上赵匡胤的父亲赵弘殷,有"七帝八陵"之说。八座帝陵属于同一

① 〔宋〕范仲淹撰:《范文正公文集》,中华书局 1985 年版,第 89 页。

② 〔元〕脱脱等撰:《宋史》,中华书局 1977 年版,第 10267 页。

③ 〔宋〕牟巘撰:《范文正公义学记》,见曾枣庄、刘琳编:《全宋文》(第三五五册),上海辞书出版社 2006 年版,第 359 页。

④ 〔宋〕范仲淹撰:《范文正公文集》,中华书局 1985 年版,第 6 页。

⑤ 〔清〕符应琦撰:《范文正公讲院碑记》,见陈谷嘉、邓洪波主编:《中国书院史资料》,浙江教育出版社 1998 年版,第 954 页。

⑥ 〔清〕张廷玉等撰:《明史》,中华书局 1974 年版,第 266 页。

规格,只是一些建筑物的高低、大小、间距有差别。

　　宋陵规模较唐陵为小,除经济和礼制上的原因之外,营陵期短也有影响。宋代照例在皇帝死后营陵,还有所谓"七月之期"。即皇帝死后七月,须祔入太庙荐飨,否则,神主就不得祔入太庙。所以自皇帝死日至下葬(掩闭皇堂)皆在七月期内。仅真宗永定陵因更改穴位,以致延迟至八个月。于此短促期间,须择址、运料、营道以迄入葬,陵之规模自不得不受限制。

　　宋陵位于河南巩义,选址受风水堪舆学说与地形的影响。宋时流行五音姓利说,按照此说赵宋王朝属角音,巩义之地正处于角音吉方。[①] 陵区北据黄河天险,南对嵩山少室,西为伊洛平原,东边群山绵亘。山水相间,风光旖旎,水涤土厚,被视为"山高水来"的吉祥宝地。在地形上,将陵墓建在地势最低处,与嵩山主峰少室相对,且面山背水,这与历代帝陵居高临下的建造方式不同。如《云麓漫钞》卷九云:"永安诸陵,皆东南地穹,西北地垂,东南有山,西北无山,角音所利如此。七陵皆在嵩少之北、洛水之南,虽有冈阜,不甚高,互为形势。自永安县西坡上观安、昌、熙三陵,在平川,柏林如织,万安山来朝,遥揖嵩少三陵,柏林相接,地平如掌,计一百一十三顷,方二十里云。"[②]

　　陵园坐北面南,为方形,四周有围墙,四面正中开门,由上宫、宫城、地宫、下宫构成。宋罗璧《识遗》卷二载昭陵之制曰:"陵因平冈,种柏成道,周以枨橘,阙阁楼观环之,神关内列石人、羊、虎、驼、马等像,神台三层,高二丈,俱植柏,下广十五,为水道,有五大门,门外石人对立,其号下宫者,乃酌献之地,余陵皆然。"[③]可见宋陵陵园的总体面貌。

　　宋陵制度大致如下:[④]

　　第一,兆域。每陵占有一定地域,称"兆域",于兆域内建上宫、下宫等。凡皇后、皇子等葬入兆域,称为祔葬或陪葬,不另立陵名。兆域内禁樵采、耕牧、阑入。兆域四周植篱(以棘、枳橘等为之)为界,城内植柏树成林。

　　第二,上宫。指神墙范围之内,或指皇堂(玄宫、地宫)。如仁宗永昭陵之葬,吴充、楚建中、田柴上疏,"请遵先帝遗制,山陵务从俭约,皇堂上宫除明器之

①　祝炜平、余建新:《宋陵布局与堪舆术》,《绍兴文理学院学报》2009年第6期。

②　〔宋〕赵彦卫撰,傅根清点校:《云麓漫钞》,中华书局1996年版,第150页。

③　〔宋〕王观国、罗璧撰,王建、田吉校点:《学林　识遗》,岳麓书社2010年版,第381页。

④　郭湖生、戚德耀、李容淦:《河南巩县宋陵调查》,《考古》1964年第11期。

外,金玉珍宝一切屏去"①。

皇堂地宫上建陵台,三层,植柏。陵台前置宫人像一对。其南至神门间空地,疑建有献殿。陵台四周筑神墙,各面正中辟门,四角有阙台,门外各设门狮一对。南神门内侧又置宫人一对,其南,列石刻于神道两侧,自北南往,计:武士一对,南神门狮一对,文臣两对,武臣两对,蕃使三对,羊两对,虎两对,仗马及控马官二像共两对,角端一对,瑞禽一对,象与驯象人共一对,望柱一对。望柱南为乳台,乳台南隔空地一段筑鹊台。文献中所谓司马门,疑即南神门;兆门,疑即鹊台。后陵上宫亦有四神门及门狮、角阙,石刻计有宫人一对(位南神门里),文武臣各一对,羊、虎各二对,马及控马官两对,望柱一对。尺度远较帝陵为小。其南,有乳台、鹊台,或因地位逼仄省去鹊台。

凡神门、角阙,下为以砖包砌之夯筑土台,上建楼观。砖台复分大办、次办、小办,其高递减。乳台、鹊台亦有大办、次办两阶,上建楼观。

第三,下宫。下宫也叫陵寝,因五音姓利说,有的陵园把下宫造在皇陵的围墙以外的北向偏西处,祔葬的后陵之前,如宋太宗的永熙陵;有的造在西北方向祔葬的后陵之后,如宋真宗永定陵等。下宫设有正殿安置御座和交通工具,影殿陈设有墓主的画像,还附设有厨房、洗涤的院子、守陵宫人住处和主管陵园官吏的官署,等等。

皇帝举行"上陵"之礼,在上宫要用太牢(牛、羊、豕三牲)或少牢(羊、豕二牲)作祭品,要举行祭奠仪式,由官吏宣读"祝册"。在下宫只供奉一些珍贵的食品,由内官办理,没有宣读"祝册"等仪式。

后经过战火的焚毁,宋陵被夷为平地,现在除了建筑遗址和部分石雕群像,地面建筑的原貌已不可见。

四、公共园林

北宋东京开封有许多池沼散布在城内外,如普济水门西北的凝祥池、城东北的蓬池、陈州门里的凝碧池、玉津园一侧的学方池等,由政府出资在这些池中

---

① 〔清〕徐松辑,刘琳等校点:《宋会要辑稿》,上海古籍出版社 2014 年版,第 1340 页。

植菰、蒲、荷花,在池的沿岸种植柳树,池畔建亭、台、桥、榭,方便东京居民游赏,具有公共园林的性质。

此外,东京城东南三里许的平台,相传是东汉梁园遗址,唐朝略加修葺。李白游后曾作《梁园吟》:

> 我浮黄河去京阙,挂席欲进波连山。天长水阔厌远涉,访古始及平台间。平台为客忧思多,对酒遂作梁园歌。却忆蓬池阮公咏,因吟"渌水扬洪波"。洪波浩荡迷旧国,路远西归安可得!人生达命岂暇愁,且饮美酒登高楼。平头奴子摇大扇,五月不热疑清秋。玉盘杨梅为君设,吴盐如花皎白雪。持盐把酒但饮之,莫学夷齐事高洁。昔人豪贵信陵君,今人耕种信陵坟。荒城虚照碧山月,古木尽入苍梧云。梁王宫阙今安在?枚马先归不相待。舞影歌声散绿池,空余汴水东流海。沉吟此事泪满衣,黄金买醉未能归。连呼五白行六博,分曹赌酒酣驰晖。歌且谣,意方远。东山高卧时起来,欲济苍生未应晚。

到宋时又加以开拓,成为一处公共园林。像梁园这样的公共园林当时还有不少,如《东京梦华录》卷七载:"四野如市,往往就芳树之下,或园圃之间,罗列杯盘,互相劝酬。都城之歌儿舞女,遍满园亭,抵暮而归。各携枣、炊饼、黄胖、掉刀、名花、异果、山亭、戏具、鸭卵、鸡雏,谓之'门外土仪'。轿子,即以杨柳、杂花装簇顶上,四垂遮映。"①

西京洛阳民众观赏牡丹的场所也具有公共园林的性质。西京"洛阳之俗,大抵好花","牡丹出丹州、延州,东出青州,南亦出越州,而出洛阳者今为天下第一。……洛阳亦有黄芍药、绯桃……之类,皆不减他出者,而洛阳人不甚惜,谓之果子花,曰某花、某花。至牡丹,则不名,直曰花,其意谓天下真花独牡丹,其名之著,不假曰牡丹而可知也";"花开时,士庶竞为游邀,往往于古寺废宅有池台处,为市井,张幄帟,笙歌之声相闻,最盛于月陂堤、张家园、棠棣坊、长寿寺东街与郭令宅,至花落乃罢"②。

除上述的月陂堤、张家园、棠棣坊、长寿寺东街与郭令宅外,天王院花园子

---

① 〔宋〕孟元老撰,伊永文笺注:《东京梦华录笺注》,中华书局 2006 年版,第 626 页。
② 〔宋〕欧阳修撰:《洛阳牡丹记》,见曾枣庄、刘琳编:《全宋文》(第〇三五册),上海辞书出版社 2006 年版,第 167~173 页。

也是赏牡丹的胜地,《洛阳名园记》曰:"洛阳花甚多种,而独名牡丹曰花王,凡园皆植牡丹,而独名此曰花园子,盖无他池亭,独有牡丹数十万本。凡城中赖花以生者,毕家于此。至花时张幕幄,列市肆,管弦其中,城中士女,绝烟火游之。过花时则复为丘墟,破垣遗灶相望矣。"①可见,天王院花园子无疑是个公共花园,花开时节,棚帐摊贩奏乐以招引游人。看花人尽日留连,家不举炊。

---

① 〔宋〕李格非撰,孔凡礼整理:《洛阳名园记》,见朱易安、傅璇琮等主编:《全宋笔记》第三编(一),大象出版社 2008 年版,第 167 页。

第六章 元明清时期

北宋以降,中国政治、军事中心北移,经济、文化中心南移,中原地区的文化发展首次落后于南方地区。一方面,河南在金、元、明末迭遭兵燹,北宋文化被摧毁殆尽,经济地位一落千丈。另一方面,明清之际,黄河夺淮,时兴时废,对中原地区的自然生态以及社会生产产生了巨大的影响。曾经作为唐宋都城的洛阳、开封城市地位急剧下降,从全国性的经济、政治、文化中心沦落为区域性的城市。此时,中国的皇家园林以北京为代表,私家园林以江南为典型,河南不复出现唐宋园林盛况,进入发展的低潮期。

但是,随着金元以后全国整体性的社会发展,河南的农业、手工业水平也较以前有明显提高,商业发展也较为迅速,尤其是在交通便利的各河道沿岸,出现了周家口镇、朱仙镇、社旗镇等一批经济发达的新型市镇。更由于长距离贩运业的兴盛,出现了众多地域性商帮,其中以晋商和徽商实力最强,商业会馆也随之而生。这些都对这一时期的河南园林产生了重要影响,也催生了如馆驿园林等新的园林类型的形成。

第一节　私家园林

元明清时期的河南私家园林可分三类:一为皇室仿效宫苑的形制营建的王府宅园;二为官员归籍后于住宅之外另建的别墅私园;三为富商地主所居住的庄园。在此时期,私家宅院以四合院形制为主体的结构和布局逐渐走向成熟,院内多栽植庭荫树或者花木、果树,或筑台种花,或陈设盆景,形成渗透式绿化,以营造静谧怡人的居住环境。大型的宅院则在住宅后部营建花园,开辟专门的休闲场所。其中,以周王府园、圭塘、拟山园、康百万庄园等为代表。

一、王府宅园

明初,太祖朱元璋以"天下之大,必建藩屏,上卫国家,下安生民。今诸子既长,宜各有爵封,分镇诸国。朕非私其亲,乃遵古先哲王之制,为久安长治之计"①为理由,封诸子王地方,"内外相辅,进一步加强和巩固新王朝对全国的有效统治"②。其中,明代的河南多地有亲王就藩,王府宅园则以开封和南阳为代表。

(一)开封王府宅园

明代的开封是王府最多的一个城市,时有"汴城即有七十二家王子"③之说,形成了一个比较庞大的王府体系。其中,犹以周王府为代表,其王府宅园体现了当时开封园林营造的最高水平。

藩封到开封的第一代周王为太祖第五子朱橚,洪武三年(1370)四月其先为吴王,后因"钱塘财赋地"不宜封王而取消,遂于洪武十一年(1378)正月改封为周王,建藩开封。④ 洪武十四年(1381)十月,朱橚至开封就藩,其王府位于今开封市区中北部的龙亭公园及周边一带,遗址中心今大部分淹没于龙亭公园内的潘湖和杨湖底部。

在朱橚改封开封以后的洪武十二年(1379),朱元璋即命将军冯胜为他修建王城和宫殿。王城"周围三里三百九步五寸,东西一百五十丈二寸五分,南北一百九十七丈二寸五分"⑤。城高五丈,围以城濠;城辟四门,正南端礼门"三瓮三开,金钉朱户,红花涂墙,立砖铺地"⑥。王城外有九里十三步,高二丈九尺五寸

① 〔明〕杨士奇等撰:《明太祖实录》,"中央研究院"历史语言研究所 1962 年版,第 999 页。
② 张德信:《明代诸王分封制度述论》,《历史研究》1985 年第 5 期。
③ 〔清〕汪介人:《中州杂俎》(上),广陵书社 2003 年版,第 89 页。
④ 〔清〕张廷玉等撰:《明史》,中华书局 1974 年版,第 3565~3566 页。
⑤ 〔明〕杨士奇等撰:《明太祖实录》,"中央研究院"历史语言研究所 1962 年版,第 1938~1939 页。
⑥ 孔宪易校注:《如梦录》,中州古籍出版社 1984 年版,第 8 页。

的萧墙环绕,筑有午门、后宫门、东华门、西华门等四门。王城内建有银安殿、存信殿、配殿、寝殿、白虎殿,还有东书堂和后宫。萧墙内左庙右社,又有内府官舍。王城和宫殿仿两京制度,位置处于开封城正北,向南通向南薰门,庄严肃穆。

周王府中还有豪华的园林。在周王府宫殿后有座煤山,"山高五丈,松柏成林,上立石碣,书'八仙聚处'四字,山下有洼池,又有湍水,内浮二球,急水冲动,上下交腾,名曰'海日抛球'。沿岸上遍是水亭,各样游乐之处,奇石异花、重峦叠嶂,揽之不尽,山坎上,就山依洞,有女尼讽经,敲动木鱼有声,鹿羊抵触,禽鸟展翅,猛虎作威,鹤舞莺鸣。东洼又有安庆宫之胜"①。

王府礼仁门东北有百花园,名寿春园。"园本宋徽宗御花园故基","宏大宽敞,内有大门、二门、两厢。后殿西厢后,有山洞,俱是名石澄泥砖所砌,与真山无异"。山上"有古怪奇石、锦川、太湖墨石、洒金等石,参差巍峨,悬崖、峭壁,岩峒、陵洞、麓峪,无一不备"。山上还建有高楼,名曰凌虚阁。山下"分子母九洞",洞前有"方亭二座"。"东洼有一高台,上建亭,高二丈。上亭可窥见各宫眷住处"。②

大洞"东路直东,南有小山活水,下有水阁、凉亭三间",沿水曲槛,"便于凭依观莲"。"对过高架飞桥,下有莲池,池内有采莲龙舟。四面俱是菡萏、芰菱、水红、菖蒲,赤绿芬芳,金鱼跃浪,锦鸳戏波,鸥鸭浮沉,水鸟飞鸣。池畔遍栽(栽)芙蓉等树,入秋花开如锦"。③

龙窝园内"尽是木香、木樨、松、柏、月季、宝相等花,编成墙垣,茨松结成楼宇,荼蘼、木香搭就亭棚,塔松森天,锦柏满园,松狮、柏鹤,遇风吹动,张口展翅,活泼如生,万紫千红,种种不缺,有四时不谢之花,八节长春之景"④。

"洞后有车井一眼,只供园中浇灌。又后,有水帘洞,纯砖垒砌,内供白衣菩萨。亭后,栽植修竹,名曰'紫竹仙境'。周遭沟渠如龙蛇盘旋,湾湾(弯弯)曲曲,外有园门,门上三字曰'紫泡崖'。后有三清殿,两边俱是全真道院、戒僧禅

① 孔宪易校注:《如梦录》,中州古籍出版社 1984 年版,第 9 页。
② 孔宪易校注:《如梦录》,中州古籍出版社 1984 年版,第 10~11 页。
③ 孔宪易校注:《如梦录》,中州古籍出版社 1984 年版,第 11 页。
④ 孔宪易校注:《如梦录》,中州古籍出版社 1984 年版,第 11 页。

室,后数层,有杏花村、黄河九曲、菊花园,曲水流觞。"①

"又有小山别亭,有司官员到此游乐,各有题咏诗赋。又有云楼仙桥,园檐,上安板,桥东西相通,上有扶手,平坦可走,高二丈许,凭高瞻眺,可遍观园中之景。后有穿楼,连络不绝。外有海濠,紧依萧墙。"②

此外,周王府后宰门里"有土山,名曰亭(停)辇庄,亦有殿宇。麦熟观农,使子孙知稼穑辛苦"③。府内还有世孙小花园,"亦有花草池塘,无数小景"④。

同周王府一样,开封城内的其他诸王府"亦是金钉朱户,琉璃殿宇。宫中皆有内景,郊外皆有花园"⑤。其中,原武王府内,"山洞楼阁、亭台池塘、花草树木、活水山子、黄河九曲、灯殿、大山、前后两厢舞旋、大戏数班。西有桂树百株,隔墙香味扑鼻。满池金鱼长二尺余,其景世间罕有。布政司匾曰:'人间天上'"⑥。宗正府也有"山水花草,亭洞极奇,势虽狭小,精巧雅致"⑦的园林景观。诸多的王府宅园遍布亭台楼榭,山水花木,"又有各府乡宦花园、书院,玩赏之外,不能枚举"⑧,使明代的开封成为一座"在全国也不可多得的园林风光优美的城市"⑨。

经明末战乱水患,开封城"被水冲颓,无复形迹",诸王府亦为"瓦砾之场,荆棘丛生,芦苇满地,百花园俱为牧场;松柏果木,任人戕伐,令人见之,无不仰天长叹,潸然泪下,目不忍睹"⑩。

(二)南阳王府假山

洪武二十四年(1391),太祖第二十三子朱桱受封唐王,于永乐六年(1408)就藩于南阳,在城内修建了唐王府。嘉靖《南阳府志》卷一载:"唐府在城中,洪

---

① 孔宪易校注:《如梦录》,中州古籍出版社1984年版,第11~12页。
② 孔宪易校注:《如梦录》,中州古籍出版社1984年版,第12页。
③ 孔宪易校注:《如梦录》,中州古籍出版社1984年版,第12页。
④ 孔宪易校注:《如梦录》,中州古籍出版社1984年版,第10页。
⑤ 孔宪易校注:《如梦录》,中州古籍出版社1984年版,第12页。
⑥ 孔宪易校注:《如梦录》,中州古籍出版社1984年版,第32~33页。
⑦ 孔宪易校注:《如梦录》,中州古籍出版社1984年版,第33页。
⑧ 孔宪易校注:《如梦录》,中州古籍出版社1984年版,第77页。
⑨ 刘顺安:《古都开封》,杭州出版社2011年版,第146页。
⑩ 孔宪易校注:《如梦录》,中州古籍出版社1984年版,第92页。

武二十六年太祖高皇帝分封第二十二(三)子于此。"①

据史料记载,唐王府在明代南阳城的西北部,府前设有王府街,由南阳卫改建而成,王府北面建有私家花园。由于朝代更迭,清时唐王府已不复存在,然而由于其在南阳城中的位置优越,清初将明时因靠近王府而迁出城外的南阳府学复迁建于唐王府的旧址上,至今保留有府学大成殿。而王府的唯一遗存即是唐王府后花园的假山,俗称"王府山"②。

王府山高 18 米,底部直径 21 米,周长 66 米,占地面积约 346 平方米。古时是南阳城之制高点,亦为南阳王府建筑群空间轴线之镇。登山眺望,全城景色一览无余。王府山总体是以中峰为核心,四角崎立四个小峰。依山腹四个不同标高层次的石洞可将假山分成五级,并呈圆锥状依次递减。山体内设暗道洞窟,外修盘山石阶直达山顶。山顶面积约有 10 平方米,并建有一亭,曰"接天亭"。明代是我国假山艺术丰腴时期,其赏石文化秉承宋之精髓,又因叠石技艺的职业化而更成章法。所谓瘦、漏、皱、透的叠山手法及对形、色、质、纹的观赏要求,在王府山皆有体现。

明以后王府山历经多次浩劫,清康熙年间曾一度拆其太湖石,抗日战争期间又遭日机轰炸。中华人民共和国成立后,鉴于山体摇摇欲坠,政府拨款修缮,采用南阳独山石加强补牢。独山石虽不如王府山原叠砌之太湖石的姿态峥嵘颖异,色泽较太湖石更为灰暗,但两者纠结之尴尬为时光拂拭,却也牵出一番南阳的地方意趣。

除上述王府外,洛阳的福王府、新乡的潞王府等也规模宏大,由于史料的缺乏,其规制布局、园林状况已无从考证。

二、别墅私园

元明清时期河南别墅私园的园主多在外为官,具有较高的文化素养,归籍后于住宅之外另择形胜之地营造私园,类似隋唐时期之庄园别业。

① 南阳地区史志编纂委员会总编室编:《明嘉靖南阳府志校注》(第一册),1984 年版,第 18 页。
② 南阳地区史志编纂委员会总编室编:《明嘉靖南阳府志校注》(第一册),1984 年版,第 18 页。

（一）圭塘

圭塘是元代文学家许有壬的私家园林。许有壬，字可用，彰德汤阴（今河南汤阴）人。延祐二年（1315）进士及第，授同知辽州事，后任集贤大学士，不久改枢密副使，官至中书左丞。元惠宗至正八年（1348），"以病辞归"的许有壬，用皇帝所赐之金在城郊购得"康氏旧业"，"凿池其中"加以修治而成园林；又以"塘之形本丰而末撮，象圭之终葵者"①，故名。

圭塘在今安阳城西北洹水南岸，距许有壬在安阳城内私宅约有二里距离。②圭塘别墅建成后，遂成为许有壬及其友人休闲娱乐、饮酒赋诗之所，其常与众宾客会于此，至今仍有"圭塘美，文人会"的佳话流传于世。欧阳玄《圭塘记》云："公昆弟翁季宾客留连觞咏，竟日忘归。城中之人见公出必之圭塘，往往载酒携乐而从，酒酣赋诗度曲，顷刻成什。"③

圭塘别墅今已不复存在，且无画作留存，但可从《圭塘记》中了解其布局、景物，④以及空间尺度关系等：

> 塘之上有亭，有堂，有台，而总曰"圭塘"者，斯塘之景，可以都别墅之胜也。曰圭塘何？塘之形本丰而末撮，象圭之终葵者，因命之曰圭也。……塘可五亩强，余地通二十亩而广。取道将至别墅，夹道植柳，名曰巷。巷蟹折而至门，门扁曰"圭塘"。入有叠石假山，假山之后有菊坛。古有盟誓者为坛，艺菊而坛，盟晚节也。坛之北有堂三间，东西舍各一。中堂扁曰"景延"，慕延笃之贤也。……堂之前稍东，有安石榴一株，因之为安石院。其西南隅为台，其颠蕾石为楯，名之曰"泠然"。……然后菊坛之东别辟一径，稍北别为衡门，入门循径而西至圭塘。水深可舟，满塘皆莲，作亭于中，绝流为甬道达亭上。亭成，有莲一蒂，两花生之，因名曰"嘉莲"。塘四围树以梅、竹、松、菊、桃、李，为三径而重行，四时香色相禅。……亭之西为双洲，

---

① 〔元〕欧阳玄撰：《圭塘记》，见李修生主编：《全元文》（第三十四册），江苏古籍出版社1998年版，第545页。

② 张苗：《元代文人私园圭塘别墅考》，《安阳工学院学报》2016年第6期。

③ 〔元〕欧阳玄撰：《圭塘记》，见李修生主编：《全元文》（第三十四册），江苏古籍出版社1998年版，第546页。

④ 晁琦、郭海慧、刘晓喻等：《元代中原私家园林探析——以许有壬圭塘为例》，《中外建筑》2019年第1期。

洲对峙,中有通道,自亭至洲为纳桥,昼纳而夜撤也。舟稳若画舫,或篙或棹,往来塘间,惟意所适。①

可见,圭塘别墅占地二十五亩余,景观由南向北、自西至东依次展开。南北轴线上的建筑依次为湖石山、菊坛、圭塘、景延堂。其中,中心景观圭塘水体占地五亩,达到整体院落面积的五分之一之多,景色雅丽。欧阳玄赞其曰:"位置之巧,营缮之工,使司卜筑于有邦,神必协之繇矣。"②

景延堂是圭塘池偏北的草堂院落式建筑,为主景,取"慕延笃之贤"意,命名为景延堂。张翥赞曰:"举园之胜盖专于是堂矣。"③其"堂高而明,宎而清,仰纳幽阒,不简不靡"④的格调,恰好符合圭塘主人"精义入神以致用,利用安身以崇德"⑤的态度。故"景延堂实际上具有两层内涵,前者是精神内涵,用以警醒世人对家、国、天下的责任;后者是美学内涵,用来作为审视文人生活品位的镜鉴。一方面让这座园林别墅释放它该有的美学意境,另一方面举办文化沙龙广邀南北文人志士以完成'大庇天下寒士俱欢颜'的愿望"⑥。

景延堂居院之西南隅有台,为主人"凭高而望"的场所,"近则魏、赵平陆千里,远则西北太行诸山,令人泠然有御风往还之意也"⑦,因名曰"泠然台";许有壬与友人曾赏月台上,有"飞上崇台,放开老眼,冰轮谁遣却朦胧。多应是、嫦娥见妒,胜事不教穷"⑧的感慨;其弟许有孚也有"崭岩太行巅,隐约林虑道","不有泠然台,孰觉赵魏小"⑨的赞叹。

松竹径为景延堂南翠海之地,因密植梅竹松菊桃李故名。松竹之径环绕相

① 〔元〕欧阳玄撰:《圭塘记》,见李修生主编:《全元文》(第三十四册),江苏古籍出版社 1998 年版,第 545~546 页。
② 〔元〕欧阳玄撰:《圭塘记》,见李修生主编:《全元文》(第三十四册),江苏古籍出版社 1998 年版,第 547 页。
③ 〔元〕张翥撰:《景延堂记》,见李修生主编:《全元文》(第四十八册),江苏古籍出版社 1998 年版,第 599 页。
④ 〔元〕张翥撰:《景延堂记》,见李修生主编:《全元文》(第四十八册),江苏古籍出版社 1998 年版,第 599 页。
⑤ 〔元〕许有壬等纂:《圭塘欸乃集》,中华书局 1985 年版,第 2 页。
⑥ 张苗:《元代文人私园圭塘别墅考》,《安阳工学院学报》2016 年第 6 期。
⑦ 〔元〕欧阳玄撰:《圭塘记》,见李修生主编:《全元文》(第三十四册),江苏古籍出版社 1998 年版,第 546 页。
⑧ 〔元〕许有壬著,傅瑛、雷近芳校点:《许有壬集》,中州古籍出版社 1998 年版,第 843 页。
⑨ 〔元〕许有壬等纂:《圭塘欸乃集》,中华书局 1985 年版,第 39 页。

通，"若环映带葱蒨"①，凡有风而来，"树阴人影间错"②。其弟许有孚也有诗"风来声似奏笙簧，日转阴森覆醽醁。岂婚苍葐凌烟霞，爱兹翠葆光交加"③，赞赏松竹径的景色。

元代文人仕途受挫，地方文人私园便成为其交游雅集的物质载体。当时，江南形成了以顾瑛玉山佳处为中心的"玉山雅集"，中原地区则形成了以圭塘别墅为中心的"圭塘雅集"，并随之诞生了一系列以"圭塘"命名的文集。其中，以许有壬与其弟许有孚等人的诗词唱和集《圭塘欸乃集》影响最为广泛。④《圭塘欸乃集》之序中也较为详尽地描述了圭塘之景："公谢事归相城，于其第之西二里，得康氏废园，薙灌莽划，榴翳廓然一新。既又凿池其中，袤广以步计者千余，深八尺，形如桓圭，双洲右枕，孤岛左峙，夷堤缘焉，回垣缭焉。导渠西北，时其泄阅。直坤有崇台，西山在肘，亦闲缮完旧亭，胜概方献。道在其南，梁于道之半。池清见底，鱼泼刺可数。于是泛池有舟，涉川有桥。夫渠杨柳枣栗桑榆梅榴桃杏，苍松翠竹，繁花丰草，周于池之中外，盖培植逾年而后成。……惟二古桧岿然，乃康氏故物，公既甚爱之。时杖履携弟若子，会宾友觞咏其间。以池之占胜居多，故以圭塘名。"⑤此外，许有壬之弟许有孚在《圭塘十二咏》中对圭塘别墅的十二个重要景点进行了较为细致的描述。⑥

至元明更迭之际，社会动荡，圭塘别墅尽数损毁。至于宅园内遗留的水塘，乾隆五十二年（1787）本《彰德府志》中略有提及："圭塘在县西孙平村，园中书左丞许有壬别墅。"其或已在洪武二十六年（1393）颁布禁止造园的"营缮令"时被夷平。

---

① 〔元〕张翥撰：《景延堂记》，见李修生主编：《全元文》（第四十八册），江苏古籍出版社 1998 年版，第 599 页。

② 〔元〕欧阳玄撰：《圭塘记》，见李修生主编：《全元文》（第三十四册），江苏古籍出版社 1998 年版，第 546 页。

③ 〔元〕许有孚：《圭塘十二咏》，见金静编注：《安阳古艺文选辑》，中国文联出版社 2013 年版，第 230 页。

④ 赵维江、宁晓燕：《文化冲突中的儒士使命感——许有壬〈圭塘乐府〉的文化心理解读》，《北方论丛》2006 年第 3 期。

⑤ 〔元〕许有壬等纂：《圭塘欸乃集》，中华书局 1985 年版，第 1 页。

⑥ 〔元〕许有孚：《圭塘十二咏》，见金静编注：《安阳古艺文选辑》，中国文联出版社 2013 年版，第 228~234 页。

(二)拟山园

拟山园是明清之际书法家王铎的别墅园林。王铎,字觉斯,生于明万历二十年(1592),卒于清顺治九年(1652)。明朝天启年间进士,任礼部尚书、东阁大学士,入清后仍官礼部尚书。他自幼颇爱书法艺术,勤学苦练,独树一帜,而且工诗文,善丹青,在中国书法史上具有很高的地位。

明崇祯元年(1628),王铎在故乡孟津建别墅拟山园于崝嵘山之北麓。关于园址在何处,《孟津县志》及《王氏宗谱》均无记载,遂引起各种推测,据王铎《崝嵘山房与诸亲友登其峰》诗云:

> 孟津城外即崝嵘,新药(筑)闲(山)房尚未成。锦石峰间诸道友,兰藤深处一先生。杯擎酒泛天光入,衣惹云来岳势平。欲去还停犹未定,隔林烟火已微明。①

此诗是在构筑拟山园过程中写的,"山房"是其初建时的名称,建成以后,才定名为拟山园。"孟津城外即崝嵘"句说明山房距城极近。"衣惹云来岳势平"句进而指出,山房的位置紧邻城南稍东的凤凰山(也称冯王山),凤凰山欲雨时,云海弥漫,山峰没入云中,云下岗峦,远视如坪,这种情景即当地群众所传俗谚"凤凰山戴帽,长工睡觉",言雨将至也。"欲去还停犹未定"句是摹写空中雨云留连盘桓、去留不定的情状。拟山园内有梧桐岛、兰藤轩等亭榭,"兰藤深处"与此恰相吻合。

在山房南,原有通洛阳、偃师的大道(俗称大坡口),大道上端东西分路处旧有"洛、孟、偃三县分界碑"。据《河南通志舆地志山脉水系》载:"崝嵘山,在孟津城南二里,山南西为洛阳界,东为偃师界。"②碑、志记载,完全相同。

崝嵘山西为前洛阳县上古村,东为偃师刘坡村,山色红紫,山岗由西向东环抱。岗东深入,一曲清泉,蜿蜒北流,山水映带,幽静闲雅,是官员致仕还乡与好友交游的理想之地。

拟山园建成后,王铎作《述怀诗》曰:"结庐嫌近市,何幸对青山。朝爽矜深

---

① 〔明〕王铎著,刘世英、何留根供稿撰文:《王铎诗稿》,河南美术出版社1985年版,第106页。

② 《河南通志舆地志山脉水系》(全),成文出版社1968年版,第10页。

錾,寒晖泛小艇。空虚参石寿,幽独察鼋灵。万事泛云外,安然忏钓心。"①

明末,李自成农民军曾于崇祯七年(1634)、十四年(1641)、十六年(1643)三次至孟津,康熙《孟津县志》云:"寇临,城垣损坏大半。"②王铎的府邸及拟山园也屡遭破坏,其子无咎目睹了拟山园的毁灭,作《怀拟山园》七律一首:"西园晓色北邙齐,旧日逍遥一杖藜。十亩琅玕烟上下,一栏花雨屋东西。蛟龙昼出黄尘黯,铁马云屯白日低。今昔园林休怅望,秃鹫飞尽鹧鸪啼。"③这首诗用对比手法,通过对昔日园林恬静幽雅景色的怀想,衬托出兵燹之后拟山园的满目凄凉。

康熙四十八年(1709)版《孟津县志》之"清代名园"条内,已无拟山园之名,可见,其时拟山园已是片瓦无存了。

此外,明代河南还有建在司马光独乐园旧基上的洛阳毕中丞园,位于今龙门东诸葛镇司马街;④明代禹州马文升观耤园,以及马文升孙马悉别业也见于史籍。

三、庄园宅院

明清时期,富商地主经常于城市郊外斥巨资营建居第,屋宇连栋,规模宏大,除生活起居外,其中亦有游憩性的园林,或者进行园林化的经营。

(一)康百万庄园

康百万庄园为中国三大庄园之首,位于巩义市康店镇,见证了明、清、民国时期一个豫商家族的荣辱盛衰,是河南地区最具代表性的明清大型地主庄园建筑,集农、官、商于一体,兼具园林艺术和宫廷艺术特色,古朴典雅,错落有致,功

① 转引自孟津县人民文化馆、孟津县志总编辑室编:《孟津史话》,1988 年版,第 17 页。

② 〔清〕徐元灿、赵擢彤等纂修:《孟津县志》,成文出版社 1976 年版,第 16 页。

③ 〔清〕王无咎:《怀拟山园》,见樵客编著:《洛阳古代山水诗选》,中州古籍出版社 1992 年版,第 204～205 页。

④ 刘典立总编,归宝辰、李铁林等副总编,洛阳市大河文化研究院编纂:《洛阳大典》(中),黄河出版社 2008 年版,第 840 页。

能齐全,蔚为壮观。

康百万家族以"财取天下,利逐四海"之气概,起于明代,兴于清初,盛于乾隆时期。上自六世祖康绍敬,下至十八世康庭兰,跨明、清、民国三个历史时期,一直延续了十三代、四百多年,富甲神州。明清时期,康百万、沈万三、阮子兰被称为中国民间的"三大活财神"。康氏家族秉持儒家中庸、留余的处世态度,成为豫商成功的典范。(如图6-1)

图 6-1 康百万庄园实景图

康百万庄园背依邙岭,面临洛水,北凭黄河天险,南瞻嵩岳屏障,依山就势,环境优美,充分体现了中国传统"天人合一、师法自然"的营造理念。"整个庄园分为生活区、生产区、园林区、教育区和社会活动场所,形成了功能齐全、布局严谨、等级森严、风格各异的多个建筑群体。"①在地形的选取上,其依照传统的"相形取胜""相土尝水""辨正方位"的传统营造观念,充分结合当地独特的自然环境条件,以邙山半山腰作为宅基和核心部分,向上可仰观邙山岭,向下能俯视洛河冲积平地,有"金龟探水"之意。

庄园入口较为隐蔽,设计别具匠心,可与古代的城墙媲美:入口两侧均有主

① 左满常、董志华:《试析康百万庄园建筑的文化内涵》,《河南大学学报》(社会科学版)2006 年第3 期。

墙相依,门里有一个仿照长城瞭望台的观景台。从入口进入庄园,拾级而上便到观景台。在台上远眺邙山,聆听洛水之声,不仅风景美妙,更有居高临下的气势。从观景台东北角的门楼可进入主宅区。主宅区是康家最主要的居住区域,为康大勇创建,经历四代建成。(如图6-2)

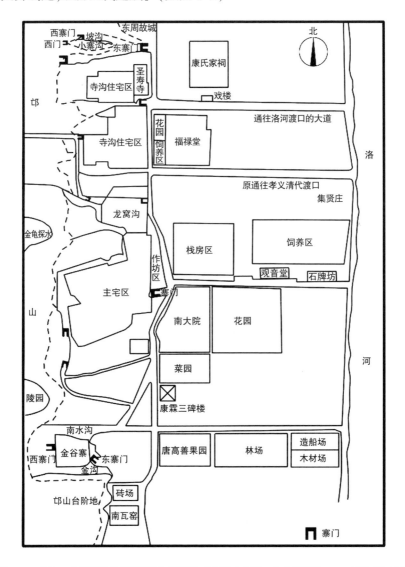

图6-2　康百万庄园原貌示意图(引自赵海星:《康百万庄园》,外文出版社2004年版,第4页)

主宅区又被巧妙地划分为南北两个建筑群体,两者之间为一条东西向道路分离。南部为坐西向东的两个建筑群落,一个是按照地形地势建构出形似三进四合院的窑房组合院落,另一个建筑群则仅遗倒座和崖下的两孔青窑。北区则由东至西并列五个院落,皆坐北面南。其中,北部的"花楼重辉"院是中原地区较为传统的二进四合院,整个四合院内正房、厢房高低、大小有别,主次分明,比例恰当。而"秀芝亭"院和"知所止"院则因地形所限,采用靠崖窑洞做上房的窑房结合的院落形式,但也是按照对称、封闭、严禁的传统四合院空间序列进行布局。各单独院落间均通过门前的横向通道和月亮门相贯穿,后院则由窑洞前的通道相联系,各院落之间封而不闭,通而不畅,使北区并排的五个院落形成一个既独立又统一、既封闭又开敞的建筑序列。

可见,康百万庄园充分利用了自然地势,靠山筑窑、临街建楼,院院独立而又相通,综合了宫廷、庙宇、民房和园林等艺术特色,还兼有华北地区和黄土高原的建筑特点。从远处望,庄园上下一片青堂瓦舍,楼房林立,气势磅礴。

(二)马氏庄园

马氏庄园建于清光绪至民国初年,前后营造达五十年之久,位于安阳市西二十公里的西蒋村。其主人马丕瑶,字玉山,同治元年(1862)进士,历知县、知州、知府而至按察使、布政使,后为广西、广东巡抚。马丕瑶政绩卓著、清正廉明,被光绪皇帝称赞为"百官楷模";其病逝后,光绪帝亲撰祭文,称赞他"鞠躬尽瘁,性行纯良,名垂信史,聿昭不朽",并御赐金字"鞠躬尽瘁"。

马氏庄园是豫北庄园的典型代表。"庄园建筑群主要由北、中、南三区组成,共分六路。其中北区一路,建有两个四合院;中区四路,其中西三路为住宅区,每路前后又均建四个四合院,每条中轴线上各开九道门,俗称'九门相照'。东一路为马氏家庙,前后两个四合院;南区一路,其中轴线上亦为九门相照格局,前后亦由四个四合院组成。在中心建筑的东、西、南三侧则各建一排配房环卫。""周围附属建筑还有马氏义庄、文昌阁、马厩、仓库、柴草库、马氏祠堂以及北、中、南三座花园等。"①(如图6-3)

文昌阁(如图6-4)位于马氏庄园的东南,底层有高台基,中间辟一石券门洞的通道。台上建"一殿一卷式"建筑,砖木结构,灰瓦盖顶,给人古朴、典雅、厚重和神秘之感。马氏家族世代是儒家书香门第,特别重视科举教育,追求功名,

---

① 柯敏、银新玉:《中原第一大宅——百年沧桑话马氏庄园》,《中华建设》2009年第8期。

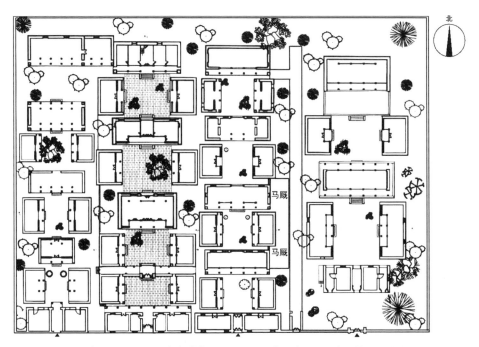

图6-3　马丕瑶府第总平面图(引自左满常:《河南民居》,中国建筑工业出版社2007年版,第100页)

图6-4　文昌阁

所以筑文昌阁以敬奉文昌帝君。

庄园中的花园已不可考，但重视庄园绿化的观念仍可窥见，如中区东路一进院的皂角树，枝繁叶茂，结满硕大的皂角，如同一把绿色的大伞，在炎炎夏日里使整个院子都充满凉意。又如中区西路第三进院内，一株树径约20厘米的葛藤好似一条巨龙，平地卧起，缠绕在附近的一棵古槐上，因而得名"龙抱槐"。它们像一对亲密的异姓兄弟一样，互为依存，相映成趣，成为马氏庄园一大奇观。

马氏庄园设计合理，布局严谨，主次分明，左右对称，前低后高，错落有致，气势宏伟壮观，建筑规模大过了知名的山西乔家大院，被誉为"中原第一大宅"[①]。

除康百万庄园与马氏庄园外，位于开封顺河回族区的刘家宅院也颇具代表性。刘家宅院现称刘青霞故居，建于清光绪六年（1880），为封闭式住宅院落，坐北朝南，东、西宅院布局及建筑形式完全一致，各由前、中、后三进院落组成；整座院落建筑雕饰素雅，门敞窗明，相得益彰，虽无雕梁画栋之华美，却也碧玉素装，雅而不俗，是目前河南省保存最为完整的中原古典建筑风格四合院。尉氏县城内也有刘家宅院，原基址接近正方形，是一处豪华、雄伟的大型合院式建筑群，全盛时有房三百多间，现仅存西大街至后新街之间的少部分，即刘青霞所建"师古堂"和西院。

此外，河南还有商水县城西北的叶氏宅院、安阳老城内的谢家府第以及宋氏小宅等。其中，宋氏小宅分为东、西两个院落，中间有形如圆月的拱门连通。东偏院较小，有配房五间，院内置假山，栽种芭蕉、翠竹，颇有园林风致。

第二节　寺观园林

元代以降，佛教和道教已经失去唐宋时蓬勃发展的势头，逐渐趋于衰微。但寺院和宫观仍然不断兴建，遍布全国各地。许多名山胜水因寺观的建置而成为风景名胜区，例如河南的嵩山。城镇寺观除了独立的园林，还刻意经营庭院

---

① 柯敏、银新玉：《中原第一大宅——百年沧桑话马氏庄园》，《中华建设》2009年第8期。

的绿化或园林化。郊野的寺观则更注重与其外围的自然风景相结合而形成园林化的环境,它们中的大多数都成为公共游览的景点,或者以它们为中心而形成公共游览地。开封的相国寺、延庆观,汝州风穴寺,嵩山中岳庙等为其中的代表。

一、佛寺园林

(一)相国寺

相国寺历史久远,可追溯至北齐,后屡经毁坏、修葺,至宋时达到鼎盛。金元以降,相国寺历经坎坷,屡兴屡废,寺内的建筑几经兵燹、火灾、水患,远不及宋代景象,但其园林在明清两代仍属出众。

据文献记载,乾隆三十一年(1766),以库银一万两加各方筹募,对相国寺进行大规模重修,历时两年零七个月完成。在重修的过程中,又"以庙工之余力"建一别院,名曰"祇园小筑",其址位于相国寺西院西南角,"其中亭池树石之胜,为前此所未有"[①]。《东京志略》载:"寺西别院点缀幽雅,有高楼,有游廊,有假山,有小池、桥亭。辛丑水灾前,余尝步入其中,徘徊池上,池南丛竹环植,间以石笋,大者高可八九尺。"[②]

常茂徕《相国寺纪略》对园中景色记载较详:"有玲珑大山,下开曲径,以便登眺,山顶一方石,刻棋枰,四面各有石墩。南临池作秋叶式,垒石为岸,池西精舍三间,广厦修檐。由山之东脚下,向南,石板桥横亘池上。过桥当道立一石,高五六尺,狰狞奇古,势若迎人。石后一带游廊,自下而高,迤逦循池畔向西南,抵乱山下。出游廊,得一山亭,高踞山顶,亭外一立石,约六七尺,上磨尺许方面,以便留题。池北岸大山之北,有妙香阁五间,横亘南北,重檐飞厦,四面棂窗,周遭林木,登阁南望,可以遍览山水之胜。此皆嘉庆初年景象也。"[③]

---

① 〔清〕宋继郊编撰,王晟等点校:《东京志略》,河南大学出版社1999年版,第545页。
② 〔清〕宋继郊编撰,王晟等点校:《东京志略》,河南大学出版社1999年版,第545页。
③ 转引自刘顺安:《古都开封》,杭州出版社2011年版,第145页。

园中假山由宋艮岳遗石建构而成,气势非凡。清人李于潢《汴宋竹枝词》自注:"相国寺祇园假山,相传是花石纲故物。"①另清人王庆澜《菱江集》内的小序对此记载尤详:"汴城相国寺,西偏有小筑极幽,其亭曰坐云,高可凭眺。湖石以十数,玲珑罗列,若岚之浮,若壁之峭,若笋之茁,若狮之蹲,皆回巧于亭之下。访之故老,曰:'此宋艮岳遗石也。'凭栏慨然。"②

祇园小筑毁于黄河水灾中。常茂徕《相国寺纪略》载:"道光二十一年(1841)河决,因抛砖石护城,辇玲珑山石及寺中石阑,俱投于水,奇峰峭壁,为之一空。"③

此外,相国寺既是佛寺,又是市民娱乐处所和市场。此习俗始于宋时,随聚随散,属庙会性质的公共活动场地。金代民间承宋代之风,依然在寺内进行交易活动。明清时代,商业贸易活动更有发展,如《履园丛话》所言:"相国寺。百物充盈,游人毕集,为汴梁城胜地。"④至清末,寺院东廊一带多售书籍、字画、古董;两廊附近出售药品、玩具、帽子、首饰等;而山门外、罗汉殿四周、天王殿前后也有摊位,出售各种物品。一时各业杂贩,出入杂沓,交易终日不散,渐形成常年交易市场。延续到民国,其市场日趋成熟规范,有许多外国商品充斥寺内,更有诸样甜食小吃。寺内和尚还自制腊八粥,其味浓美。另有说书、坠子、相声、皮影、戏法、武术等曲艺杂耍演出终年不断。

(二)风穴寺

风穴寺位于汝州市城东九公里的嵩山少室南麓。东倚龙山,西偎黄麓,北靠玉皇,南眺汝水。坐落在四面环山状若莲台之地。满山翠柏,清溪侧流,茂林修竹,曲径通幽,深山藏古寺,风景如画。⑤

风穴寺始建于北魏,称"香积寺"。隋代名为"千峰寺",因寺北山峰林立,沟壑纵横,奇峰各异,互露峥嵘而得名。隋末战火频仍,寺焚像毁,成为废墟。唐朝初年社会安定,佛教渐兴,善男信女礼神拜佛甚众,因缺乏宗教场所,有乡

---

① 转引自熊伯履编著:《相国寺考》,中州古籍出版社1985年版,第144页。
② 〔清〕宋继郊编撰,王晟等点校:《东京志略》,河南大学出版社1999年版,第544页。
③ 转引自刘顺安:《古都开封》,杭州出版社2011年版,第145页。
④ 〔清〕钱泳撰,孟裴校点:《履园丛话》,上海古籍出版社2012年版,第318页。
⑤ 赵刚、李鑫:《试论汝州风穴寺总体布局的文化内涵》,《中原文物》2016年第1期。

人卫大丑收以材石,重建佛堂。至明朝万历年间,曾拥有寺僧千余人,寺产土地二千余亩,殿堂禅舍三百五十多间,属风穴寺的鼎盛时期。明末战乱,香火衰微。清顺治年间逐渐恢复;康熙初年,日渐繁盛;清代中期,多有兴建。清末民国时期盛况渐衰。风穴寺现存建筑历代皆有,但大部分为元明清所建,故列入此时期加以介绍。

风穴寺由前、中、后三院及后花园、上下塔林组成。前院由山门、天王殿、悬钟阁及禅院等建筑组成;中院由中佛殿、大雄宝殿、七祖塔、三官殿、韦驮殿、六祖殿、毗卢殿等建筑组成;后院由方丈院、罗汉殿等建筑组成;后花园内有望洲亭等建筑。由望洲亭沿石阶向东北而下,"白云深处"四个大字刻于崖壁,悬崖峭壁上一股碧流倾泻而下,是为白云湾。由白云湾跨小溪,登石阶东南而行,另是一处洞天,龙泉飞瀑流经观音阁、涟漪亭,又有"大慈泉"水并入"接圣桥"下,顺流而去,至山门东侧聚而成湖。

风穴寺建筑群依山就势,高低错落,别具风格。在景观序列的经营中,凡视线开阔、景色优美之处则设观赏点,主要有望洲亭、翠岚亭、恩波亭、珍珠帘和观音阁等。可远观群山、鹿影,近看泉流、瀑布;远听松涛、竹音,近聆钟声、梵音、泉响。

其中,望洲亭为风穴寺的制高点,临亭俯瞰,全寺亭台楼榭、殿堂塔阁一览无余。南望汝水如带,龙山、黄麓山似两头雄狮对峙左右;北眺玉皇山诸峰犹如九龙盘卧。环视四周,层峦环拱,回顾寺院,状如莲台。

翠岚亭上亦可远观群山萦回,白云渺渺,泉水潺潺,鹿影依依,景色尽收眼底。《登翠岚亭》诗云:"十里青山一片云,石泉芝草鹿成群。"①诗中描述了作者视线范围所收纳到的景色,青山连绵起伏,鹿群在芳草之中嬉戏,这不仅是一种和谐的自然之景,也是一幅生灵与自然共生的美妙图画。

恩波亭在翠岚亭下,是景观序列中远眺的另外一个观赏点。清代李本蕃《风穴寺恩波亭看雨》诗云:"亭外峰如画,雨中景更鲜,云冲山共起,天与树相连。绿竹呈秋色,青簑带晚烟,无端闻暮鼓,诗罢欲逃禅。"②雨中群峰如画,天、

<hr />

① 〔明〕彭纲:《登翠岚亭二首》,见刘天福主编:《风穴寺文史荟萃》,中州古籍出版社 1991 年版,第 181 页。
② 〔清〕李本蕃:《风穴寺恩波亭看雨》,见刘天福主编:《风穴寺文史荟萃》,中州古籍出版社 1991 年版,第 192 页。

树相连,因水雾而产生"青篷带晚烟"的朦胧之境。在此亦可看出风穴寺借景手法运用之妙,在可借景之处设观赏点,纳远山翠竹于寺庙的园林之中,以有限的空间造就园林中的无限之景。

顺恩波亭而下,正对恩波亭的山石阶梯之处有一瀑布,水击之声不绝于耳,为珍珠帘。有诗赞曰:"千丈悬崖溅碧流,随风飞卷到溪头。分明贝叶翻珠树,化作湘帘缀玉楼。"①又有诗云:"新晴偶步白云湾,闲看珠帘碧岫间。怪崖终朝悬不起,此中仿佛住寒山。"②这些诗词整体描述了珍珠帘的具体形态和周围的自然环境,在古树环绕之中,一泓碧流自绝壁而下。珍珠帘为景观序列中的高潮部分,为自然的半围合空间,四周环绕自然的山体,古木葱葱,山石嶙嶙,为一幽静处,瀑布顺断崖而下,水流击打着山石,在瀑布的倾泻声和水击石声的衬托下,周围显得更加的空灵。

观音阁是风穴寺一处宗教空间,位于珍珠帘东南部,阁楼之后有一泓泉水自山体的竹林中由一龙头石雕清流而出,清净、优雅。泉水分两股,一股入寺东的河流,一股经涟漪亭入观音阁前的大慈泉。清果性《大慈泉》诗这样描写:"倒泻沧溟万斛余,盈池漫壑洗天枢。山家不畜青铜镜,吸取全身在玉壶。"③

大慈泉位于观音阁院落之中,自接圣桥看观音阁,整个院落分成两部分,在视觉上增加了院落的景深。

此外,寺庙还与周围自然山水相互映衬,更添诗情画意的艺术美。风穴寺东有一条曲溪,曲溪东岸为寺院胜景"桃花岸",古时满植桃花,以此得名。清屈启贤《竹园同任温公申仁谢看桃花》这样描述:"二月山开锦绣春,竹林石上坐三人。临风醉向桃花问,更有何人来问津。"④自溪东竹林处眺望,整座寺院隐约在桃花之中,再以远山松柏为背景,至岸边仿佛畅游于画境之中。自东边青龙山到曲溪,再到寺院的建筑围墙这一序列中,桃花将自然风景与人工建筑完美地

---

① 〔明〕方应选:《珍珠帘》,见刘天福主编:《风穴寺文史荟萃》,中州古籍出版社1991年版,第175页。

② 〔清〕颖石琇:《珍珠帘》,见刘天福主编:《风穴寺文史荟萃》,中州古籍出版社1991年版,第176页。

③ 〔清〕果性:《大慈泉》,见刘天福主编:《风穴寺文史荟萃》,中州古籍出版社1991年版,第177页。

④ 〔清〕屈启贤:《竹园同任温公申仁谢看桃花》,见刘天福主编:《风穴寺文史荟萃》,中州古籍出版社1991年版,第164页。

融合在一起。

清刘元献在《入风穴山过竹园》中写道:"层峦盘曲转,何处是东林,远岫云生雨,近溪翠染襟。鸟鸣修竹里,僧卧古松阴,遥望上方寺,桃源境正深。"[①]从曲溪东岸的竹林处远望风穴寺,眼前的风景仿佛被划分成四个层次,近景为潺潺溪水,中景为建筑置于桃花之中,远景为迭迭远山,背景为蓝色的天空,整个寺院仿佛作为一个要素与周围的真山真水构成一幅意境深远的山水画。

除相国寺、风穴寺外,河南著名的佛寺还有鲁山文殊寺、桐柏清泉寺、巩义灵山寺等。这些寺院多依山傍水而建,泉水叮咚,竹林丛生,寺院环境清静,犹如世外桃源,体现了禅宗"无为"的意境。

二、道观园林

(一)中岳庙

中岳庙是我国著名的道观之一,坐落于河南省登封市嵩山南麓的黄盖峰下,被尊为道教"第六小洞天"。先秦时嵩山太室峰顶已建有太室祠,即中岳庙前身。庙址屡有变迁,终定于嵩山之东南(即今址),后庙舍规模不断扩大,至宋时达到鼎盛。崇祯十七年(1644)大火,前之历代建筑皆焚毁。清朝乾隆年间重修,即为现存庙宇。(如图6-5)

中岳庙的选址遵循了传统的风水理念,并依嵩山之尊位将庙址进行优化。清景日昣《嵩岳庙史》载:"嵩岳居天地之中,绵延数十里,磅礴深厚。风雨之所交,阴阳之所会,中州清淑之气于是乎聚焉。山纡折而东,岳庙居其下。"[②]"中岳庙之山水形胜,其祖山嵩山西连昆仑,黄盖峰为其背靠之主山,牧子冈、望朝岭及懊来峰为其东、西二砂,其南玉案岭为其案山,庙前横亘奈河之水,不但为最符合古代勘舆学说、最典型的风水环境,且庙前有两重案山和砂山——以告

---

① 〔清〕刘元献:《入风穴山过竹园》,见刘天福主编:《风穴寺文史荟萃》,中州古籍出版社1991年版,第195页。

② 〔清〕景日昣撰,张惠民校点:《嵩岳庙史》,见郑州市图书馆文献编辑委员会编:《嵩岳文献丛刊》(第四册),中州古籍出版社2003年版,序第1页。

成镇南部其形如箕、顶平如坻之箕山为其南部玉案,以箕山东西并峙之大、小熊山为其两砂,构成了规模宏大、气势磅礴的山水格局。尤其是中岳庙南之玉案岭,其名甚古,为勘舆学中'案山'一词之源流,更说明了中岳庙历史地位的尊显。"①登高远眺,中岳庙四周山峦起伏,绿树烟村,岚光霞彩,尽收眼底。俯瞰整个庙宇,翠柏掩阳,红墙黄瓦,金碧辉煌。

中岳庙依山势斜坡由南向北而建。中轴建筑十一进,为中华门、遥参亭、天中阁、配天作镇坊、崇圣门、化三门、峻极门、嵩高峻极坊、中岳大殿、寝殿、御书楼。全长 650 米,面积为十万多平方米。中轴线两侧有太尉宫、火神宫、祖师宫、九龙殿、神州宫、小楼宫等侧院。现存明、清建筑300 余间,构成了一座完整的古代建筑群。

建筑前后的布置呈疏—渐密—渐疏的变化;又依南北地势高差,形成建筑级别差异。自汉代太室阙至遥参亭,漫长的神道是导引空间,意在为谒者进行心理准备。从遥参亭至大殿,随着山势的渐次升高,建筑

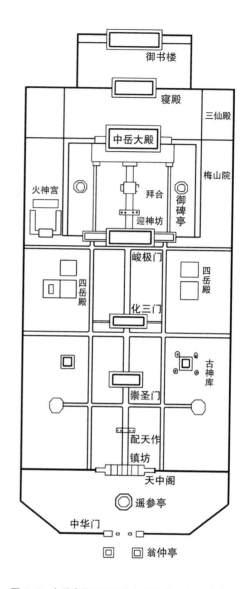

图 6-5　中岳庙平面图(引自张驭寰:《中国古建筑分类图说》,河南科学技术出版社 2005 年版,第 44 页)

的体量、密度越来越大,建筑的级别愈来愈高,建筑的色彩更加壮丽,建筑的形象也愈加凝重和庄严,敬畏之感油然而生。途中,由各道牌楼、门厅柱楣之间形

① 杜启明:《地位至尊艺术至美——解读中岳庙》,《中国文化遗产》2009 年第 3 期。

成的框景,产生了掩映美效果,丰富了空间层次;高高耸立的大殿廊院前左右并峙的四岳殿,以及大殿前特意压缩了体量的牌楼与双亭,是对比与错觉组合艺术的杰作,使大殿愈加显得高大雄伟;而如烟似翠的峰峦被借入画,反衬着红墙、金瓦,使岳庙显得愈加威严壮观。自大殿到寝殿、御书楼,建筑密度、级别、体量渐向反向变化。自御书楼至庙后黄盖峰顶重檐八角琉璃亭,是建筑的余声。在规模宏大的古建筑群中,点缀着汉至清代的参天古柏三百余株,与建筑相互映衬,体现出浓郁的宗教氛围。

(二)延庆观

延庆观原名重阳观,是道教全真派创始人王喆传道及逝世的地方。其位于开封城内包公湖东北方,与北京的白云观、四川的常道观并称为中国的三大名观。

王喆是金代著名道士,字知明,号重阳子,陕西咸阳人。金大定九年(1169),王喆带领丘处机、马钰等四名弟子,到开封传教,住在观址所在地的一家王姓旅店中,不久死去,弟子们为纪念他,就地建立了重阳观,遂为全真教的重要传播基地。元太宗五年(1233)栖云真人王志谨受丘处机遗命来开封主持重阳观,在旧址上开工扩建,历时近三十年。道观规模宏伟,殿宇壮丽,元世祖赐名"大朝元万寿宫"。重阳观元末毁于兵火,明洪武六年(1373)恢复,重修殿宇,更名延庆观。

现存延庆观坐北朝南,院内建筑呈中、左、右三路分布格局。其中,中路为二进院落,从南至北依次为穿心殿、玉皇阁、三清殿;左路有六十甲子殿、八仙醉酒殿廊等;右路是重阳殿。在建筑风格上保留了宋元时期汉文化同蒙古文化融合的显著特征。延庆观的存在,使开封自宋朝以来的古建筑保持了宋、元、明、清的完整序列。

玉皇阁是元代遗物,"它的底层砌砖方法,还讲究'砖逢岔分',正是明代以前宋元建筑的一个重要特征"[1]。其造型独特,是蒙古包与楼阁的巧妙结合。玻璃构件蓝绿相间,与红墙辉映,色彩绚丽。虽屡经修缮,仍保留着鲜明的元代风格。这是蒙汉文化融合在建筑艺术上的生动例证,在国内同类建筑中极为罕见。

---

[1]　庶文:《汴梁胜迹延庆观》,《中州统战》1995 年第 12 期。

（三）玄妙观

玄妙观位于宛城西北隅之梅溪河畔，即今南阳市建设中路北侧，与市人民公园北门隔路相望，现为宛城区人民政府驻地。

玄妙观前身为东汉时期的南阳老君堂。元至元年间，在老君堂的基础上建玄妙观。《道德经》云："玄之又玄，众妙之门。"①以"玄妙"命名，寓意道教教义之深奥。后经明清两代多次修葺，规模日益宏大，由无梁殿、山门、四神殿、三清殿、玉皇殿、祖师殿等建筑构成五进院落，左右附设文昌殿、关圣殿、太公殿、吕祖殿、十方堂等殿堂十七座。清康熙通志记载："（玄妙观）园亭之盛，甲于一郡。黄冠行往，动辄数百人，为京师西南道观之最。"②整个道观石刻林立、古柏参天，是南阳城中最重要的一处人文景观。南阳北郊独山祖师宫、方城博望镇三元宫、南召板山坪华阳宫皆是玄妙观下院。其时，玄妙观规模之大、建筑之精、环境之雅都位列中原道观前列，"和北京的白云观、山东的长清观、西安的八仙庵并称为全国道教四大丛林"③。

玄妙观西北隅有园林，名西北园，又名藕花榭，位于功德殿后。该地原即有园，后又于光绪二十年（1894）重加修建。前有五桂堂，后园凿地为池，池有五亩之广，复以周廊，环以曲栏，池中植藕养鱼。园中聚石为山，上有浣香亭，亭东池为藕花榭。西有环翠精舍，南有濠上石梁，其下有月台，横于水中。后有茅草覆顶小亭，名曰得月亭。亭有对联一副。上联：四面青山开眼界；下联：一池明月澄心源。园中景色宜人，每逢荷花盛开，达官显宦多来此消暑。河南巡抚于荫霖，罢职居宛，常来园中游，曾作《元（玄）妙观西北园记》，以志其盛，其文曰：

> 西北园者，旧有基，经道士扩而大之，其前为五桂堂，堂后因园凿池，广袤数亩，复以周廊，环以曲栏，栽荷种鱼，聚石为山，架亭其上，名以"浣香"。倚亭东望，翼然临水者藕花榭也。随山西降，穿石径，渡板桥数武，得精舍三楹，旧名"环翠"。余谓不足以侈其胜，取谢康乐之句，题以"清晖"。由精舍南行，折而东，跨以石梁，上复长檐，可以左瞩右瞻，飒飒乎有濠濮闲

① 〔魏〕王弼注，楼宇烈校释：《老子道德经注校释》，中华书局2008年版，第2页。
② 转引自彭卿云主编：《中国历史文化名城词典》（续编），上海辞书出版社1997年版，第660页。
③ 南阳县地方志编纂委员会编：《南阳县志》，河南人民出版社1990年版，第506页。

意。道士求余书"濠上"二字以颜之。过石梁南数十号,右折向北,有石台横出水中,所谓月台也,作室以待栖息。每当夕阳西下,清风徐来,池水微波,万荷攒动,疏橘洞达,虚白四映,如放身中流,飘飘然不知所止,额曰:"秋香画舫"。由画舫向后,旁出侧折,沿石磴登假山,上复茅亭,与浣香亭相望,下临月台,名以"得月"。坐亭中望,平畴广陌,农人作息之景,历历在目。而远近诸山则皆如拊其背而摩其顶。园之胜,大略于是,而具是可记已。①

其中,五桂堂在园南,堂前旧有桂花树五株,每当金风送爽、丹桂飘香之时,这里便是赏玩桂花的地方。五株桂花树现存一株,堂已不存。

(四)袁家山

袁家山又名吕祖庙,亦称小蓬莱。位于睢县城内东南隅。明兵部尚书袁可立南巡渡江,船至江心,风浪骤起,袁惊恐,幻觉遇吕洞宾得救。返里后在其陆园别墅建道观供奉吕洞宾,因坐落在土山上,故名。

袁可立曾孙袁任的《墓志铭》中提到该园时说:"当司马公在前明时,宦历中外,逮乞休归田,筑别墅、池林、山榭,逶迤十余里,不绝名花美石,极一时之胜。"②道教经典《道藏辑要》载:"襄邑(睢县)有袁家山,明兵部尚书袁可立在陆园地也。四围林树高耸,岩壑水水,木清华景逾濯锦。上建纯阳宝殿,额曰'梦觉迷津'。后供吕帝阖目睡像,趺坐胡床前,设丹炉。最后高亭四敞,豁达清虚。上供长生大帝及八洞仙祖圣像,皆飞现云中……隐寓丹诀之秘,至今灵应昭然焉。"③

袁家山前有山门,中有大殿,后有八仙亭,意为船头、船舱、栏杆。大殿为硬山式建筑,卷棚屋顶,琉璃瓦屋面,滚龙脊。后殿洞中供吕洞宾侧卧式木雕像。八仙亭属歇山式建筑,周围有八根八角石柱。并围土山凿渠,似舟船荡漾水中,与周围碧水构成一座山水园林,山上苍松翠柏、茂林修竹,山下水波浩渺、杨柳

---

① 〔清〕于荫霖:《元(玄)妙观西北园记》,见南阳市地方志编纂委员会:《南阳市志》,河南人民出版社 1989 年版,第 931~932 页。

② 转引自颜晓军:《宇宙在乎手——董其昌画禅室里的艺术鉴赏活动》,浙江大学出版社 2015 年版,第 141 页。

③ 转引自李尊杰主编:《河南回族区乡镇》,中央民族大学出版社 2009 年版,第 215 页。

依依。

数百年来,袁家山吸引无数名人学士在此把酒待月,写诗作赋,留下许多优美的篇章。如王铎《赠袁枢诗册》之《甘露台》云:"台峭属云根,垂杨掩一门。洒阑疑野径,星摘冒山村。别具渔樵味,自然匡壑存。何须问白帝,造化在花源。"①诗中描写的是袁家山山顶的甘露台,其台陡峭、高大,门口有一株垂杨,僻静如一条荒路,幽雅似一个山村。在此如藏身渔人樵夫中的隐者,享受山水之乐,无须去问白帝,这里就是世外桃源,表现了甘露台的清雅与幽静。

清张庚《漫成》诗云:"袁家山头晴霭暖,大佛寺前春流淙。青蒲出水仅三寸,白鸟过溪时一双。"②时值春晴日暖,山头飘浮着白云,近处大佛寺前春水荡漾,淙淙流淌,蒲苇初生,时有佳禽掠过,清幽宜人。

清田兰芳《王掌夏招,同余瞿士、唐幼章、袁国玉游蓬莱道院待月,瞿士有诗,用工部韵见投,因次以报》诗云:"一缕残霞挂夕峰,遥闻鹤观动踈钟。衣禁灵籁吹三鼓,月耐微云透几重。谈美真堪医夙病,酒酽无力起衰容。归来欲纪当筵事,万转千回意已慵。"③写袁家山待月、饮宴的情景,时夕阳西坠,晚霞尚留山峰,遥闻远处传来的舒缓钟声,渐至三更时分,月亮缓慢地穿过几层云雾露出面容;美景真能医治夙疾,美酒却不能使人年轻,回到家想记筵席上的事,想来想去,已感神思困倦。

虽然袁家山年久失修,逐渐失去了当年的光彩,但从古人的诗文中仍能领略到当时宏伟壮观、幽深浓郁的寺观园林景象。

此外,元明清时期河南尚有大量清真寺建造,其布局除满足宗教崇拜的需要外,多模仿中国传统建筑布局形式。清朝末年,基督教会也开始在河南建造教堂、修院,院落布局形式也呈现出中西合璧的特征。

---

① 李松晨、陈旭华主编:《传世名家书法》(王铎卷),中共党史出版社2007年版,第162页。
② 〔清〕张庚:《漫成》,见徐世昌编,闻石点校:《晚清簃诗汇》,中华书局1990年版,第3031页。
③ 〔清〕田兰芳:《逸德轩遗诗》,见《清代诗文集汇编》编纂委员会编:《清代诗文集汇编》(一〇八),上海古籍出版社2010年版,第623页。

第三节 其他园林

除私家园林和寺观园林以外,元明清河南其他类型的园林也取得了长足的发展,尤其是河南地处中原,水陆交汇,交通便利,商业活动繁荣之处多建有馆驿园林。由于这些园林的建造年代距今较近,不但多有留存,且为人所熟知,其中的代表有南阳府衙、花洲书院、昼锦书院、开封山陕甘会馆、济源济渎庙、汤阴岳飞庙、淮阳太昊陵、辉县百泉等。

一、衙署园林

元明清时期河南的衙署也同中国传统建筑一样,沿纵横轴线布置建筑,组合成层层院落,突出中轴线上的中心建筑。但衙署办公与居住相结合,往往建有附属花园,且注重环境绿化,具有独特的园林风貌。

(一)南阳府衙

南阳府衙始建于南宋咸淳七年(1271),位于河南省南阳市市区民主街西部北侧,是元、明、清三代治理南阳区域的官署,也是我国唯一完整的元代至清代郡府级官署衙门。

南阳知府衙门布局严谨、规模宏大、气势雄伟,整座建筑坐北朝南,沿中轴线布置的主体建筑均为硬山式砖木结构,主从有序。府衙整体为前堂后寝布局,中央殿堂,中轴线两侧左文右武,左尊右卑,横向呈多路分布,纵向有数进院落。

甬道段有照壁、大门、仪门、戒石坊。其中,照壁上有"南阳府城""南阳府"砖铭;照壁北为大门,左右列榜房。大门前东为召父房,西为杜母坊,还有谯楼和石狮一对。仪门位于甬道中北部,两侧为公廨,外有东西牌坊两座,分别与仪门两侧门相对应。戒石坊位于仪门北,正面额书"公生明",两侧书"尔俸尔禄,民膏民脂;下民易虐,上天难欺"。三班六房位于甬道中戒石坊两侧,为州县吏役办事的场所。

主体建筑包括大堂、二堂、三堂,是知府及有关人员听政、审案、退思预审和办公宿居的地方。大堂面阔五间,进深三间,是中轴线上主体建筑,沿明旧额曰"公廉"。大堂北有寅恭门。再北为二堂,亦面阔五间,进深三间,门后为二堂,明代旧额曰"燕思",后曰"思补堂",清末改曰"退思堂",均取退而思过之意。二堂以北为三堂,形制与二堂大致相同。此外,有榜房、东西二公廨、寅宾馆、承发司、永平库、监狱、吏舍等建筑分列于两侧副轴线上。

府衙北部主要是知府及其幕友、家眷生活的场所,园林化较衙署前半部分为多。后堂东有偏院,为知府眷属住所。其东南(二堂之东偏南)为"虚白轩";北折而东植桃李数十株,有舍曰"桃李馆"。后堂西南(在二堂西)有花厅,厅之北宇曰"师竹轩",为知府鉴判之所,即签署公文、案卷和日常办公的地方,取虚心治理之意,故名。转西为"爱日堂",光绪二十五年(1899)于堂前凿池植莲,并架虹桥于其上,以通"对月轩",取净直不染之意,加制匾曰"爱莲",旁砌假山,为政余憩息之所。三堂有"槐荫静舍",舍后隙地为菊圃,堂之西南辟菜圃,引泉水以灌之,曰"芳畹"。[①] 后堂再北为后府,西半部为马号,东部有侧院,内有"桂香室",室后为团练宾兴馆。最北部为操场,是训练团勇的地方。

(二)密县县衙

密县县衙始建于隋大业十二年(616),后历代皆有增修重修,至元代毁于战火。现存建筑为明洪武三年(1370)知县冯万金于原址复建。

县衙建筑自南向北沿中轴线依次排列,形成九层五进院落,主要由照壁、大门、仪门、戒石坊、月台、大堂、二堂、三堂、大仙楼、后花园等构成。另有东西花厅,八班九房与县衙监狱。县衙内亭、台、楼、阁、榭、坊、桥、池等建筑门类齐全,青砖灰瓦,厅堂轩昂,前堂后宅,布局严谨合理,而仪门前的莲池是密县县衙所独有。

莲池位于大门至仪门的第一进院落,在仪门前甬道东西两侧,南北长 18

---

① 刘湘玉、刘太祥主编:《南阳文化概论》,河南大学出版社 2009 年版,第 304~305 页。

米,东西宽 6.5 米,深 3 米,甬道下有三孔石券桥洞使东西两莲池连通,莲池内植藕养鱼。莲池与"廉耻"谐音,寓意清水衙门、廉洁清正。

大堂院位于县衙中心,是第二进院落,为举行庆典或重要集会的场所,大堂与仪门中间甬道上立有戒石坊,南面按惯例书"公生明",北面则书"尔俸尔禄,民脂民膏,下民易虐,上天难欺"。大堂院东西两侧原为六房,左文右武。大堂为县衙中轴线主体建筑,是县衙建筑群的中心。

大堂后有二堂、厢房、宅门等,共同构成县衙第三进院落,为知县行使权力所用。二堂在建筑格局上与大堂大同小异,是预审案件与大堂审案时县官退思、休息之处。

二堂之后是三堂院,为县衙第四进院落,是官员居住、办公、交游之处。院里种植南天竹、桂花等花木,故也称竹桂院,意与"主贵"谐音。三堂为五间回廊式建筑,建筑规模与二堂相当。

三堂院后面为县衙最北端的第五进院落,主体建筑为大仙楼。大仙楼为五间双层小瓦楼,东西厢房各为三间双层小瓦楼。

县衙后照例建有花园,在大仙楼后,民国时为私人占用,今已不存。

(三)内乡县衙

内乡县衙原居于西峡口,因内乡县治距州治(邓州)较远,故迁徙于渚阳镇,即今内乡县城。县衙多次经兵灾、火焚,现存为清光绪二十年(1894)所建,历时三年而成。

内乡县衙依明清衙署规制布局。县衙坐北朝南,主要建筑均分布在中轴线上,呈南北向、对称式布局。县衙大堂前左文右武布置六房的位置,左右各三房排列。县衙前衙后邸,功能分区明确。其中,大堂、二堂为知县行使权力、预审案件的治事之所,而二堂之后的三堂及东西花厅则为知县内宅和其家眷起居之处。

其中,花厅的天井院内植两株大树,一为元代桂花树,枝叶茂盛,八九月间,桂花吐艳,芳香扑鼻。桂花树对面是南天竹。三堂及东西花厅后边原有县衙花园,园内建有兼隐亭,现已无存。

二、书院园林

宋时一度衰落的书院到元朝渐为兴盛,专讲程朱之学并供祀两宋理学家。明朝初年书院转衰,直到王阳明出,书院再度兴盛。随后书院因批评时政,为当道者忌,明世宗、张居正皆曾毁书院,尤其是东林书院事件,魏忠贤尽毁天下书院,书院于是大为没落。清初,继续抑制书院;至雍正十一年(1733)时,才正式明令各省建书院,改采鼓励的态度,书院渐兴。但是,清时的书院不分官立私立,皆受政府监督,不复元时讲学自由。至清朝末年,中国的书院逐渐消失。这一时期,河南曾存在花洲书院、太极书院(百泉书院)、昼锦书院、紫云书院等多所著名书院。

(一)花洲书院

花洲书院之历史可追溯至北宋,系名臣范仲淹谪知邓州时建。花洲书院得名于邓州名胜百花洲,宝元二年(1039),范仲淹好友谢绛知邓州,整修"百花洲",在洲畔城上建览秀亭。欧阳修是年过邓,作诗《和圣俞百花洲二首》云:"野岸溪几曲,松蹊穿翠阴。不知芳渚远,但爱绿荷深。荷深水风阔,雨过清香发。暮角起城头,归桡带明月。"[1]至范仲淹知邓时,洲亭已废圮,有《览秀亭诗》曰:"南阳有绝胜,城下百花洲。谢公创危亭,屹在高城头。尽览洲中秀,历历销人忧。作诗刻金石,意垂千载休。我来亭早坏,何以待英游。试观荆棘繁,欲步瓦砾稠。"遂整治百花洲,"嗟嗟命良工,美材肆尔求",重修览秀亭。[2] 并在东南角城墙上建春风阁,在百花洲畔建花洲书院,有讲学堂——春风堂、藏书楼、斋舍等。

书院建成后,范仲淹常在公余到春风堂执经讲学,在春风阁里以文会友,至百花洲上与民同乐。并于此同致仕宰相张士逊、新科状元贾黯等诗酒雅会;与致仕宰相晏殊、光化知军李简夫及当时名士王洙、张焘等赋诗唱和。有《依韵答

① 〔宋〕欧阳修撰,李之亮笺注:《欧阳修集编年笺注》(三),巴蜀书社2007年版,第567页。
② 北京大学古文献研究所编:《全宋诗》,北京大学出版社1992年版,第1873页。

王源叔忆百花洲见寄》诗云：“芳洲名冠古南都，最惜尘埃一点无。楼阁春深来海燕，池塘人静下仙凫。”①另有《献百花洲图上陈州晏相公》诗云：“穰下胜游少，此洲聊入诗。百花争窈窕，一水自涟漪。洁白怜翘鹭，优游羡戏龟。阑干红屈曲，亭宇碧参差。倒影澄波底，横烟落照时。月明鱼竞跃，春静柳闲垂。万竹排霜杖，千荷卷翠旗。菊分潭上近，梅比汉南迟。岸鹊依人喜，汀鸥不我疑。彩丝穿石节，罗袜踏青期。素发频来醉，沧浪减去思。步随芳草远，歌逐画船移。绘写求真赏，缄藏献己知。相君那肯爱，家有凤皇池。”②描述当时百花洲胜景。

后滕子京知岳州，重修了江南名胜岳阳楼。楼成，壮观蔚然。遂于庆历六年（1046）六月十五日，写《求记书》③向范仲淹描述岳阳楼重修的情况，并附《洞庭秋晚图》，送至邓州，请为作记。范仲淹于该年九月十五日在花洲书院春风堂写就千古名篇《岳阳楼记》。故书院牌楼楹联曰：洲孕文显圣，合秦关月，楚塞风，先忧国忧民，正气肇穰邑；楼因记益名，汇巫峡云，潇湘雨，后乐山乐水，浩波撼岳阳。

元丰元年（1078），黄庭坚览花洲书院范公遗迹，作《百花洲杂题》曰：“范公种竹水边亭，漂泊来游一客星。神理不应从此尽，百年草树至今青。”④绍圣二年（1095），范仲淹第四子范纯粹知邓州，整修花洲遗迹，重振书院。

元代，花洲书院因战火荒废。明代，再次得以恢复，并易名春风书院。清代，花洲书院达到鼎盛，有记载的修葺即有十五次之多，其中，有三次重大的变化。一是乾隆四十一年（1776），书院移建于城中心“丁”字口西，仍称春风书院。二是道光四年（1824），移书院于百花洲原址，复名花洲书院。三是光绪三十一年（1905），全面重修书院，并更名为“邓州高等小学堂”。

从宋代到明清，花洲书院累圮累修，因其风景优美，居邓州八景之首，明时称“花洲相迹”，清时谓“花洲霖雨”。古邓州胜景百花洲位于花洲书院东侧，紧临邓州明代古土城墙，与书院相映成趣。

---

①　北京大学古文献研究所编：《全宋诗》，北京大学出版社 1992 年版，第 1906 页。

②　北京大学古文献研究所编：《全宋诗》，北京大学出版社 1992 年版，第 1906~1907 页。

③　〔宋〕滕宗谅：《求记书》，见曾枣庄、刘琳编：《全宋文》（第〇一九册），上海辞书出版社 2006 年版，第 186 页。

④　北京大学古文献研究所编：《全宋诗》，北京大学出版社 1992 年版，第 11467 页。

（二）太极书院

太极书院在河南辉县苏门山,卫水发源地。书院始于宋元,兴盛于明清,因诸多理学大师在此治学而闻名。如邵雍,自幼随父徙共城(今辉县市),隐居苏门山,结庐于百泉之上,"布裘蔬食,躬爨以养父"。明末孙奇逢《太极书院考》曰:"苏门一片地,为古昔诸君子所徘徊临眺。称地灵人杰者,始于晋,大于宋,而盛于元。"①

元朝"尊用汉法",在"先儒过化之地,名贤经行之所,与好事之家出钱粟赡学者,并立为书院"②。于是,苏门"德星聚矣,耶律晋卿,嗜邵学来居于此,若姚雪斋,许鲁斋,赵仁甫,窦肥乡诸公,开有元一代之运,纲维世道,羽翼圣教"③。"原为南宋遗民的姚枢、赵复、许衡、窦默等纷纷栖居苏门,因当年孙登、邵康节讲学之地,再次辟为太极书院,讲授其中,四方来学者日众"④,书院规模日大,"几与鹅湖、鹿洞并传"⑤,成为当时理学在北方的传播和发展中心。

明成化年间,处于沉寂状态的书院在较为宽松的政策环境下渐兴盛。明成化十七年(1481),学者吴伯通督学中州,目睹学子"学务枝叶,不根理致",希望诸生能够"探本穷源,得蒙养之道",遂立四所书院于河南,以祀前贤而励后进,百泉书院为其一,建于太极书院旧址上。万历七年(1579),张居正上《请申旧章饬学政以振兴人才疏》:"不许别创书院,群聚徒党,及号招他方游食无行之徒,空谭(谈)废业。"⑥万历九年(1581),百泉书院遭拆毁。崇祯十五年(1642),李自成攻开封,河南贡院迁于此。院内十贤祠移至苏门山腰,合十二贤东西两庑,俱配先圣,更名为"孔庙"。

清初,百泉书院依然是河南科举考试的场所,至顺治十六年(1659),始复贡

---

① 〔明〕孙奇逢撰:《太极书院考》,见辉县市史志编纂委员会编,任鸿昌校注:《辉县志》,中州古籍出版社 2010 年版,第 413 页。
② 〔明〕宋濂撰:《元史》,中华书局 1978 年版,第 2032 页。
③ 〔明〕孙奇逢撰:《太极书院考》,见辉县市史志编纂委员会编,任鸿昌校注:《辉县志》,中州古籍出版社 2010 年版,第 413 页。
④ 赵国权:《北方理学薪火的传承地——百泉书院探微》,《江西教育学院学报》2011 年第 4 期。
⑤ 〔清〕孙用正:《〈书院志〉序》,见政协辉县市委员会文史资料委员会编:《辉县文史资料》(第八辑),2003 年版,第 207 页。
⑥ 〔明〕张居正撰:《张文忠公全集》(上),商务印书馆 1935 年版,第 59 页。

举于汴。乾隆四十一年(1776),知县何文耀幸得泉西园亭一区,在桃竹园之南,北枕安乐窝,左临泉水,苏门之盛俱览在目,爰议价购之,移书院其中。可见,此时之书院建于旧时园林之上,其景观虽已无考,但景色之幽丽仍可想见。

后书院渐废,至道光六年(1826)时,唯"颓垣碎甓而已",遂移其于"城内南街","虽移其地,而仍其名,以志不忘之意"。① 光绪三十年(1904),百泉书院停办,改为辉县高等小学堂。

(三)昼锦书院

昼锦书院可追溯至宋时之昼锦堂。韩琦"在至和中,尝以武康之节来治于相,乃作昼锦之堂于后圃"②。其原址位于安阳高阁寺一带。③ 欧阳修曾撰《相州昼锦堂记》,刻"昼锦堂记碑",蔡襄书碑文。《广川书跋》赞曰:"蔡君谟妙得古人书法,其书昼锦堂,每字作一纸,择其不失法度者,裁截布列连成碑形,当时谓百衲本,故宜胜人也。"④其碑因欧阳修撰文,蔡襄书丹,邵必题额,世称"三绝碑"。明弘治十一年(1498),彰德知府冯忠于古城东南隅韩魏公庙后重建昼锦堂;万历十一年(1583),又移建于古城东南营街。清乾隆五年(1740),昼锦堂改为昼锦书院。

昼锦堂门楼雕工精巧,上枋横幅圆雕八仙以喻寿,中枋圆雕鹿十景以喻禄,下枋左侧圆雕尧舜传让以喻贤,右侧圆雕文王渭水访贤以喻德。其他部分分别以浮雕、圆雕、透雕手法雕刻灵芝、牡丹、石榴、佛手、菊花、浮云图案。顶脊正中是一个古瓷方盆。

穿过门楼即是大殿。绿色琉璃瓦顶、飞檐斗拱、吻兽镇顶脊,天马、狮、凤等兽立于垂脊之端。承重隔栏通体雕刻着神话中福、禄、寿三星和刘海戏金蟾图案,月梁两端平面雕刻着四十八幅三国故事,长窗中央堂板、裙板及半窗的裙板上雕刻的是二十四孝图。大殿外东有狎鸥亭,西有观鱼轩。一条鹅卵石铺砌的

---

① 〔清〕周际华撰:《移置百泉书院城内记》,见辉县市史志编纂委员会编,任鸿昌校注:《辉县志》,中州古籍出版社 2010 年版,第 382 页。
② 〔宋〕欧阳修:《相州昼锦堂记》,见曾枣庄、刘琳编:《全宋文》(第〇三五册),上海辞书出版社 2006 年版,第 124 页。
③ 李华:《韩琦与昼锦堂》,《档案管理》1999 年第 4 期。
④ 〔宋〕董逌:《广川书跋》,中华书局 1985 年版,第 116 页。

甬道直通大殿后的忘机楼,路上的石子分别铺出拐杖、笛子、葫芦、花篮和长剑等图案,暗指八仙。昼锦堂院内叠石营台,以莳花木,散发出诱人的芳香。最后是藏书楼和康乐园。《嘉庆重修一统志》卷一九七之"彰德府"记载:"韩琦故宅,在府城东南隅,宅有……康乐园、忘机堂,堂前有狎鸥、观鱼二亭。"①可见,昼锦书院之亭堂园囿皆仿自韩琦故宅园。

乾隆三十六年(1771),知府卢崧征购民宅,于书院添设书斋四十一间,廊房十二间,召集安、汤、林、临、内、武、陟七县名士肄习其中,延聘高师主讲,成为河南省最早的中学教育机构所在地。光绪二十六年(1900),改称昼锦学堂;光绪三十年(1904),又改为彰德府官立中学堂。1920年,改为省立第十一中学,后逐渐增建楼房、教室。中华人民共和国成立之后,于1958年更名为安阳市第五中学,1968年毁于火焚。现仅存大门,二门、堂楼、厢房都有不同程度的损坏。

(四)紫云书院

紫云书院在河南襄城县紫云山,明李敏《紫云书院碑记》曰:"襄城西南二十里有紫云山焉,是山也,蜿蜒而南,曲折而东,复回顾而西北,众山群领……而吾书院适建于其间,因山取号遂以紫云名。"②紫云书院建于明成化四年(1468),为浙江按察使李敏回乡丁忧守制时所建。成化十八年(1482),皇帝下诏赐名"紫云书院",随之扩建殿宇堂斋,为当时中原四大书院之一。

紫云书院选址与风水理念相合,背山面水,门前墨香泉自东向西流过。清李来章《李氏紫云山庄记》云:"书院在庄之西南隅,溪源出书院石齿间,见伏不一,顺山趾西流折而北过菩萨堂复西横作一曲抱庄前,委(逶)迤瞻顾若有所恋。"③

书院有三进院落,殿堂设置合理,有钟鼓楼、文昌阁、棂星门、大成殿、宣圣堂、崇德殿、诸贤堂、广业殿、藏经阁等,除殿堂外,还有墨香泉、竹林、莲沼、辞君亭、望月亭、药圃、水帘洞等景观。院外丹霞峰、紫云峰、书院山环抱,秋来红叶

① 转引自〔宋〕韩琦撰,李之亮、徐正英笺注:《安阳集编年笺注》(上),巴蜀书社2000年版,第624页。

② 〔明〕李敏撰:《紫云书院碑记》,见〔清〕汪运正纂修:《襄城县志》,成文出版社1976年版,第603页。

③ 〔清〕李来章:《李氏紫云山庄记》,见《清代诗文集汇编》(一八八),上海古籍出版社2010年版,第374页。

满山,景色优美。

除上述几所书院外,见于文献记载的元明清河南书院还有睢县锦囊书院、洛学书院,夏邑崇正书院,南阳宛南书院,扶沟大程书院,郑州东里书院等。

三、馆驿园林

明清时期,山、陕两地商人在河南活动频繁,且两省地域相连,心理趋同,业务相通,为了便于经商、增进乡谊,遂在商业活动集中的区域建造会馆。会馆多由山门、关庙、戏楼、牌坊、拜殿、后殿等部分组成,会馆中进行必要的绿化,花木掩映,为商人们提供起居生活、交游会友、洽谈业务之处,故可称为馆驿园林。

(一)开封山陕甘会馆

开封山陕甘会馆始建于清乾隆年间,由寓居开封的经济实力最强的山西、陕西商人投资兴建;光绪年间,甘肃商人加入,遂称山陕甘会馆。[①] 会馆地理位置适中,位于明开国元勋徐达府邸旧址之上,东北为布政使司衙门,西为按察使司衙门,东为专管黄河的河务道台衙门,交通便利,利于交游,有助于商业活动。

会馆采取我国古代建筑四合院式布局原则,均衡对称,沿轴线设计(如图6-6)。会馆地势北高南低,坐北面南,在中轴线上建立影壁、戏楼、牌坊、大殿等主要建筑,两侧的附属建筑有东西翼门、东西垂花门、钟楼、鼓楼、东西厢房、东西跨院等。并以廊等建筑形式将它们连接起来,向纵深方向发展构成长方形庭院,再由戏楼和两侧的垂花门楼把前后分成两个院落,组成有层次、有深度的空间。

临街而建的绿色琉璃瓦庑殿顶影壁,揭开了整个会馆建筑主轴线的序幕;进入会馆,迎面便是戏楼,戏楼左右两侧是高大的钟鼓楼,透过戏楼门洞,便可望见牌坊和正殿,增加了院落的纵深层次感;中轴线上的"大义参天"牌坊气势雄伟,三间六柱五楼,次间向前后叉开,呈鸡爪形,这种结构大大增加了稳定性,造型也十分罕见,在科学和艺术上都有很高的价值,是牌坊中的珍品;透过牌

---

① 王瑞安:《开封山陕甘会馆的建筑装饰艺术》,《中原文物》1992 年第 1 期。

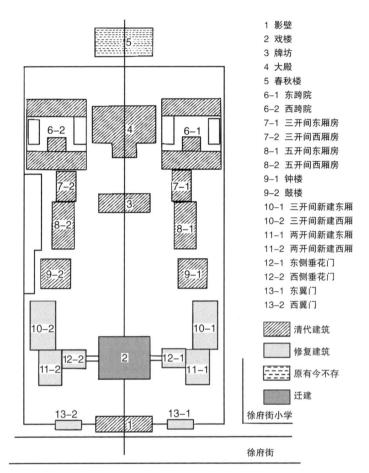

1 影壁
2 戏楼
3 牌坊
4 大殿
5 春秋楼
6-1 东跨院
6-2 西跨院
7-1 三开间东厢房
7-2 三开间西厢房
8-1 五开间东厢房
8-2 五开间西厢房
9-1 钟楼
9-2 鼓楼
10-1 三开间新建东厢
10-2 三开间新建西厢
11-1 两开间新建东厢
11-2 两开间新建西厢
12-1 东侧垂花门
12-2 西侧垂花门
13-1 东翼门
13-2 西翼门

清代建筑

修复建筑

原有今不存

迁建

徐府街小学

徐府街

图6-6　开封山陕甘会馆平面图(引自冯柯:《开封山陕甘会馆建筑(群)研究》,
西安建筑科技大学2006年版,第29页)

坊,出现在眼前的便是会馆的主体建筑——正殿,殿内供奉关公,巍峨气派,体现了商人对诚信的推崇和儒家文化的深远影响,檐下的装饰木雕更是馆内精华所在;正殿两侧为东西跨院,院内树木参天,营造出宜人的环境。

　　会馆现存院落虽然不大,但在组群的总体布局上把大小不同、形式各异的建筑巧妙组合,有主有从,布局严谨,错落有致,强调了高低错落、大小虚实的对比,无论在群体上还是单座建筑上都取得了很高的艺术成就。

(二)洛阳山陕会馆

洛阳山陕会馆位于洛阳老城南关马市街,又称西会馆(因在潞泽会馆以西）。会馆始建于清康熙、雍正年间,距今有三百多年历史,是当时活跃在洛阳附近的山西和陕西两地的成功商人筹资修建的经商聚会场所。[①]

会馆坐北朝南,南北长 90 米,东西宽 50 米,占地面积 5000 余平方米。整个建筑群呈长方形,布局严谨,层次分明,前密后疏,沿中轴线从南至北依次为琉璃照壁,东门楼(已毁),西门楼,东、西牌楼式仪门,山门,八字墙,舞楼,石牌坊(已毁),大殿,后殿。围绕中轴线两侧有东、西穿房,东、西廊房,东、西配殿及东、西跨院等。

洛阳山陕会馆所处的南关既有洛水航运之便,又是山、陕往豫东所经之处,水陆交通都很便利,所以山、陕商人经营的丝绸、布匹、杂货生意十分兴隆,会馆在聚散、转运东西南北物资商品中发挥了很大的作用。

(三)洛阳潞泽会馆

洛阳潞泽会馆位于今洛阳市瀍河区,坐北朝南,东临瀍河,南濒洛河,紧靠洛阳老城经济最繁华的新街,其选址兼顾了交通与交易的便利。

会馆创建于清乾隆九年(1744),由山西潞安府(今长治市)和泽州府(今晋城市)两地商人集资所建,主要用于同乡商人联络感情、寄宿安身、集散物资和传递信息。除附属建筑九龙壁、文昌阁、魁星阁在“文革”期间被拆毁外,其主体建筑和核心部位仍保存完好。

会馆整体建筑群分为二进院落,舞楼、大殿、钟楼、鼓楼、东厢房、西厢房、东配殿、西配殿,组成第一进院落,宽阔宏大;寝殿与三周院墙组成第二进院落,清幽雅趣。中轴线上的建筑依次为舞楼、大殿、寝殿。中轴线东侧为钟楼、东厢房、东配殿;中轴线西侧为鼓楼、西厢房、西配殿,东西两侧还有偏院和西跨院。

整个会馆建筑中轴线对称布局,体现传统的“居中为尊”思想,既有晋南地区气势恢宏的建筑风格,又融入河洛地区雕刻艺术,建筑规模宏大。

(四)社旗山陕会馆

社旗山陕会馆位于社旗县赊店镇,其地古称赊旗店,民间俗称赊店,是货物

转运中水路和陆路的结点,为南北水陆交通的枢纽,明清时商业繁荣鼎盛。

会馆营建始于清乾隆年间,主体建筑春秋楼竣工于乾隆四十七年(1782),坐北朝南,用地受城镇布局影响,东西狭窄,南北较长。会馆南北最长152米,东西最宽62米,总平面近似于长方形,南部随街形向内收敛。(如图6-7)

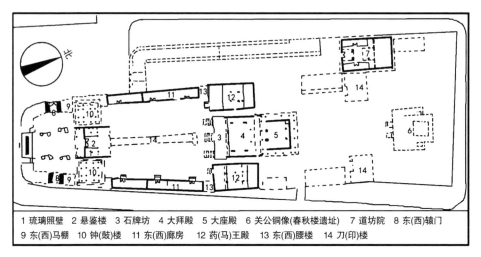

1 琉璃照壁 2 悬鉴楼 3 石牌坊 4 大拜殿 5 大座殿 6 关公铜像(春秋楼遗址) 7 道坊院 8 东(西)辕门 9 东(西)马棚 10 钟(鼓)楼 11 东(西)廊房 12 药(马)王殿 13 东(西)腰楼 14 刀(印)楼

图6-7 社旗山陕会馆总平面图(引自赵明:《晋商会馆建筑文化探析》,太原理工大学硕士学位论文2007年,第47页)

会馆分东西两跨院,其中,东跨院为主区,约占会馆总面积的三分之二;西跨院为管理住宿区,约占会馆面积的三分之一。

东跨院建筑自南而北分三进院落布置,分别为前导区、观戏活动区和祀神区。一进院落是前导区,由中轴线上的琉璃照壁、悬鉴楼、钟鼓楼及两侧的东西辕门、东西马棚围合而成,东西宽约24米,南北长约15米,尺度较小。二进院落由中轴线上的悬鉴楼及两侧钟鼓楼、大拜殿及两侧的药王殿、马王殿、东西廊房、腰楼围合而成,东西宽约31米,南北长约42米;院落南部是以悬鉴楼为核心的观戏活动区,北部是以大拜殿和大座殿为中心的祭神区。三进院落由大座殿、春秋楼及两侧配殿——刀楼和印楼围合而成,现春秋楼及两侧配殿已毁。

西跨院自南而北原设四进庭院,自南而北前两进原为接待住宿区,第三进原为私塾区,第四进为管理区兼管理人员居住区——道坊院。现仅存第四进道坊院,居于会馆西北角,自南而北由门楼、东西厢房、凉亭、接官厅组成。东跨院与西跨院由腰楼下部的门洞相连通。

　　会馆的建筑空间通过多层次的分割、过渡、转换、对比和界定等组合手法，形成一种变化的空间节奏。一进院落用地南窄北宽，在悬鉴楼、钟鼓楼之南密集布置照壁、东西辕门、东西马棚、木旗杆、铁旗杆、双石狮等建筑及小品，形成紧凑、热烈、前导空间。穿过山门和低矮的戏台台下甬道，进入万人庭院，院区骤然放大两倍，院中部未设一物，形成开阔的广场空间，并与前院空间形成对比。万人庭院后部，便是巍峨的会馆主殿——大座殿和大拜殿。为突出关羽及陪祀神的地位，不仅在殿下筑高达两米有余的台基，其上自南而北依次建造高大挺拔的大拜殿与大座殿，且在其东西辅以陪殿——药王殿和马王殿，形成壮观的神殿区。在中轴主殿大拜殿、大座殿之前的大基台上，还设置三座高低错落、小巧玲珑的石碑坊及东西八字墙，构成神殿区的前导空间，营造出高大、庄严、神圣的气氛。人置身并行进在建筑的空间之中，建筑的空间序列在我们的面前展开，时而急促，时而舒缓，时而起伏跌宕，时而高潮迭涌，整个建筑空间序列犹如音乐的乐章体现出一种抑扬顿挫的韵律感。[①]

　　另外，会馆是由旅居赊旗的山、陕两省商人集资兴建的同乡会馆，其建筑装饰展现出强烈的崇商意识，为其一大特色。[②]

　　此外，河南还有郏县山陕会馆、商丘陆陈会馆、禹州十三帮会馆以及禹州怀帮会馆等，其选址、布局以及建筑装饰等均有共通之处。

四、祠庙园林

　　元明清河南的祠庙园林主要祭祀祖先、先贤以及有重大功德的人，如关公、孔子等，也有祭拜官方或民间崇拜的神，如山川河渎之神等，其园林环境往往松柏掩映，庄严肃穆。

（一）济源济渎庙

　　济渎庙，全称济渎北海庙，位于河南省西北部的济源市。史载其创建于隋

---

① 李天窄：《社旗山陕会馆建筑空间与形式研究》，昆明理工大学硕士学位论文 2014 年，第 28 页。
② 河南古代建筑保护研究所、社旗县文化局：《社旗山陕会馆》，文物出版社 1999 年版，第 67 页。

开皇二年(582);开皇四年(584),又在主体建筑两侧创建天庆宫和御香院;唐后,再于庙后附建祭祀北海的北海祠。至此,济渎庙的整体规模已基本形成。它的祀建,标志着皇家祭祀四渎制度的确立和巩固。

济渎北海庙占地一百二十余亩,由济渎庙、北海祠、天庆宫和御香院四个院落组成,平面布局呈"甲"字形,现存宋、元、明、清各代建筑二十余座。济渎庙是现存规模最大的四渎水神庙,也是目前保存最为完整的皇家祭祀建筑群之一。古建专家罗哲文评价其是"古代建筑的系列博物馆","典型的北方古典园林"。

济渎庙是祭祀济渎水神的大型祠庙,其最前端为清源洞府门,由主楼和两掖门组成,掖门两侧连以八字墙,为祠庙常见之门庭。牌楼内过一百多米的甬道为清源门,门内侧原有四碑楼、东岳行祠以及嵩里神祠等,现已不存。过清源门内甬道为渊德门,渊德门内是祭祀济水的场所,其氛围庄严肃穆,场地由回廊、渊德门以及寝宫围合,内部少有绿化和林木遮挡,只存千年古汉柏。庙内主体祭祀建筑为渊德大殿及元君殿、三渎殿(遗址),其中,渊德大殿重建于宋开宝六年(973),为河南省现存最早的木结构建筑。此外,渊德大殿由覆道同寝宫相连,构成隋唐祭祀建筑群通行的"工"字形格局,这只在规格高的祠庙中方能见到,反映了济渎庙创建时的等级。

北海祠是附祭北海神的场所,围绕济水东源(龙池与小北海)布置祭祀建筑,布局严谨与灵活兼备,颇有古典园林氛围。北海祠的主体建筑仍以中轴线排列,从临渊门起依次为拜殿(不存)、龙亭、龙池、灵渊阁和北海神殿(不存),中轴线两侧附以大量小型亭、阁和桥等。其中,龙亭原名水殿,是祭祀官员投牺牲祝帛的地方,依岸而作,三面临龙池,建筑与水体相互依存,为园林中水榭的早期实例。龙亭对面的灵渊阁则建于岸边,前置万字石勾栏。北海祠现存石桥五座,桥亭两座。石桥沟通了北海祠的道路,分隔了龙池、小北海和济水的水面,同时桥孔又连通了小北海和龙池水域;石桥又与其上的桥亭巧妙配合,依造景选择各异的形式点辍,营造诗情画意的园林境界。龙池和小北海为泉眼喷涌而成,是北海祠的灵魂,鸟翔池上,鱼游水中,古代匠师们又于泉眼上凿井覆亭,形成富有诗意的园林水域。

天庆宫和御香院位于济渎庙两侧,是济渎庙的两组附属建筑。天庆宫为道教建筑,依中轴线而建,依次为山门(不存)、玉皇殿(明)、长生阁(清)和厢房。

御香院是接待祭祀官员临时休息的寓所,现存以接官楼(清)、广生殿(清)为主的两进院落和植物配景。

济渎北海庙是宫苑结合的典型模式,选址与布局严谨、巧妙,区域功能划分明确,古代建筑与自然水域相互渗透,显示着皇家大型祭祀建筑与传统园林的和谐统一。

(二)洛阳关林

洛阳关林位于洛阳城南七公里的洛龙区关林镇,北依隋唐故城,南临龙门石窟,西接洛龙大道,东傍伊水清流,其因厚葬关羽首级而名闻天下,为国内三大关庙之一,是"冢、庙、林"三祀合一的古代园林建筑群。关林内古柏森然,是洛阳古代八景之一的"关林翠柏"。

关林创建时间今无确考。据传,关羽为东吴袭杀之后,其首级被送予曹操,曹操刻沉香木为躯,以王侯之礼葬之于洛阳城南,后人便据冢建庙,遂有洛阳关林。现存洛阳关林则始建于万历二十一年(1593),其《创塑神像壁记》载:"我皇上御极,屡勤忠义以翊国祚,乃敕封'协天大帝护国真君',而元冢依然如汉制。洛国王疏请创建殿宇以为栖神之所,不日寝宫落成,西配殿工竣,……于后寝宫塑神像七尊,工始于二十一年,逾年告成。"[①]其后,又多次对其增修、扩建,遂有现在的规模。

关林现存庭院两重,殿宇三进,石坊四座,廊庑厅堂百余间,占地一百八十亩。关林的主体建筑平面布局呈"回"字形。明代的关林是以大门(即今日仪门)、钟鼓楼、东西廊房、左右配殿和二殿共同形成一组封闭的长方形院落,包围着中心建筑大殿,显示出庄严神圣的气氛;清代对关林进行了扩建,新增了大门和关林围墙,把包括三殿在内的所有明代殿宇和高大墓冢圈在其中,与外界完全隔绝,加上院内遍植翠柏,更显得关林威严壮阔。

关林大门对面的舞楼则作为一个独立个体而存在。从总体规划看,整个关林建筑群均以大殿为核心,反映出封建社会"居中为尊"的思想意识。这组建筑还体现了我国古建筑文化的传统特点,从大门外的舞楼、大门、仪门、大殿、二殿、三殿、墓冢直至后门为其南北向中轴线,其他建筑的布置皆沿轴线左右严格

---

① 陈长安主编,洛阳古代艺术馆编:《关林》,中州古籍出版社1994年版,第155页。

对称,其中以门外石牌坊、院内钟鼓楼、两个焚香炉、东西廊房及左右配殿的对称最为突出。①

关林是林、庙合一的典型,前为庙,后为林,既分又合,浑然一体,从前到后层层递进,显示出纵深探秘、令人神往的意境。由大门至仪门,踏过甬道,穿越大殿、二殿、三殿,最后延伸至关羽葬首之山陵——"钟灵处",既体现出庙依冢而建的历史事实,又突出冢借庙而存的幽深峻挺之感。

关林的另一独具韵味之处是古柏林与石碑林相映衬,自然风景和文化底蕴相协调。在修建庙宇的同时广植侧柏,使殿堂兼具园林特色,八百株古柏形成一处郁郁葱葱的林海,土冢和殿宇掩映其中,殿借柏之翠,柏助庙之幽。历代修建关林的碑刻排列成行,碑述庙史,庙据碑证,将这处祭祀场所衬托得更加静谧肃穆。

此外,关林属于列入旧时朝廷礼制的祭礼庙宇,祭祀酬神需演戏以助祭,遂建舞楼。现存舞楼(也称戏楼)为清乾隆五十六年(1791)添建,与关林大门相对,坐南朝北。舞楼的平面布局呈"凸"字形,突出部分为前台,顶部为面阔三间的木构歇山式,因是表演场地,仅用木柱承载屋顶而没有墙壁,观众可从正面和两侧观看表演。舞楼的前后檐柱用五彩斗拱承托五架梁,上用瓜柱托起单步梁,支撑金檩及歇山顶檩,角柱支撑飞檐,角梁外延呈龙头形。后台左右外伸至五间,以增大面积供演员化装和休息。舞楼上层的歇山顶正脊长3米,上立雄狮,背驮宝瓶。戗脊上立天马、狮子等走兽。整个舞楼坡面全部用绿色琉璃筒瓦覆盖,飞檐下悬金铃,迎风作响。舞楼建成之后,每年的农历正月十三春祭、五月十三诞祭、九月十三秋祭,都要在舞楼上进行大型戏剧表演以酬神。②

(三)南阳武侯祠

南阳武侯祠位于南阳故城西郊卧龙岗上,传为诸葛亮躬耕之处。武侯祠的建造可追溯至魏晋,诸葛亮病逝五丈原后,其故将黄权在南阳卧龙岗建庵祭祀,时称"诸葛庵"。后历代多有修缮,尤其是康熙五十年(1711)的大修,形成了现

---

① 大河报社编:《厚重河南·古墓皇陵》(精编版),河南大学出版社 2015 年版,第 156 页。
② 大河报社编:《厚重河南·古墓皇陵》(精编版),河南大学出版社 2015 年版,第 155~157 页。

存武侯祠建筑群的基本布局。

武侯祠的建筑布局并非传统的坐南朝北，而是由于地形因素的限制，整体朝向呈北偏西25°。武侯祠中轴线上的建筑依次为"千古人龙"石牌坊、石坊（三顾坊）、山门（武侯祠正门）、石坊（三代遗才）、大拜殿、草庐、宁远楼等。

"千古人龙"石坊高9米，面阔13.5米，三门四柱。第二道坊为"三顾坊"，清道光年间为纪念刘备三顾纳贤而立，两面刻有"汉昭烈皇帝三顾处"和"真神人"。"三顾坊"与山门之间是长约10米的甬道。山门是武侯祠正门，古朴端庄，正中券门额上石匾镌刻"武侯祠"三个大字。

山门内是武侯祠的第一进院落，庭院宽敞，古柏蔽日，青砖铺地，院中甬道上"三代遗才"石坊与大拜殿相对应。大拜殿是武侯祠内的主体建筑，殿堂的檐下柱上挂有历代名人骚客的对联和匾额。绕过大殿，是一处院落，翠柏丛中一座八角攒尖式建筑，是诸葛草庐。草庐为砖木结构，茅草盖顶，回廊相通，古朴简陋。院落中还有卧龙岗十景中的八景——古柏亭、野云庵、伴月台、诸葛井、躬耕亭、小虹桥、抱膝石、老龙洞等。这些景点虽同置一院，但无局促之感，碑廊相连，错落相间，互为对景，步移景异。园内建筑依地势依次升高，宁远楼作为中轴线的末端，为整个祠庙的最高建筑，传为诸葛亮隐居南阳时的书斋旧址，楼名由"宁静致远"而来。宁远楼上的"万古云霄"匾额，源自杜甫《咏怀古迹》诗："诸葛大名垂宇宙，宗臣遗像肃清高。三分割据纡筹策，万古云霄一羽毛。"①

现存建筑群主要为明清时期的布局和风格。主轴线上的建筑色彩较鲜亮，多以朱红为主，倾向于北方园林的建筑色彩风格。如诸葛草庐，为八角攒尖式建筑，砖木结构，茅草盖顶，回廊相通，建筑色彩以朱红和绿色为主。道房院位于主轴线南侧，多为清末民初建筑。武侯祠内目前共有殿堂房舍307间，建筑集中布局，统领全园。

武侯祠内部古朴、清新，建筑掩映于郁郁葱葱的松柏之间，清潭碧水环抱祠宇。读书台位于高高的山岗上面，四周密林围绕。主体建筑西面的诸葛花园，是一个庭院式的传统古典园林，以太湖石、水体、植物配置取胜，太湖石造型独特，植物以中国古典园林中常用的芭蕉、桂花、南天竹为主。

南阳武侯祠的园林景观清新、宁静、淡雅，营造出"非淡泊无以明志，非宁静

---

① 〔清〕彭定求等编：《全唐诗》，中州古籍出版社2008年版，第1542页。

无以致远"的精神氛围,更是对诸葛亮一生淡泊名利的诠释。祠内地势开阔,古建筑掩映于竹林松柏之间,亭台假山点缀其间,物景交融,祠宇建筑与园林建筑相映成趣,共同组成了幽静典雅、古韵悠悠的武侯祠景观,充分体现了中国古典园林的建筑美与园林美相融合的特点。

从武侯祠的整体布局来看,武侯祠利用丘陵地形,采取依岭就形、相互呼应、对比变化的手法来体现造园者"师法自然"的造园思想。读书台依地势布列于阜岭之上,意在高中显"孤",而卧龙书院则低"卧"于阜岭之下,又有低中有"阔"之感,同时,两者之间还可互为借景。

从武侯祠的局部布局来看,卧龙岗十景中九景都布列于一个四合院内,布局紧凑,移步换景,为打破院落的平面布局,增加园景的层次变化和高低起伏,在宁远楼前设置假山。此外,一些建筑与园景采用相互映衬的方法,如古柏亭前的一棵参天古树与古柏亭建筑、躬耕田与躬耕亭碑的映照等,在这里园景点缀古建筑,古建筑又提携景点。这种园中套园、小中见大、引人入胜手法的运用,使武侯祠更富园林情趣。

另外,武侯祠内植物景观丰富,植物种类多以松柏和南阳地区的乡土树种为主,落叶与常绿相结合。园内古树名木众多,这些古树名木作为宝贵的遗产,不仅与武侯祠有着紧密的联系,而且蕴含着独特的文化意境。[1]

(四)汤阴岳飞庙

岳飞庙又名精忠庙,也称"宋岳忠武王庙",位于河南汤阴县城内,是后人为纪念南宋抗金名将岳飞而建的祠庙。其始建年代无考,现址为明景泰元年(1450)重建,后屡有增缮,遂形成现有规模。

岳飞庙共有院落六进,坐北朝南,平面呈长方形。其布局以大殿为中心,形成南北轴线,前有山门,后有寝殿,两侧又分列岳飞亲属和部将的祠、殿。院内碑石林立,铭刻着后人对岳飞的敬仰。又有古木参天,花草竞秀,气势庄严。

精忠坊为岳飞庙大门,面西而立,为六柱、三间、五楼的木牌楼建筑,呈八字形排列。这座牌楼气势雄伟,制作精美。牌楼的正中题有"宋岳忠武王庙"六个

① 季海迪、赵瑞:《南阳武侯祠园林布局及景观特色初探》,《南阳理工学院学报》2015年第3期。

大字。而两侧的墙壁上,嵌有"忠""孝"二字。

过精忠坊入内,左侧有山门,坐北朝南,面阔三间,中间立两明柱,琉璃瓦顶,金碧辉煌。山门对面为施全祠,精忠坊、山门以及施全祠围合成一个过渡空间,施全祠前有秦桧等人跪像。

拾级进庙,迎面是一片开阔的庭院,中间造有假山和花圃,清泉波光闪耀,微风送来荷香。假山花圃两侧又各列一处别具风格的花墙。花墙两侧各有一座亭子,皆是红柱绿瓦,为清雍正年间所建,春风吹拂,檐上的铃铛悦耳动听。东侧的亭子名肃瞻亭,六角攒尖;西侧的亭子名觐光亭,四角攒尖。两亭相对称,使庭院空间不虚不繁。肃瞻亭是香客们祭礼岳飞前沐手净面、整衣正冠的地方;觐光亭原来是一座草堂,是香客们祭礼行完后,在此休息饮茶、观赏院内奇花异草和假山风景的地方。

肃瞻亭南有钟亭,亭内有一口大钟,钟上铭刻着"皇图永固,帝道遐昌"八字。觐光亭后,过洞月门入内,苍松翠柏挺立,碑碣如林。高达数丈的古柏拔地而起,枝干遒劲的青桐并肩而立,不屈的古藤攀缘而上,形成浓叶掩映的世界。

正对山门的是仪门,立于苍翠古柏的映掩之中。仪门内即是岳飞庙建筑群的中心——大殿,也称正殿。正殿前面为拜台,东西两侧有厢房,东为何铸殿,西为张宪殿。正殿的东侧,又有岳珂殿。这几座殿形成一个庭院。大殿面阔五间,进深三间,雕梁画栋,绘有龙凤、鱼鸟和花卉以及云水纹、如意纹。琉璃瓦顶,正脊塑有腾云而起的彩绘巨龙和麒麟。大殿内有岳飞坐像。

大殿后为寝殿,也称贤母祠,面阔五间,富丽堂皇,是人们祭祀岳飞母亲姚氏的地方。正门上端悬有一匾,题有"精忠贯日"四个字,为清乾隆年间汤阴县知事刘愉所书。寝殿前面有东、西两厢房相对,各为三间。东厢房为岳云殿,西厢房为四子殿,即岳飞的次子岳雷、三子岳霖、四子岳震、五子岳霆。四子殿和岳云殿在岳飞庙的寝殿前,象征岳飞父子同在,满门忠烈。游人多在寝殿前庭院逗留歇息。

岳飞庙的最后一排房,为遗文室和出师表室,现改建成为岳飞纪念馆。其东侧为三代祠,西侧为孝娥殿,三处共组成岳飞庙的后院。其中,三代祠祭祀着岳飞的曾祖父母、祖父母及父母,可以认为是岳飞的家祠。

（五）郑州城隍庙

郑州城隍庙位于今郑州市商城路东段路北,原名城隍灵佑侯庙,初建于明洪武年间。城隍是古代汉族文化中普遍崇祀的重要神祇之一,多由有功于民众的名臣英雄充当,郑州城隍庙内供奉的是汉刘邦麾下大将纪信。城隍庙创建时间虽已不可考,但据《郑县志》记载,明清之时城隍庙经多次修葺。现存各殿均为清式建筑。该庙座北向南,占地十余亩。现存有山门、前殿、乐楼、二殿、大殿五座建筑。

大门是悬山式建筑,又称山门。面阔三间,进深二间,硬山卷棚顶,上以灰布瓦覆盖。檐下施三昂七踩斗拱,昂嘴和耍头均为象鼻状。明间前后立石柱四根,门前有六级扇面形台阶。其左右原有石狮一对。

大门后十余米为前殿,也称仪门,面阔三间,进深两间,硬山式建筑。顶覆以绿色琉璃筒、板瓦,正脊两端有鸱吻,中部饰二龙戏珠和宝瓶,下有三组彩雕人物;中为神像两尊,两侧各有一对追逐相斗的骑马武士,形象优美,栩栩如生。四垂脊上饰有龙、凤、马和各种花卉,前端做四只狮子滚绣球。檐下为一斗两升斗拱,瓦当、滴水均饰有鸟兽花纹,十分秀丽。

乐楼与前殿紧连,两建筑间形成一个窄道。面阔三间,进深两间,为歇山式高台楼阁。主楼居中,左右侧檐之下又配以歇山式边楼。上下错落,翼角重叠,造型优美。主楼前后复有抱厦,把高阁衬得更加富丽。其顶覆以绿琉璃筒、板瓦。主楼与侧楼脊端饰鸱吻,正脊中部饰以宝瓶。全楼共有十九条脊,每条脊上均饰有脊兽。阁的南面砌拱券门,门两边嵌有砖雕花卉,檐头饰有垂花柱。北面用隔扇门。从乐楼整体看,该建筑规模不大,造型别致,小巧玲珑,在结构上富于变化,具有较高的艺术价值。

乐楼后二十余米处有二殿,面阔、进深各为三间。单檐歇山顶,以绿琉璃筒、板瓦覆盖,用雕花脊。正脊两端有大鸱吻,造型颇生动,脊中部立一雄狮,背驮宝瓶,两侧饰有小宝瓶及海马、狎鱼等脊兽,并雕有龙凤、人物、花草等图案。垂脊和戗脊均饰有走兽和雕花,檐下施有重昂五踩斗拱,转角用把臂厢拱。四周遮檐板饰有山水和人物彩画。上槛与平板枋内外饰有龙纹及花草彩绘。山面用博风板和悬鱼。

大殿是该庙的主要建筑物,在二殿后,面阔五间,进深三间。殿前有卷棚三间。大殿为大式硬山顶,上用绿色琉璃瓦覆顶。脊中央饰有一座重檐庑殿式的阁楼,两侧有脊兽、雕龙、花卉等彩色图案。殿的明间为六扇隔扇门,檐下用三昂七踩斗拱。上槛、平板枋、由额垫板均饰有彩画。值得注意的是,内檐施垂花柱一周,在结构和装饰上都很别致。

在乐楼和二殿之间原来还有小型牌坊一座,今仅存基址。

(六)武陟嘉应观

嘉应观,俗称庙宫,位于焦作武陟县城东南13公里的二里铺村,北依太行,南临黄河。康熙末年,黄河曾四次在武陟境内决口,为祭祀龙王,封赏治河功臣,遂在筑坝堵口处建淮黄诸河龙王庙。

嘉应观始建于雍正元年(1723),雍正三年(1725)二月中轴线建筑落成,雍正皇帝钦赐匾额,定名"嘉应观"。《武陟县志》载:"嘉应观在二铺营村东,雍正初年,以黄河安澜,奉敕建,规模壮丽。"雍正四年(1726),兴建东、西跨院,即河台、道台御署,年底嘉应观全部竣工。观南百米之外是戏楼,两侧有水池、木牌坊、旗杆和铁狮。观内祀禹王、斗母、风雨神及大王、龙王,还有殉职及功勋卓著的河官。远望嘉应观,楼阁凌空,殿宇鳞次栉比,古柏参天,与红墙、碧瓦交相辉映,景色如画,气势十分壮观。(如图6-8)

嘉应观采用院落式的群组布局,严格按照中国礼制思想对称分布,主次分明。单体建筑沿水平方向展开,建筑形式和空间的安排富于变化。山门、御碑亭、严殿、大王殿和禹王阁等主要建筑分布在整个院落的中轴线,次要建筑分布于轴线两侧。从而形成中院为祭祀区域,东西两院为衙署和服务区域的功能区分。其中,东西两院较为狭长,而中院则开阔饱满。

以院落空间而论,中院祭祀区的三进院落在尺度和建筑密度上各有变化。第一进院落,即山门至严殿,为祭拜前的准备区域,是祭祀活动的前奏,布局疏朗实用。第二进院落为第一祭祀区域,主殿大王殿中主要供奉治河的功臣,院落空间开阔宏大,主殿建筑屋顶形式已用至重檐,面阔增至七间,以显示祭祀的庄严。建筑两边接着两段墙,每段墙上都有一小门通往后院。第三进院落为第二祭祀区域,祭祀主神为大禹,是中国历史上成功治理黄河的第一人,其主殿禹王阁已升为两层楼阁式,为嘉应观中最为宏伟的建筑,面阔虽仍为七间,但其面阔尺度较大王殿已有增大,加之两侧风神殿和雨神殿的拱卫,更衬托出禹王在众神中的至高地位。

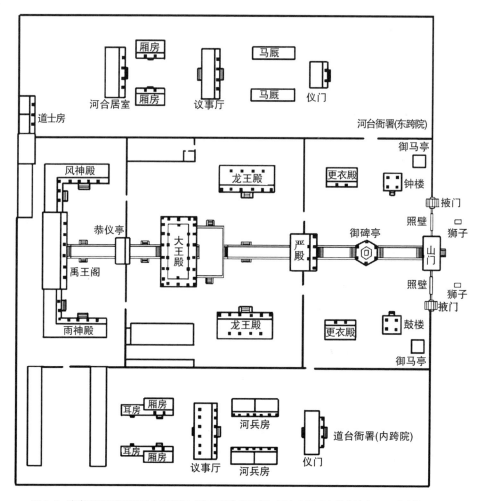

图 6-8 嘉应观总平面图(引自张献梅:《嘉应观建筑研究》,河南大学硕士学位论文 2008 年,第 16 页)

从建筑构造来看,进入山门之后,中轴线上单体建筑的体量逐次加大,像一个倒置的金字塔结构,但是,唯有御碑亭的屋顶使用了最高等级的瓦件——黄琉璃瓦,其体量虽小,但在整个建筑群中的分量却是最重的。御碑亭造型为重檐结构,上部圆形,下部六角形,颇似清代皇冠式样,形象地彰显了皇权的至高无上。亭里的御制碑为雍正帝撰文并书丹的祭告黄河河神的祭文,并崇黄河为"四渎称宗",表达了雍正皇帝对黄河的极度重视和治河决心,意在祭龙王、防水患、保社稷、固江山。这正是建庙的主旨所在,也是嘉应观建筑的政治和文化的核心。而中轴线主体建筑的处理也呈现出多样化,具有很强的节奏感。[1]

《史记》云："四渎者,江、河、淮、济也。"[2]《尔雅》亦云："江、河、淮、济为四渎。四渎者,发源注海者也。"[3]雍正皇帝在祭告黄河河神的祭文中,以黄河"四渎称宗",把其列为"四渎"的首位。故与其他祭祀河神的庙宇相比,嘉应观在建筑规模及工艺水平等方面均更胜一筹,也是黄河上建筑规模最大、规格最高、内涵最丰富、保存最完整的黄河河神庙。

除上述祠庙以外,河南尚有南阳医圣祠、张释之祠,商丘阏伯台,济源袁公祠、三公祠,以及开封宗公祠等多处祠庙园林。

五、陵墓园林

元明清时期,河南已无皇陵建造,称得上陵墓园林的主要有崇奉先圣的太昊陵,以及明代藩封河南的周定王、潞简王墓。

(一)太昊陵

太昊陵是太昊伏羲氏的陵庙,位于淮阳城北三里的蔡河之滨。原占地八百七十五亩,是一座气势雄伟的古代宫殿式建筑群。传说自伏羲画八卦,制嫁娶之礼,教民众渔猎畜牧之后,黄淮平原的农、牧业生产得以发展,创造了灿烂的古代文明。后人为了追念祖先的功德,尊伏羲为"人祖",很早就在这里建庙祭祀。据《陈州府志》记载,汉以前有祠,唐太宗李世民颁诏"禁民刍牧",宋太祖赵匡胤诏立陵庙,明太祖朱元璋制祀文,亲临致祭。此后明、清诸帝都遣官祭奠。现有殿宇除一部分是明正统十三年(1448)重建的外,多为清代重修之物。[4]

太昊陵以伏羲先天八卦之数理兴建,坐北朝南,殿宇巍峨,丹碧辉煌,掩映

---

① 李光明:《武陟嘉应观中的建筑意探析》,《中原文物》2011年第6期。

② 〔汉〕司马迁撰:《史记》,中华书局1959年版,第1357页。

③ 〔晋〕郭璞注,〔宋〕邢昺疏,李传书整理,徐朝华审定:《尔雅注疏》,北京大学出版社1999年版,第225页。

④ 淮阳县太昊陵文物保管所:《淮阳县太昊陵》,《中原文物》1981年第1期。

在苍松翠柏之中。太昊陵南北长 750 米,分为外城、内城、紫禁城三道皇城。陵庙有三殿、两楼、两廊、两坊、一台、一坛、一亭、一祠、一堂、一园、七观、十六门。整个建筑群主要贯穿在南北垂直的中轴线上,气势雄伟,各具格局。自南向北依次可见午朝门、玉带桥、道仪门、先天门、太极门、钟鼓两楼、统天殿、显仁殿、太始门、八卦台、陵垣门、伏羲墓、蓍草园。如果把南北大门层层打开,可从午朝门外直接望见紫禁城中太昊伏羲氏的巨大陵墓,号称"十门相照"。

由午朝门沿主神道北行,整个行程是一条垂直的路线。通过几个大大小小院落的穿插,空间大小的变化、转换,逐渐到达等级最高的建筑——统天殿,突出地体现了帝王陵庙的至尊地位。太昊陵在轴线上的建筑及其附属部分,采取严格的对称法,并向两侧发展,形成次要轴线,而次要轴线上的建筑如西四观、东三观、火神台等则采取大致对称或灵活变通的手法。各组建筑串接在同一轴线上,南北轴线与东西轴线纵横交错,形成主次分明、统一而又富有变化的整体。

太昊陵九进院落布置运用也合理巧妙,从午朝门到统天殿,先后通过三座门,一座桥,四个闭合空间,其空间变化是由大及小再到大这样一个行进过程。踏进午朝门,首先进入一个较大的空间,视觉开阔;缓步穿过玉带桥,即到达道仪门,面前所看到的空间较前者略小;一路观赏着苍松翠柏,进入先天门,垂直视觉空间越来越狭窄;过太极门,则呈现出一个纵深开阔的空间,眼前豁然开朗,即进入了太昊陵的中心大院,迎面为巍峨壮观的统天殿。这种空间的对比,更是迎合了人们的心理变化需求,使踏入神道顶礼膜拜的人们深切地感受到了太昊陵的神秘。

另外,在太昊伏羲陵庙的中心大院,以太极门、两仪门、四象门、三才门、五行门、仰观门、俯察门、先天门等构成了一个立体的八卦阵式图。设计者以门为阵,以阵设气,入阵得气,得气入阵。作为朝圣拜祖的重地,布八卦阵势,体现出了庄严肃穆的氛围。①

(二)周定王墓

周定王名橚,为明太祖第五子。《明史》载:"橚好学,能词赋,尝作《元宫

---

① 于福艳:《太昊陵庙之历史文化与建筑特色探微》,《文教资料》2009 年第 33 期。

词》百章。以国土夷旷,庶草蕃庑,考核其可佐饥馑者四百余种,绘图疏之,名《救荒本草》。"①洪武十四年(1381),朱橚就藩开封,洪熙元年(1425)薨,葬禹州之明山。《禹县志》载:"周定王墓,乾隆《邵志》曰:'州北五十里明山下,紫金里十甲后茔。'"②明山即太白山,周定王墓在今禹州市无梁镇老官山东麓王家村,俗称"朱王坟"。

周定王墓园遗址位于定王墓右前方,坐西朝东,劈山而成,当地村民传有"大殿、二殿、三殿"之说。按明代帝王陵墓寝园建制,传说当指寝园门、中门、享殿之属,惜已无存。据资料记载,寝园遗址尚有道路、护坡、建筑墓址等遗迹。

道路位于周定王墓前方的断崖处,迂回向上,整体呈曲尺状,宽约 3 米,路面土石参半。道路一侧有石砌护坡,系用原山石材摆砌而成,并用灰浆灌缝,保存尚佳。

通过道路向上,越过一级台地有一处横阔约 44 米、宽约 31 米的平台,地表残存大量绿釉琉璃建筑瓦件及青砖。由其位置推侧,当是享殿所在。由其后部及一侧的遗迹来看,该基址当是劈山凿石而成,南侧紧邻山间冲沟,北侧有一坡道可达周定王墓室。③

(三)潞简王墓

潞简王及其次妃赵氏墓,位于新乡市北郊三十里的凤凰山南麓。这里丘陵相峙,泉壑幽深,环境优美。潞简王朱翊镠,为明穆宗朱载垕的第四子,"万历十七年(1589)之藩卫辉"④,万历四十二年(1614)薨。

潞简王墓与其次妃赵氏墓东、西并列,皆坐北向南。其建筑布局大体相同(如图 6-9),两墓占地 13 万平方米。其中,潞简王墓地占地 8 万平方米,布局与明十三陵之定陵相仿。墓区建筑大致可分为两组。第一组是导引神道部分,从最前面的石刻仪仗群到墓区正门。第二组是主体部分,从墓区正门直至"宝城"。

陵墓的最前边是一座石牌坊,上刻"潞藩佳城"楷书四字。石坊两侧并列石华表,浮雕云龙图案。向北是引神道,两旁并列文吏石人两对,石兽十四对。石

①　〔清〕张廷玉等撰:《明史》,中华书局 1974 年版,第 3566 页。
②　王琴林等纂修:《禹县志》,成文出版社 1976 年版,第 1033 页。
③　孙凯:《明代周藩王陵调查与研究》,中州古籍出版社 2014 年版,第 2~3 页。
④　〔清〕张廷玉等撰:《明史》,中华书局 1974 年版,第 3648 页。

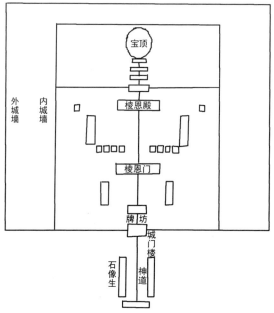

图 6-9 潞简王墓平面图(引自乔丽芳、张文杰等:《潞王陵世界文化遗产申报
SWOT 分析》,《资源开发与市场》2008 年第 7 期)

兽形象有狮子、獬豸、狻猊、麒麟、骆驼、象、羊、马及神化的其他怪兽,均由整块
青石雕成,或立或蹲,形态各异。神道北端为汉白玉砌成的三孔券御河桥,南北
向跨汉白玉条石砌成的长方形水池。过桥向北为潞简王墓的正门——外城门
楼。

　　墓区的主要建筑布局与明皇陵基本相同,由棱恩门、棱恩殿(举行祭祀之
殿)、明楼(内竖墓碑)和宝城(葬所)组成。墓区平面为长方形,四周建有两道
高大城墙围护墓地。外城墙南北长 324 米,东西宽 147 米,城墙高达 6 米,全部
用青色石条垒砌而成。整个城垣坚固规整,构成一座以城垣为边界的规模巨大
的墓区。墓区由三个院落构成,由墓区正门至棱恩门为第一院落,自棱恩门以
北至棱恩殿为第二院落,棱恩殿后的石坊、明楼至宝城构成第三个院落。在三
重院落之间,横向有内城墙二道相隔。

　　陵墓正门为一高大的城楼,砖石砌筑,高 10.3 米,面阔 22 米,歇山顶,覆绿
琉璃瓦,下设三个拱券式门洞。从门楼上层的两山面可进入券洞式的城楼内。
棱恩殿原为墓区的主要建筑,面阔七间,进深三间,殿前两侧立有汉白玉石望柱
及石狮一对。棱恩殿后的明楼内有镌刻“敕封潞简王之墓”的石碑一通,高 7

米,龙首方趺,碑阴镌刻有潞王生卒年月;碑身下置一长方巨石为趺,四壁均浮雕云龙图案,刻工精湛,形象生动有力。碑前还置有巨大的长方石案,案前有石雕香炉一个,花瓶两个和烛台一对,应属"五供"之类。

墓碑和"五供"的后面为"宝城",周围石砌城墙,通高9米有余,周长约70米,内有石阶可登丘顶。"宝城"下为地宫,即安放潞简王朱翊镠棺椁的地方,距地面近4米,原来有用砖石筑成的隧道与地面相通,棺椁下葬后即予填封。地宫总面积达185平方米,由前、中、后、左、右五个殿堂组成,全部是石结构的拱券式建筑。前、中、后三殿前各有一道青石券门,大小造型类同。

潞简王墓西百余米为次妃赵氏墓地,其平面略呈南北向的马蹄形,南端较东墓区向南伸长20米,共由四个院落构成,建筑布局与东墓区相同。[①]

六、公共园林

元明清时期的公共园林多依托水系而成,如利用河湖、池沼等因水成景;也有利用寺观、祠庙以及其他纪念性建筑,或者与历史人物有关的古迹等,加以园林化的处理,成为供士庶游览观赏的公共活动空间。此期河南最具代表性的公共园林为辉县百泉和开封禹王台。

(一)辉县百泉

百泉位于河南省辉县城区西北约2.5公里的苏门山南麓,其地泉眼众多,故称百泉。其中,较为著名的泉眼有搠刀泉、涌金泉、喷玉泉等。泉水汇成湖并注入卫河,故而也是卫水之源。

百泉可追溯至商周,《诗经》中即可见到对它的记载,《国风·邶风·泉水》中有"毖彼泉水,亦流于淇"[②]句,其中的"泉水"指的就是百泉。秦灭六国,齐王为秦兵所虏,被迁往苏门山,旧志称其居所为齐王建旧居,这是百泉出现的第一座建筑。此后,历代在百泉多有增缮。

---

① 河南省博物馆、新乡市博物馆:《新乡明潞简王墓调查简报》,《中原文物》1978年第3期。
② 〔宋〕朱熹集传:《诗经》,上海古籍出版社2013年版,第49页。

晋时,高士孙登隐居苏门山土窟之中,后人为示纪念,便在苏门山巅建台一座,取名"啸台"。隋唐时,为祭祀卫源河神,在苏门山南麓西侧坐北朝南建"卫源庙"。金明昌年间,卫源庙前建"百泉亭"。元代,郭子忠在百泉湖南辟花园,内建一小亭,取名"挹翠楼",明时亦称"浓翠亭""宛在亭""仁知亭"。明成化年间,苏门山腰的龙公祠改建为孔庙,庙前修"子在川上"石牌坊一座。为纪念邵雍,在百泉湖西岸建"邵夫子祠"。同时,百泉湖北岸又建"涌金亭"。明正德中,挹翠楼东南建"洗心亭"。明正德十一年(1516),啸台北建"孙登祠"。明嘉靖三十三年(1554)大修卫源庙。明嘉靖三十四年(1555),改百泉亭名"灵源亭"。明隆庆六年(1572),苏门山西侧的凤凰山坳中建"天爷王母庙",亦称"无梁殿"。同时,百泉湖东岸又建"放鱼亭"。明万历二十年(1592)时改挹翠楼名"清晖阁"。明崇祯丁丑年(1637),百泉湖西北隅启贤祠改为"张公祠"。清时又多次重修"子在川上"石牌坊与洗心亭。康熙二十九年(1690),于清晖阁前建飞虹桥。据道光《辉县志》载:"乾隆十五年(1750)大加修筑,绕岸砌石,南卧长桥,以作屏障,山水亭阁,金碧参差,倍增胜概。"从此以后,百泉遂具备天然山水园的格局,成为一处远近闻名的大型公共园林。

百泉碧水清波荡漾,鱼虾荇藻充盈,亭台楼阁沿湖环绕,绿树环抱,青草相依,有"北国小西湖""中州颐和园"的美誉。(如图6-10)

百泉呈北山南湖的态势,北山即苏门山,南湖即百泉湖。两者彼此依托,互为资借,掩映成趣。百泉湖呈狭长形的不规则几何形状,面积6.3公顷。湖面被一座桥分成北湖与南湖。南湖略为简洁,仅有一小岛,在岛上建亭一座。北湖建九曲长桥,桥上点缀以放鱼亭、清晖阁、船房等,和杭州西湖三潭印月的九曲桥有些类似。湖中泉眼多达百余个,大部分集中在北半部。站在桥上,就可见水中泉眼涌水如珠,日夜不息。湖水温度常年保持在20℃左右,冬暖夏凉,清澈见底。泉自湖底出,如累累珍珠,所以又有"涌金泉"与"珍珠泉"之名。元人王磐有诗句咏赞:"济南七十二名泉,散出坡陀百里川。未似共城祠下水,千窝并出画楼前。"[①]

在湖北岸建有两个泉亭,东为涌金亭,西为百泉亭。湖东为乾隆帝的行宫,自成一区,三进院落。北湖的东南角还有一组建筑,名为白露园,是当年乾隆帝

---

① 〔清〕顾嗣立编:《元诗选》(二集),中华书局2002年版,第170页。

南巡时的太后住所,院落轴线正对九曲桥、涌金亭、卫源庙、放鹤台,构成斜向的风景轴线。

北湖区的西面分别建有孙奇逢祠、太极书院、九贤祠、邵夫子祠,各自构成院落。邵夫子祠也称邵雍祠,始建在明代成化六年(1470),院落是由门楼、击壤亭、拜殿、大殿、厢房组合而成。因邵雍有《伊川击壤集》,因此院中亭子称作击壤亭。

百泉山清水秀,有独特的水景和深厚的文化积淀,因而声名远播,历代慕名来游者甚众。乾隆南巡时曾到过此地,深慕其湖光山色之

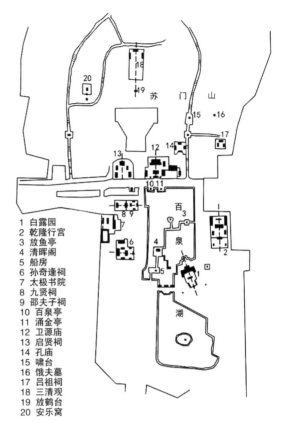

1 白露园
2 乾隆行宫
3 放鱼亭
4 清晖阁
5 船房
6 孙奇逢祠
7 太极书院
8 九贤祠
9 邵夫子祠
10 百泉亭
11 涌金亭
12 卫源庙
13 启贤祠
14 孔庙
15 啸台
16 饿夫墓
17 吕祖祠
18 三清观
19 放鹤台
20 安乐窝

图 6-10 百泉平面图[引自周维权:《中国古典园林史》(第三版),清华大学出版社 2008 年,第 744 页]

美,也很景仰邵雍的道德文章,故而在北京的皇家园林清漪园内的万寿山南坡,模拟苏门山安乐窝的形胜而建置一处景点,名曰"邵窝"。

(二)开封禹王台

禹王台是位于开封城区东南隅的一处公共园林。禹王台最早称吹台。春秋时,晋国的大音乐家师旷,曾在这里吹奏过乐曲。据传,他给晋平公弹琴,弹欢乐的曲子,引来飞鹤起舞;弹悲哀的曲子,招来风雨如晦。后人慕先贤事迹,多有增缮。明成化十八年(1482),在禹王台上建碧霞元君祠;正德十二年(1517),又建三贤祠;嘉靖二年(1523),为纪念大禹治水的功绩,建禹王庙,故称禹王台。嘉靖四十一年(1562),三贤祠改称"五贤祠"。至清道光十年(1830),重修祠堂时,其匾额上仍题"三贤祠"。

禹王台坐北朝南,大门为木质牌坊,清乾隆二十七年(1762)建,道光二十九年(1849)重建,横额中书"古吹台"三个大字。牌坊为四柱三楼式,悬山顶,上覆以灰瓦,素脊,檐下置五翘斗拱,高4米许。门前原有铁狮子、照壁,现已无存,仅余苍柏两株,立于牌坊东西两侧。过牌坊历阶而上二十级至台上,台周围砖砌女儿墙,台南为御书楼。

御书楼面阔三间,重檐硬山顶,屋面为琉璃剪边,前坡有一枋心,正脊为花脊,浮雕八条行龙,两端置大吻。戗脊置狮、马、羊、鱼等兽。墀头浮雕牡丹,檐下无斗拱,用荷叶墩承托出檐。上层明间雀替为透雕二龙戏珠;次间为凤戏牡丹;下层无雕饰,明间装六抹头隔扇门四扇,两次间辟坎窗。楼檐下原悬挂"功存河洛"匾额一块,为康熙皇帝1694年亲题。

御书楼后为禹王庙,以小巧的庭院和三面外围回廊连为一体。庙门为一砖牌楼,庑殿顶,覆以灰瓦,檐下置一斗三升斗拱,万字椽头,壁上雕花卉和团龙,两侧砌花墙,中间开月亮门,门前卧四只小石狮。进月亮门东西两侧为配殿,皆面阔三间,硬山顶,灰瓦,素脊。檐下无斗拱,雀替上施高浮雕龙凤。北为禹王殿,面阔五间,单檐歇山顶,前半廊接硬山卷棚,上覆绿色琉璃瓦,后檐下置五踩斗拱,阑额上有高浮雕双凤朝阳、仙鹤牡丹等。大殿东西两侧各有一圆门,分为二小院,西为水德祠,东为三贤祠,为纪念唐代诗人李白、杜甫、高适登台赋诗而建,后增加明中叶诗人李梦阳、何景明,故又称"五贤祠"。

正殿后为御碑亭,亭为八角形,朱柱,内有乾隆十五年(1750)乾隆帝南巡到开封时新题吹台五言律诗碑刻。

由御碑亭向下为清道光年间开凿的环台水池,两旁尽植桃柳,池北建有高阜,上有水榭,环境幽静,风景独秀。

禹王台以其精巧的殿堂建筑、优美的环境布局成为士庶游观的首选之地。康有为游禹王台时曾作诗赞叹此地秀丽景色:"短槐高柳绿皆新,长沼园亭泽似春。碑前拓影留后因,鹦鹉解语花馥芬。"①

此外,前文所述的淮阳太昊陵、洛阳关林、开封相国寺、汤阴岳飞庙等处,除每年有固定的庙会外,也是士庶踏寻古迹、观光游览的胜地,故也具有公共园林的性质。

---

① 〔清〕康有为:《登吹台诗》,见中州书画社编:《咏汴诗选》,中州书画社1982年版,第101页。

第七章 — 民国时期 —

相对于两千余年的封建社会来说,从清王朝的覆灭(1912)至新中国建立(1949)前的民国时期极其短暂。但激烈的社会动荡使其富于曲折、变化,也是中国园林发展最为复杂的一个历史时期。民国园林自传统园林的鼎盛末期起,既承袭了封建时代皇家园林、私家园林和寺观园林三大类型的传统,也接纳了西方传入的新的园林形式——面向大众的公园,还受民主与科学思潮的影响,产生了"中西合璧"的新型园林。故而,中国园林在此时期并没有出现历史发展的断层,反而呈现出一种奋发图强的新活力与前所未有的新趋势。一些有识之士开拓了与中国近代文化相适应的园林理念,形成了既传承中国传统文化又融合西方文明形式的近代园林。民国时期的河南园林,虽不像天津、上海、广州一样受西方文明深刻浸染,但其也在传统之中融入西方元素,具有独特之处。

第一节　传统园林

传统的园林形式在民国时期的河南仍在延续。除皇家园林已经停止建造外,寺观园林也多沿用旧寺观而罕有建造,衙署也为新式政府管理机构取代,书院变为新式学校,会馆逐渐演变为行业商会,城市公园成为专门的公共园林新类型,但私家园林、陵墓园林、祠庙园林等类型在这一时期的河南还或多或少有营造,如养寿园、袁林等。

一、私家园林

民国河南私家园林的代表是养寿园,为民国总统袁世凯避居彰德(今安阳)时在洹上村营建的一处园林。清光绪三十四年(1908),宣统帝即位,其父载沣监国,是年12月,免去袁世凯所有职务,令其"回籍养疴"。袁世凯被免职后,先居汲县、辉县,后于宣统元年(1909)迁居彰德洹上村(以其面临洹水而得名)。其住宅原为天津盐商何炳莹别墅,面积二百余亩,袁世凯"爱其朗敞宏静,前临洹水,右拥(太)行山,土脉华滋,宜耕宜稼,遂购居焉"①。袁世凯将其买下后,又大兴土木扩建,其内辟有花园,即为养寿园。袁克文《养寿园志》曰:"(洹上)村之左辟地百亩,艺花树木,筑石引泉,起覆茅之亭,建望山之阁,漳河带于北,太行障于西,先公优游其中,以清孝钦后曾赐书'养寿',爰命曰'养寿园'。"②

关于养寿园的修建时间,其女袁静雪(原名叔祯)在《我的父亲袁世凯》一文中回忆:"一九〇九年五月间,彰德北关外洹上村的住宅大致修好,我父亲才让人把所有家眷接来一同搬入新居,开始了他的'隐居'生活。……洹上村的住宅,原是天津某人修造的别墅,洹水流过它的前面。这所别墅原有的房屋并不很多,大哥(袁克定)所监工修建的,只是我们家里人所必需居住的一部分房屋,还有很多工程都是在我父亲搬进去以后才陆续完成的。"③可见,养寿园是在袁世凯1909年移居洹上以后才建成的。

养寿园内遍植竹树花卉,畜养珍禽异鸟,亭台楼榭无所不有。其中的养寿堂、谦益堂、五柳草堂、乐静楼、红叶馆、纳凉厅、澄澹榭、葵心阁、啸竹精舍、杏花村、临洹台、洗心亭、盖影亭、滴翠亭、待春亭、碧峰洞、泻练亭等园林建筑优雅别致,曲径通幽。又开渠引洹水入园中的人工湖,溪流潺潺,荷花怒放,鱼蟹游玩。湖中建有平桥,堆山叠石,喷泉流瀑。袁世凯还蓑笠木屐,坐舟垂钓,自称洹上

---

① 沈祖宪、吴闿生编纂:《容庵弟子记》,见国家图书馆分馆编:《中华历史人物别传集》(76),线装书局2003年版,第80页。

② 袁寒云著,文明国编:《袁寒云自述》,安徽文艺出版社2013年版,第85页。

③ 袁静雪:《我的父亲袁世凯》,见中国人民政治协商会议全国委员会文史资料研究委员会编:《文史资料选辑》(第74辑),文史资料出版社1981年版,第132页。

渔翁,别号"容庵老人"①,以示退隐之志。

其中,养寿堂在园林的中央,周围有廊,"轩敞为全园冠";养寿堂阶前立有两块太行山中产的奇石,"一状美人,一如伏虎"。谦益堂在园林的南部,"面汇流池,倚碧峰嶂。左接峻阁,右挹新篁,明窗四照,远碧一泓",登之南园胜景尽收眼底;堂之名取光绪辛丑(1901)季冬,皇太后赐袁世凯的"谦益"二字。五柳草堂在园林西北部,以前种有五株巨柳,故名。乐静楼在园林东北隅,登之可望太行山。红叶馆在养寿堂西,以"秋则丹枫拂槛,霜柿垂檐"为名,庭院丛植牡丹、芍药,香气盈庭。澄澹榭在园林的东墙下,"西接叠嶂,碧峰洞在焉",其周围环绕花木竹石,有泉从石上倾泻而下。啸竹精舍在"澄澹榭南、谦益堂北",周围丛植翠竹,故名。杏花村在园林北部,有"茅屋数椽","移栽古杏",颇有郊野逸趣。临洹台在园林最南部,"薄南垣焉",可"俯峒洹流,遥览城郭";下以叠石承之;叠石上有洞,称椎风洞,"洞有二径,左曰'椎风',右曰'琴月'"。②

养寿园南部辟有汇流池,"曲岸平波,周可十亩。种荷植菱,丹碧成锦,莲叶如轮,莲花逾掌,容与其间,枝高可隐,花叶密繁,扁舟为阻"。养寿园南北之间横亘鉴影池,翩然若带,有平桥以通两岸,池周围环以曲槛,并以曲涧与汇流池连通。"曲涧入汇流池处",有卧波桥衔接两岸。曲涧北端有散珠崖,上有泉流跌落成瀑,在红叶馆西窗可见。有碧峰嶂绵亘鉴影池南,也称碧峰洞,"洞有四径,北曰'碧峰',通于池北;西曰'屏移',入于竹林;东曰'镜转',达澄澹榭,南曰'青霭',临谦益堂"。③

养寿园中还有多处亭子,点缀其间。洗心亭在汇流池中央,不与岸接,"必以舟达",有若海上仙山。垂钓台在洗心亭东,有板桥与南峰相通。盖影亭在汇流池北岸。滴翠亭在谦益堂后,立于万竹丛中。枕泉亭在鉴影池畔,枕于池上。接叶亭倚园林之东墙。待春亭在园林北部平旷之地,周围有牡丹千株。瑶波亭在澄澹榭右,可"俯鉴影之波"。泻练亭在杏花村南,"有短瀑临之",故名。另有纳凉厅、葵心阁、天秀峰等。④(如图7-1)

养寿园选址极佳,能够充分收摄周围远近的美景。袁世凯的《和江都史济

① 翟莉、彭书湘主编:《安阳市北关区志(1991~2002)》,中州古籍出版社2008年版,第406页。

② 袁寒云著,文明国编:《袁寒云自述》,安徽文艺出版社2013年版,第85~89页。

③ 袁寒云著,文明国编:《袁寒云自述》,安徽文艺出版社2013年版,第88~89页。

④ 袁寒云著,文明国编:《袁寒云自述》,安徽文艺出版社2013年版,第87~88页。

道女史月下游养寿园诗》曰："墙外太行横若障,门前洹水喜为邻。"[1] 从乐静楼西望,远借太行之景,并与园中的林木山石、阁楼亭台,形成远、中、近三个层次的景观,把园内之景与园外之景天衣无缝地融为一体。登临洹台向南望,门前的洹水潺潺东流,远处的城郭花红柳绿。若沿池北岸及中部的养寿园一带向北望去,园内高低错落的景观建筑和奇花异草,与园外的田野及远处的漳水遥相呼应,一派村野田园风光尽收眼底。

袁世凯本非能诗之人,但其受养寿园优美环境的感染,时常与僚属诗酒唱和于园中,并效仿许有壬"圭塘雅集"之事,编《圭塘倡和诗集》。其诗也多少反映出了袁世凯此时的心境,如《登楼》："楼小能容膝,檐高老树齐。开轩平北斗,翻觉太行低。"[2]登楼远眺,而觉北斗星矮、太行山低,寥寥二十个字,可见其睥睨宇内、目空一切的气度,但细品则有壮志未酬之感。又如《自题渔舟写真》："百年心事总悠悠,壮志当时苦未酬。野老胸中负兵甲,钓翁眼底小王侯。思量天下无磐石,叹息神州变缺瓯。散发天涯从此去,烟蓑雨笠一渔舟。"[3]

无论是亭台楼阁的营造、池沼溪涧的开辟,还是竹石花木的配置,养寿园无

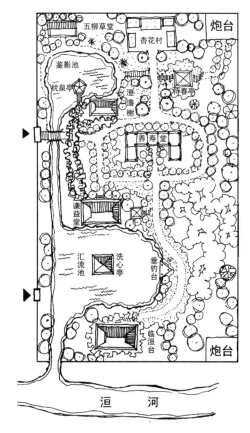

图 7-1 养寿园平面图(引自申淑兰:《安阳地区古代园林探研》,河南农业大学硕士学位论文 2010 年,第 43 页)

---

[1] 翟莉、彭书湘主编:《安阳市北关区志(1991~2002)》,中州古籍出版社 2008 年版,第 406 页。

[2] 袁世凯:《登楼》,见金静编注:《安阳古艺文选辑》,中国文联出版社 2013 年版,第 456 页。

[3] 袁世凯:《自题渔舟写真》,见金静编注:《安阳古艺文选辑》,中国文联出版社 2013 年版,第 457 页。

一不是传统文人园林的延续。后辛亥革命爆发，袁世凯重掌权柄，家属也跟随其移居北京。洹上村、养寿园虽然依旧存在，但已经没有了昔日的繁华。再后来，冯玉祥主豫，曾将洹上村、养寿园改为学校。中华人民共和国成立后，洹上村、养寿园的建筑材料被移至安阳市内，据说工人文化宫就是在此基础上建起来的。

二、陵墓园林

民国是陵墓园林由传统封建帝陵向现代纪念性陵园过渡的时期，民初的安阳袁林为这一转折的代表，至郑州碧沙岗北伐军烈士陵园修建时，则已经完全成为纪念性陵墓园林。

（一）袁林

袁林为民国总统袁世凯陵寝，位于今河南安阳市区洹水北岸太平庄，"风景幽丽，气氛肃穆，具有陵区独有的庄重气质"[①]。"袁林"之谓，取"河南旧俗，凡树木翁翳之区，辄名为林"[②]之意，称"袁公林"。袁世凯去世后，民国政府依其"归葬河南安阳洹上"[③]的遗愿，濒临洹水筑墓，1916 年 8 月兴修，1918 年 6 月 15 日告成。民国时期，传统的帝陵开始向现代陵墓园林过渡，"'陵'的服务内容从专指帝王或诸侯的墓地转向了泛指以陵墓为主的园林"[④]。袁林即为这一转折之代表，具有新旧交替、承前启后的时代特征。[⑤]

其一，布局形制。（如图 7-2）

① 苏海星：《河南安阳袁世凯陵考察》，见张复合主编：《中国近代建筑研究与保护》（六），清华大学出版社 2008 年版，第 431 页。

② 《内务部核议袁公林墓祀典并酌拟保管规则及林墓所占地亩请饬财政部核明数目豁除粮赋呈文》，转引自建筑文化考察组、《中国建筑文化遗产》编辑部编著：《辛亥革命纪念建筑》，天津大学出版社 2011 年版，第 199 页。

③ 建筑文化考察组、《中国建筑文化遗产》编辑部编著：《辛亥革命纪念建筑》，天津大学出版社 2011 年版，第 199 页。

④ 李程成：《中国墓园设计理法研究》，北京林业大学博士学位论文 2014 年，第 17 页。

⑤ 牛轶达、郭建慧、刘晓喻等：《安阳袁林的时代特征考述》，《地域研究与开发》2018 年第 3 期。

袁林的布局形制基本符合帝王陵寝的模式，①在极力模拟传统封建帝陵的同时，也仿照了西方陵墓的形式。

袁林"就其总体布局而言，仿明陵而略小"，"朝向为向东南而微有偏度"。②采用中国传统帝陵均衡对称的布局方式，以贯穿南北的神道为中轴线，将陵墓建筑群合为一体。袁林从濒临洹河的照壁始，神道自南而北绵亘达千余米，跨糙石桥、清白石桥，延伸至牌坊；过大丹陛，两侧展开成对石像生，自望柱开始，依次为石马、石虎、石狮、武将、文人；再过碑亭，穿堂院大门，沿神道入堂院，过须弥座香炉，为飨堂景仁堂，两侧有东西配殿；转过景仁堂，经两侧之小门进入墓区，依次为铁门、五炉石供桌以及背后的宝顶庐墓。袁林建成之初，外有"藜寨维护，寨外则辟渠注水环绕，寨内松柏梅槐浓荫蔽"③，气氛宁静肃穆。在陵墓选址及建筑布局等方面，则顺应时代模仿西式而制。

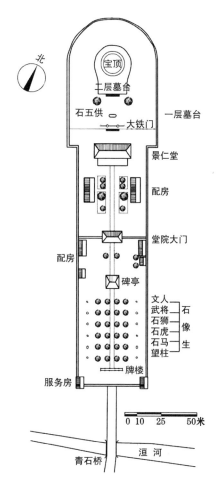

图 7-2　袁林平面图（自绘）

传统陵寝选址都是在综合考虑政治、礼法、风水和施工等因素的前提下确定的，一般依托山体起陵。④ 袁世凯生前也有此意，他在致友人信中曰："兄衰病

---

① 苏海星：《河南安阳袁世凯陵考察》，见张复合主编：《中国近代建筑研究与保护》（六），清华大学出版社 2008 年版，第 430 页。

② 肖宗林、贾云台、贾俊华：《安阳袁世凯陵墓建筑特色》，《河南建筑史志》1990 年第 1 期。

③ 苏海星：《河南安阳袁世凯陵考察》，见张复合主编：《中国近代建筑研究与保护》（六），清华大学出版社 2008 年版，第 430 页。

④ 翟志强：《明代帝陵选址诸因素考述》，《兰台世界》2014 年第 27 期。

日增,行将就木,牛眠之区,去冬已卜得一段。"①对此,其子袁克文补充道:"昔先公居洹时,曾自选窀穸地,在太行山中,邃而高旷,永安之所也。"②但其逝后,则归葬洹上太平庄,依西式选址而建造中式陵墓,模仿美国第十八任总统格兰特的陵墓形式,临水而制。

袁林自景仁堂以前的部分,依明、清帝陵之传统而制。前有跨河石桥,次有仿明、清石牌坊之钢筋混凝土牌坊,牌坊后有石像生、碑亭,接着是相当于棱恩门(清代称隆恩门)的堂院大门,入内为飨堂景仁堂,飨堂在明代为棱恩殿(清代称隆恩殿),飨堂两侧有东西配殿。飨堂景仁堂后的墓区,则取消了明、清帝陵的核心标志方城明楼,③又在宝城宝顶的位置建有饰以西洋铁艺、石雕的西式庐墓。庐墓有三层墓台,周围砌虎皮石,地面由混凝土筑成。一层墓台南端正中有西式铁门,为一大两小"山"字形,间以青白石门柱;铁门门扇上部为栅栏,下部为栏板,饰以图案;四周有石柱铁索围护。"袁林墓台铁门的作用类似于明清帝陵的琉璃门,为前殿后寝的出入通道。"④二层墓台则以石柱铁栏围护,抽象出传统帝陵宝城的形状。三层墓台为宝顶的基座,青白石墙,墙顶有西式石狮十二座;上有宝顶,为传统圆形封土堆形式,顶部植草皮一层,底部以青白石矮墙围护。故其结构前为中式,后为西式,"前中后洋,中西合璧"。(如图7-3)

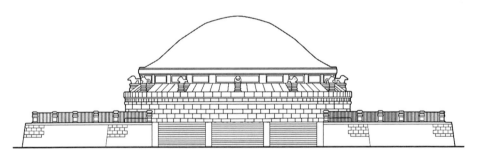

图7-3　宝城正面图(自绘)

其二,陵园装饰。

①　袁世凯原著,骆宝善评点:《骆宝善评点袁世凯函牍》,岳麓书社2005年版,第295页。

②　袁克文:《洹上私乘》,大东书局1926年版,第20页。

③　史箴:《清代帝陵的哑巴院和月牙城》,《故宫博物院院刊》2007年第2期。

④　苏海星:《河南安阳袁世凯陵考察》,见张复合主编:《中国近代建筑研究与保护》(六),清华大学出版社2008年版,第435页。

除布局形制外,袁林在陵园装饰中以中式之形式纹样,杂糅以西方之图案形象。

传统帝陵装饰纹样古有定制,或寓意吉祥瑞符,或象征身份等级,"起到了一种教化及审美陶冶的作用"①。如清昭陵石五供刻柿子、如意、净瓶、鹌鹑,寓意"事事如意""平平安安"。②袁林除在南端照壁饰以砖雕"五蝠(福)捧寿"吉祥图案外,还于陵园中遍布"嘉禾"与"十二章"纹等传统纹样。其中,"嘉禾"不但寓意风调雨顺、五谷丰登,还有彰显君德之意。③"十二章"则"代表着封建皇权至高无上的荣耀"④,袁世凯洪宪帝制之礼服也作"十二章"纹饰。袁林还"在照壁、神道华表、墓门、墓台铁栏以及彩画等多处采用一种西式勋章图形作为装饰"⑤。中国勋章始于清末参照国外样式设计的"双龙宝星勋章"。⑥袁林勋章图案与当时使用的勋章均不同,为传统"十二章"图案与西式勋章形式的组合。另外,上述纹饰图案的使用还有彰显墓主身份的意味。

袁林仿帝陵布置石像生,采用民初文、武官员形象,其服饰形象中西元素并存。石像生"武人着北洋军礼服,胸佩文虎勋章,手握军刀,英豪威武,文人着七章纹祭天大礼服,头戴平天冠,双手垂胸,谦卑恭敬"⑦。其中,文人石像生祭天冠服源自民初之恢复"汉衣冠"的运动。政府于1914年订立祭祀用服饰制度,其形式"合乎古而不戾于今","以章数多寡为等差"。⑧袁世凯洪宪帝制,也继续沿用辛亥以来"汉衣冠"的古制作为标榜,⑨即文人石像生的服饰形象。武人石像生的北洋军礼服则采取欧式,其领、肩、袖、裤、帽各章标识与北洋常备军最早采用的德式军礼服几近相同。

---

① 刘定坤:《传统民居装饰图案的象征意义》,《华南理工大学学报》(自然科学版)1997年第1期。

② 闫宝林:《多民族文化特征的清昭陵建筑装饰》,《华中建筑》2007年第8期。

③ 顾颖:《汉画像祥瑞图式研究》,苏州大学硕士学位论文2015年,第110页。

④ 李理、车冰冰:《明清皇家服饰"十二章"考(上)》,《收藏家》2016年第5期。

⑤ 建筑文化考察组、《中国建筑文化遗产》编辑部编著:《辛亥革命纪念建筑》,天津大学出版社2011年版,第202页。

⑥ 王道瑞:《清代的"双龙宝星"勋章》,《故宫博物院院刊》1988年第4期。

⑦ 苏海星:《河南安阳袁世凯陵考察》,见张复合主编:《中国近代建筑研究与保护》(六),清华大学出版社2008年版,第433页。

⑧ 内务部统计科编:《内务公报》,转引自徐华龙:《民国服装史》,上海交通大学出版社2017年版,第42页。

⑨ 李竞恒:《衣冠之殇:晚清民初政治思潮与实践中的"汉衣冠"》,《天府新论》2014年第5期。

其三,营造方式。

袁林的营造方式既有对帝陵营造制度与营造传统的继承,又有对现代建造模式与营造技术的利用,在很多方面有开创性的成果。

袁世凯去世后,民国政府沿清代惯例成立专门机构——"董理墓地工程处",由河南巡按使田文烈主持,"内务部技术人员马荣、雷斌、陆恩荣监察施工,工程处范寿铭督促进行"[1]。袁林陵寝地圹(内圹)工程先期进行,由"董理墓地工程处"雇工建造,完成后袁世凯遗体即安葬于内。袁林剩余工程则"依照大行皇帝陵寝的规制,绘具图册,在北京招商投标"[2]施行,最后"兴隆木厂中标承包建造"[3]。1917年1月17日,兴隆木厂与"董理墓地工程处"签订合同,划分袁林施工中的责、权、利。此后,招标筑陵的运营模式开始进入中国陵园营建中。

在袁林营造时,政府指拨五十万元银币被初期之丧葬活动"动用泰半。其茔圹内外全部建筑工程以及祭礼、种植诸端,斟酌时宜,权衡体制,再四审核,不敷尚巨"[4]。更由于"袁公遗产不丰,未忍轻动;而库帑奇绌,难在请求"[5],田文烈遂求助于时居卫辉的徐世昌。徐世昌认为"袁世凯家人出资补缺于情不合,国家增补经费恐引起一些大员反感,遂建议发起征资解决燃眉之急"[6]。段祺瑞、王士珍、段芝贵、张镇芳、雷震春、袁乃宽、阮忠枢等北洋系官员、将领纷纷解囊,"萃袍泽三十年之谊,竟山陵一篑之功,群策群力,先后集捐款银币二十五万元有奇"[7],袁林因此得以顺利完工。袁林总计"耗资73万余元。除政府指拨银币50万元外,其余多为袁生前的下属和幕僚的捐款"[8],开中国募捐筑陵之先

① 赵国文、刘炎:《近代河南城市建筑的进程》,《华中建筑》1988年第3期。

② 郑东军:《中原文化与河南地域建筑研究》,天津大学博士学位论文2008年,第173页。

③ 赵国文、刘炎:《近代河南城市建筑的进程》,《华中建筑》1988年第3期。

④ 田文烈:《袁公林墓工报告序述》,转引自侯宜杰:《袁世凯全传》,群众出版社2013年版,第439页。

⑤ 田文烈:《袁公林墓工报告序述》,转引自侯宜杰:《袁世凯全传》,群众出版社2013年版,第439页。

⑥ 中国人民政治协商会议卫辉市委员会学习文史委员会编:《卫辉文史资料》(第八辑),2005年版,第7页。

⑦ 田文烈:《袁公林墓工报告序述》,转引自侯宜杰:《袁世凯全传》,群众出版社2013年版,第439页。

⑧ 建筑文化考察组、《中国建筑文化遗产》编辑部编著:《辛亥革命纪念建筑》,天津大学出版社2011年版,第199页。

河。

此外,袁林在传统的土木营造中,部分使用了水泥等新的建筑材料以及钢砼等新的建筑结构。其中,青石券桥之桥身即为混凝土铸就;大丹陛南端牌楼,则以混凝土构筑柱枋、垫板、抱鼓石以及柱顶望天吼雕塑,辅以琉璃瓦,使用现代建筑材料而秉承明、清古建之特色;袁林之墓台也由混凝土浇注而成。袁林"宝城内无地宫,为平地庐墓"①,墓室内为砖圹,外则以钢筋混凝土封护。《袁公林墓工报告》亦载:"先在平原修砌砖圹,冀垂俭德,……是日会葬,诸公均虑砖质库薄,难历久远,首由今大总统(徐世昌)建议,仍于圹之四周用混凝土坚筑……"②袁林牌坊也一改明、清帝陵之石质传统,以钢砼仿木构橼檩枋的传统样式修建,上覆绿色琉璃瓦,别具一格。

可见,袁林的营造既遵循了传统,又积极引入了西方的元素,体现了现代文明强烈冲击下民初社会的时代特征。虽囿于认识的局限,对待外来文化的态度与方式有许多不足,但经过发展和改进,在嗣后南京中山陵等其他民国陵园营造中得到解决,并最终形成了民国陵墓园林独特的时代风貌。袁林也是我国陵墓园林从传统到现代转折的重要节点,传统封建专制的帝王陵寝自此开始转向现代感怀凭吊的陵墓园林。

(二)碧沙岗北伐军烈士陵园

碧沙岗北伐军烈士陵园为北伐国民革命军第二集团军阵亡将士墓地。北伐胜利后,为纪念阵亡将士,1928 年 3 月在郑州以西修建陵园,同年 8 月竣工;冯玉祥将军取"碧血丹心,血殷黄沙"之意,将陵园命名为"碧沙岗",并亲笔提名,以石雕刻,嵌在北门之上。

初建之碧沙岗北伐军烈士陵园由四部分组成:烈士祠,位于陵园中部,红墙绿瓦,气象庄严,前后大殿内悬挂匾额,放置镌刻烈士姓名的铜牌,以及记载烈士功绩的金册。中山公园,位于烈士祠之前,内建有民族、民权、民生三亭,另有水池、石桥。烈士公墓,在烈士祠后。民生公墓,则在烈士墓之南。(如图 7-4)

---

① 苏海星:《河南安阳袁世凯陵考察》,见张复合主编:《中国近代建筑研究与保护》(六),清华大学出版社 2008 年版,第 436 页。

② 田文烈:《袁公林墓工报告序述》,转引自侯宜杰:《袁世凯全传》,群众出版社 2013 年版,第 439 页。

碧沙岗陵园有三门,其中北门为正门。北门原为城堡式高墙,中间为朱漆大门,大门正中悬挂冯玉祥题"碧沙岗"石匾额。门外侧有汉白玉石狮一对,门楼两旁有耳房。1979年大门重建,改城堡式为殿堂式。与北门隔路相对,原有高大巍峨的照壁,今已无存。[①]

入北门即为中山公园,向南 100 米是东西向长方形水池,周围设汉白玉栏杆,池上建有石桥,桥两侧有喷泉。水池南面有砖塔,为后来纪念抗日阵亡将士而立,正面镌刻"抗日烈士永垂不朽",后被毁,仅存八角形基座。塔之南与祠堂大门之间有碑亭,均为六角形

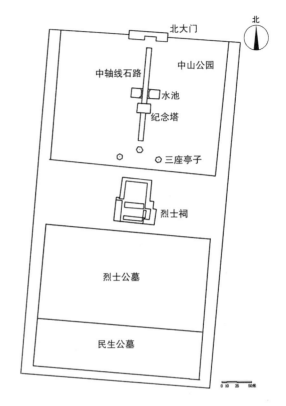

图 7-4　碧沙岗公园平面图(自绘)

仿木结构古式建筑。其中,民族亭在陵园中轴线上,内立汉白玉方形碑体,碑的北面刻有冯玉祥亲笔所题"碧血丹心"隶书四字,背面为《阵亡烈士纪念碑碑文》;民权、民生两亭对称分布于轴线两侧,均黄色琉璃瓦覆顶。1946 年,在三亭的两侧又仿建两亭,灰色筒瓦覆顶。

民族亭之南即为烈士祠,名"昭忠祠",坐南朝北,占地 4000 余平方米,为中国传统建筑形式。祠堂分前后两个大院,前院有正殿和东西廊房各七间,均为高台建筑。门前有回廊明柱,房顶覆盖绿色琉璃筒瓦。正殿内摆设阵亡官兵的灵牌,上面正中悬挂匾额,今已不存。前院正中有"墓地纪念碑"一通,纪念碑迎门而立,碑体为圆柱体,顶部呈半球形。碑高 2.2 米,碑径 0.78 米,座高 0.71 米,

---

① 廖永民、谢遂莲:《冯玉祥将军所属北伐军阵亡将士墓地——郑州碧沙岗》,《中原文物》1984 年第 2 期。

座径 2.26 米。碑体、碑座均为汉白玉石料刻制。碑身环刻碑文,魏碑体阴刻,字体苍劲有力,据说为邓哲熙先生的手笔。碑文记载着冯玉祥领导的国民革命军第二集团军之战斗经历以及建造烈士陵园的情况。纪念碑整体造型颇似竖立起来的子弹,弹头、弹壳、底盖界线分明,造型别致,寓意深刻。纪念碑矗立在圆形座上,碑座束腰,饰莲花图案,精致美观。祠堂后院正中为后殿,建筑形式与正殿同,内壁镶嵌方形碑铭近百块,镌刻国民革命军第二集团军将领及政界要人所作悼词。

烈士公墓,在烈士祠南,是一片开阔的地带,每座墓间隙 2 米,纵横成列。

民生公墓,为官兵眷属公葬之地,在烈士墓之南,中间设界石间隔。

碧沙岗陵园在总体布局上有明显的主轴线,为整个布局的中枢,并利用其营造纪念主题。正门、纪念亭、烈士祠等位于主轴线上,以突出碧沙岗公园纪念对象——北伐战争及牺牲将士,其他景观要素根据轴线来布置,围绕在纪念区周围。这样,使景观要素在层次上有序列、有主从,空间院落沿着轴线依次展开,轴线也在人们意识观念中存在着强烈的印象。

冯玉祥驻郑期间,每逢星期日必亲赴碧沙岗之烈士祠行致祭礼,并到墓园添坟。冯玉祥在讲演或文字中,每每以"人生自古谁无死,留取丹心照汗青"盛赞北伐阵亡将士的献身精神,指出:"此辈英武健儿,虽暂埋于黄沙碧草,然日后之'威名万里''青史千秋',自有其相当价值,真可谓死得其所矣!"命令所部将领来郑州,必祭碧沙岗诸烈士。各军过郑,令其参观以激发革命情绪。冯玉祥还特意交待陵园管理人员在空隙地段多种一些柿、桃、李,少栽柏、柳,树隙还可多种粗食、萝卜,把洛阳西宫的葡萄移一半来。

其后,军阀混战,日寇入侵,碧沙岗陵园也连遭炮火之灾。解放前夕,这里已是满目荒凉,一片颓垣残壁。1956 年,政府在此重新辟建公园,将一千多名将士的遗骨迁移到黄岗寺烈士陵园。这片遍体疮痍的荒芜之地变成了市民娱乐、休憩的场所。1986 年,陵园被确定为省级文物保护单位。次年,国务院拨出专款,用于北伐阵亡将士墓地祠堂的修葺。1994 年,在水池南面"抗日烈士纪念碑"原址,建起"北伐战争纪念碑",正面镌刻聂荣臻元帅题写的"北伐阵亡将士永垂不朽"十个大字,北伐军将士群像组成纵跨碑体的浮雕。

三、祠庙园林

民国时期河南祠庙园林以卫辉徐氏家祠为代表,其位于卫辉市贡院街内,为1921年第五任大总统徐世昌所建。

徐氏家祠坐落于贡院街西端,坐北面南,主体建筑占地5000多平方米,加上东跨院、后花园,总面积达万余平方米。它是1917年北洋政府在卫辉用投标办法拍卖官产,由徐世昌之从弟徐世芳出面,购买原卫辉府参将衙门旧址改建。所需资金由以徐世昌为首的昆仲集资,1921年正式落成。落成后,已逊位的宣统皇帝溥仪同徐世昌一起,专程来卫辉参加徐氏家祠的落成庆典,并亲自为徐氏祖先牌位"点主"。

徐氏家祠共分四进院落,沿中轴线自南向北依次为照壁、山门、石坊、二门、三门、拜殿及大殿等建筑,一进院东、西分设东、西华门,三进院两侧设东、西厢房,四进院拜殿前两侧为东、西配殿。

照壁立于家祠最前面,高7米,长12.7米,砖石结构,壁顶为元宝顶,用灰色筒板瓦饰,下饰砖雕仿木结构的飞檐、额枋、斗拱。照壁中央前后镶嵌有五颗谷穗组成的"嘉禾"青石浮雕圆形图案,寓汉、满、蒙、回、藏"五族共和"与"五谷丰登"之意。

照壁左右两侧建东华门和西华门,两门对称,结构相同,均为砖木结构,硬山元宝脊,灰色瓦饰覆盖。面阔、进深各一间,门楣外部饰木雕,左右雕活灵活现的两条巨龙,中央雕一颗火焰宝珠,构成"二龙戏珠"图案。内部门楣上雕刻着对立欲飞的两只孔雀,中央雕三朵盛开的牡丹花,构成"孔雀戏牡丹"花卉图案。

照壁向北为山门,面阔三间,进深二间,硬山卷棚灰瓦顶,明间装木板双扇大门,门的抱框前为一对石狮,昂首张口,栩栩如生,守护着门户。

过山门向北即入第二进院落,中轴线上建有石坊一座,四柱三间,面阔7米,高6米许,在额枋、石柱、抱鼓石上均雕有"嘉禾"构成的图案和蹲坐的石狮。石坊明间正面额上题有"东海世家"四字,石柱上书楹联一副,上联是"亭育托燕畿佳气常浮白云观",下联是"宗支分卫水清波远溯绕湖桥"。石坊右边竖一高大旗杆,左边建有一座木结构正方形攒尖顶碑亭,亭内立《创建汲县徐氏家祠记》碑一通。[①]

石坊北有二门,为面阔、进深各一间的木雕垂花门,硬山卷棚灰瓦顶,装有四扇六抹隔扇门。左右两侧各辟一硬山卷棚式掖门。

过二门入第三进院落,其中轴线上铺设有 4 米宽的甬道,中间和边沿用青条石填嵌,其他用青方砖平墁。甬道东西两侧分别建东西厢房一座,面阔三间,进深二间,硬山式卷棚灰瓦顶,明间装有木雕六抹隔扇门,次间坎墙上装木雕透花槛窗。

过三进院,中轴线上建有一座面阔、进深各一间的亭子,即为三门。三门砖木结构,歇山飞檐元宝顶,由此进入第四进院落。

四进院为中心区,北有拜殿和大殿各一座,拜殿面阔三间,进深一间,八根方柱均用青石雕琢而成,歇山式建筑,飞檐灰瓦顶,垂脊上饰垂兽四尊,目视远方。檐下、额枋上下所饰驼峰、雀替(花牙子)均雕嘉禾图案。大殿面阔五间,进深三间,硬山式建筑,元宝顶,用灰瓦件覆盖,砌垂脊四条,上饰垂兽四尊。檐下饰额枋、驼峰、雀替等装饰构件。明间和次间均装有木雕六抹隔扇门四扇,明间隔扇门裙板中央雕刻有"五蝠(福)捧寿"图案,穿板两端为"蝠(福)寿双全"图案,上部花格制作成"步步荣升""富贵吉祥"等图案。门楣上部装透雕花卉,稍间下部砌坎墙,上部装龟背纹花格窗。拜殿与大殿连为一体,整座建筑庄严肃穆。

拜殿前面建有月台,长 11.9 米、宽 4.89 米,周围装有青石雕刻的栏杆,所有望柱、栏板等雕刻艺术均十分考究。殿前甬道左右各建有东西厢房一座,面阔五间,进深三间,硬山卷棚灰瓦顶,明间和次间装木雕隔扇门,稍间坎墙上装隔扇窗,所有门窗均雕花卉图案。

徐氏家祠采用我国传统的建筑布局,多个四合院互相连接相通,四周用围墙环绕,院内是封闭的空间,布局严谨,庄严肃穆。其在传承清代传统祠庙建筑的基础上又有所创造,为河南难得一见的近代礼制建筑群。

---

① 中国人民政治协商会议河南省新乡市委员会文史资料研究委员会编:《新乡文史资料辑》(第四辑),1990 年版,第 140~142 页。

第二节　近代校园

　　清末，在"中西学互用"的思潮中，新式学校取代旧式书院，传统书院园林也为近代校园所代替。"校园"一词，通常指学校所占用地的范围。在此用地内，除学校所需各类建筑物之外，还有空地存在，空地上可以植树栽花或建设园林，故统称为校园。[①]　相应的，"中西学互用"的思想也影响了近代校园的建设，校园风格多以中式风格为主，融入了西式设计理念和设计方法，体现了兼容并蓄、中西合璧的建筑风格，每个学校又结合当地的地域特色和建筑材料，体现出各自特色。河南大学校园即为民国河南近代校园中的典型代表。

　　河南大学校园位于今开封市顺河回族区明伦街。1912 年，河南省临时议会议定，拟筹一所学校用以培养河南留学生，并委派林伯襄为校长，择定以开封原"河南贡院"旧址为校址，创办河南留学欧美预备学校。预校位于今河南大学六号楼的位置，即南北主轴线东侧。学校的东部为水面和苗圃，"由李敬斋先生主持校园整体规划，占地面积约 100 亩"。"1915 年动工，1919 年建成学校第一座中西建筑风格相结合的新式建筑，即六号楼，砖木结构，四层，作教室和办公之用，虽经沧桑，至今仍保存完好。""1921 年建成三层砖木结构学生宿舍楼西一、二斋，东一、二斋 4 座楼房。"[②]

　　1922 年冯玉祥督豫时，抄没反动军阀赵倜财产，从中划出一批资金，在河南留学欧美预备学校基础上创办中州大学。1927 年，河南中州大学、河南公立法政专门学校、河南省立农业专门学校合并，成为国立开封中山大学（国立第五中山大学），标志着河南大学完成了从"预校"向近代综合大学的演变。其间，原有的苗圃也成为了操场，原贡院西部被占据的土地成为中山大学医学院用地。据

---

① 朱钧珍：《中国近代园林史》（上），中国建筑工业出版社 2012 年版，第 131 页。

② 河南大学古建园林设计研究院编：《中国营造学研究》（第二、三辑），河南大学出版社 2012 年版，第 344 页。

校史记载:改建大学之后,校务主任李敬斋主持校园的规划设计工作,仅用一个多月的时间,便精心绘制了校园整体规划蓝图,校址也得到扩充,主要分为四区:校本部、运动场、农事实验场、教职员住宅,并积极着手兴建。到 1925 年,学校已初具规模,共占地 500 余亩,建成学生宿舍楼六座、校医院楼一座,原预校的教学活动中心六号楼改为图书馆,新建成的七号楼作为新的教学活动中心;校园东傍城墙,西环惠济河,南近曹门,北倚铁塔,雄踞古城东北一隅,成为规模宏伟的河南最高学府。(如图 7-5)到中山大学时期,学校面积增加到 1100 多亩。

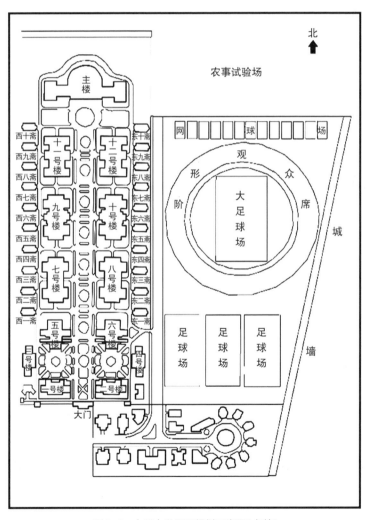

图 7-5 中州大学平面规划示意图(自绘)

　　1930 年 8 月,国立开封中山大学正式更名为省立河南大学,在之后的七年之中,河南大学的发展与建设也进入了一个相对稳定的阶段。据校史记载,1931 年 5 月,"许心武先生就任河南大学校长后,与李敬斋先生一起,对河大校园的整体规划作了调整和补充"①。他们二人根据中国传统的建筑风格和学校经费情况,提出改建河南大学的全部方案。中轴线上设计了南校门和大礼堂,规划"河南大学本部将以大门(南校门)与大礼堂成中轴线,主要建筑沿中轴线分布于前后左右,路东前面是平房、图书馆楼(六号楼),路西也将再盖一座楼与图书馆相对;中轴线东侧再盖一座大屋顶式的教学楼,与七号楼相对。大礼堂左右两翼将盖有办公楼,楼上楼下均可与大礼堂贯通。东斋房东侧为运动场。西部原贡院房为医学院校址,准备将其全部加以翻新"②。1934 年,河南大学礼堂建成,两年后又建成南校门,从此基本确定了河南大学教学中心区的空间格局。

　　校园教学中心区自南门向北至大礼堂构成一条南北长 500 米的中轴线,中轴线为交通轴和景观轴,较为开阔,沿线景观形成重复交错的韵律。主要建筑沿中轴线分布于前后左右,楼房建筑均有统一编号,中轴线东边为双号,西边为单号。从楼的编号看,体现西学东进的态势,此前中国建筑从未以数字序号来排名。中轴线东内侧有楼六座,东外侧有斋房十座;中轴线西内侧有楼六座,西外侧有斋房十座。两侧建筑按功能分区,呈对称分布,南北朝向,有行列式布局的严谨、琴式布局的韵律。整体通过空间的围合、韵律节奏的塑造,为师生提供一个安静、亲切、富有艺术氛围的校园环境,形成理性与浪漫交织、秩序与诗意相融的人文情怀,实现建筑功能与形象的和谐统一。中轴线道路较宽,两边通行,中间为绿化带,轴线的终端为大礼堂,前面有开阔的主广场。一、三、五号楼和二、四、六号楼又各自形成一个围合的小广场。东斋房东面南北一线为规划的交通干道,该干道将教学区与运动场区分开,功能分区明确。

　　教学中心区的布局取法中国传统建筑群,尤其是参考了传统书院的结构,形成了"前门后堂,左右斋房"的布局形式。主楼和南大门的连线作为教学中心区的主轴线,教学建筑对称有序分布于主轴线两端;主轴线北端地位最尊崇的位置设大礼堂,学校大门也借鉴了中国传统书院标志性的"牌坊"形制。同时,

① 《河南大学校史》编写组:《河南大学校史》,河南大学出版社 1992 年版,第 42 页。
② 《河南大学校史》编写组:《河南大学校史》,河南大学出版社 1992 年版,第 43 页。

布局形式也借鉴了"鲍扎式"的美国校园规划手法,以长向围合空间中心线确立主轴线,轴线尽端以庄重肃穆的大礼堂收束,主轴线两侧按一定秩序分布教学建筑,南部开敞设立南大门,形成的半开敞式空间与美国弗吉尼亚大学校园规划模式有一定的相似。校园道路设计依照严谨的比例关系,有明显的几何图案形态,带来强烈的秩序感。(如图7-6、图7-7、图7-8)

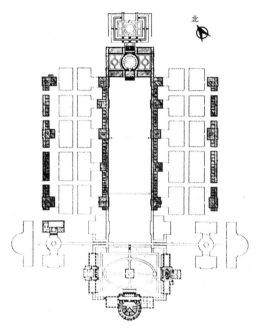

图7-6 弗吉尼亚大学校园平面图[引自陈志华主编:《西方建筑名作
(古代—19世纪)》,河南科学技术出版社2000年版,第358页]

图7-7 弗吉尼亚大学校园远眺图[引自陈志华主编:《西方建筑名作
(古代—19世纪)》,河南科学技术出版社2000年版,第359页]

图 7-8　弗吉尼亚大学校园鸟瞰图[引自陈志华主编:《西方建筑名作(古代—19世纪)》,河南科学技术出版社2000年版,第360页]

教学中心区建筑群整体为折中主义风格,融合中国传统建筑文化理念和西方古典建筑造型为一体,展现出庄重浑厚、典雅美观、朴素实用的特征。建筑不但集合了歇山式屋顶、庑殿式屋顶、精妙优美的飞檐斗拱、华美的彩画、精美的木雕等中国传统建筑形式,同时,也结合西方古典柱式、浮雕等西方建筑文化元素,采用西方现代的建筑技术营造而成。河南大学校园教学中心区建筑群是中西两种迥异的文化在近代碰撞融合的产物,具有珍贵的艺术价值和典型的时代特质。

可惜由于时局动乱、经费不足、学校变迁等原因,除建有六号楼、七号楼、大礼堂、东斋房十座、西斋房两座和南大门以外,其余都未建成。但此次规划和建设奠定了河南大学校园的基本空间布局框架,在以后多年的风雨历程中,校园规划虽不断地扩充调整,但基本延续了此时的规划格局。

第三节 城市公园

近代城市公园的出现是中国园林史上的一个转折点,园林的隶属关系和服务对象第一次被根本改变,一种人民共有、共享、共同管理的新型园林诞生了。虽然在西方城市公园传入之前,中国也有公共园林这一类型,甚至一些私家园林、寺观园林也向公众开放,具有一定的公共性质,但从其基本属性上来说,与近代城市公园有根本的区别。此时的城市公园虽然尚处于初生的阶段,但它标志着时代的根本转向。顺应时代潮流,河南也进行了城市公园建设的尝试,其中,以冯玉祥主政时的公园建设最具代表性。

一、开封公园建设

(一)相国寺改公园

1922 年 5 月,冯玉祥任河南督军,颁布《督豫施政大纲》十条,从严查办贪官劣绅,罚款用来兴办公益事业。例如,他抄没赵倜全部财产,尽行充公,大办教育,在河南留学欧美预备学校基础上创办中州大学(河南大学前身),兴办第一女子中学,以及设立平民工厂为贫民学习工艺的场所等。此外,他还将相国寺改为城市公园。①

相国寺原来即为著名的寺观园林,内有亭阁与花园,园中还有太湖石,相传为宋代艮岳遗物,园林基础较好。冯玉祥将僧人搬迁至开封市南郊居住,宗教设施也移出寺外,在山门北部营建了一座平民公园。公园周围设栏杆,两侧有便门,公园分东、西两部分,各设草亭一座。将原有的钟楼及鼓楼内的钟鼓转移

---

① 朱钧珍:《中国近代园林史》(上),中国建筑工业出版社 2012 年版,第 394 页。

至他处,两楼均改为民乐亭,四周安装玻璃窗门,内有革命标语及挂图展览,并分设茶社和书坊,可登临眺望。

钟、鼓楼以北的二殿(即接引殿)改为平民演讲处,由教育厅负责安排人员演讲,并配置了一台大的留声机,经常播放唱片助兴。以后,此处又一度改为"仇货陈列所",陈列美国货、日本货等外来商品以唤醒民众。

大雄宝殿的一组建筑改为革命纪念馆,并筹建四亭六部。所谓四亭即血衣亭、遗物亭、遗像亭、纪念亭,六部则为塑像、绘像、照相、兵器、文书及图画六部,分别展出革命伟人、先烈的遗像,所用过的兵器、战利品和革命人士之往来公札、尺牍以及战绩事功图等。

殿前月台的东、西二角,又各建一座纪念碑,碑的正面均镌刻国民军联军阵亡将士纪念碑文。碑高约三丈,碑顶为一石卧狮。

此外,还将八角殿改为河南美术馆,八角殿后的藏经楼改为实业馆,分请建设厅及各大学赠送实物或模型标本,也到上海等地去搜集展品。藏经楼的东配殿改为平民游艺馆,内设球类、棋类及乐器等设施,按月由财政厅拨发经费;西配殿改为平民图书馆;藏经楼前的放生池则填平,改为中山舞台。

总之,冯玉祥对相国寺的改建,完全颠覆了其原有的宗教场所性质,仅利用旧建筑物,改变其名称及内容等相关属性,使其成为一个全新的体现近代民主思潮以及实业救国精神的城市公园。

(二)开封市公园

1922 年 10 月,冯玉祥督豫不足半年即去职,[①]奉调至北京任陆军检阅使。1927 年 6 月,冯玉祥为河南省主席,再次主政河南。[②] 并于 1928 年在开封市中山路南街原萧曹庙旧址(今中山路第四小学)建了一个新公园。公园为东西宽、南北窄的横长形状,面积仅 20 余亩[③](一说 40 亩[④]),仅用两个月时间就建成开放,命名为"开封市公园"。

---

① 高兴亚:《冯玉祥将军》,北京出版社 1982 年版,第 40 页。
② 贾熟村:《冯玉祥集团与河南地区》,《平顶山学院学报》2012 年第 3 期。
③ 朱钧珍:《中国近代园林史》(上),中国建筑工业出版社 2012 年版,第 394 页。
④ 徐伯勇:《冯玉祥主豫期间开封市公园》,见河南省开封市政协文史资料委员会编:《开封文史资料》(第十一辑),河南省开封市政协文史资料委员会印 1991 年版,第 51 页。

开封市公园共分三部分,南为休憩场所,北为运动场,中为世界园。

公园南部有大门,门楣为"开封市公园",建有八角亭一座,俱乐部一所,土山二座,其下有鱼池、莲花池等,池中有喷泉,水源由自设的机井和水塔供给,喷水源源不断。

公园北部为运动场,内有简单的游乐设施,秋千、压桥、浪船、游篮等,类似今日儿童游乐园的设备。除儿童游乐园外,还有铁杠、篮球场及旱地滑冰场等设施供成年人活动。1931 年以后,又将辛亥革命十一烈士墓迁葬于此。

公园的中部为世界园,其宗旨是使游园者在休憩身心的同时,通过观赏园景知晓世界之大,为娱乐与科普兼备的综合设施。设计师李公甫是一位学识渊博、眼光深远的知识分子,原拟在园中布置世界模型,但后来由于种种原因而做出变更,每洲每国皆以该地之特别名迹代表之;其国际之划分,则用砖砌表示之,每地每线并用标语说明之。在每个国家,除了有标语说明其国名,还有一面该国的国旗作为标志。

世界园中的中国部分,除各大都市外,将黄河、长江、珠江、鸭绿江四大河流以及昆仑山、喜马拉雅山、天山、阿尔泰山四大山脉,还加上呈"十"字形交叉的京汉、陇海两条铁路大动脉,按比例以模型展示国土的雄伟气派与锦绣山河的壮丽,同时又将我国自鸦片战争以来被列强侵占、割让、租借的领土、城市和港湾等一一标出,使人触目惊心,以此激励国人奋发图强的精神,使新公园成为一处弘扬民族情怀和进行爱国主义教育的场所。

在世界园即将完成之际,因园址宽旷,布置较为简单,又将拟建的革命纪念塔置于中央,塔高七丈有余,此塔至今仍存南关火车站附近。在中国部分还建造有总理铜像一座,高丈余,后放置于禹王台公园。围绕世界园开小河一道,设有小桥八座通向周围。公园内还建有一些纪念性建筑及小品,如中山陵墓、冯玉祥"五原誓师"授旗模型等。还建有金铭亭、从云亭、金声亭,以纪念滦州起义的几位烈士。[①]

开封市公园于 1928 年开放后,部分工程如小桥等仍在施工中。随着蒋冯阎大战、抗日战争、解放战争的迭起,又加上扩宽马路,公园被一分为二。后几经变化,除纪念塔尚存外,其余皆已不存。

---

① 李元俊主编:《冯玉祥在开封》,河南大学出版社 1995 年版,第 108 页。

这一时期,冯玉祥还曾在开封西门大街原太武庙旧址上,修建了以西北军为主体的烈士祠。后来,又将原太武庙的牌楼、钟鼓楼拆除,变成为一个广场,并在广场上设置秋千、木马等游乐设备,供平民玩乐。故这里又称为平民公园。烈士祠的前殿三间用作平民图书馆,将各处所赠楹联匾额悬挂于内,前殿东、西各有一便门,东便门额曰"成仁",西便门额曰"取义"。前殿院落中竖有"国民军联军革命阵亡烈士纪念碑",中间的卷棚大殿作为纪念室,陈列烈士的遗物,墙上挂有第二集团军历史的说明,殿后内部为会议室,陈列阵亡将士牌位。

二、其他公园建设

(一)暴张花园

除冯玉祥在开封的公园建设外,新乡还建有"暴张花园"。"暴张花园"初建于1924年,为纪念辛亥革命时期牺牲的暴质夫、张宗周二位烈士,由国民党元老于右任、胡景翼、张伯英、杨虎城、邓宝珊等十五人提议而修建。[①] 园内主要建筑有暴张纪念堂,有烈士遗像及遗物展览;纪念堂后建有衣冠冢、碑亭及纪念碑。其中,纪念堂采用中西技术结合而建成,坐北朝南,面阔五间,进深一间,单檐歇山式屋顶,覆灰瓦,四周建环廊,门窗上有半圆形雕刻花带,兼具欧洲建筑装饰特点,是典型的民国时期优秀建筑。解放后,暴张花园初为人民公园、文化公园,后又改称卫河公园。

(二)中山公园

民国时期中国曾出现孙中山崇拜运动,国民政府透过时间、空间、仪式、教育及传媒等多个维度,将孙中山符号向民众传输。正是在这一背景下,全国广泛掀起中山公园建设运动,中山公园成为国民党政府推行孙中山崇拜空间化的主要表现形式之一,也成为世界上数量最多的同名公园,在民国时期对人们的

---

① 中国人民政治协商会议河南省委员会文史资料研究委员会编:《河南文史资料》(第六辑),河南人民出版社1981年版,第170页。

日常生活产生过较大影响。冯玉祥在开封时,也将龙亭改为中山公园,洛阳是由城隍庙改建,安阳是由天宁寺改建,郑州则是在碧沙岗陵园北部新建;[①]其余县市,如焦作、博爱、上蔡、济源、武陟等,也都有中山公园存在,但因历史变迁,记载稀少,已无法知悉详情。

第四节　别墅群园林

在与近代西方国家的政治、经济交往中,人员来往逐渐增多。各国驻华使者与商人难耐夏日炎热的气候,纷纷寻找清凉之地建设别墅以避酷暑,从 1881 年至 1948 年,逐步形成了莫干山、庐山、北戴河、鸡公山四大避暑别墅群落。别墅群由单栋住宅组合而成,依地势错落分布于景观优美且气候凉爽的地段,有一定的规划布局及相应的配套设施;建筑风格以西式为主,也有中西混杂的"合璧式"。从整体上看,别墅群依山就势,融入自然山林之中,外观如"藏屋"的森林,但深入"林"中就会发现,屋旁还有庭院场地、花草植栽(如盆栽、花坛)或攀爬的藤本植物,极具山林野趣,故称之为别墅群园林。

所谓别墅,在中国亦称别业,即在居住者日常生活的本宅以外,另置专为游憩、休闲、避寒避暑的"第二居所"。但如四大避暑别墅群这般规模化、系统化的别墅建设,在中国园林史上前所未有。作为一种物质形态,这些别墅群落不同于中国传统文人雅士归隐山林,追求陶渊明式"采菊东篱下,悠然见南山"的意境而产生的别业园林,亦与围绕皇家避暑生活而展开的规模宏大的离宫别苑有本质区别,更与都市中贵族商贾、文人墨客寄情山水、雅好自然而形成的城市山林有极大的不同。别墅群园林的出现彻底改变了封闭的小农经济时代以私家园林、寺观园林为主体的传统人文景观体系,形成了一种与近代都市生活方式紧密相连的休闲度假别墅园林景观。河南鸡公山别墅群园林即为此中之代表。

鸡公山,古称鸡翅山,位于大别山西端豫鄂交界处,南距武汉 174 公里,北

---

① 　朱钧珍:《中国近代园林史》(上),中国建筑工业出版社 2012 年版,第 108 页。

距信阳 38 公里，东西与大别山、桐柏山首尾相接。鸡公山属山林环境，山体基本呈南北走向，周围坡陡谷深，但山顶较缓，大小山头相对高差不大，往往在山头之间出现较大的平缓谷地；山体两侧深平的峡谷形成两条天然的通风走廊，带走夏季酷暑；山间常有溪流、瀑布及古树、名木，气候凉爽，环境优美。清末民初，汉口等地的外国传教士、商人、使节难耐夏日酷热，纷纷选择距离较近、交通方便的鸡公山建造别墅避暑，逐渐形成别墅群园林。

其一，发展分期。

鸡公山别墅群园林的发展分为起始、鼎盛、衰落三个阶段。

起始期（1902—1907）。20 世纪前，鸡公山上人迹罕至。为避匪患和战乱，明朝始有三户人家。1902 年，卢汉铁路（即平汉铁路）通车后，渐有开发。同年10 月，美国传教士李立生等人入山探奇，发现鸡公山泉清林翠，气候凉爽，景色优美，适宜避暑。次年，李立生、施道格、马丁逊三位传教士开始在山上建别墅，并在西方报纸上撰文宣传。此后，武汉、襄樊、信阳、确山等地的传教士联袂登山购地建房。这些避暑用房一般按传教士本国建筑风格设计，周围广植各国花木，形成园林化的环境。截至 1905 年，已建有美、英、法、俄、日等国式样的别墅二十七处，寓居外侨男女六七十人。此时，清政府才发现，信阳知州私自售卖土地，后经名臣张之洞交涉，把所置房产出资赎回，另行出租；又将鸡公山划为教会区、避暑官地（洋商区）、豫森林地、鄂森林地四个区，同时，制定了《鸡公山收回地基、房屋，另议租屋避暑章程十条》。从此，鸡公山别墅群园林的建设走上正轨。

鼎盛期（1908—1936）。鸡公山划区开发、依规建设极大地推动了别墅群园林的发展。除就近的武汉、襄樊外，广州、郑州、西安、上海、天津等地的外国传教士、商人也闻风而至；中国的军阀、地主、买办、富豪亦纷至沓来，大兴土木。据史料载，当时的别墅编号最高号码为 500 号。同时，据户口调查统计，居住的外籍侨民达 2201 人。其间，不但建有庭院式园林别墅，而且花园、泳池、亭榭、教堂、学校、医院、网球场、游乐场地、邮局、电报局、街区等一应俱全，形成了"山城"的雏形。别墅周围不但栽植异国花草、林木，还悬挂国旗，形成一道独特的风景线。"花木多从异国来""十里风飘九国旗"等诗句，是对当时情境的真实描绘。鸡公山因而与庐山、北戴河、莫干山一起被称为外国人在华的四大避暑胜地。

衰落期(1937—1949)。抗日战争爆发后,鸡公山一度成为抗战文化基地。[①] 1938年武汉会战后,鸡公山沦陷,日军在此驻守一个小队,别墅群遭到严重破坏,人去楼空,花木枯萎,野草蔓生,狐兔出没,一片荒芜。据目睹者称,八成树木被砍伐,道路被扒毁,有些建筑仅四壁孤存,残垣断壁,惨不忍睹。抗战胜利后,国民党政府接管鸡公山,对山上建筑略有修复,并进行了一些建设,如1946年在逍夏园修砌了荷花池和池心亭;1947年为庆祝蒋介石六十大寿,在南岗建了"中正亭";还恢复了英人在逍夏园所建的花圃和公园。但这些已无法恢复其旧时盛况。

其二,总体分区。

鸡公山别墅群园林总体上分为南岗、北岗、中心区及避暑山庄四个部分。

其中,北岗是早期划分的教会区中心,形成于1904年至1918年间,单体建筑完全根据地形与地貌自然分布。至1925年,北岗相对平坦的基地都已建满。鸡公山的开拓者们,如传教士李立生、施道格等的别墅均建于此区,现存的美文学校校舍、小教堂、公会堂等公共设施亦位于此区。

南岗则以武汉及长江流域的外国商人别墅居多,当时称为"洋商区"或"买卖场"。不同体量、不同风格的别墅建筑因地制宜地点缀于不同的山间台地上,现存的姐妹楼、马歇尔楼、亚细亚楼、德国楼、三菱洋行别墅、汇丰银行别墅及逍夏园等均位于此区。逍夏园是洋商们避暑的公共会所,内有咖啡厅、游泳池、网球场及公共花园等娱乐设施。

中心区位于北岗与南岗之间的交叉地带,以"颐庐"为中心,共建别墅八十四幢。中心区还有为避暑区服务的山中街市——南北街,自发形成于早期划分的教会区与避暑官地之间。

避暑山庄与前三者的形成完全不同,南、北岗及中心区的始建者以外国人为主,避暑山庄则是国内军阀、政客受外国人的影响而建造的。避暑山庄形成于1921年至1924年之间,坐落在鸡公山与平汉铁路间的狮子岭山麓一侧,初由湖北督军萧耀南及同僚发起,是以国内人士为主体规划、建设的避暑别墅群。但由于时局的变化,规划的建筑未全部完成,目前仅存十组二十幢别墅。

其三,道路系统。

[①]　田青刚:《武汉沦陷前鸡公山抗战文化基地的形成及其影响》,《天中学刊》2016年第3期。

鸡公山别墅群园林的道路系统以步道为主,兼具空间连接、地块划分及景观创造等作用。为了协调、平衡不同功能之间的冲突与矛盾,更为了适应地形地貌的复杂性,道路系统呈现出依山就势的形态,最大限度地与自然协调一致,全方位地将人工建筑融入自然环境。

其四,建筑布局。

鸡公山别墅群园林在形成的过程中,单体建筑的选址和设计均是以景观为中心,依山就势布置,建筑更注重与特定地段环境的关系,顺应环境变化而变化,整体呈现一种自发的、随机的"生长"状态。南岗、北岗两个相对集中的组团围绕中心区逐步形成一种山地常见的自然式分布格局,整个别墅群园林的建筑呈现出局部集中、整体分散的形态。

一方面,人工建筑总体上处于一种相对较低的覆盖率,建筑采用集中的体量,使周边自然环境在整体中始终处于主导和控制地位。另一方面,建筑物的朝向不拘泥于正南正北,总是随自然形态和景观的变化而变化,这种建筑布局的自由、分散状态在一定程度上避免形成都市中以建筑为主体的连续空间界面,使人工建设始终依附于自然,作为自然景观中的点缀。同时,在建设的过程中,对构成主体的自然环境要素,如河流、山岭、峡谷、岩石乃至树木等均加以保留和维持,突出了以自然景观为中心的整体结构。例如,避暑山庄的建筑沿狮子岭至北岗一带的登山道路展开,不拘朝向,自由地散布于山间台地上,且各栋之间有步行小径相连。

其五,建筑风格。

鸡公山五百余栋别墅的使用者来自二十多个国家,建筑风格均不相同。以国人所建中西混杂的"合璧式"建筑为代表,石墙红瓦,绿树围绕,构成了鸡公山别墅群园林的基本色调。其中,代表性的别墅有折中式的颐庐、哥特式的美文学校、罗马式的萧家大楼、浪漫主义建筑瑞典大楼等。

颐庐位于鸡公山中心区南、北两岗之间的中心台地上,是北洋政府陆军第十四师师长靳云鹗修建的。别墅建成后,靳云鹗取自己字"颐恕"中的第一个字将别墅命名为"颐庐"。[①]"颐庐"建在鸡公山的制高点,与"报晓峰"相对,建筑风格中西合璧,气势恢宏,丝毫不逊色于洋人的别墅。国人认为此举长了中国

①　田青刚:《近代名流与鸡公山》,《湖北第二师范学院学报》2010 年第 9 期。

人的志气,所以"颐庐"又被称作"志气楼"。颐庐建于1921年至1923年间,面积1200余平方米,主体三层,采用对称式布置。颐庐为平屋顶,居中位置及一侧分设两座造型独特的亭子,主立面三层均采用连续的拱廊装饰。为了维持对称式的立面构图,入口大台阶居中直通二层,两侧布置房间,雄伟庄严。建筑立面和细部采用中西结合的要素装饰,融变异的罗马拱廊、爱奥尼柱头、大台阶、彩色玻璃窗花、中国式的雕花栏杆、蒙古盔顶等装饰形式于一体。颐庐大门前下方有大花园,植有翠柏、白玉兰、腊梅、梧桐、百口红等,其中,翠柏是靳云鹗特意从外地引种的。

美文学校由豫鄂四个信义教会共同发起创立,[①]其校舍俗称"美国式大楼",为三层哥特式建筑。大楼平面呈"山"字形,两翼突出,对称平衡;正立面为弧形拱圈廊,居中有阁楼,阁顶四坡陡峭,顶端有一圆球,凸显腾跃升空之势。整个建筑砖墙外粉,四面坡屋顶,上覆机制红瓦。哥特式的建筑元素使大楼披上了浓重的宗教色彩。(如图7-9)

图7-9 美国式大楼正面(自摄)

萧家大楼是避暑山庄一号别墅,为湖北督军萧耀南所建。大楼主体具有罗

马式风格,料石墙体,敞开式半圆拱外廊,粗犷的塔司干柱式,显得威严壮观。萧家大楼建于 1921 年至 1923 年。为了尽量将西、南两侧的山峦远景纳入,建筑西向,对称布置,两侧主立面以简洁开阔的门廊正对深远、壮丽的远景。大楼东侧利用辅助用房的较小体量与主体并置,自由的侧面轮廓打破了体量与环境的对立。大楼主体门廊的弧形拱券,双柱划分及石砌栏杆、台阶、石狮等细节赋予简洁的形体以人性化的尺度。大楼北侧实体墙面上悬挑阳台的点缀为立面增添了轻松、活泼的元素,同时使室内与室外景观直接对话。屋顶采用主体部分为平顶,其余部分为坡顶的组合方式,是难得的观景屋顶花园。

瑞典大楼是浪漫主义建筑,位于东岗,是瑞典人创办的瑞华学校校舍,建造于 20 世纪 20 年代中期。大楼含地下室共四层,片石基础,料石墙体,建筑面积近 2500 平方米。大楼平面呈"工"字形,中轴对称,楼中部凹入部分筑有两米宽的罗马式圆拱券廊,并加石栏围护。屋顶为镔铁皮多面坡,并开设"老虎窗",跌宕起伏,富有浪漫气息和韵律感。

除主体建筑风格的不同外,中西方对建筑与周围环境关系的处理上也存在差异。西式风格的别墅以建筑物为中心,植树种花,不筑围墙,树木和花卉围绕住房。例如,英国人建造的逍夏园,门前连续配置了五个花园,栽植了多种西方的树木和花草,每到春夏季节,繁花似锦,鲜艳夺目。国人的别墅则采用向心式的院落布局,以石砌矮墙、寨墙、围栏等形式表示归属,如颐庐、姊妹楼、萧家大楼等;院内和房屋周围广植寓意吉祥的林木和花草,如梧桐、桂花、白玉兰、翠柏、凤尾柏、云柏、侧柏、桧柏、银杏、松、竹、梅等。

其六,宗教建筑。

鸡公山区的宗教活动场所有八处:龙泉寺、新店福音堂、灵山金顶、鸡公山小教堂、公会堂、活佛寺、灵化寺、天福宫等。其中,后五处在鸡公山顶,周围古木参天、怪石林立、流水潺潺,在进行宗教活动的同时,也吸引了信徒和游人观赏。除中国本土植物外,传教士也从海外引种了不少花木,丰富了鸡公山别墅群的园林景观。

基督教。

20 世纪初,随着平汉铁路的通车,基督教信义宗传入鸡公山区,并建有三处活动场所:小教堂、公会堂、福音堂,前两处在山顶,后者在山脚。

小教堂位于宝剑泉旁,由传教士李立生在 1907 年监督建造。教堂建筑为砖墙,上覆镶铁瓦垄屋顶,平面呈十字架形;墙上有尖拱形门窗,窗户装饰彩色玻璃。教堂门前竖立有尖形钟楼,钟楼顶端立有基督教的十字架标志。教堂东侧有坡地广场,溪边滩地上有曲桥小亭、荷花池。广场向北有直线形石级通向北岗二十六号楼,石级两旁山坡上建有传教士的别墅。教堂南侧曲桥池前有通往七十六号飞机楼的踏步,长梯段与短梯段交替,适宜又不失端庄。[①] 教堂旁还植有银杏树、悬铃木、枫杨等树木,绿树成荫。

后来,基督教在鸡公山发展迅速,小教堂已经无法满足需要,遂于1913年修建公会堂,专供团体礼拜。公会堂位于悬崖边,可遥望日出;堂外植有松柏、鸡爪槭、悬铃木等树木。

佛教。

1932年,南岗修建了活佛寺,供奉济公活佛、千手观音等。寺院周围花木葱茏,现尚有银杏两株,另有鸡蛋花、黄姜花等植物。每逢秋季,银杏树硕果累累,树叶蜡黄,为南岗的标志性景观。

道教。

1927年,辛亥志士苏成章以友人所赠鸡公山土地与钱款,在报晓峰西南山腰建灵化山。因其内只供奉一个“灵”字,故名。灵化山大门刻有门联,外联曰:归元之路,入圣之门;内联曰:天中蓬壶,世外桃源。门额刻有“灵化山”三个大字。灵化山有曲径、怪石、清泉、林荫、山花等景观,风景独佳。其中,怪石有月牙石、天柱石、鬼门关、静心洞、船石、卧牛石、一线天、上天梯等,还有苏道人修炼的仙人洞,观看天象的窥星台。

其七,公共空间。

在鸡公山别墅群园林中,除私人建筑、宗教场所以外,也兴建有公园作为赏景、休闲的公共空间,还有为居住者服务的街市。

公园为逍夏园和颐心园。其中,逍夏园是别墅区内外国人消遣娱乐的场所,位于中心区和南岗交界处,长约300米,宽约100米,是山上少有的一处具有中国古典园林风格的景观。逍夏园为开敞式,没有围栏阻隔,一侧紧靠山地,

---

① 赵仁、王俊红、万传琅:《鸡公山近代建筑的外部空间设计》,《信阳师范学院学报》(自然科学版)1999年第3期。

作矩形荷花池,池中有息影亭;①园中山谷平地则"配置一连串五个花园,栽有各种西洋花卉和风景林木,如落羽杉、黎巴嫩雪松、美国橡树、五针松、火炬松、桧柏,至今还有遗株"②。园内还设有游泳池、网球场、乒乓球场等运动设施;在息影亭后山沟有三亩多苗圃,培育时令花卉百余种,对外出售。颐心园主要是华人住户活动的公共场所,位于避暑山庄、肖宅和杜宅之间的一块平地上,园内建有退思亭,种植有各种花木,供人观赏。

　　鸡公山上的街市称为南北街,位于中心区。街上中外店铺林立,开展寄送信件、售卖商品等商业活动,为人们在山上的生活提供了便利。当时编写的英文版《鸡公山导游》称:"古董、丝绸、烟台花边衣物、刺绣、京货很容易买到。"③其中,南街全长约320米,随山坡弯曲呈S形平面,地面高差起伏5米;街西侧地势较陡,后墙常用砖石架空。北街沿等高线建成,道路平坦,路面麻色的不规则石块与两旁的条石墙面构成北街小景。南北街以石级、道路的变化,在单一的山体上创造出形式不一、层次丰富的园林艺术效果。

---

①　黄运良:《河南鸡公山近代别墅建筑群空间形态研究》,华侨大学硕士学位论文2015年,第19页。

②　姜传高:《鸡公山近代西洋建筑》,《中国园林》1996年第1期。

③　郑泰森:《鸡公山百年记》,《河南经济》2003年第11期。

结 语

　　河南园林在几千年的发展进程中,受政治、经济、文化以及地理环境等因素的影响,经历了由萌生、转折到全盛、成熟的历史轨迹,留下了一个巨大而富有意味的螺旋式上升曲线。从园林最初形式的宅园场圃、桑林到华宫美苑、淡雅私园,河南园林走过了中国园林发展的各个阶段,包含有中国园林的全部类型。在北宋以前的历代,河南园林无论是在游园活动、营造技术,还是在审美趣味、园林观念等各方面,都处于领先地位,推动着中国园林艺术向前发展。尤其是在唐宋时期,河南园林登上了辉煌的顶点,引领了当时园林文化风尚。可以看到,历史上的河南园林有一个相对完整的演进过程,体现了古代中国园林的整体发展趋势。更应该看到,历史上河南园林的艺术风格演变、差异、矛盾、冲突,与国家政治政权、城市商品经济、士林文人风气、区域文化风俗等深层次外因之间关系密切。

　　其一,在园林规模上,河南园林经历了由小到大再变小的发展轨迹。受社会生产力的制约,园林萌生时规模较小,功能单一;经夏商周三代发展,各种园林要素逐步具备,至秦汉规模变得极其宏大,并出现了皇家园林和私家园林的分化;经魏晋南北朝转折至明清,园林的规模又逐渐缩小。

　　其二,在园林造景上,河南园林由最初的粗放宏观逐渐转变为精致微观。秦汉宫苑都以宏大为美,筑台登高,以求得"远观以取其势"的效果;魏晋南北朝以后,城市园林兴盛,园林空间日益缩小,景观亦相应地转化为对大自然山水风景的提炼、概括和典型化的缩移摹写;至明清,园景更趋于精致,即所谓小中见大的拳山勺水、咫尺山林。

　　其三,在创作方法上,河南园林由单纯的写实,逐渐过渡到写实与写意相结合,最终转化为以写意为主。大体来看,秦汉园林通过单纯的范山摹水,"再现"大自然山水风景;魏晋南北朝到北宋是写实与写意相结合的阶段,通过直观的方式而"表现"大自然山水风景;宋以后则以写意山水园为主,借助于意境的联想来表现大自然山水风景。

其四,在要素处理上,河南园林由自然要素主导逐步向增加人工要素转变。秦汉园林主要将建筑物简单地散置在山水环境之中;魏晋南北朝到北宋则自觉地把建筑布局与山水环境的经营联系起来,以求得两者融糅谐调的造景效果,但建筑物仍然是处在一个完整的山水环境之中,造园的自然诸要素始终占据着主导的地位;至明清,人工要素的比重较前大为增加。

正是基于上述宏观的认识,本书立足于既有研究的基础之上,对河南园林的发展脉络进行详细梳理,并结合相关园林艺术理论,编织成《河南园林史》的基本内容,以期通过还原河南园林的历史风貌、本体特色和风格演变轨迹,来揭示河南园林艺术的历史真相。

由于中原大地战乱频仍、灾害频发,历史上的河南园林几经兴废。尤其是民国时期的战乱和水患,使河南园林几遭毁灭性的打击。1949 年以前,全省城市仅有公、私园林 30 处(公园 14 处、私园 16 处),面积约 48 公顷。唯洛阳南关花园、中山公园,新乡暴张花园和南阳苑南公园尚可。开封、郑州、洛阳等城市的街道上仅有少数树木,风沙严重。中华人民共和国成立后,各级政府将城市园林绿化事业作为城市环境建设中的重要问题,增加园林绿化建设投资,培养专业技术人才,植树种草,修整旧园,建设新园,使得当代河南园林的建设进入了一个新的纪元,其发展分期可归纳为以下几个阶段:

第一阶段:1949—1965 年。

20 世纪 50 年代初期,城市绿化建设的功能理论,如改善城市小气候、净化空气、防尘防烟防风和防灾等,以及绿地系统规划的原则从苏联传到我国,人们开始认识到公园、花园、绿地不仅是美化城市环境的重要手段,而且是人们进行游憩活动的重要场所。这成为这一阶段推动我国城市绿化和园林建设的理论基础。在这个阶段里,许多城市的园林绿化规划,大都是学习、吸取苏联城市绿化的理论与经验,结合本地区的实际来制订的。河南也结合旧城改造、新城开发和市政卫生工程,积极建设新的公园绿地。

针对此期城市绿化严重不足的情况,河南省人民政府拨出专款用"以工代赈"和发动群众义务植树的方法,营造防护林和绿化城市。洛阳市于 1950 年成立植树委员会,进行大面积的植树造林活动。开封市从 1952 年起采取"公用绿化""专用绿化"及"居民庭院绿化"三种形式一起上的办法绿化城区,至 1959

年,沿城墙四周共造风景带18公里,并营造了潘杨湖和东西支河固堤防护岸林带,主要道路也进行了绿化。郑州市也积极进行绿化工作,仅1951—1954年就营造防护林林网和片林130余公顷,并完成了园林绿化的规划设计,开始对主干道、次干道、庭院进行绿化,建设了数个城市公园。河南其他城市也都从街道和防风阻沙、美化环境等方面入手,开展了绿化工作。至1959年年底,全省14个城市绿地(含公用、专用生产绿化和风景名胜区)总面积12125公顷,占全省城市总面积的23%,城市共植树7.65亿株。

城市公园建设也取得了巨大的成就,至1965年年底,全省新旧公园增至22个,小游园20余处,总面积534.5公顷,比1949年扩大11倍。其中,以郑州市人民公园、碧沙岗公园、紫荆山公园,洛阳市人民公园、王城公园,开封市龙亭公园、禹王台公园、铁塔公园、汴京公园等综合性园林的建设为代表。此外,还对洛阳关林、白马寺,安阳袁林,开封相国寺等寺观、陵墓园林进行了修复。

郑州市人民公园是河南省建设较早的市级综合性公园之一,位于市区中心北二七路西侧,面积30.14公顷,其中水面3.37公顷。1951年辟为公园,1952年8月1日正式开放。先后建有迎宾园、秋园、玉兰园、樱花园、牡丹园、松园等园中园。公园现设观赏休闲区、文化活动区、儿童游乐区、老人活动区、综合性配套设施区、办公管理区等六个功能分区,各区之间互有交错、穿插,步移景异。人民公园南大门,是胡公祠,纪念胡景翼将军。殿后为人工湖,西为青年湖、友谊山,湖中心有两岛。人工湖东岸有划船亭及划船码头,荡舟西行,穿过两桥,可达樱花园。公园中心有莲花形喷泉一座,周环月季花坛花带及大草坪、大法桐、大雪松,间植常青灌木花丛。西北有玉兰园,东有竹园、梅园。鱼池东为迎春园和秋园,两园东西相连,并建有花卉展览馆一座。迎春园东边为儿童游戏场。公园西大门内有凉亭五座,为民国建筑彭公祠的一部分。

河南这一阶段的园林绿化建设,其规划大都参照苏联的绿化指标,结合绿地、道路广场、建筑和其他的用地比例要求进行详细设计,公园则按功能进行分区。

第二阶段:1966—1976年。

"文化大革命"期间,园林绿地遭到破坏和非法占据,园林建设和理论研究都被中断,河南省园林绿化工作基本停滞。公园中的文物古迹被视为封建迷信,受到破坏,各公园、风景区内的石碑、牌坊、古建筑油漆彩画、匾额对联、泥塑木雕、铜铸佛像等被毁。城市公园被诬蔑为"封资修大染缸",许多公园绿地被鲸吞蚕食,或被非法侵占,种树养花被当作修正主义大加摧残。风景名胜区的山林树木被盗伐、私伐,损失严重。极左思潮把绿化美化方针和讲求园林艺术风格的原则,都视为修正主义加以批判。公园文化活动被扣上"贩卖封资修"的大帽子。十年动乱中,河南省仅郑州市于1972年在西流湖修建了一处水上公园。

第三阶段:1977—2017年。

1976年以后,河南园林绿化建设工作恢复正常,投资增加,队伍壮大。是年建有公园23个,动物园1个,面积542余公顷。中共十一届三中全会以后,河南城市园林事业迅速发展。到1987年年底,全省新建与旧有各类公园共46处,动物园1处,总面积1986.4公顷(动物园25.4公顷);小游园40余处,约160公顷。著名寺院如少林寺、白马寺、相国寺等亦得到大的修葺。进入20世纪90年代,尤其是21世纪的前十几年,河南建设了以开封清明上河园、洛阳中国国花园、郑州商城遗址公园、洛阳隋唐城遗址植物园、绿博园、园博园等为代表的一批在全国有影响力的园林。这一阶段河南园林建设的特点是个性化、专题化、特征化。

开封清明上河园是展示宋代文化实景的大型主题公园,始建于1992年,坐落在开封市龙亭湖西岸,占地40公顷,其中水面11.4公顷,景观建筑面积约3公顷。清明上河园以北宋画家张择端的《清明上河图》为蓝本,参考《营造法式》,建造了中原地区最大的宋代复原建筑群。园内设有驿站、民俗风情、特色食街、宋文化展示、花鸟鱼虫、繁华京城、休闲购物和综合服务八个功能区,还设有校场、虹桥、民俗、宋都四个文化区,并有宋代科技馆、宋代名人馆、宋代犹太文化馆和张择端纪念馆等展览馆。清明上河园是以宋朝市井文化、民俗风情、皇家园林和古代娱乐为题材,以游客参与体验为特点的文化主题公园,再现了古都汴京千年繁华的胜景。

中国国花园始建于2001年,位于洛阳市洛河南岸隋唐城遗址之上,占地约103.2公顷,是目前我国最大的牡丹专类观赏园。国花园以隋唐历史文化为底蕴,以牡丹文化为主要内容,融历史文化、牡丹文化和园林景观为一体,充分展示了牡丹之美、之清、之幽,享有"中国国花第一园"之美誉。园内自西向东有西入口景区、牡丹文化区、牡丹历史文化区、堤面游赏区、东入口景区、生产管理区等六个分区,共种植牡丹九大色系 1000 多个品种 50 万株。

洛阳隋唐城遗址植物园是以豫西地区地带性植物和隋唐城遗址文化为基础,以科学保护与合理利用相结合为理念,集科研、科普、文化娱乐为一体的综合性植物园。植物园始建于 2005 年,位于隋唐洛阳城遗址上,园区整体布局采用"一轴""四区""六线""二十八园"的结构,占地面积 2800 余亩。它彰显了隋唐文化内涵,展示了洛阳古都风貌,促进了旅游事业和经济发展。

绿博园是郑州·中国绿化博览园的简称,第二届中国绿化博览会的举办地,2009 年 8 月 26 日开工,2010 年 9 月 25 日竣工落成,位于郑汴产业带白沙组团内。园区总面积 196 公顷,是目前郑州最大的综合性公园。绿博园区规划设计立足生态性、注重示范性、拓展休闲性、彰显文化性和科技性,融入了绿色生命、绿色生活、绿色经济、绿色家园和绿色科技的理念,充分体现"让绿色融入我们的生活"的主题。园区景观结构为"一湖、二轴、三环、八区、十六景",功能分区明确,空间结构清晰,景观特色鲜明。园内有国内各省、市及相关行业的 86 个展园和 8 个国际友好城市修建的永久性展园,展现了全国各地、各行业的绿化建设成就和特色。绿博园是弘扬生态文明,倡导绿色生活,普及国土绿化知识的教育基地,也是市民回归自然、亲近自然,共享生态建设成果的主题生态公园,还是增进全国及国际人民之间传统友好关系的桥梁和纽带。

郑州商城遗址公园是以遗址保护、文化展示为目的建设的大型开放空间,2013 年经国家文物局批准立项。遗址公园是开放式环状绿地,其建设围绕郑州商城城垣遗址沿线进行,包括 1 城、1 带、5 个片区和 8 个展示节点。其中,7 公里周长内城墙(一城)和环内城墙的绿化带(一带)构成了商城遗址公园的主体。公园的建设不仅使遗址本体得以妥善保护,还改善了遗址周边居民生活环境和生活质量,提升城市文化品位,为市民休闲游憩、活动聚会拓展了空间。

园博园是第十一届中国(郑州)国际园林博览会的展示园区,博览会于 2017 年 9 月 29 日开幕,同时园博园开园纳客。园博园位于郑州航空港经济综合实验区苑陵路以北、滨河东路以东,占地面积 1785 亩。园区重点建设了具有浓郁中原传统文化风情的轩辕阁、华夏馆、儿童馆、同心湖、华盛轩、豫园等山水园林景观。同时吸引国内外 92 个城市和 2 个国际设计师规划建设室外展园,集古今中外造园艺术之大成。国内展园重点突出以北京为代表的皇家园林,以苏州为代表的私家园林,以广州、厦门为代表的岭南园林;国际展园汇聚了欧洲、北美洲、大洋洲、亚洲、非洲五大洲 15 个国家 18 个城市,集中展示世界各地具有代表性的园林艺术文化,形成了各具特色、丰富多彩的园林风格。

除公园等园林以外,这一阶段河南的风景名胜区、城市绿地系统建设也取得了很大的成就。国务院于 1982 年 11 月批准河南的嵩山、龙门和鸡公山三地为首批国家级风景名胜区。此后,河南陆续申报、建设了云台山、王屋山、尧山(石人山)、林虑山、青天河、神农山、桐柏山—淮源、郑州黄河风景名胜区等一批国家级风景名胜区。这些名胜区或以历史悠久、文物价值高著名,或以建筑风格独特著名,或以风景瑰丽、旅游价值高著名,成为传承河南自然和文化遗产的重要载体,也是人们游览或者进行科学、文化活动的重要区域。此外,郑州市、洛阳市等多个城市也都依托自身的自然与人文要素,进行了多次城市绿地系统规划,改善了城市的生态环境,提高城市居民生活质量,为社会经济可持续发展奠定了坚实的基础。

改革开放以来的四十年中,河南的园林绿化建设虽取得了巨大的成就,但快速的城市化以及城市建设、园林建设中存在的急功近利行为,导致了许多社会问题、环境问题的产生,如城市“热岛效应”,园林规划设计中的模仿多、创新少等。

第四阶段:当前。

十九大报告指出:人与自然是生命共同体,人类必须尊重自然、顺应自然、保护自然。人类只有遵循自然规律才能有效防止在开发利用自然上走弯路,人类对大自然的伤害最终会伤及人类自身,这是无法抗拒的规律。

当前,河南的园林绿化建设要解决诸多的城市社会问题、环境问题,就要遵循自然规律,增大绿色空间,提高自然系统的自我净化能力,把绿水青山还给城市居民,要把握好人与自然的关系,实现人与自然和谐共生。在实践中,要基于构建城市生态安全格局目标,逐步推进山、水、林、田、城复合生态空间格局优化。着力增加绿色生态空间,加快实施生态廊道、农田林网、郊野公园、楔形绿地、城市绿道和立体绿网等建设。

几千年来,河南园林的发展犹如这片古老的土地,虽历经朝代轮替、社会兴衰,仍绵延向前,从未停止。可预见的未来,在科学理念的指导下,河南园林的建设将会取得更加辉煌的成就。

参考资料

一、论著

1.袁克文:《洹上私乘》,大东书局 1926 年版。

2.陈植:《造园学概论》,商务印书馆 1935 年版。

3.〔明〕张居正撰:《张文忠公全集》,商务印书馆 1935 年版。

4.〔清〕袁枚著,胡协寅校阅:《随园随笔》,广益书局 1936 年版。

5.〔清〕顾祖禹:《读史方舆纪要》,商务印书馆 1937 年版。

6.〔宋〕王溥撰:《唐会要》,中华书局 1955 年版。

7.〔宋〕徐天麟撰:《西汉会要》,中华书局 1955 年版。

8.〔元〕王祯撰:《农书》,中华书局 1956 年版。

9.〔宋〕司马光编著,〔元〕胡三省音注:《资治通鉴》,中华书局 1956 年版。

10.〔清〕毕沅编著,"标点续资治通鉴小组"校点:《续资治通鉴》,中华书局 1957
年版。

11.〔清〕赵翼:《陔余丛考》,商务印书馆 1957 年版。

12.李长傅:《开封历史地理》,商务印书馆 1958 年版。

13.〔宋〕王安石撰,〔宋〕李壁笺注:《王荆文公诗笺注》,中华书局 1958 年版。

14.〔宋〕王安石撰:《临川先生文集》,中华书局 1959 年版。

15.〔汉〕司马迁撰:《史记》,中华书局 1959 年版。

16.〔宋〕宋敏求编:《唐大诏令集》,商务印书馆 1959 年版。

17.〔晋〕陈寿撰,陈乃乾校点:《三国志》,中华书局 1959 年版。

18.〔宋〕李昉:《太平御览》,中华书局 1960 年版。

19.〔宋〕李昉等编:《太平广记》,中华书局 1961 年版。

20.司羲祖整理:《宋大诏令集》,中华书局 1962 年版。

21.〔唐〕徐坚等:《初学记》,中华书局 1962 年版。

22.〔汉〕班固撰,〔唐〕颜师古注:《汉书》,中华书局 1962 年版。

23.〔明〕杨士奇等撰:《明太祖实录》,"中央研究院"历史语言研究所 1962 年版。

24.〔北魏〕杨衒之撰,周祖谟校释:《洛阳伽蓝记校释》,中华书局 1963 年版。

25.〔唐〕欧阳询撰,汪绍楹校:《艺文类聚》,上海古籍出版社 1965 年版。

26.〔南朝宋〕范晔撰,〔唐〕李贤等注:《后汉书》,中华书局 1965 年版。

27.郭沫若:《殷契粹编》,科学出版社 1965 年版。

28.孙作云:《诗经与周代社会研究》,中华书局 1966 年版。

29.《河南通志舆地志山脉水系》(全),成文出版社 1968 年版。

30.〔晋〕陈寿撰,陈乃乾校点:《三国志》,中华书局 1971 年版。

31.〔南朝梁〕萧子显撰:《南齐书》,中华书局 1972 年版。

32.〔唐〕魏徵撰:《隋书》,中华书局 1973 年版。

33.〔南朝梁〕沈约撰:《宋书》,中华书局 1974 年版。

34.〔北齐〕魏收撰:《魏书》,中华书局 1974 年版。

35.〔唐〕李延寿撰:《北史》,中华书局 1974 年版。

36.〔唐〕房玄龄等撰:《晋书》,中华书局 1974 年版。

37.〔清〕张廷玉等撰:《明史》,中华书局 1974 年版。

38.〔后晋〕刘昫等撰:《旧唐书》,中华书局 1975 年版。

39.〔宋〕欧阳修、宋祁撰:《新唐书》,中华书局 1975 年版。

40.〔宋〕司马光:《资治通鉴》,中华书局 1976 年版。

41.〔宋〕薛居正等撰:《旧五代史》,中华书局 1976 年版。

42.〔清〕汪运正纂修:《襄城县志》,成文出版社 1976 年版。

43.〔清〕龚崧林纂修,〔清〕汪坚总修:《洛阳县志》,成文出版社 1976 年版。

44.〔清〕徐元灿、赵擢彤等纂修:《孟津县志》,成文出版社 1976 年版。

45.王琴林等纂修:《禹县志》,成文出版社 1976 年版。

46.〔汉〕刘向著,卢元骏注译:《新序今注今译》,台湾商务印书馆 1977 年版。

47.〔南朝梁〕萧统编,〔唐〕李善注:《(昭明)文选》,中华书局 1977 年版。

48.〔元〕脱脱等撰:《宋史》,中华书局 1977 年版。

49.〔北魏〕杨衒之撰,范祥雍校注:《洛阳伽蓝记校注》,上海古籍出版社 1978 年版。

50.〔宋〕徐天麟:《东汉会要》,上海古籍出版社 1978 年版。

51.〔明〕宋濂撰:《元史》,中华书局 1978 年版。

52.中共中央马克思恩格斯列宁斯大林著作编译局编:《斯大林选集》(下卷),人民出版社 1979 年版。

53.〔晋〕干宝撰,汪绍楹校注:《搜神记》,中华书局 1979 年版。

54.〔宋〕徐梦华编:《三朝北盟会编·甲》,大化书局 1979 年版。

55.〔宋〕陆游撰,李剑雄、刘德权点校:《老学庵笔记》,中华书局 1979 年版。

56.〔晋〕张华撰,范宁校证:《博物志校证》,中华书局 1980 年版。

57.〔晋〕葛洪著,王明校释:《抱朴子内篇校释》,中华书局 1980 年版。

58.〔唐〕李泰等著,贺次君辑校:《括地志辑校》,中华书局 1980 年版。

59.〔唐〕李白著,朱金城、翟蜕园校注:《李白集校注》,上海古籍出版社 1980 年版。

60.〔宋〕宋敏求撰,诚刚点校:《春明退朝录》,中华书局 1980 年版。

61.〔宋〕梅尧臣著,朱东润编年校注:《梅尧臣集编年校注》,上海古籍出版社 1980 年版。

62.陈寅恪:《金明馆丛稿二编》,上海古籍出版社 1980 年版。

63.〔汉〕许慎撰,〔清〕段玉裁注:《说文解字注》,上海古籍出版社 1981 年版。

64.〔唐〕段成式撰,方南生点校:《酉阳杂俎》,中华书局 1981 年版。

65.〔唐〕岑参著,陈铁民、侯忠义校注:《岑参集校注》,上海古籍出版社 1981 年版。

66.〔宋〕沈文倬点校:《苏舜钦集》,中华书局 1981 年版。

67.〔宋〕王辟之撰,吕友仁点校:《渑水燕谈录》,中华书局 1981 年版。

68.〔宋〕程颢、程颐著,王孝鱼点校:《二程集》,中华书局 1981 年版。

69.〔宋〕江少虞撰:《宋朝事实类苑》,上海古籍出版社 1981 年版。

70.中国人民政治协商会议全国委员会文史资料研究委员会编:《文史资料选辑》(第七十四辑),文史资料出版社 1981 年版。

71.中国人民政治协商会议河南省委员会文史资料研究委员会编:《河南文史资

料》(第六辑),河南人民出版社1981年版。

72.〔唐〕欧阳询撰,汪绍楹校:《艺文类聚》,上海古籍出版社1982年版。

73.〔清〕王文诰辑注,孔凡礼点校:《苏轼诗集》,中华书局1982年版。

74.中州书画社编:《咏汴诗选》,中州书画社1982年版。

75.高兴亚:《冯玉祥将军》,北京出版社1982年版。

76.〔唐〕李吉甫撰,贺次君点校:《元和郡县图志》,中华书局1983年版。

77.〔宋〕邵博撰,刘德权、李剑雄点校:《邵氏闻见后录》,中华书局1983年版。

78.〔宋〕蔡絛撰,冯惠民、沈锡麟点校:《铁围山丛谈》,中华书局1983年版。

79.〔宋〕魏泰撰,李裕民点校:《东轩笔录》,中华书局1983年版。

80.〔宋〕庄绰撰,萧鲁阳点校:《鸡肋编》,中华书局1983年版。

81.〔清〕董诰等编:《全唐文》,中华书局1983年版。

82.陈植、张公弛选注:《中国历代名园记选注》,安徽科学技术出版社1983年版。

83.郭绍虞编选,富寿荪校点:《清诗话续编》,上海古籍出版社1983年版。

84.逯钦立辑校:《先秦汉魏晋南北朝诗》,中华书局1983年版。

85.南阳地区史志编纂委员会总编室编:《明嘉靖南阳府志校注》(第一册),1984年版。

86.〔宋〕叶梦得撰,宇文绍奕考异,侯忠义点校:《石林燕语》,中华书局1984年版。

87.〔明〕文震亨著,陈植校注,杨超伯校订:《长物志》,江苏科学技术出版社1984年版。

88.孔宪易校注:《如梦录》,中州古籍出版社1984年版。

89.〔汉〕刘向集录:《战国策》,上海古籍出版社1985年版。

90.〔南朝宋〕宗炳、王微著,陈传席译解:《画山水序·叙画》,人民美术出版社1985年版。

91.〔南朝梁〕梁元帝撰:《金楼子》,中华书局1985年版。

92.〔南朝梁〕陶弘景撰:《真诰》,中华书局1985年版。

93.〔南朝梁〕任昉撰:《述异记》,中华书局1985年版。

94.〔宋〕董逌:《广川画跋》,中华书局1985年版。

95.〔宋〕钱惟演:《玉堂逢辰录》,见新兴书局编:《笔记小说大观》(第二十五编),新兴书局有限公司1985年版。

96.〔元〕白珽撰:《湛渊静语》,中华书局1985年版。

97.〔宋〕刘敞撰:《公是集》,中华书局1985年版。

98.〔宋〕刘攽:《彭城集》,中华书局1985年版。

99.〔宋〕叶梦得:《避暑录话》,中华书局1985年版。

100.〔宋〕朱弁撰:《曲洧旧闻》,中华书局1985年版。

101.〔宋〕吴处厚撰,李裕民点校:《青箱杂记》,中华书局1985年版。

102.〔宋〕马永卿撰:《懒真子》,中华书局1985年版。

103.〔宋〕李攸撰:《宋朝事实》,中华书局1985年版。

104.〔宋〕范仲淹撰:《范文正公文集》,中华书局1985年版。

105.〔元〕许有壬等纂:《圭塘欸乃集》,中华书局1985年版。

106.〔明〕王铎著,刘世英、何留根供稿撰文:《王铎诗稿》,河南美术出版社1985
年版。

107.〔清〕王源:《居业堂文集》,中华书局1985年版。

108.〔清〕徐松撰,〔清〕张穆校补,方严点校:《唐两京城坊考》,中华书局1985年
版。

109.熊伯履编著:《相国寺考》,中州古籍出版社1985年版。

110.夏鼐:《中国文明的起源》,文物出版社1985年版。

111.〔宋〕王得臣撰,俞宗宪点校:《麈史》,上海古籍出版社1986年版。

112.〔元〕马端临撰:《文献通考》,中华书局1986年版。

113.中国民族学会:《民族学研究》(第八辑),民族出版社1986年版。

114.石兴邦:《中国考古学研究——夏鼐先生考古五十年纪念论文集》(二集),
科学出版社1986年版。

115.周天游辑注:《八家后汉书辑注》,上海古籍出版社1986年版。

116.冯惠民等编:《通鉴地理注词典》,齐鲁书社1986年版。

117.〔汉〕刘向撰,向宗鲁校证:《说苑校证》,中华书局1987年版。

118.〔汉〕刘珍等撰,吴树平校注:《东观汉记校注》,中州古籍出版社1987年版。

119.〔晋〕袁宏撰,周天游校注:《后汉纪校注》,天津古籍出版社1987年版。

120.〔宋〕王应麟:《玉海》,江苏古籍出版社1987年版。

121.〔宋〕阮阅编,周本淳校点:《诗话总龟》,人民文学出版社1987年版。

122.〔宋〕苏辙著,曾枣庄、马德富校点:《栾城集》,上海古籍出版社1987年版。

123.〔宋〕沈括著,胡道静校证:《梦溪笔谈校证》,上海古籍出版社1987年版。

124.〔明〕董说原著,缪文远订补:《七国考订补》,上海古籍出版社1987年版。

125.〔清〕厉鹗撰,虞万里校点:《南宋杂事诗》,浙江古籍出版社1987年版。

126.〔清〕孙诒让撰,王文锦、陈玉霞点校:《周礼正义》,中华书局1987年版。

127.〔日〕冈大路著,常瀛生译:《中国宫苑园林史考》,农业出版社1988年版。

128.〔唐〕白居易著,朱金城笺校:《白居易集笺校》,上海古籍出版社1988年版。

129.〔宋〕周密撰,吴企明点校:《癸辛杂识》,中华书局1988年版。

130.〔元〕马端临撰:《文献通考》,浙江古籍出版社1988年版。

131.〔明〕陆楫等辑:《古今说海》,巴蜀书社1988年版。

132.孟津县人民文化馆、孟津县志总编辑室编:《孟津史话》,1988年版。

133.〔晋〕王嘉撰,孟庆祥、商嫩妹译注:《拾遗记译注》,黑龙江人民出版社1989年版。

134.〔唐〕刘禹锡著,瞿蜕园笺证:《刘禹锡集笺证》,上海古籍出版社1989年版。

135.〔清〕汤贻汾:《画筌析览》,见于安澜编:《画论丛刊》,人民美术出版社1989年版。

136.南阳市地方史志编纂委员会:《南阳市志》,河南人民出版社1989年版。

137.〔明〕李贤等撰:《大明一统志》,三秦出版社1990年版。

138.〔清〕张庚:《漫成》,见徐世昌编,闻石点校:《晚清簃诗汇》,中华书局1990年版。

139.程树德撰,程俊英、蒋见元点校:《论语集释》,中华书局1990年版。

140.南阳县地方志编纂委员会编:《南阳县志》,河南人民出版社1990年版。

141.〔汉〕王充著,陈蒲清点校:《论衡》,岳麓书社1991年版。

142.〔南朝齐〕谢朓著,曹融南校注:《谢宣城集校注》,上海古籍出版社1991年版。

143.〔宋〕张舜民撰:《画墁录》,中华书局1991年版。

144.〔宋〕苏舜钦著,傅平骧、胡问涛校注:《苏舜钦集编年校注》,巴蜀书社1991年版。

145.〔宋〕孙升撰:《孙公谈圃》,中华书局1991年版。

146.〔元〕纳新撰:《河朔访古记》,中华书局 1991 年版。

147.刘天福主编:《风穴寺文史荟萃》,中州古籍出版社 1991 年版。

148.中国第一历史档案馆编:《圆明园》,上海古籍出版社 1991 年版。

149.河南省开封市政协文史资料委员会编:《开封文史资料》(第十一辑),河南省开封市政协文史资料委员会印 1991 年版。

150.〔汉〕桓宽撰,王利器校注:《盐铁论校注》(定本),天津古籍出版社 1992 年版。

151.〔南朝梁〕释慧皎撰,汤用彤校注,汤一玄整理:《高僧传》,中华书局 1992 年版。

152.〔宋〕王象之:《舆地纪胜》,中华书局 1992 年版。

153.〔唐〕李林甫等撰,陈仲夫点校:《唐六典》,中华书局 1992 年版。

154.〔清〕苏舆撰,钟哲点校:《春秋繁露义证》,中华书局 1992 年版。

155.樵客编著:《洛阳古代山水诗选》,中州古籍出版社 1992 年版。

156.姜书阁、姜逸波选注:《汉魏六朝诗三百首》,岳麓书社 1992 年版。

157.《河南大学校史》编写组:《河南大学校史》,河南大学出版社 1992 年版。

158.北京大学古文献研究所编:《全宋诗》,北京大学出版社 1992、1998、1999 年版。

159.吴毓江撰,孙启治点校:《墨子校注》,中华书局 1993 年版。

160.杨宽:《中国古代都城制度史研究》,上海古籍出版社 1993 年版。

161.魏同贤主编:《冯梦龙全集》,江苏古籍出版社 1993 年版。

162.中国人民政治协商会议河南省济源市委员会文史委员会编:《济源文史资料》(第二辑),1993 年版。

163.〔唐〕郑处诲撰,田廷柱点校:《明皇杂录》,中华书局 1994 年版。

164.〔宋〕李昉编纂,夏剑钦校点:《太平御览》,河北教育出版社 1994 年版。

165.〔宋〕周辉撰,刘永翔校注:《清波杂志校注》,中华书局 1994 年版。

166.〔清〕陈立撰,吴则虞点校:《白虎通疏证》,中华书局 1994 年版。

167.〔清〕徐松辑,高敏点校:《河南志》,中华书局 1994 年版。

168.陈长安主编,洛阳古代艺术馆编:《关林》,中州古籍出版社 1994 年版。

169.〔宋〕李焘撰,上海师范大学古籍整理研究所、华东师范大学古籍研究所点校:《续资治通鉴长编》,中华书局 1995 年版。

170.何清谷校注:《三辅黄图校注》,三秦出版社 1995 年版。

171.周勋初:《唐人轶事汇编》,上海古籍出版社 1995 年版。

172.洛阳市地方史志编纂委员会编:《洛阳市志·文物志》,中州古籍出版社 1995 年版。

173.李元俊主编:《冯玉祥在开封》,河南大学出版社 1995 年版。

174.〔战国〕屈原著,汤炳正等注:《楚辞今注》,上海古籍出版社 1996 年版。

175.张文彬主编:《简明河南史》,中州古籍出版社 1996 年版。

176.〔唐〕王维撰,陈铁民校注:《王维集校注》,中华书局 1997 年版。

177.王国维:《今本竹书纪年疏证》,辽宁教育出版社 1997 年版。

178.杨照明撰:《抱朴子外篇校笺》(下),中华书局 1997 年版。

179.彭卿云主编:《中国历史文化名城词典》(续编),上海辞书出版社 1997 年版。

180.何宁撰:《淮南子集释》,中华书局 1998 年版。

181.〔明〕张溥编,〔清〕吴汝纶选:《汉魏六朝百三家集选》,吉林人民出版社 1998 年版。

182.陈谷嘉、邓洪波主编:《中国书院史资料》,浙江教育出版社 1998 年版。

183.李修生主编:《全元文》,江苏古籍出版社 1998 年版。

184.〔元〕许有壬著,傅瑛、雷近芳校点:《许有壬集》,中州古籍出版社 1998 年版。

185.〔周〕左丘明传,〔晋〕杜预注,〔唐〕孔颖达正义,浦卫忠等整理,胡遂等审定:《春秋左传正义》,北京大学出版社 1999 年版。

186.〔汉〕郑玄注,〔唐〕贾公彦疏,赵伯雄整理,王文锦审定:《周礼注疏》,北京大学出版社 1999 年版。

187.〔汉〕孔安国传,〔唐〕孔颖达疏,廖明春、陈明整理,吕绍纲审定:《尚书正义》,北京大学出版社 1999 年版。

188.〔汉〕公羊寿传,〔汉〕何休解诂,〔唐〕徐彦疏,浦卫忠整理,杨向奎审定:《春秋公羊传注疏》,北京大学出版社 1999 年版。

189.〔汉〕赵岐注,〔宋〕孙奭疏,廖明春、刘佑平整理,钱逊审定:《孟子注疏》,北京大学出版社 1999 年版。

190.〔晋〕郭璞注,〔宋〕邢昺疏,李传书整理,徐朝华审定:《尔雅注疏》,北京大学出版社 1999 年版。

191.〔晋〕范宁集解,〔唐〕杨士勋疏,夏先培整理,杨向奎审定:《春秋穀梁传注疏》,北京大学出版社 1999 年版。

192.〔前秦〕王嘉撰,〔南朝梁〕萧绮录,王根林校点:《拾遗记》,见《汉魏六朝笔记小说大观》,上海古籍出版社 1999 年版。

193.〔唐〕李白著,〔清〕王琦注:《李太白全集》,中华书局 1977 年版(1999 年重印)。

194.〔唐〕白居易著,丁如明、聂世美校点:《白居易全集》,上海古籍出版社 1999 年版。

195.〔清〕严可均辑,冯瑞生审订:《全梁文》,商务印书馆 1999 年版。

196.〔清〕严可均辑:《全后汉文》,商务印书馆 1999 年版。

197.〔清〕严可均辑,何宛屏等审订:《全晋文》,商务印书馆 1999 年版。

198.〔明〕李濂撰,周宝珠、程民生点校:《汴京遗迹志》,中华书局 1999 年版。

199.〔清〕宋继郊编撰,王晟等点校:《东京志略》,河南大学出版社 1999 年版。

200.〔宋〕王安石著,秦克、巩军标点:《王安石全集》,上海古籍出版社 1999 年版。

201.河南古代建筑保护研究所、社旗县文化局:《社旗山陕会馆》,文物出版社 1999 年版。

202.夏商周断代工程专家组编著:《夏商周断代工程 1996—2000 年阶段成果报告·简本》,世界图书出版公司 2000 年版。

203.〔春秋〕〔旧题〕左丘明撰,鲍思陶点校:《国语》,齐鲁书社 2000 年版。

204.〔汉〕赵晔撰,吴庆峰点校:《吴越春秋》,齐鲁书社 2000 年版。

205.〔晋〕皇甫谧撰,陆吉点校:《帝王世纪》,齐鲁书社 2000 年版。

206.〔南朝梁〕萧统选,〔唐〕李善注:《昭明文选》,京华出版社 2000 年版。

207.〔宋〕王称撰,孙言诚、崔国光点校:《东都事略》,齐鲁书社 2000 年版。

208.〔宋〕韩琦撰,李之亮、徐正英笺注:《安阳集编年笺注》,巴蜀书社 2000 年版。

209.〔清〕汤球撰:《十六国春秋辑补》,齐鲁书社 2000 年版。

210.佚名撰,周渭卿点校:《世本》,齐鲁书社 2000 年版。

211.佚名撰,张洁、戴和冰点校:《古本竹书纪年》,齐鲁书社 2000 年版。

212.佚名撰,袁宏点校:《逸周书》,齐鲁书社 2000 年版。

213.张复合主编:《建筑史论文集》(第十三辑),清华大学出版社 2000 年版。

214.〔北魏〕郦道元原注,陈桥驿注释:《水经注》,浙江古籍出版社 2001 年版。

215.〔宋〕王明清撰,穆公校点:《挥麈录》,见《宋元笔记小说大观》,上海古籍出版社 2001 年版。

216.〔宋〕欧阳修著,李逸安点校:《欧阳修全集》,中华书局 2001 年版。

217.中国人民政治协商会议河南省济源市委员会文史委员会编:《济源文史资料》(第七辑),2001 年版。

218.〔宋〕张知甫撰,孔凡礼点校:《可书》,中华书局 2002 年版。

219.〔宋〕范成大撰,孔凡礼点校:《范成大笔记六种》,中华书局 2002 年版。

220.〔宋〕孔文仲、孔武仲、孔平仲著,孙永选校点:《清江三孔集》,齐鲁书社 2002 年版。

221.〔宋〕张邦基撰,孔凡礼点校:《墨庄漫录》,中华书局 2002 年版。

222.〔清〕马骕撰,王利器整理:《绎史》,中华书局 2002 年版。

223.〔清〕顾嗣立编:《元诗选》(二集),中华书局 2002 年版。

224.中国大百科全书总编辑委员会编:《中国大百科全书》(建筑、园林、城市规划),中国大百科全书出版社 2002 年版。

225.中国大百科全书总编辑委员会编:《中国大百科全书》(考古学),中国大百科全书出版社 2002 年版。

226.中共中央马克思恩格斯列宁斯大林著作编译局编译:《马克思恩格斯全集》(第三卷),人民出版社 2002 年版。

227.宋豫秦等:《中国文明起源的人地关系简论》,科学出版社 2002 年版。

228.〔唐〕刘禹锡著,陶敏、陶红雨校注:《刘禹锡全集编年校注》,岳麓书社 2003 年版。

229.〔唐〕王维著,杨文生编著:《王维诗集笺注》,四川人民出版社 2003 年版。

230.〔宋〕陶穀撰,郑村声、俞钢整理:《清异录》,见朱易安、傅璇琮等主编:《全宋笔记》第一编(二),大象出版社 2003 年版。

231.〔宋〕张洎撰,俞钢整理:《贾氏谈录》,见朱易安、傅璇琮等主编:《全宋笔记》第一编(二),大象出版社 2003 年版。

232.〔宋〕欧阳修撰,林青校注:《归田录》,三秦出版社 2003 年版。

233.〔清〕汪介人:《中州杂俎》(上),广陵书社 2003 年版。

234.郑州市图书馆文献编辑委员会编:《嵩岳文献丛刊》(第四册),中州古籍出版社 2003 年版。

235.政协辉县市委员会文史资料委员会编:《辉县文史资料》(第八辑),2003 年版。

236.沈祖宪、吴闿生编纂:《容庵弟子记》,见国家图书馆分馆编:《中华历史人物别传集》(76),线装书局 2003 年版。

237.河南省文物考古研究所:《禹州瓦店》,世界图书出版公司 2003 年版。

238.〔唐〕岑参撰,廖立笺注:《岑嘉州诗笺注》,中华书局 2004 年版。

239.罗常培:《语言与文化》,北京出版社 2004 年版。

240.〔宋〕洪迈撰,孔凡礼点校:《容斋随笔》,中华书局 2005 年版。

241.〔清〕顾祖禹撰,贺次君、施和金点校:《读史方舆纪要》,中华书局 2005 年版。

242.费振刚、仇仲谦、刘南平校注:《全汉赋校注》,广东教育出版社 2005 年版。

243.魏嘉瓒:《苏州古典园林史》,上海三联书店 2005 年版。

244.王铎:《洛阳古代城市与园林》,远方出版社 2005 年版。

245.袁世凯原著,骆宝善评点:《骆宝善评点袁世凯函牍》,岳麓书社 2005 年版。

246.中国人民政治协商会议卫辉市委员会学习文史委员会编:《卫辉文史资料》(第八辑),2005 年版。

247.张耘点校:《山海经·穆天子传》,岳麓书社 2006 年版。

248.〔晋〕葛洪撰,周天游校注:《西京杂记》,三秦出版社 2006 年版。

249.〔唐〕杜宝撰,辛德勇辑校:《大业杂记辑校》,三秦出版社 2006 年版。

250.〔宋〕宋敏求撰,辛德勇、郎洁点校:《长安志·长安志图》,三秦出版社 2013 年版。

251.〔宋〕范成大著,富寿荪标校:《范石湖集》,上海古籍出版社 2006 年版。

252.〔宋〕孟元老撰,伊永文笺注:《东京梦华录笺注》,中华书局 2006 年版。

253.曾枣庄、刘琳编:《全宋文》,上海辞书出版社 2006 年版。

254.〔宋〕庞元英撰,金圆整理:《文昌杂录》,见朱易安、傅璇琮等主编:《全宋笔记》第二编(四),大象出版社 2006 年版。

255.〔清〕徐松撰,李健超增订:《增订唐两京城坊考》,三秦出版社 2006 年版。

256.李文才:《魏晋南北朝隋唐政治与文化论稿》,世界知识出版社2006年版。

257.〔宋〕乐史著,王文楚等点校:《太平寰宇记》,中华书局2007年版。

258.〔宋〕欧阳修撰,李之亮笺注:《欧阳修集编年笺注》,巴蜀书社2007年版。

259.〔宋〕宋敏求撰:《河南志》,见王晓波、李勇先、张保见等点校:《宋元珍稀地方志丛刊·甲编》,四川大学出版社2007年版。

260.李松晨、陈旭华主编:《传世名家书法》(王铎卷),中共党史出版社2007年版。

261.徐光春:《中原文化与中原崛起》,河南人民出版社2007年版。

262.刘敦愿:《美术考古与古代文明》,人民美术出版社2007年版。

263.〔魏〕王弼注,楼宇烈校释:《老子道德经注校释》,中华书局2008年版。

264.〔宋〕张礼撰,孔凡礼整理:《游城南记》,见朱易安、傅璇琮等主编:《全宋笔记》第三编(一),大象出版社2008年版。

265.〔宋〕李格非撰,孔凡礼整理:《洛阳名园记》,见朱易安、傅璇琮等主编:《全宋笔记》第三编(一),大象出版社2008年版。

266.〔宋〕袁褧撰,俞钢、王彩燕整理:《枫窗小牍》,见上海师范大学古籍整理研究所编:《全宋笔记》第四编(五),大象出版社2008年版。

267.刘典立总编,归宝辰、李铁林等副总编,洛阳市大河文化研究院编纂:《洛阳大典》(中),黄河出版社2008年版。

268.〔清〕彭定求等编:《全唐诗》,中州古籍出版社2008年版。

269.〔清〕穆彰阿、潘锡恩等纂修:《大清一统志》(第五册),上海古籍出版社2008年版。

270.翟莉、彭书湘主编:《安阳市北关区志(1991~2002)》,中州古籍出版社2008年版。

271.张复合主编:《中国近代建筑研究与保护》(六),清华大学出版社2008年版。

272.周维权:《中国古典园林史》(第三版),清华大学出版社2008年版。

273.衣学领主编,王稼句编注:《苏州园林历代文钞》,上海三联书店2008年版。

274.禹州市地方史志办公室编注:《明嘉靖〈钧州志〉点注》,中央党史出版社2008年版。

275.储兆文:《中国园林史》,东方出版中心2008年版。

276.洛阳博物馆编:《洛阳博物馆建馆 50 周年论文集》,大象出版社 2008 年版。

277.河南省文物局编:《河南省文物志·上》,文物出版社 2009 年版。

278.〔宋〕司马光著,李之亮笺注:《司马温公集编年笺注》,巴蜀书社 2009 年版。

279.许维遹撰,梁运华整理:《吕氏春秋集释》,中华书局 2009 年版。

280.中共中央马克思恩格斯列宁斯大林著作编译局编译:《马克思恩格斯文集》(第一卷),人民出版社 2009 年版。

281.中共中央马克思恩格斯列宁斯大林著作编译局编译:《马克思恩格斯文集》(第四卷),人民出版社 2009 年版。

282.中共中央马克思恩格斯列宁斯大林著作编译局编译:《马克思恩格斯文集》(第九卷),人民出版社 2009 年版。

283.王国珍:《〈释名〉语源疏证》,上海辞书出版社 2009 年版。

284.傅熹年主编:《中国古代建筑史(第二卷)》(第二版),中国建筑工业出版社 2009 年版。

285.李尊杰主编:《河南回族区乡镇》,中央民族大学出版社 2009 年版。

286.刘湘玉、刘太祥主编:《南阳文化概论》,河南大学出版社 2009 年版。

287.中国社会科学院考古研究所编著:《安阳殷墟小屯建筑遗存》,文物出版社 2010 年版。

288.许万里、梁爽:《琼楼览胜:名画中的建筑》,文化艺术出版社 2010 年版。

289.〔宋〕王观国、罗璧撰,王建、田吉校点:《学林　识遗》,岳麓书社 2010 年版。

290.辉县市史志编纂委员会编,任鸿昌校注:《辉县志》,中州古籍出版社 2010 年版。

291.《清代诗文集汇编》编纂委员会编:《清代诗文集汇编》(一〇八～一八八),上海古籍出版社 2010 年版。

292.〔清〕雍正敕修:《乾隆大藏经·第二二册·大乘经·五大部》(五)(影印本),中国书店 2010 年版。

293.〔南朝陈〕顾野王著,顾恒一、顾德明等辑注:《舆地志辑注》,上海古籍出版社 2011 年版。

294.〔唐〕元稹著,周相录校注:《元稹集校注》,上海古籍出版社 2011 年版。

295.〔宋〕苏轼著,李之亮笺注:《苏轼文集编年笺注》,巴蜀书社 2011 年版。

296.吴迪、李德方、叶万松:《古都洛阳》,杭州出版社 2011 年版。

297.刘顺安:《古都开封》,杭州出版社 2011 年版。

298.建筑文化考察组、《中国建筑文化遗产》编辑部编著:《辛亥革命纪念建筑》,天津大学出版社 2011 年版。

299.〔唐〕康骈撰,萧逸校点:《剧谈录》,见〔五代〕王仁裕等撰,丁如明等校点:《开元天宝遗事(外七种)》,上海古籍出版社 2012 年版。

300.〔宋〕吴曾撰,刘宇整理:《能改斋漫录》(下),见上海师范大学古籍整理研究所编:《全宋笔记》第五编(三),大象出版社 2012 年版。

301.王新英辑校:《全金石刻文辑校》,吉林文史出版社 2012 年版。

302.〔清〕钱泳撰,孟裴校点:《履园丛话》,上海古籍出版社 2012 年版。

303.〔清〕陈寿祺撰,曹建墩校点:《五经异义疏证》,上海古籍出版社 2012 年版。

304.朱钧珍:《中国近代园林史》(上),中国建筑工业出版社 2012 年版。

305.河南大学古建园林设计研究院编:《中国营造学研究》(第二、三辑),河南大学出版社 2012 年版。

306.汪菊渊:《中国古代园林史》(第二版),中国建筑工业出版社 2012 年版。

307.贾珺主编:《建筑史》(第三十辑),清华大学出版社 2012 年版。

308.〔宋〕朱熹集传:《诗经》,上海古籍出版社 2013 年版。

309.〔北魏〕郦道元原注,陈桥驿注释:《水经注》,浙江古籍出版社 2013 年版。

310.〔南朝梁〕萧统选编:《新校订六家注文选》(第一册),郑州大学出版社 2013 年版。

311.〔南朝宋〕刘义庆著,〔南朝梁〕刘孝标注,徐传武校点:《世说新语》,上海古籍出版社 2013 年版。

312.〔宋〕计有功辑撰:《唐诗纪事》,上海古籍出版社 2013 年版。

313.〔宋〕王明清撰,戴建国、赵龙整理:《玉照新志》,见上海师范大学古籍整理研究所编:《全宋笔记》第六编(二),大象出版社 2013 年版。

314.〔宋〕赵彦卫撰,朱旭强整理:《云麓漫钞》,见上海师范大学古籍整理研究所编:《全宋笔记》第六编(四),大象出版社 2013 年版。

315.〔宋〕邵雍著,郭彧整理:《伊川击壤集》,中华书局 2013 年版。

316.金静编注:《安阳古艺文选辑》,中国文联出版社 2013 年版。

317.〔清〕厉鹗辑撰:《宋诗纪事》(一),上海古籍出版社 2013 年版。

318.龚克昌、周广璜、苏瑞隆评注:《全三国赋评注》,齐鲁书社 2013 年版。

319.岳纯之点校:《唐律疏议》,上海古籍出版社2013年版。

320.袁寒云著,文明国编:《袁寒云自述》,安徽文艺出版社2013年版。

321.〔唐〕高适著,孙钦善校注:《高适集校注》(修订本),上海古籍出版社2014年版。

322.〔宋〕文彦博著,侯小宝校注:《文潞公诗校注》,三晋出版社2014年版。

323.〔清〕徐松辑,刘琳等校点:《宋会要辑稿》,上海古籍出版社2014年版。

324.孙凯:《明代周藩王陵调查与研究》,中州古籍出版社2014年版。

325.马积高、万光治主编:《历代辞赋总汇》(宋代卷),湖南文艺出版社2014年版。

326.中国社会科学院考古研究所编著:《隋唐洛阳城:1959—2001年考古发掘报告》(第二册),文物出版社2014年版。

327.萧涤非主编,廖仲安、张忠纲、李华等副主编:《杜甫全集校注》,人民文学出版社2014年版。

328.[英]威尔逊著,胡启明译:《中国——园林之母》,广东科技出版社2015年版。

329.〔晋〕郭璞注:《山海经》,上海古籍出版社2015年版。

330.张鹏飞:《〈水经注〉石刻文献丛考》,社会科学文献出版社2015年版。

331.〔宋〕范成大:《太湖石志》,见〔宋〕杜绾著,王云、朱学博、廖莲婷整理校点:《云林石谱(外七种)》,上海书店出版社2015年版。

332.〔宋〕沈括著,施适校点:《梦溪笔谈》,上海古籍出版社2015年版。

333.〔宋〕赵善璙:《自警编》,见上海师范大学古籍整理研究所编:《全宋笔记》第七编(六),大象出版社2015年版。

334.王英志编纂校点:《袁枚全集新编》(第十三册),浙江古籍出版社2015年版。

335.颜晓军:《宇宙在乎手——董其昌画禅室里的艺术鉴赏活动》,浙江大学出版社2015年版。

336.大河报社编:《厚重河南·古墓皇陵》(精编版),河南大学出版社2015年版。

337.〔明〕文震亨撰,陈剑点校:《长物志》,浙江人民美术出版社2016年版。

338.田同旭、王扎根:《沁水史话辩证》,山西人民出版社2016年版。

339.徐华龙:《民国服装史》,上海交通大学出版社 2017 年版。

二、学术论文

1.考古研究所洛阳发掘队:《洛阳涧滨东周城址发掘报告》,《考古学报》1959 年第 2 期。

2.郭湖生、戚德耀、李容淦:《河南巩县宋陵调查》,《考古》1964 年第 11 期。

3.汪菊渊:《我国园林最初形式的探讨》,《园艺学报》1965 年第 2 期。

4.王公权、陈新一、黄茂如等:《试论我国园林的起源》,《园艺学报》1965 年第 4 期。

5.中国科学院考古研究所二里头工作队:《河南偃师二里头早商宫殿遗址发掘简报》,《考古》1974 年第 4 期。

6.魏勤:《从大汶口文化墓葬看私有制的起源》,《考古》1975 年第 5 期。

7.唐兰:《珂尊铭文解释》,《文物》1976 年第 1 期。

8.张景贤:《关于我国私有制和阶级起源的几个问题》,《河北大学学报》(哲学社会科学版)1978 年第 2 期。

9.浙江省文物管理委员会、浙江省博物馆:《河姆渡遗址第一期发掘报告》,《考古学报》1978 年第 1 期。

10.宋杰:《试论原始社会个人所有制与私有制的起源》,《北京师院学报》1980 年第 2 期。

11.淮阳县太昊陵文物保管所:《淮阳县太昊陵》,《中原文物》1981 年第 1 期。

12.孙淑芸、韩汝玢:《中国早期铜器的初步研究》,《考古学报》1981 年第 3 期。

13.杨宽:《中国古代陵寝制度的起源及其演变》,《复旦学报》(社会科学版)1981 年第 5 期。

14.李民:《说洛邑、成周与王城》,《郑州大学学报》(哲学社会科学版)1982 年第 1 期。

15.钟子翱:《论先秦美学中的"比德"说》,《北京师范大学学报》1982 年第 2 期。

16.林剑鸣:《论秦汉时期在中国历史的地位》,《人文杂志》1982 年第 5 期。

17.李友谋:《我国的原始手工业》,《史学月刊》1983 年第 1 期。

18.周宝珠:《北宋东京的园林与绿化》,《河南师范大学学报》1983 年第 1 期。

19.廖永民、谢遂莲:《冯玉祥将军所属北伐军阵亡将士墓地——郑州碧沙岗》,《中原文物》1984 年第 2 期。

20. 段鹏琦、杜玉生、肖淮雁:《偃师商城的初步勘探和发掘》,《考古》1984 年第 6 期。

21. 翟建波:《魏晋南北朝时期洛阳的兴衰》,《社会科学》1985 年第 2 期。

22. 冯琨:《东周是怎样灭亡的?》,《史学月刊》1985 年第 3 期。

23. 张德信:《明代诸王分封制度述论》,《历史研究》1985 年第 5 期。

24. 李朝远、成岳冲:《试论中国私有制的起源》,《宁波师院学报》(社会科学版) 1986 年第 1 期。

25. 宋兆麟:《我国的原始农具》,《农业考古》1986 年第 1 期。

26. 王晓:《浅谈我国原始社会纺织手工业的起源与发展》,《中原文物》1987 年 第 2 期。

27. 严文明:《中国史前文化的统一性与多样性》,《文物》1987 年第 3 期。

28. 王心喜:《浙江的原始手工业及其对社会的影响》,《杭州教育学院学刊》(社 会科学版)1988 年第 1 期。

29. 赵国文、刘炎:《近代河南城市建筑的进程》,《华中建筑》1988 年第 3 期。

30. 蔡运章、洛夫:《商都西亳略论》,《华夏考古》1988 年第 4 期。

31. 王道瑞:《清代的"双龙宝星"勋章》,《故宫博物院院刊》1988 年第 4 期。

32. 王铎:《唐宋洛阳私家园林的风格》,《华中建筑》1990 年第 1 期。

33. 肖宗林、贾云台、贾俊华:《安阳袁世凯陵墓建筑特色》,《河南建筑史志》1990 年第 1 期。

34. 冯承泽、杨鸿勋:《洛阳汉魏故城圆形建筑遗址初探》,《考古》1990 年第 3 期。

35. 王瑞安:《开封山陕甘会馆的建筑装饰艺术》,《中原文物》1992 年第 1 期。

36. 基口淮:《秦汉园林概说》,《中国园林》1992 年第 2 期。

37. 王铎:《略论北宋东京(今开封)园林及其园史地位(续)》,《华中建筑》1993 年第 2 期。

38. 蒋猷龙:《中国古代的养蚕和文化生活》,《浙江丝绸工学院学报》1993 年第 3 期。

39. 贾庆申:《汉魏许昌宫景福殿基址考辨》,《许昌师专学报》(社会科学版)1993 年第 3 期。

40. 黄一如:《梁冀园囿筑山情况试析》,《时代建筑》1994 年第 1 期。

41. 中国社会科学院考古研究所洛阳唐城队:《洛阳唐东都履道坊白居易故居发

掘简报》,《考古》1994 年第 8 期。

42. 方酉生:《偃师二里头遗址第三期遗存与桀都斟鄩》,《考古》1995 年第 2 期。

43. 余良杰:《论桑林与春秋时期婚姻之关系》,《江苏理工大学学报》1995 年第 3 期。

44. 史箴:《囿游,苑中苑和园中园的滥觞》,《建筑学报》1995 年第 3 期。

45. 庶文:《汴梁胜迹延庆观》,《中州统战》1995 年第 12 期。

46. 赵丰:《丝绸起源的文化契机》,《东南文化》1996 年第 1 期。

47. 姜传高:《鸡公山近代西洋建筑》,《中国园林》1996 年第 1 期。

48. 刘定坤:《传统民居装饰图案的象征意义》,《华南理工大学学报》(自然科学版)1997 年第 1 期。

49. 成玉宁:《中国早期造园的史料与史实》,《中国园林》1997 年第 3 期。

50. 李伯谦:《长江流域文明的进程》,《考古与文物》1997 年第 4 期。

51. 韩建业:《夏文化的起源与发展阶段》,《北京大学学报》(哲学社会科学版)1997 年第 4 期。

52. 王铎:《东汉、魏晋和北魏的洛阳皇家园林》,《华中建筑》1997 年第 4 期。

53. 钱国祥:《汉魏洛阳故城圆形建筑遗址殿名考辨》,《中原文物》1998 年第 1 期。

54. 史念海:《郑韩故城溯源》,《中国历史地理论丛》1998 年第 4 期。

55. 李宏:《重构古国历史　再铸中原文明——读马世之〈中原古国历史与文化〉》,《中原文物》1999 年第 3 期。

56. 赵仁,万传琅:《鸡公山近代建筑的外部空间设计》,《信阳师范学院学报》(自然科学版)1999 年第 3 期。

57. 李华:《韩琦与昼锦堂》,《档案管理》1999 年第 4 期。

58. 沈志忠:《我国原始农业的发展阶段》,《中国农史》2000 年第 2 期。

59. 张玉石:《史前城址与中原地区中国古代文明中心地位的形成》,《华夏考古》2001 年第 1 期。

60. 王冠英:《中国文明起源与早期国家学术讨论会纪要》,《历史研究》2001 年第 1 期。

61. 王健:《西周方伯发微》,《河南师范大学学报》(哲学社会科学版)2002 年第 5 期。

62.杨育彬、孙广清:《从考古发现谈中原文明在中国古代文明中的地位》,《中原文物》2002 年第 6 期。

63.潘明娟:《成都古代园林初探》,《西安教育学院学报》2003 年第 3 期。

64.赵鸣、张洁:《试论我国古代的衙署园林》,《中国园林》2003 年第 4 期。

65.江林昌:《中国早期文明的起源模式与演进轨迹》,《学术研究》2003 年第 7 期。

66.勾利军:《唐代东都分司官居所试析》,《史学月刊》2003 年第 9 期。

67.牛建强:《战国时期魏都迁梁年代考辨》,《史学月刊》2003 年第 11 期。

68.郑泰森:《鸡公山百年记》,《河南经济》2003 年第 11 期。

69.蔡锋:《原始手工业对人类生活的影响》,《河南科技大学学报》(社会科学版)2004 年第 2 期。

70.崔新建:《文化认同及其根源》,《北京师范大学学报》(社会科学版)2004 年第 4 期。

71.何礼平、郑健民:《我国古代书院园林的文化意义》,《中国园林》2004 年第 8 期。

72.许宏、陈国梁、赵海涛:《二里头遗址聚落形态的初步考察》,《考古》2004 年第 11 期。

73.陈文华:《中国原始农业的起源和发展》,《农业考古》2005 年第 1 期。

74.李先登:《五帝时代与中国古代文明的起源》,《中原文物》2005 年第 5 期。

75.曹胜高:《论东汉洛阳城的布局与营造思想——以班固等人的记述为中心》,《洛阳师范学院学报》2005 年第 6 期。

76.范毓周:《中原文化在中国文明形成进程中的地位与作用》,《郑州大学学报》(哲学社会科学版)2006 年第 2 期。

77.赵维江、宁晓燕:《文化冲突中的儒士使命感——许有壬〈圭塘乐府〉的文化心理解读》,《北方论丛》2006 年第 3 期。

78.左满常、董志华:《试析康百万庄园建筑的文化内涵》,《河南大学学报》(社会科学版)2006 年第 3 期。

79.邓志强:《从汉字考释中管窥中国古代纺织文化》,《武汉科技学院学报》2006 年第 7 期。

80.杜金鹏:《试论商代早期王宫池苑考古发现》,《考古》2006 年第 11 期。

81.史箴:《清代帝陵的哑巴院和月牙城》,《故宫博物院院刊》2007 年第 2 期。

82.金佩华:《中国蚕文化论纲》,《蚕桑通报》2007 年第 4 期。

83.闫宝林:《多民族文化特征的清昭陵建筑装饰》,《华中建筑》2007 年第 8 期。

84.陈卫强:《"圃""苑"历时更替考》,《吉林师范大学学报》(人文社会科学版)
　 2008 年第 1 期。

85.王连龙:《近二十年来〈逸周书〉研究综述》,《吉林师范大学学报》(人文社会
　 科学版)2008 年第 2 期。

86.曾凡:《鮌:一个被历史湮没的水文符号》,《学术论坛》2008 年第 2 期。

87.高介华:《先秦台型建筑》,《华中建筑》2008 年第 6 期。

88.方原:《东汉洛阳宫城制度研究》,《秦汉研究》2009 年。

89.权家玉:《试析曹魏时期许昌政治地位的变迁》,《魏晋南北朝隋唐史资料》
　 2009 年。

90.杜启明:《地位至尊艺术至美——解读中岳庙》,《中国文化遗产》2009 年第 3
　 期。

91.王保国:《"夷夏之辨"与中原文化》,《郑州大学学报》(哲学社会科学版)
　 2009 年第 5 期。

92.祝炜平、余建新:《宋陵布局与堪舆术》,《绍兴文理学院学报》2009 年第 6 期。

93.柯敏、银新玉:《中原第一大宅——百年沧桑话马氏庄园》,《中华建设》2009
　 年第 8 期。

94.倪祥保:《中国古代园林的发生学研究》,《中国园林》2009 年第 12 期。

95.于福艳:《太昊陵庙之历史文化与建筑特色探微》,《文教资料》2009 年第 33
　 期。

96.祁远虎:《离宫、行宫辨》,西安文理学院学报(社会科学版)2010 年第 2 期。

97.聂晓雨:《从考古发现看洛阳东周王城的城市布局》,《中原文物》2010 年第 3
　 期。

98.田青刚:《近代名流与鸡公山》,《湖北第二师范学院学报》2010 年第 9 期。

99.许东海:《宰相辞赋与家族地图——裕罢相时期辞赋之花木书写及其文化解
　 读》,《文学与文化》2011 年第 1 期。

100.王宇信:《殷墟宫殿宗庙基址考古发掘的新收获——读〈安阳殷墟小屯建筑
　　遗存〉》,《殷都学刊》2011 年第 3 期。

101.杨丽:《秦汉时期河南战略地位探析》,《中州学刊》2011 年第 3 期。

102.赵国权:《北方理学薪火的传承地——百泉书院探微》,《江西教育学院学报》2011 年第 4 期。

103.徐昭峰:《试论东周王城的城郭布局及其演变》,《考古》2011 年第 5 期。

104.李光明:《武陟嘉应观中的建筑意探析》,《中原文物》2011 年第 6 期。

105.黄晓、刘珊珊:《唐代李德裕平泉山居研究》,《建筑史》2012 年第 3 期。

106.贾熟村:《冯玉祥集团与河南地区》,《平顶山学院学报》2012 年第 3 期。

107.孙红飞:《两汉都城规划布局探析》,《中原文物》2012 年第 5 期。

108.米万钟:《十面灵璧图》题识,见黄晓、贾珺:《吴彬〈十面灵璧图〉与米万钟非非石研究》,《装饰》2012 年第 8 期。

109.高凤、徐卫民:《秦汉帝陵制度研究综述(1949—2012)》,《秦汉研究》2013 年。

110.范毓周:《从考古资料看黄河文明的形成历程——兼论中原地区文化的地位与作用》,《黄河文明与可持续发展》2013 年第 1 期。

111.贾珺:《魏晋南北朝时期洛阳、建康、邺城三地华林园考》,《建筑史》2013 年第 1 期。

112.李玉洁:《夏人"十迁"及夏都老丘考释》,《中州学刊》2013 年第 2 期。

113.徐昭峰:《试论东周王城的宫城》,《考古与文物》2014 年第 1 期。

114.黄富成、王星光:《先秦到秦汉"圃田泽"环境变迁与文化地理关系考略》,《农业考古》2014 年第 1 期。

115.贾珺:《北宋洛阳私家园林考录》,《中国建筑史论汇刊》2014 年第 2 期。

116.李竞恒:《衣冠之殇:晚清民初政治思潮与实践中的"汉衣冠"》,《天府新论》2014 年第 5 期。

117.郭红敏:《百年校祭:回忆鸡公山美文学校》,《侨园》2014 年第 9 期。

118.翟志强:《明代帝陵选址诸因素考述》,《兰台世界》2014 年第 27 期。

119.王其亨、袁守愚:《先秦两汉园林语境下的"囿"与"苑"考辨》,《天津大学学报》(社会科学版)2015 年第 3 期。

120.季海迪、赵瑞:《南阳武侯祠园林布局及景观特色初探》,《南阳理工学院学报》2015 年第 3 期。

121.胡方:《从"象天"到"崇礼":两汉都城意象探析》,《管子学刊》2015 年第 4

期。

122.李鑫:《夏王朝时期的城市布局与功能特征》,《华夏考古》2016 年第 1 期。

123.蔡运章、俞凉亘:《西周成周城的结构布局及其相关问题》,《中原文物》2016 年第 1 期。

124.赵刚、李鑫:《试论汝州风穴寺总体布局的文化内涵》,《中原文物》2016 年第 1 期。

125.吴方浪:《东汉城市园林水景观建设探析——以濯龙园为例》,《南昌工程学院学报》2016 年第 2 期。

126.徐昭峰:《成周城析论》,《考古与文物》2016 年第 3 期。

127.赵延旭:《北魏皇家园林营建考述——从侧面看孝文帝汉化改革的影响》,《北方文物》2016 年第 3 期。

128.田青刚:《武汉沦陷前鸡公山抗战文化基地的形成及其影响》,《天中学刊》2016 年第 3 期。

129.徐华烽:《再议钧台、钧州与钧窑》,《中原文物》2016 年第 4 期。

130.李理、车冰冰:《明清皇家服饰"十二章"考(上)》,《收藏家》2016 年第 5 期。

131.徐昭峰、姜超:《试论东周王城的营建》,《辽宁师范大学学报》(社会科学版)2016 年第 6 期。

132.张苗:《元代文人私园圭塘别墅考》,《安阳工学院学报》2016 年第 6 期。

133.吕梦柯:《洛阳山陕会馆及其戏楼演剧考述》,《戏剧文学》2016 年第 6 期。

134.沙健孙:《马克思恩格斯关于原始社会历史的理论及其启示》,《思想理论教育导刊》2016 年第 7 期。

135.杜光华、于浩:《从殷墟都邑布局看现代城市布局理念》,《南方文物》2017 年第 4 期。

136.牛轶达、郭建慧、刘晓喻等:《安阳袁林的时代特征考述》,《地域研究与开发》2018 年第 3 期。

137.王珊、郭建慧、邵华美等:《两宋洛阳与临安私家园林对比——以富郑公园与南园为例》,《安徽农业科学》2018 年第 20 期。

138.晁琦、郭建慧、刘晓喻等:《元代中原私家园林探析——以许有壬圭塘为例》,《中外建筑》2019 年第 1 期。

139.郭建慧、刘晓喻、晁琦等:《〈洛阳名园记〉之刘氏园归属考辨》,《中国园林》

2019 年第 2 期。

三、学位论文

1.朱育帆:《艮岳景象研究》,北京林业大学博士学位论文 1997 年。

2.张显运:《简论北宋时期的河南书院》,华中师范大学硕士学位论文 2003 年。

3.傅晶:《魏晋南北朝园林史研究》,天津大学硕士学位论文 2003 年。

4.孙炼:《大者罩天地之表,细者入毫纤之内——汉代园林史研究》,天津大学硕士学位论文 2003 年。

5.郑东军:《中原文化与河南地域建筑研究》,天津大学博士学位论文 2008 年。

6.李程成:《中国墓园设计理法研究》,北京林业大学博士学位论文 2014 年。

7.李天窄:《社旗山陕会馆建筑空间与形式研究》,昆明理工大学硕士学位论文 2014 年。

8.丁新:《中国文明的起源与诸夏认同的产生》,南京大学博士学位论文 2015 年。

9.黄运良:《河南鸡公山近代别墅建筑群空间形态研究》,华侨大学硕士学位论文 2015 年。

10.张甜甜:《东汉园林史研究》,福建农林大学硕士学位论文 2015 年。

11.顾颖:《汉画像祥瑞图式研究》,苏州大学硕士学位论文 2015 年。

后 记

　　河南园林的历史源远流长,成就辉煌,是中国古代园林的重要组成部分。近年,虽多有专家、学者对其深入研究并取得了卓越的成果,但迄今为止,还没有一部完整的、通史式的河南园林史著作问世。因此,编写一部《河南园林史》,对河南的园林历史进行全面、系统的梳理与总结显得极为迫切和必要。本人学习和工作的河南农业大学作为河南省内最早开设风景园林学科的高校,在多年的教学、研究中,积累了大量有关古代河南园林的资料与成果,为书籍的编写奠定了坚实的基础。今又恰逢河南省社会科学院组织"河南专门史大型学术文化工程丛书",为本书的编写提供了良好的契机。故由本人牵头,组织省内相关高校的数名专家、学者,共同编写《河南园林史》。

　　《河南园林史》的框架由本人草拟,并在与参编人员共同讨论的基础上最后确定。具体内容的编写由参与人员分工合作、共同完成,本人最后进行统稿。其中,绪论、结语及后记等部分由本人撰写;第一章先秦时期由本人与博士研究生郭建慧编写;第二章秦汉时期由河南农业大学杨芳绒教授编写;第三章魏晋南北朝时期由河南科技学院张文杰副教授与河南农业大学卫红副教授编写;第四章隋唐时期由黄淮学院李鸿雁教授与河南城建学院王森副教授编写;第五章两宋时期由博士研究生孙盛楠与郭建慧编写;第六章元明清时期由博士研究生唐洁芳编写;第七章民国时期由华北水利水电大学樊丽老师编写。河南农业大学苏志国老师,硕士研究生牛轶达、王珊、晁琦、刘晓喻等也参与了相关章节的编写工作,并绘制了全书的部分插图。在资料的搜集过程中,河南科技大学许娅琼老师、南阳师范学院张灿灿老师、安阳工学院王保民老师给予了很大的支持和帮助,在此一并予以感谢。

本书虽经一年多时间的酝酿和写作,但由于相关资料的浩瀚无匹以及相关研究的发展迅速,我们虽尽力收集,但所获仍然十分有限。不过,完美只能归之于理想,缺憾才是现实的应有之义。因而,书中一定存在着错误、缺漏和不当之处,敬请专家和读者批评指正。同时,也向我们所借鉴资料的相关作者表示由衷的感谢!

田国行

2018 年 1 月

河南郑州·河南农业大学林学院